SOMMAIRE

Pour découvrir

Dans chaque chapitre

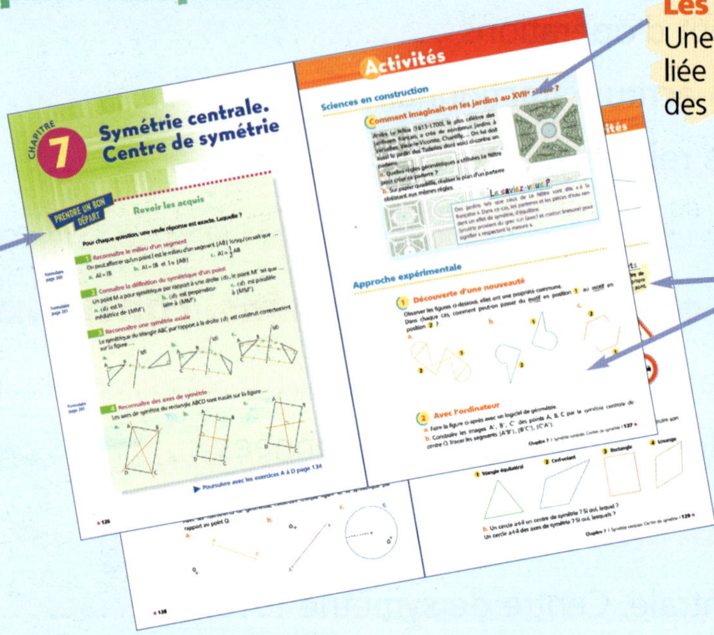

Prendre un bon départ
Une petite révision rapide de la 6e.

Les activités
Une première **activité** liée à l'histoire des mathématiques.

Les **activités** que le professeur choisit pour vous faire découvrir les nouvelles notions.

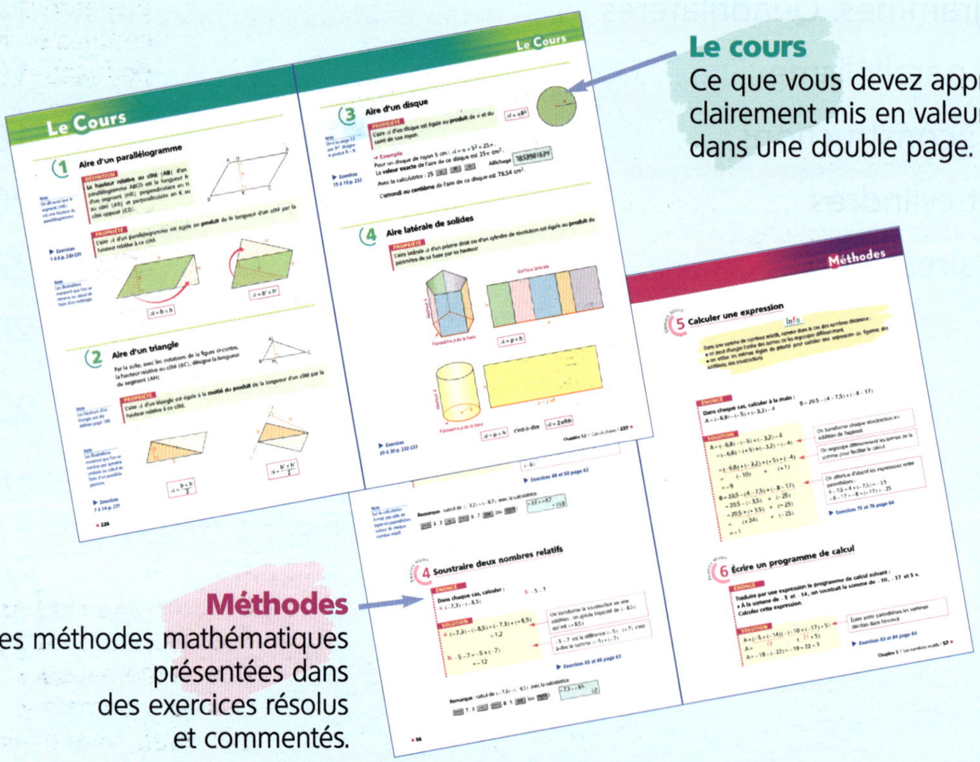

Le cours
Ce que vous devez apprendre, clairement mis en valeur dans une double page.

Méthodes
Les méthodes mathématiques présentées dans des exercices résolus et commentés.

Compléments sur le site compagnon

Activités qui utilisent le tableur ou un logiciel de géométrie.

Exercices ayant un lien avec le développement durable.

votre manuel

Les exercices

Les numéros en rouge sont les exercices corrigés.

Une révision de la **6e.**

Les **exercices d'application** indispensables pour comprendre.

Le calcul mental et réfléchi.

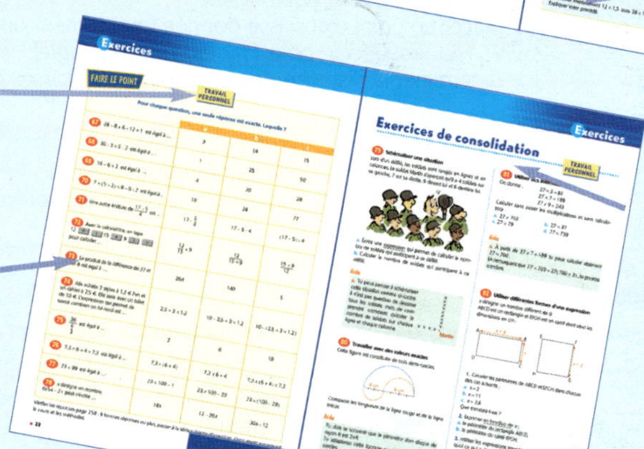

Pour contrôler vos connaissances, un logo de repérage.

TRAVAIL PERSONNEL

Des **QCM** corrigés en fin de manuel pour faire le point sur vos acquis.

Les **exercices de consolidation** pour vous aider à franchir une étape, corrigés en fin de manuel.

Les **exercices d'approfondissement** pour s'initier au raisonnement à la démonstration et à la résolution de problèmes.

Le coin des curieux
Pour montrer l'importance des mathématiques dans des domaines très divers, et enrichir votre culture.

Le formulaire

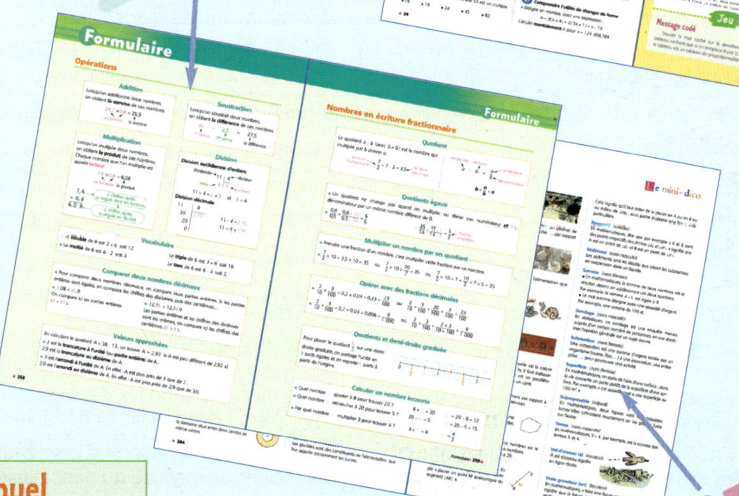

Le mini-dico
Pour expliquer certains mots soulignés dans le texte.

À la fin du manuel
- des corrigés d'exercices
- l'index des mots-clés

Programme de mathématiques 5^{e}

BO Hors série n° 5, 25 août 2005

1. Organisation et gestion de données. Fonctions

Contenus	Compétences
1.1. Proportionnalité *[Thèmes de convergence]*	• Compléter un tableau de nombres représentant une relation de proportionnalité dont les données sont fournies partiellement. En particulier, déterminer une quatrième proportionnelle. • Reconnaître si un tableau complet de nombres est ou non un tableau de proportionnalité. • Mettre en œuvre la proportionnalité dans les cas suivants : – comparer des proportions, – calculer et utiliser un pourcentage, – calculer et utiliser l'échelle d'une carte ou d'un dessin, – reconnaître un mouvement uniforme à l'existence d'une relation de proportionnalité entre durée et distance parcourue, utiliser cette proportionnalité. *[SVT, Géographie, Physique…]*
1.2. Expressions littérales *[Thèmes de convergence]*	• Utiliser une expression littérale. • Produire une expression littérale.
1.3. Activités graphiques	
Repérage sur une droite graduée.	• Sur une droite graduée : – lire l'abscisse d'un point donné, – placer un point d'abscisse donnée (exactement ou approximativement, en fonction du contexte) *[SVT, Histoire, Géographie, Physique, Technologie]*, – déterminer la distance de deux points d'abscisses données.
Repérage dans le plan. *[Thèmes de convergence]*	• Dans le plan muni d'un repère orthogonal : – lire les coordonnées d'un point donné, – placer un point de coordonnées données. • Connaître et utiliser le vocabulaire : origine, coordonnées, abscisse, ordonnée. *[SVT, Histoire, Géographie, Physique, …]*
1.4. Représentation et traitement de données	
Classes, effectifs. Fréquences.	• Calculer des effectifs et des fréquences. Regrouper des données en classes d'égale amplitude. *[SVT, Histoire, Géographie, Physique, Technologie]*
Tableau de données, représentations graphiques de données. *[Thèmes de convergence]*	• Lire et interpréter des informations à partir d'un tableau ou d'une représentation graphique (diagrammes divers, histogrammes). • Présenter des données sous la forme d'un tableau, les représenter sous la forme d'un diagramme ou d'un histogramme. *[SVT, Histoire, Géographie, Physique, Technologie]*

2. Nombres et Calculs

Contenus	Compétences
2.1. Nombres entiers et décimaux positifs : calcul, divisibilité sur les entiers	
Enchaînement d'opérations.	• Effectuer une succession d'opérations donnée sous diverses formes (par calcul mental, posé ou instrumenté), uniquement sur des exemples numériques. • Écrire une expression correspondant à une succession donnée d'opérations.
Distributivité de la multiplication par rapport à l'addition.	• Sur des exemples numériques ou littéraux, utiliser les égalités $k(a+b)=ka+kb$ et $k(a-b)=ka-kb$ dans les deux sens.
Division par un décimal.	• Ramener une division dont le diviseur est décimal à une division dont le diviseur est entier et savoir l'effectuer.
Multiples et diviseurs, divisibilité.	• Reconnaître, dans des cas simples, si un nombre entier positif est multiple ou diviseur d'un autre nombre entier positif.
2.2. Nombres positifs en écriture fractionnaire : sens et calculs	
Sens de l'écriture fractionnaire.	• Utiliser l'écriture fractionnaire comme expression d'une proportion. • Utiliser sur des exemples numériques des égalités du type $\frac{ac}{bc}=\frac{a}{b}$.
Ordre.	• Comparer deux nombres en écriture fractionnaire dans le cas où les dénominateurs sont les mêmes et dans le cas où le dénominateur de l'un est un multiple du dénominateur de l'autre.
Addition et soustraction.	• Additionner et soustraire deux nombres en écriture fractionnaire dans le cas où les dénominateurs sont les mêmes et dans le cas où le dénominateur de l'un est un multiple du dénominateur de l'autre.

Contenus	Compétences
Multiplication.	• Effectuer le produit de deux nombres écrits sous forme fractionnaire ou décimale, le cas d'entiers étant inclus.
2.3. Nombres relatifs entiers et décimaux : sens et calculs	
Notion de nombre relatif. Ordre.	• Utiliser la notion d'opposé. • Ranger des nombres relatifs courants en écriture décimale.
Addition et soustraction de nombres relatifs	• Calculer la somme ou la différence de deux nombres relatifs. • Calculer, sur des exemples numériques, une expression dans laquelle interviennent uniquement les signes + , – et éventuellement des parenthèses. • Sur des exemples numériques, écrire en utilisant correctement des parenthèses, un programme de calcul portant sur des sommes ou des différences de nombres relatifs.
2.4. Équation	• Tester si une égalité comportant un ou deux nombres indéterminés est vraie lorsqu'on leur attribue des valeurs numériques.

3. Géométrie

Contenus	Compétences
3.1. Figures planes	
Parallélogramme.	• Connaître et utiliser une définition et les propriétés (relatives aux côtés, aux diagonales et aux angles) du parallélogramme.
Figures simples ayant un centre de symétrie ou des axes de symétrie.	• Connaître et utiliser une définition et les propriétés (relatives aux côtés, aux diagonales, aux éléments de symétrie) du carré, du rectangle, du losange. *[Technologie]* • Construire, sur papier uni, un parallélogramme donné (et notamment dans les cas particuliers du carré, du rectangle, du losange) en utilisant ses propriétés.
Caractérisation angulaire du parallélisme.	• Connaître et utiliser les propriétés relatives aux angles formés par deux parallèles et une sécante.
Triangle : Somme des angles d'un triangle.	• Connaître et utiliser, dans une situation donnée, le résultat sur la somme des angles d'un triangle. Savoir l'appliquer aux cas particuliers du triangle équilatéral, d'un triangle rectangle, d'un triangle isocèle.
Construction de triangles et inégalité triangulaire.	• Connaître et utiliser l'inégalité triangulaire. • Construire un triangle connaissant : – la longueur d'un côté et les deux angles qui lui sont adjacents, – les longueurs de deux côtés et l'angle compris entre ces deux côtés, – les longueurs des trois côtés. • Sur papier uni, reproduire un angle au compas.
Cercle circonscrit à un triangle.	• Construire le cercle circonscrit à un triangle.
Médianes et hauteurs d'un triangle.	• Connaître et utiliser la définition d'une médiane et d'une hauteur d'un triangle.
3.2. Prismes droits, cylindres de révolution	• Fabriquer un prisme droit dont la base est un triangle ou un parallélogramme et dont les dimensions sont données, en particulier à partir d'un patron. • Fabriquer un cylindre de révolution dont le rayon du cercle de base est donné. • Dessiner à main levée une représentation en perspective cavalière de ces deux solides. *[Technologie]*
3.3. Symétrie centrale	• Construire le symétrique d'un point, d'un segment, d'une droite, d'une demi-droite, d'un cercle. • Construire ou compléter la figure symétrique d'une figure donnée ou des figures possédant un centre de symétrie à l'aide de la règle (graduée on non), de l'équerre, du compas, du rapporteur. *[Technologie]*

4. Grandeurs et mesures

Contenus	Compétences
4.1. Longueurs, masses, durées	• Calculer le périmètre d'une figure. • Calculer des durées, des horaires.
4.2. Angles	• Maîtriser l'utilisation du rapporteur.
4.3. Aires	
Parallélogramme, triangle, disque.	• Calculer l'aire d'un parallélogramme. • Calculer l'aire d'un triangle connaissant un côté et la hauteur associée. • Calculer l'aire d'un disque de rayon donné. • Calculer l'aire d'une surface plane ou celle d'un solide, par décomposition en surfaces dont les aires sont facilement calculables.
4.4. Volumes	
Prisme, cylindre de révolution.	• Calculer le volume d'un prisme droit, en particulier celui d'un parallélépipède rectangle. • Calculer le volume d'un cylindre de révolution. • Effectuer pour des volumes des changements d'unités de mesure. *[Technologie : contrôler des mesures, des dimensions, des pièces]*

CHAPITRE 1

Enchaînement d'opérations

PRENDRE UN BON DÉPART

Revoir les acquis

Pour chaque question, une seule réponse est exacte. Laquelle ?

1 Effectuer la bonne opération (1)

Marie achète un livre à 12,35 € ; elle paye avec un billet de 20 €. On va lui rendre…

a. 7,65 € **b.** 7,75 € **c.** 8,65 €

Formulaire page 258

2 Effectuer la bonne opération (2)

Jean mélange 0,45 L de jus de mangue, 0,75 L de jus d'orange et 0,6 L de jus de goyave.
Il a préparé…

a. 1,26 L de boisson **b.** 1,7 L de boisson
c. 1,8 L de boisson

3 Effectuer la bonne opération (3)

« J'achète 7,2 kg de pommes. J'ai dépensé… »

a. 4,50 € **b.** 11,52 € **c.** 8,80 €

Formulaire page 259

4 Passer d'une écriture fractionnaire à une écriture décimale

L'écriture décimale du nombre $\frac{9}{4}$ est…

a. 2,25 **b.** $2 + \frac{1}{4}$ **c.** 9,4

Formulaire page 258

5 Utiliser le vocabulaire

Dans l'écriture $2{,}7 \times 3{,}1$ les nombres 2,7 et 3,1 sont les…

a. facteurs d'une somme **b.** facteurs d'un produit **c.** termes d'un produit

▶ Poursuivre avec les exercices A à G page 16

Activités

Sciences en construction

Quel était le sens de circulation au Moyen-Âge ?

Objectif
Faire réfléchir à l'évolution des connaissances au cours du temps.

En Angleterre vers 1100, les chevaliers qui portaient leur épée du côté gauche pour mieux la saisir de la main droite lors des joutes, prirent l'habitude de circuler sur le côté gauche des chemins, et cet usage s'étendit rapidement à tout l'Empire britannique.
En France, Napoléon au début du XIXe siècle, fit adopter la circulation du côté droit et l'imposa aux pays qu'il conquit.

a. Décider de circuler sur la droite de la route est une convention.
Tous les pays appliquent-ils la même convention ?

b. Donner des exemples de conventions dans d'autres domaines de la vie de tous les jours.

Expressions sans parenthèses : priorités opératoires

Objectif
Prendre conscience de la nécessité de conventions.

1 Expressions avec + et − ou avec × et :

a. Lucas doit calculer $A = 28 - 2 + 26$; il hésite :
« Est-ce 0 ou 52 ? »
Aider Lucas à se décider.

b. Lequel de ces deux élèves n'a pas commis d'erreur ?

Sonia

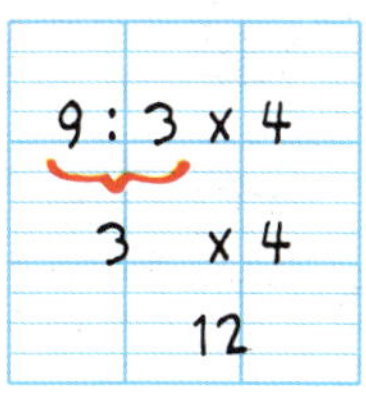

Jonathan

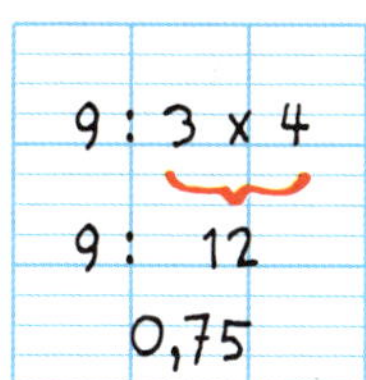

c. Calculer chacune des expressions suivantes :
$R = 13 - 5 - 4$ $S = 24 : 6 : 2$ $T = 40 : 5 \times 2$ $U = 0,2 \times 3 : 6$

> **Convention n° 1**
>
> *Dans une expression avec uniquement des additions et des soustractions (ou bien uniquement des multiplications et des divisions) on effectue les calculs de gauche à droite.*

2 Expressions sans parenthèses

a. Élise doit calculer $B = 4 + 2 \times 5$; elle hésite :
« Est-ce 14 ou 30 ? »
Aider Élise à décider.

b. Calculer chacune des expressions suivantes :
$V = 24 - 3 \times 6$ $W = 6 + 15 : 3$ $X = 18 : 4 - 2$

c. Vérifier si votre calculatrice respecte cette convention.

> **Convention n° 2**
>
> *Dans une expression sans parenthèses, on effectue les multiplications et les divisions avant les additions et les soustractions.*

@ nathan.fr

3 De tête

Effectuer mentalement les calculs suivants :

$A = 4{,}3 + 7 \times 0{,}1$ $B = 5{,}4 - 0{,}8 : 2$ $C = 7 \times 8 - 6 \times 6$

$D = 40 : 5 + 12 : 4$ $E = 3 \times 8 - 24 : 6$ $F = 740 : 10 - 100 \times 0{,}01 + 4 \times 2$

Expressions avec des parenthèses

4 Avec les mêmes nombres

Objectif
Comprendre le rôle des parenthèses.

$K = (16 - 2) \times 5 - 3$ $L = 16 - 2 \times 5 - 3$

$M = 16 - 2 \times (5 - 3)$ $N = 16 - (2 \times 5 - 3)$

Émile a rangé ces nombres par ordre croissant :
« J'ai trouvé $L < M < N < K$ ».
Qu'en pensez-vous ?

Convention n° 3

Dans une expression, les parenthèses indiquent des calculs prioritaires.

5 Résoudre un problème

Recopier et placer des parenthèses dans chaque expression, afin d'obtenir 12 pour résultat.

$A = 6 - 2 \times 3$ $B = 18 : 3 - 1 + 3$ $C = 7 + 3 \times 2 - 0{,}8$

6 De tête

Dans chaque cas, calculer mentalement.

a. $17 - (12 - 3)$ **b.** $(29 + 7) : (5 + 4)$

c. $(5 + 1) \times (1 - 0{,}9)$ **d.** $2{,}7 + 0{,}5 \times (2{,}8 - 0{,}8)$

e. $6 \times 7 - (54 + 46) \times 0{,}4$ **f.** $9 - [8 - (9 + 3) : 2]$

Le saviez-vous ?
Lorsque des parenthèses doivent contenir d'autres parenthèses, on les remplace parfois par **des crochets** (question **f.**).

7 De l'oral à l'écrit et vice versa

Objectif
Comprendre l'utilité et la précision du vocabulaire mathématique.

a. Traduire chaque phrase par une expression.
- « A est le produit de 7 par la somme de 8 et 3 ».
- « B est la différence de 16 et du produit de 5 par 3 ».

b. Alex et Hana étaient absents. Pierre leur dicte une expression par téléphone.
Qu'en pensez-vous ?

c. Traduire chaque expression par une phrase.

$D = (2 + 14) : 8$ $E = 3 \times (9 - 4)$

$F = 5 + 4 \times 3$ $G = 45 : 10 - 4$

Conventions d'écriture

Objectif
Comprendre que certaines parenthèses sont sous-entendues.

8 Avec des écritures fractionnaires

Calculer à la main, les expressions suivantes :

$$E = 9 - \frac{6 + 15}{3} \; ; \; F = \frac{12}{7 - 5} + 3 \; ; \; G = \frac{36}{\frac{8}{2}} \; ; \; H = \frac{\frac{36}{8}}{2}.$$

Convention n° 4

Lorsque la division est indiquée par « un trait de fraction » on n'écrit pas entre parenthèses les expressions au numérateur et au dénominateur.

9 Ordre de grandeur et calculatrice

Dans chaque cas :
- calculer mentalement un ordre de grandeur ;
- effectuer le calcul avec la calculatrice en indiquant la succession des touches utilisées.

$$A = 8 + \frac{114}{3} \qquad B = 7 - \frac{18 - 6}{8} \qquad C = \frac{9}{1 + 5} + 4 \qquad D = \frac{13}{\frac{20}{4}}$$

10 Les calculs automatiques

Note
On indiquera que, par convention, $3 \times n$ s'écrit simplement $3n$.

Julie tient la caisse d'un magasin de fleurs. Les roses sont vendues 3 € pièce et l'emballage coûte 0,50 €.
Pour connaître très vite le prix en euros du bouquet composé, elle a calculé à l'avance :
$0{,}5 + 3 \times 5$; $0{,}5 + 3 \times 6$; $0{,}5 + 3 \times 7$; … ; $0{,}5 + 3 \times 24$; $0{,}5 + 3 \times 25$.

a. Résumer cette situation par une formule mathématique.

b. Imaginer une situation qui pourrait vous amener à utiliser une formule mathématique.

Distributivité

Objectif
Mettre en place la distributivité de la multiplication par rapport à l'addition et la soustraction.

11 Figures et aires

Calculer de deux façons différentes l'aire de chaque rectangle ABCD.

1
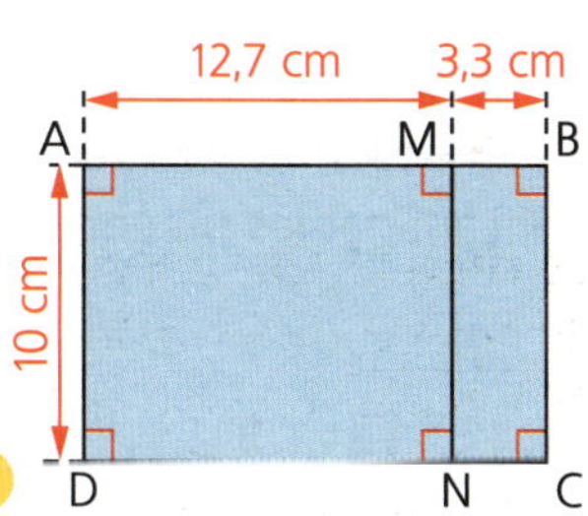

2
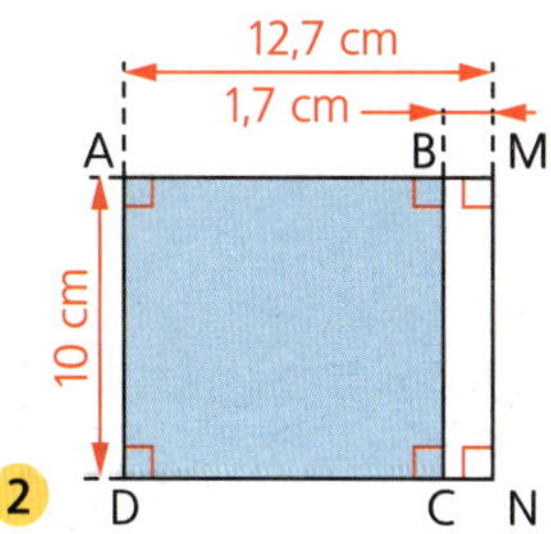

12 La rentrée de Paul

Objectif
Choisir l'expression la mieux adaptée pour calculer.

Paul achète 4 cahiers à 1,32 € chacun et 4 paquets de copies. Le prix p en euros de chaque paquet de copies n'est pas indiqué.

a. Exprimer en fonction de p, le montant total des achats de Paul.

b. Calculer mentalement ce montant lorsque $p = 2{,}5$ puis lorsque $p = 1{,}68$.

Le Cours

1 Expressions sans parenthèses : priorités opératoires

CONVENTIONS

- Dans une expression sans parenthèses avec uniquement des additions et des soustractions, on effectue les calculs **de gauche à droite**.
- Dans une expression sans parenthèses avec uniquement des multiplications et des divisions, on effectue les calculs **de gauche à droite**.

➜ **Exemple 1 :** calculer $A = 27 - 5 + 2$

$A = \underbrace{27 - 5} + 2$

$A = \quad 22 \quad + 2$ donc $A = 24$.

À la calculatrice : 27 [–] 5 [+] 2 [=]

Affichage : 27 – 5 + 2 → 24

➜ **Exemple 2 :** calculer $B = 42 : 6 \times 7$

$B = \underbrace{42 : 6} \times 7$

$B = \quad 7 \quad \times 7$ donc $B = 49$.

À la calculatrice : 42 [÷] 6 [×] 7 [=]

Affichage : 42 ÷ 6 × 7 → 49

CONVENTION

Dans une expression sans parenthèses, on effectue les multiplications et les divisions **avant** les additions et les soustractions.

▶ Voir exercices 1 à 17 p. 16-17

On dit que la multiplication et la division sont **prioritaires** sur l'addition et la soustraction.

➜ **Exemple :** calculer $C = 42 - 2 \times 5$

$C = 42 - \underbrace{2 \times 5}$

$C = 42 - \quad 10$ donc $C = 32$.

À la calculatrice : 42 [–] 2 [×] 5 [=]

Affichage : 42 – 2 × 5 → 32

2 Expressions avec parenthèses

CONVENTION

Dans une expression avec parenthèses, on effectue d'abord les calculs entre parenthèses en commençant par les parenthèses les plus intérieures.

➜ **Exemple**

Calculer $D = 15 - [4 \times (2 + 3) - 8]$.

$D = 15 - [4 \times \underbrace{(2 + 3)} - 8]$

$D = 15 - [\underbrace{4 \times \quad 5} \quad - 8]$

$D = 15 - [\underbrace{\quad 20 \quad - 8}]$

$D = 15 - \quad 12$ donc $D = 3$.

À la calculatrice : 15 – [(] 4 [×] [(] 2 [+] 3 [)] [–] 8 [)] [=]

Affichage : 15 – (4 × (2 + 3) – 8) → 3

▶ Voir exercices 18 à 28 p. 17-18

Remarque : lorsque des parenthèses sont à l'intérieur d'autres parenthèses, les plus extérieures sont parfois remplacées par des crochets.

3 Conventions d'écriture

A Convention du trait de fraction

Lorsque la division est indiquée par « un trait de fraction », on n'écrit pas entre parenthèses les expressions du numérateur et du dénominateur.

→ **Exemple :** $A = \frac{27 + 6}{3} = \frac{33}{3} = 11$

Attention ! Pour calculer A avec la calculatrice, il faut rétablir les parenthèses.

(27 + 6) ÷ 3 =   Affichage : (27 + 6) ÷ 3 → 11

B Convention du signe ×

On peut ne pas écrire le signe × lorsqu'il est suivi d'une lettre ou d'une parenthèse.

▶ Voir exercices 29 à 43 p. 18-19

→ **Exemples :** *a*, *b*, *c* désignent des nombres.

- $4 \times a = 4a$
- $a \times 4 = 4a$ (mais pas $a4$)
- $1 \times a = 1a = a$
- $0 \times a = 0a = 0$
- $b \times c = bc$
- $(a + 3) \times (a + 4) = (a + 3)(a + 4)$

C Carré, cube d'un nombre

a désigne un nombre.

- $\boldsymbol{a \times a = a^2}$ (lire « *a* carré »)
- $\boldsymbol{a \times a \times a = a^3}$ (lire « *a* au cube »)

4 Distributivité

PROPRIÉTÉ (admise)

Multiplier une somme (ou une différence) par un nombre revient à multiplier chaque terme de la somme (ou de la différence) par ce nombre.

$$\boldsymbol{k \times (a + b) = k \times a + k \times b} \quad \text{et} \quad \boldsymbol{k \times (a - b) = k \times a - k \times b}$$

Note
On dit que la multiplication est **distributive** *par rapport à l'addition et à la soustraction.*

Vocabulaire

Développer signifie transformer un produit en une somme ou une différence.

Produit	développer →	Somme, différence
$k(a + b)$	=	$ka + kb$
$k(a - b)$	=	$ka - kb$

▶ Voir exercices 44 à 57 p. 20

→ **Exemple : développer**
$A = 7(a + 2) = 7a + 7 \times 2$
donc $A = 7a + 14$.

Factoriser signifie transformer une somme ou une différence en un produit.

Somme, différence	factoriser →	Produit
$ka + kb$	=	$k(a + b)$
$ka - kb$	=	$k(a - b)$

On dit que *k* est **un facteur commun aux termes** *ka* et *kb*.

→ **Exemple : factoriser** et **réduire**
$B = 5k - 3k = (5 - 3)k$ donc $B = 2k$.

EXERCICE RÉSOLU 1 Organiser le calcul d'une expression

ÉNONCÉ

Calculer à la main les expressions suivantes :

a. $A = 24 : 3 \times 2$ b. $B = 7 \times 8 - 5(4 + 2) + \dfrac{20 + 8}{4}$ c. $C = 3 + \dfrac{6}{\dfrac{40}{5}}$

SOLUTION

a. $A = \overbrace{24 : 3} \times 2 = 8 \times 2 = 16$

Cette expression ne comporte que des multiplications et des divisions : on calcule de gauche à droite.

b. $B = 7 \times 8 - 5(4 + 2) + \dfrac{(20 + 8)}{4}$

$B = 7 \times 8 - 5 \times 6 + \dfrac{28}{4}$

$B = \underbrace{56 - 30} + 7$

$B = 26 + 7 = 33$

1. On calcule à l'intérieur des parenthèses.

2. On effectue les multiplications et divisions.

3. On effectue les additions et soustractions de gauche à droite.

c. $C = 3 + \dfrac{6}{\left(\dfrac{40}{5}\right)}$

$C = 3 + \dfrac{6}{8}$

$C = 3 + 0{,}75 = 3{,}75$

Le trait de fraction en face du signe + indique que le numérateur est 6 et le dénominateur $\dfrac{40}{5}$ c'est-à-dire $(40 : 5)$.

▶ *Exercices 10 page 17 et 32 page 19*

EXERCICE RÉSOLU 2 Traduire un énoncé par une expression

ÉNONCÉ

Pascal a acheté une carte de téléphone d'une durée de 90 min.
Il a déjà passé 13 communications de 5 min chacune (en moyenne).
Combien de communications de 5 min peut-il encore passer avec cette carte ?

SOLUTION

$\dfrac{90 - 13 \times 5}{5} = \dfrac{90 - 65}{5} = \dfrac{25}{5} = 5$

Donc Pascal peut encore passer 5 communications de 5 min chacune avec cette carte.

Pour répondre à la question, on peut enchaîner les opérations à effectuer dans une seule expression.

Note
Plusieurs expressions sont possibles. Par exemple $\dfrac{90}{5} - 13$ convient également.

▶ *Exercices 14 page 17 et 34 page 19*

EXERCICE RÉSOLU

3 Réfléchir avant de calculer

ÉNONCÉ

Calculer sans poser les opérations et sans calculatrice :

a. $A = 17 \times 99$

b. $B = 23 \times 142{,}5 - 23 \times 42{,}5$

SOLUTION

a. $A = 17 \times 99$

$A = 17 \times (100 - 1)$

$A = 17 \times 100 - 17 \times 1$

$A = 1\ 700 - 17 = 1\ 683$

b. $B = 23 \times 142{,}5 - 23 \times 42{,}5$

$B = 23 \times (142{,}5 - 42{,}5)$

$B = 23 \times 100 = 2\ 300$

Pour effectuer mentalement certains calculs il est parfois utile de penser à utiliser la distributivité.
Ici, il est facile de calculer mentalement :
- 17×100 et 17×1 au a. ;
- $142{,}5 - 42{,}5$ et 23×100 au b.

▶ Exercices 46 et 47 page 20

EXERCICE RÉSOLU

4 Choisir entre plusieurs expressions

ÉNONCÉ

Voici un extrait de plan d'un appartement où les dimensions sont en mètres.

a. Exprimer de deux façons différentes l'aire A du salon en m^2.

b. Calculer cette aire pour $y = 3{,}6$ puis pour $y = 2{,}5$ en précisant l'expression de A utilisée.

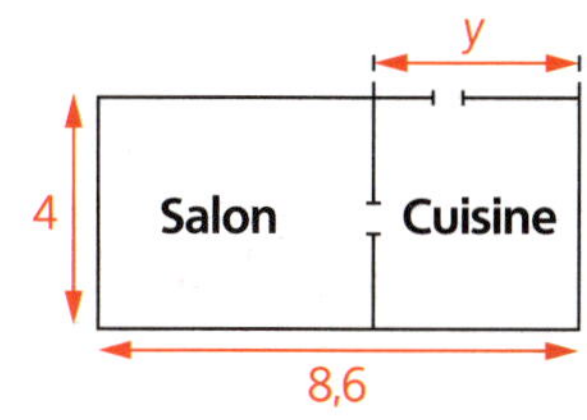

SOLUTION

a. • $4\text{ m} \times 8{,}6\text{ m} = 34{,}4\text{ m}^2$ donc l'aire totale des deux pièces est $34{,}4\text{ m}^2$.
La cuisine a pour aire $4y\text{ m}^2$, donc :

$$A = 34{,}4 - 4y.$$

• Le salon a pour dimensions 4 et $(8{,}6 - y)$ donc : $A = 4(8{,}6 - y)$.

b. • Pour $y = 3{,}6$, l'aire du salon est 20 m^2.
En effet : $A = 4(8{,}6 - 3{,}6) = 4 \times 5 = 20$.

• Pour $y = 2{,}5$, l'aire du salon est $24{,}4\text{ m}^2$.
En effet : $A = 34{,}4 - 4 \times 2{,}5 = 34{,}4 - 10 = 24{,}4$.

On peut vérifier avec la distributivité que :

$4(8{,}6 - y) = 4 \times 8{,}6 - 4y$

$= 34{,}4 - 4y$

On choisit l'expression développée ou celle factorisée de A selon la simplicité des calculs.

▶ Exercices 56 et 57 page 20

Exercices

TRAVAIL PERSONNEL

Ces exercices prolongent la rubrique Revoir les acquis (page 8)

Effectuer la bonne opération

A Sandra effectue une randonnée de 7,4 km.
Au bout d'un quart d'heure, elle a parcouru 800 m.
Quelle distance lui reste-t-il encore à parcourir ?

B Kevin achète 6 bouteilles d'eau minérale de 0,75 L à 0,85 € la bouteille.
Quelle quantité d'eau achète-t-il ? Combien paie-t-il ?

C Avec 5 DVD identiques, Sophia sauvegarde 24 gigabits de données.
Combien de gigabits peut-on stocker sur un DVD ?

D La projection d'un film qui dure 2 h 45 min commence à 20 h 50 min.
À quelle heure ce film se terminera-t-il ?

Effectuer des opérations

E Calculer à la main :
a. $13,4 - 6,58$ b. $152,3 + 67,84$
c. $3,5 \times 4,02$ d. $22,4 : 16$

Passer d'une écriture fractionnaire à une écriture décimale

F Donner l'écriture décimale de :
a. $\frac{16}{10}$ b. $\frac{48}{5}$ c. $\frac{58,2}{3}$

Utiliser le vocabulaire

G a. Calculer le produit de 5 par 1,4.
b. Calculer la somme de 13,7 et 8,9.
c. Calculer la différence entre 6,2 et 4,4.

Exercices d'application

Expressions sans parenthèses

1 Calculer **à la main** chaque expression.
$A = 36 - 8 - 17$ $B = 15,28 - 7,2 + 5$
$C = 1 - 0,8 + 0,08 - 0,008$

2 Calculer **à la main** chaque expression.
$D = 280 : 7 : 4$ $E = 560 : 10 \times 8$
$F = 24 \times 2 : 24$ $G = 7,5 : 7,5 \times 2$

3 Calculer **à la main** chaque expression.
$H = 87 - 17 + 15 - 25$ $I = 5 \times 6 : 15$
$J = 36 : 4 \times 5$ $K = 17,2 - 7,5 + 2,3$

4 Calculer **mentalement** chaque expression.
$L = 37,4 - 27,4 + 8$ $M = 5 : 2 \times 4$
$N = 6 \times 8 : 100$ $P = 200 : 100 \times 0,01$

5 Dans chaque cas, calculer **mentalement** un ordre de grandeur, puis effectuer le calcul **avec la calculatrice** et vérifier la cohérence des réponses.
a. $A = 122,4 - 59,48 - 0,9 + 9,875$
b. $B = 7,7 \times 19,8 : 4,2 \times 0,12$

6 Avec leurs calculatrices, Marine et Cindy ont calculé $A = 2 + 7 \times 4$.
Marine a obtenu $A = 36$ et Cindy, $A = 30$.
Laquelle de ces deux élèves possède une calculatrice qui respecte les priorités opératoires ? Expliquer.

7 Recopier et associer chaque calcul à son résultat.

$2 + 4 \times 3$	11
$2 \times 3 - 4$	1
$3 - 4 : 2$	14
$12 - 3 \times 2 + 5$	2

8 Calculer **à la main** chaque expression.

$A = 15 + 8 \times 11$ $B = 68 - 8 \times 6$

$C = 3 \times 12 - 21$ $D = 4 \times 15 + 6$

9 Calculer **à la main** chaque expression.

$E = 13 - 6 : 2$ $F = 17 : 4 - 2$

$G = 201 + 19 : 2$ $H = 12{,}6 : 6 + 1{,}5$

10 Calculer **à la main** chaque expression.

$I = 18 \times 0{,}5 - 8 \times 0{,}25$ $J = 7 \times 3 - 14 : 5$

$K = 12 - 21 \times 0{,}5 + 24 : 2 \times 3$

Conseil : se reporter à l'exercice résolu 1 page 14.

11 Calculer **à la main** chaque expression.

$L = 2 + 3 \times 4 + 5 \times 6$ $M = 4 \times 5 - 6 + 6 \times 2$

$N = 6 + 3 \times 7 - 5 \times 2$ $P = 7 \times 6 - 2 - 6 \times 5$

12 Calculer **mentalement** chaque expression.

$Q = 4 + 12 : 4$ $R = 36 : 9 - 3$

$S = 42 : 6 - 5$ $T = 30 - 24 : 8$

13 Dans chaque cas, calculer **mentalement** un ordre de grandeur, puis effectuer le calcul **avec la calculatrice** et vérifier la cohérence des réponses.

$A = 1\ 239{,}5 - 79 \times 8{,}2 + 2\ 998 \times 0{,}012$

$B = 2{,}8 \times 39{,}5 : 1{,}6 - 14 \times 4{,}9$

14 Une compétition d'endurance comporte trois épreuves :

- 30 longueurs d'un bassin de 50 m à la nage ;
- un trajet de 42 km en vélo ;
- 12 tours d'un circuit de 800 m en courant.

a. Écrire une expression qui permet de calculer la distance totale à parcourir lors de cette compétition.

b. Calculer cette distance.

Conseil : se reporter à l'exercice résolu 2 page 14.

15 Chaque Français produit chaque jour, en moyenne 0,980 kg de déchets ménagers. Ces déchets sont ramassés à l'aide de camions de 30 tonnes.

On suppose que dans l'année il y a 365 jours.

a. Écrire une expression qui permet de calculer le nombre de ces camions remplis avec les déchets ménagers des soixante millions d'habitants en une année.

b. Calculer cette expression.

Info

Sur une moyenne de 360 kg d'ordures ménagères par habitant et par an, 20 % sont recyclés et 80 % enfouis ou incinérés, soit environ 290 kg. L'objectif est que dans 5 ans, il n'y ait pas plus de 250 kg de déchets ménagers enfouis ou incinérés, par habitant et par an.

16 **En Géographie**

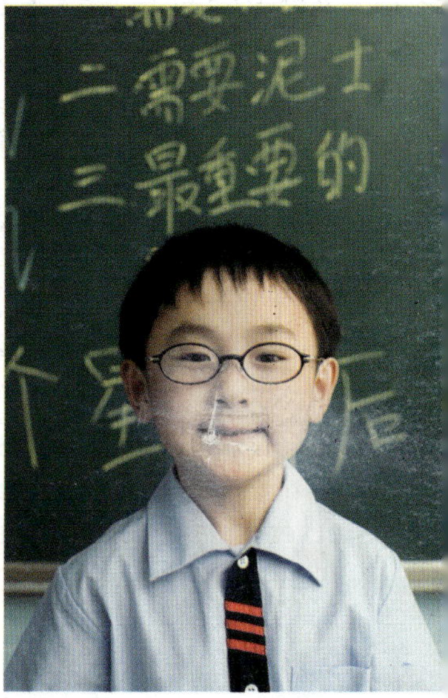

La population de la Chine en 2005, était de 1,3 milliard d'habitants. Les prévisions envisagent une population de 1,5 milliard en 2010.

On suppose que chaque année, la population chinoise augmente du même nombre.

a. Écrire une expression pour calculer cette augmentation annuelle.

b. Calculer cette expression.

17 Pour le déplacement de ses supporteurs, un club de football prévoit 3 avions de 140 places et 13 bus de 59 places.

a. Écrire une expression qui permet de calculer le nombre de supporteurs qui pourront effectuer le déplacement.

b. Calculer cette expression.

Expressions avec parenthèses

18 Calculer **mentalement** chaque expression.

$A = 7 - (11 - 3) : 2$ $B = (7 - 4) \times 5 - 2 \times 6 - 3$

$C = 30 - 24 : (2 + 4)$ $D = (30 - 24) : 2 + 4$

19 Calculer **à la main** chaque expression.

$E = 14 + 7 \times 13 - 10$ $F = (14 + 7) \times (13 - 10)$

$G = (14 + 7) \times 13 - 10$ $H = 14 + 7 \times (13 - 10)$

20 Calculer **à la main** chaque expression.

$I = 2{,}4 \times 31 - 15 : 6$ $J = 2{,}4 \times (31 - 15) : 6$

$K = 2{,}4 \times (31 - 15 : 6)$ $L = (2{,}4 \times 31 - 15) : 6$

21 Calculer **à la main** chaque expression.

$M = 7 - [12 - (9 - 1)]$ $N = 3 \times [2 + (5 + 7) : 3]$

$P = [5 : (7 + 3)] \times 6$ $Q = 13 - [2 + 7 - (8 - 2) : 2]$

22 **Pour rédiger**

Lire l'énoncé et la solution proposée par un élève. Rédiger ensuite cette solution en tenant compte des remarques du correcteur.

Énoncé

Calculer les expressions suivantes :

$A = 5 + (9 - 2) \times 3$ $B = 36 : 2 - (8 - 2) : 3$

Copie d'un élève

A = 5 + (9 − 2) × ~~3 = 7~~ × ~~3 = 5~~ + 21 = 26

Rédaction à revoir, le signe = est mal utilisé.

B = 36 : 2 − (8 − 2) : 3 = 18 − 6 : 3 = ~~12 : 3~~ = 4

Attention, on effectue la division avant la soustraction.

23 Dans chaque cas, calculer **mentalement** un ordre de grandeur, puis effectuer le calcul **avec la calculatrice** et vérifier la cohérence des réponses.

$A = (141 - 15{,}3) \times 19{,}8 - 603{,}9 : 0{,}3$

$B = 9{,}8[5 - (18{,}2 - 7{,}4) \times 0{,}4] - 0{,}2 \times 12{,}5$

24 Pour certaines des expressions ci-dessous, on peut supprimer les parenthèses. Lesquelles et pourquoi ?

$A = 30 + (6 \times 4)$ $B = (30 + 6) \times 4$

$C = 30 - (6 - 4)$ $D = (30 - 6) - 4$

$E = (30 - 6) \times 4$ $F = (30 : 6) \times 4$

25 Chacun des triangles ABC ci-dessous a un périmètre de 20 cm. Dans chaque cas, écrire une expression pour calculer la longueur AB, puis effectuer le calcul.

a.

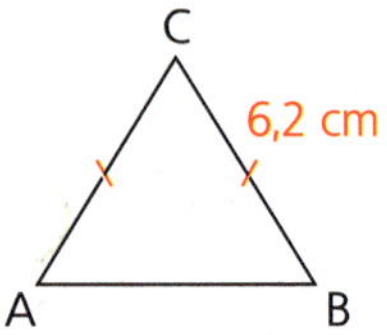

b.

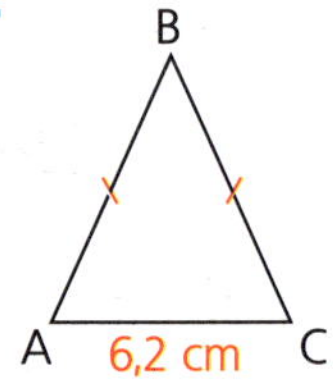

26 Un garage propose une formule de crédit pour l'achat d'une voiture qui coûte 16 000 € :

- paiement de 5 000 € à la livraison du véhicule
- et paiement de 48 mensualités de 250 €.

a. Écrire une expression permettant de calculer le prix de cette voiture avec ce crédit.

b. Écrire une expression permettant de calculer la somme que l'on payera en plus si l'on achète cette voiture avec ce crédit.

c. Calculer cette dernière expression.

27 Nils en jouant à son jeu vidéo préféré a obtenu les résultats suivants aux quatre premières aventures.

- 1re aventure : gain de 50 points,
- 2e aventure : gain de 40 points,
- 3e aventure : score multiplié par 3,
- 4e aventure : perte de 100 points.

Quel est le score de Nils à la fin de la 4e aventure ?

28 Ce tableau donne la répartition des routes goudronnées en France.

	France métropolitaine	France entière
Autoroutes	7 840 km	7 840 km
Nationales	2 543 km	2 543 km
Départementales	26 625 km	27 893 km
Voies communales	359 644 km	362 033 km

a. Écrire deux expressions différentes pour calculer le nombre total de km de routes goudronnées dans les départements et territoires d'outre-mer.

b. Calculer ces expressions.

Conventions d'écriture

29 Donner une autre écriture de chaque expression en remplaçant le signe « : » par un trait de fraction. Supprimer alors les parenthèses inutiles.

$A = 5 + 4 : 3$ $B = 2 : 7 + 5$

$C = (5 + 4) : 3$ $D = 2 : (7 + 5)$

$E = (5 : 4) : 3$ $F = 2 : (7 : 5)$

30 Donner une autre écriture de chaque expression en remplaçant le trait de fraction par le signe « : ».

$A = 7 - \dfrac{3 \times 4}{1{,}7 + 0{,}3}$ $B = \dfrac{18}{\dfrac{9}{4}}$ $C = \dfrac{\dfrac{21}{14}}{16}$

31 Calculer **mentalement** chaque expression.

$A = \dfrac{\dfrac{42}{7}}{10}$ $B = \dfrac{18}{\dfrac{15}{5}}$ $C = 7{,}5 + \dfrac{6}{12 - 2}$

32 Calculer **à la main** chaque expression.

$A = 12 \times \frac{4}{5}$ $B = 4,7 - \frac{6+3}{\frac{30}{2}}$

$C = \frac{15}{7-3} - 2 \times (8,6 - 7,1) + 8,2 \times 5$

Conseil : se reporter à l'exercice résolu 1 page 14.

33 Calculer **à la main** chaque expression puis vérifier **avec la calculatrice**.

$A = 5 + \frac{7}{8-6}$ $B = \frac{3+6}{10} - 0,4$

$C = \frac{9-0,2}{\frac{32}{4}}$ $D = \frac{\frac{3}{2}}{8-3}$.

34 Un fleuriste dispose de 220 roses. Il décide d'en vendre 20 à l'unité, de faire 5 bouquets de 9 roses, 15 bouquets de 7 roses et des bouquets de 5 roses.
a. Écrire une expression pour calculer le nombre de bouquets de 5 roses.
b. Calculer le nombre de bouquets de 5 roses.
Conseil : se reporter à l'exercice résolu 2 page 14.

35 Voici l'énoncé d'un problème :
« Après avoir utilisé 17,6 m d'une corde de 50 m on réalise 6 morceaux identiques avec la corde restante. Quelle est la longueur d'un morceau ? »
Parmi les expressions ci-dessous, quelles sont celles qui permettent de résoudre ce problème ?

$A = 50 - 17,6 : 6$ $B = \frac{50 - 17,6}{6}$ $C = 50 - \frac{17,6}{6}$

$D = (50 - 17,6) : 6$ $E = 17,6 - \frac{50}{6}$ $F = \frac{50}{6} - 17,6$

36 n désigne un nombre. Lorsque cela est possible recopier l'expression sans écrire le signe $\times$.

$A = 7 \times \pi$ $B = 7 \times n$ $C = 7 \times (5 + 8)$
$D = 7 \times 8$ $E = (3 + 4) \times (7,4 - 5,6)$ $F = n \times \pi$

37 a et b désignent des nombres. Recopier les expressions suivantes en rétablissant le signe $\times$ là où il a été sous-entendu.

$A = 10\pi$ $B = 5ab$ $C = (3 + 4)(7 - 1,2)$
$D = 9(a + 3)$ $E = 5a^2$ $F = 5a + b$

38 a, b, c désignent des nombres.

$M = 7a + 3b - c$ $N = 3(a - b) + \frac{c}{2}$

$P = \frac{a+b}{c}$ $Q = \frac{a-c}{2b-c}$

1. Dans chaque cas, calculer M, N, P, Q.
a. $a = 4$; $b = 1,5$; $c = 2$
b. $a = 12$; $b = 8,4$; $c = 12$

2. a. Avec un tableur, taper la feuille de calcul suivante :

	A	B	C	D	E	F	G
1	a	b	c	M	N	P	Q
2	4	1,5	2				
3	12	8,4	12				

b. Dans la cellule D2, taper la formule : =7*A2+3*B2−C2. Dans les cellules E2, F2, G2 taper les formules correspondants aux expressions N, P, Q.
c. Sélectionner la plage D2:G2 et par glisser-coller, compléter la plage D3:G3.

Pour les exercices 39 et 40

Traduire chaque phrase par une expression.

39 a. A est le quotient de la somme de 6 et 8 par 4.
b. B est la différence de 15 et du quotient de 21 par 3.
c. C est le produit de 2,4 par la somme de 5 et 4.

40 a. A est le quotient de 9 par le quotient de 3 par 4.
b. B est le quotient du quotient 7 par 4, par 10.
c. C est le produit de 5 par le quotient de 4 par 8.

41 Traduire chaque expression par une phrase.

$A = 2 + 3 \times 4$ $B = (2 + 3) \times 4$
$C = 7 \times (8 - 3)$ $D = 7 \times 8 - 3$
$E = \frac{35}{7-2}$ $F = \frac{7}{\frac{5}{4}}$

42 Calculer **à la main** chaque expression.

$A = 7^2$ $B = 5^3$ $C = 3 \times 2^3 - 2 \times 3^2$
$D = (4 - 2,5)^2$ $E = 7(2,8 + 3,2)^2$

43 **Formulaire**

Un disque de rayon R a pour aire πR^2.

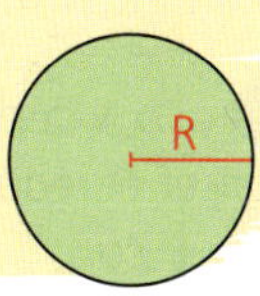

Un disque a pour rayon 12,5 cm.
a. Calculer **à la main**, l'aire en cm^2 de ce disque en prenant 3,14 pour valeur approchée de π.
b. Avec la touche [π] et la touche [x²] de la calculatrice, calculer l'arrondi au centième de l'aire en cm^2 de ce disque. Que constate-t-on ?

Distributivité

44 Calculer **à la main**, de deux façons différentes, chacune des expressions suivantes :

$A = 7(10 + 4)$ $B = 16(100 + 2)$

$C = (50{,}5 - 4{,}5) \times 2$ $D = (100 - 2) \times 4$

45 Calculer **à la main**, de deux façons différentes, chacune des expressions suivantes :

$A = 7{,}2 \times 13 - 7{,}2 \times 3$ $B = 10 \times 2{,}3 - 0{,}3 \times 10$

$C = 993 \times 4{,}6 + 7 \times 4{,}6$ $D = 9 \times 0{,}2 + 0{,}8 \times 9$

46 Calculer sans poser les opérations et sans calculatrice :

$A = 23 \times 99$

$B = 37 \times 63{,}4 + 37 \times 36{,}6$

Conseil : se reporter à l'exercice résolu 3 page 15.

47 Calculer sans poser les opérations et sans calculatrice :

$A = 102 \times 43$

$B = 86 \times 87{,}45 - 46 \times 87{,}45$

48 a désigne un nombre et $A = 4(a + 7{,}5)$.

1. Développer A.

2. Dans chaque cas, calculer **à la main** A en choisissant l'écriture de A la plus pratique.

a. $a = 12{,}5$ **b.** $a = 8{,}25$ **c.** $a = 3{,}1$

49 a, b, x désignent des nombres.
Développer chaque expression.

$A = 5(a + 2)$ $B = 6(b - 3)$ $C = (1 - x) \times 9$

$D = 3(2a + 5)$ $E = 4(2 - 3b)$ $F = (5x - 1) \times 7$

50 x et y désignent des nombres et $A = 4x - 4y$.

1. Factoriser A.

2. Dans chaque cas, calculer **à la main** A en choisissant l'écriture de A la plus pratique.

a. $x = 7{,}6$ et $y = 2{,}6$ **b.** $x = 6{,}5$ et $y = 2{,}25$

51 a, b, x désignent des nombres.
Factoriser et réduire chaque expression.

$A = 5a + 7a$ $B = 7b - 3b$ $C = 7x - 6x$

$D = 12a - 5a + 3a$ $E = 12x - (5x + 3x)$

52 a et x désignent des nombres. Factoriser et réduire chaque expression.

$A = a + 5a$ $B = 5x - x$

$C = 4a - a - 2a$

Info
Ne pas oublier que $a = 1 \times a$.

53 a désigne un nombre.

$A = 3a + 5a$ $B = 7a - 5a - 2$ $C = 2a \times 5a$.

a. Écrire plus simplement ces expressions.

b. Calculer la valeur de chacune de ces expressions pour $a = 3{,}6$.

54 Un toit est composé de deux parties rectangulaires.

a. Écrire deux expressions pour calculer la superficie totale de ce toit.

b. Calculer cette superficie totale.

55 En poésie un octosyllabe est un vers qui comporte 8 syllabes, un alexandrin est un vers qui en comporte 12.
Guylaine a écrit un poème qui est constitué de 14 octosyllabes et de 14 alexandrins.
Calculer de deux façons le nombre de syllabes de ce poème.

56 Voici le schéma d'une fenêtre rectangulaire sur laquelle est posée un store également rectangulaire.
Les dimensions sont en mètres.

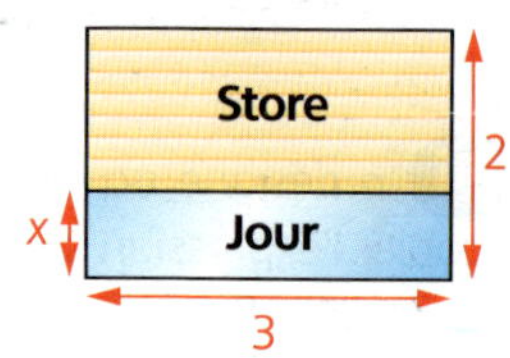

a. Exprimer de deux façons différentes l'aire A du store en m^2.

b. Calculer cette aire pour $x = 1{,}4$ puis pour $x = 0{,}5$ en précisant l'expression de A utilisée.

Conseil : se reporter à l'exercice résolu 4 page 15.

57 Un chargement contient 5 sacs de ciment et 5 caisses de matériel. On désigne par x le poids d'un sac en kg et par y le poids d'une caisse en kg.

1. Exprimer de deux façons le poids de ce chargement.

2. Dans chaque cas, calculer le poids de ce chargement.

a. $x = 3{,}6$ et $y = 6{,}4$ **b.** $x = 10$ et $y = 7$

Pour s'exprimer

58 **Imaginer**

Calculer $200 + 4 \times 30$.
Inventer un problème qui se résout par ce calcul.

59 **Carré, cube**

1. a. Écrire 25 comme un carré.
b. Écrire 27 comme un cube.
c. Écrire 100 comme somme de deux carrés.

2. Traduire chaque égalité par une phrase.
a. $2^3 = 8$ b. $121 = 11^2$ c. $7^2 - 4^2 = 33$

60 **De la solution à l'énoncé**

Voici trois énoncés de problèmes dont on a effacé certaines données.

Problème 1 : Alexis achète un CD à … € et 3 stylos à … € l'un. Quel est le montant de ses achats ?

Problème 2 : Béatrice achète … bracelets rouges et … bracelets bleus. Chaque bracelet coûte … €. Quel est le montant de ses achats ?

Problème 3 : Clémence achète 27 boissons à … l'une et un livre à … €. Quel est le montant de ses achats ?

a. Trois des expressions ci-dessous permettent de résoudre ces problèmes. À l'aide de ces expressions retrouver les données manquantes.

b. Pour l'expression qui ne convient pas, imaginer un problème que cette expression permet de résoudre.

Expressions

$A = (27 + 3) \times 2{,}75$	$B = 27 : 3 + 2{,}75$
$C = 3 \times 2{,}75 + 27$	$D = 27 \times 2{,}75 + 3$

61 **Développement ou factorisation**

Recopier puis compléter le tableau ci-dessous comme nous avons commencé à le faire.

Expression initiale	Action	Expression finale
$9(10 + 4)$ produit	développer	$9 \times 10 + 9 \times 4$ somme
$8 \times 13 - 8 \times 3$		
$14 \times 19 + 19 \times 6$		
$(100 - 3) \times 4$		

CALCUL MENTAL ET RÉFLÉCHI

62 **Multiplier par 9, par 99, par 999, …**

Exemple : $36 \times 9 = 36 \times (10 - 1) = 36 \times 10 - 36$
Donc $36 \times 9 = 360 - 36 = 324$.

Calculer mentalement :
a. 28×9 b. 47×99 c. 14×999
d. 9×16 e. 99×25 f. 99×63

63 **Multiplier par 11, par 101, par 1 001, …**

Exemple : $36 \times 11 = 36 \times (10 + 1) = 36 \times 10 + 36$
Donc $36 \times 11 = 360 + 36 = 396$.

Calculer mentalement :
a. 53×11 b. 24×101 c. $74 \times 1\,001$
d. 11×63 e. 101×48 f. $1\,001 \times 37$

64 **Multiplier par 1,5**

1. Calculer mentalement $12 \times 1{,}5$ puis $38 \times 1{,}5$.
Expliquer votre procédé.

2. Calculer mentalement :
a. $160 \times 1{,}5$ b. $100 \times 1{,}5$ c. $25 \times 1{,}5$

65 **Calcul réfléchi**

1. Calculer mentalement 15×18.
Expliquer votre procédé.

2. Calculer mentalement : a. 34×15 b. 24×45

66 **La transformation cachée**

Départ		Arrivée
1	→	6
2	→	9
3	→	12
8	→	27

1. Avec cette règle, à quel nombre arrive-t-on si l'on part de : a. 7 ? b. 30 ?

2. Avec cette règle, on a obtenu le nombre 48 à l'arrivée. De quel nombre était-on parti ?

FAIRE LE POINT

TRAVAIL PERSONNEL

Pour chaque question, une seule réponse est exacte. Laquelle ?

	a	b	c
67 $28 - 8 + 6 - 12 + 1$ est égal à …	3	14	15
68 $30 : 3 \times 5 : 2$ est égal à …	1	25	50
69 $16 - 6 \times 2$ est égal à …	4	20	28
70 $7 + (5 - 2) \times 8 - 6 : 2$ est égal à …	10	28	77
71 Une autre écriture de $\frac{17 - 5}{4}$ est …	$17 - \frac{5}{4}$	$17 - 5 : 4$	$(17 - 5) : 4$
72 Avec la calculatrice, on tape 12 [÷] [(] 15 [+] 9 [)] [=] pour calculer …	$\frac{12}{15} + 9$	$\frac{12}{15 + 9}$	$\frac{15 + 9}{12}$
73 Le produit de la différence de 37 et 4 par 8 est égal à …	264	140	5
74 Alix achète 3 stylos à 1,2 € l'un et un cahier à 2,5 €. Elle paie avec un billet de 10 €. L'expression qui permet de savoir combien on lui rend est …	$2{,}5 + 3 \times 1{,}2$	$10 - 2{,}5 + 3 \times 1{,}2$	$10 - (2{,}5 + 3 \times 1{,}2)$
75 $\frac{36}{\frac{6}{3}}$ est égal à …	2	6	18
76 $7{,}3 \times 6 + 4 \times 7{,}3$ est égal à …	$7{,}3 \times (6 + 4)$	$7{,}3 \times 6 + 4$	$7{,}3 \times (6 + 4) \times 7{,}3$
77 23×99 est égal à …	$23 \times 100 - 1$	$23 \times 100 - 23$	$23 \times (100 - 23)$
78 x désigne un nombre. $6(5x - 2)$ peut s'écrire …	$18x$	$12 - 30x$	$30x - 12$

Vérifier les réponses page 266 : 9 bonnes réponses ou plus, passer à la série suivante d'exercices, sinon revoir auparavant le cours et les méthodes.

Exercices de consolidation

TRAVAIL PERSONNEL

79 Schématiser une situation

Lors d'un défilé, les soldats sont rangés en lignes et en colonnes. Le soldat Martin s'aperçoit qu'il a 4 soldats sur sa gauche, 7 sur sa droite, 9 devant lui et 6 derrière lui.

a. Écrire une expression qui permet de calculer le nombre de soldats qui participent à ce défilé.
b. Calculer le nombre de soldats qui participent à ce défilé.

Aide

a. Tu peux penser à schématiser cette situation comme ci-contre. Il n'est pas question de dessiner tous les soldats, mais de comprendre comment calculer le nombre de soldats sur chaque ligne et chaque colonne.

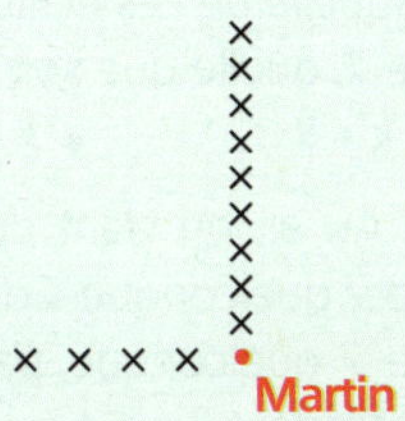

80 Travailler avec des valeurs exactes

Cette figure est constituée de trois demi-cercles.

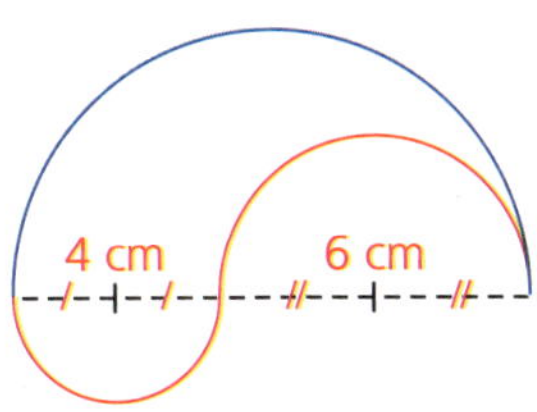

Comparer les longueurs de la ligne rouge et de la ligne bleue.

Aide

Tu dois te souvenir que le périmètre d'un disque de rayon R est $2\pi R$.
Tu adapteras cette formule car ici il s'agit de demi-cercles.
Enfin, exprime les deux longueurs à l'aide de π (sans le remplacer par une valeur approchée).

81 Utiliser des informations

On donne : $27 \times 3 = 81$
$27 \times 7 = 189$
$27 \times 9 = 243$

Calculer sans poser les multiplications et sans calculatrice :
a. 27×703 **b.** 27×37
c. 27×79 **d.** 27×739

Aide

a. À partir de $27 \times 7 = 189$ tu peux calculer aisément 27×700.
En remarquant que $27 \times 703 = 27(700 + 3)$, tu pourras conclure.

82 Utiliser différentes formes d'une expression

x désigne un nombre différent de 0.
ABCD est un rectangle et EFGH est un carré dont voici les dimensions en cm :

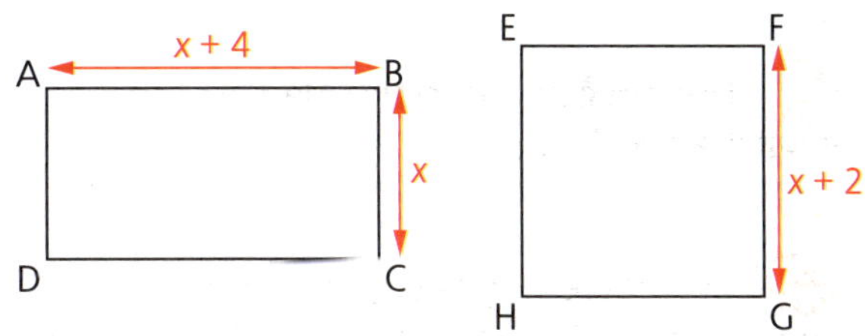

1. Calculer les périmètres de ABCD et EFGH dans chacun des cas suivants :
a. $x = 2$
b. $x = 11$
c. $x = 3{,}6$
Que constate-t-on ?

2. Exprimer en fonction de x :
a. le périmètre du rectangle ABCD,
b. le périmètre du carré EFGH.

3. Utiliser les expressions trouvées pour expliquer pourquoi ce qui a été constaté à la question **1** est vrai dans tous les cas.

Aide

3. Pense à développer les expressions obtenues à la question **2**.

Exercices d'approfondissement

S'initier au raisonnement

83 De la conjecture à la généralisation

Voici un croquis d'une rue d'un village où Antoine gare sa voiture pour faire ses courses.

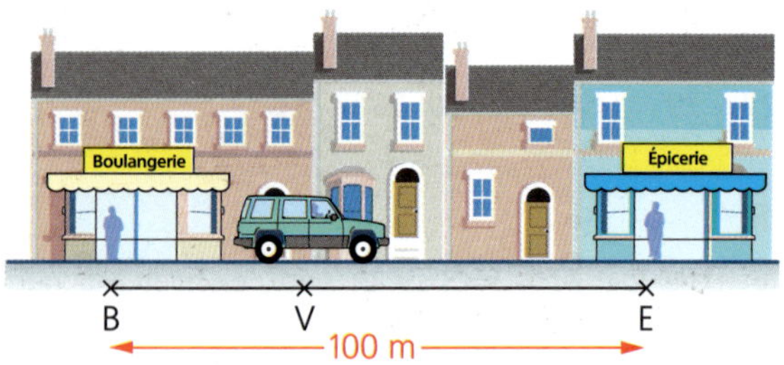

Antoine effectue à pied le trajet : voiture – boulangerie – épicerie – voiture. Il se demande où garer sa voiture entre la boulangerie et l'épicerie pour que son trajet soit le plus court possible.

1. Faire des essais

a. Calculer la longueur d du trajet d'Antoine lorsqu'il gare sa voiture :

- à 50 m de la boulangerie ($BV = 50$ m),
- à 10 m de la boulangerie ($BV = 10$ m),
- à la boulangerie ($BV = 0$ m).

b. Faire d'autres essais.

2. Conjecturer

Que **semble-t-on** pouvoir conseiller à Antoine ?

3. Prouver

> Il n'est pas possible d'envisager tous les emplacements possibles pour la voiture d'Antoine. Aussi pour savoir si la conjecture faite est vraie, on envisage en mathématiques **le cas général**.

On note : $BV = x$ (en mètres), où x désigne un nombre compris entre 0 et 100.

a. Exprimer d à l'aide de x.

b. Simplifier l'expression obtenue.

c. Le conseil que l'on envisageait de donner à Antoine à la question **2** est-il valable dans tous les cas ?

84 Écrire des nombres avec des lettres

1. Sans lettre

a. Dans la liste des nombres entiers, quel est :

- le nombre qui suit 18 ?
- le nombre qui précède 18 ?

b. Pour chacun de ces nombres, dire s'il est un multiple de 3.

• 18 • 19 • 24 • 45 • 82

2. Avec des lettres

n désigne un nombre entier différent de 0.

a. Exprimer à l'aide de n : le nombre qui suit n et le nombre qui précède n.

b. Lisa affirme : « La somme d'un nombre entier différent de 0 et des deux nombres qui l'encadrent est toujours un multiple de 3 ». Qu'en pensez-vous ?

85 Démontrer une propriété

1. Multiples de 7

Dans chaque cas, dire si le nombre est un multiple de 7.

a. 56 b. 91 c. 275 d. 315

2. Des essais à une conjecture

a. Choisir deux multiples de 7 et les ajouter. Obtient-on un multiple de 7 ? Faire d'autres essais en choisissant d'autres multiples de 7.

b. Que peut-on conjecturer ?

3. Démonstration

a. k désigne un nombre entier.

Laquelle de ces écritures désigne à coup sûr un multiple de 7, quelle que soit la valeur donnée à k ?

• $k + 7$ • $k - 7$ • $7k$ • $\frac{k}{7}$

b. Au a., on vient de voir comment écrire un multiple de 7 quelconque. Comment écrire un deuxième multiple de 7 quelconque, pas nécessairement le même que le précédent ?

c. Démontrer alors que la somme de deux multiples de 7 est un multiple de 7.

86 Un programme de calcul

> - Choisir un nombre entier.
> - Ajouter le nombre qui le suit.
> - Multiplier par 2.
> - Retrancher 2.
> - Diviser par 4.

1. Appliquer ce programme de calcul à chacun des nombres de départ suivants :

a. 1 b. 5 c. 37 d. 128

2. Ce que l'on constate avec les nombres précédents est-il général ? Expliquer.

87 Comprendre l'utilité de changer de forme

x désigne un nombre. Voici une expression :

$$A = 3(x + 4) + 2(3x + 1) + x - 13$$

Calculer **mentalement** A pour $x = 123\ 456{,}789$.

Résolution de problèmes

88 Imaginer une stratégie

L'unité de longueur est le centimètre.
Deux cercles ont des rayons qui diffèrent de 1 cm.
Quelle est la différence des longueurs de ces deux cercles ?

89 Avec des 4

En complétant les pointillés de l'expression :

4 … 4 … 4 … 4

par des signes opératoires (+, −, ×, :) et des parenthèses, Valérie a réussi à obtenir tous les nombres entiers de 0 à 9.
Comment a-t-elle procédé ?

90 Les parenthèses effacées

Dans chaque cas, retrouver l'emplacement des parenthèses pour que l'égalité soit vraie.

a. $13 - 7 - 3 = 9$ b. $8 - 5 \times 7 + 2 = 27$
c. $20 - 6 : 2 + 5 = 12$ d. $15 - 6 + 4 : 2 = 10$

91 Même résultat

Sur chaque carte, n'utiliser qu'une fois chaque nombre et chaque signe indiqués pour obtenir toujours le même résultat.

1	17	20
+	×	( )

1	7	50
+	×	( )

16	20	37
+	×	

2	7	700
+	:	

D'après *CRDP Lille*.

92 Avec 1, 2, 3, …

a. Recopier puis compléter le tableau ci-dessous comme nous avons commencé à le faire en utilisant pour chaque expression une seule fois chacun des chiffres 1, 2 et 3, et des opérations bien choisies.

Expression	Résultat	Expression	Résultat
$3 - (2 + 1)$	0		5
	1		6
	2		7
	3		8
	4		9

b. Agnès a pu compléter le même tableau qu'à la question précédente avec les chiffres 1, 2, 3 et 4 pour chaque expression. Pouvez-vous faire de même ?

c. Lionel dit : « Je peux compléter ce tableau très facilement avec 1, 2, 3, 4 et 5 puis avec 1, 2, 3, 4, 5 et 6, etc. ». Expliquer son raisonnement.

93 Périmètres

Sur les figures ci-dessous, MATS est un rectangle et les triangles STH et DRU sont équilatéraux.

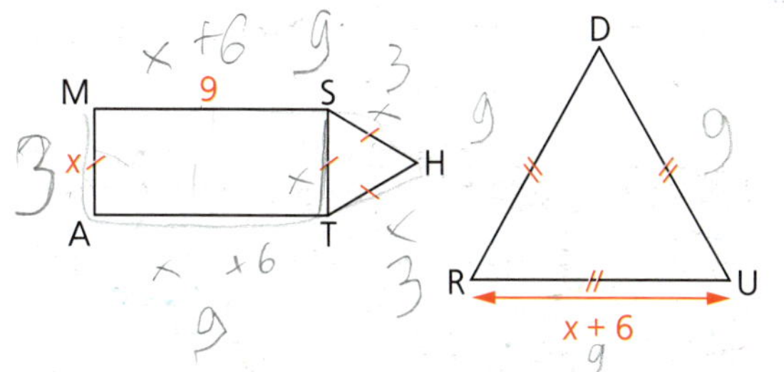

Le polygone MATHS et le triangle DRU ont-ils le même périmètre ? Justifier la réponse.

94 Prévoir le montant des achats

1. Yassine achète des DVD sur internet. Un DVD coûte 1,25 € et les frais de livraison sont de 5 €.

a. Recopier et compléter le tableau ci-dessous.

Nombre de DVD	1	5	10	20	30	40	50
Prix à payer en €							

b. On désigne par n le nombre de DVD que Yassine a commandé et par p le prix qu'il va payer.
Exprimer p en fonction de n.

2. Yassine dispose de 50 €.
Combien va-t-il pouvoir commander de DVD ?

95 Distance d'arrêt d'un véhicule

La distance d'arrêt d en centimètres d'un véhicule se calcule à l'aide de la formule :

$$d = 30xt + \frac{x^2}{2}$$

où x est la vitesse en kilomètres par heure et t est le temps de réaction du conducteur en secondes.

a. Lorsque le conducteur est en bonne santé, t est égal à 0,5 seconde.
Calculer la distance d'arrêt d'un conducteur en bonne santé qui roule à 60 kilomètres par heure.

b. Lorsque le conducteur est fatigué, t est égal à 1 seconde. Calculer la distance d'arrêt d'un conducteur fatigué qui roule à 120 kilomètres par heure.

c. À quelle vitesse maximale doit rouler un conducteur fatigué pour pouvoir s'arrêter à temps, si un obstacle se présente 50 m devant lui ?

96 **Relier le numérique et la géométrie**

1. a. Tracer un segment [AB] de longueur 6 cm, placer son milieu O, puis tracer la médiatrice (d) de [AB].
b. Placer un point C sur (d). Quelle est la nature du triangle ABC ? Justifier la réponse.

2. On désigne par x et y les longueurs respectives en centimètres des segments [AC] et [OC].
a. Exprimer en centimètres le périmètre P du triangle ABC sous la forme d'une somme, puis d'un produit.
b. Calculer P pour $x = 5$ puis $x = 3{,}2$.
c. Pour quelle valeur de x a-t-on $P = 14{,}6$?

3. a. Exprimer en cm^2 l'aire $\mathscr{A}_1$ du triangle AOC, puis l'aire $\mathscr{A}_2$ du triangle ABC.
b. Calculer $\mathscr{A}_2$ pour $y = 4$ puis $y = 3{,}2$.
c. Pour quelle valeur de y a-t-on $\mathscr{A}_2 = 24{,}6$?

Vrai ou faux

Pour les exercices 97 à 104

Dire si l'affirmation est vraie ou fausse. Expliquer la réponse.

97 Dans un calcul, on effectue toujours les multiplications et les divisions en premier.

98 Le produit de deux nombres est toujours supérieur à la somme de ces deux nombres.

99 Le carré d'un nombre est toujours supérieur à ce nombre.

100 $\dfrac{12}{\dfrac{6}{2}}$ est égal à 1.

101 Dans l'expression $27 - (6 \times 14) + 5$ les parenthèses sont inutiles.

102 On peut compléter par les nombres 2 ; 6 ; 15 ; 18 de façon que l'égalité soit vérifiée :

$$(\ldots + \ldots)(\ldots - \ldots) = 336$$

103 Pour multiplier un nombre par 11, on multiplie ce nombre par 10 puis on ajoute 1.

104 Pour multiplier un nombre par 98, on multiplie ce nombre par 100 puis on retranche le double de ce nombre.

Des défis

105 **Grille mystère**

Reproduire cette grille et compléter les cases avec les nombres 1, 2, 3, 4, 5, 6, 7, 8 et 9 de sorte que toutes les égalités soient vraies.

	+	8	:		=	7
×	■	−	■	+	■	−
4	−		×		=	1
:	■	×	■	−	■	×
	×	2	:		=	
=	■	=	■	=	■	=
	×	2	−		=	5

106 **La basse-cour**

Il y a des porcs et des oies derrière la maison.
On voit 72 têtes et 200 pieds.
Le nombre de porcs est :

• 44 • 36 • 28 • 20 • 56

Kangourou des Collèges. Benjamins 6e/5e.

Un pavage pour s'amuser

Le coin des curieux

histoire · formule · mesure

Erreur sur le Nil

Au temps des pharaons, les champs avaient la forme de quadrilatères et les paysans étaient taxés en fonction de la superficie de leurs champs.
Pour calculer cette superficie, la formule suivante était utilisée :

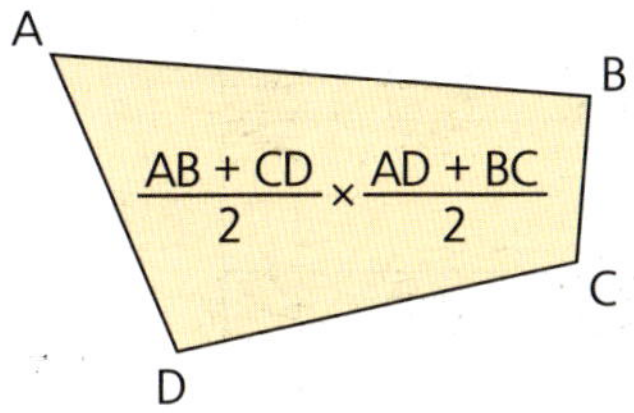

De nos jours, on sait que cette formule est fausse. Pour vous en convaincre, il suffit de calculer l'aire du champ ci-contre en forme de trapèze rectangle.

Avec la formule

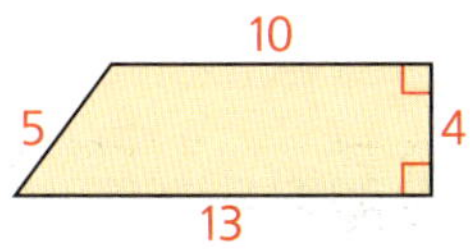

$$\frac{10 + 13}{2} \times \frac{5 + 4}{2} = 51{,}75$$

Par différence

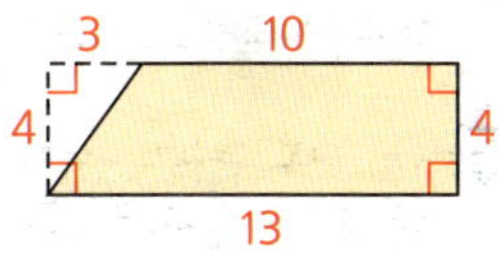

$$13 \times 4 - \frac{3 \times 4}{2} = 46$$

En mathématiques, pour montrer qu'une propriété est fausse, il suffit de trouver un contre-exemple.
Encore mieux, on sait prouver maintenant que, quel que soit le champ, la formule du « fisc » égyptien surévaluait la superficie réelle du champ !

Jeu

Le compte est bon

Avec chacun des trois tirages de six nombres ci-dessous, retrouver le résultat proposé ou s'en approcher le plus possible.

	Tirage n° 1						Tirage n° 2						Tirage n° 3					
Nombres tirés	1	4	25	8	10	7	3	7	10	25	100	2	1	75	5	50	3	9
Résultat demandé	229						867						438					

CHAPITRE 2

Nombres en écriture fractionnaire

PRENDRE UN BON DÉPART

Revoir les acquis

Pour chaque question, une seule réponse est exacte. Laquelle ?

1 Illustrer une fraction

Une illustration de $\frac{1}{3}$ est …

a. 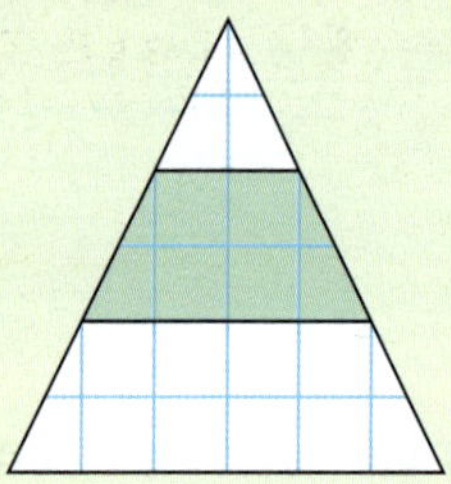

b. 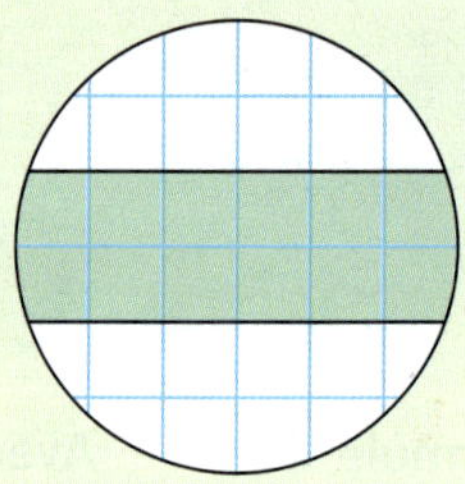

c. 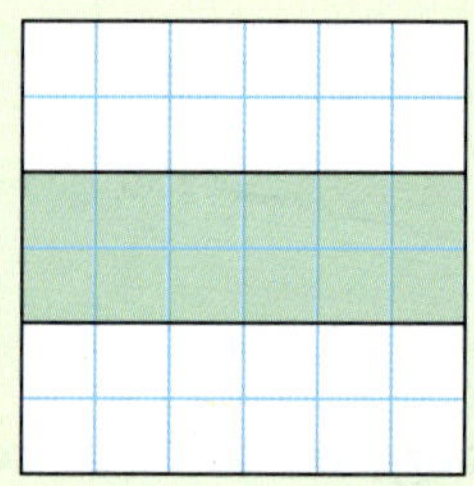

Formulaire page 259

2 Reconnaître des écritures d'un même nombre

Le nombre $\frac{1}{3}$ peut aussi s'écrire …

a. 1,3 **b.** 0,33 **c.** $\frac{2}{6}$

Formulaire page 259

3 Prendre une fraction d'une quantité

Un rocher mesure 12 m de haut. Léonie en a escaladé les $\frac{2}{3}$. Elle a réussi une escalade de …

a. 8 m **b.** 5 m **c.** 18 m

4 Additionner des fractions décimales

$\frac{2}{10} + \frac{35}{100}$ est égal à …

a. $\frac{55}{100}$ **b.** $\frac{37}{1\,000}$ **c.** $\frac{235}{100}$

Formulaire page 259

5 Multiplier des fractions décimales

$\frac{2}{10} \times \frac{7}{10}$ est égal à …

a. $\frac{14}{10}$ **b.** $\frac{14}{100}$ **c.** $\frac{27}{10}$

Poursuivre avec les exercices A à E page 36

Activités

Sciences en construction

Comment écrivait-on les fractions ?

Objectif
Faire réfléchir à l'évolution des connaissances au cours du temps.

Au XIIe siècle en Inde, Bhāskara écrivait $\begin{matrix}1\\7\end{matrix}$ pour désigner notre $\frac{1}{7}$ actuel.

Au IVe siècle en Grèce, Diophante utilisait déjà notre notation mais le dénominateur était placé au-dessus.

a. Écrire la fraction de numérateur 3 et de dénominateur 5 avec la notation :
- actuelle
- indienne
- grecque

b. Comparer les fractions actuelles $\frac{3}{5}$ et $\frac{5}{3}$.

Le saviez-vous ?
Bhāskara, né en 1114 en Inde était un astronome. Diophante a laissé une œuvre très célèbre « *les Arithmétiques* ».

Sens de l'écriture fractionnaire

1 Fraction et quotient

Objectif
Rappeler les notions de fraction-partage et de fraction-quotient.

Unité

a. Dessiner un ruban unité comme ci-contre.

Représenter le nombre $3 \times \frac{1}{5}$. Quelle fraction d'unité obtient-on ?

b. Représenter $\frac{1}{5}$ de 3 unités, c'est-à-dire le nombre $\frac{1}{5} \times 3$. Que constate-t-on ?

c. Représenter le nombre $5 \times \frac{3}{5}$. Que constate-t-on ? Donner l'écriture décimale de $\frac{3}{5}$.

2 Résoudre un problème

Objectif
Distinguer valeur exacte et valeur approchée.

Une grand-mère a donné 50 € à ses trois petites filles qui décident de se partager équitablement cette somme. Quelle est la part de chacune ?

3 Des quotients égaux

Objectif
Mettre en place un exemple générique pour comprendre l'égalité $\frac{ac}{bc} = \frac{a}{b}$.

Les quatre rectangles ci-dessous sont superposables, ainsi que les parties colorées.

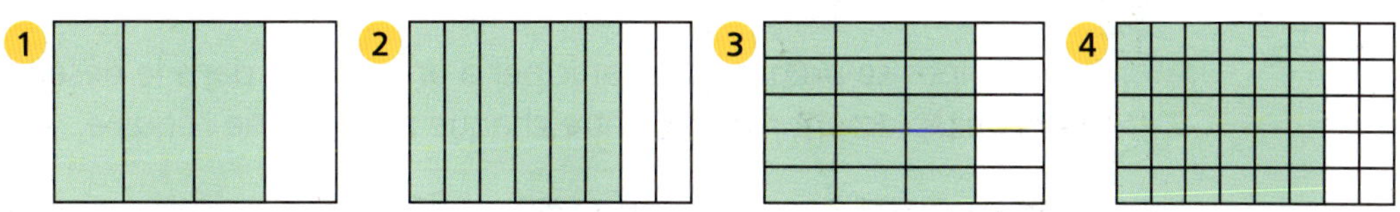

a. Pour chaque dessin, écrire la fraction qu'il illustre.

b. Recopier et compléter $\frac{3}{4} = \frac{\dots}{64} = \frac{93}{\dots} = \frac{\dots}{100} = \frac{1{,}5}{\dots}$.

c. Comment obtient-on toutes les écritures fractionnaires de $\frac{3}{4}$?

@ nathan.fr

4 Diviser par un nombre décimal

a. Un rectangle a une aire de 9 m^2 et sa largeur est de 0,75 m.
Calculer sa longueur.

b. Dans une station-service, Julie a pris 33,2 L de carburant ; elle a payé 41,5 €.
Calculer le prix d'un litre de ce carburant.

5 En S.V.T.

Voici le nombre d'os retrouvés dans une pelote de réjection de chouette, selon le type de proies.

Musaraignes	Campagnols	Mulots	Total
24	36	4	64

a. Quelle fraction du total des os retrouvés représentent ceux de musaraignes ?

b. Exprimer cette proportion à l'aide d'une fraction de numérateur et de dénominateur plus petits. Exprimer cette proportion sous forme d'un pourcentage.

c. Dans cette pelote, quelle est la fréquence des os de campagnols ? de mulots ?

Comparaison des nombres en écriture fractionnaire

6 Avec 20 au numérateur ou au dénominateur

a. Une moissonneuse-batteuse moissonne un champ de blé en plusieurs jours.
Le 1er jour, elle moissonne les $\frac{7}{20}$ du champ, le 2e jour les $\frac{5}{20}$ du champ et le 3e jour les $\frac{6}{20}$ du champ.
Quel jour a-t-elle moissonné le plus ? le moins ? A-t-elle moissonné tout le champ ?

b. Trois enfants ont chacun une ficelle de 20 m.
Quentin la partage en 7 cordelettes de même longueur, Sarah en 5 cordelettes de même longueur et Tino en 6 cordelettes de même longueur.
Ranger les longueurs des cordelettes dans l'ordre décroissant.

7 Le raid d'endurance

Cinq équipes se préparent à participer à une course dans le désert. Elles emportent de l'eau équitablement répartie entre chaque membre de l'équipe.

Chef d'équipe	César	Salomé	Kurt	Rudy	Aïcha
Nombre d'équipiers	6	8	4	7	10
Quantité totale d'eau	9 L	13 L	7 L	15 L	15 L

Ranger ces équipes par ordre croissant de charge d'eau par équipier.

Addition et soustraction de nombres en écriture fractionnaire

8 Régime alimentaire d'un éléphant

Objectif
Additionner ou soustraire des fractions de dénominateurs multiples l'un de l'autre.

Au zoo, la nourriture d'un éléphant se compose de $\frac{2}{3}$ de foin et de luzerne verte, $\frac{1}{9}$ de carottes, $\frac{1}{18}$ de pommes et le reste de farine d'orge.

a. Utiliser un dessin comme ci-contre pour représenter la composition de la nourriture d'un éléphant.

b. Quelle fraction de la nourriture représente la farine d'orge ?

9 Résoudre un problème

Objectif
Se ramener au même dénominateur.

Pour réaliser sa recette préférée, Grand-mère passe $\frac{3}{4}$ d'heure à préparer les ingrédients et $\frac{7}{6}$ d'heure à cuisiner.

Quelle fraction d'heure faut-il à Grand-mère pour réaliser sa recette ?

Multiplication de nombres en écriture fractionnaire

10 Carré, rectangle et fractions

Objectif
Mettre en place la multiplication de deux nombres en écriture fractionnaire.

a. Tracer un carré de 6 cm de côté.

b. Tracer un rectangle dont les dimensions sont $\frac{2}{3}$ et $\frac{3}{4}$ de la longueur du côté du carré.

c. Quelle fraction de l'aire du carré représente l'aire du rectangle ?

d. Utiliser un rectangle de 5 cm sur 3 cm pour illustrer le produit $\frac{11}{5} \times \frac{2}{3}$.

@ nathan.fr

11 Fraction de fraction

Objectif
Mettre en place une illustration d'un autre aspect de la multiplication.

a. Reproduire la figure ci-contre sur une feuille à petits carreaux.

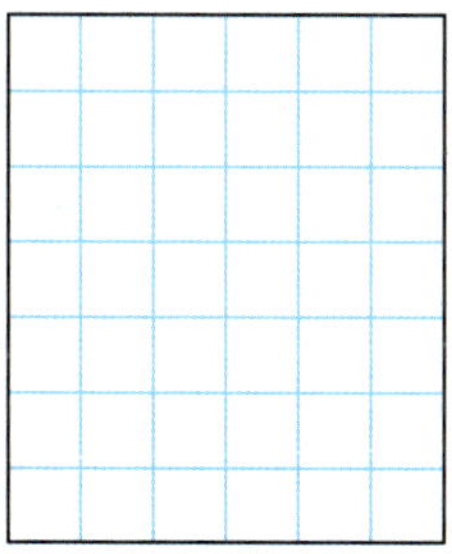

b. Illustrer par un coloriage l'information suivante :

Louise possède un grand verger dont les $\frac{2}{3}$ sont plantés en pommiers.

c. Illustrer par des hachures l'information suivante :

Parmi ces pommiers les $\frac{5}{7}$ donnent des pommes Golden.

d. Quelle fraction du verger représentent les pommiers qui donnent des Golden ?

e. Comment retrouver rapidement cette fraction à l'aide des nombres $\frac{2}{3}$ et $\frac{5}{7}$?

Le Cours

1 Sens de l'écriture fractionnaire

→ Exemple 1

L'unité est le rectangle rouge ci-contre.

$\frac{2}{3} = 2 \times \frac{1}{3}$

La partie colorée en jaune représente la fraction $\frac{2}{3}$.

$\frac{2}{3} = \frac{1}{3} \times 2$ ou encore $3 \times \frac{2}{3} = 2$

$\frac{2}{3}$ **est le nombre qui multiplié par 3 donne 2**. On dit que $\frac{2}{3}$ **est le quotient de 2 par 3**.

En divisant 2 par 3 on obtient des **valeurs approchées** de $\frac{2}{3}$, par exemple $\frac{2}{3} \approx 0{,}66$.

→ Exemple 2

Dans la classe de 5e A, il y a 20 élèves dont 11 filles.

On dit que **la proportion** (ou **la fréquence**) des filles dans cette classe est de $\frac{11}{20}$.

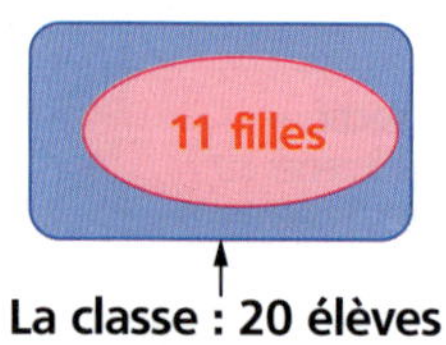

Écritures fractionnaires d'un même nombre

PROPRIÉTÉ

On obtient une nouvelle écriture fractionnaire d'un nombre en multipliant (ou en divisant) son numérateur **et** son dénominateur par un **même** nombre, différent de 0.

a, b, c désignent des nombres avec $b \neq 0$, $c \neq 0$.

$$\frac{ac}{bc} = \frac{a}{b} \qquad \frac{a : c}{b : c} = \frac{a}{b}$$

→ Exemple 3 : simplification d'une fraction

▶ Voir exercices 1 à 16 p. 36-37

$\frac{27}{36} = \frac{3 \times 9}{4 \times 9} = \frac{3}{4}$ ← Il n'est pas possible de trouver un numérateur et un dénominateur plus petits. On dit que $\frac{3}{4}$ est une fraction irréductible.

→ Exemple 4 : division par un nombre décimal

$7{,}35 : 0{,}3 = \frac{7{,}35}{0{,}3} = \frac{7{,}35 \times 10}{0{,}3 \times 10} = \frac{73{,}5}{3} = 24{,}5$

On se ramène ainsi à une division par un nombre entier.

73,5	3
13	24,5
15	
0	

2 Comparaison de nombres en écriture fractionnaire

PROPRIÉTÉ

Des nombres en écriture fractionnaire de **même dénominateur** se rangent dans le même ordre que leurs numérateurs.

→ **Exemple 1 :** $\frac{24}{11} < \frac{32}{11}$ (même dénominateur, 11, et $24 < 32$).

→ **Exemple 2 : dénominateurs multiples l'un de l'autre**

▶ *Voir exercices 17 à 30 p. 37-38*

Pour comparer $\frac{5}{3}$ et $\frac{19}{12}$, on remarque que $12 = 4 \times 3$ et on écrit les deux fractions avec le dénominateur 12 : on dit que l'**on réduit ces fractions au même dénominateur**.

$$\frac{5}{3} = \frac{5 \times 4}{3 \times 4} = \frac{20}{12} \quad \text{et} \quad \frac{20}{12} > \frac{19}{12} \quad \text{donc} \quad \frac{5}{3} > \frac{19}{12}.$$

3 Addition, soustraction de nombres en écriture fractionnaire

PROPRIÉTÉ

Pour additionner (ou soustraire) deux nombres en écriture fractionnaire de **même dénominateur** :
- on additionne (ou on soustrait) les numérateurs,
- on conserve le même dénominateur.

a, b, c désignent des nombres avec $c \neq 0$.

$\frac{a}{c} + \frac{b}{c} = \frac{a+b}{c}$ ← *Somme des numérateurs.*

$\frac{a}{c} - \frac{b}{c} = \frac{a-b}{c}$ ← *Différence des numérateurs.*

→ **Exemple 1 :** $\frac{10}{3} + \frac{7}{3} = \frac{10+7}{3} = \frac{17}{3}$

→ **Exemple 2 :** $\frac{8}{9} - \frac{7}{9} = \frac{8-7}{9} = \frac{1}{9}$

Dénominateurs multiples l'un de l'autre : exemple

▶ *Voir exercices 31 à 47 p. 38-39*

Pour calculer $\frac{3}{8} + \frac{7}{2}$ on peut remarquer que $8 = 2 \times 4$ et réduire les deux fractions au même dénominateur 8.

$$\frac{7}{2} = \frac{7 \times 4}{2 \times 4} = \frac{28}{8} \quad \text{donc} \quad \frac{3}{8} + \frac{7}{2} = \frac{3}{8} + \frac{28}{8} = \frac{3+28}{8} = \frac{31}{8}.$$

4 Multiplication de nombres en écriture fractionnaire

PROPRIÉTÉ

Pour multiplier deux nombres en écriture fractionnaire : {On les écrit sous un même trait de fraction
(Avant la multiplication) on simplifie si nécessaire}
- on multiplie les numérateurs,
- on multiplie les dénominateurs.

a, b, c, d désignent des nombres avec $b \neq 0$, $d \neq 0$.

$\frac{a}{b} \times \frac{c}{d} = \frac{ac}{bd}$ ← *Produit des numérateurs.* / *Produit des dénominateurs.*

En particulier : $\frac{a}{b} \times c = \frac{a}{b} \times \frac{c}{1} = \frac{ac}{b}$

▶ *Voir exercices 48 à 62 p. 39-40*

→ **Exemple 1 :** $\frac{3}{5} \times \frac{7}{8} = \frac{3 \times 7}{5 \times 8} = \frac{21}{40}$

→ **Exemple 2 :** $\frac{3}{5} \times 7 = \frac{3 \times 7}{5} = \frac{21}{5}$

Méthodes

EXERCICE RÉSOLU 1 Simplifier des écritures fractionnaires

Critères de divisibilité (rappels)

- Un nombre entier est divisible par 2 lorsque son chiffre des unités est 0, 2, 4, 6 ou 8.
- Un nombre entier est divisible par 5 lorsque son chiffre des unités est 0 ou 5.
- Un nombre entier est divisible par 4 lorsque le nombre formé par ses deux chiffres de droite est divisible par 4.
- Un nombre entier est divisible par 3 lorsque la somme de ses chiffres est divisible par 3.
- Un nombre entier est divisible par 9 lorsque la somme de ses chiffres est divisible par 9.

ÉNONCÉ

Simplifier les écritures fractionnaires des nombres suivants en précisant les étapes.

a. $\frac{65}{30}$ b. $\frac{24}{36}$ c. $\frac{90}{126}$

SOLUTION

a. $\frac{65}{30} = \frac{65 : 5}{30 : 5} = \frac{13}{6}$.

On utilise le critère de divisibilité par 5.

b. $\frac{24}{36} = \frac{24 : 4}{36 : 4} = \frac{6}{9} = \frac{6 : 3}{9 : 3} = \frac{2}{3}$.

On utilise successivement les critères de divisibilité par 4 et par 3 (ou par 3 d'abord et par 4 ensuite).

c. $\frac{90}{126} = \frac{90 : 9}{126 : 9} = \frac{10}{14} = \frac{10 : 2}{14 : 2} = \frac{5}{7}$.

Note
Au b., au lieu de simplifier par 4, on peut simplifier par 2, puis encore par 2.

▶ *Exercices 7 et 8 page 37*

Remarque : réponse du b. avec la calculatrice

Casio Collège 2D

Sélectionner le format MthIO

(SHIFT SET UP 1)

Taper : [fraction] 24 ▼ 36 ▶ EXE

24/36 → 2/3

TI-Collège

2nd MATHS ▶ ▶ (Frac Mod)

ENTER ▶ (Auto) ENTER

Taper : 24 / 36 ENTER

24/36 → 2/3

EXERCICE RÉSOLU 2 Comparer des nombres en écriture fractionnaire

ÉNONCÉ

Dans chaque cas, comparer les deux nombres.

a. $\frac{3}{4}$ et $\frac{11}{4}$ b. $\frac{5}{7}$ et $\frac{5}{3}$ c. $\frac{2}{3}$ et $\frac{15}{7}$ d. $\frac{9}{5}$ et $\frac{26}{15}$ e. $\frac{16}{5}$ et $\frac{29}{7}$ f. $\frac{215}{13}$ et $\frac{446}{25}$

SOLUTION

a. $3 < 11$ donc $\frac{3}{4} < \frac{11}{4}$.

Les dénominateurs sont les mêmes, on compare les numérateurs.

b. $7 > 3$ donc $\frac{5}{7} < \frac{5}{3}$.

Les numérateurs sont les mêmes, au plus grand dénominateur correspond le plus petit nombre.

c. $\frac{2}{3} < 1$ et $\frac{15}{7} > 1$ donc $\frac{2}{3} < \frac{15}{7}$.

On compare les deux nombres à 1.

d. $\frac{9}{5} = \frac{9 \times 3}{5 \times 3} = \frac{27}{15}$

$\frac{27}{15} > \frac{26}{15}$ donc $\frac{9}{5} > \frac{26}{15}$.

On réduit au même dénominateur puis on compare les numérateurs.

e. $\frac{16}{5} = 3 + \frac{1}{5}$ et $\frac{29}{7} = 4 + \frac{1}{7}$

donc $\frac{16}{5} < \frac{29}{7}$.

On écrit chaque nombre sous la forme d'une somme dont le 1er terme est un entier le plus grand possible.

f. $\frac{215}{13} \approx 16$ et $\frac{446}{25} \approx 18$

donc $\frac{215}{13} < \frac{446}{25}$.

Avec la calculatrice, on cherche une valeur approchée de chaque quotient.

▶ *Exercices 25 et 26 page 38*

EXERCICE RÉSOLU

3 Additionner, soustraire, multiplier

ÉNONCÉ

Effectuer à la main et simplifier si possible le résultat obtenu.

a. $5 - \frac{7}{8}$ **b.** $\frac{6}{35} \times \frac{15}{4}$ **c.** $5\left(\frac{1}{2} + \frac{5}{6}\right)$

SOLUTION

a. $5 - \frac{7}{8} = \frac{40}{8} - \frac{7}{8} = \frac{40 - 7}{8} = \frac{33}{8}$.

On réduit au même dénominateur puis on effectue la soustraction.

b. $\frac{6}{35} \times \frac{15}{4} = \frac{6 \times 15}{35 \times 4} = \frac{\cancel{2} \times 3 \times 3 \times \cancel{5}}{\cancel{5} \times 7 \times \cancel{2} \times 2}$.

Donc $\frac{6}{35} \times \frac{4}{15} = \frac{3 \times 3}{7 \times 2} = \frac{9}{14}$.

On simplifie **avant** d'effectuer les produits au numérateur et au dénominateur.

c. $5\left(\frac{1}{2} + \frac{5}{6}\right) = 5\left(\frac{3}{6} + \frac{5}{6}\right) = 5 \times \frac{8}{6}$.

Donc $5\left(\frac{1}{2} + \frac{5}{6}\right) = \frac{5 \times 8}{6} = \frac{5 \times 4 \times \cancel{2}}{\cancel{2} \times 3} = \frac{20}{3}$.

On applique les règles de priorité vues au chapitre 1 : on effectue d'abord les calculs à l'intérieur des parenthèses.

Note
On peut vérifier les réponses avec les touches ou / des calculatrices.

▶ *Exercices 60 et 61 page 40*

Exercices

TRAVAIL PERSONNEL

Ces exercices prolongent la rubrique Revoir les acquis (page 28)

Illustrer une fraction

A Pour chaque figure, quelle fraction de l'aire du rectangle est colorée ?

a. 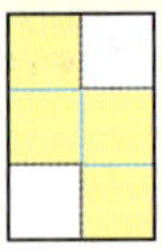
b. 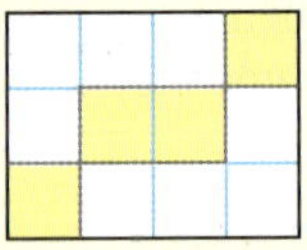
c. 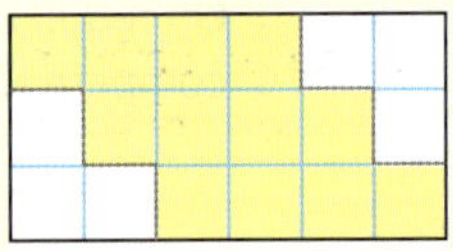

Reconnaître des écritures d'un même nombre

B Parmi ces écritures, regrouper celles qui désignent un même nombre.

• 0,16 • $\frac{1}{6}$ • 1,6 • $\frac{16}{100}$ • $\frac{16}{10}$ • $\frac{3}{18}$

Prendre une fraction d'une quantité

C Quelle est la longueur d'un segment :

a. qui mesure $\frac{3}{4}$ de 6 cm ?

b. qui mesure quatre tiers de 6 cm ?

Additionner, soustraire des fractions décimales

D Dans chaque cas, effectuer le calcul avec les écritures fractionnaires.
Vérifier ensuite vos réponses, en effectuant les calculs avec les écritures décimales.

a. $\frac{4}{10} + \frac{75}{100}$ b. $5 + \frac{61}{10}$

c. $\frac{71}{10} + \frac{2}{100}$ d. $\frac{65}{10} + \frac{231}{1\ 000}$

e. $\frac{5}{10} - \frac{1}{100}$ f. $4 - \frac{11}{100}$

Multiplier des fractions décimales

E Effectuer avec les écritures fractionnaires, puis reprendre avec les écritures décimales.

a. $\frac{3}{10} \times \frac{2}{10}$ b. $\frac{7}{10} \times \frac{3}{100}$

c. $\frac{21}{10} \times \frac{9}{100}$ d. $\frac{17}{10} \times \frac{21}{100}$

Exercices d'application

Sens de l'écriture fractionnaire

1 Cerise a coloré $\frac{4}{7}$ d'un rectangle. Léonie préfère colorer $\frac{1}{7}$ de 4 de ces rectangles. Associer son dessin à chaque enfant et comparer leurs parts.

Figure 1

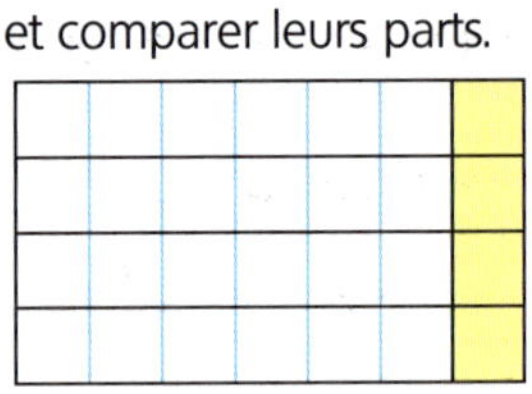

Figure 2

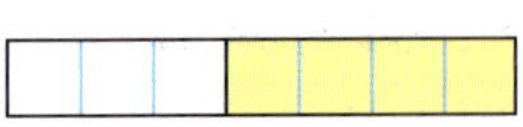

2 Dans chaque cas, donner le nombre manquant.

a. 8 × □ = 1,6 b. △ × 0,9 = 16,3

c. 7 × □ = 2 d. ▼ × 13 = 9

e. 11 × ▲ = 8 f. ■ × 17 = 4

3 Dans chaque cas, recopier et compléter.

a. $\frac{1}{4} \times 5 = \frac{\dots}{\dots}$ b. $\frac{7}{5} = 7 \times \frac{\dots}{\dots}$ c. $4 \times \frac{7}{4} = \dots$

4 L'aquaculture produit 45 millions de tonnes par an dans le monde, dont 10 millions de tonnes de mollusques et 20 millions de tonnes de poissons d'eau douce.
Exprimer à l'aide d'une fraction de numérateur et de dénominateur les plus petits possibles, la proportion :

a. de mollusques b. de poissons d'eau douce.

5 Dans une baguette de pain de 250 g, il y a 8 g de protéines, 56 g de glucides et 1 g de lipides.
a. Quelle fraction d'une baguette représentent les protéines ?
Exprimer cette proportion à l'aide d'un pourcentage.
b. Reprendre la question précédente pour les glucides et les lipides.

6 Recopier et compléter pour que l'égalité soit vraie.
a. $\frac{7}{5}=\frac{77}{\dots}$ b. $\frac{4}{7}=\frac{72}{\dots}$ c. $\frac{8}{5}=\frac{\dots}{65}$ d. $\frac{8}{9}=\frac{\dots}{189}$

7 Simplifier les écritures fractionnaires des nombres suivants en précisant les étapes.
a. $\frac{42}{78}$ b. $\frac{104}{204}$ c. $\frac{99}{45}$
Conseil : se reporter à l'exercice résolu 1 page 34.

8 Simplifier le plus possible chaque écriture fractionnaire en précisant les étapes.
Vérifier les réponses à la calculatrice.
a. $\frac{276}{252}$ b. $\frac{105}{30}$ c. $\frac{108}{162}$

9 Pour chaque quotient, donner l'écriture fractionnaire dont le dénominateur est le plus petit entier possible.
a. $\frac{7}{1{,}3}$ b. $\frac{1{,}3}{0{,}07}$ c. $\frac{0{,}08}{11{,}1}$ d. $\frac{2{,}721}{3{,}95}$

10 Poser et effectuer **à la main** les divisions décimales suivantes :
a. 2,8 : 0,7 b. 3 : 0,25 c. 4,3 : 0,08

11 Effectuer **à la main** chaque division décimale et donner la troncature au dixième du quotient.
a. 9,37 : 2,1 b. 75,1 : 0,32

12 Donner **mentalement** un ordre de grandeur puis **avec la calculatrice** donner l'arrondi à l'unité.
a. 501,7 : 5,2 b. 2 798,2 : 41,3

13 a. Pourquoi le nombre 2,73 : 0,3 peut-il s'écrire :
• $\frac{27{,}3}{3}$? • $\frac{2\,730}{300}$? • $\frac{0{,}273}{0{,}03}$?
b. Donner **à la main** l'écriture décimale de 2,73 : 0,3.

14 On sait que 3 965 : 13 = 305.
Donner l'écriture décimale des nombres suivants :
a. $\frac{396{,}5}{1{,}3}$ b. $\frac{39{,}65}{13}$ c. $\frac{3\,965}{0{,}13}$
d. $\frac{39\,650}{130}$ e. $\frac{39{,}65}{0{,}13}$ f. $\frac{39\,650}{1{,}3}$

15 Une ville a investi dans la production d'énergie renouvelable avec la pose de panneaux solaires sur certains bâtiments publics.

	Superficie des panneaux	Masse de CO_2 non émise
Gymnase	30 m^2	5,8 t
Crèche	26,5 m^2	4,6 t
Piscine	20,8 m^2	3,8 t

Ranger ces bâtiments, par ordre décroissant de masse de CO_2 non émise par m^2.

Info
Pour le gymnase par exemple, le chauffage solaire a permis d'éviter le rejet dans l'atmosphère de 5,8 t de CO_2 par an, soit la quantité rejetée par 6 voitures particulières en un an.

16 Un ballon de football pèse 420 g et a un diamètre de 21,8 cm.
Combien faudrait-il empiler de ces ballons pour atteindre la barre transversale d'une cage de but située à 2,44 m de haut ?

Comparaison de nombres en écriture fractionnaire

17 Trois filles se partagent une somme composée de 3 billets de 10 €, 2 billets de 20 € et 3 pièces de 1 €.
Trois garçons se partagent de même une somme composée de 1 billet de 50 €, 1 billet de 20 € et 4 pièces de 50 centimes.
Qui aura le plus d'argent : une fille ou un garçon ?

18 Ranger **mentalement** dans l'ordre croissant :
$\frac{2}{7}$; $\frac{11}{7}$; $\frac{9}{7}$; $\frac{5}{7}$.

19 Ranger **mentalement** dans l'ordre décroissant :
$\frac{13}{11}$; $\frac{13}{15}$; $\frac{13}{19}$; $\frac{13}{12}$.

20 Comparer les nombres suivants :
a. $\frac{7}{10}$ et $\frac{90}{100}$ b. $\frac{409}{1\,000}$ et $\frac{39}{100}$.

21 Voici deux méthodes correctes pour comparer 4 et $\frac{9}{2}$.

Copie de Zoé

$4 = \frac{4}{1} = \frac{4 \times 2}{1 \times 2} = \frac{8}{2}$

donc $4 < \frac{9}{2}$

Copie de Maya

$\frac{9}{2} = 4 + \frac{1}{2}$ (9 divisé par 2 : quotient 4, reste 1)

donc $\frac{9}{2} > 4$

Comparer en utilisant chaque méthode :

a. $\frac{17}{8}$ et 2 b. $\frac{53}{7}$ et 8 c. $\frac{147}{7}$ et 20.

22 a. Tracer cette demi-droite graduée et placer les points A, B, C, D d'abscisses respectives $\frac{3}{2}, \frac{13}{4}, \frac{5}{4}, \frac{5}{8}$.

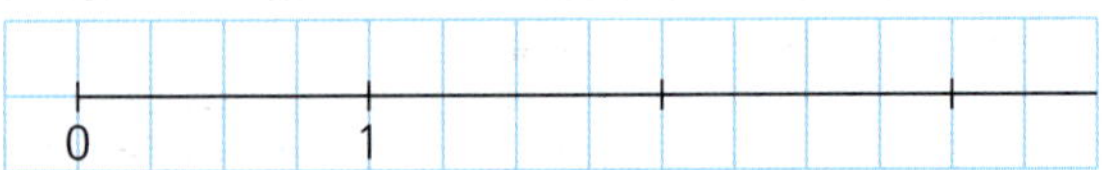

b. Ranger ces abscisses dans l'ordre croissant.

23 a. Recopier et compléter : $\frac{9}{8} = \frac{\dots}{24}$.

b. Comparer $\frac{9}{8}$ et $\frac{25}{24}$.

24 a. Comparer $\frac{20}{27}$ et $\frac{7}{9}$ après avoir écrit $\frac{7}{9}$ sous la forme $\frac{\dots}{27}$.

b. Comparer $\frac{3}{5}$ et $\frac{11}{15}$.

25 Dans chaque cas, comparer les deux nombres.

a. $\frac{4}{3}$ et $\frac{11}{9}$ b. $\frac{2}{9}$ et $\frac{11}{3}$ c. $\frac{4}{7}$ et $\frac{23}{28}$

d. $\frac{17}{4}$ et $\frac{16}{3}$ e. $\frac{7}{4}$ et $\frac{7}{9}$ f. $\frac{357}{14}$ et $\frac{531}{21}$.

Conseil : se reporter à l'exercice résolu 2 page 34.

26 Dans chaque cas, comparer les deux nombres.

a. $\frac{7}{6}$ et $\frac{23}{18}$ b. $\frac{49}{42}$ et $\frac{8}{7}$ c. $\frac{55}{32}$ et $\frac{7}{4}$.

27 **Avec la calculatrice**, choisir un arrondi des nombres $\frac{12}{13}$ et $\frac{13}{14}$ pour les comparer.

28 Au collège Jean Rostand, il y a 236 demi-pensionnaires sur 500 élèves. Au collège de la Plaine, il y a 100 élèves dont 51 demi-pensionnaires.
Dans quel collège, la proportion de demi-pensionnaires est-elle la plus forte ?

29 a. Dans ce troupeau de 37 moutons, 17 sont noirs. Quelle est la proportion de moutons noirs ?
b. Un agneau noir vient de naître. Quelle est la nouvelle proportion de moutons noirs ?
c. Comparer les deux proportions obtenues.

30 Lors d'une course cycliste, une somme d'argent est partagée entre les trois premiers.

Alexandre a gagné $\frac{3}{10}$ de la somme, Gilles les $\frac{2}{5}$, Kévin les $\frac{4}{15}$ et le reste va à l'organisation.
Quel est le classement de cette course ?

Addition et soustraction

31 Dans chaque cas, calculer **mentalement** puis traduire par une égalité utilisant des écritures fractionnaires.
a. Deux tiers plus cinq tiers.
b. Quatre neuvièmes plus cinq neuvièmes.
c. Onze quarts moins trois quarts.
d. Treize septièmes moins six septièmes.

32 Calculer **mentalement** :

a. $\frac{2}{9} + \frac{7}{9}$ b. $\frac{19}{7} - \frac{11}{7}$ c. $\frac{8}{13} - \frac{7}{13}$

d. $\frac{3{,}5}{25} + \frac{1{,}5}{25}$ e. $\frac{7{,}1}{8} - \frac{3{,}1}{8}$ f. $\frac{17{,}2}{20} + \frac{12{,}8}{20}$

33 Calculer avec les écritures fractionnaires puis avec les écritures décimales.

a. $\frac{7}{10} + \frac{8}{10}$ b. $\frac{3}{10} - \frac{7}{100}$ c. $\frac{704}{1\,000} + \frac{2}{10}$

34 **1.** Recopier et compléter : $1 = \frac{\dots}{4} = \frac{\dots}{5} = \frac{\dots}{9}$

2. Calculer **à la main** :

a. $1 + \frac{2}{5}$ b. $1 - \frac{1}{4}$ c. $1 + \frac{7}{9}$

35 Calculer **à la main** :

a. $2 + \frac{1}{3}$ b. $5 + \frac{3}{4}$ c. $7 - \frac{2}{3}$

36 Calculer **à la main** le plus simplement possible :

$$\frac{1}{3} + \frac{4}{7} + \frac{5}{8} + \frac{2}{3} + \frac{3}{8} + \frac{3}{7}.$$

37 a. Recopier et compléter : $\frac{3}{5} = \frac{\dots}{15}$.

b. Calculer **à la main** $\frac{3}{5} + \frac{2}{15}$.

38 Calculer **à la main** $\frac{11}{3} - \frac{7}{12}$ après avoir écrit $\frac{11}{3}$ sous la forme $\frac{\dots}{12}$.

Pour les exercices 39 à 41

Calculer à la main, puis vérifier avec la calculatrice.

39 a. $\frac{1}{2} + \frac{9}{8}$ b. $\frac{5}{3} - \frac{5}{6}$ c. $\frac{3}{5} + \frac{4}{55}$

40 a. $\frac{3}{7} - \frac{1}{21}$ b. $\frac{7}{2} - \frac{33}{56}$ c. $\frac{2}{9} + \frac{39}{72}$

41 a. $\frac{3,7}{5} + \frac{8}{15}$ b. $\frac{6,2}{9} - \frac{11,1}{18}$ c. $\frac{13,5}{16} + \frac{0,7}{4}$

42 Calculer **à la main** et simplifier le résultat. Vérifier **avec la calculatrice**.

a. $\frac{7}{8} + \frac{7}{24}$ b. $\frac{3}{4} - \frac{7}{12}$ c. $\frac{37}{54} + \frac{5}{6}$

43 Après avoir simplifié l'un des deux termes, calculer **à la main** la somme ou la différence.
Vérifier **avec la calculatrice**.

a. $\frac{45}{27} + \frac{1}{3}$ b. $\frac{13}{8} - \frac{60}{96}$ c. $\frac{35}{42} - \frac{5}{12}$

44 Oscar boit la moitié de la bouteille d'eau minérale, Émilien en boit un quart, Madleen en boit un huitième et Adeline un seizième.
Les enfants ont-ils bu toute la bouteille ?

45 Amélie partage sa collection de B.D. entre ses petites sœurs : $\frac{3}{5}$ à Jennifer, $\frac{3}{10}$ à Karine et $\frac{4}{15}$ à Léa.
Est-ce possible ?

46 Lors d'une épreuve sportive, Olivier parcourt $\frac{2}{7}$ du trajet en course à pied, $\frac{10}{21}$ à vélo et le reste à la nage.
Quelle fraction du trajet parcourt-il en nageant ?

47 En cours de Chimie, Marion verse $\frac{22}{5}$ L d'un liquide dans un récipient et $\frac{7}{10}$ L de moins d'un autre liquide.
Quelle quantité de mélange obtient-elle ?

Multiplication

48 Calculer **à la main** avec les écritures fractionnaires puis avec les écritures décimales.

a. $\frac{7}{10} \times \frac{11}{10}$ b. $\frac{27}{100} \times \frac{3}{10}$ c. $\frac{7}{100} \times 4,1$

49 Calculer **mentalement** :

a. $\frac{7}{3} \times \frac{2}{5}$ b. $\frac{3}{4} \times \frac{5}{7}$ c. $\frac{4}{3} \times 5$

50 Calculer **mentalement** :

a. $\frac{5}{8} \times \frac{3}{7}$ b. $\frac{4}{9} \times \frac{7}{5}$ c. $11 \times \frac{2}{3}$

51 Calculer **à la main** :

a. $\frac{2,1}{8} \times \frac{0,5}{3}$ b. $0,05 \times \frac{0,9}{13}$ c. $\frac{2,5}{3} \times \frac{40}{7}$

Pour les exercices 52 à 54

Calculer à la main en pensant aux simplifications possibles. Vérifier avec la calculatrice.

52 a. $\frac{3}{20} \times \frac{5}{21}$ b. $\frac{12}{7} \times \frac{14}{15}$ c. $105 \times \frac{5}{14}$

53 a. $\frac{98}{350} \times \frac{35}{49}$ b. $\frac{12}{9} \times \frac{9}{12}$ c. $\frac{8}{51} \times 17$

54 a. $\frac{7}{23} \times 4,6$ b. $\frac{18}{21} \times \frac{42}{27}$ c. $\frac{9}{13} \times \frac{39}{27}$

55 Recopier et compléter :

a. $\frac{2}{7} \times \frac{\dots}{\dots} = \frac{8}{21}$ b. $\frac{2}{7} \times \frac{5}{\dots} = \frac{\dots}{77}$

c. $\frac{3}{8} \times \frac{5}{\dots} = \frac{5}{8}$ d. $\frac{5}{2} \times \frac{7}{\dots} = \frac{7}{4}$

e. $\frac{7}{3} \times \frac{\dots}{\dots} = 1$ f. $\frac{\dots}{4} \times \frac{7}{\dots} = \frac{7}{4}$

56 Calculer **à la main** puis **avec la calculatrice**. Contrôler la cohérence des réponses.

a. $\frac{15}{6} \times \frac{14}{40} \times \frac{24}{21}$ b. $\frac{21}{35} \times 20 \times \frac{1}{6}$

c. $\frac{9}{8} \times \frac{16}{27} \times \frac{15}{4}$ d. $\frac{5}{12} \times \frac{7}{9} \times \frac{6}{15}$

57 **Pour rédiger**

Lire l'énoncé et la solution proposée par un élève. Rédiger ensuite cette solution en tenant compte des remarques du correcteur.

Énoncé

Calculer à la main $\frac{74}{25} \times \frac{10}{37}$ et donner la réponse à l'aide d'une fraction irréductible.

Copie d'un élève

$\frac{74}{25} \times \frac{10}{37} = \frac{74 \times 10}{25 \times 37} = \frac{740}{925} = \frac{148 \times 5}{185 \times 5} = \frac{148}{185}$

Il est préférable de simplifier avant d'effectuer.

inachevé

58 Dans une bibliothèque, les $\frac{3}{4}$ des livres sont des romans. Parmi les romans, le tiers sont des romans d'aventure et le reste sont des romans de science-fiction.

a. Quelle fraction du nombre total de livres dans la bibliothèque représentent les romans d'aventure ?

b. Calculer de deux façons la proportion des romans de science-fiction dans la bibliothèque.

59 Lors d'un héritage, un terrain rectangulaire est partagé entre quatre enfants. Trois d'entre eux obtiennent un terrain rectangulaire, le 4e un terrain d'une autre forme.

Parts rectangulaires	Fraction de la longueur	Fraction de la largeur
nº 1	$\frac{3}{4}$	$\frac{1}{4}$
nº 2	$\frac{1}{2}$	$\frac{3}{4}$
nº 3	$\frac{1}{2}$	$\frac{1}{2}$

a. Quelle fraction du terrain représente chacune des trois parts rectangulaires ? la 4e part non rectangulaire ?

b. Laquelle de ces parts a la plus grande aire ?

c. Représenter le terrain et les parts de chaque enfant (plusieurs partages sont possibles).

d. On sait maintenant que le terrain a pour dimensions 96 m sur 64 m. Calculer l'aire de chaque part.

60 Calculer **à la main** en simplifiant si possible :

a. $\frac{2}{3} + \frac{7}{9} - \frac{1}{3}$ b. $12\left(\frac{5}{8} - \frac{1}{4}\right)$ c. $\frac{13}{15} - \frac{4}{15} \times \frac{3}{4}$

Conseil : se reporter à l'exercice résolu 3 page 35.

61 Calculer **à la main** en simplifiant si possible. Vérifier **à la calculatrice**.

a. $\frac{7}{3} \times \frac{5}{4} + \frac{11}{12}$ b. $\frac{3}{2} \times \frac{4}{7} - \frac{9}{7} \times \frac{1}{2}$

c. $\frac{3}{4} + \frac{7}{4} \times \frac{5}{3} + \frac{1}{3}$ d. $\left(\frac{3}{5} - \frac{3}{25}\right) \times \frac{5}{4} + 1$

62 Calculer **à la main** et donner une écriture fractionnaire du résultat. Vérifier **à la calculatrice**.

a. $\frac{14-3}{3 \times 4} - \frac{5}{5 \times 5 - 1}$ b. $\frac{17+3}{11} \times \frac{23-12}{20} + \frac{1}{2}$

Calcul littéral

63 On donne $a = \frac{1}{2}$, $b = \frac{1}{3}$, $c = \frac{1}{4}$.

Calculer $A = a + bc$ et $B = b(a + c)$.

64 a désigne un nombre.
Factoriser chacune des expressions puis réduire.

a. $\frac{2}{5}a + \frac{3}{5}a$ b. $\frac{11}{3}a - \frac{7}{3}a$

c. $\frac{3}{5}a - \frac{4}{15}a$ d. $a - \frac{3}{5}a$

65 x désigne un nombre.
Effectuer et simplifier si possible.

a. $\frac{x}{4} + \frac{x}{8}$ b. $\frac{3x}{5} + \frac{2x}{5}$

c. $2x - \frac{x}{2}$ d. $\frac{x}{3} + \frac{x}{21} + \frac{x}{7}$

66 x désigne un nombre.
Développer chaque expression puis réduire.

a. $\frac{1}{4}\left(x + \frac{1}{2}\right)$ b. $\frac{2}{3}\left(\frac{3}{4} - x\right)$ c. $\frac{8}{5}\left(\frac{1}{2}x - 10\right)$

67 t désigne un nombre.
Réduire chaque expression.

a. $\frac{1}{4}t + \frac{5}{4} + t - \frac{1}{2}$ b. $\frac{5}{2} + \frac{t}{3} - 1 - \frac{t}{9}$

Pour s'exprimer

68 Comprendre les mots et les expressions

Dans chaque cas, traduire par une expression.

a. La somme de deux tiers et un quart.

b. Le produit de sept demis par un tiers.

c. Le produit de cinq tiers par la somme de un demi et un quart.

69 Utiliser les mots et les expressions

Dans chaque cas, écrire en toutes lettres.

a. $\frac{1}{3}+\frac{3}{4}$ b. $\frac{3}{2}\times\frac{1}{5}$ c. $\left(\frac{1}{3}+\frac{5}{6}\right)\times\frac{2}{7}$

70 Écriture décimale ou non

Recopier et compléter lorsque cela est possible.

a. $\frac{1}{3}=\frac{\dots}{24}$ b. $\frac{1}{3}=\frac{\dots}{10}=\frac{\dots}{100}=\frac{\dots}{1000}$

Que peut-on en conclure ?

71 Inventer

Dans chaque cas, écrire un énoncé de problème dont la solution correspond à l'expression.

a. $1-\left(\frac{1}{2}+\frac{3}{8}\right)$ b. $\frac{3}{4}+\frac{2}{3}\times\frac{1}{4}$

72 De la solution à l'énoncé

Voici un problème et sa solution. Retrouver les nombres manquants dans l'énoncé.

Énoncé

Le 1er mai un marchand de muguet vend les □ de ses bouquets et les □ du reste l'après-midi. Le soir, il lui reste □ bouquets.
Combien de bouquets a-t-il mis en vente ?

Solution

$1-\frac{3}{4}=\frac{1}{4}$

$\frac{2}{3}\times\frac{1}{4}=\frac{1}{6}$

$\frac{3}{4}+\frac{1}{6}=\frac{11}{12}$

$1-\frac{11}{12}=\frac{1}{12}$

$12\times5=60$

CALCUL MENTAL ET RÉFLÉCHI

73 Convertir des heures en minutes

Exprimer mentalement chaque durée en minutes.

a. $\frac{1}{4}$ h b. $\frac{1}{2}$ h c. $\frac{3}{4}$ h d. $\frac{1}{12}$ h e. $\frac{3}{10}$ h f. $\frac{2}{5}$ h

74 Passer des heures, minutes aux heures décimales

Par exemple 1 h 30 min c'est 1,5 h.
Exprimer chaque durée à l'aide d'un nombre décimal d'heures.

a. 1 h 15 min b. 2 h 6 min
c. 3 h 45 min d. 1 h 36 min

75 Passer des heures décimales aux heures, minutes

Exprimer chaque durée en heures et minutes :

a. 0,2 h b. 1,5 h c. 0,75 h
d. 2,25 h e. 0,05 h f. 1,80 h

76 Une dette

Une personne a une dette de 40 €.
Combien devrait-elle encore, si elle en paye :

a. $\frac{1}{2}$? b. $\frac{3}{4}$? c. $\frac{3}{5}$? d. $\frac{7}{10}$? e. $\frac{19}{20}$?

77 Diviser par 0,5

1. Calculer :
a. 9 : 0,5 b. 11 : 0,5

2. Énoncer une règle pour diviser mentalement un nombre par 0,5.

3. Calculer mentalement avec cette règle :
a. 17 : 0,5 b. 23 : 0,5 c. 79 : 0,5 d. 199 : 0,5

78 Diviser par 0,25

1. Calculer mentalement :
a. 9 : 0,25 b. 13 : 0,25

2. Énoncer une règle pour diviser mentalement un nombre par 0,25.

3. Calculer mentalement avec cette règle :
a. 21 : 0,25 b. 37 : 0,25 c. 89 : 0,25 d. 999 : 0,25

79 Diviser par 1,5

1. Calculer : a. 3 : 1,5 b. 9 : 1,5

2. Énoncer une règle pour diviser mentalement un nombre par 1,5.

3. Calculer mentalement avec cette règle :
a. 27 : 1,5 b. 18 : 1,5 c. 303 : 1,5 d. 999 : 1,5

FAIRE LE POINT

TRAVAIL PERSONNEL

Pour chaque question, une seule réponse est exacte. Laquelle ?

	a	b	c
80 Une autre écriture fractionnaire du nombre $\frac{12}{15}$ est …	$\frac{2}{5}$	$\frac{1{,}2}{0{,}15}$	$\frac{4}{5}$
81 Pour effectuer 31,2 : 4,16 …	on divise 312 par 416	on divise 31,2 par 416	on divise 3 120 par 416
82 Le rangement par ordre croissant des nombres $\frac{3}{5}$, $\frac{2}{3}$ et $\frac{8}{15}$ est …	$\frac{2}{3} < \frac{3}{5} < \frac{8}{15}$	$\frac{8}{15} < \frac{3}{5} < \frac{2}{3}$	$\frac{8}{15} < \frac{2}{3} < \frac{3}{5}$
83 La somme $\frac{2}{5} + \frac{7}{5}$ est égale à …	$\frac{9}{5}$	$\frac{9}{10}$	$\frac{9}{25}$
84 La somme $\frac{2}{3} + \frac{5}{6}$ est égale à …	$\frac{3}{2}$	$\frac{7}{9}$	$\frac{7}{18}$
85 La différence $\frac{27}{5} - 3$ est égale à …	$\frac{24}{5}$	$\frac{12}{5}$	$\frac{42}{5}$
86 Le quotient $\frac{5+21}{25}$ peut aussi s'écrire …	$5 + \frac{21}{25}$	$\frac{6}{5}$	$\frac{1}{5} + \frac{21}{25}$
87 Le nombre $\frac{33}{7}$ peut s'écrire …	$4 + \frac{7}{10}$	$4 + \frac{5}{10}$	$4 + \frac{5}{7}$
88 Le produit $\frac{2}{3} \times \frac{5}{7}$ est égal à …	$\frac{7}{10}$	$\frac{29}{21}$	$\frac{10}{21}$
89 Le produit $\frac{7}{11} \times \frac{11}{42}$ est égal à …	$\frac{77}{53}$	$\frac{1}{6}$	$\frac{77}{452}$
90 Le produit $24 \times \frac{5}{16}$ est égal à …	$\frac{120}{384}$	$\frac{15}{2}$	$\frac{29}{16}$
91 Les $\frac{3}{4}$ de $\frac{5}{8}$ d'un terrain sont les …	$\frac{11}{8}$ du terrain	$\frac{15}{32}$ du terrain	$\frac{8}{12}$ du terrain

Vérifier les réponses page 266 : 9 bonnes réponses ou plus, passer à la série suivante d'exercices, sinon revoir auparavant le cours et les méthodes.

Exercices de consolidation

TRAVAIL PERSONNEL

92 Traduire une fraction d'un reste

Un cultivateur a vendu les $\frac{5}{9}$ de sa récolte d'avoine au propriétaire d'un haras puis les $\frac{3}{10}$ du reste à la coopérative.
Quelle part de sa récolte d'avoine a-t-il gardé pour l'élevage de ses lapins ?

Aide

Pour bien comprendre l'énoncé, pose-toi des questions du type :
« En combien de parties, le cultivateur partage-t-il sa récolte ? »
« Que signifie "les $\frac{3}{10}$ **du reste**" ? »
Ensuite, tu peux schématiser cette situation comme commencé ci-dessous.

93 Traiter un problème de concentration

Voici trois préparations d'eau sucrée.

Préparation A
On mélange 75 g de sucre dans 100 mL d'eau.

Préparation B
On mélange 180 g de sucre dans 250 mL d'eau.

Préparation C
On mélange 220 g de sucre dans 300 mL d'eau.

Laquelle de ces préparations est la plus concentrée en sucre ?

Aide

Tu peux exprimer la proportion de sucre dans chaque mélange.
Ensuite, il ne te restera plus qu'à comparer ces proportions.

94 Utiliser des fractions pour des durées

Aurélien a enregistré trois films sur un DVD.
Le premier film dure une heure trois quarts.
Le second dure 2 h 9 min.
Le troisième dure treize douzièmes d'heure.
Quelle est la durée totale de son enregistrement ?

Aide

Deux possibilités s'offrent à toi :
- soit tu travailles avec des fractions ; il faut alors exprimer 9 min en fraction d'heure et écrire $\frac{13}{12}$ sous la forme $1 + \frac{\dots}{\dots}$;
- soit tu travailles en heures et minutes ; il faut alors exprimer « trois quarts d'heure » et « treize douzièmes d'heure » en heures et minutes.

95 Utiliser la proportionnalité

Le père de Léo, Léa et Chloé mange le tiers d'une pizza. Les trois enfants se partagent équitablement ce qu'il reste.
La part de chaque enfant pèse 125 g.
Combien pèse la pizza entière ?

Aide

Dans une telle situation il peut être utile de faire un schéma tel que celui-ci.

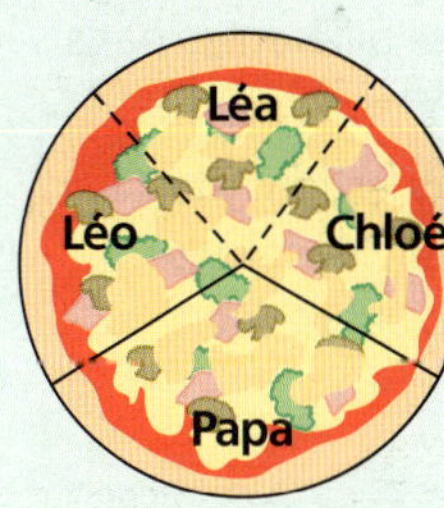

La « clé » de cet exercice réside dans la remarque suivante : « la part totale des enfants est … fois plus importante que celle de leur père ».

96 Écrire l'énoncé en chiffres

Lors d'un goûter d'anniversaire, des enfants se partagent un gâteau au chocolat.
Guillaume : « J'en voudrais le tiers de la moitié ».
Benjamin : « Moi, j'en voudrais le quart des deux tiers ».
Qui souhaite la plus grosse part ?

Aide

Il faut te souvenir que « le tiers de … », « le quart des … » se traduisent par une multiplication.

Exercices d'approfondissement

S'initier au raisonnement

97 Analyser les données d'un énoncé

Énoncé

Les subventions du foyer du collège sont ainsi réparties :
- les deux cinquièmes pour le club théâtre,
- **le tiers de ce qui reste** pour le club d'échecs,
- **le reste** enfin pour le club de jeux de société.

Quelle fraction des subventions reçoit le club de jeux de société ?

1. Compréhension de l'énoncé

a. Les subventions sont réparties en trois parts : lesquelles ?

b. Que signifie : « le tiers de ce qui reste » ? « le reste » ?

2. Repérage des données numériques

Repérer les données numériques et les écrire avec des chiffres.

3. Représentation des données

Sur papier quadrillé, tracer un rectangle dont les dimensions sont données par les dénominateurs précédents. Représenter alors les différentes parts.

4. Résolution

Répondre à la question de l'énoncé en effectuant les calculs ci-contre et en indiquant leurs significations.

- $1-\frac{2}{5}$
- $\frac{1}{3}\times\frac{3}{5}$
- $1-\left(\frac{2}{5}+\frac{1}{5}\right)$

98 Prouver une égalité

a désigne un nombre.

Pour le même calcul de l'aire d'une figure, Pierre trouve :

$$A=\frac{2}{3}\,a\left(\frac{1}{5}+\frac{2}{5}\right)+\frac{4}{3}\,a\times\frac{2}{5}$$

alors que Louison trouve :

$$B=\frac{6}{3}\,a\times\frac{3}{5}-\frac{1}{5}\times\frac{4}{3}\,a$$

Pour savoir si ces deux expressions sont égales :

a. réduire l'écriture de A et vérifier que $A=\frac{14}{15}\,a$,

b. réduire l'écriture de B,

c. comparer les réponses trouvées aux a. et b. puis conclure à l'égalité ou non de A et B.

99 Éviter les dangers de la calculatrice

a. Avec la calculatrice, comparer les nombres $\frac{136{,}7}{50}$ et $\frac{1\ 503\ 700{,}000\ 11}{550\ 000}$.

b. Comparer à la main les deux nombres précédents en les réduisant au même dénominateur.

c. Quelle conclusion peut-on en tirer ?

100 Utiliser adroitement la calculatrice

Laura doit simplifier la fraction $\frac{18\ 768}{5\ 865}$.

a. Elle parvient à la simplifier avec un critère de divisibilité. Quelle fraction obtient-elle ?

b. Elle ne parvient plus à simplifier ; elle fait simplifier la fraction obtenue au a. par sa calculatrice. Laura est surprise. Pourquoi ?

c. Expliquer à Laura par combien elle peut encore simplifier la fraction obtenue au a.

101 Conjecture : vraie ou fausse ?

1. Des essais

Calculer $a+b$ et ab dans chacun des cas suivants :

a. $a=\frac{7}{3}$ et $b=\frac{21}{12}$

b. $a=\frac{5}{3}$ et $b=\frac{15}{6}$

c. $a=\frac{9}{4}$ et $b=\frac{36}{20}$

2. Conjecture

Suite aux essais ci-dessus, qu'est-on tenté de conjecturer ?

3. Démonstration

Démontrer que cette conjecture est fausse.

> Pour prouver qu'une propriété est fausse il suffit de trouver un contre-exemple, c'est-à-dire ici deux fractions a et b telles que $a+b\neq ab$.

4. Imaginer

Découvrir deux fractions a et b, autres que celles proposées à la question **1**, telles que $a+b=ab$.

Résolution de problèmes

102 Imaginer une stratégie

Un réservoir est rempli aux $\frac{5}{6}$ de sa capacité.
On retire 15 L du réservoir, il est alors rempli aux $\frac{2}{3}$.
Quelle est la capacité totale du réservoir ?

103 Chez le boulanger

Un boulanger a vendu les $\frac{4}{5}$ de ses croissants le matin et les $\frac{7}{12}$ des croissants restants l'après-midi.
Le soir, à la fermeture, il lui reste 8 croissants non vendus.
Combien le boulanger avait-il de croissants à vendre le matin ?

104 En Histoire

La règle de saint Benoît, rédigée au VIe siècle, organise la vie des moines. Elle s'impose à la plupart des moines d'Occident après le IXe siècle. Voici la journée type d'un moine de l'abbaye de Fontenay (en Bourgogne) :

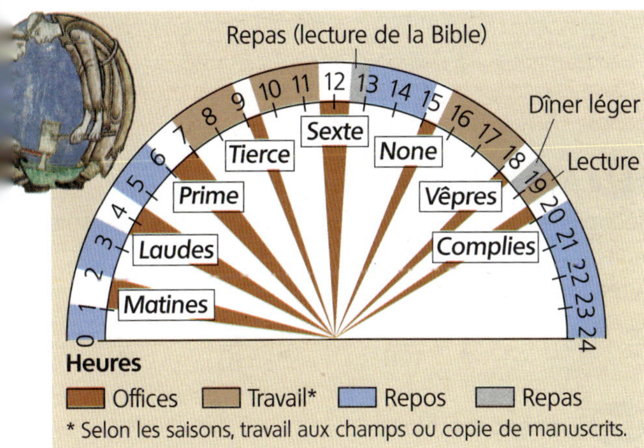

Quelle fraction de sa journée, un moine réserve-t-il :
a. au travail ?
b. au repos ? Présenter avec une fraction simplifiée.
c. à la prière ? Présenter avec un pourcentage.

105 En Géographie

Voici des informations sur les trois pays du Maghreb, relevées dans un cahier.

Pays	Maroc	Algérie	Tunisie
Population	30 millions	30 millions	10 millions
Superficie	450 000 km²	2 000 000 km²	150 000 km²

1. Calculer la densité de chacun de ces pays c'est-à-dire le nombre moyen d'habitants par km².

2. En fait, quelques imprécisions se sont glissées dans le tableau précédent.
a. La Tunisie a une superficie de 164 000 km².
Sans nouveau calcul, comparer alors les densités du Maroc et de la Tunisie.
b. L'Algérie a une densité de 13 habitants par km² et une superficie de 2 382 000 km².
Sa population est-elle plus ou moins importante que 30 millions d'habitants ?
c. Le Maroc a une densité de 67 habitants par km².
Sa superficie est-elle plus ou moins grande que 450 000 km² ?

106 Écologie

Ces trois situations sont indépendantes l'une de l'autre. Pour chacune d'elles, poser et effectuer l'opération **à la main**.

1. À cause de l'effet de serre, on estime que le niveau de la mer monte de 0,002 m par an.
Si rien ne change, dans combien de temps un village situé à 20 m d'altitude sera-t-il envahi par la mer ?

2. Les Français consomment le contenu d'environ 4 milliards de bouteilles en plastique par an. Chacune pèse en moyenne 0,050 kg.
Quelle masse de plastique les Français jettent-ils sous forme de bouteilles en une année?

3. Un arbre donne en moyenne 60 kg de papier. On jette en France environ 12 000 tonnes de papier par jour.
Combien d'arbres disparaissent sous forme de papier en une journée?

D'après *IREM de Lorraine.*

107 Avec des lettres

x désigne une unité de longueur.
Sur la figure ci-dessous, quelle fraction de l'aire du rectangle, représente l'aire du triangle ?

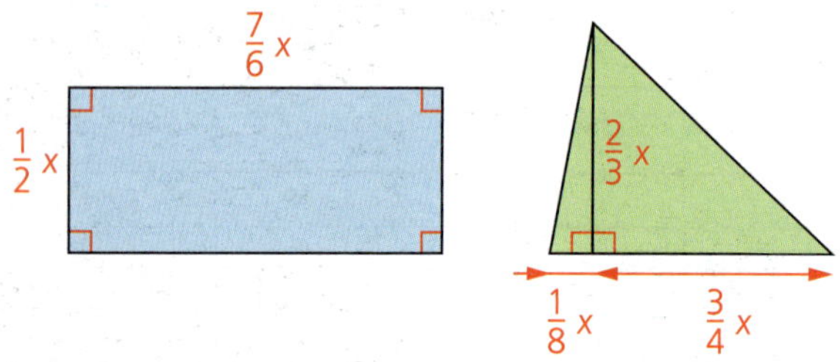

108 Nombres entiers ?

Pour chacun des nombres suivants, dire, **sans calculatrice**, s'il s'agit d'un nombre entier.

$A = \frac{2{,}97}{1{,}4} + \frac{0{,}123}{0{,}14}$ $\quad B = \frac{23{,}7}{0{,}4} \times \frac{0{,}88}{0{,}474}$

$C = \frac{9{,}23}{3{,}7} - \frac{55{,}3}{37}$ $\quad D = \frac{1}{23{,}1} + \frac{0{,}01}{0{,}07} \times \frac{0{,}17}{0{,}11} \times \frac{1{,}3}{0{,}3}$

109 La bonne association

a et b désignent des nombres.
Parmi ces expressions, regrouper deux par deux, celles qui sont égales.

- $\frac{1}{5}a$
- $\frac{1}{3}(b+3)$
- $\frac{1}{3} + \frac{b}{3}$
- $\frac{a}{5}$
- $\frac{b}{3}$
- $\frac{1+3b}{3}$
- $\frac{1}{5} + a$
- $\frac{1}{3}b$
- $\frac{1+b}{3}$
- $\frac{1+5a}{5}$
- $\frac{1}{3} + b$
- $\frac{b}{3} + 1$

110 Relier le numérique et la géométrie

Un rectangle et un carré ont la même aire : 36 cm^2.
La largeur du rectangle est les deux tiers de la longueur du côté du carré.

a. Quelle est la longueur du côté du carré ?
b. Calculer les dimensions du rectangle.
c. Représenter ce carré et ce rectangle.
d. Quel est le périmètre de chacun d'eux ?

Vrai ou faux

Pour les exercices 111 à 116

Dire si l'affirmation est vraie ou fausse.
Expliquer la réponse.

111 $\frac{1{,}8}{7} < \frac{1{,}12}{7}$.

112 $\frac{1}{4}$; 0,250 ; $\frac{9}{36}$ et $\frac{25}{100}$ sont quatre écritures d'un même nombre.

113 $43 > 15$ et $51 > 17$ donc $\frac{43}{51} > \frac{15}{17}$.

114 $3 + 5 = 8$ et $2 + 6 = 8$ donc $\frac{1}{3} + \frac{1}{5} = \frac{1}{2} + \frac{1}{6}$.

115 Trois pulls gris coûtent les $\frac{3}{4}$ du prix de deux pulls rouges, donc un pull gris coûte deux fois moins cher qu'un pull rouge.

116 40 min, c'est $\frac{2}{3}$ h.

Des défis

117 Avec huit chiffres

Recopier et compléter chaque égalité pour qu'elle soit vraie, à l'aide des nombres : 0, 1, 2, 3, 4, 5, 6, 7.
Attention ! chaque nombre ne sert qu'une fois.

$\frac{\bullet}{\bullet} = 0{,}5$ $\quad \frac{\bullet}{\bullet} = \frac{140}{100}$ $\quad \frac{\bullet}{\bullet} = \frac{20}{30}$ $\quad \frac{\bullet}{\bullet} = 0$

118 Transport scolaire

Des élèves occupent les quatre cinquièmes de trois cars.
Un quart des élèves descendent.
Peut-on mettre les trois quarts restants dans deux cars ?

Un pavage pour s'amuser

Le coin des curieux

vie quotidienne — écologie — planète

« J'économise l'eau pour la planète »

■ Puisée dans les fleuves, les rivières, … ou pompée dans les nappes phréatiques, l'eau douce est un bien précieux.
Les changements climatiques, en particulier la sécheresse, les divers types de pollutions, font que l'eau devient une denrée rare.

■ Chaque français consomme en moyenne 137 L d'eau par jour. La part de la consommation d'eau quotidienne, que chaque français consacre aux bains ou douches est de $\frac{54}{137}$ soit environ 39 %. Les sanitaires consomment environ 20 % de la quantité totale quotidienne : $\left(\frac{27}{137} \approx 20\ \%\right)$.

Pour économiser l'eau au quotidien, il est préférable de prendre une douche plutôt qu'un bain.

Pour se rincer les dents, il est préférable de remplir un verre d'eau.

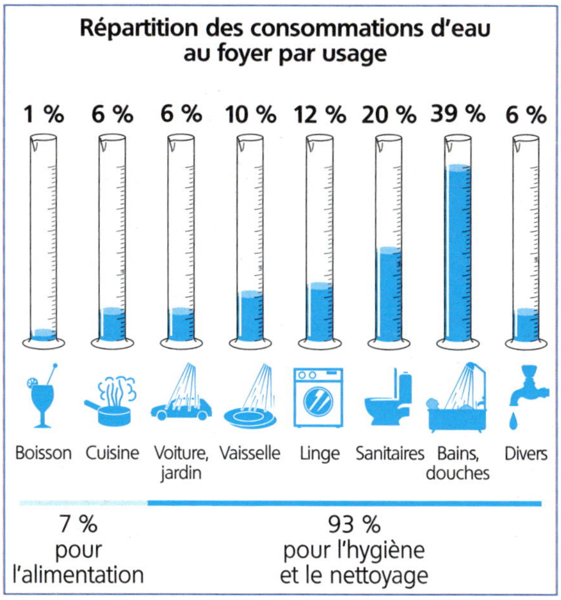

Il est souhaitable d'équiper les WC d'une chasse d'eau à double commande.

Pour arroser le jardin, il est préférable de le faire le soir.

Source : cieau

Jeu

Égalités exceptionnelles

On peut vérifier que : $\frac{26}{65} = \frac{2}{5}$.

Trouver une égalité analogue en remplaçant ci-dessous ▲, ● et ■ par trois chiffres différents : $\frac{▲●}{●■} = \frac{▲}{■}$

CHAPITRE 3

Les nombres relatifs

PRENDRE UN BON DÉPART

Revoir les acquis

Pour chaque question, une seule réponse est exacte. Laquelle ?

1 Lire une graduation

Sur cette demi-droite graduée, l'abscisse du point A est …

a. 1 **b.** 0,2 **c.** 0,1

2 Se repérer dans un tableau

Dans cette grille, la case rose est repérée par …

a. D4 **b.** E5 **c.** E4

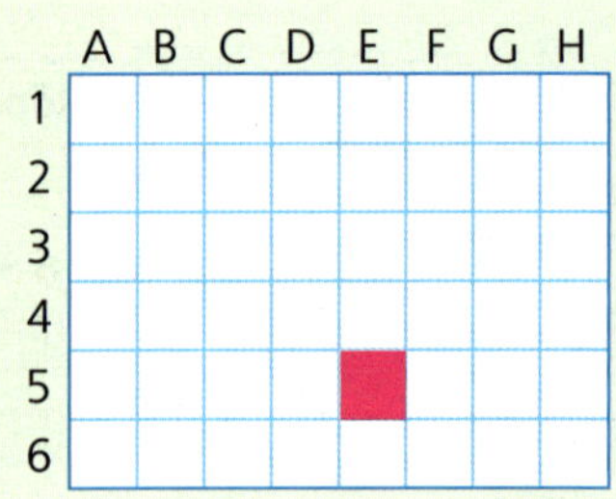

3 Comparer deux nombres

Formulaire page 258

13,8 est inférieur à …

a. 13,23 **b.** 13,085 **c.** 13,805

4 Calculer une différence

La différence entre les nombres 13,7 et 13,27 est …

a. 0,2 **b.** 0,43 **c.** 0,57

5 Calculer un nombre inconnu

Formulaire page 259

Le nombre inconnu □ dans l'égalité 32,5 + □ = 50 est …

a. 50 – 32,5 **b.** 50 + 32,5 **c.** 32,5 – 50

▶ Poursuivre avec les exercices A à E page 58

Activités

Sciences en construction

Comment mesurait-on les températures au XVIIIe siècle ?

En 1794, à la Révolution française, la Convention décide de graduer les thermomètres en degrés comme dit ci-contre.
Depuis 1948, on parle de « degrés Celsius » (°C).
Les pays anglo-saxons de leur côté, utilisent le degré Fahrenheit (°F), introduit en 1724 :

« Le degré thermométrique est la centième partie de la distance entre le terme* de la glace et celui de l'eau bouillante ».
*la température d'apparition.

$$\text{température en °C} = \frac{5}{9} \times (\text{température en °F} - 32°)$$

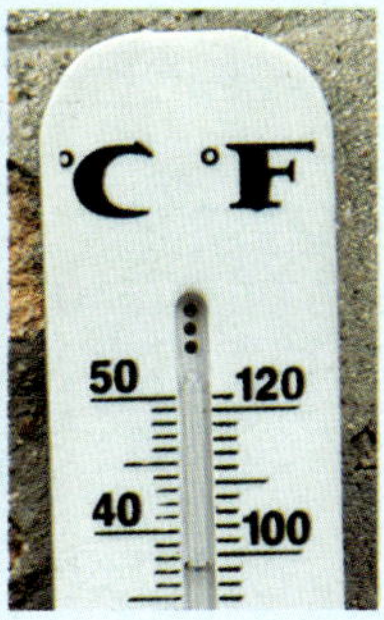

a. À quelle température en °C correspond :
- 32 °F ?
- 212 °F ?
- 14 °F ?

b. « Ce matin, il fait 5 °F à Londres ». Prévoir à quelle température en °C cela correspond.

Notion de nombre relatif

1 Nécessité de nouveaux nombres

Note
Les nombres relatifs ont été introduits aux XVe et XVIe siècles, mais ils ne sont enseignés que depuis la fin du XIXe siècle.

Dans cette liste de soustractions, effectuer celles que l'on sait faire depuis longtemps et imaginer une réponse pour les autres.

a. 12 – 7 **b.** 13 – 13 **c.** 5 – 7
d. 3,5 – 2,4 **e.** 9 – 12 **f.** 1 – 0,1

Vocabulaire
Tous les résultats des soustractions de nombres décimaux sont appelés **nombres relatifs**.

Repérage

2 Niveau d'eau dans un barrage

Une règle graduée en mètres permet de repérer le niveau de l'eau dans un barrage.

a. Représenter une telle règle en prenant 1 cm pour 1 m.

b. Le niveau d'eau moyen dans le barrage est repéré par 0. Placer ce point sur la droite.

c. Après un gros orage, le niveau de l'eau s'élève de 3 m, placer le point A qui repère le niveau atteint.

d. À la suite d'une période de sécheresse, on estime que le niveau de l'eau est inférieur de 4 m à la moyenne ; placer le point B qui repère ce niveau.

e. Le point C d'abscisse 2 indique-t-il un niveau au-dessus ou au-dessous de la moyenne ? Et le point D, d'abscisse -5 ?

3 Repérage d'un trésor

Lors d'une chasse au trésor, Léo muni de la carte ci-contre repère l'arbre A par **ses coordonnées** : **son abscisse** 3 et **son ordonnée** 2.

a. Quelles sont les coordonnées du puits P et de la source S ?

b. Le point C (croix) est le symétrique de P par rapport à la droite rouge.
Faire cette carte, placer C et donner ses coordonnées.

c. Le trésor T a la même abscisse que C et la même ordonnée que S.
Où Léo trouvera-t-il le trésor ?

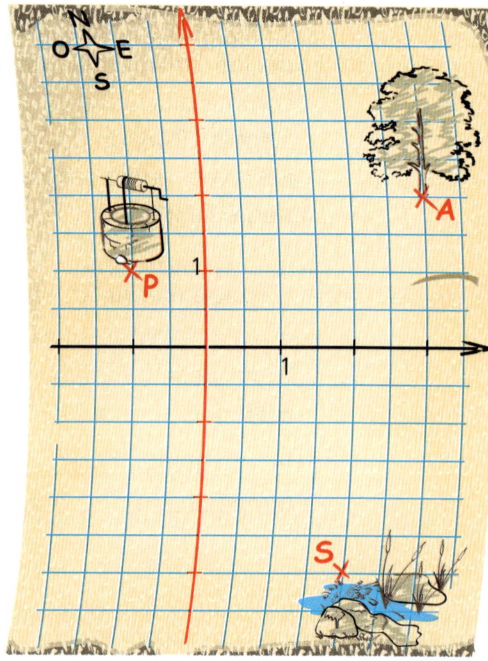

Comparaison de nombres relatifs

4 Températures

Voici les températures relevées dans différentes villes au même instant.

Paris	**Londres**	**Moscou**	**Madrid**	**Rome**	**Athènes**	**Berlin**
7 °C	-1 °C	-15 °C	13 °C	5 °C	0 °C	-9 °C

a. Classer ces températures de la plus basse à la plus élevée.

b. Placer ces températures sur une droite graduée.

Addition de deux nombres relatifs

5 Un jeu vidéo

Une partie d'un jeu vidéo comprend trois épreuves successives. Voici l'évolution du score de certains joueurs après chaque épreuve d'une partie.

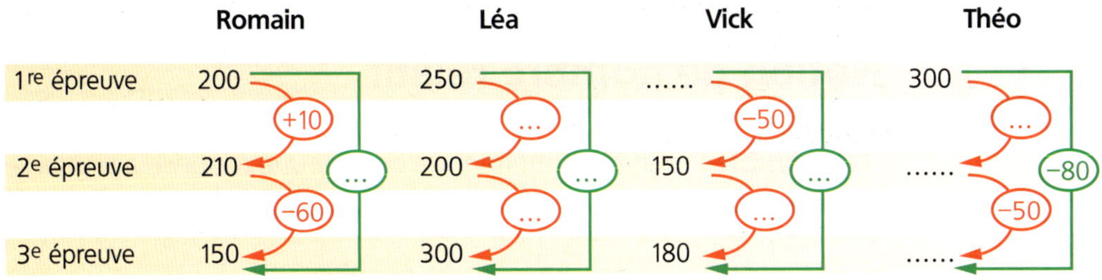

Les flèches rouges et vertes indiquent le gain ou la perte de points d'une épreuve à une autre.

a. Recopier et compléter chacun des schémas ci-dessus.

b. Effectuer chacune des additions suivantes pour connaître le bilan de chaque joueur de la 1re partie à la 3e partie :

- Émilie : $(+20)+(-50)$
- Alexis : $(-50)+(+20)$
- Jules : $(-100)+(+100)$
- Rachel : $(-40)+(-60)$

Vocabulaire

Pour calculer le bilan (en vert) de chaque partie, on dit que l'on effectue **une addition** de nombres relatifs. Pour Romain :

$(+10)+(-60)=-50$

Soustraction de deux nombres relatifs

6 Comprendre une transformation d'écriture

a. Expliquer pourquoi on peut écrire :

$(-9)-(+3)=(-9)-(+3)+(+3)+(-3)$

Expliquer pourquoi on peut écrire alors :

$(-9)-(+3)=(-9)+(-3)$.

Calculer alors $(-9)-(+3)$.

b. Le raisonnement ci-dessus est général. Énoncer une règle pour soustraire deux nombres relatifs.

Vocabulaire

- **La différence** $(-9)-(+3)$ est le nombre manquant dans l'égalité : $(+3)+\square=-9$.
- Le nombre (-3) est appelé **l'opposé** de $(+3)$.

c. Calculer après avoir écrit la transformation nécessaire :

- $(+3)-(-9)$
- $(+5)-(+8)$
- $(-2)-(+6)$
- $(-8)-(-3)$

7 Distance sur une droite graduée

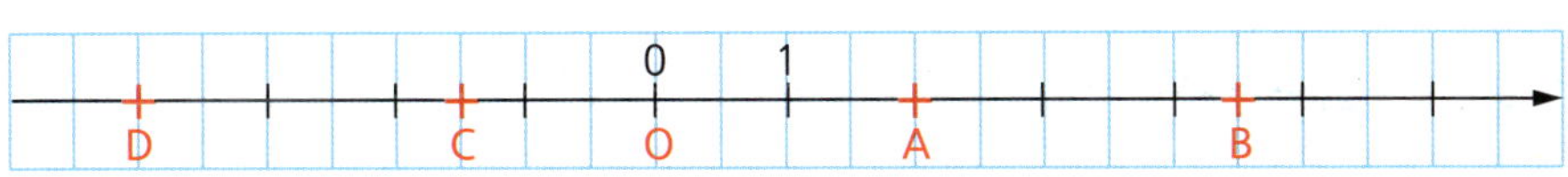

a. Lire les abscisses des points A, B, C, D sur la droite graduée ci-dessus.

b. Lire la distance AB. Comment retrouver cette distance à l'aide des abscisses de A et B ?

c. Lire les distances CD, AC et BD. Retrouver ces distances à l'aide d'une soustraction des abscisses des points.

Le Cours

1 Notion de nombre relatif

Les nombres relatifs permettent de donner une réponse à toutes les soustractions de nombres décimaux.

Note
Les nombres décimaux que vous connaissiez jusqu'à présent sont les nombres relatifs positifs.

▶ **Voir exercices 1 à 4 p. 58**

→ **Exemple 1 :** les nombres relatifs **positifs**.
$11 - 8 = 3$ (3 est le nombre qui ajouté à 8 donne 11).
On dit que 3 est un nombre relatif positif, on peut aussi le noter $+3$; son signe est $+$.

→ **Exemple 2 :** les nombres relatifs **négatifs**.
$7 - 9 = -2$ (-2 est le nombre qui ajouté à 9 donne 7).
On dit que -2 est un nombre relatif négatif ; son signe est $-$.

→ **Exemple 3 :** 0 est un nombre relatif à la fois positif et négatif.

2 Repérage

A Sur une droite

Les nombres relatifs permettent de graduer une droite. Chaque point de la droite graduée est repéré par son **abscisse**.

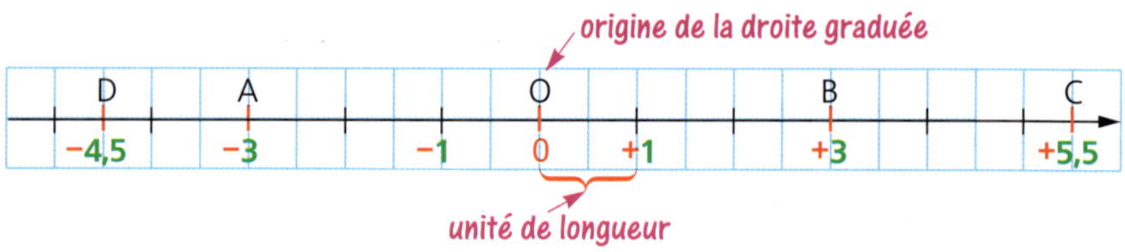

→ **Exemple**
Les points A et B sont tous deux à 3 unités de longueur de l'origine O.
En tenant compte du sens de la flèche :
- A est avant O, son abscisse est -3 ;
- B est après O, son abscisse est $+3$ (ou 3).

Note
On dit aussi que :
- *$+3$ est l'opposé de -3 ;*
- *-3 est l'opposé de $+3$.*

Vocabulaire

- On dit que les nombres relatifs -3 et $+3$ **sont à la distance 3 de 0.**
- Les nombres relatifs -3 et $+3$ sont dits **opposés** : ce sont les abscisses des points A et B symétriques par rapport à O.

B Dans le plan

DÉFINITION

Un repère d'origine O du plan est formé de deux droites graduées d'origine O.
En général, ces deux droites sont perpendiculaires en O et le repère est alors dit **orthogonal**.

Note
La lettre a est la 1re de l'alphabet. L'abscisse est la 1re coordonnée.

DÉFINITION

Dans un repère du plan, un point est repéré par deux nombres relatifs appelés **les coordonnées** de ce point.
Le premier est son **abscisse** et le second son **ordonnée**.

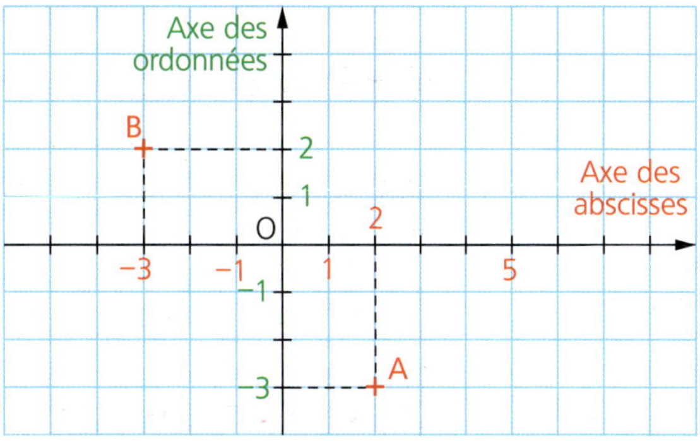

▶ Voir exercices 5 à 32 p. 58-60

→ **Exemples**

Les coordonnées de A : abscisse 2 ; ordonnée −3. On écrit A(2 ; −3).
Les coordonnées de B : abscisse −3 ; ordonnée 2. On écrit B(−3 ; 2).

3 Comparaison de nombres relatifs

RÈGLES DE COMPARAISON

(**1**) Tout nombre positif est plus grand que tout nombre négatif.
(**2**) De deux nombres positifs, le plus grand est celui qui a la plus **grande** distance à 0.
(**3**) De deux nombres négatifs, le plus grand est celui qui a la plus **petite** distance à 0.

→ **Exemples :** illustration sur une droite graduée.

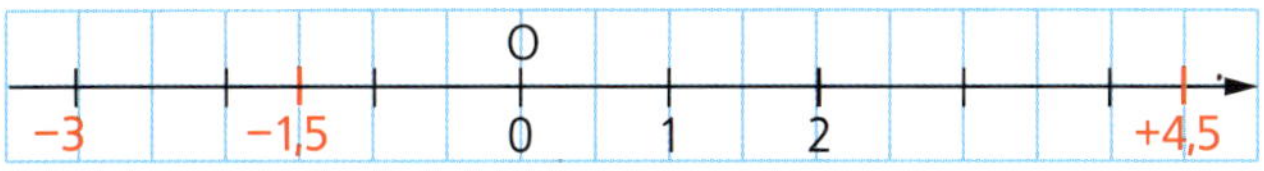

Plus on se déplace dans le sens de la flèche, plus le nombre est grand.

▶ Voir exercices 33 à 46 p. 61-62

- $2 > -3$ (règle (**1**))
- $4{,}5 > 2$ (règle (**2**))
- $-1{,}5 > -3$ (règle (**3**))

4 Addition de deux nombres relatifs

A Règles de calcul

(**1**) Pour effectuer la somme de deux nombres relatifs **de même signe** :
- on garde le signe commun aux deux nombres,
- on additionne les deux distances à 0 de ces nombres.

(**2**) Pour effectuer la somme de deux nombres relatifs **de signes contraires** :
- on prend le signe de celui qui a la plus grande distance à 0,
- on soustrait la plus petite distance à 0 de la plus grande.

→ **Exemples 1 :** les deux nombres sont de même signe

$(+2{,}5) + (+7{,}2) = +9{,}7$

$(-2{,}5) + (-7{,}2) = -9{,}7$

On garde le signe commun et on effectue : 2,5 + 7,2 = 9,7.

→ **Exemples 2 :** les deux nombres sont de signes contraires.

$(-8{,}5) + (+3) = -5{,}5$ — On prend le signe – car $8{,}5 > 3$ et on effectue : $8{,}5 - 3 = 5{,}5$.

$(-27) + (+31) = +4$ — On prend le signe + car $31 > 27$ et on effectue : $31 - 27 = 4$.

B Transformation d'écriture : exemple

▶ Voir exercices 47 à 61 p. 62-63

$(-8{,}5) + 3$ désigne la somme des nombres relatifs $(-8{,}5)$ et $(+3)$: c'est une autre écriture de $(-8{,}5) + (+3)$.

$(-8{,}5) + 3$ est parfois écrit simplement : $-8{,}5 + 3$ (le signe – devant 8,5 ne désigne pas une soustraction mais le signe de $-8{,}5$).

5 Soustraction de deux nombres relatifs

A Règle de calcul

Pour soustraire un nombre relatif, on ajoute l'opposé de ce nombre.

Note
On peut remarquer que $+12{,}4$ est plus grand que les termes de la différence : $+9{,}4$ et -3.

→ **Exemple 1**

$$(+9{,}4) - (-3) = (+9{,}4) + (+3) = +12{,}4$$

L'opposé de (-3) est $(+3)$.

→ **Exemple 2**

$$(-5) - (+8{,}2) = (-5) + (-8{,}2) = -13{,}2$$

L'opposé de $(+8{,}2)$ est $(-8{,}2)$.

B Transformation d'écriture : exemple

$(-5) - 8{,}2$ désigne la différence des nombres relatifs (-5) et $(+8{,}2)$: c'est une autre écriture de $(-5) - (+8{,}2)$.

$(-5) - 8{,}2$ est parfois écrit simplement : $-5 - 8{,}2$ (le signe – est celui du nombre -5, alors que le signe – désigne une soustraction).

C Distance de deux points

RÈGLE

Pour calculer la distance de deux points d'une droite graduée, on calcule la différence entre la plus grande abscisse et la plus petite.

▶ Voir exercices 62 à 73 p. 63-64

→ **Exemple**

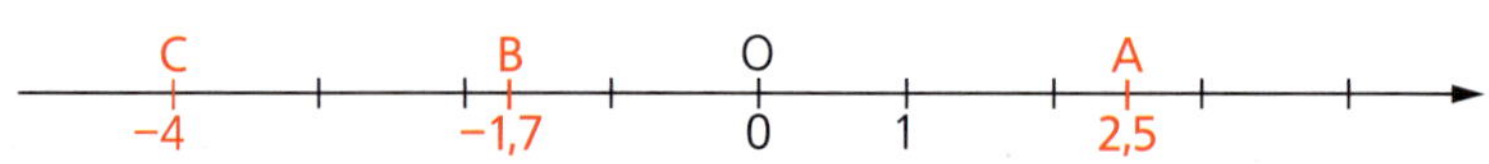

$AB = 2{,}5 - (-1{,}7) = 2{,}5 + (+1{,}7) = 4{,}2$

$CB = -1{,}7 - (-4) = -1{,}7 + (+4) = 2{,}3$

Remarques

- Une distance est toujours un nombre positif.
- La distance de deux points A et B se note indifféremment AB ou BA.

EXERCICE RÉSOLU

1 Repérer un point du plan

ÉNONCÉ

Lire et écrire les coordonnées des points A, B, C, D, E ci-dessous.

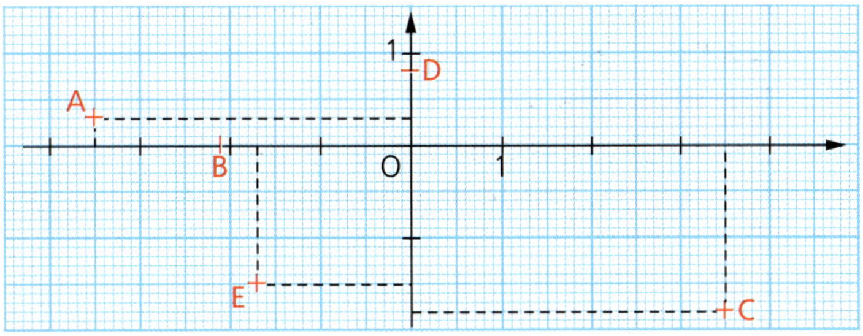

SOLUTION

A(– 3,5 ; 0,3)

B(– 2,1 ; 0)

C(3,5 ; – 1,8)

D(0 ; 0,8)

E(– 1,7 ; – 1,5)

B appartient à l'axe des abscisses donc son ordonnée est nulle.

D appartient à l'axe des ordonnées donc son abscisse est nulle.

▶ *Exercices 23 et 24 page 60*

EXERCICE RÉSOLU

2 Ranger des nombres relatifs

MÉTHODE

Pour ranger une liste de nombres relatifs, on peut :

(**1**) trier les nombres positifs et les nombres négatifs,

(**2**) comparer les nombres positifs entre eux et les nombres négatifs entre eux.

ÉNONCÉ

Ranger par ordre croissant les nombres relatifs :

2,6 ; – 10 ; 2,57 ; – 3,48 ; – 3,5.

SOLUTION

$-10 < -3,5 < -3,48 < 2,57 < 2,6$

(**1**) Positifs : 2,6 ; 2,57
Négatifs : – 10 ; – 3,48 ; – 3,5.
(**2**) Positifs : $2,57 < 2,6$
Négatifs : $-10 < -3,5 < -3,48$.

▶ *Exercices 39 à 42 page 61*

EXERCICE RÉSOLU

3 Additionner deux nombres relatifs

ÉNONCÉ

Dans chaque cas, calculer :

a. $(-3{,}2)+(-8{,}7)$ b. $-17{,}3+8{,}3$ c. $9{,}7+(-6)$

SOLUTION

a. $(-3{,}2)+(-8{,}7)=-11{,}9$

Les deux termes sont négatifs : on garde le signe $-$ et on effectue $3{,}2+8{,}7=11{,}9$.

b. $-17{,}3+8{,}3=-9$

$-17{,}3+8{,}3$ est la somme de $(-17{,}3)$ et de $(+8{,}3)$.

c. $9{,}7+(-6)=3{,}7$

$9{,}7+(-6)$ est la somme de $(+9{,}7)$ et de (-6).

▶ Exercices 49 et 50 page 62

Note
Sur la calculatrice il n'est pas utile de taper les parenthèses autour de chaque nombre relatif.

Remarque : calcul de $(-3{,}2)+(-8{,}7)$ avec la calculatrice.

[(−)] 3 . 2 [+] [(−)] 8 . 7 [EXE] (ou [ENTER])

Écran : - 3.2 + - 8.7 / - 11.9

EXERCICE RÉSOLU

4 Soustraire deux nombres relatifs

ÉNONCÉ

Dans chaque cas, calculer :

a. $(-7{,}3)-(-8{,}5)$ b. $-5-7$

SOLUTION

a. $(-7{,}3)-(-8{,}5)=(-7{,}3)+(+8{,}5)$
$=1{,}2$

On transforme la soustraction en une addition : on ajoute l'opposé de $(-8{,}5)$ qui est $(+8{,}5)$.

b. $-5-7=-5+(-7)$
$=-12$

$-5-7$ est la différence $(-5)-(+7)$ c'est-à-dire la somme $(-5)+(-7)$.

▶ Exercices 65 et 66 page 63

Remarque : calcul de $(-7{,}3)-(-8{,}5)$ avec la calculatrice :

[(−)] 7 . 3 [−] [(−)] 8 . 5 [EXE] (ou [ENTER])

Écran : - 7.3 - - 8.5 / 1.2

EXERCICE RÉSOLU

5 Calculer une expression

Info

Dans une somme de nombres relatifs, comme dans le cas des nombres décimaux :
- on peut changer l'ordre des termes ou les regrouper différemment,
- on utilise les mêmes règles de priorité pour calculer une expression où figurent des additions, des soustractions.

ÉNONCÉ

Dans chaque cas, calculer à la main :

$A = (-6{,}8) - (-5) + (-3{,}2) - 4$ $\qquad$ $B = 20{,}5 - (4 - 7{,}5) + (-8 - 17)$

SOLUTION

$A = (-6{,}8) - (-5) + (-3{,}2) - 4$

$= (-6{,}8) + (+5) + (-3{,}2) + (-4)$ ← On transforme chaque soustraction en addition de l'opposé.

$= \underbrace{(-6{,}8) + (-3{,}2)} + \underbrace{(+5) + (-4)}$ ← On regroupe différemment les termes de la somme pour faciliter le calcul.

$= \quad (-10) \quad + \quad (+1)$

$= -9$

$B = 20{,}5 - \underbrace{(4 - 7{,}5)} + \underbrace{(-8 - 17)}$ ← On effectue d'abord les expressions entre parenthèses :
$4 - 7{,}5 = 4 + (-7{,}5) = -3{,}5$
$-8 - 17 = -8 + (-17) = -25$

$= 20{,}5 - (-3{,}5) \quad + \quad (-25)$

$= \underbrace{20{,}5 + (+3{,}5)} \quad + \quad (-25)$

$= \quad (+24) \quad + \quad (-25)$

$= -1$

▶ *Exercices 75 et 76 page 64*

EXERCICE RÉSOLU

6 Écrire un programme de calcul

ÉNONCÉ

Traduire par une expression le programme de calcul suivant :
« À la somme de -5 et -14, on soustrait la somme de -10, -17 et 5 ».
Calculer cette expression.

SOLUTION

$A = \underbrace{(-5 + (-14))} - (\underbrace{-10 + (-17)} + 5)$ ← Écrire entre parenthèses les sommes décrites dans l'énoncé.

$A = \quad -19 \quad - \quad (-27 + 5)$

$A = -19 - (-22) = -19 + 22 = 3$

▶ *Exercices 83 et 84 page 64*

Exercices

TRAVAIL PERSONNEL

Ces exercices prolongent la rubrique Revoir les acquis (page 48)

Lire une graduation

A Lire l'abscisse de chaque point A et B sur la demi-droite graduée.

a. 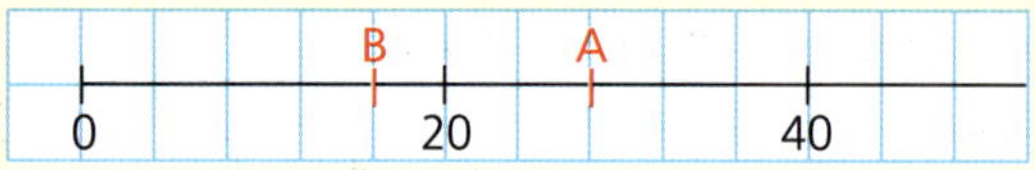

b. 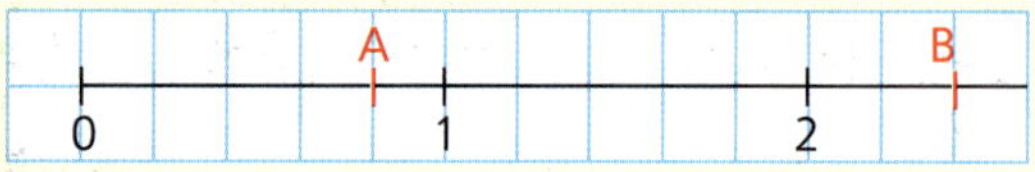

Se repérer dans un tableau

B Repérer chacune des quatre cases colorées de cette grille.

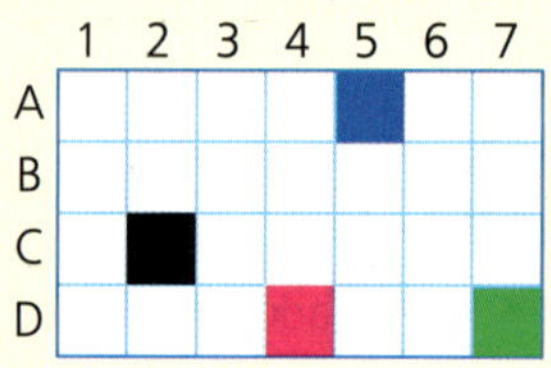

Comparer deux nombres

C Dans chaque cas, recopier et compléter par le signe < ou > qui convient.

a. 7,3 … 7,15 b. 3,5 … 3,63
c. 0,7 … 0,061 d. 8,1 … 8,099

Calculer une différence

D Dans chaque cas, calculer la différence :
a. des longueurs 5,6 m et 5,21 m ;
b. des prix 1,38 € et 1,5 €.

Calculer un nombre inconnu

E Dans chaque cas, calculer le nombre manquant.
a. 13,7 + ■ = 20 b. ▲ + 16 = 29,5

Exercices d'application

Notion de nombre relatif

1 Effectuer **à la main** :
a. 23 – 17 b. 17 – 23 c. 11,5 – 9,2
d. 9,2 – 11,5 e. 8,5 – 13,5 f. 13,5 – 8,5

2 Voici une liste de différences :

321 – 129	75 – 138
82,7 – 111,13	278,2 – 15,29
79,6 – 5,17	4,9 – 0,67

N'effectuer que celles dont le résultat est un nombre négatif.

3 Attribuer à chaque différence de la colonne de gauche, son résultat écrit dans la colonne de droite.

429 – 440	+ 9
19,8 – 25	+ 3,75
230 – 221	– 11
4,1 – 0,35	– 5,2

4 Dans chaque cas, trouver le nombre manquant.
a. 2 + ■ = 10 b. 18 + ▲ = 6 c. ■ + 12 = 4
d. 35 + ◆ = 21 e. 140 + ▼ = 70 f. 10,5 + ◣ = 6,5

Repérage sur une droite

Pour les exercices 5 à 9

Lire les abscisses des points A, B, C, D, E, F.

5 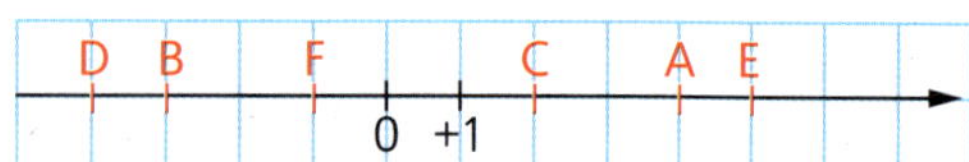

6 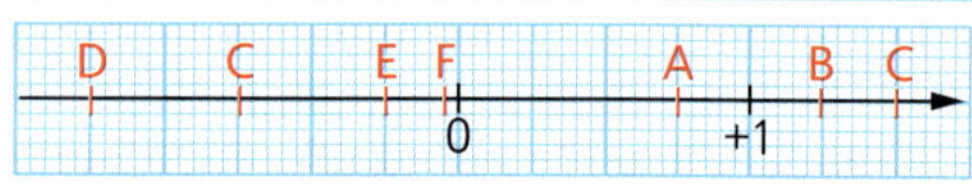

7 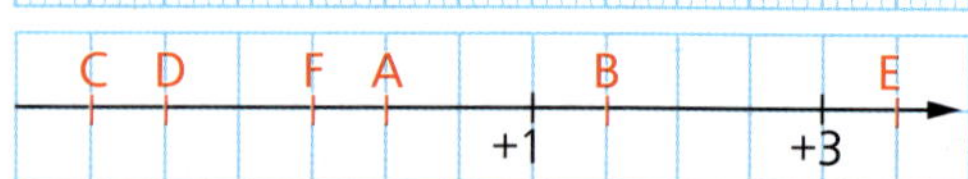

8 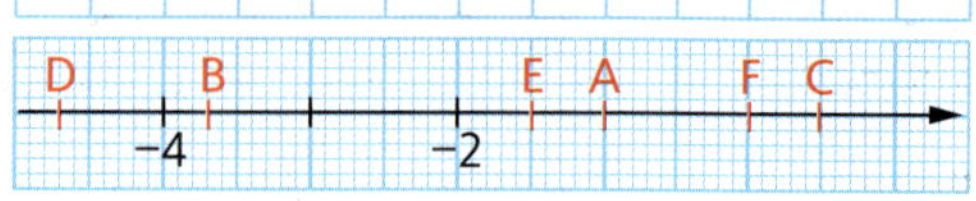

9 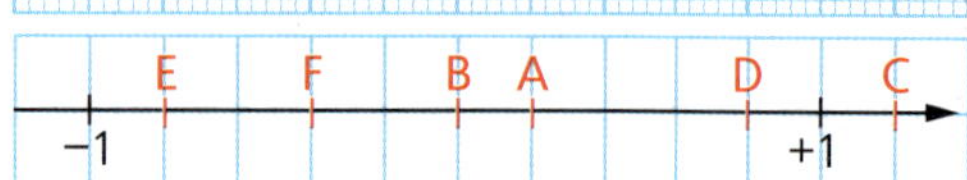

EXERCICE RÉSOLU

5 Calculer une expression

Info

Dans une somme de nombres relatifs, comme dans le cas des nombres décimaux :
- on peut changer l'ordre des termes ou les regrouper différemment,
- on utilise les mêmes règles de priorité pour calculer une expression où figurent des additions, des soustractions.

ÉNONCÉ

Dans chaque cas, calculer à la main :

$A = (-6{,}8) - (-5) + (-3{,}2) - 4$ $\qquad$ $B = 20{,}5 - (4 - 7{,}5) + (-8 - 17)$

SOLUTION

$A = (-6{,}8) - (-5) + (-3{,}2) - 4$

$= (-6{,}8) + (+5) + (-3{,}2) + (-4)$ ← On transforme chaque soustraction en addition de l'opposé.

$= \underbrace{(-6{,}8) + (-3{,}2)} + \underbrace{(+5) + (-4)}$ ← On regroupe différemment les termes de la somme pour faciliter le calcul.

$= \quad (-10) \quad + \quad (+1)$

$= -9$

$B = 20{,}5 - \underbrace{(4 - 7{,}5)} + \underbrace{(-8 - 17)}$ ← On effectue d'abord les expressions entre parenthèses :
$4 - 7{,}5 = 4 + (-7{,}5) = -3{,}5$
$-8 - 17 = -8 + (\ 17) = -25$

$= 20{,}5 - (-3{,}5) \quad + \quad (-25)$

$= \underbrace{20{,}5 + (+3{,}5)} \quad + \quad (-25)$

$= \quad (+24) \quad + \quad (-25)$

$= -1$

▶ *Exercices 75 et 76 page 64*

EXERCICE RÉSOLU

6 Écrire un programme de calcul

ÉNONCÉ

Traduire par une expression le programme de calcul suivant :
« À la somme de -5 et -14, on soustrait la somme de -10, -17 et 5 ».
Calculer cette expression.

SOLUTION

$A = \underbrace{(-5 + (-14))} - (\underbrace{-10 + (-17)} + 5)$ ← Écrire entre parenthèses les sommes décrites dans l'énoncé.

$A = \quad -19 \quad - \quad (-27 + 5)$

$A = -19 - (-22) = -19 + 22 = 3$

▶ *Exercices 83 et 84 page 64*

Exercices

TRAVAIL PERSONNEL

Ces exercices prolongent la rubrique Revoir les acquis (page 48)

Lire une graduation

A Lire l'abscisse de chaque point A et B sur la demi-droite graduée.

a. 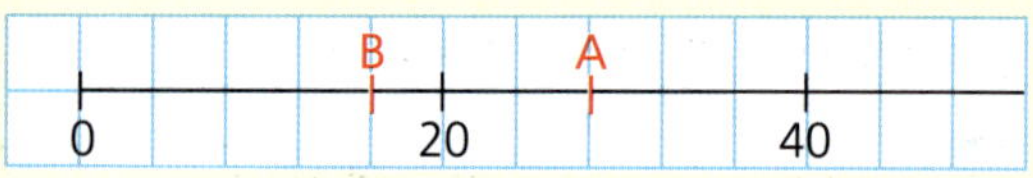

b. 

Se repérer dans un tableau

B Repérer chacune des quatre cases colorées de cette grille.

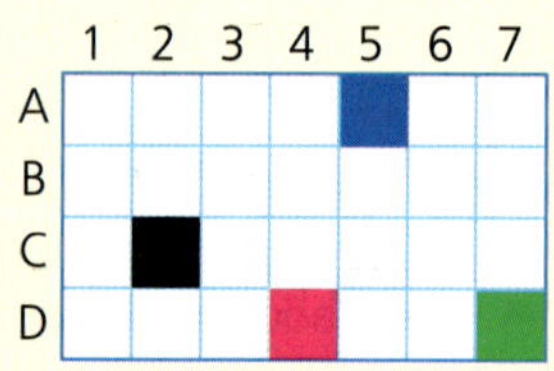

Comparer deux nombres

C Dans chaque cas, recopier et compléter par le signe < ou > qui convient.

a. 7,3 … 7,15 b. 3,5 … 3,63
c. 0,7 … 0,061 d. 8,1 … 8,099

Calculer une différence

D Dans chaque cas, calculer la différence :
a. des longueurs 5,6 m et 5,21 m ;
b. des prix 1,38 € et 1,5 €.

Calculer un nombre inconnu

E Dans chaque cas, calculer le nombre manquant.
a. 13,7 + ■ = 20 b. ▲ + 16 = 29,5

Exercices d'application

Notion de nombre relatif

1 Effectuer **à la main** :
a. 23 – 17 b. 17 – 23 c. 11,5 – 9,2
d. 9,2 – 11,5 e. 8,5 – 13,5 f. 13,5 – 8,5

2 Voici une liste de différences :

321 – 129	75 – 138
82,7 – 111,13	278,2 – 15,29
79,6 – 5,17	4,9 – 0,67

N'effectuer que celles dont le résultat est un nombre négatif.

3 Attribuer à chaque différence de la colonne de gauche, son résultat écrit dans la colonne de droite.

429 – 440	+ 9
19,8 – 25	+ 3,75
230 – 221	– 11
4,1 – 0,35	– 5,2

4 Dans chaque cas, trouver le nombre manquant.
a. 2 + ■ = 10 b. 18 + ▲ = 6 c. ■ + 12 = 4
d. 35 + ◆ = 21 e. 140 + ▼ = 70 f. 10,5 + ◣ = 6,5

Repérage sur une droite

Pour les exercices 5 à 9

Lire les abscisses des points A, B, C, D, E, F.

5 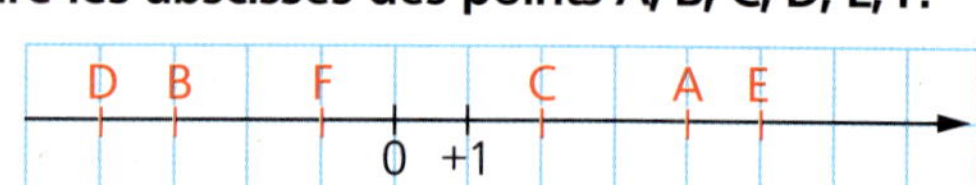

6 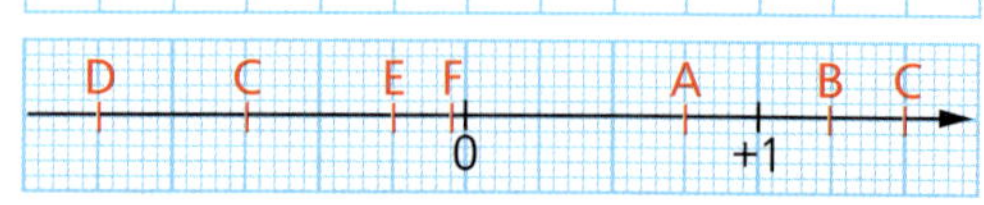

7 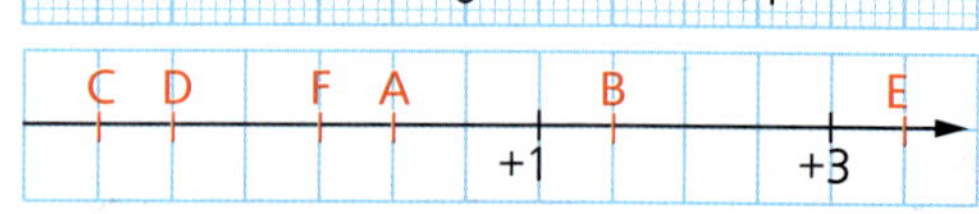

8 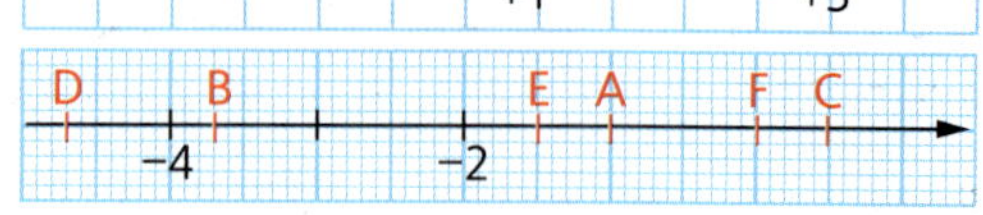

9 

10 Tracer une droite graduée comme celle ci-dessous et placer :
- le point A d'abscisse + 4 ;
- le point B d'abscisse − 3 ;
- le point C d'abscisse − 4,5 ;
- le point D d'abscisse − 0,5 .

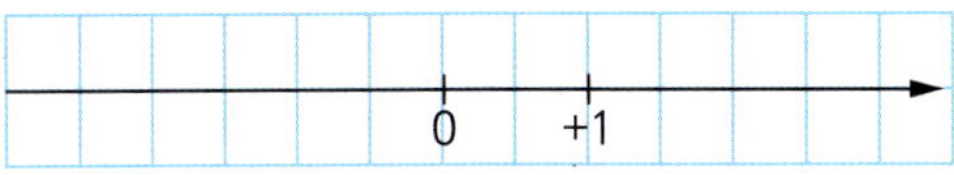

11 Tracer une droite graduée comme celle ci-dessous et placer :
- le point D d'abscisse 10 ;
- le point E d'abscisse − 2 ;
- le point F d'abscisse − 13 ;
- le point G d'abscisse + 5 .

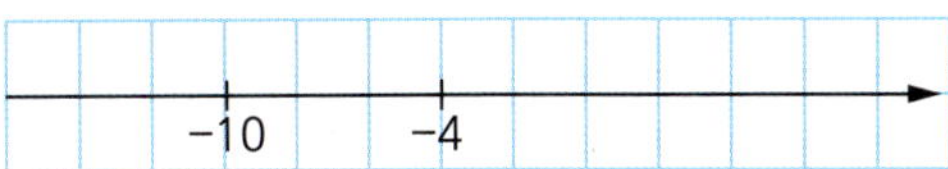

12 Tracer une droite graduée comme celle ci-dessous et placer :
- le point H d'abscisse − 5,1 ;
- le point I d'abscisse − 6,2 ;
- le point J d'abscisse − 4,9 ;
- le point K d'abscisse − 5,42 .

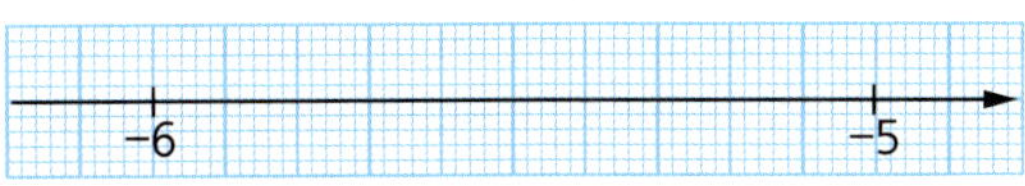

13 a. Tracer une droite graduée avec 1 cm pour unité de longueur.
b. Placer les points donnés ci-dessous.

Point	A	B	C	D	E
Abscisse	+ 3	− 2	− 4,5	+ 0,5	+ 2,5

14 Placer les points donnés ci-dessous sur une droite graduée en précisant l'unité de longueur choisie.

Point	M	N	P	Q	R	S
Abscisse	+ 25	− 60	− 100	+ 55	− 45	+ 10

15 Placer les points donnés ci-dessous sur une droite graduée en précisant l'unité de longueur choisie.

Point	U	V	W	X	Y
Abscisse	+ 0,1	− 0,01	− 0,05	+ 0,08	− 0,075

16 a. Tracer une droite graduée d'origine O et placer :
- le point A d'abscisse 3,5 ;
- le point B dont l'abscisse est l'opposé de celle de A.

b. Que peut-on dire du point O pour le segment [AB] ?

17 1. Donner l'opposé de chacun des nombres relatifs :
a. − 7   b. + 5   c. 0   d. − 4,5   e. 3,2

2. Sur une droite graduée, placer les neuf points correspondant à ces nombres relatifs.

18 Dans chaque cas, reproduire la figure et placer **avec le compas** le point demandé.

a. Point d'abscisse − 3,5

b. Point d'abscisse 4,1

19 a. Tracer une droite graduée avec 2 cm pour unité de longueur.
b. Placer :
- le point A d'abscisse − 2,5 ;
- le point B dont l'abscisse est l'opposé de − 3,25 ;
- le point C dont l'abscisse est l'opposé de 1,75 ;
- le point D dont l'abscisse est − 0,6 .

20 Faire cette figure et compléter les abscisses des points E, F, G, H. On pourra utiliser des fractions.

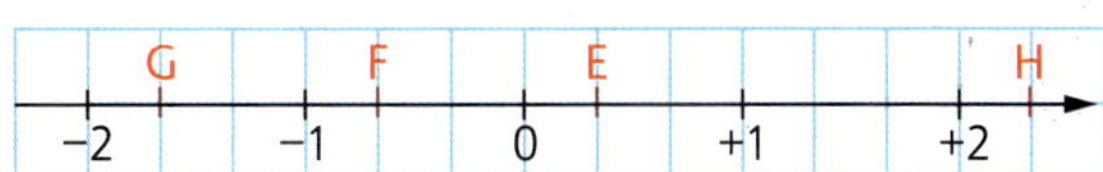

21 a. Tracer une droite graduée où le point I d'abscisse + 1 est à 2 cm de l'origine O.
b. Placer les points donnés ci-dessous.

Point	D	E	R	T
Abscisse	− 0,6	+ 1,9	− 0,45	+ 1,15

c. Quel mot peut-on lire ?

22 a. Tracer une droite graduée où le point I d'abscisse + 1 est à 5 cm de l'origine O.
b. Placer les points R, S, T d'abscisses respectives $-\frac{4}{5}$, $+\frac{8}{5}$, $-\frac{6}{5}$.
c. Quel mot peut-on lire ?

Repérage dans le plan

23 Donner les coordonnées des points A, B, C, D, E, F.

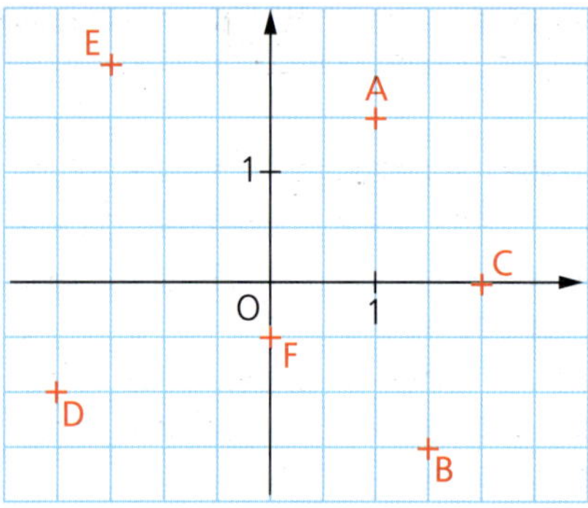

Conseils : se reporter à l'exercice résolu 1 page 55.

24 Donner les coordonnées des points M, N, P, Q, R, S.

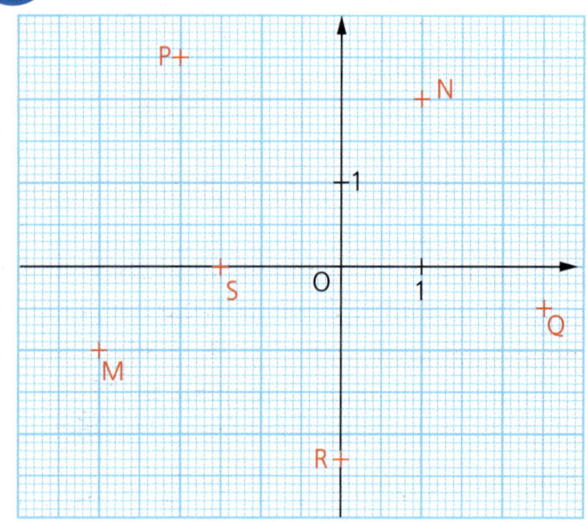

25 Tracer un repère d'origine O et placer les points donnés ci-dessous.

Point	A	B	C	D	E
Abscisse	+ 4	+ 3	– 4	– 2	+ 2
Ordonnée	+ 2	– 2	+ 1	– 3	0

26 Tracer un repère d'origine O et placer les points suivants :
F(– 2 ; – 1) ; G(+ 6 ; + 1) ; H(0 ; + 3) ; I(– 3,5 ; 0) ; J(– 2,5 ; + 2) ; K(+ 2 ; – 2,5) ; L(0 ; – 3,5) ; M(– 1 ; – 2).

27 a. Sur papier millimétré, tracer un repère d'origine O avec pour unité le centimètre sur chaque axe.
b. Placer les points suivants :
A(– 1,4 ; + 3,2) ; B(– 2,7 ; 0) ;
C(+ 1,8 ; 0) ; D(– 1,3 ; – 2,1) ;
E(+ 1,6 ; – 0,9) ; F(– 2,1 ; – 1,3).

28

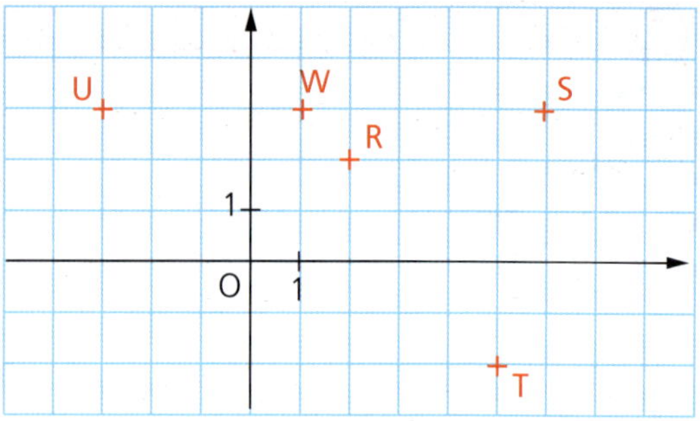

Dans chaque cas, dire de quel point ci-dessus il s'agit.
a. Son abscisse et son ordonnée sont égales.
b. Son abscisse et son ordonnée sont opposées.
c. Son ordonnée est le triple de son abscisse.
d. Son abscisse est le double de son ordonnée.
e. Son ordonnée est négative.

29 Dans un repère orthogonal, le point M a pour coordonnées (– 2,7 ; + 3,1).
Le point A est le symétrique de M par rapport à l'axe des ordonnées.
Le point B est le symétrique de M par rapport à l'axe des abscisses.
Le point C est le symétrique de M par rapport à l'origine O du repère.
a. Faire une figure.
b. Donner les coordonnées des points A, B, C.
c. Quelle est la nature du quadrilatère MACB ?
d. Lire les coordonnées du milieu du segment [AB].

30 a. Tracer un repère orthogonal dans lequel les points I(1 ; 0) et J(0 ; 1) sont à 3 cm de l'origine O.
b. Placer les points suivants :

$A\left(-\frac{4}{3} ; \frac{2}{3}\right)$; $B\left(\frac{2}{3} ; -\frac{5}{3}\right)$; $C\left(\frac{5}{3} ; \frac{2}{3}\right)$ et $D\left(-\frac{2}{3} ; -\frac{4}{3}\right)$.

c. Comment semblent être les droites (AB) et (CD) ?

31 a. Dans un repère d'origine O, placer les points A(– 1 ; 1) et B(3 ; 3).
b. Lire les coordonnées du milieu I du segment [AB].
c. Placer les symétriques A′, B′, I′ respectifs de A, B, I par rapport au point O. Lire leurs coordonnées.

32 1. Calculer :
$a = 1 - 3$ $b = 3 - 7$ $c = 5 - 11$

2. a. Tracer un repère orthogonal sur papier quadrillé.
b. Placer et relier dans l'ordre les points de coordonnées : $(b ; 0)$, $(a ; 2)$, $(2 ; 4)$, $(0 ; 4)$, $(0 ; 2)$, $(2 ; 0)$, $(4 ; 4)$, $(4 ; b)$, $(2 ; 0)$, $(0 ; a)$, $(0 ; c)$, $(a ; a)$, $(b ; 0)$.

Comparaison de nombres relatifs

33 Recopier et compléter par le signe > ou < qui convient.

a. + 1,9 … + 2,5
b. − 2,3 … + 2,1
c. 0 … − 1,7
d. − 73 … − 53
e. − 1 … − 3
f. − 0,2 … − 0,8

34 Recopier et compléter par le signe > ou < qui convient.

a. 5,2 … 5,15
b. − 4 … − 4,4
c. − 1,001 … − 1
d. + 2 … − 7,8
e. 0 … + 9,2
f. + 2,37 … + 2,1

35 Recopier et compléter par un nombre relatif de votre choix.

a. 3 < … < 3,1
b. − 5 < … < − 2
c. − 7 < … < − 6
d. − 3,2 < … < − 3,1
e. − 0,1 < … < 0,1
f. − 1,15 < … < − 1,1

36 Recopier et compléter par deux nombres entiers relatifs consécutifs.
Par exemple : + 4 < + 4,7 < + 5.

a. … < 3,2 < …
b. … < − 2,7 < …
c. … < 0,8 < …
d. … < − 3,2 < …

37 L'un des nombres proposés est celui repéré par la flèche rouge. Dans chaque cas, dire lequel.

a. 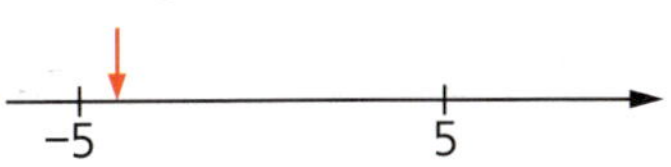

• 4 • − 4 • − 6

b. 

• − 27 000 • − 8 000 • − 13 000

c. 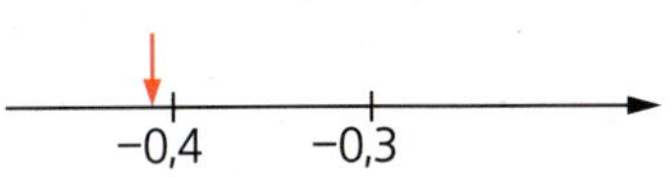

• − 0,41 • − 0,39 • − 0,29

d. 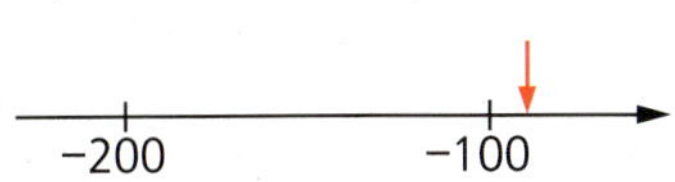

• − 101 • − 90 • − 110

38 a. Sur une droite graduée, placer les points A, B, C, D, E d'abscisses respectives :
• − 2,5 • + 3,4 • − 1,7 • + 0,6 • + 2,3
b. Ranger dans l'ordre croissant les abscisses ci-dessus.

39 Ranger par ordre croissant les nombres relatifs :
− 5,7 ; + 3 ; − 8,6 ; + 2,5 ; − 2,5 ; 0
Conseil : se reporter à l'exercice résolu 2 page 55.

40 Ranger par ordre décroissant les nombres relatifs :
− 4,04 ; − 4,44 ; + 4,044 ; + 4,003 ; − 4,4 ; − 4

41 Ranger par ordre croissant les nombres relatifs :
− 3,65 ; 2,45 ; − 6,3 ; − 4,56 ; − 7,02 ; 9,03

42 Ranger par ordre croissant les nombres relatifs :
− 5,1 ; 7,6 ; − 1,4 ; 0,5 ; − 5,09 ; − 2 ;
7,65 ; 0,01 ; 8,2 ; − 5,15 ; − 1,38 ; 8,02.

43 Faire ce schéma et placer dans les cases les nombres − 6 ; − 7 ; − 6,1 ; − 5,9 en respectant le sens de la flèche.

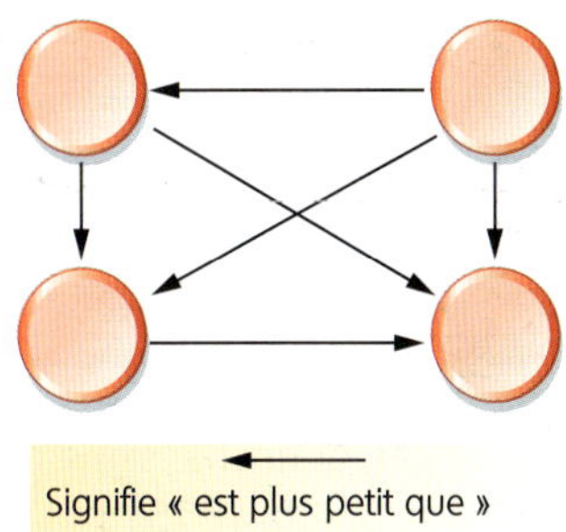

44 Si l'on peut comparer les deux nombres malgré les chiffres cachés, recopier et compléter par < ou >.

a. ■,5 … − ■,2
b. 5,■ … ■,9
c. 7,03 … 7,■1
d. − 2,■7 … − 3,■
e. − ■,7 … 1,■9
f. − 7,7 … − 7,3■■

45 Voici des températures extrêmes mesurées sur Terre :
+ 58 °C à El Azizia – Libye (1922)
− 68 °C à Oïmiakon – Sibérie (1933)
+ 56,7 °C dans la Vallée de la Mort – Californie (1913)
− 89,2 °C à Vostok – Antarctique (1983)
+ 44,4 °C à New York – USA (1896)
+ 53 °C à Ouargla – Algérie (1884)
− 41 °C à Mouthe – France (1985)
Ranger ces températures par ordre croissant.

46 « En se déplaçant sur les lignes du quadrillage toujours vers un nombre supérieur, retrouver le prénom de mon camarade. Son initiale est C ».

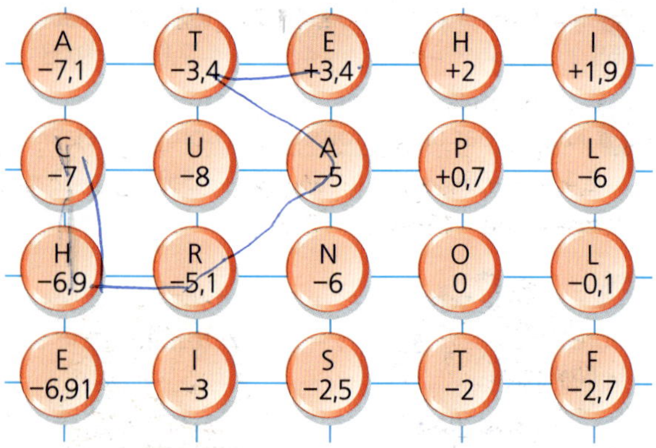

Addition de nombres relatifs

47 Dans chaque cas, donner le signe de la somme.

a. (+47) + (−89) b. (−75) + (−12)
c. (+1,7) + (+2,75) d. (+0,8) + (−0,12)
e. (−7,9) + (+9,7) f. (−0,9) + (+0,25)

48 Dans chaque cas, calculer **mentalement**.

a. (+5) + (+18) b. (−27) + (−5)
c. (+5) + (−13) d. (+11) + (−7)
e. (−12) + (+5) f. (−13) + (+6)

49 Dans chaque cas, calculer **à la main** puis vérifier **à la calculatrice**.

a. (+3,7) + (−4,1) b. (−2,7) + (−1,3)
c. (−5,3) + (+2,3) d. (−8,7) + (−1,7)
e. (+9,3) + (−13,8) f. (+15,3) + (−3,5)

Conseil : se reporter à l'exercice résolu 3 page 56.

50 Dans chaque cas, calculer **à la main**.

a. 0 + (−5,3) b. (−2,8) + (+2,8)
c. (−2,7) + (+7,2) d. (+9,7) + 0
e. (−5,1) + (+2,8) f. (−7,1) + (+10,7)

51 Recopier et relier chaque somme de la colonne de gauche à la somme égale de la colonne de droite.

(−7) + (+3) •	• (+29) + (−29)
(−5,1) + (−9) •	• (+8,1) + (+4,7)
(−10,4) + (+10,4) •	• (−2,6) + (−1,4)
(−2,5) + (+15,3) •	• (+4) + (−18,1)
(−7,9) + (−8,1) •	• (+5,4) + (−21,4)

52 Dans chaque brique, le nombre à inscrire est la somme des deux nombres situés en dessous.
Recopier et compléter chaque mur de briques.

a.

b.

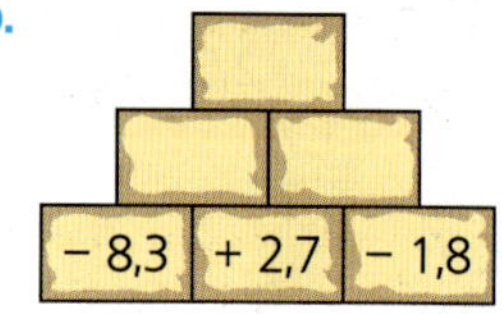

53 Calculer **à la main** chaque somme.

a. (−7) + (+3) + (−2) b. (+13) + (−6) + (+11)
c. (−9) + (−5) + (+13) d. (+31) + (+6) + (−50)

54 Avec les quatre nombres ci-dessous, écrire toutes les sommes égales à un nombre **entier** relatif.

−0,7 −2,3 +2,7 +7,3

55 Ben, Axelle et Erwan font le bilan des vacances. Un gain est traduit par un nombre relatif positif et une perte par un nombre relatif négatif.

	Gain ou perte (en euros) durant la		Bilan
	1re semaine	2e semaine	
Ben	+13,78	−7,55	…
Axelle	−2,87	+1,15	…
Erwan	−5,30	−8,25	…
Bilan du groupe	…	…	…

Recopier et compléter ce tableau.

56 On se déplace du départ à l'arrivée selon le sens indiqué par les flèches.
On additionne les nombres rencontrés sur le parcours.
Trouver le chemin qui donne la somme maximale.

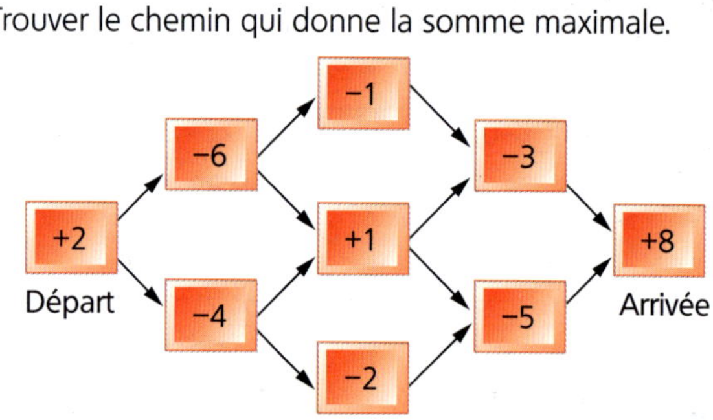

57 Calculer **à la main** :

a. −5 + 7 b. −7 + 5 c. 3 + (−8)
d. −5,2 + (−6) e. 9 + (−6,4) f. −5,8 + 2,1

58 Calculer **à la main** :

a. −10 + 1,5 b. −16 + 18 c. 16 + (−30)
d. −6,3 + (−24) e. 24 + (−4,6) f. −72 + (−185)

59 Calculer **à la main** le plus simplement possible.
A = 4,7 + (– 5,3) + 3 + (– 4,7)
B = – 3,8 + 7,5 + (– 6,2) + (– 6,5)
C = – 3,7 + 4,1 + (– 6,3) + 5,9
D = 6,25 + (– 4) + 24 + (– 0,25)

60 Calculer **à la main** puis vérifier **à la calculatrice**.
a. 12,5 + (– 8,3) + (– 6,7) + (– 4,5)
b. – 20,4 + (– 12,1) + 7,6 + 3,5 + (– 6,9) + (– 3,5)

61 **Pour rédiger**
Lire l'énoncé et la solution proposée par un élève. Rédiger ensuite cette solution en tenant compte des remarques du correcteur.

Énoncé
Calculer A = 537 + (– 991) + (– 1 537) + 1 991 .

Copie d'un élève

A = 537 + 1991 + (–991) + (–1537)
= 2528 + (–~~2428~~)
= ~~100~~ erreur de calcul
Regrouper 1991 et –991 donne des calculs plus simples.

Soustraction de nombres relatifs

62 Recopier et compléter :
a. (– 18) – (+ 7) = (– 18) + (…) = …
b. (+ 21) – (– 15) = (+ 21) + (…) = …
c. (– 9) – (– 5) = (– 9) + (…) = …
d. (+ 9,5) – (+ 3,8) = (+ 9,5) + (…) = …

63 Transformer chaque différence en somme de l'opposé, puis calculer.
a. (– 13) – (– 7)
b. (– 11) – (+ 9)
c. (+ 12,7) – (+ 7,5)
d. (+ 15,3) – (– 21)
e. (– 2,1) – 0
f. 0 – (– 3)

64 Calculer **à la main**.
a. (+ 3) – (– 7)
b. (– 10) – (+ 6)
c. – 2 – 8
d. 6 – (+ 2)
e. – 13 – 5
f. – 8 – (– 15)

65 Calculer **à la main**, puis vérifier **à la calculatrice**.
a. (– 2,3) – (– 4,7)
b. 6,5 – 7,8
c. – 2 – 6,2
d. 8,7 – (– 9,9)

Conseil : se reporter à l'exercice résolu 4 page 56.

66 Calculer **à la main** puis vérifier **à la calculatrice**.
a. 3,2 – (– 4,9)
b. – 8,1 – (– 20,9)
c. 10,4 – 25,4
d. – 9,2 – (– 9,2)
e. – 4,5 – 14,6
f. 21,2 – (+ 21,2)

67 **En Histoire**
Dans l'Égypte ancienne, deux pharaons célèbres se sont succédés : Séti Ier qui régna de – 1318 à – 1304 et Ramsès II de – 1304 à – 1236 .

Séti Ier

Ramsès II

a. Lequel des deux pharaons régna le plus longtemps ?
b. Combien durèrent leurs deux règnes au total ?

68 Voici des records de plongée en apnée selon l'équipement employé.
a. Calculer l'écart entre le record le moins profond et le plus profond.
b. Quel est l'écart entre les deux records de plongée les plus profonds ?

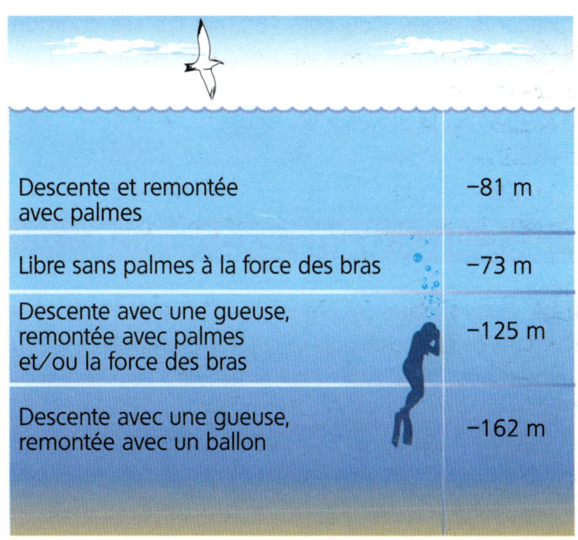

69 Sur une droite graduée, A est le point d'abscisse – 0,8, B est le point d'abscisse – 5 et C le point d'abscisse – 2,9 .
a. Calculer les distances AC et BC.
b. Que peut-on en déduire ?

70 Donner les abscisses des points A, B, C et calculer les distances AB, AC, BC.

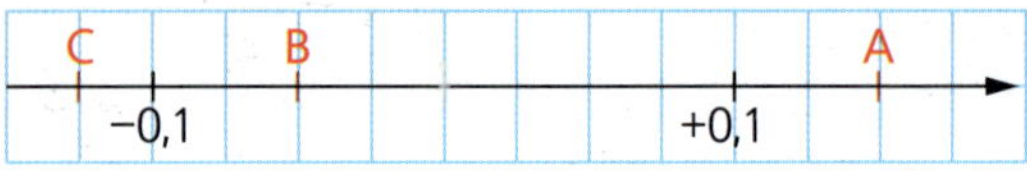

71 **1.** Sur une droite graduée, placer le point K d'abscisse $-10{,}5$.

2. a. Placer le point F d'abscisse positive se trouvant à une distance de 12 unités du point K.
b. Lire l'abscisse de F.
c. Retrouver cette abscisse par le calcul.

3. a. Placer le milieu I du segment [KF].
Quelle est la distance KI ?
b. Calculer l'abscisse du point I. Vérifier par lecture sur la droite graduée.

72 Sur une droite graduée, M et N sont les points d'abscisses respectives $-3{,}5$ et $-5{,}2$.
a. Calculer la distance MN.
b. Faire une figure et placer le point P tel que N soit le milieu du segment [PM].
c. Calculer l'abscisse de P.

73 **a.** Tracer un repère orthogonal avec pour unité 1 cm sur chaque axe.
b. Placer les points $A(5\,;-2)$, $B(5\,;6)$, $C(-7\,;-2)$.
c. Que peut-on dire du triangle ABC ?
Calculer les distances AB et AC.
d. Placer le milieu I du côté [BC] et lire ses coordonnées.
e. La perpendiculaire à (AB) passant par I coupe (AB) en K. Calculer la distance IK.

Calcul d'une expression

74 Dans chaque cas, transformer les soustractions en additions de l'opposé, puis calculer **à la main** le plus simplement possible.
a. $(-2)+(+5)-(+3)-(-4)+(-8)$
b. $(-2)+(-4{,}5)-(-0{,}5)+(+3)-(-7{,}5)$
c. $(-0{,}1)-(+0{,}25)+(-0{,}5)-(+0{,}4)-(-0{,}75)$

75 Dans chaque cas, calculer **à la main** puis vérifier **à la calculatrice**.
a. $(-3{,}6)+(-4{,}3)-(-13)-0{,}2-0{,}8$
b. $(5-7{,}2)+(9-7{,}5)$
c. $9{,}7-(-4+7)+(-5{,}4-3{,}2)$

Conseil : se reporter à l'exercice résolu 5 page 57.

76 Calculer **à la main**, puis vérifier **à la calculatrice**.
a. $-2{,}7-(5{,}3-4{,}7)+0{,}3$
b. $(-7{,}6+5)-(10{,}6-8)$
c. $(-3+1{,}5)+(11-13)-(5-7{,}5)$

77 Calculer **à la main**.
a. $13-8+9+5-11$
b. $-6{,}3+2{,}4-23{,}8$
c. $-8-5+3-6+1-6$

78 *a*, *b*, *c* désignent des nombres relatifs.
$$A = a - b + c.$$
Calculer A lorsque $a=-3$, $b=6$, $c=7$.

79 *a*, *b*, *c* désignent des nombres relatifs.
$$B = 5 - a + b - c.$$
Calculer B lorsque $a=9$, $b=-13$, $c=-1{,}5$.

80 *a*, *b*, *c* désignent des nombres relatifs.
$$C = (x-8)-(3-x).$$
Calculer C lorsque $x=-6{,}4$.

81 *x* et *y* désignent des nombres relatifs.
$A = 13{,}5-(x+y)$ $\qquad$ $B = 13{,}5-x-y$

1. Calculer A et B lorsque :
a. $x=7{,}2$ et $y=2{,}8$ **b.** $x=5{,}3$ et $y=-8{,}7$
c. $x=-2$ et $y=-1{,}5$ **d.** $x=-6$ et $y=0{,}5$

2. Que constate-t-on ?

82 Voici deux expressions :
$A = 2+(3-7)$ $\qquad$ $B=(2-7)-(2+9)$
Traduire chaque expression par une phrase où figurent les mots « somme » et « différence ».

83 **a.** « À la somme de -12 et -3, on soustrait la différence de 5 et 10. Puis au résultat on soustrait -6. »
Traduire ces phrases par une expression A.
b. Calculer cette expression.
Conseil : se reporter à l'exercice résolu 6 page 57.

84 Traduire chaque phrase par une expression, puis calculer cette expression.
a. « À 0,05, ajouter la différence de 0,75 et de la somme de 0,2 et 0,4. »
b. « À la différence de -10 et de la somme de -12 et -3, soustraire 5. »

Pour s'exprimer

85 Relatif

Expliquer la signification de chaque phrase.

a. Les élèves doivent poser des questions relatives à la leçon étudiée.

b. Il faut indiquer la position relative de ces deux droites.

c. Tout est relatif ! Entre un genou écorché et une jambe cassée, que choisir ?

d. Dans la phrase : « L'oiseau qui chante est bleu », il y a un pronom relatif.

86 Origine

Expliquer la signification de chaque phrase.

a. Un bonbon est à l'origine de leur dispute !

b. Il est d'origine africaine.

c. « Orthographe » est un mot d'origine grecque.

d. Sur l'emballage figure l'origine de ces fruits.

87 Coordonnées

Expliquer la signification de chaque phrase.

a. Vous pourrez me joindre, je vous laisse mes coordonnées.

b. Cette table est jolie : les serviettes sont coordonnées à la nappe.

88 Employer le bon mot

Recopier et compléter chaque phrase par les mots qui conviennent.

a. L' … d'un repère est le seul point dont les … sont toutes deux égales à 0.

b. Tous les points situés au-dessous de l' … des abscisses ont une ordonnée … et ceux au-dessus une ordonnée …

c. Tous les points situés à droite de l' … des ordonnées ont une abscisse … et ceux situés à gauche, une abscisse …

d. Tous les points de l'axe des … ont une abscisse égale à 0.

e. Tous les points de l'axe des … ont une ordonnée égale à 0.

CALCUL MENTAL ET RÉFLÉCHI

89 En avant, en arrière

a. Compter de 4 en 4 de -11 à 9.

b. Compter de 5 en 5 de 17 à -18.

90 Sommes

Calculer mentalement :

a. $-5+12$ b. $(-17)+17$ c. $11+(-8)$

d. $-6+(-7)$ e. $37+(-99)$ f. $27+(-19)$

91 Différences

Calculer mentalement :

a. $7-(-8)$ b. $11-14$ c. $13-8$

d. $3-(-3)$ e. $-75-100$ f. $-14-(-18)$

92 Des expressions

Calculer mentalement :

a. $-13-7{,}6-(-13)$ b. $13-0{,}5+7-1{,}5$

c. $-0{,}8-7-5-1{,}2$ d. $(-12+8)-(-10-2+8)$

93 Nombre entier suivant

Écrire le plus petit nombre **entier** relatif supérieur à chaque nombre.

a. $+4{,}59$ b. $-6{,}013$ c. $-0{,}5$

d. $\frac{17}{3}$ e. $-\frac{5}{4}$ f. $-99{,}999$

94 Un encadrement

Encadrer le nombre donné par deux nombres **entiers** relatifs consécutifs.

a. $3{,}5$ b. $-6{,}02$ c. $\frac{45}{7}$

d. $-\frac{3}{8}$ e. $-10{,}75$ f. $-0{,}03$

95 Un calcul intermédiaire

1. Vérifier que : $4\,315-5\,275=-960$.

2. Calculer alors mentalement :

a. $43\,150-52\,750$ b. $5\,315-6\,275$

c. $43{,}15-52{,}75$ d. $0{,}431\,5-0{,}527\,5$

FAIRE LE POINT

TRAVAIL PERSONNEL

Pour chaque question, une seule réponse est exacte. Laquelle ?

	a	b	c
96 Des trois plongeurs, celui qui est le plus près de la surface de l'eau se trouve à …	– 57 m	– 19 m	– 32 m
97 Le nombre relatif le plus petit est …	– 2,51	– 2,01	– 2,7
98 Sur cette droite graduée, l'abscisse du point A est … 	7	– 0,7	– 7
99 Dans le repère ci-dessous, l'ordonnée du point A est … 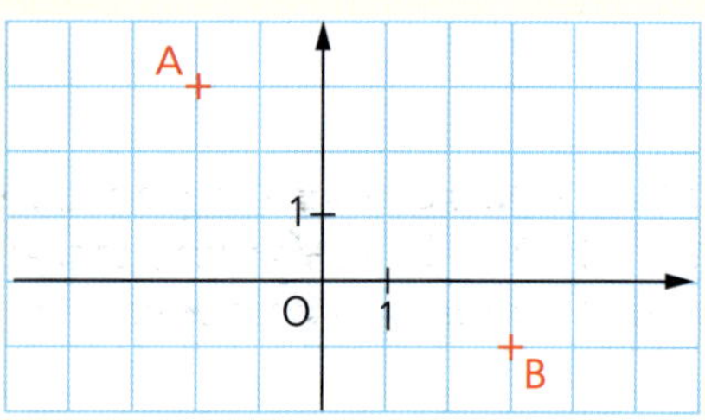	– 2	3	2
100 Dans le repère ci-dessus, les coordonnées du point B sont …	(3 ; – 1)	(– 1 ; 3)	(– 3 ; – 1)
101 (+ 5,3) + (– 10) est égal à …	– 15,3	– 4,7	4,7
102 – 7,4 + (– 6,6) est égal à …	14	– 0,8	– 14
103 (– 7) – (– 9) est égal à …	(– 7) + (+ 9)	(– 7) + (– 9)	(+ 7) + (+ 9)
104 18 – 23 est égal à …	18 + (+ 23)	– 18 + (– 23)	18 + (– 23)
105 – 17 – 82 est égal à …	– 65	99	– 99
106 Sur la droite graduée ci-dessous, A et B sont les points d'abscisses a et b.  La distance AB est égale à …	$a - b$	$b - a$	$b + a$

Vérifier les réponses page 266 : 8 bonnes réponses ou plus, passer à la série suivante d'exercices, sinon revoir auparavant le cours et les exercices.

Exercices de consolidation

TRAVAIL PERSONNEL

107 Transformer sans calculer

Sans effectuer de calculs, regrouper les expressions qui donnent le même résultat.

$A = 6 - 13$	$B = (-6) - (-13)$	$C = -6 - 13$
$D = 6 + (-13)$	$E = -6 + 13$	$F = -6 + (-13)$
$G = 6 - (-13)$	$H = -13 + 6$	$I = 6 + 13$
$J = 13 - 6$	$K = 13 - (-6)$	$L = 13 - (+6)$

Aide

Tu peux écrire chaque expression à l'aide d'une somme.

108 Envisager plusieurs cas

Recopier et compléter de façon que l'égalité soit vérifiée. Envisager toutes les possibilités dans chaque cas.

a. $(\ldots 17) + (\ldots 28) = -\ldots$ b. $(\ldots 39) + (\ldots 21) = +\ldots$

c. $(\ldots 53) + (\ldots 29) = -\ldots$ d. $(\ldots 42) + (\ldots 73) = +\ldots$

Aide

a. La somme doit être négative, donc il n'est pas possible que les deux termes soient positifs. En revanche, ils peuvent être tous deux négatifs, ou bien…

109 Utiliser une figure à main levée

Sur une droite graduée, A et B sont les points d'abscisses respectives $-32{,}6$ et $+73{,}4$.

C est le point du segment [AB] tel que :

$$BC = \frac{3}{4} AB.$$

a. Calculer l'abscisse du point C.

b. Calculer la distance AC de deux façons différentes.

Aide

a. Tu peux représenter cette situation par une figure **à main levée** : inutile de choisir une échelle, de prendre du papier millimétré.

Même si l'énoncé ne te le demande pas, il est utile ici de commencer par calculer la distance AB.

110 Analyser des informations

-3 ; -287 ; $+10$; $-11\ 034$; $+9\ 000$; -12

Parmi les nombres relatifs ci-dessus, reconnaître celui qui manque dans chaque énoncé, puis répondre à la question de l'énoncé.

Énoncé 1

Le 25 décembre, la température a brusquement augmenté de -2 °C à …

Quel est l'écart de température ?

Énoncé 2

Dans l'océan Pacifique, la fosse des Mariannes a une profondeur de … m. Le sommet le plus haut du monde est le mont Everest avec 8 848 m.

Quel est leur écart d'altitude ?

Énoncé 3

Le célèbre savant grec Archimède est né à Syracuse en…

Il est tué par un soldat romain en -212.

À quel âge est-il mort ?

Aide

Pour l'énoncé 1 par exemple, tu dois compléter par un nombre supérieur à -2. Le bon sens doit te permettre de trouver ce nombre parmi ceux de la liste.

111 Comprendre une situation

Des spéléologues sont restés prisonniers d'un gouffre à cause d'une crue des rivières souterraines.

Les secours ont installé une équipe médicale à l'intérieur du gouffre à la cote -600 m.

Ils découvrent deux premiers spéléologues à la cote -800 m et les deux derniers à la cote -950 m.

1. Quelle différence de profondeur y a-t-il entre l'équipe médicale et chaque groupe secouru ?

2. Les deux spéléologues situés le plus profondément auraient dû encore descendre de 172 m pour atteindre le fond du gouffre.

À quelle cote est situé le fond du gouffre ?

3. L'entrée de ce gouffre est située à 1 460 m d'altitude.

Quelle est l'altitude :

a. du fond du gouffre ? b. de l'équipe médicale ?

Aide

« À la cote -600 m » signifie à une profondeur de 600 m sous terre, c'est-à-dire 600 m plus bas que l'entrée du gouffre (située à la cote 0).

Exercices d'approfondissement

S'initier au raisonnement

112 Donner un contre-exemple

1. Jérémy affirme :
« La somme d'un nombre positif et d'un nombre négatif est toujours négative ».
On se propose de savoir si cette affirmation est vraie.

a. Au brouillon : on fait des essais

Un positif	+ 3	+ 10	…	…
Un négatif	– 5	– 15	…	…
Somme	– 2	…	…	…

Recopier et compléter le tableau ci-dessus.
Que pensez-vous de l'affirmation de Jérémy ?

b. Au « propre »

Pour prouver qu'une affirmation est fausse, il suffit de donner un contre-exemple.

Recopier et compléter :
« … est un nombre positif,
… est un nombre négatif
et pourtant leur somme … est un nombre positif.
Donc l'affirmation de Jérémy est … »

2. Dans chaque cas, prouver que l'affirmation est fausse.
a. « Soustraire un nombre relatif revient à ajouter un nombre négatif ».
b. « L'opposé d'un nombre relatif est un nombre négatif ».
c. « La somme de deux nombres relatifs est plus grande que chacun des deux termes ».

113 Résoudre diversement

1. Sur une droite graduée d'origine O :
- A et B sont les points d'abscisses respectives – 4,5 et 7,6 ;
- A′ et B′ sont les points dont les abscisses sont les opposés des abscisses de A et B.

On se propose de prouver que AB = A′B′.

a. Première méthode
Calculer la distance AB.
Donner les abscisses de A′ et B′, puis calculer A′B′.
Conclure.

b. Deuxième méthode
Géométriquement, que peut-on dire des points A et A′, B et B′ ?
Utiliser une propriété des symétries centrales pour conclure.

2. Généralisation
Sur une droite graduée, les points M′ et N′ ont pour abscisses les opposés des abscisses de deux points M et N.
Prouver que MN = M′N′.

114 Reconnaître un milieu

Sur une droite graduée, A et B sont les points d'abscisses respectives – 63 et 104.

a. Éva affirme :
« l'abscisse du milieu du segment [AB] est positive ».
Qu'en pensez-vous ?
b. Voici une liste de points d'abscisse donnée :
C(19) ; D(83,5) ; E(21,5) ; F(20,5) ; G(0,5)
Parmi ces points, l'un d'eux est le milieu du segment [AB].
Dire lequel en justifiant la réponse.

115 Imaginer

Sur une droite graduée, A est le point d'abscisse 1 207,5 et B est le point d'abscisse – 5 321,3.
On se propose de calculer l'abscisse du milieu I du segment [AB].
a. Calculer la distance AB.
b. On ne connaît pas encore l'abscisse du milieu I, mais on peut connaître la distance IA ou IB.
Quelle est-elle ?
c. Calculer alors de deux façons différentes l'abscisse de I.

116 Conjecturer

a. Calculer :
- 1 – 2 + 3
- 1 – 2 + 3 – 4
- 1 – 2 + 3 – 4 + 5
- 1 – 2 + 3 – 4 + 5 – 6

b. Sans calculer, prévoir le résultat de
1 – 2 + 3 – 4 + 5 – 6 + 7 et 1 – 2 + 3 – 4 + 5 – 6 + 7 – 8.
Vérifier par le calcul.
c. Conjecturer le résultat de :
1 – 2 + 3 – 4 + 5 – 6 + 7 – 8 + … – 2 004 + 2 005.
Expliquer la réponse.

Résolution de problèmes

117 Imaginer une stratégie

Un carré de nombres est dit **magique** lorsque les sommes des nombres de chaque ligne, les sommes des nombres de chaque colonne, les sommes des nombres de chacune des deux diagonales sont égales.

Recopier et compléter ce carré pour qu'il soit magique.

−3			
3	2	7	−4
−6	−5	4	
		−2	

118 Les axes ont disparu

Dans un repère, les points A et B ont pour coordonnées respectives $(-12\ ;-13)$ et $(13\ ;11)$.
Ci-dessous, le repère a été effacé.
Quelles sont les coordonnées du point C ?

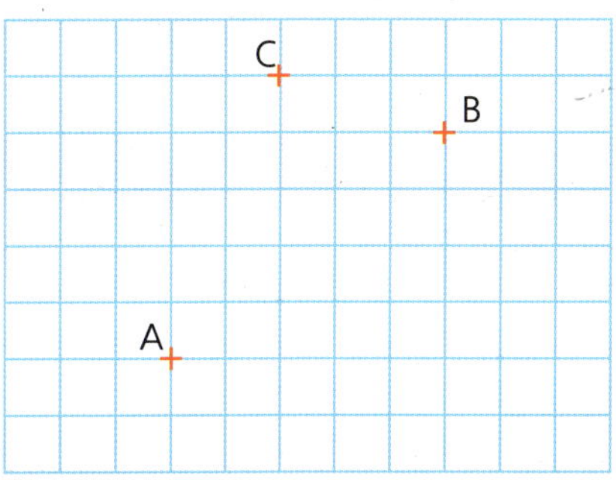

119 En Géographie

En 1970, le Brésil comptait 96 millions d'habitants. En 1990, la variation de la population urbaine peut se traduire par le nombre relatif $+57$ millions, alors que celle de la population rurale se traduit par -4 millions.
En 2005, les chiffres font apparaître, par rapport à ceux de 1990, une variation de $+43$ millions pour la population urbaine et de -9 millions pour la population rurale.
a. Entre 1970 et 2005, quel est le bilan pour la population urbaine ? rurale ?
b. Calculer la population totale du Brésil en 2005.

120 Température et altitude

On admet que la température baisse de 0,6 °C chaque fois que l'on s'élève de 100 m.
Sachant qu'il fait -8 °C à 3 000 m d'altitude, quelle est la température :
a. à 3 300 m ? **b.** à 2 500 m ?

121 Qualité de l'air en Île-de-France

Chaque jour, Airparif attribue un indice ATMO selon la qualité de l'air. Voici la répartition des jours de 1998 selon cet indice. Ce tableau donne aussi l'évolution en 2004 par rapport à 1998.

Indice ATMO	Nombre de jours 1998	Évolution 2004 par rapport à 1998
10	1	−1
9	1	−1
8	6	−5
7	7	−5
6	15	+4
5	48	−9
4	106	−10
3	170	+16
2	11	+12
1	0	0

Indice ATMO
- 10 Très mauvais
- 9 Mauvais
- 8 Mauvais
- 7 Médiocre
- 6 Médiocre
- 5 Moyen
- 4 Bon
- 3 Bon
- 2 Très bon
- 1 Très bon

a. Combien de jours avait l'année 1998 ?
b. Faire le total de la colonne « Évolution ».
Interpréter ce résultat.
c. Comparer le nombre de jours de 2004 et de 1998 où l'indice a été :
• dans le rouge • dans l'orange • dans le vert.
d. Globalement, diriez-vous que la qualité de l'air s'est améliorée en Île-de-France entre 1998 et 2004 ?
e. Représenter par un diagramme en barres la répartition des jours de 1998 et 2004 selon l'indice ATMO.

Exercices

122 **Avec un tableur**

x désigne un nombre entier entre -5 et 10. On se propose de faire afficher par un tableur le résultat de la soustraction $10-x$.

	A	B
1	-5	15
2	-4	14
3	-3	13
4	-2	12
5	-1	11
6	0	10
7	1	9
8	2	8
9	3	7

1. Pour faire afficher les entiers de -5 à 10 dans la colonne A :

- entrer -5 dans la cellule A1 ;
- entrer la formule =A1+1 dans la cellule A2 ;
- étendre la formule vers le bas (réfléchir à combien de lignes doivent être remplies).

2. a. Pour obtenir $10-x$ dans la colonne B :

- entrer la formule =10−A1 dans la cellule B1 ;
- étendre la formule vers le bas.

b. Vérifier le résultat en effectuant le calcul à la main de $10-x$ pour $x=-3$ et $x=3$.

3. a. Vérifier pour x entier de -4 à 4 que x et $10-x$ sont à égale distance du nombre 5.

b. Représenter dans un repère du plan les points dont les coordonnées sont dans le tableau. Que peut-on observer ?

123 **Relier le numérique et la géométrie**

Dans un repère du plan, on donne les points :
$M(-6{,}3\ ;\ +5{,}8)$, $N(+3{,}8\ ;\ +5{,}8)$ et $P(-6{,}3\ ;\ -4{,}3)$.
$\mathscr{C}$ est le cercle de centre M qui passe par le point P.

a. Faire une figure sur papier millimétré.

b. Que semble-t-on pouvoir dire du point N pour le cercle $\mathscr{C}$?
Prouver votre affirmation.

c. Q et R sont les points de $\mathscr{C}$ diamétralement opposés respectivement à P et N.
Quelles sont les coordonnées de Q et R ?

d. Quelles sont les coordonnées :

- du point H tel que MNHP soit un rectangle ? Expliquer.
- du point K tel que N soit le milieu du segment [HK] ? Expliquer.

e. Quelle est la nature du quadrilatère MKNP ? Expliquer.

Vrai ou faux

Pour les exercices 124 à 130

Dire si l'affirmation est vraie ou fausse. Expliquer la réponse.

124 Un nombre relatif est supérieur à son opposé.

125 Le nombre $-2{,}7$ est compris entre -2 et -1.

126 $(-\ldots)-(+\ldots)$ est un nombre négatif.

127 $3{,}71-(-1{,}71)$ est un nombre entier relatif.

128 Sur une droite graduée, la distance entre les points d'abscisses 7 et -3 est 4.

129 8 et $(-13+5)$ sont des nombres opposés.

130 $8-15$ est la différence de $(+8)$ et (-15).

Des défis

131 **Monsieur Chat**

De midi à minuit, Monsieur Chat dort sous le chêne et de minuit à midi, il raconte des histoires.
Au-dessus de lui, sur le tronc du chêne, une affiche indique :
« il y a deux heures, Monsieur Chat faisait ce qu'il fera dans une heure. »
Combien d'heures par jour, l'affiche dit-elle la vérité ?

D'après *Kangourou 2005*

132 **Au choix**

Utiliser uniquement les cinq nombres :

-5 ; $+6{,}7$; $+9{,}4$; -1 ; $-0{,}9$

et des additions, des soustractions, des parenthèses, pour obtenir le résultat le plus proche de 0.

Un pavage pour s'amuser

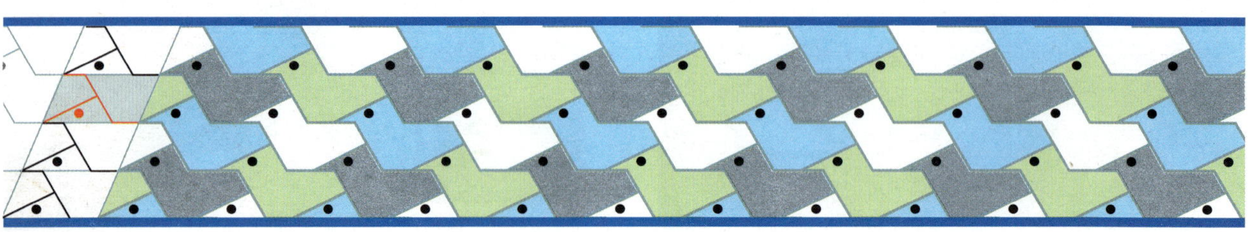

DOCUMENT À PHOTOCOPIER

Le coin des curieux

profondeurs marines · exploration · submersibles

10 000 m sous les mers

Jules Verne publia en 1870, le célèbre roman « Vingt mille lieues sous les mers ». Il a fallu moins d'un siècle pour que ce roman devienne réalité.

C'est en 1948, que le suisse ▶ Auguste Picard expérimenta, au large de Dakar, son premier bathyscaphe ; il descendit à la **cote – 1 000 m**.

◀ Le 23 janvier 1960, le bathyscaphe Trieste avec à son bord Jacques Picard et Don Walsh, atteignit la **cote – 10 916 m** dans la fosse Challenger, au large des îles Mariannes (record inégalé à ce jour).

En 1987, le Nautile, remonta de nombreux objets de l'épave du Titanic (**– 3 800 m**) et équipé de l'engin Robin entra dans l'épave. ▶

◀ Plus récemment, en 2003, le Nautile parvint à colmater les fuites de fioul (125 tonnes par jour) sur l'épave du Prestige (**– 3 830 m**). ▶

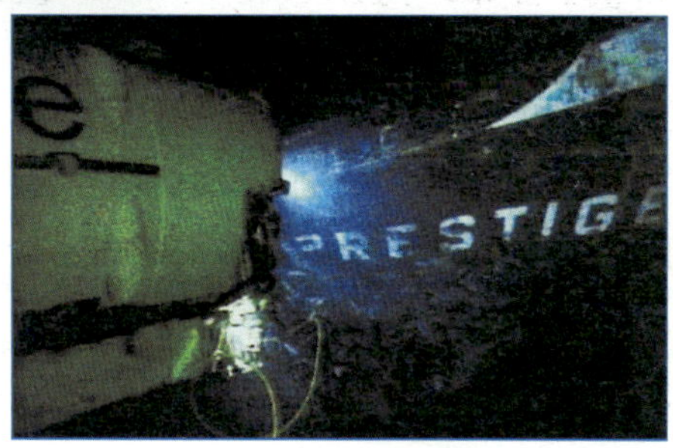

Jeu

Triangles numériques

Faire cette figure et placer dans les disques les 9 nombres entiers relatifs de – 4 à 4 de façon que leur somme sur chaque côté du triangle soit égale :

a. à 0 **b.** à – 3

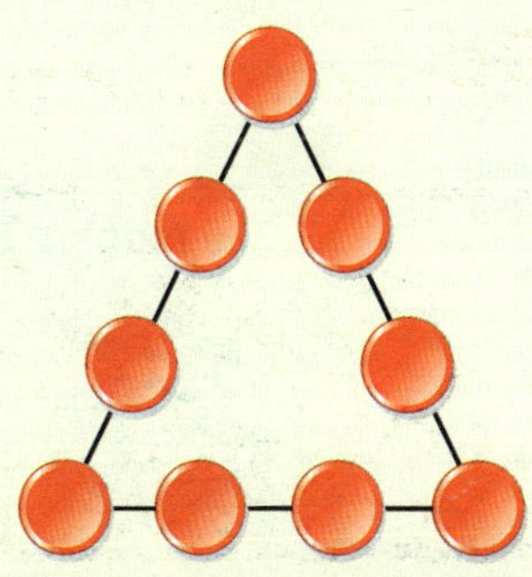

CHAPITRE 4

Équations

PRENDRE UN BON DÉPART

Revoir les acquis

Pour chaque question, une seule réponse est exacte. Laquelle ?

1 Respecter les priorités

Chapitre 1
pages 12-13

Pour $x = 9$, le nombre $4x - 6$ est égal à …

a. 43 **b.** 30 **c.** 12

2 Fois plus

Blaise est trois fois plus jeune que Mathilde.
Si Blaise a 18 ans, Mathilde a …

a. 54 ans **b.** 6 ans **c.** 21 ans

3 De plus

Marie mesure 8 cm de plus que Carla qui mesure 1,53 m. Pour calculer la taille de Marie, on effectue …

a. 1,53 m + 8 m **b.** 1,53 m + 0,08 m **c.** 1,53 m – 0,08 m

4 De moins

« Dans mon jardin, le peuplier mesure 2 m de moins que le chêne ». Sachant que ce chêne mesure 0,8 dam, pour calculer la hauteur du peuplier, on effectue …

a. 8 m – 2 m **b.** 8 m + 2 m **c.** 0,8 dam + 2 m

5 Traduire des informations

Formulaire
page 258

« La somme de 5 et du double de *x* est égale à 16 ». Cette phrase se traduit par …

a. $2(x + 5) = 16$ **b.** $5 + 2x = 16$ **c.** $(5 + 2)x = 16$

6 Déterminer un nombre manquant

Formulaire
page 259

Le nombre manquant dans l'égalité $\square \times 3 = 5$ est …

a. $\frac{3}{5}$ **b.** 1,66 **c.** $\frac{5}{3}$

▶ Poursuivre avec les exercices A à E page 77

Activités

Sciences en construction

Comment posait-on un problème dans l'Égypte ancienne ?

Voici un problème proposé sur un papyrus conservé au British Museum, à Londres.

Fresque de la Tombe de Menna, vallée des Nobles, Thèbes.

Il s'agit de déterminer un nombre $\square$ qui, ajouté à son septième, donne 19, c'est-à-dire tel que $\square + \frac{1}{7}\square = 19$.

Le scribe auteur de ce papyrus affirme que $\square = \frac{19}{8} \times 7$.

a. Donner l'écriture décimale de ce nombre.

b. Vérifier que cette valeur de $\square$ convient.

Le saviez-vous ?

Les scribes [du latin *scribere* (écrire)], étaient les personnes chargées de rédiger des textes. Ils écrivaient de droite à gauche sur des rouleaux de papyrus (plante des bords du Nil).

Égalités

1 Affirmation : vraie ou fausse

1 Paris est la capitale de la France

2 « Je suis droitier »

3 « Je suis gaucher »

4 $3 + 5 = 8$

5 $3 + 8 = 5$

6 $2(5 + 1) - 4 \times 3 = 0$

7 $5 = 5$

a. Que pensez-vous de chacune de ces sept affirmations ?

b. Toute affirmation dans la vie de tous les jours est-elle soit vraie, soit fausse ?

Vocabulaire

En mathématiques, **une égalité** est une affirmation où figure le signe « = » et qui est soit vraie, soit fausse.

2 Lettres et égalités

a. x désigne un nombre. Que pensez-vous (vraie, fausse) de l'égalité $2 + x = 6$?

b. R désigne le rayon d'un cercle.
Que pensez-vous de l'égalité $2\pi R = -15$?

c. a désigne un nombre.
Que pensez-vous de l'égalité $2(a + 3) = 2a + 6$?

Vocabulaire

On peut remplacer x par n'importe quel nombre ; on dit que x est **une variable**.
En mathématiques, une égalité où figure une variable est **une équation**.

Tester une égalité

3 Avec une variable

Le rectangle et le triangle isocèle ci-dessous ont un côté de longueur variable x.

a. Que représente pour ces figures, l'égalité :
$2(8 + x) = x + 48$?

b. Que peut-on dire de cette égalité lorsque :
- $x = 10$? - $x = 16$? - $x = 32$? - $x = 42$?

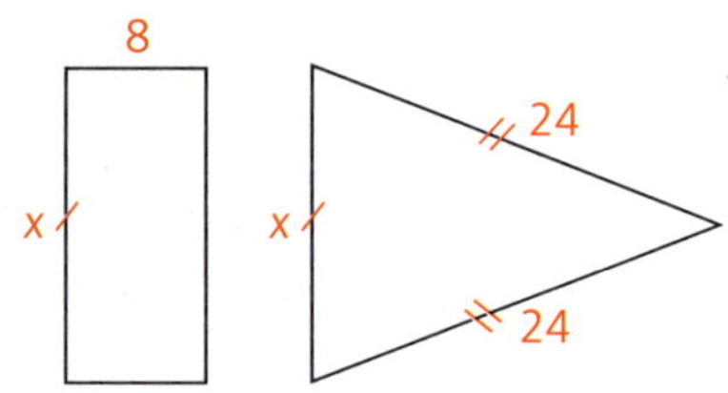

4 Avec deux variables

Note
Le Cid est une tragi-comédie de Pierre Corneille (XVIIe siècle).

Hier soir, le Cid était joué au théâtre.
La recette s'est élevée à 1 440 €.

a. Une personne a traduit les informations ci-contre par l'égalité $8x + 15y = 1\ 440$. Que représentent alors x et y ?

b. Que peut-on dire de cette égalité lorsque :
- $x = 100$ et $y = 44$? - $x = 70$ et $y = 50$?
- $x = 30$ et $y = 80$?

c. Proposer une autre valeur pour x et une valeur pour y de façon que l'égalité soit vraie.

Équations

5 Une devinette

« À un nombre entier que j'ai choisi, j'ajoute le nombre qui le précède et le nombre qui le suit. Je trouve 642. Quel nombre ai-je choisi ? »

a. Le nombre choisi peut-il être 101 ?

b. On note n le nombre inconnu choisi.
Exprimer <u>en fonction de</u> n, le nombre qui le précède, le nombre qui le suit.

c. Traduire l'énoncé par une équation. Trouver alors le nombre n choisi.

Vocabulaire
Dans cette situation, on dit que n est **l'inconnue** de cette équation.

6 Résoudre un problème

ABCD est un carré de côté 6 cm.
M est un point qui se déplace sur le segment [BC] ;
on note x la longueur en cm du segment [BM].
À l'intérieur du carré, on construit le rectangle MNPB et le triangle rectangle ANP.
Pour quelle valeur de x, l'aire du domaine coloré en jaune est-elle égale au tiers de l'aire du carré ABCD ?

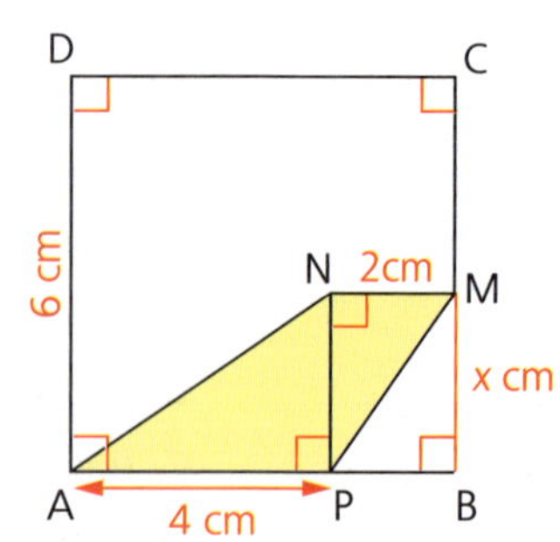

Le Cours

1 Égalités

DÉFINITION

Une égalité est une affirmation où figure le signe = et qui ne peut être que **vrai** ou **fausse**.

$\underbrace{3+5\times 2}_{\text{membre de gauche de l'égalité}} = \underbrace{3+10}_{\text{membre de droite de l'égalité}}$

▶ Exercices 1 à 6 p. 77-78

→ **Exemples**

Des égalités vraies : • $3+4=7$ • $15-2\times 3=9$ • $3(a+4)=3a+12$

Des égalités fausses : • $5=7$ • $3+2\times 4=10$ • $5-4=2$

2 Tester une égalité

Pour tester si une égalité est vraie, on calcule séparément la valeur du membre de gauche et la valeur du membre de droite, puis on compare ces deux valeurs.

→ **Exemple 1 :** l'égalité $3x-4=5x-8$ est-elle vraie pour $x=6$?

- On calcule le membre de gauche : $3\times 6-4=18-4=14$.
- On calcule le membre de droite : $5\times 6-8=30-8=22$.

On remplace x par 6.

- On conclut : $14\neq 22$ donc l'égalité $3x-4=5x-8$ est **fausse** pour $x=6$.

▶ Exercices 7 à 19 p. 78-79

→ **Exemple 2 :** l'égalité $3x-4=5x-8$ est-elle vraie pour $x=2$?

- On calcule le membre de gauche : $3\times 2-4=6-4=2$.
- On calcule le membre de droite : $5\times 2-8=10-8=2$.

On remplace x par 2.

- On conclut : donc l'égalité $3x-4=5x-8$ est **vraie** pour $x=2$.

Note
Des tests d'inégalités sont proposés aux exercices 20 à 22 page 79.

Vocabulaire

Pour les deux exemples ci-dessus, on dit que x est **une variable**.
Pour certaines valeurs de la variable, l'égalité $3x-4=5x-8$ est fausse, pour d'autres valeurs, l'égalité est vraie.

3 Équations

DÉFINITIONS

- **Une équation** est une égalité où figure une variable.
- **Une solution** de l'équation est une valeur de la variable pour laquelle l'égalité est vraie.
- **Résoudre** une équation c'est trouver toutes ses solutions.

▶ Exercices 23 à 29 p. 79-80

→ **Exemple**

À l'exemple 2 du paragraphe 2, on a établi que 2 est une solution de l'équation $3x-4=5x-8$.

EXERCICE RÉSOLU

1 Résoudre sans écrire d'équation

ÉNONCÉ

Dans un escalier on pose 20 m^2 d'un rouleau de moquette de 80 cm de large. Quelle longueur de moquette a-t-on posée ?

SOLUTION

80 cm = 0,8 m

20 : 0,8 = 25

Donc on a posé 25 m de moquette.

On assimile ce rouleau de moquette à un rectangle de largeur 0,8 m.
On calcule sa longueur inconnue sans écrire d'équation.

▶ Exercices 25 et 26 page 79

EXERCICE RÉSOLU

2 Résoudre en écrivant une équation

ÉNONCÉ

Sur la figure ci-contre, M, N, E, F sont des points des côtés du rectangle ABCD tels que :

$$AE = CF = 2 \text{ cm} \quad \text{et} \quad AM = CN = x \text{ cm}.$$

Où doit-on placer les points M et N pour que l'aire du domaine coloré soit égale au tiers de l'aire du rectangle ABCD ?

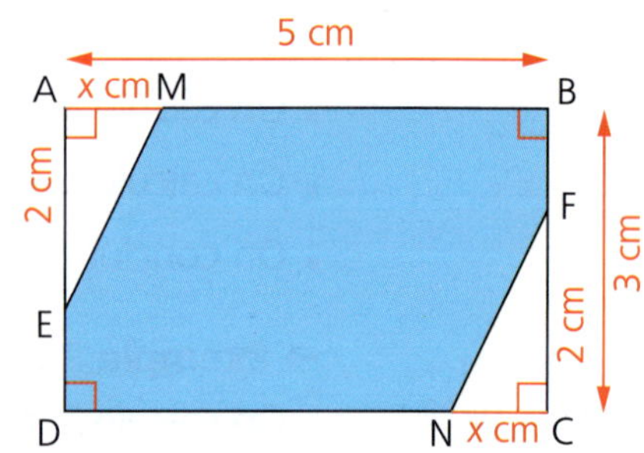

SOLUTION

• Aire du triangle rectangle AEM :

$$\frac{AE \times AM}{2} = \frac{2x}{2} = x.$$

Le triangle rectangle CFN a aussi pour aire x cm^2.

• La phrase écrite en gras dans l'énoncé signifie aussi que la somme des aires des triangles AEM et CFN doit être égale aux deux tiers de l'aire du rectangle ABCD, c'est-à-dire que :

$$2x = \frac{2}{\cancel{3}} \times 5 \times \cancel{3}$$

$$2x = 10$$

La solution de cette équation est $x = 5$.

• On doit donc placer M en B et N en D.

On aurait pu aussi traduire directement la phrase en gras par l'équation :

$$5 \times 3 - 2x = \frac{1}{3} \times 5 \times 3$$

$$15 - 2x = 5$$

On sait que le nombre à retrancher de 15 pour trouver 5 est 10.
On retombait ainsi sur l'équation $2x = 10$.

▶ Exercices 27 et 28 page 79

Exercices

TRAVAIL PERSONNEL

Ces exercices prolongent la rubrique Revoir les acquis (page 72)

Respecter les priorités

A Calculer les expressions suivantes :

$A = 15 - 3 \times 4$ $B = 7 - (6 - 4)$

$C = 18 : 2 \times 3$ $D = 8 - (5 + 7) : 4$

B Calculer la valeur des expressions suivantes pour $x = 3$, puis pour $x = 5$.

$A = 30 - 2x$ $B = 2(7 - x)$ $C = 7x - (x - 1)$

De plus, de moins, fois plus, fois moins

C Lucie qui a 24 ans est trois fois plus âgée que Luna.

Pierre a 14 ans de plus que Gabriel qui a 5 ans de moins que Lucie.

Retrouver l'âge de chacun.

Traduire des informations

D x, a, b, c désignent des nombres avec $x \neq 0$.

Recopier puis compléter le tableau ci-dessous comme nous avons commencé à le faire.

Affirmation	Égalité
Le produit de x par 5 est 16.	$5x = 16$
La somme de 4 et de a est 18.	
Le quotient de 26 par b est 5.	
Le tiers de c est 16.	

Déterminer un nombre manquant

E Dans chaque cas, déterminer le nombre manquant :

a. $■ \times 5 = 35$ b. $▲ + 7{,}4 = 9{,}1$ c. $14{,}2 - ▼ = 8{,}9$

Exercices d'application

Égalités

1 Dans chaque cas, dire si l'égalité est vraie ou fausse.

a. $2 \times 3 = 3 \times 2$ b. $6 : 3 = 3 : 6$

c. $8 - 2 = 2 - 8$ d. $5 + (-7) = 5 - 7$

e. $3 + 4 \times 2 = 14$ f. $(3 + 4) \times 2 = 14$

2 Dans chaque cas, écrire une égalité vraie dont :

a. le membre de droite est 7 ;

b. le membre de gauche est 4×5.

3 Dans chaque cas, écrire une égalité fausse dont :

a. le membre de droite est $12 - 7{,}5$;

b. le membre de gauche est $(13 - 9) \times 0{,}5$.

4 Lors d'une réunion on désigne par x le nombre d'hommes qui sont présents et par y le nombre de femmes qui sont présentes.

Traduire chaque affirmation par une égalité où figurent x et y.

a. Il y a deux fois plus d'hommes que de femmes.

b. Il y a trois femmes de plus que d'hommes.

c. Il y a quatre hommes de moins que de femmes.

d. 52 personnes sont présentes à cette soirée.

5 On désigne par L la longueur et par ℓ la largeur en m d'un rectangle.

Traduire chaque affirmation par une égalité où figurent ℓ et L.

a. La largeur est la moitié de la longueur.

b. La longueur mesure 10 m de plus que la largeur.

c. L'aire de ce rectangle est 60 m^2.

d. Le périmètre de ce rectangle est 80 m.

6 On désigne par s l'âge de Sophie, par g l'âge de sa grand-mère et par m l'âge de sa mère.

Sophie a 24 ans de moins que sa mère et 46 ans de moins que sa grand-mère.

Pour chacune des égalités suivantes, dire si elle est vraie ou fausse.

a. $g = s - 46$ b. $m - s = 24$ c. $m - g = 22$

d. $m = g - 22$ e. $g = s + 46$ f. $s = m - 24$

Tester une égalité

7 Tester l'égalité $3(x+4)=5x-2$ pour :
a. $x=2$ b. $x=10$ c. $x=7$

8 Tester l'égalité $\frac{x+12}{3}=x$ pour :
a. $x=0$ b. $x=6$ c. $x=9$

9 **1.** Tester l'égalité $4(x+5)=4x+20$ pour :
a. $x=3$ b. $x=\frac{1}{2}$ c. $x=796$

2. Expliquer pourquoi cette égalité est vraie pour tout nombre x.

Info

Une égalité qui est toujours vraie est appelée une **identité**.
Par exemple, l'égalité $k(a+b)=ka+kb$ vue au chapitre **1** est une identité.

10 a. Traduire la phrase ci-dessous par une égalité.
« Le double de la somme de x et de 5 est égal à la somme de 4 et du triple de x. »
b. Tester cette égalité pour $x=3$, puis pour $x=6$.

11 La hauteur en mètres de la tour Eiffel est le seul nombre entier compris entre 320 et 330 pour lequel l'égalité :

$h-300=\frac{2}{3}(h-288)$ est vraie.

Trouver la hauteur de la tour Eiffel en faisant des essais.

Remarque
Il s'agit ici de la hauteur antenne comprise.

12 Recopier, puis associer chaque égalité à la valeur de x pour laquelle elle est vraie.

Égalités	Valeurs de x
$5x+3=3(x+2)$ •	• 0
$3x-9=x-1$ •	• 6
$\frac{20}{x}=2$ •	• 4
$\frac{x+3}{2}=x-\frac{3}{2}$ •	• $\frac{2}{3}$
$3x+2=2(x+1)$ •	• 10

13 n désigne un nombre entier supérieur à 1.
1. Exprimer en fonction de n :
a. le nombre entier précédent n ;
b. le nombre entier suivant n.

2. La somme de n, du double du nombre qui précède n et du triple du nombre qui suit n, est égale à 199.
a. Traduire cette phrase par une égalité.
b. Le nombre n peut-il être égal à 10 ? à 25 ? à 33 ? à 47 ?

14 Voici la copie d'un élève qui devait développer $2(3+4a)$.

$2(3+4a)=5+6a$

a. Tester cette égalité avec deux valeurs de a de votre choix.
b. Que peut-on dire à cet élève ?
c. À votre tour de développer $2(3+4a)$.

15 Recopier et compléter le tableau ci-dessous comme nous avons commencé à le faire.

	$2x+16$	$x+2y$	$2x+16=x+2y$
$x=3$ $y=0$	22	3	Faux
$x=5$ $y=10{,}5$			
$x=1$ $y=2$			
$x=2{,}5$ $y=5{,}5$			
$x=120$ $y=68$			

16 Tester l'égalité $4x+3y=100-y$ pour :
a. $x=30$ et $y=10$ b. $x=10$ et $y=20$

17 On se propose de tester l'égalité $3x+2y=5x+6$ avec un tableur.
a. Taper la feuille de calcul suivante :

	A	B	C	D
1	x	y	3x+2y	5x+6
2	15	15		

b. Dans la cellule C2, taper `= 3 * A2 + 2 * B2`.
Dans la cellule D2, taper la formule qui permet de calculer le membre de droite.
Que dire de l'égalité pour $x=15$ et $y=15$?
c. Faire varier les nombres des cellules A2 et B2 et relever des valeurs de x et y pour lesquelles l'égalité est vraie.

18 La balance ci-dessous est en équilibre. Sur le plateau de droite figure un poids de 100 g.

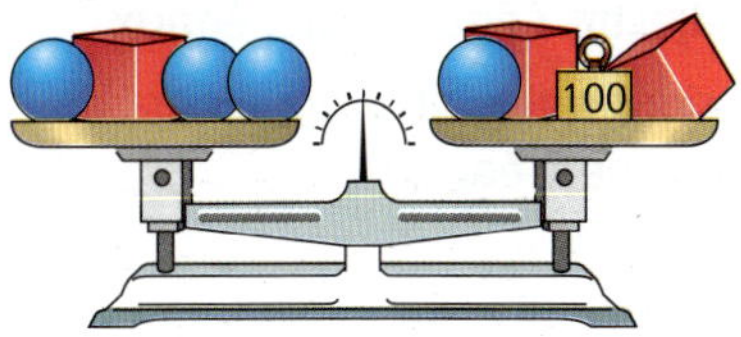

a. On note x la masse en grammes d'une boule et y la masse en grammes d'un cube.
Écrire l'égalité qui traduit cet équilibre.
b. Est-il possible que :
- $x = 100$, $y = 200$?
- $x = 500$, $y = 900$?

19 La recette d'un commerçant se compose de billets de 5 €, de pièces de 2 € et d'une pièce de 1 €.
Il remarque qu'il y a autant d'argent en billets qu'en pièces.
Il traduit cette situation par l'égalité $2x + 1 = 5y$.
a. Que représentent alors les nombres x et y ?
b. Est-il possible que :
- $x = 25$ et $y = 10$?
- $x = 17$ et $y = 7$?

c. Donner plusieurs valeurs possibles de x et de y pour lesquelles l'égalité est vraie.

Tester une inégalité

20 On considère l'inégalité $3 + 5x < 23$. Recopier et compléter ce tableau ; en particulier sur la dernière ligne écrire V ou F selon que l'inégalité est vraie ou fausse.

x	2,5	3	3,5	4	4,5
$3 + 5x$					
L'inégalité $3 + 5x < 23$ est …					

21 On considère l'inégalité $1 + 4t \geqslant 3t + 5$. Recopier et compléter ce tableau : sur la dernière ligne écrire V ou F selon que l'inégalité est vraie ou fausse.

t	0	1	2	3	4	7,5	100
$1 + 4t$							
$3t + 5$							
L'inégalité $1 + 4t \geqslant 3t + 5$ est …							

Info

L'inégalité $a \leqslant b$ se lit « a inférieur ou égal à b » ; elle est vraie lorsque a prend des valeurs plus petites que b mais aussi lorsque a et b sont égaux.

22 Dans un camion on met un conteneur de 700 kg et n colis pesant chacun 23 kg. Ce chargement ne doit pas dépasser 2 500 kg.

a. Parmi ces inégalités, quelle est celle qui exprime cette condition ?
- $700 + 23 < 2\,500$
- $(700 + 23) \times n < 2\,500$
- $700 + 23n < 2\,500$
- $700 + 23n > 2\,500$

b. Cette inégalité est-elle vraie pour $n = 50$? $n = 100$? $n = 79$?

Équations

23 Donner **mentalement** la solution de l'équation.
a. $x + 4 = 12$ b. $y - 4 = 12$ c. $4t = 10$

24 Donner **mentalement** la solution de l'équation.
a. $\frac{3}{4} + a = \frac{11}{4}$ b. $\frac{y}{5} = 40$ c. $t + 4 = -2$

25 Une bande adhésive rectangulaire a pour aire 36 dm^2 et pour largeur 12 cm.
Quelle est sa longueur ?
Conseil : se reporter à l'exercice résolu 1 page 76.

26 Un touriste achète des cartes postales à 0,60 € pièce et un nombre égal de timbres à 0,53 € chacun. Il a payé en tout 15,82 €.
Combien a-t-il acheté de cartes postales ?

27 M est un point qui se déplace sur le côté [AB] du rectangle ABCD. On note x la longueur AM en cm.
ADM et AMF sont deux triangles rectangles.

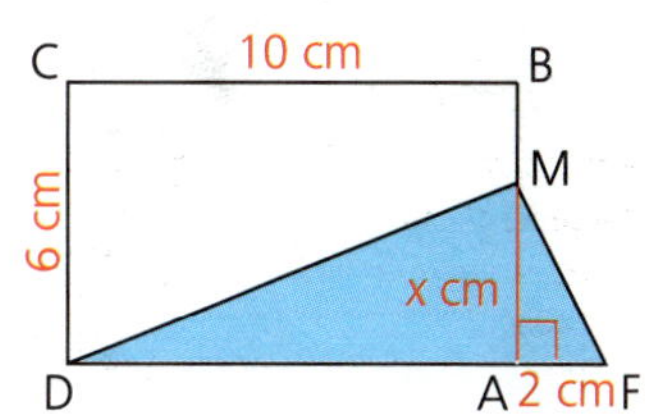

L'aire du domaine coloré est égale au quart de l'aire du rectangle ABCD.
Où doit se situer le point M ?
Conseil : se reporter à l'exercice résolu 2 page 76.

28 Quelle doit être la longueur x (en cm) pour que l'aire de la figure représentée ci-contre soit de 45 cm^2 ?

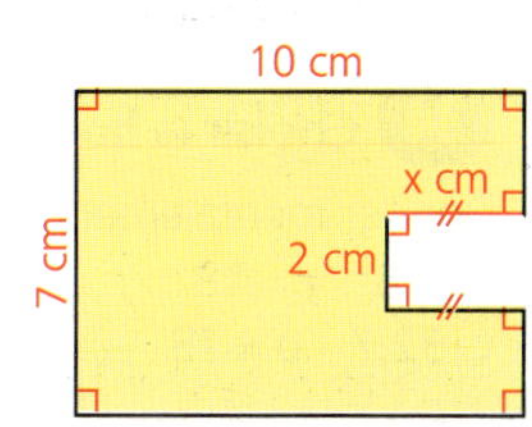

29 **Pour rédiger**

Lire l'énoncé et la solution proposée par un élève. Rédiger ensuite cette solution en tenant compte des remarques du correcteur.

Énoncé

La longueur d'un rectangle est le triple de sa largeur. Le périmètre de ce rectangle est 72 m. Quelles sont ses dimensions en mètres ?

Copie d'un élève

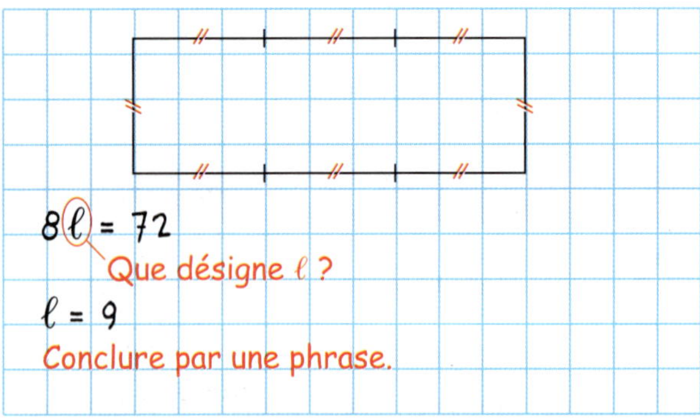

Pour s'exprimer

30 **Les adjectifs : égal, égale, égaux**

Expliquer la signification de chaque phrase.

a. « Je suis d'humeur égale ».

b. « Ça m'est égal ».

c. « Tu es égal à toi-même ».

d. « Les deux équipes ont fait jeu égal ».

e. « Aujourd'hui, Tom était sans égal ».

f. « À titres égaux, on choisira la plus jeune ».

31 **Traductions**

Pour chaque phrase, dire si elle peut se traduire par l'égalité $4x + 7 = 30$. Si oui, dire ce que représente x.

a. Paul achète 4 CD d'un prix identique et un livre à 30 € ; il lui reste alors 7 €.

b. La somme de 7 et du quadruple d'un nombre est égale à 30.

c. Le périmètre d'un rectangle est 30 m, sa longueur mesure 3,5 m de plus que sa largeur.

CALCUL MENTAL ET RÉFLÉCHI

32 **Avec une variable**

Dire si l'égalité est vraie ou fausse pour les valeurs données de x.

a. $99x = 782$ $\quad x = 8$

b. $1{,}5x - 16 = 0$ $\quad x = 12$

c. $19x = x + 108$ $\quad x = 6$

33 **Avec deux variables**

Dire si l'égalité est vraie ou fausse pour les valeurs données de x et y.

a. $25x + 50y = 600$ $\quad x = 8$ et $y = 6$

b. $9x + 9y = 180$ $\quad x = 13$ et $y = 7$

c. $7x + 93y = 100y$ $\quad x = 8$ et $y = 8$

d. $5x - 6y = x(y + 1)$ $\quad x = 9$ et $y = 2{,}5$

34 **Choisir la bonne opération**

Donner mentalement la solution de l'équation.

a. $1{,}8 + x = 18$

b. $4{,}7y = 4{,}7$

c. $32{,}7 - a = 15$

d. $t - 8{,}7 = 13{,}9$

35 **Numérateur ou dénominateur inconnu**

Donner mentalement la solution de l'équation.

a. $\frac{x}{9} = 7$

b. $\frac{56}{a} = 7$

c. $\frac{20}{m} = 40$

d. $\frac{z}{99} = 8$

36 **Avec 10, 100 et 1 000 ou 0,1 ; 0,01 et 0,001**

Donner mentalement la solution de l'équation.

a. $2{,}8x = 2\,800$

b. $0{,}47y = 47$

c. $7{,}4z = 0{,}74$

d. $91t = 0{,}091$

37 **Calcul réfléchi**

1. Calculer mentalement 12×17. Expliquer le procédé choisi.

2. Dire dans chaque cas, si l'égalité est vraie ou fausse pour le nombre x donné.

a. $12x - 1 = 203$ $\quad x = 17$

b. $9x + 8x = 204$ $\quad x = 12$

FAIRE LE POINT

TRAVAIL PERSONNEL

Pour chaque question, une seule réponse est exacte. Laquelle ?

	a	b	c
38 Quentin achète x billets de tombola à 2 € le billet. La somme que devra payer Quentin en € est…	$2x$	$2+x$	$\frac{x}{2}$
39 n désigne un nombre entier supérieur à 1. Le double du nombre qui précède n est…	$2n-1$	$2(n-1)$	$2(n+1)$
40 On considère l'égalité : $7x-5=31-2x$. Pour $x=4$, …	l'égalité est vraie	l'égalité est fausse	on ne peut pas savoir si l'égalité est vraie ou fausse
41 L'égalité $6(x-2)=3x$ est vraie pour x égal à…	2	3	4
42 On considère l'égalité : $8x-y=x+3y$. Pour $x=3$ et $y=6$, …	l'égalité est vraie	l'égalité est fausse	on ne peut pas savoir si l'égalité est vraie ou fausse
43 L'égalité $2x+y=40-2x$ est vraie pour…	$x=5$ et $y=10$	$x=7$ et $y=6$	$x=9$ et $y=4$
44 L'inégalité $2x+5<16$ est vraie pour …	$x=7$	$x=6$	$x=5$
45 7 est la solution de l'équation…	$\frac{x}{3}=21$	$\frac{21}{x}=3$	$7x=21$
46 L'équation $7x=42$ a la même solution que l'équation…	$2x=6$	$13-2x=x+1$	$5(x-1)=25$
47 M est un point qui se déplace sur un segment [AB] de longueur 5 cm. On note x la longueur AM. Alors…	$0 \leqslant x \leqslant 5$	$x>5$	on ne peut rien dire sur x

Vérifier les réponses page 266 : 7 bonnes réponses ou plus, passer à la série suivante d'exercices, sinon revoir auparavant le cours et les méthodes.

Exercices de consolidation

TRAVAIL PERSONNEL

48 Schématiser une situation

Une bouteille et son bouchon pèsent 150 g.
La bouteille pèse 100 g de plus que le bouchon.
Quel est le poids du bouchon ?

Aide

- Tu peux représenter ainsi la situation :

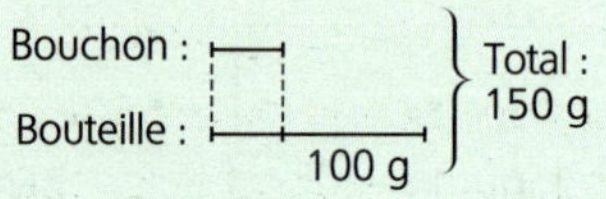

- À toi de comprendre ce schéma et de l'utiliser pour calculer le poids du bouchon.

49 Réfléchir avant de décider

Pour la location d'un téléviseur, un commerçant propose les deux formules ci-dessous.
Tarif A : 1,50 € par jour.
Tarif B : 15 € de forfait et 1 € par jour.
Une personne souhaite effectuer une telle location pour *n* jours.

1. a. Que représente pour cette situation, l'inégalité $1{,}5n \leqslant 15 + n$?
b. Tester cette inégalité pour les valeurs suivantes de *n* :
- 5 • 10 • 20 • 30 • 40 • 50

2. Lequel des deux tarifs de location A ou B est le plus avantageux pour une location de :
a. 1 semaine ? **b.** 15 jours ? **c.** 3 mois ?

Aide

1. a. Exprime <u>en fonction de</u> *n*, le montant d'une location de *n* jours avec le tarif A, puis avec le tarif B.

50 Résoudre par tests successifs

Trouver tous les nombres entiers positifs solutions de l'équation : $12 - x = 0{,}3(x + 1)$.

Aide

- Lorsqu'à un nombre entier positif on ajoute 1 et que l'on multiplie le résultat par 0,3, on obtient un nombre positif. Il faut donc que $12 - x$ soit positif.
Pour quelles valeurs de *x* en est-il ainsi ?
- Teste l'égalité pour chacune de ces valeurs et conclus.

Exercices d'approfondissement

S'initier au raisonnement

51 Se méfier de conjectures hâtives

x désigne un nombre.
On considère l'égalité :

$$x(x^2 + 2) + 12 = 3(x^2 + 4)$$

1. Trois tests
a. Tester cette égalité pour $x = 0$.
b. Tester cette égalité pour $x = 1$.
c. Tester cette égalité pour $x = 2$.

2. <u>Conjecture</u> et preuve
Il semble donc que :
« **pour tout** nombre *x*, l'égalité est vraie ».
a. Choisir une valeur de *x*, autre que celles envisagées à la question **1**.
Tester l'égalité pour cette valeur de *x*.
b. Que pensez-vous de la conjecture ci-dessus ?

52 Ne pas confondre : tester une égalité et démontrer une égalité

x et *y* désignent des nombres. On considère l'égalité :

$$2(x - y) + 3(2y + 1) = 2(x + 2y) + 3$$

1. Des tests
Dans chaque cas, tester cette égalité :
a. $x = 0$ et $y = 0$ **b.** $x = 4$ et $y = 1$
c. $x = 100$ et $y = 50$ **d.** $x = \frac{3}{2}$ et $y = \frac{1}{4}$
e. pour les valeurs de *x* et *y* de votre choix.

2. <u>Conjecture</u> et preuve
Il semble donc que :
« **pour tous** nombres *x* et *y*, l'égalité est vraie ».
a. Développer les produits $2(x - y)$ et $3(2y + 1)$.
En déduire une expression réduite du membre de gauche de l'égalité.
b. Développer et réduire le membre de droite.
c. Conclure sur la conjecture énoncée ci-dessus.

Résolution de problèmes

53 Imaginer une stratégie

Une tirelire contient 66 pièces de 1 € et de 2 €, ce qui fait un total de 84 €.
Combien de pièces de 2 € y a-t-il dans cette tirelire ?

54 Anniversaire

Aujourd'hui, c'est l'anniversaire d'Inès.
Elle propose la devinette suivante :
« Dans 24 ans, je serai trois fois plus âgée qu'aujourd'hui. Quel est mon âge aujourd'hui ? »

55 Au basket

Lors d'un match de basket, Kim a marqué 5 fois plus de paniers que Lucie.
À elles deux, elles ont marqué 48 paniers.
Combien de paniers a inscrit chacune d'elles ?

56 Habillement

Saïd a dépensé 120 € pour s'acheter un pull et un pantalon. Le pull a coûté 20 € de moins que le pantalon. Quel était le prix du pantalon ?

57 Économie et environnement

1. Quelle est la solution de l'équation :
a. $78 - a = 68$? b. $0{,}5b = 10$?

2. M. Dubois décide de mélanger de l'huile de colza avec du gasoil dans le réservoir de sa voiture qui a une capacité de 60 litres.
On désigne par x la quantité d'huile que M. Dubois verse dans son réservoir vide.

Exprimer en fonction de x :
a. la quantité de gasoil que devra rajouter M. Dubois pour compléter le plein de son réservoir ;
b. la somme que devra payer M. Dubois pour faire le plein.

3. M. Dubois a payé 68 € pour faire le plein.
a. Traduire cette information par une équation.
b. Vérifier que cette équation peut s'écrire :
$$78 - 0{,}5x = 68$$
c. En s'aidant des réponses à la question **1.**, trouver la quantité d'huile de colza que M. Dubois a mis dans le réservoir.

58 Ligue 1 de football

1. Quelle est la solution de l'équation :
a. $13 + x = 79$? b. $3y = 66$?

2. Voici le nombre de points obtenus à l'issue d'un match de championnat de France de football.

Résultat	Défaite	Match nul	Victoire
Nombre de points	0	1	3

Au cours de la saison 2004-2005, l'Olympique Lyonnais (OL) a été champion de France avec 79 points en réalisant 13 matchs nuls en 38 matchs joués.
On note n le nombre de matchs gagnés par l'OL.
a. Recopier, puis compléter l'égalité ci-dessous :
$$\ldots + \ldots = 79$$
b. En s'aidant de la question **1.**, trouver le nombre de matchs que l'OL a gagné.
c. Combien de matchs, l'OL a-t-il perdu ?

59 Les élections

Trois candidats A, B, C se sont présentés aux élections d'une association.

Le candidat A a obtenu $\frac{4}{7}$ du nombre total de voix.

Le candidat B a obtenu la moitié du nombre de voix que le candidat A a obtenu.
Le candidat C a obtenu les voix restantes soit 23 voix.
On note n le nombre total de voix.

a. Exprimer en fonction de n le nombre de voix obtenues par A, puis par B.
b. Expliquer alors pourquoi $\frac{n}{7} = 23$.
c. Combien de personnes ont participé à ces élections ?
d. Combien de voix a obtenu chacun des candidats ?

60 Une devinette

« En choisissant les valeurs de k, a et b parmi les nombres 8, 9, 10 ou 11, je trouve 189 en calculant $ka + kb$. Retrouver les valeurs que j'ai choisies pour k, a et b ».

Exercices

61 Un rectangle déformable

x désigne un nombre supérieur à 1.
Un rectangle a les dimensions indiquées ci-dessous en cm.

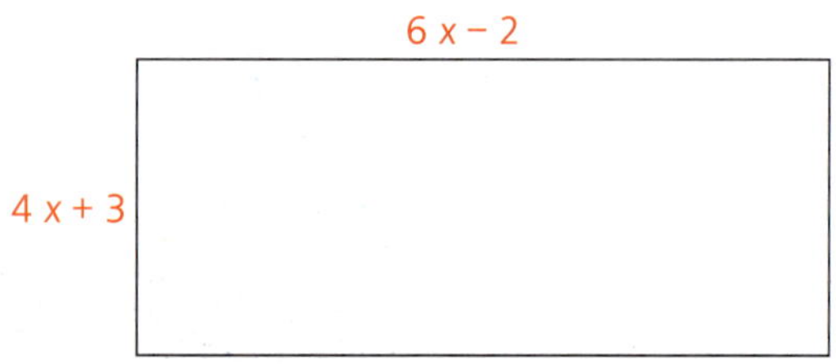

Clara affirme : « Lorsque le périmètre de ce rectangle est 52 cm, le rectangle est un carré ».
Qu'en pensez-vous ?

62 Jeu vidéo

« Au début, j'avais 500 points. À la première partie, j'ai perdu 280 points, puis j'en ai gagné 170 à la deuxième. Je ne me souviens plus combien de points j'ai gagnés ou perdus à la troisième, mais je me rappelle en avoir gagné 140 à la quatrième et dernière partie. Finalement, j'avais 320 points ».
On note x le gain ou la perte de ce joueur à la 3e partie.
a. Traduire l'énoncé par une équation d'inconnue x, puis calculer x.
b. Que s'est-il passé à la 3e partie ?

63 Relier le numérique et la géométrie

On se propose de construire un triangle ABC isocèle en A tel que :

$$\widehat{B} = 2\widehat{A} \quad \text{et} \quad AB = 6 \text{ cm}$$

On note x la mesure de l'angle $\widehat{A}$.
a. Écrire une équation d'inconnue x, puis déterminer la valeur de x.
b. Construire un tel triangle ABC.

Vrai ou faux

Pour les exercices 64 à 69

Dire si l'affirmation est vraie ou fausse. Expliquer la réponse.

64 L'égalité $3(x+4) = 3x + 12$ est vraie pour n'importe quelle valeur de x.

65 L'égalité $3x + 5 = 3x + 7$ est fausse pour n'importe quelle valeur de x.

66 $12 \times \frac{3}{5}$ est la solution de l'équation $\frac{3}{5}\,x = 12$.

67 L'égalité $(n+1)^2 = n^2 + 1$ est vraie pour n'importe quelle valeur de n.

68 Quand on connaît le périmètre d'un rectangle on peut trouver son aire.

69 L'inégalité $7 + 2x \geqslant 3x - 10$ est fausse pour $x = 17$.

Des défis

70 L'âge du capitaine

Un capitaine dit à son mousse :
« Aujourd'hui, mon âge est le triple du tien. Quand tu auras mon âge, nous aurons ensemble 136 ans ».
Quel est l'âge du capitaine ?

71 Les enfants de Rose

Astrid et Charles sont deux des enfants de Rose.
Astrid dit : « J'ai deux fois plus de frères que de sœurs ».
Charles dit : « J'ai autant de frères que de sœurs ».
Combien Rose a-t-elle d'enfants ?

Un pavage pour s'amuser

Le coin des curieux

français · géographie · navigation

Une ligne imaginaire : l'équateur

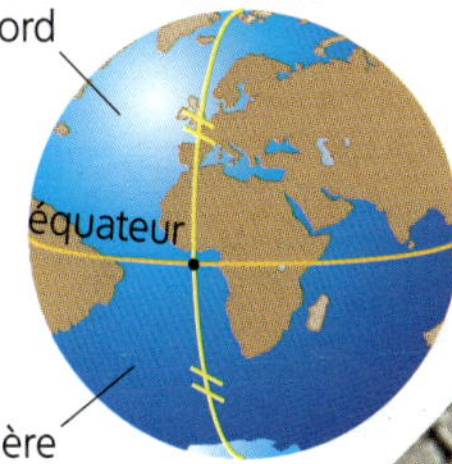

Les mots « équation » et « équateur » ont des origines très proches.

- **Équation** provient du latin *æquatio* qui signifie **égalisation**. On cherche les valeurs de la variable telles que les membres de gauche et de droite soient égaux.

- **Équateur** provient du latin *æquare* qui signifie **rendre égal**. En effet, l'équateur est une ligne imaginaire à la surface du globe, qui partage celle-ci en deux parties « égales » : l'hémisphère Nord et l'hémisphère Sud. De plus, tout point de l'équateur est à égale distance des pôles. Sur l'équateur, la nuit et le jour ont des durées égales tout au long de l'année.

▲ Calme plat.

- Lors de la traversée de l'océan Atlantique, les navigateurs redoutent une zone située un peu au Nord de l'équateur, pour l'absence de vent. Le temps y est souvent calme et beau entrecoupé d'orages, de grains parfois très violents. Ils nomment cette zone, le Pot au Noir.

▲ Un grain s'annonce.

Jeu

Le mot caché

Trouver la solution de chaque énigme et remplacer la solution par la lettre de l'alphabet correspondante (1 donne A, 2 donne B, …). On obtient ainsi un mot de huit lettres ; **quel est-il** ?

1. On obtient 13 en ajoutant 3 à mon double.

2. x est tel que $x - 5 = 12$.

3. On obtient 13 en enlevant mon tiers à 20.

4. y est tel que $y + 12 = 13$.

5. On obtient 13 en m'ajoutant 6 et en divisant le résultat par 2.

6. z est tel que $13 - z = 4$.

7. En divisant 195 par moi, on obtient 13.

8. Je ne suis pas 13, mais j'en diffère de moins de 2.

CHAPITRE 5

Proportionnalité

PRENDRE UN BON DÉPART

Revoir les acquis

Pour chaque question, une seule réponse est exacte. Laquelle ?

1 Multiplier une quantité

3 kg d'oranges coûtent 2,50 €, donc 12 kg coûtent …

Formulaire page 260

a. 14,50 € **b.** 10 € **c.** 7,50 €

2 Utiliser le passage par l'unité

10 cL d'huile pèsent 90 g. Alors 8 cL pèsent …

a. 80 g **b.** 112,5 g **c.** 72 g

3 Multiplier un nombre par un quotient

Le produit de 4 par $\frac{3}{7}$ est égal à …

Formulaire page 259

a. $\frac{12}{7}$ **b.** $\frac{12}{28}$ **c.** 1,714 285 7

4 Raisonner avec des quotients

Une recette pour 3 personnes nécessite 25 cL de lait.
La même recette pour 7 personnes, utilisera …

a. $\frac{7}{3} \times 25$ cL de lait **b.** $\frac{3}{7} \times 25$ cL de lait

c. $3 \times 7 \times 25$ cL de lait

Formulaire page 260

5 Appliquer un taux de pourcentage

35 % de 28 € est égal à …

a. 7 € **b.** 80 € **c.** 9,80 €

Formulaire page 262

6 Changer d'unité de durée

1 h 45 min est égal à …

a. 145 min **b.** 125 min **c.** 105 min

▶ Poursuivre avec les exercices A à G page 94

Activités

Sciences en construction

Comment recherchait-on une loi de la physique au XVIIe s. ?

Objectif
Faire réfléchir à l'évolution des connaissances au cours du temps.

@ nathan.fr

En 1638, Galilée cherchait une relation entre la hauteur de chute d'un objet et la durée de cette chute. Dans l'une de ses expériences, il faisait rouler une bille le long d'une poutre inclinée et mesurait la durée de la descente en fonction de sa longueur.
Il obtenait ainsi des résultats tels que ceux-ci :

Distance parcourue (m)	3,60	0,90	1,60	0,40	2,50
Durée de la descente (s)	6	3	4	2	5
Carré de cette durée	36	9	16	4	25

Tirer des conséquences des résultats de ce tableau.

Galilée fit ses premières expériences du haut de la tour de Pise.

Tableau de proportionnalité

1 Proportionnalité ou non

a. Le périmètre d'un carré est-il proportionnel à son côté ? Pourquoi ?

b. L'âge d'une personne est-il proportionnel à celui de son père ? Pourquoi ?

Objectif
Fabriquer des critères de reconnaissance de la proportionnalité sur un tableau.

2 Proportionnalité à partir d'un tableau

DVD-Rom			
Nombre	10	50	100
Prix (en €)	8	24	40

Lecteur de DVD-Rom			
Nombre	1	2	3
Prix (en €)	36,90	73,80	110,70

Dans chaque cas, le tableau présenté permet-il de penser qu'il y a proportionnalité entre le nombre d'articles achetés et le prix à payer ? Expliquer la réponse.

Compléter un tableau de proportionnalité

3 Quatrième proportionnelle

a. Calculer le nombre manquant dans chacun de ces tableaux de proportionnalité.

Nombre de croissants	7	14
Prix payé (€)	6	

Nombre de valises	3	7
Poids (kg)	27	

Le sens des mots
Dans ces tableaux de proportionnalité, trois nombres sont donnés. Le nombre manquant est appelé **quatrième proportionnelle.**

Note
Pour les valises, l'énoncé fabriqué au b. devra préciser qu'elles ont le même poids.

b. Inventer un texte de problème correspondant à chaque tableau à compléter.

4 En S.V.T.

Objectif
Revoir le principe de passage par l'unité.

Dans 60 L d'air, on trouve en moyenne 21 mL de dioxyde de carbone.

a. Quel volume de dioxyde de carbone y a-t-il dans 1 litre d'air ?

b. Quel volume de dioxyde de carbone y a-t-il dans 100 litres d'air ?

c. Peut-on trouver sans multiplication la masse de dioxyde de carbone dans 160 litres d'air ?

d. Quel volume d'air contiendrait 29,4 mL de dioxyde de carbone ?

e. Présenter dans un tableau de proportionnalité les résultats des questions précédentes.

5 Utilisation du facteur constant d'une calculatrice

Une boisson contient 32 g de protéines par litre.
Un distributeur propose cette boisson dans des gobelets de 15 cL.
Reproduire et compléter le tableau en utilisant un opérateur constant sur une calculatrice.

Le sens des mots
Les protéines sont des éléments chimiques indispensables pour le bon fonctionnement de l'organisme et la croissance.

Nombre de gobelets bus	1	2	3	4	5	6	7
Masse de protéines consommées (g)							

TI-40 Collège II		CASIO fx-92 Collège 2D	
2nd OP1 × 32 × 0.15 ENTER	OP1 = × 32 × 0.15	X × 32 × 0.15 CALC	X ?
1 OP1	1 × 32 × 0.15 4.8	1 EXE	X × 32 × 0.15 4.8
2 OP1	2 × 32 × 0.15 9.6	EXE 2 EXE	X × 32 × 0.15 9.6

Calcul d'un pourcentage

6 Proportions et pourcentages

a. Sur 50 millions de tonnes de déchets produits en France en 2005, 23 millions de tonnes ont été recyclées ou valorisées.
Pour écrire cette proportion avec un dénominateur 100, recopier et compléter :

$$\frac{23}{50} = \frac{\dots}{100} = \dots\ \%.$$

b. Dans un village de 940 habitants, on compte 611 personnes de plus de 30 ans.
Quel est le pourcentage d'habitants de plus de 30 ans dans ce village ?

Habitants du village	940	100
Habitants de plus de 30 ans	611	

7 Comparer des proportions

Dans un établissement, 480 des 600 élèves du collège et 1 170 des 1 500 élèves du lycée sont demi-pensionnaires.
Le pourcentage de demi-pensionnaires est-il plus important au collège ou au lycée ?

Échelle

8 Utiliser une échelle

@ nathan.fr

Une carte est à l'échelle $\frac{1}{2\ 000\ 000}$. Cela signifie que 1 cm représente 2 000 000 cm.

a. Combien 1 cm représente-t-il de km ?

b. En déduire la distance à vol d'oiseau entre deux villes distantes de 4,1 cm sur la carte.

9 Résoudre un problème

Objectif
Calculer une échelle.

Calculer l'échelle de cette carte sous la forme d'une fraction de numérateur 1.

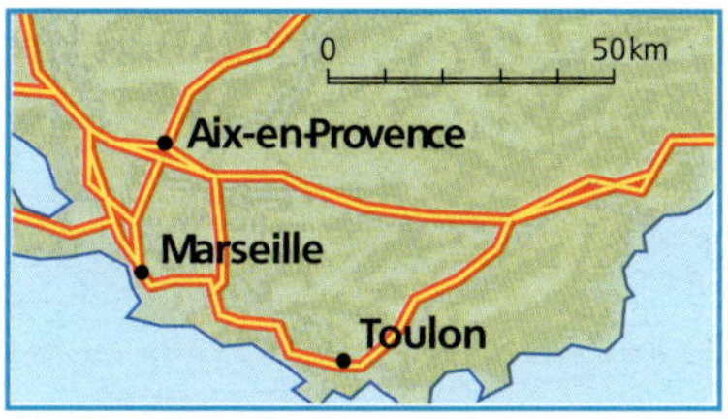

Mouvement uniforme

10 Calculer une distance

Une voiture a parcouru 360 km en 5 h.

a. Si l'on suppose son mouvement uniforme, quelle distance a-t-elle parcourue en 2 h ?

b. Pourquoi le mouvement d'une voiture est-il rarement uniforme ?

Le sens des mots
Un mouvement est **uniforme** lorsque la distance parcourue est **proportionnelle** à la durée du mouvement.

11 Calculer une vitesse ou une durée

Une cycliste parcourt à vitesse constante 8 km en 20 min.

a. Combien de km parcourra-t-elle en 1 h ? Combien de m parcourra-t-elle en 1 min ?

b. À cette vitesse-là, quelle sera la durée d'un parcours de 84 km ?

Le Cours

1 Tableau de proportionnalité

DÉFINITION

Un tableau est un tableau de proportionnalité lorsqu'on obtient chaque terme d'une ligne en multipliant le terme correspondant de l'autre ligne par un même nombre appelé **coefficient de proportionnalité**.

▶ Exercices
1 à 8 p. 94-95

→ Exemple 1 : le prix payé pour un achat de carburant est proportionnel au nombre de litres mis dans le réservoir.

Volume en L	10	20	30	40
Prix en €	13	26	39	52

(× 1,3)

Ce tableau est un **tableau de proportionnalité**. Le coefficient de proportionnalité de la première ligne vers la seconde est 1,3. Il représente ici le prix du carburant au litre.
On peut exprimer le prix P en euros **en fonction** du volume V en litres : $P = 1{,}3 \times V$.
On note aussi parfois : $P(10L) = 13$ €, $P(20L) = 26$ €, …

→ Exemple 2 : la taille d'un enfant n'est pas proportionnelle à son âge.

Note
L'âge double mais pas la taille.

Âge en années	5	10
Taille en cm	100	130

Ce tableau **n'est pas un tableau de proportionnalité** : le coefficient multiplicateur de la première ligne vers la seconde est 20 dans une colonne et 13 dans l'autre.

2 Compléter un tableau de proportionnalité

PROPRIÉTÉ-DÉFINITION

Lorsque dans deux colonnes d'un tableau de proportionnalité on connaît trois nombres, on peut calculer le quatrième, appelé **quatrième proportionnelle**.

connu	connu
connu	?

▶ Exercices
9 à 20 p. 95-96

→ Exemple : la masse de peinture à utiliser est proportionnelle à l'aire de la surface à peindre.

Aire en m^2	5	6		35	41
Masse en kg	3		2,25		

Voici comment procéder pour compléter ce tableau de proportionnalité.

- **Case jaune**

5	6
3	3,6

($\times \frac{3}{5}$) $6 \times \frac{3}{5} = \frac{18}{5} = 3{,}6$

- **Case verte**

5	3,75
3	2,25

($\times \frac{5}{3}$) $2{,}25 \times \frac{5}{3} = \frac{11{,}25}{3} = 3{,}75$

- **Case orange**

5	35
3	21

(× 7) $3 \times 7 = 21$

- **Case bleue**

6	35	41
3,6	21	24,6

(+) $3{,}6 + 21 = 24{,}6$

3 Calcul d'un pourcentage

Calculer un pourcentage, c'est écrire une proportion de dénominateur 100.

→ **Exemple :** parmi les 25 élèves d'une classe de cinquième, 7 portent des lunettes.

Proportion des porteurs de lunettes dans cette classe : $\frac{7}{25}$ ou 0,28 ou $\frac{28}{100}$ ou 28 %.

Calculer un pourcentage, c'est aussi calculer une quatrième proportionnelle.

▶ Exercices 21 à 29 p. 96-97

→ **Exemple :** parmi les 225 élèves de cinquième d'un collège, 36 font du latin.

$100 \times \frac{36}{225} = \frac{3\ 600}{225} = 16$

Donc 16 % des élèves de cinquième de ce collège, font du latin.

Cinquièmes	225	100
Latinistes	36	

$\times \frac{36}{225}$

4 Échelle

DÉFINITION

L'échelle d'un plan est le coefficient de proportionnalité entre les distances sur le plan et les distances réelles, exprimées avec les **mêmes unités** : $\frac{\text{distance sur le plan}}{\text{distance réelle}}$.

▶ Exercices 30 à 38 p. 97-98

→ **Exemple de réduction :** l'échelle est exprimée avec une fraction de numérateur 1.
Sur une carte, 5 cm représente 100 km.
Donc 1 cm représente 20 km, soit 20 000 m ou 2 000 000 cm.

Cette carte est donc à l'échelle $\frac{1}{2\ 000\ 000}$ (on dit « une carte aux deux millionièmes »).

→ **Exemple d'agrandissement :** un horloger examine le plan d'une montre à l'échelle 2,5. Cela signifie qu'une roue dentée de diamètre réel 4 mm aura sur le plan un diamètre de $2{,}5 \times 4$ mm soit 10 mm.

5 Mouvement uniforme

DÉFINITION

Un mouvement est dit uniforme lorsque la distance parcourue est proportionnelle à la durée du parcours.

▶ Exercices 39 à 45 p. 98

Note
Un mouvement uniforme est aussi dit à vitesse constante.

→ **Exemple :** un cycliste parcourt 42 km en 2 h.
Si son mouvement est uniforme, c'est-à-dire s'il roule toujours à la même vitesse, il parcourt : 21 km en 1 h (vitesse : 21 km par heure), 7 km en 20 min ou 3,5 km en 10 min.

Méthodes

EXERCICE RÉSOLU

1 Reconnaître un tableau de proportionnalité

ÉNONCÉ

Voici un relevé de masses et de prix dans un magasin.
Les prix sont-ils, dans ce tableau, proportionnels aux masses, et sinon, est-il possible qu'ils le deviennent en modifiant un seul prix du tableau ?

Masse en kg	1,5	2,2	1,7	3,5
Prix en €	3,60	5,28	4,08	8,05

SOLUTION

$\frac{3,60}{1,5} = 2,4$ $\frac{5,28}{2,2} = 2,4$

$\frac{4,08}{1,7} = 2,4$ $\frac{8,05}{3,5} = 2,3$

Le coefficient multiplicateur est différent dans la dernière colonne : ce tableau n'est pas un tableau de proportionnalité.
Ce serait un tableau de proportionnalité avec un prix de 8,40 € dans la dernière colonne.
En effet : $3,5 \times 2,4 = 8,4$.

Dans cet exercice, le coefficient calculé représente concrètement le prix par kg.

Le coefficient multiplicateur de la première ligne vers la deuxième serait ainsi le même dans **toutes** les colonnes.

▶ *Exercices 1 et 2 page 94*

EXERCICE RÉSOLU

2 Créer et compléter un tableau de proportionnalité

ÉNONCÉ

Il faut moudre une tonne de blé pour obtenir 900 kg de farine.
En supposant qu'il s'agit d'une situation de proportionnalité, quelle masse de blé faut-il moudre pour obtenir 1 tonne de farine ? 600 kg de farine ? 40 kg de farine ?
Les résultats seront présentés dans un tableau et arrondis à l'unité.

SOLUTION

Masse de blé en kg	1 000			
Masse de farine en kg	900	1 000	600	40

On prépare le tableau en précisant les grandeurs concernées et les unités utilisées.

Le coefficient multiplicateur de la seconde ligne vers la première est $\frac{1\,000}{900}$.

On sait que le coefficient est $\frac{1\,000}{900}$ parce que : $900 \times \frac{1\,000}{900} = 1\,000$

On obtient donc, en arrondissant à l'unité :

Masse de blé en kg	1 000	1 111	667	44
Masse de farine en kg	900	1 000	600	40

Par exemple : $1\,000 \times \frac{1\,000}{900} \approx 1\,111$

▶ *Exercices 9 et 10 page 95*

EXERCICE RÉSOLU

3 Comparer des proportions

ÉNONCÉ

Deux candidats X et Y, se présentent à une élection. Sur 600 personnes interrogées du parti A, 273 voteront pour le candidat X. Sur 400 personnes interrogées du parti B, 177 voteront pour le candidat X. Selon ce sondage, le candidat Y est-il plus populaire dans le parti A ou dans le parti B ?

	Parti A	Parti B
Candidat X	273	177
Candidat Y	327	223
Total	600	400

SOLUTION

Proportion de personnes qui voteront pour Y :

- dans le parti A : $\frac{327}{600} = 0{,}545 = 54{,}5\ \%$
- dans le parti B : $\frac{223}{400} = 0{,}557\ 5 = 55{,}75\ \%$

Selon ce sondage, le candidat Y est un peu plus populaire dans le parti B que dans le parti A.

On peut aussi ici mettre les fractions au même dénominateur pour les comparer :
$\frac{327}{600} = \frac{654}{1\ 200}$ et $\frac{223}{400} = \frac{669}{1\ 200}$

Et pourtant : $327 > 223$ …

▶ *Exercices 28 et 29 page 97*

EXERCICE RÉSOLU

4 Calculer et utiliser la durée d'un trajet

ÉNONCÉ

Un automobiliste roule sur l'autoroute à la vitesse constante de 110 km par heure. À 17 h 41 min, un panneau lui indique qu'une station-service se trouve à 33 km.

a. Combien de temps lui faudra-t-il pour y arriver s'il maintient sa vitesse ?

b. À quelle heure repartira-t-il de la station-service s'il s'y arrête un quart d'heure ?

SOLUTION

a. 110 km sont parcourus en 60 min.

Distance en km	110	33
Durée en min	60	

$\times \frac{60}{110}$

$33 \times \frac{60}{110} = \frac{3 \times \cancel{11} \times 6 \times \cancel{10}}{\cancel{11} \times \cancel{10}} = 3 \times 6 = 18$

Il faut 18 min à l'automobiliste pour parcourir 33 km.

b. Heure de départ de la station-service :
17 h 41 min + 18 min + 15 min
c'est-à-dire 18 h 14 min.

- La vitesse **constante** indique que l'on se trouve dans une situation de proportionnalité.
- Pour des petites durées, on peut avoir intérêt à utiliser des minutes au lieu des heures.

17 h 41 min + 18 min + 15 min est égal à $\underbrace{17\text{ h }41\text{ min} + 19\text{ min}}_{18\text{ h}} + 14\text{ min}$.

▶ *Exercices 40 à 42 page 98*

Exercices

TRAVAIL PERSONNEL

Ces exercices prolongent la rubrique Revoir les acquis (page 86)

Multiplier ou diviser une quantité

A S'il faut 24 caisses pour stocker 1 tonne de pommes, combien en faut-il pour stocker 250 kg de pommes ?

Utiliser le passage par l'unité

B Un bidon de 30 kg de peinture permet de peindre 12 voitures du même type.
Calculer la masse de peinture nécessaire pour peindre :
a. 1 voiture de ce type b. 17 voitures de ce type

Multiplier un nombre par un quotient

C Calculer la valeur exacte, puis l'arrondi au centième de :

a. $5 \times \frac{11}{7}$ b. $7 \times \frac{5}{3}$

Raisonner avec des quotients

D Si un camion peut transporter 80 tonnes de gravier en 3 voyages, quelle masse de gravier, arrondie à la tonne, pourra-t-il transporter en 7 voyages ?

Appliquer un taux de pourcentage

E Calculer mentalement :
a. 25 % de 440 b. 60 % de 200 c. 28 % de 50

F Calculer :
a. 17 % de 43 b. 0,2 % de 255

Changer d'unité de durée

G Convertir :
a. 1 h 50 min en minutes. b. 90 min en heures

Exercices d'application

Tableau de proportionnalité

1 Voici un relevé de quantités et de prix.

Quantité	2	3	4	7
Prix en €	7,60	10,40	15,20	26,60

Les prix sont-ils, dans ce tableau, proportionnels aux quantités, et sinon, est-il possible qu'ils le deviennent en modifiant un seul prix du tableau ?
Conseil : se reporter à l'exercice résolu 1 page 92.

2 Le tableau ci-dessous donne le tarif du manège selon le nombre de tours souhaité.

Nombre de tours	1	2	3	5
Prix en €	0,50	1	1,50	2

a. Selon ce tableau, le prix payé est-il proportionnel au nombre de tours ?
b. Sinon, quel prix faudrait-il modifier pour qu'il le soit ?

3 Dans chaque cas, dire s'il s'agit d'un tableau de proportionnalité.

a.

7	28
3	12

b.

3	4
5	6

c.

4,5	7,1
13,5	21,3

d.

5	25
3	15

e.

9	14
15	21

f.

2,8	5,4
12,6	24,3

4 a. Reproduire et compléter le tableau suivant :

Côté d'un losange en cm	3	5	8
Périmètre du losange en cm			

b. Le périmètre d'un losange est-il proportionnel à son côté, et si oui avec quel coefficient de proportionnalité ?

5 Voici la masse et le prix de morceaux de cantal. Le prix est-il proportionnel à la masse ?

6 Ce graphique représente le prix payé en fonction du nombre de litres de fioul commandé.

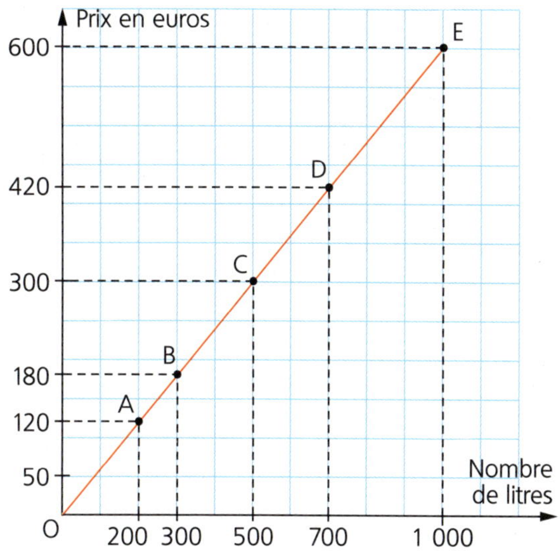

1. a. Recopier et compléter le tableau suivant :

	A	B	C	D	E
Volume en L	200				
Prix en €	120				

b. Selon le tableau, le prix du fioul est-il proportionnel au nombre de litres achetés ?

2. Lire sur le graphique, puis vérifier par le calcul :

a. le prix de 800 L de fioul ;

b. le nombre de litres de fioul obtenus pour 450 €.

7 Par Internet, on peut acheter des tee-shirts à 8 € l'un. Il faut ajouter 4 € de frais de port.
On a représenté le prix à payer en euros en fonction du nombre de tee-shirts commandés.

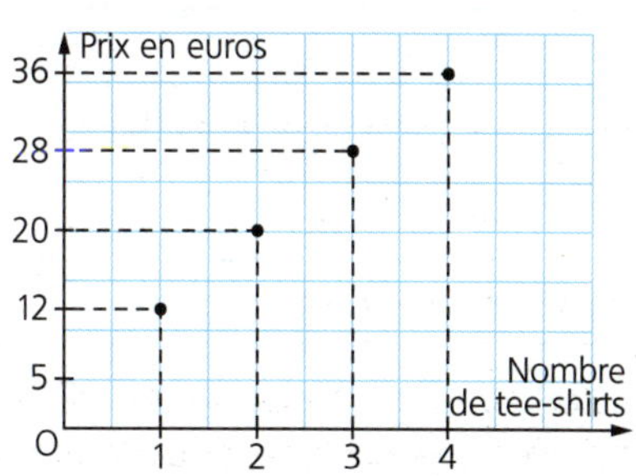

a. Recopier et compléter le tableau suivant :

Nombre de tee-shirts	1	2	3	4
Prix en €				

b. Est-ce un tableau de proportionnalité ?

c. Les quatre points correspondants sur le graphique sont-ils alignés sur une droite qui passe par l'origine ?

8 Selon le centre d'information sur l'eau, les fuites représentent 15 à 20 % des quantités d'eau consommées en moyenne par les ménages.

4 litres par heure soit 35 m^3 par an

16 litres par heure soit 140 m^3 par an

25 litres par heure soit 220 m^3 par an

Y a-t-il proportionnalité entre l'eau gaspillée par heure et l'eau gaspillée par an ?

Compléter un tableau de proportionnalité

9 1 m^3 d'huile d'olive pèse 920 kg.
Quel volume d'huile, en litres, pèse 1 tonne ? 400 kg ? 70 kg ?
Les résultats seront présentés dans un tableau et arrondis au litre.
Conseil : se reporter à l'exercice résolu 2 page 92.

10 **En S.V.T.**
En moyenne, l'Amazone déverse chaque année dans l'océan Atlantique, 6 600 milliards de m^3 d'eau douce transportant environ 700 millions de tonnes de sédiments.
Calculer la masse de sédiments dissoute dans un volume de 1 m^3 d'eau de l'Amazone. Arrondir au gramme.

11 Recopier et compléter avec les coefficients de proportionnalité.

12 Voici un tableau de proportionnalité.

a. Calculer x.
b. Calculer y.

7	28	y
4	x	1,2

13 Voici un tableau de proportionnalité.

a. Calculer x.
b. Calculer y.

x	6	15
10,5	7	y

Pour les exercices 14 et 15

Calculer la valeur exacte de la quatrième proportionnelle.

14 a.

4	11
12	

× …

b.

7	
5	8

× …

15 a.

4	7
	3

× …

b.

	6
15,4	11

× …

16 Gérald est externe en classe de cinquième.
Il a cours toutes les demi-journées, sauf le mercredi, le samedi après-midi et le dimanche.
Du vendredi matin au samedi midi, il a parcouru 4 km au total entre son domicile et le collège.
Quelle distance parcourt-il par semaine sur ce trajet ?

17 Dans un marais salant, il faut faire évaporer 1 000 g d'eau de mer pour obtenir 32 g de sel.
a. Calculer la masse de sel obtenue à partir de 500 kg d'eau de mer.
b. Quel poids d'eau de mer doit s'évaporer pour obtenir une tonne de sel ?

18 Un cédérom de 700 Mo (mégaoctets) permet de stocker 90 min de musique.
Quelle durée de musique peut-on stocker sur un DVD-Rom de 4 000 Mo ? On arrondira le résultat à la minute.

19 En 2005, on échangeait 5 € contre 6 $.
Combien d'euros obtenait-on alors pour 100 dollars ? Arrondir la réponse au centime.

20 La distance à vol d'oiseau entre Clermont-Ferrand et Lyon est de 137 km.
Calculer la distance à vol d'oiseau entre Clermont-Ferrand et Saint-Étienne.

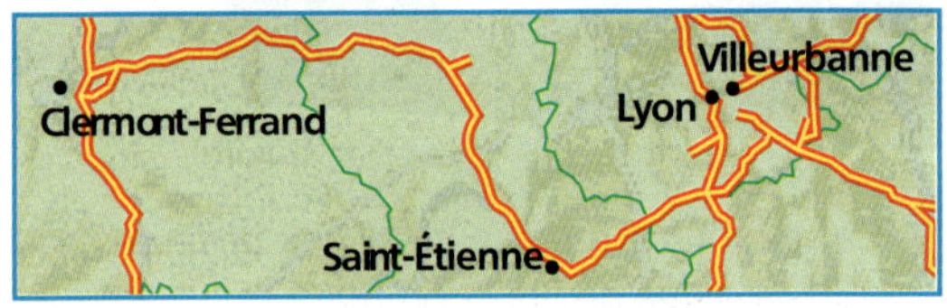

Calcul d'un pourcentage

21 Indiquer le pourcentage correspondant à chacune des fractions ci-dessous. Arrondir si nécessaire le taux de pourcentage à l'unité.

a. $\frac{1}{2}$ b. $\frac{1}{4}$ c. $\frac{3}{4}$ d. $\frac{1}{3}$ e. $\frac{2}{3}$ f. $\frac{3}{10}$ g. $\frac{37}{100}$

22 Dans un conservatoire, 11 des 44 enfants jouent de la flûte.
Quel est le pourcentage de flûtistes ?

23 Dans une classe, 3 des 25 élèves sont externes et les autres demi-pensionnaires.
a. Quel est le pourcentage d'externes dans cette classe ?
b. Quel est le pourcentage de demi-pensionnaires ?

24 Sur les 600 élèves d'un collège, 162 sont en cinquième.
Quel pourcentage cela représente-t-il ?

25 Dans 14 L d'air, il y a environ 3 L d'oxygène.
Quel pourcentage d'oxygène contient l'air ? Arrondir à l'unité.

26 La partie émergée d'un iceberg a un volume de 4 000 m^3, et la partie immergée a un volume de 28 000 m^3.
Quel pourcentage du volume total de la glace est émergé ?

27 Sophie a mangé une bonne part de la tarte représentée ci-contre.
Quel pourcentage de la tarte a-t-elle laissé ?

28 Ce tableau indique le nombre d'élèves pratiquant ou non le roller dans deux collèges.

Pratique du roller	Collège A	Collège B
Oui	167	198
Non	283	352
Total	450	550

Dans lequel de ces deux collèges, la proportion de pratiquants du roller est-elle la plus forte ?
Conseil : se reporter à l'exercice résolu 3 page 93.

29 Dans une ville, une association sportive a une équipe de football et une équipe de rugby.
Dans l'équipe de football, 5 joueurs sur 11 sont âgés de moins de vingt ans.
Dans l'équipe de rugby, 7 joueurs sur 15 sont âgés de moins de vingt ans.
La proportion de moins de vingt ans est-elle plus grande dans l'équipe de football ou dans l'équipe de rugby ?

Échelle

30 La famille Cascade consomme 65 m^3 d'eau par an. Chacun des quatre membres de la famille décide d'essayer d'économiser 5 L d'eau par jour, 365 jours par an.
Quel pourcentage de l'eau serait alors économisé ? Arrondir à l'unité.

31 Dans un rectangle de 5 cm sur 4 cm, on colore un carré de 3 cm de côté.
a. Illustrer la situation.
b. Quel pourcentage de l'aire du rectangle n'a pas été coloré ?

32 Un fabricant de jouets veut réduire une voiture de 4,50 m de long de façon que la maquette mesure seulement 6 cm.
a. Calculer l'échelle de cette réduction.
b. Une caravane accrochée derrière la maquette mesure 52 mm de long. Quelle serait sa longueur réelle ?

33 *La Joconde* de Léonard de Vinci est un tableau qui mesure 77 cm de haut.
a. Calculer l'échelle de son image ci-après.

b. En déduire approximativement la largeur réelle du tableau.

34 Sur un globe terrestre, on mesure avec un mètre souple la longueur de l'équateur et on trouve 80 cm.
Sa longueur réelle est de 40 000 km.
Quelle est l'échelle de ce globe terrestre ?

35 **Pour rédiger**
Lire l'énoncé et la solution proposée par un élève.
Rédiger ensuite cette solution en tenant compte des remarques du correcteur.

Énoncé
Sur une carte routière, une distance de 7 km est représentée par une longueur de 14 cm.
Calculer l'échelle de cette carte.

Copie d'un élève

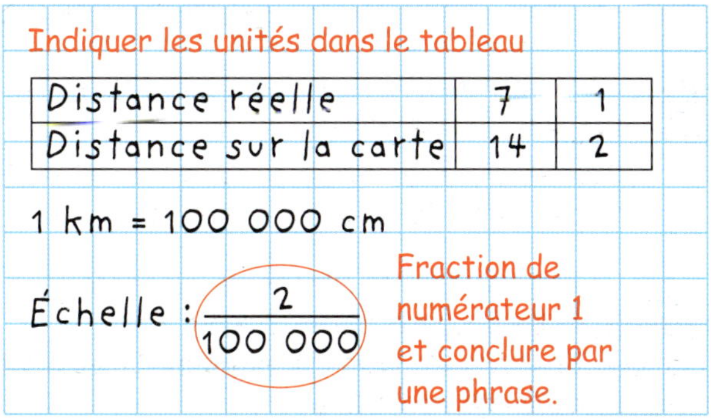

36 a. Mesurer 10 km sur ce plan et en déduire son échelle.

b. Calculer la distance à vol d'oiseau entre Le Saint-Esprit et Les Trois-Îlets en km, puis en miles.

37 La distance à vol d'oiseau entre Dijon et Besançon est de 77 km.
En déduire l'échelle du plan ci-dessous.

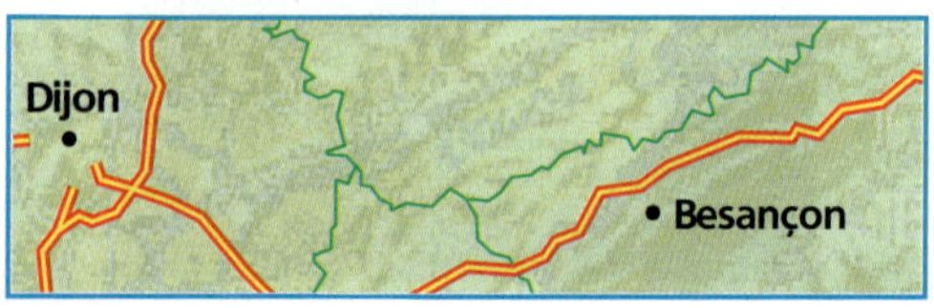

38 Les levures représentées sur cette photo sont observées au microscope. Elles mesurent en réalité environ 0,02 mm.
Calculer approximativement l'échelle de cette photo.

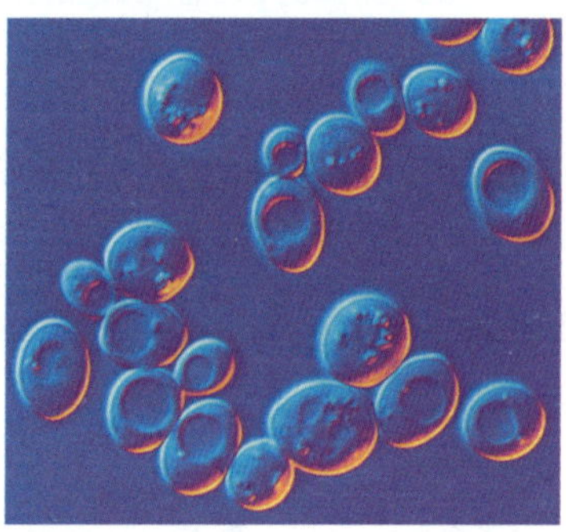

Mouvement uniforme

39 Un avion a parcouru 400 km en 45 min, puis 150 km en 20 min.
Son mouvement peut-il avoir été uniforme ?

40 Un piéton qui marche à la vitesse constante de 6 km par heure est parti à 7 h 50 min.
Il a 3 500 m à parcourir.
a. Calculer la durée de la marche en minutes.
b. Calculer l'heure d'arrivée.
Conseil : se reporter à l'exercice résolu 4 page 93.

41 Un cargo se déplace à la vitesse, supposée constante, de 35 km par heure.
Combien de temps (en jours et heures) mettra-t-il pour traverser l'océan Atlantique (3 500 km) ?

42 La lumière du Soleil met environ 8 min pour atteindre la Terre qui se trouve à 150 millions de km de lui.
Combien de temps met-elle pour atteindre Pluton, qui est situé à environ 6 milliards de km du Soleil ?

43 La pie-grièche est un oiseau migrateur qui peut parcourir à vitesse constante, 700 km en 20 h. Elle traverse la Méditerranée en 12 h.
Combien de kilomètres a-t-elle parcourus ?

44 Un Airbus vole à une vitesse de 840 km par heure.
a. Transformer cette vitesse en km par minute.
b. Combien de temps met-il pour parcourir 200 km ? Arrondir la réponse à la minute.
c. Quelle distance parcourt-il en 2 min 30 s ?

45 a. Ce graphique représente la distance parcourue par Bernard entre 9 h et 11 h.

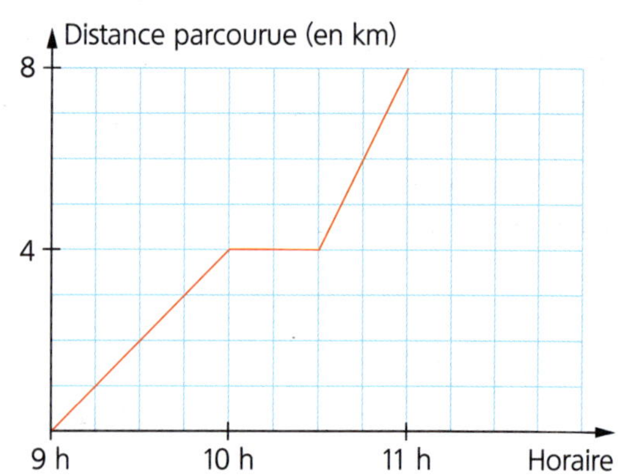

Décrire son déplacement sur le modèle suivant :
« De 9 h à 10 h, Bernard a parcouru …
De 10 h à … »
b. Zoé est partie à 9 h. Elle a parcouru 3 km à la vitesse constante de 5 km par heure.
Représenter la distance parcourue par Zoé sur un graphique.

Pour s'exprimer

46 **Critiquer un énoncé**

« En ce moment, la durée du jour (entre le lever et le coucher du Soleil) diminue de 3 min par jour. De quelle durée aura-t-elle diminué au bout de 30 jours ? »
Que sous-entend cet énoncé ?
A-t-il raison ou tort et pourquoi ?

47 **Calculs donnés**

Les calculs ci-contre sont exacts.
Recopier le texte ci-après et utiliser ces calculs pour le compléter.

$$300 \times \frac{7}{4} = \frac{2\,100}{4} = 525$$

$$200 \times \frac{7}{4} = 50 \times 7 = 350$$

$$25 \times \frac{7}{4} = \frac{175}{4} = 43{,}75$$

« Une recette de cuisine pour … personnes utilise 300 g de farine, … g de sucre et … cL de lait. Pour … personnes, il faudra utiliser … g de farine, … g de … et environ … cL de … . »

48 **De la solution à l'énoncé**

Voici la solution d'un exercice.

Distance en km	90	27
Durée en min	60	18

$\times \frac{60}{90}$

La voiture a mis 18 min pour faire le trajet.
Elle est donc arrivée à 14 h 05 min.

Écrire un énoncé correspondant à cette solution.

CALCUL MENTAL ET RÉFLÉCHI

49 **Passage par l'unité**

Un sachet de 20 bonbons pèse 100 g.
Combien pèsent 12 bonbons ?

50 **Calcul réfléchi**

Un plateau de 24 œufs est vendu 3,20 €.
En proportion, à quel prix devrait être vendu un plateau de 30 œufs ?

51 **Temps restant**

Au bout de 3 min, l'antivirus de Philippe a vérifié 11 000 des 110 000 fichiers présents sur le disque dur de son ordinateur.
À ce rythme, combien de temps va encore durer la vérification ?

52 **Les bavards**

« 20 des 30 élèves de ma classe étaient bavards cet après-midi.
Quel a été le pourcentage des élèves qui ne l'étaient pas ? »

53 **Multiple de 100**

8 % des 700 habitants d'un village ont moins de 15 ans.
Combien sont-ils ?

54 **Agrandissement**

Une image de 15 cm sur 20 cm est photocopiée à l'échelle 1,1.
Quelles sont les dimensions de l'image sur la photocopie ?

55 **Réduction**

Un véhicule de 5 m de long et de 2 m de large est fabriqué à l'échelle 1/50e.
Quelles sont la longueur et la largeur de la maquette ?

56 **Distance**

Quelle distance parcourt en 2 h 30 min un escargot qui rampe à la vitesse de 14 m par heure ?

57 **Durée**

Un véhicule roule à la vitesse de 90 km par heure.
Combien de temps mettra-t-il pour parcourir 120 km ?

58 **Vitesse**

Un cycliste parcourt, d'un mouvement uniforme, 90 km en 2 h 30 min.

a. Quelle distance parcourt-il en un quart d'heure ?
b. Quelle est sa vitesse en km par heure ?

FAIRE LE POINT

TRAVAIL PERSONNEL

Pour chaque question, une seule réponse est exacte. Laquelle ?

<table>
<tr><th></th><th>a</th><th>b</th><th>c</th></tr>
<tr><td>59 Le tableau de proportionnalité est le tableau …</td><td><table><tr><td>3</td><td>4</td><td>56</td></tr><tr><td>24</td><td>32</td><td>7</td></tr></table></td><td><table><tr><td>3</td><td>4</td><td>7</td></tr><tr><td>31</td><td>32</td><td>35</td></tr></table></td><td><table><tr><td>3</td><td>4</td><td>7</td></tr><tr><td>24</td><td>32</td><td>56</td></tr></table></td></tr>
<tr><td>60 Voici un tableau de proportionnalité. <table><tr><td>3</td><td>1,5</td></tr><tr><td>4</td><td>2</td></tr></table> × …
Le coefficient de proportionnalité manquant est …</td><td>$\frac{4}{3}$</td><td>$\frac{3}{4}$</td><td>0,5</td></tr>
<tr><td>61 3 m^3 de terre pèsent 7,8 t.
Pour trouver le volume de terre qui pèse 7 tonnes, on peut calculer …</td><td>$3 \times \frac{7}{7{,}8}$</td><td>$7{,}8 \times \frac{3}{7}$</td><td>$7{,}8 \times \frac{7}{3}$</td></tr>
<tr><td>62 La quatrième proportionnelle de ce tableau est égale à … <table><tr><td>5</td><td>9</td></tr><tr><td>12</td><td>?</td></tr></table></td><td>$9 \times \frac{5}{12}$</td><td>$9 \times \frac{12}{5}$</td><td>12×45</td></tr>
<tr><td>63 Dans une troupe de 25 acteurs, 13 sont des femmes. Le pourcentage de femmes dans cette troupe est égal à …</td><td>13 %</td><td>48 %</td><td>52 %</td></tr>
<tr><td>64 « Ma moyenne en mathématiques est passée de 8 à 10 ».
L'augmentation en pourcentage est …</td><td>4 %</td><td>20 %</td><td>25 %</td></tr>
<tr><td>65 Sur un plan, une longueur de 60 m est représentée par 3 cm.
L'échelle de ce plan est …</td><td>$\frac{1}{2\,000}$</td><td>$\frac{1}{200}$</td><td>$\frac{1}{20}$</td></tr>
<tr><td>66 Un coureur cycliste a parcouru 4 km en 5 min.
À cette vitesse, il parcourrait en 1 h …</td><td>60 km</td><td>48 km</td><td>20 km</td></tr>
<tr><td>67 Un oiseau vole à 80 km par heure.
Pour parcourir 4 km, il met …</td><td>20 min</td><td>3 min</td><td>5 min</td></tr>
<tr><td>68 Un véhicule qui roule à 90 km par heure est arrivé à 18 h après avoir parcouru 150 km. Il est parti à …</td><td>16 h 20 min</td><td>16 h 30 min</td><td>16 h 40 min</td></tr>
</table>

Vérifier les réponses page 266 : 7 bonnes réponses ou plus, passer à la série suivante d'exercices, sinon revoir auparavant le cours et les méthodes.

Résolution de problèmes

78 Imaginer une stratégie

Adeline a acheté une carte d'abonnement pour une salle de cinéma qui lui permet de payer chaque séance à un tarif réduit.
Après 7 séances, elle a dépensé en tout 40 €.
Après 11 séances, elle a dépensé en tout 56 €.
Quel était le prix de la carte d'abonnement ?

79 Encerclement

40 enfants placés sur le bord d'un terrain rectangulaire de 21 m sur 9 m l'entourent en se tenant par la main.
Combien devraient-ils être pour entourer un terrain rectangulaire deux fois plus large ?

80 Transports scolaires

Dans le collège de Lydie, 20 % des élèves viennent au collège en bus et 20 % des autres élèves viennent en vélo.
Quel est le pourcentage de ceux qui ne viennent ni en bus ni en vélo ?

81 Appartement

Utiliser le plan ci-dessous pour déterminer le pourcentage de l'appartement occupé par chacune des pièces.

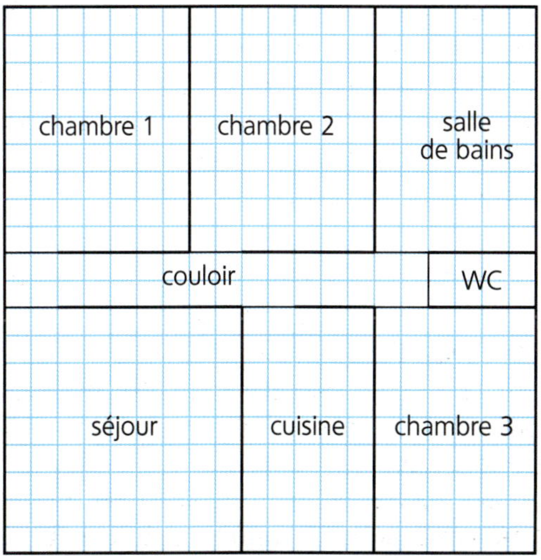

82 Glaces polaires

2,8 % de l'eau sur la Terre est de l'eau douce, dont la plus grande partie (2,15 %) est stockée dans les glaces polaires.
Quel pourcentage de l'eau douce est stocké dans les glaces polaires ?

83 Avec des lettres

Une entreprise de vente de CD sur Internet propose des CD à 12 € chacun et des frais de port fixés à 5 €, quel que soit le nombre de CD achetés.
On note $P(n)$ (lire « P de n ») le prix en euros à payer à la commande pour un achat de n CD.
a. Expliquer pourquoi $P(2) = 29$.
b. Calculer $P(3)$ en expliquant la signification du résultat.
c. Donner l'expression de $P(n)$ en fonction de n.
d. Combien peut-on acheter de CD au maximum si on ne veut pas dépenser plus de 50 € ?
e. Le prix $P(n)$ est-il proportionnel à n ?

84 Au pied de la lettre

Quel est donc le pourcentage de consonnes dans cette phrase ?

85 Échelle double

Sur un prospectus publicitaire, on mesure le dessin d'une échelle pliée (23 mm) et le dessin de la même échelle dépliée (38 mm).
L'échelle pliée mesure en réalité 3,45 m.
a. À quelle échelle est dessinée l'échelle ?
b. Combien mesure l'échelle dépliée dans la réalité ?

86 Aller retour

Pierre dispose d'une demi-heure pour faire des courses. Il a couru au supermarché à la vitesse de 12 km par heure. Il a mis 6 minutes pour faire le trajet et il est resté 20 minutes dans le magasin.

À quelle vitesse constante devra-t-il courir au retour pour ne pas être en retard ?

87 Avec tableur ou raisonnement

Un camion part à 8 h de Paris vers Lyon (distance 464 km) et roule à 90 km par heure.
Six minutes plus tard, une voiture part de Lyon vers Paris et roule à 120 km par heure.
On se propose de savoir à quelle heure et à quelle distance de Paris les deux véhicules se croiseront.

1. On utilise un tableur pour calculer les positions des deux véhicules.

	A	B	C
1	Temps(min)	Distance de Paris (km)	
2	après 8h	Camion	Voiture
3	0	0	
4	1	1,5	
5	2	3	
6	3	4,5	
7	4	6	
8	5	7,5	
9	6	9	464
10	7	10,5	462

a. Expliquer pourquoi la cellule B4 doit contenir la formule =B3+1,5.
b. Quelle formule doit contenir la cellule C10 et pourquoi ?
c. Réaliser cette feuille de calcul pour trouver les réponses au problème posé.

2. a. De combien diminue la distance entre les deux véhicules à chaque minute après le départ de la voiture et avant le croisement ?
b. Donner alors les réponses au problème posé.

88 Relier le numérique et la géométrie

Sur un cercle de centre O et de rayon 3 cm, on trace un arc $\overset{\frown}{AB}$ d'angle n degrés. On note $L(n)$ (lire « L de n ») la longueur de l'arc $\overset{\frown}{AB}$ en cm.
La longueur de l'arc est proportionnelle à l'angle.

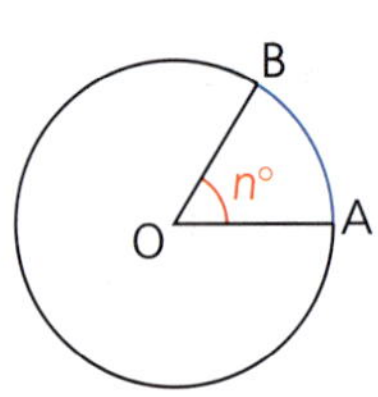

a. Calculer les valeurs exactes de $L(360)$, $L(180)$, $L(1)$.
b. Expliquer pourquoi $L(n) = n \times \pi/60$.
c. Mettre en facteur constant sur la calculatrice le multiplicateur $\pi/60$, puis utiliser ce facteur constant pour calculer rapidement $L(10)$, $L(20)$, $L(25)$, $L(45)$, $L(60)$, arrondis au millième.

Vrai ou faux

Pour les exercices 89 à 93

Dire si l'affirmation est vraie ou fausse.
Expliquer la réponse.

89 Le nombre qui complète ce tableau de proportionnalité est 3,33.

3	1
10	

90 L'aire d'un carré est proportionnelle à la longueur du côté.

91 0,5 % correspond à 5 dixièmes.

92 À l'échelle $\frac{1}{50\ 000}$, 1 cm représente 500 m.

93 Ce tableau est celui d'un mouvement uniforme.

Durée (h)	2	3
Distance (km)	100	200

Des défis

94 Un réveil qui retarde

« Mon réveil retarde de 3 s par heure.
Le 31-12-2006 à minuit, il retarde de 6 min.
Quel jour et à quelle heure avait-il été mis à l'heure ? »

95 Au karaté

Huit karatékas cassent huit briques en huit secondes (est-ce bien raisonnable ?).
Combien faut-il de karatékas pour casser 80 briques en 80 s ?

D'après *Science et Vie Junior*

Un pavage pour s'amuser

En route vers Pluton !

Une fusée Atlas V 551 a décollé de Cap Canaveral (États-Unis), le jeudi 19 janvier 2006.

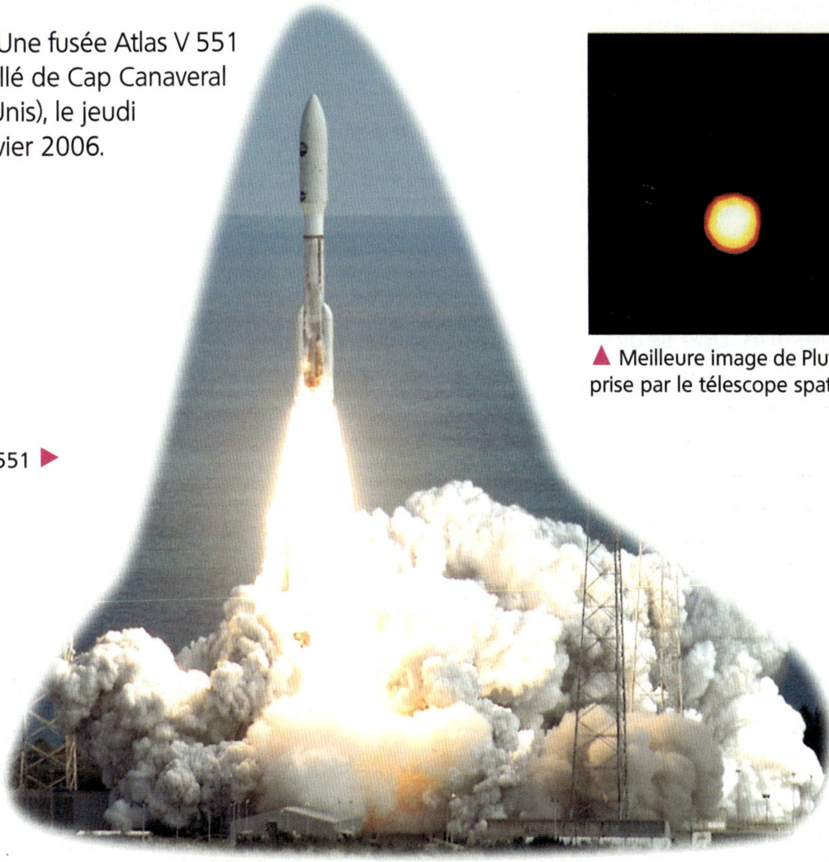

Atlas V 551 ▶

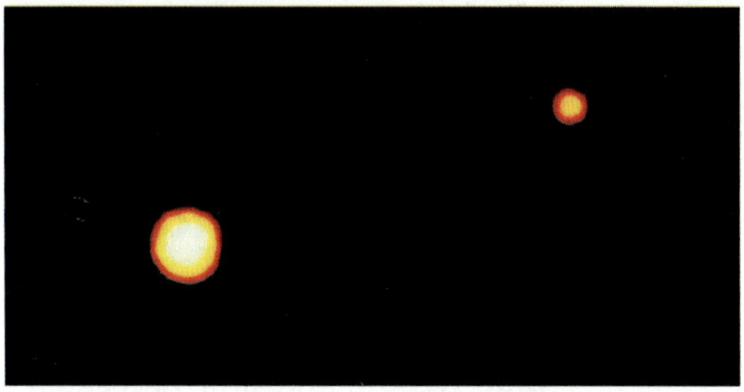

▲ Meilleure image de Pluton (à gauche) et de Charon (à droite) prise par le télescope spatial Hubble (en 1994).

À son bord se trouve la sonde spatiale New Horizons destinée à survoler Pluton (découverte en 1930) et son satellite Charon (découvert en 1978) au début de l'été 2015 après un parcours d'environ 4,8 milliards de km !

Dans un premier temps la sonde se dirige vers Jupiter à la vitesse de 50 000 km/h (survol en février 2007) ; c'est l'engin le plus rapide de toute l'histoire de la conquête spatiale.

La sonde se dirigera ensuite vers Pluton à la vitesse de 75 000 km/h. Elle pourra prendre de nombreuses images de Pluton et recueillir des données sur son atmosphère et sa géologie.

La sonde spatiale New Horizons ▶

... 22 février 2006, 19 h 40, deux nouveaux petits satellites de Pluton ont été découverts par des scientifiques, ce qui porte à trois le nombre de lunes en orbite autour de la planète la plus éloignée du Soleil ...

Jeu

Message codé

Trouver le mot caché sur la deuxième ligne du tableau, sachant que si on remplace A par 1, B par 2, ..., le tableau est un tableau de proportionnalité.

L	X	J	F	P	B	N	J
F	n	D	Z	j	v	h	

CHAPITRE 6

Représentation et traitement des données

PRENDRE UN BON DÉPART

Revoir les acquis

Pour chaque question, une seule réponse est exacte. Laquelle ?

1 Lire un diagramme en bâtons

On a demandé à un groupe d'enfants le nombre de leurs frères ou sœurs.
Les résultats de cette enquête sont reportés sur ce diagramme en bâtons.
Ce groupe comprenait …

a. 4 enfants **b.** 8 enfants **c.** 12 enfants

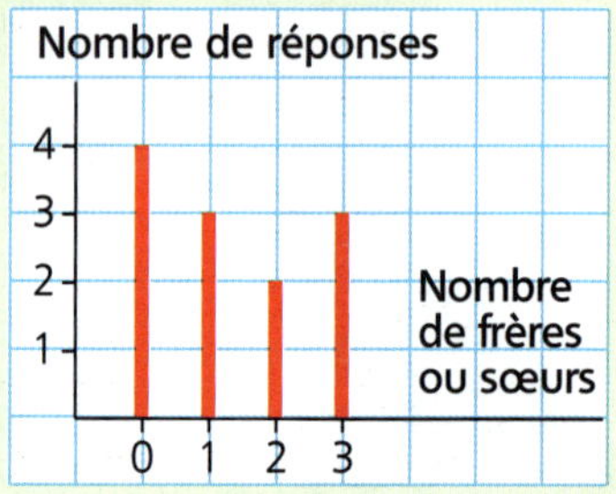

2 Comprendre le vocabulaire

On reprend la situation et le diagramme de l'exercice précédent.
Le nombre d'enfants qui ont au moins 2 frères ou sœurs est …

a. 2 **b.** 3 **c.** 5

3 Lire un diagramme circulaire

Sur le diagramme circulaire ci-contre, la part colorée en vert représente …

a. 90 % des données **b.** 25 % des données
c. 50 % des données

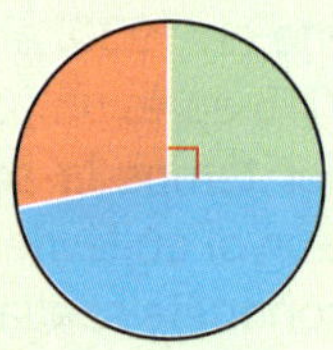

4 Lire un graphique cartésien

Le graphique ci-contre représente l'évolution de la température t en degrés de 8 h à 20 h en un lieu.
Des données lues sur le graphique sont reportées dans le tableau …

a.

Heure	t
8	10
12	21
16	24
20	16

b.

Heure	t
10	8
22	12
24	16
16	20

c.

Heure	t
8	10
12	22
16	24
20	16

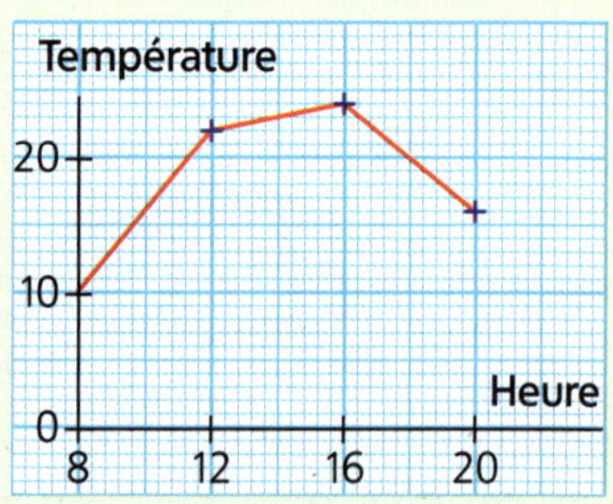

▶ Poursuivre avec les exercices A à C page 114

Activités

Sciences en construction

Comment exprimait-on une augmentation au XVIIe siècle ?

Objectif
Faire réfléchir à l'évolution des connaissances au cours du temps.

En l'absence de notation décimale, voici comment était étudiée l'évolution des décès à Londres au début du XVIIe siècle dans le premier traité de statistique.

> « … Entre 1593 et 1613, le nombre des décès à Londres est passé de 6 986 à 12 110, ainsi pendant cette période, leur nombre a augmenté dans le rapport de 7 à 12, à très peu de choses près, puis de 1613 à 1633, le nombre de décès a grimpé à 15 625, soit dans le rapport de 24 à 31 … »

Londres au XVIIe siècle.

a. Expliquer les deux expressions soulignées.

b. Dans quel rapport les décès à Londres ont-ils évolués entre 1593 et 1633 ?

c. Réécrire l'article ci-dessus avec un vocabulaire plus actuel.

Le saviez-vous ?

À partir du XVIe siècle Londres a connu une extension rapide avec l'expansion du commerce maritime. D'où l'apparition des premières études démographiques.

Effectifs – Fréquences

1 Construire un tableau

Objectif
Trier des données et introduire la notion d'effectif.

À l'occasion d'un contrôle de fabrication, voici la masse (en grammes) de 40 paquets de riz à la sortie de la chaîne de remplissage.

Vocabulaire

L'**effectif** d'une masse est le **nombre de fois** où cette valeur apparaît dans le tableau.

499,5	499,8	500	500,1	499,7	499,8	500	499,7	500,2	500
499,9	500	500,2	499,9	499,5	499,9	500,1	499,8	499,8	499,9
500	499,7	499,8	500	499,9	499,5	499,9	500,1	500	500,2
499,7	499,9	500	500,2	499,7	499,8	499,9	499,5	500,2	499,9

Présenter dans un tableau, les effectifs des différentes masses rencontrées.

2 Calculer des fréquences

Objectif
Introduire la notion de fréquence.

Au bord de la mer, des enfants ont ramassé 20 coquillages : 3 couteaux, 8 coques, 4 bigorneaux, 5 praires.

3 coquillages sur 20 sont des couteaux ; leur fréquence est $\frac{3}{20}$ ou 0,15 ou 15 %.

Présenter dans un tableau, les fréquences des différentes catégories de coquillages.

3 Résoudre un problème

Objectif
Utiliser les fréquences pour comparer des séries statistiques.

On a relevé l'âge des filles et des garçons de trois classes de 5e.

Filles : 11 ; 12 ; 11 ; 13 ; 12 ; 14 ; 12 ; 13 ; 11 ; 13 ; 15 ; 12 ; 13 ; 13 ; 13 ; 14 ; 12 ; 11 ; 13 ; 12 ; 12 ; 14 ; 12 ; 12 ; 13 ; 13 ; 12 ; 14 ; 13 ; 13 ; 12 ; 13 ; 14 ; 13 ; 13 ; 14 ; 13 ; 15 ; 12 ; 13

Garçons : 12 ; 13 ; 14 ; 15 ; 13 ; 12 ; 13 ; 13 ; 14 ; 15 ; 12 ; 13 ; 13 ; 14 ; 12 ; 13 ; 13 ; 14 ; 14 ; 15 ; 12 ; 13 ; 14 ; 12 ; 13 ; 13 ; 14 ; 13 ; 15 ; 14 ; 13 ; 13 ; 14 ; 12 ; 13 ; 12 ; 13 ; 12

Comparer les âges des filles et des garçons de ces classes.

Regroupement de données en classes

4 Calibrage de pommes

Objectif
Comprendre l'utilité d'un regroupement en classes, ainsi que les inconvénients.

Pour vendre ses pommes, un producteur doit les calibrer selon leur diamètre.
Voici le résultat de ses premières mesures en centimètres.

7 – 5,5 – 7,8 – 8 – 7,5 – 6,9 – 7,3 – 6,1 – 7,2 – 6,8 – 7,3 – 6,7 – 7,2 – 6,6 – 6 – 7,7
6,5 – 8 – 7,2 – 6,8 – 6,1 – 8,2 – 7,7 – 6,9 – 7,4 – 7,8 – 6,1 – 8 – 5,8 – 8,3 – 6,5 – 7,4
6,4 – 7,1 – 8,3 – 6,6 – 7,6 – 6,8 – 6,3 – 5,5 – 8 – 5,6 – 7,8 – 7,3 – 6,2 – 7,7 – 7 – 8,2
7,5 – 6,7 – 7,1 – 5,7 – 6,9 – 7 – 6,6 – 7,9 – 6,7 – 6,9 – 5,9 – 8,4 – 6,3 – 6,8 – 5,6 – 7,1
6,6 – 6,3 – 7,9 – 7,4 – 6,4 – 8,4 – 5,8 – 6,2 – 7 – 6,9 – 6,4 – 6,7 – 7,9 – 7,4 – 6,7 – 7,5

a. Expliquer pourquoi présenter dans un tableau les effectifs de ces différents diamètres n'est pas très pratique.

b. On peut décider de regrouper les données en classes d'amplitude 0,5 cm. Cela signifie que l'on met ensemble les pommes de diamètre d (en cm) tel que $5{,}5 \leqslant d < 6$ puis $6 \leqslant d < 6{,}5$ puis… Présenter dans un tableau, les effectifs de ces différentes classes.

5 Le choix du producteur

Objectif
Adapter l'amplitude des classes aux contraintes.

Cette activité prolonge l'activité précédente.
En fait le producteur doit regrouper ses pommes en trois catégories seulement.
Aider le producteur à faire ce choix et présenter dans un tableau, les effectifs des classes correspondantes.

Représentation de données

6 Diagramme en barres

	Guadeloupe	Martinique	Guyane	Réunion
Nombre d'habitants en milliers	420	380	160	710

Ce tableau donne la population des quatre départements français d'outre-mer (D.O.M.).

Note
Ce diagramme est appelé aussi ***diagramme en tuyaux d'orgue****.*

a. De ces départements, quel est le moins peuplé ? le plus peuplé ?

b. À partir des renseignements donnés dans ce tableau, nous avons commencé **le diagramme en barres** ci-contre.
Le reproduire et le compléter.

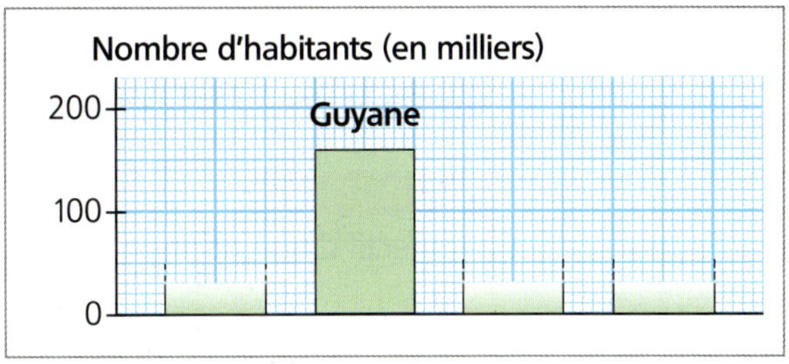

7 Diagramme circulaire

On se propose de représenter le tableau de l'activité précédente par un diagramme circulaire. Recopier et compléter le tableau ci-dessous. Construire le diagramme circulaire comme nous avons commencé à le faire.

	Guadeloupe	Martinique	Guyane	Réunion	Total
Nombre d'habitants en milliers	420	380	160	710	1 670
Angle arrondi au degré			34°		360°

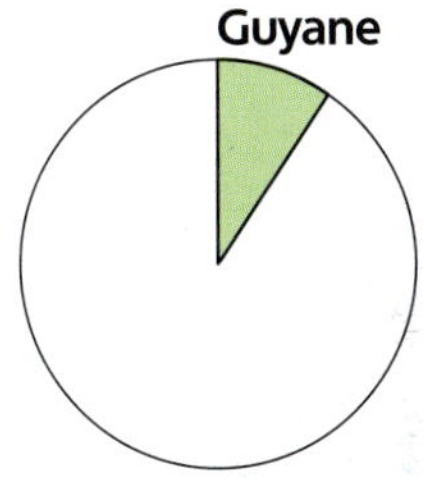

8 Diagramme en bandes

Ce tableau donne les résultats d'une étude faite en 2004 sur les différents loisirs des jeunes.
La colonne « Sport » est représentée par **le diagramme en bandes** ci-contre.

	Sport	Lecture	Discussion entre amis
Tous les jours	62,9 %	38,1 %	64,9 %
Rarement	33,6 %	46,3 %	31,1 %
Jamais	3,5 %	15,6 %	4 %

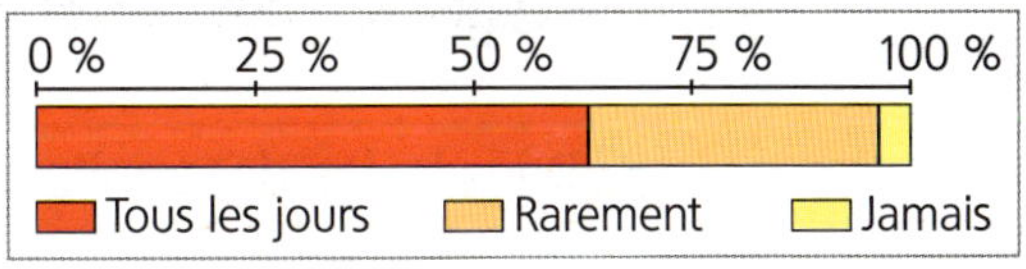

Note
Ce diagramme est appelé aussi ***diagramme linéaire****.*

a. La longueur totale de la bande, 6 cm, représente 100 % des jeunes interrogés. Retrouver par le calcul, la longueur de chacun des trois rectangles.

b. Construire un diagramme en bandes représentant les deux autres colonnes.

9 Histogramme

Une enquête a été réalisée auprès des 120 élèves de 5e d'un collège pour connaître le temps qu'ils consacrent chaque semaine à regarder la télévision. Voici les résultats :

Durée t en h	$0 \leqslant t < 4$	$4 \leqslant t < 8$	$8 \leqslant t < 12$	$12 \leqslant t < 16$	$16 \leqslant t < 20$
Effectif	5	15	25	40	35

Nous avons commencé la construction d'**un histogramme** pour représenter ce tableau, c'est-à-dire un diagramme en barres accolées.
Le reproduire et le compléter.

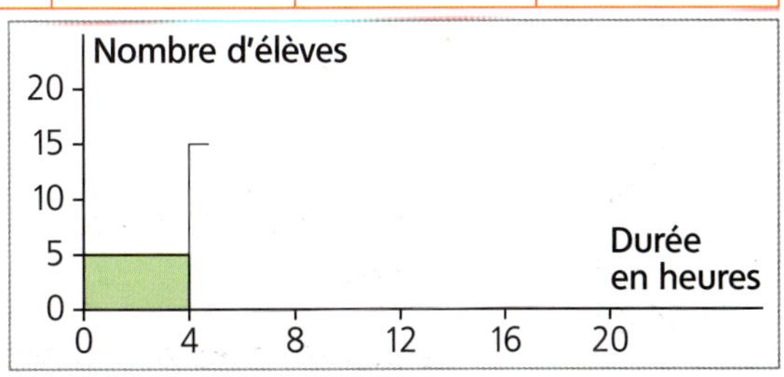

Le Cours

1 Effectifs. Fréquences

DÉFINITION

L'effectif d'une donnée est le nombre de fois où cette donnée apparaît.

→ **Exemple :** une enquête a étudié le moyen préféré par 300 collégiens pour communiquer avec un ami.

	Lettre	Téléphone	SMS	Internet	Total
Effectif	25	110	135	30	**300** ← Effectif total

135 est l'effectif des collégiens interrogés qui préfèrent communiquer par SMS.

DÉFINITION

La fréquence d'une donnée est le quotient de son effectif par l'effectif total.

Une fréquence peut s'exprimer par une fraction, un nombre décimal ou un pourcentage.

▶ *Exercices 1 à 12 p. 114-116*

→ **Exemple :** pour l'exemple ci-dessus, 135 collégiens sur les 300 envoient des SMS.
La fréquence des collégiens qui envoient des SMS est :

$$\frac{135}{300} \text{ ou } 0{,}45 \text{ ou } 45\ \%.$$

Remarques : une fréquence est comprise entre 0 et 1, et la somme des fréquences de toutes les données est égale à 1.

2 Regroupement de données en classes

Dans le cas de nombreuses données numériques, on peut les regrouper en classes pour faciliter leur lecture.

▶ *Exercices 13 à 15 p. 116-117*

→ **Exemple :** on a demandé à 110 collégiens la durée moyenne d'un appel téléphonique à un ami. Leurs réponses s'échelonnent de 1 à 30 minutes.

Durée d en min	1	2	3	4	5	6	…	29	30
Effectif	2	4	3	5	12	10	…	3	1

Ce tableau est long, difficile à lire et à interpréter.
Il est préférable de regrouper les durées **en classes**, par exemple d'**amplitude** 5 min.

Durée d en min	$0 \leqslant d < 5$	$5 \leqslant d < 10$	$10 \leqslant d < 15$	$15 \leqslant d < 20$	$20 \leqslant d < 25$	$25 \leqslant d \leqslant 30$
Effectif	14	35	26	20	10	5

On obtient l'effectif de cette classe en additionnant les effectifs des appels de 1 min, 2 min, 3 min, 4 min : $2 + 4 + 3 + 5 = 14$.

Note
Ce tableau est plus facile à lire, mais on ne sait plus combien de collégiens téléphonent 1 min, 2 min, …

Activités

Sciences en construction

Comment exprimait-on une augmentation au XVIIe siècle ?

Objectif
Faire réfléchir à l'évolution des connaissances au cours du temps.

En l'absence de notation décimale, voici comment était étudiée l'évolution des décès à Londres au début du XVIIe siècle dans le premier traité de statistique.

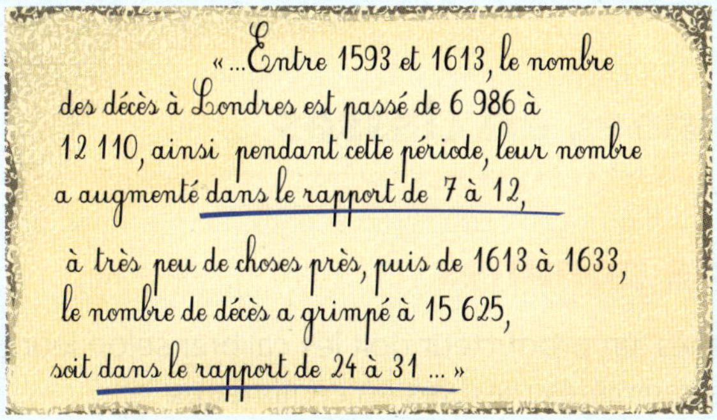
« ...Entre 1593 et 1613, le nombre des décès à Londres est passé de 6 986 à 12 110, ainsi pendant cette période, leur nombre a augmenté dans le rapport de 7 à 12, à très peu de choses près, puis de 1613 à 1633, le nombre de décès a grimpé à 15 625, soit dans le rapport de 24 à 31 ... »

a. Expliquer les deux expressions soulignées.

b. Dans quel rapport les décès à Londres ont-ils évolués entre 1593 et 1633 ?

c. Réécrire l'article ci-dessus avec un vocabulaire plus actuel.

Londres au XVIIe siècle.

Le saviez-vous ?
À partir du XVIe siècle Londres a connu une extension rapide avec l'expansion du commerce maritime. D'où l'apparition des premières études démographiques.

Effectifs – Fréquences

1 Construire un tableau

Objectif
Trier des données et introduire la notion d'effectif.

À l'occasion d'un contrôle de fabrication, voici la masse (en grammes) de 40 paquets de riz à la sortie de la chaîne de remplissage.

Vocabulaire
L'**effectif** d'une masse est le **nombre de fois** où cette valeur apparaît dans le tableau.

499,5	499,8	500	500,1	499,7	499,8	500	499,7	500,2	500
499,9	500	500,2	499,9	499,5	499,9	500,1	499,8	499,8	499,9
500	499,7	499,8	500	499,9	499,5	499,9	500,1	500	500,2
499,7	499,9	500	500,2	499,7	499,8	499,9	499,5	500,2	499,9

Présenter dans un tableau, les effectifs des différentes masses rencontrées.

2 Calculer des fréquences

Objectif
Introduire la notion de fréquence.

Au bord de la mer, des enfants ont ramassé 20 coquillages : 3 couteaux, 8 coques, 4 bigorneaux, 5 praires.
3 coquillages sur 20 sont des couteaux ; leur fréquence est $\frac{3}{20}$ ou 0,15 ou 15 %.

Présenter dans un tableau, les fréquences des différentes catégories de coquillages.

3 Résoudre un problème

Objectif
Utiliser les fréquences pour comparer des séries statistiques.

On a relevé l'âge des filles et des garçons de trois classes de 5e.

Filles : 11 ; 12 ; 11 ; 13 ; 12 ; 14 ; 12 ; 13 ; 11 ; 13 ; 15 ; 12 ; 13 ; 13 ; 13 ; 14 ; 12 ; 11 ; 13 ; 12 ; 12 ; 14 ; 12 ; 12 ; 13 ; 13 ; 12 ; 14 ; 13 ; 13 ; 12 ; 13 ; 14 ; 13 ; 13 ; 14 ; 13 ; 15 ; 12 ; 13

Garçons : 12 ; 13 ; 14 ; 15 ; 13 ; 12 ; 13 ; 13 ; 14 ; 15 ; 12 ; 13 ; 13 ; 14 ; 12 ; 13 ; 13 ; 14 ; 14 ; 15 ; 12 ; 13 ; 14 ; 12 ; 13 ; 13 ; 14 ; 13 ; 15 ; 14 ; 13 ; 13 ; 14 ; 12 ; 13 ; 12 ; 13 ; 12

Comparer les âges des filles et des garçons de ces classes.

Regroupement de données en classes

4 Calibrage de pommes

Objectif
Comprendre l'utilité d'un regroupement en classes, ainsi que les inconvénients.

Pour vendre ses pommes, un producteur doit les calibrer selon leur diamètre.
Voici le résultat de ses premières mesures en centimètres.

7 – 5,5 – 7,8 – 8 – 7,5 – 6,9 – 7,3 – 6,1 – 7,2 – 6,8 – 7,3 – 6,7 – 7,2 – 6,6 – 6 – 7,7
6,5 – 8 – 7,2 – 6,8 – 6,1 – 8,2 – 7,7 – 6,9 – 7,4 – 7,8 – 6,1 – 8 – 5,8 – 8,3 – 6,5 – 7,4
6,4 – 7,1 – 8,3 – 6,6 – 7,6 – 6,8 – 6,3 – 5,5 – 8 – 5,6 – 7,8 – 7,3 – 6,2 – 7,7 – 7 – 8,2
7,5 – 6,7 – 7,1 – 5,7 – 6,9 – 7 – 6,6 – 7,9 – 6,7 – 6,9 – 5,9 – 8,4 – 6,3 – 6,8 – 5,6 – 7,1
6,6 – 6,3 – 7,9 – 7,4 – 6,4 – 8,4 – 5,8 – 6,2 – 7 – 6,9 – 6,4 – 6,7 – 7,9 – 7,4 – 6,7 – 7,5

a. Expliquer pourquoi présenter dans un tableau les effectifs de ces différents diamètres n'est pas très pratique.

b. On peut décider de regrouper les données en classes d'amplitude 0,5 cm. Cela signifie que l'on met ensemble les pommes de diamètre d (en cm) tel que $5{,}5 \leqslant d < 6$ puis $6 \leqslant d < 6{,}5$ puis… Présenter dans un tableau, les effectifs de ces différentes classes.

5 Le choix du producteur

Objectif
Adapter l'amplitude des classes aux contraintes.

Cette activité prolonge l'activité précédente.
En fait le producteur doit regrouper ses pommes en trois catégories seulement.
Aider le producteur à faire ce choix et présenter dans un tableau, les effectifs des classes correspondantes.

Représentation de données

6 Diagramme en barres

	Guadeloupe	Martinique	Guyane	Réunion
Nombre d'habitants en milliers	420	380	160	710

Ce tableau donne la population des quatre départements français d'outre-mer (D.O.M.).

3 Représentation de données

A On peut représenter les données de l'exemple du paragraphe 1 par :

Note
Les données représentées ici (lettre, SMS, …) ne sont pas numériques.

▶ **Exercices 16 à 23 p. 117-119**

- **un diagramme en barres**

Les hauteurs des barres sont proportionnelles aux effectifs de chaque catégorie.

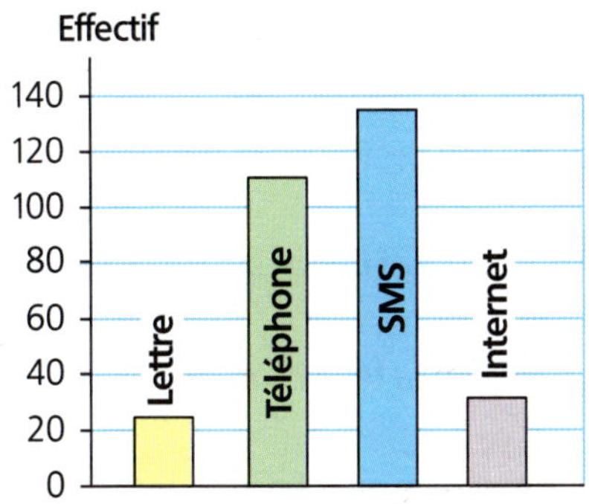

Ici, 1 cm représente un effectif de 40.

- **un diagramme circulaire**

Les mesures des angles des secteurs sont proportionnelles aux effectifs de chaque catégorie.

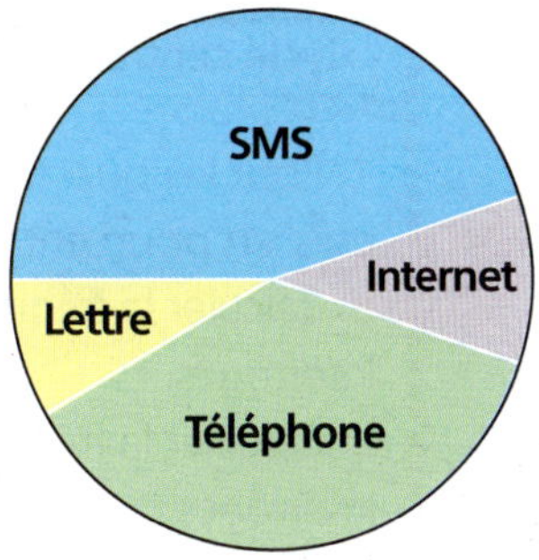

	Lettre	Téléphone	S.M.S.	Internet	Total
Effectif	25	110	135	30	300
Angle	30°	132°	162°	36°	360°

Le coefficient de proportionnalité de la 1re ligne à la 2e ligne est : $\frac{360}{300} = 1,2$.

- **un diagramme en bandes**

Les longueurs des bandes sont proportionnelles aux effectifs de chaque catégorie.

Ici, 1 cm représente un effectif de 50.

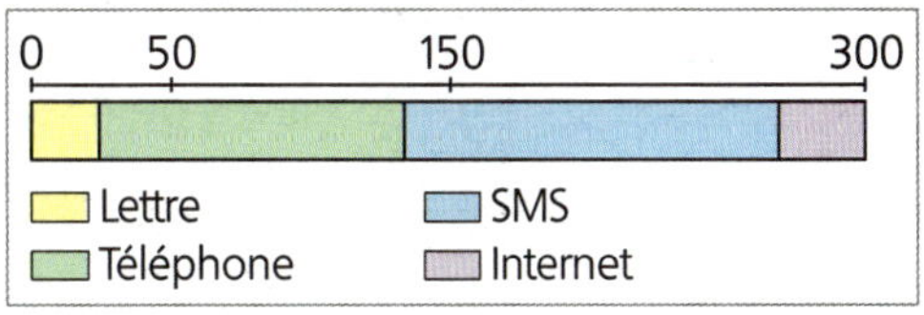

B On peut représenter les données de l'exemple du paragraphe 2 par **un histogramme**.

Note
Lorsque les données numériques peu nombreuses ne sont pas regroupées en classes, on représente ces données par un diagramme en bâtons.

On utilise un histogramme pour représenter des données numériques regroupées en classes. Lorsque les classes ont la même amplitude, les hauteurs des barres sont proportionnelles aux effectifs de chaque classe.

Ici, 1 cm représente un effectif de 10 sur l'axe vertical.

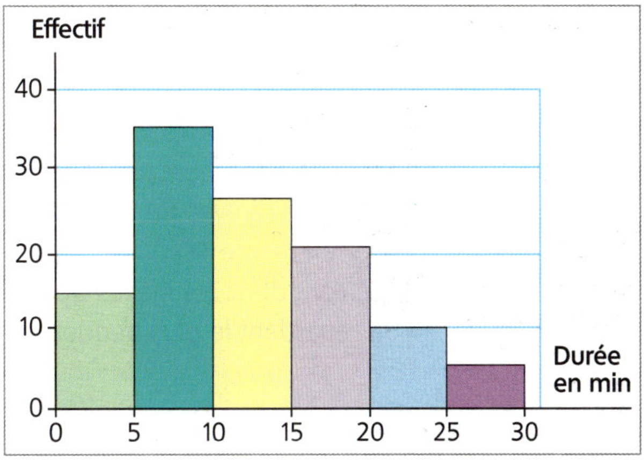

EXERCICE RÉSOLU

1 Calculer et utiliser des fréquences

ÉNONCÉ

On a répertorié les loisirs des 140 élèves de 5ᵉ et des 118 élèves de 4ᵉ d'un collège.

	Sport	Télévision	Lecture	Musique	Informatique	Total
5ᵉ	35	41	12	18	34	140
4ᵉ	27	38	9	20	24	118
Cycle central	62	79	21	38	58	258

1. Pour les questions ci-dessous, les fréquences seront données sous forme de fraction, puis en pourcentage arrondi à l'unité.
a. Calculer la fréquence des élèves de 5ᵉ qui préfèrent la télévision parmi les élèves de 5ᵉ interrogés.
b. Calculer la fréquence des élèves de 4ᵉ qui préfèrent la télévision parmi les élèves de 4ᵉ interrogés.
c. Calculer la fréquence de ceux qui préfèrent la télévision parmi les élèves du cycle central interrogés.
2. La télévision est-elle plus fréquemment regardée par les élèves de 5ᵉ ou par les élèves de 4ᵉ ?

SOLUTION

1. a. 41 élèves de 5ᵉ sur 140 préfèrent la télévision.

Leur fréquence est donc $\frac{41}{140}$ soit environ 29 %.

b. 38 élèves de 4ᵉ sur 118 préfèrent la télévision.

Leur fréquence est donc $\frac{38}{118}$ soit environ 32 %.

c. 79 élèves du cycle central sur 258 préfèrent la télévision.

Leur fréquence est donc $\frac{79}{258}$ soit environ 31 %.

Ne pas confondre par exemple la fréquence des élèves de 5ᵉ qui préfèrent la télévision **parmi les élèves de 5ᵉ interrogés** et la fréquence des élèves de 5ᵉ qui préfèrent la télévision **parmi les élèves du cycle central interrogés** $\left(\frac{41}{258} \approx 16\ \%\right)$.

2. La télévision est préférée par 29 % des élèves de 5ᵉ et par 32 % des élèves de 4ᵉ.
Ce sont donc les élèves de 4ᵉ qui la regardent le plus fréquemment.

Les effectifs donnés dans le tableau ne permettent pas de répondre car il n'y a pas le même nombre d'élèves en 5ᵉ et en 4ᵉ. Seules **les fréquences** permettent une comparaison.

▶ *Exercices 9 et 10 page 116*

EXERCICE RÉSOLU

2 Réaliser un diagramme semi-circulaire

ÉNONCÉ

Au championnat du monde d'athlétisme de 2005 à Helsinki, les États-Unis d'Amérique sont arrivés en tête avec 25 médailles : 14 en or, 8 en argent et 3 en bronze. Représenter ces données par un diagramme semi-circulaire.

SOLUTION

	Or	Argent	Bronze	Total
Effectif	14	8	3	**25**
Angle arrondi au demi-degré	101°	57,5°	21,5°	**180°**

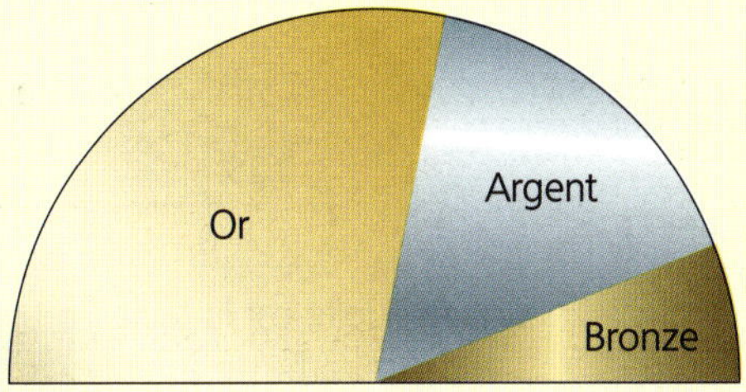

Le coefficient de proportionnalité de la 1re ligne à la 2e ligne est : $\frac{180}{25} = 7{,}2$.

$14 \times 7{,}2 = 100{,}8$;
$8 \times 7{,}2 = 57{,}6$;
$3 \times 7{,}2 = 21{,}6$.

▶ *Exercices 18 et 19 page 118*

EXERCICE RÉSOLU

3 Réaliser un histogramme

ÉNONCÉ

Les guichets d'un parc d'attractions sont ouverts de 10 h à 16 h. Le nombre des entrées a été enregistré dans le tableau suivant.

Horaire t en heures	$10 \leqslant t < 11$	$11 \leqslant t < 12$	$12 \leqslant t < 13$	$13 \leqslant t < 14$	$14 \leqslant t < 15$	$15 \leqslant t < 16$
Nombre d'entrées	200	315	225	250	75	25

Représenter ce tableau par un histogramme.

SOLUTION

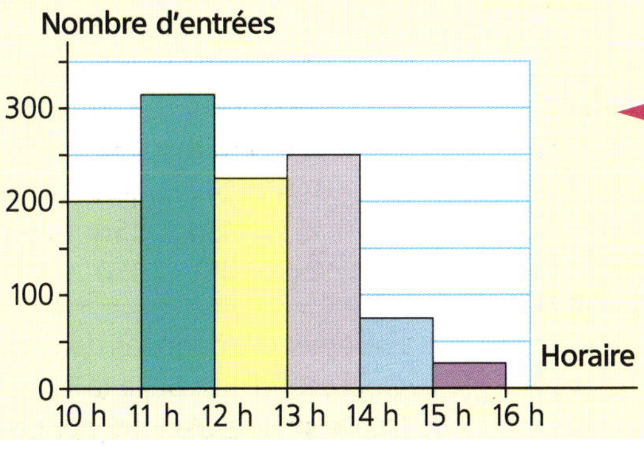

Sur l'axe vertical, on dispose de 3 cm environ pour représenter le plus grand nombre d'entrées, 315.
On peut décider, comme ci-contre, que 1 cm représente un effectif de 100.

En effet : $\frac{315}{3} \approx 100$.

▶ *Exercices 21 et 22 page 118*

Exercices

TRAVAIL PERSONNEL

Ces exercices prolongent la rubrique Revoir les acquis (page 106)

Lire un diagramme en bâtons

A Voici la taille des bébés nés dans une maternité durant le mois de janvier.

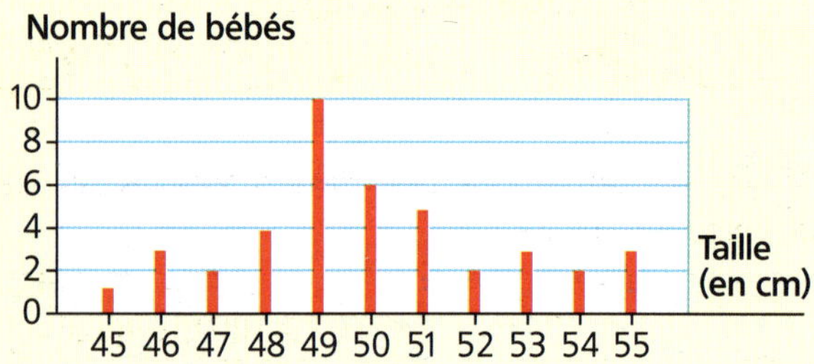

a. Combien y a-t-il eu de naissances en janvier dans cette maternité ?
b. Combien de bébés nés en janvier mesurent :
- moins de 50 cm ?
- 52 cm au moins ?

Lire un diagramme circulaire

B Un secteur de ce diagramme circulaire représente 10 % du total. Retrouver le pourcentage associé à chaque secteur.

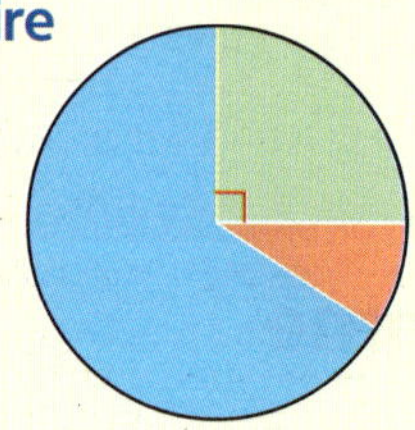

Lire un graphique cartésien

C Ce graphique donne l'évolution de la hauteur d'un arbuste de sa plantation à sa taille maximale.

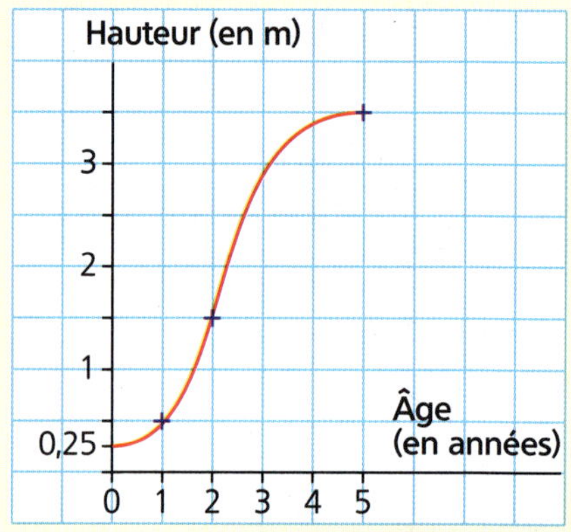

a. Quelle est la taille de cet arbuste à la plantation ?
b. Quelle est sa taille maximale ?
c. Au bout de combien d'années dépasse-t-il 1,5 m ?

Exercices d'application

Effectifs. Fréquences

1 Le tableau suivant donne la population par groupe d'âge dans les départements d'outre-mer au 1er janvier 2005.

	Sexe masculin	Sexe féminin
Moins de 15 ans	234 763	225 489
Moins de 20 ans	313 510	302 051
De 20 à 59 ans	461 342	500 692
60 ans ou plus	101 522	130 483
75 ans ou plus	28 793	46 017

a. Quel est l'effectif total des « 20-59 ans » ?
b. Combien y a-t-il de garçons ayant entre 15 et 19 ans ?
c. Combien y a-t-il de femmes ayant entre 60 et 74 ans ?
d. Quelle est la population totale des départements d'outre-mer au 1er janvier 2005 ?

2 Voici les tailles en centimètres de 48 élèves de 5e d'un collège.

160	153	142	156	165	153	154	154
150	140	154	156	155	146	155	160
154	150	154	155	156	160	154	155
150	146	142	154	155	155	153	150
156	153	154	156	153	146	150	155
156	155	151	150	154	156	153	153

a. Présenter ces données dans un tableau.
b. Quel est l'effectif de la taille « 150 » ?
c. Quelle(s) taille(s) a (ont) pour effectif 7 ?

d. Combien, parmi ces élèves, mesurent au moins 155 cm ? plus de 150 cm ?

3 Les guichets d'une agence bancaire d'une petite ville sont ouverts au public les mardi, mercredi, jeudi, vendredi, samedi.
Voici la répartition quotidienne des 250 retraits d'argent liquide aux guichets une certaine semaine.

Jour	Mardi	Mercredi	Jeudi	Vendredi	Samedi
Nombre de retraits	37	55	45	53	60

1. Présenter dans un tableau, les fréquences des retraits selon le jour de la semaine :
a. avec des fractions ;
b. avec des nombres décimaux.

2. Utiliser le tableau de la question **1. a.** pour expliquer pourquoi la somme de ces fréquences est égale à 1.

4 En 2004, les différents matériaux ramassés dans les ordures ménagères en France se répartissent ainsi.

Plastiques	**12 %**
Métaux	**3 %**
Verres	
Déchets organiques	**29 %**
Papiers-Cartons	**25 %**
Textiles	**3 %**
Divers	**15 %**

a. Calculer la fréquence de la catégorie « Verres ».
b. Sachant que l'on peut compter 350 kg de déchets par an et par personne, calculer la masse de chaque catégorie produite par une personne en un an.

5 Voici la répartition des superficies des exploitations agricoles en France métropolitaine en 1979 et en 2003.

Superficie	**Effectif en milliers**	
	1979	**2003**
moins de 5 ha	357	151
5 ha à moins de 20 ha	410	115
20 ha à moins de 50 ha	347	121
50 ha à moins de 100 ha	114	118
100 ha à moins de 200 ha	29	68
200 ha et plus	6	16

a. Présenter dans un tableau, les fréquences en pourcentages (arrondis au dixième) des catégories de superficie pour 1979, puis pour 2003.
b. Commenter l'évolution des superficies des exploitations agricoles entre 1979 et 2003.

6 Ce tableau donne les réserves mondiales estimées de charbon exploitables.

Continent	**Réserve (milliards de tonnes)**
Afrique	123
Amérique	271
Asie	373
Australie	92
Europe	151

Présenter dans un tableau la fréquence (en pourcentage arrondi au dixième) de chaque zone géographique dans les réserves mondiales de charbon.

7 Ce tableau donne les fréquences des résultats d'une série de lancers de dés.
Retrouver la fréquence manquante

Résultat	1	2	3	4	5	6
Fréquence	0,31	0,30		0,12	0,15	0,05

8 **a.** *Compter le nombre de voyelles qui se trouvent dans cette phrase en italique.*
Puis, reproduire et compléter ce tableau :

Voyelle	a	e	i	o	u	y	**Total**
Effectif							

b. Calculer la fréquence en pourcentage arrondi à l'unité de chacune de ces voyelles parmi l'ensemble des voyelles de la phrase.

9 Le tableau ci-dessous indique le nombre de voitures (en milliers) immatriculées en France en 2004 selon le constructeur.

P.S.A.		Renault	Voitures étrangères
Peugeot	Citroën		
363	257	549	844

Toutes les fréquences seront calculées en pourcentage arrondi au dixième.

a. Calculer la fréquence des voitures Peugeot parmi les voitures du groupe P.S.A.

b. Calculer la fréquence des voitures du groupe P.S.A. parmi les voitures françaises. Donner alors celle des voitures Renault parmi les voitures françaises.

c. Calculer la fréquence de chaque type de voiture parmi la totalité des voitures.

Conseil : se reporter à l'exercice résolu 1 page 112.

10 On a mesuré le nombre de battements de cœur par minute de 231 élèves de 5e au repos.

Nombre de battements	Effectif	
	Filles	Garçons
80	46	27
85	2	12
90	19	12
95	36	25
100	5	36
110	4	7

1. Dans ce groupe, combien y a-t-il de filles ? de garçons ?

2. Les fréquences demandées seront données sous forme de fractions, puis de pourcentages arrondis à l'unité.

a. Parmi les filles, quelle est la fréquence de celles qui ont 90 battements ?

b. Parmi les élèves de 5e, quelle est la fréquence des filles qui ont 90 battements ?

c. Parmi les garçons, quelle est la fréquence de ceux qui ont 90 battements ?

d. Parmi les élèves de 5e qui ont 90 battements, quelle est la fréquence des filles ?

11 **Pour rédiger**

Lire l'énoncé et la solution proposée par un élève.
Rédiger ensuite cette solution en tenant compte des remarques du correcteur.

Énoncé

	avec lunettes	sans lunettes	Total
Garçons	2	8	10
Filles	6	9	15

Calculer la fréquence en pourcentage :

a. des filles à lunettes parmi les filles ;

b. des garçons sans lunettes parmi tous les élèves.

a. $\frac{6}{15} = 0,4 = 40\ \%$ — Présente les résultats avec une phrase.

b. ~~$\frac{8}{10} = 0,8 = 80\ \%$~~ — Il s'agit de tous les élèves et non de tous les garçons.

12 Dans le tableau suivant sont notés les effectifs de l'enseignement public des collèges et lycées en 2003-2004 dans trois régions.

	Bourgogne	Aquitaine	Rhône-Alpes
1er cycle	116 772	116 061	236 732
2e cycle général et technologique	31 272	53 270	115 236
2e cycle professionnel	12 896	25 157	43 573

Dans quelle région y a-t-il proportionnellement plus d'élèves :

a. du 1er cycle ?

b. du 2e cycle général et technologique ?

c. du 2e cycle professionnel ?

Regroupement en classes

13 On a relevé les poids en kilogrammes d'un groupe de 30 jeunes de 13 ans. Voici ces poids mesurés à l'hectogramme près.

48	42,8	41,7	38	48,9	43,5
40,8	46,3	44,1	39,5	43,9	46,8
43,2	41,9	44	45,5	42,9	44,5
41,8	42,4	43	42,6	41,4	42
44,3	42,6	46	43,7	41	43,2

On décide de regrouper ces poids dans les classes : « de 37,5 à 39,9 », « de 40 à 42,4 », « de 42,5 à 44,9 », « de 45 à 47,4 » et « de 47,5 à 49,9 ».

a. Faire un tableau sur le modèle suivant et le compléter. Vérifier que la somme des effectifs est bien égale à 30.

Poids	De 37,5 à 39,9	De 40 à 42,4	De …
Effectif	2		

b. Quelles remarques peut-on faire ?

14 Les tableaux ci-dessous donnent trois répartitions des 2 000 conifères d'une exploitation selon leur hauteur h, en centimètres.

Hauteur	Effectif
$40 \leqslant h < 60$	
$60 \leqslant h < 70$	220
$70 \leqslant h < 80$	
$80 \leqslant h < 100$	
$100 \leqslant h < 140$	

Hauteur	Effectif
$40 \leqslant h < 60$	
$60 \leqslant h < 80$	500
$80 \leqslant h < 100$	
$100 \leqslant h < 140$	

Hauteur	Effectif
$40 \leqslant h < 60$	
$60 \leqslant h < 80$	
$80 \leqslant h < 100$	440
$100 \leqslant h < 120$	340
$120 \leqslant h < 140$	160

Recopier et compléter chacun de ces tableaux.

15 Un hypermarché a enquêté sur la durée d moyenne (en min) de présence dans les rayons de certains de ses clients.

Durée	Effectif
$0 \leqslant d < 5$	6
$5 \leqslant d < 10$	5
$10 \leqslant d < 15$	3
$15 \leqslant d < 20$	7
$20 \leqslant d < 25$	5
$25 \leqslant d < 30$	4

Durée	Effectif
$30 \leqslant d < 35$	8
$35 \leqslant d < 40$	5
$40 \leqslant d < 45$	6
$45 \leqslant d < 50$	7
$50 \leqslant d < 55$	3
$55 \leqslant d < 60$	2

a. Faire un tableau en regroupant les durées par tranches de 10 minutes au lieu de 5 minutes.

b. Calculer le nombre de visites de moins de 20 minutes.

c. Calculer la fréquence des visites de 50 minutes et plus.

Représentation de données

16 Voici le palmarès de huit sites culturels et récréatifs français visités en 2003.

	Millions de visiteurs
Disneyland Paris	12,4
Tour Eiffel	5,9
Musée du Louvre	5,7
Centre Pompidou	5,3
Château de Versailles	2,9
Cité des sciences de la Villette	2,9
Musée d'Orsay	1,8
Futuroscope de Poitiers	1,2

Représenter ce tableau par un diagramme en barres.

17 Ce tableau donne l'évolution des tonnages de la pêche dans le département des Côtes-d'Armor en 1992 et 1998.

	1992	1998
Poissons	2 833	6 097
Araignées	1 724	867
Autres crustacés	338	489
Coquilles St-Jacques	3 886	3 180
Autres coquillages	1 824	5 935

1. Représenter par un diagramme en barres, les données :
a. pour 1992 b. pour 1998
On pourra graduer l'axe vertical en prenant 1 cm pour 1 000 t.

2. a. Pour comparer plus aisément les tonnages en 1992 et en 1998, représenter les deux années sur un même graphique comme nous l'avons commencé ci-dessous.

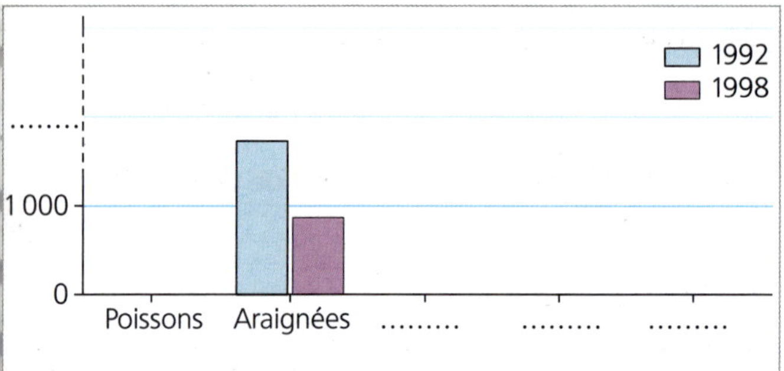

b. Commenter alors l'évolution des tonnages pêchés entre ces deux années.

18 D'après une enquête réalisée par la Sofres en mai 2005, à la question : « Vous arrive-t-il de chanter ou de fredonner des chansons ou des airs de musique ? » l'échantillon interrogé a répondu :

Tous les jours	23 %
Très souvent	20 %
De temps à autre	29 %
Rarement	11 %
Jamais	17 %

Représenter ces données par un diagramme semi-circulaire.
Conseil : se reporter à l'exercice résolu 2 page 113.

19 Au 1er janvier 1999, on répertoriait 439 centrales nucléaires dans le monde : 104 aux États-Unis ; 58 en France ; 53 au Japon ; 35 au Royaume-Uni ; 22 au Canada ; 19 en Allemagne, les autres réparties dans le reste du monde.

a. Calculer le nombre de centrales nucléaires dans le reste du monde.
b. Présenter ces données dans un tableau de fréquences.
c. Représenter ces données par un diagramme circulaire.

20 a. Lors d'un sondage C.S.A. réalisé en mai 2005, la question suivante a été posée : « Seriez-vous prêt à vous passer quelque temps de télévision ? ».
Les réponses sont représentées par le diagramme en bandes ci-dessous.

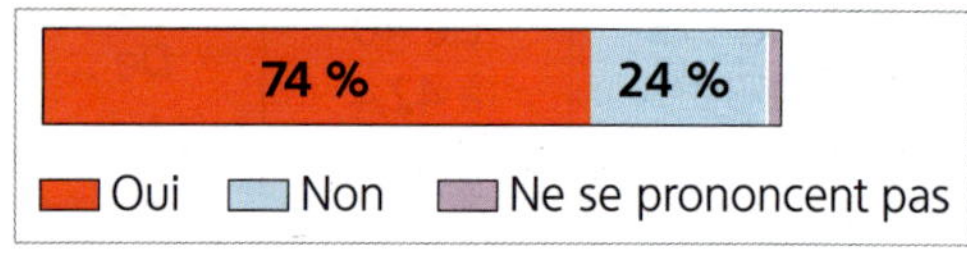

Quel est le pourcentage des personnes qui ne se prononcent pas ?
b. Aux personnes qui ont répondu « oui », on a posé la question suivante : « Pendant combien de temps pensez-vous que vous pourriez vous passer de télévision ? »
Voici les réponses :

Moins d'une semaine	16 %
Une semaine à moins d'un mois	33 %
Un mois	16 %
Plus d'un mois	16 %
Pour toujours	15 %
Ne se prononcent pas	4 %

Représenter ces réponses par un diagramme en bandes.

21 Après un test d'endurance lors d'une séance d'éducation physique, on a relevé le nombre N de battements de cœur par minute de garçons de 5e.

140	200	145	160	160	155	145	140	190
150	175	200	140	150	195	200	200	145
165	205	190	170	215	155	145	205	170
200	205	140	200	175	155	190	140	150
205	205	150	180	165	205	170	160	195
200	195	150	170	145	170	155	180	190

a. Regrouper ces données en classes d'amplitude 10 ($140 \leqslant N < 150$, $150 \leqslant N < 160$, ...) et présenter l'effectif de chaque classe dans un tableau.
b. Représenter ce tableau par un histogramme.
Conseil : se reporter à l'exercice résolu 3 page 113.

22 Voici les résultats en centimètres du saut en hauteur réalisé par un groupe d'élèves.

92	102	86	108	113	95	100	114	95
107	89	117	96	114	110	90	108	105
109	98	89	107	109	114	95	102	111

a. Faire un tableau en regroupant les hauteurs par tranches de 10 cm ($80 \leqslant h < 90$, ...).
b. Calculer la fréquence (arrondie au dixième) de chacune des classes.
c. Représenter le tableau par un histogramme.

23 Ce tableau donne la répartition en pourcentage des réserves mondiales de pétrole brut au 1er janvier 2004.

	A	B
1	**Régions du monde**	**Réserves mondiales**
2	Amérique du Nord	5,3
3	Amérique latine	9,3
4	Europe	2,8
5	ex URSS	4,9
6	Afrique	9,2
7	Moyen-Orient	64,9
8	Extrême-Orient	3,6

a. Avec un tableur, taper cette feuille de calcul.
b. Sélectionner la plage A1 : B8 et avec l'assistant graphique , représenter ce tableau par :
- un diagramme en barres,
- un diagramme circulaire.

Pour s'exprimer

24 Enquête
Le tableau ci-après donne les réponses à la question « Selon vous, quels sont aujourd'hui les principaux atouts du monde rural ? » posée en décembre 2004 par la Sofres.

La qualité de l'environnement	59 %
Un rythme de vie agréable	51 %
Un coût de la vie plus bas qu'en ville	41 %
Les solidarités de voisinage	38 %
Un niveau de sécurité élevé	32 %
Les facilités pour trouver un logement	26 %
Sans opinion	2 %

Pourquoi, d'après vous, le total des pourcentages est-il supérieur à 100 % ?

25 Résultats d'un sondage
Ces diagrammes circulaires représentent les réponses à une question d'un sondage d'opinion.

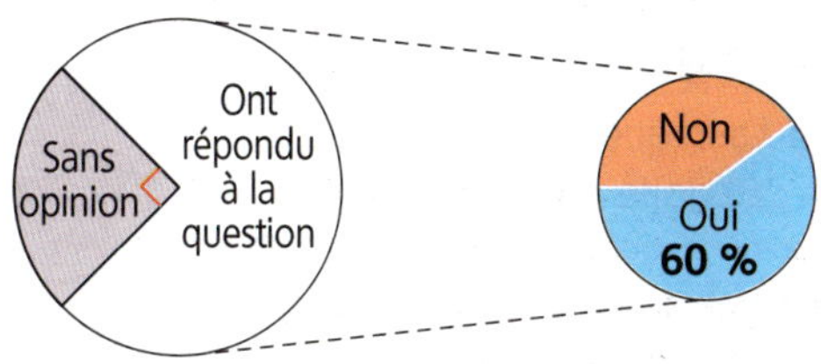

Une majorité absolue des personnes interrogées (c'est-à-dire plus de 50 %) a-t-elle répondu OUI à cette question ?

CALCUL MENTAL ET RÉFLÉCHI

26 Diagramme en barres
Mathias a noté ci-dessous les distances parcourues en vélo chaque jour.

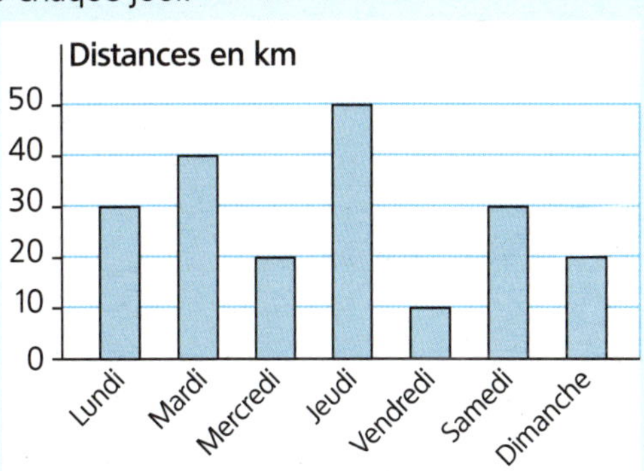

Calculer mentalement la fréquence en pourcentage des distances quotidiennes parcourues par rapport à la totalité.

27 Diagramme circulaire
On a interrogé 120 collégiens sur leur sport préféré (une réponse par collégien).

Loisir préféré	Effectif
Football	35
Rugby	25
Basket	30
Handball	20
Autres	10

Calculer mentalement les angles qui seraient nécessaires pour représenter ce tableau par un diagramme circulaire.

Exercices

FAIRE LE POINT

TRAVAIL PERSONNEL

Pour chaque question, une seule réponse est exacte. Laquelle ?

Le tableau ci-contre donne le nombre de pièces de l'appartement dans lequel vit chaque élève d'une classe.
Il est utilisé dans les exercices 28 à 33 ci-dessous.

Nombre de pièces	1	2	3	4	5
Nombre d'élèves	3	10	6	4	2

	a	b	c
28 Le nombre d'élèves interrogés est …	26	24	25
29 L'effectif de la catégorie « 3 pièces » est …	6	1	12
30 Le nombre total de pièces comptabilisées est …	25	67	59
31 La fréquence en pourcentage de la catégorie « 3 pièces » est …	6 %	24 %	12 %
32 La fréquence des élèves vivant dans « 4 pièces ou plus » est …	24 %	16 %	76 %
33 Le tableau est bien représenté sur le diagramme en bâtons …	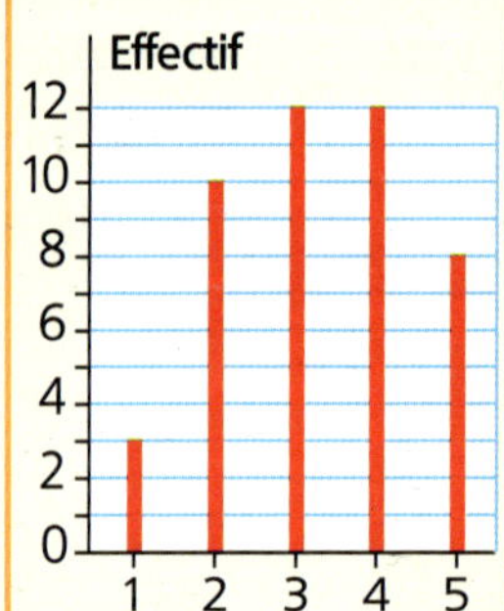	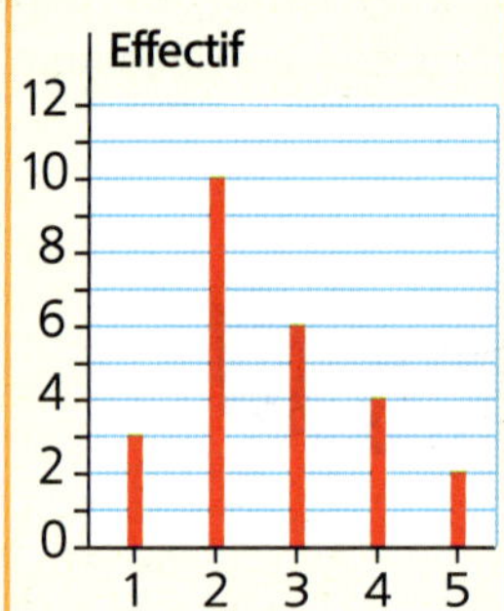	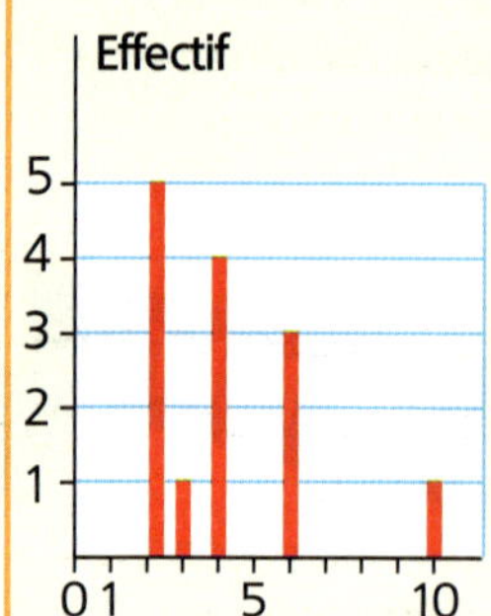
34 Voici la répartition des dépenses d'une famille selon divers postes. Nourriture : 40 % Transport : 15 % Logement : 20 % Vêtements : 7 % Énergie : 11 % Loisirs : 7 % On représente ces données par une bande de longueur 8 cm. La longueur du rectangle « Logement » est …	3,2 cm	0,16 cm	1,6 cm
35 On représente les données de l'exercice précédent par un diagramme circulaire. Le secteur « Logement » a un angle de …	36°	72°	144°

Vérifier les réponses page 266 : 6 bonnes réponses ou plus, passer à la série suivante d'exercices, sinon revoir auparavant le cours et les méthodes.

Exercices de consolidation

TRAVAIL PERSONNEL

36 Utiliser un tableau à double entrée

Les pêcheurs aquitains s'impliquent dans la protection du milieu marin. Ainsi, en 2004, 89 tonnes de déchets soit 1 007 m^3 ont été ramassés en mer et ramenés à terre sur quatre sites.

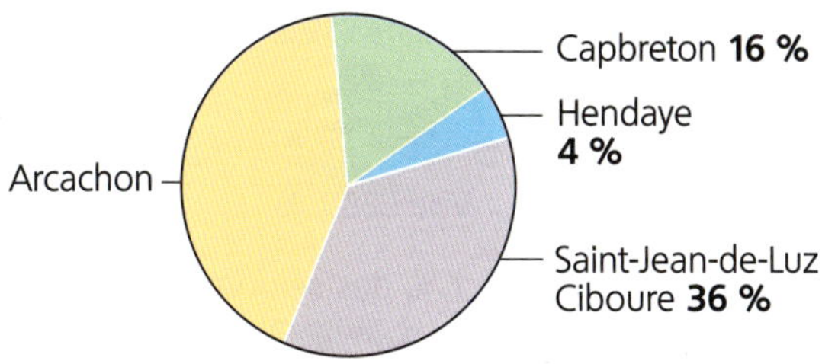

Présenter dans un tableau les masses et volumes de déchets ramenés à terre dans les différents sites.

Aide

- Tu peux calculer le pourcentage de déchets ramenés à Arcachon.
- Tu peux choisir de construire un tableau à double entrée en mettant un site par ligne (ou par colonne).

37 Garder un esprit critique

À la Bourse de Paris, l'indice CAC40 rend compte de la santé financière des 40 plus grandes sociétés françaises. Les deux graphiques suivants parus dans la presse, rendent compte de la séance de bourse d'un certain vendredi.

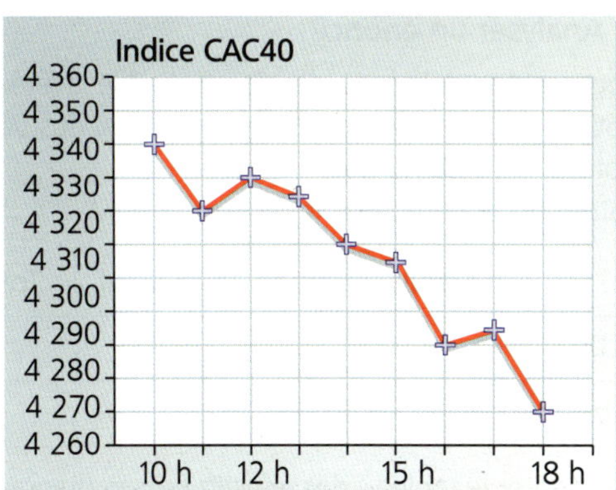

Un vendredi noir à la bourse !

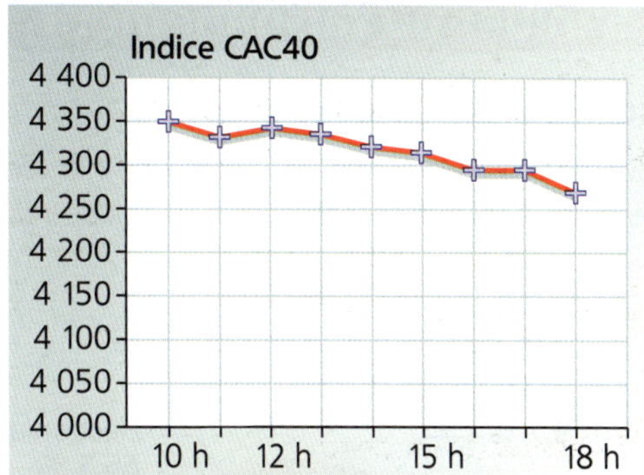

L'indice des valeurs est en repli de 2,2 % ...

Commenter ces deux graphiques.

Aide

Il faut bien comprendre que ce sont les mêmes données qui sont représentées sur ces deux graphiques.
En quoi les axes verticaux diffèrent-ils ?
Compare les titres donnés à ces articles.

38 Choisir l'amplitude des classes

Ce tableau donne la répartition des régions françaises selon leur population N (en millions) au recensement 2004.

Population	Effectif
$N < 0,5$	1
$0,5 \leqslant N < 1$	1
$1 \leqslant N < 1,5$	4
$1,5 \leqslant N < 2$	5
$2 \leqslant N < 2,5$	3
$2,5 \leqslant N < 3$	2

Population	Effectif
$3 \leqslant N < 3,5$	2
$3,5 \leqslant N < 4$	1
$4,5 \leqslant N < 5$	1
$5,5 \leqslant N < 6$	1
$11 \leqslant N < 11,5$	1

Source : INSEE

a. Représenter ce tableau par un histogramme.
b. Regrouper les données en classes d'amplitude 1,5 million d'habitants.
Représenter le tableau obtenu par un histogramme.
c. Commenter les « différences » entre ces deux histogrammes.

Aide

a. On peut noter la présence de deux régions « peu peuplées ». Les visualise-t-on sur chacun des histogrammes ?
À toi de faire d'autres remarques.

Exercices d'approfondissement

S'initier au raisonnement

39 Comprendre un article de presse

Cet article paru dans le journal « La Montagne » le vendredi 23 septembre 2005 montre la situation d'un groupe industriel.

LES ACTIVITÉS

Part du chiffre d'affaires en 2005
(66,9 milliards de dollars au total)

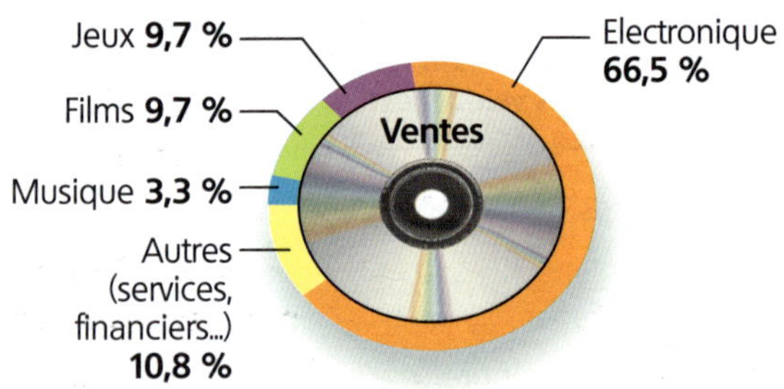

LES EMPLOYÉS

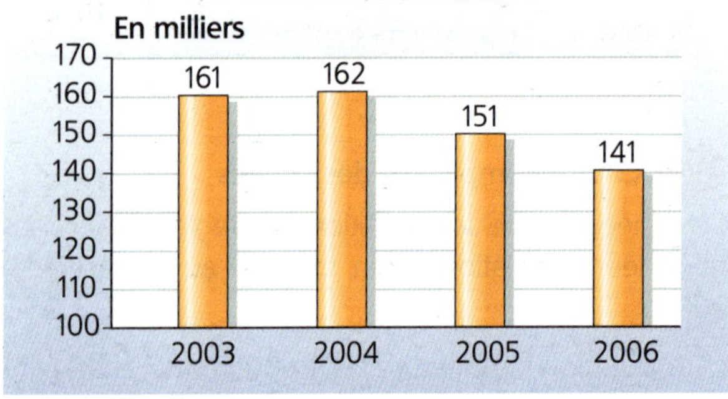

a. Pour représenter les activités du groupe, cet article a choisi un disque en perspective.
Faire le diagramme circulaire correspondant et le comparer avec le diagramme présenté.
b. Sur le diagramme en barres qui représente l'évolution du nombre d'employés, vérifier en mesurant, que les longueurs des barres ne sont pas proportionnelles aux effectifs qu'elles représentent.
c. Faire le diagramme en barres de façon que les longueurs des barres soient proportionnelles aux effectifs.

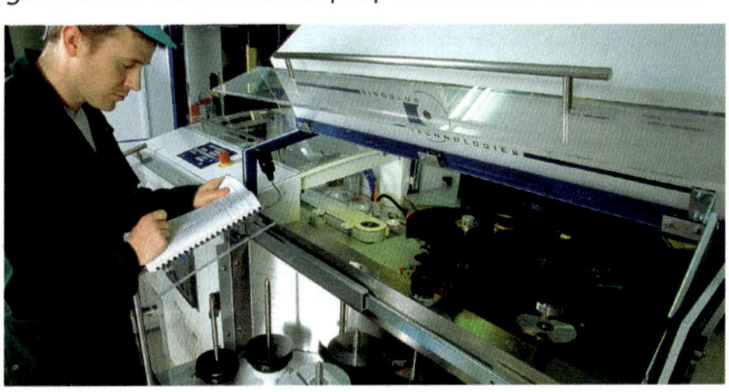

40 Interpréter correctement un sondage

Voici la répartition des séjours des Français selon leurs lieux de vacances en 2004.

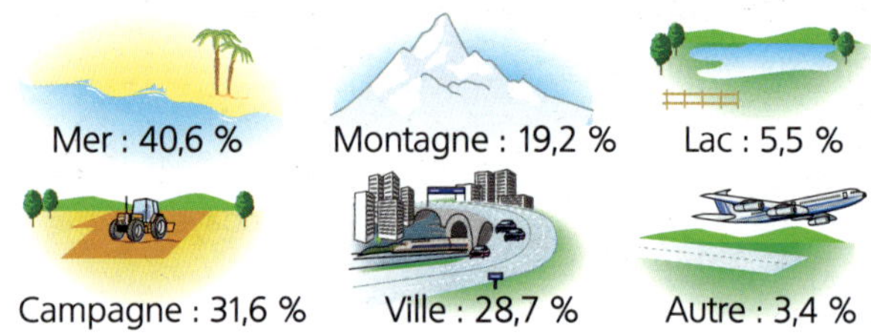

Peut-on affirmer que 46,1 % des séjours ont eu lieu au bord de la mer ou au bord d'un lac ?

41 Interpréter correctement un diagramme

Ce diagramme fait le bilan des tués sur les routes en 2004 par rapport à 2003.

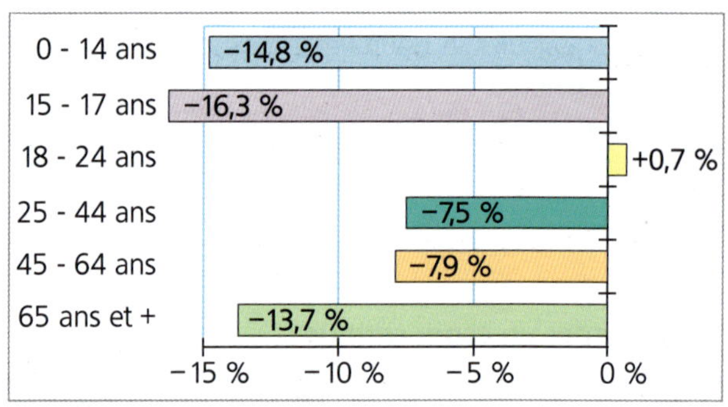

a. Expliquer pourquoi on utilise des nombres relatifs sur ce diagramme.
b. D'après vous, y a-t-il eu plus ou moins de tués sur les routes en 2004 qu'en 2003 ?
Peut-on savoir quel est le pourcentage d'augmentation ou de diminution ?

42 Analyser un énoncé

À l'élection des délégués de classe, Gaëlle a été élue avec 60 % des voix devant Noah avec 24 % des voix et Margot qui n'a obtenu que 4 voix.
a. Reproduire et compléter le tableau suivant :

	Gaëlle	Noah	Margot	Total
Effectif				
Fréquence				

b. Représenter le tableau des effectifs par un diagramme en barres.

Résolution de problèmes

43 Imaginer une stratégie

Au péage d'une autoroute, on a relevé le passage de 115 voitures immatriculées en France, 92 camions et des voitures immatriculées à l'étranger.
Sur le diagramme circulaire qui représente la répartition de ces véhicules, l'un des secteurs a un angle de 180°. Combien de véhicules sont passés à ce péage ? (Il y a deux solutions).

44 Des fréquences pour comparer

Sept candidats se sont présentés aux élections cantonales. Voici les résultats du vote dans trois communes du canton.

Candidat	1re commune	2e commune	3e commune
E.B.	958	213	399
B.T.	302	84	175
A.D.	712	230	850
H.P.	281	108	212
I.R.	88	22	41
D.D.	171	48	70
S.D.	346	137	138

Dans quelle commune un candidat a-t-il devancé les autres avec la plus grande proportion de voix ?

45 Effectifs et fréquences

Recopier et compléter le tableau suivant :

Effectif	144	54		81	
Fréquence en %		12	10		28

46 Budget

Le secrétariat d'une entreprise dispose d'un budget de 1 400 €. Il en utilise $\frac{1}{8}$ pour l'achat de papier, $\frac{2}{5}$ pour l'achat de cartouches d'encre et de fournitures diverses, 10 % pour le téléphone. De plus, il réserve 210 euros pour divers abonnements. Avec le reste un renouvellement du mobilier est envisagé.

a. Construire un diagramme circulaire représentant ces différentes dépenses.

b. L'entreprise qui souhaite acheter un meuble classeur a le choix entre trois modèles.

Hauteur 85,7 cm	Hauteur 117,7 cm	Hauteur 149,7 cm
259,00 €	299,00 €	339,00 €

Quel(s) meuble(s) peut-elle acheter avec l'argent disponible ?

47 Lecture selon l'âge

Le tableau ci-dessous donne la proportion de lecteurs en fonction du nombre de livres lus en 2004.

Groupe d'âge	Aucun livre	Moins de 1 par mois	1 ou 2 par mois	3 et plus par mois
Moins de 30 ans	30 %	39 %	22 %	9 %
30 à 39 ans	38 %	35 %	17 %	10 %
40 à 49 ans	36 %	33 %	18 %	13 %
50 à 59 ans	39 %	34 %	17 %	10 %
60 à 69 ans	43 %	30 %	15 %	12 %
70 à 79 ans	49 %	22 %	17 %	12 %
80 ans et plus	52 %	20 %	17 %	11 %

a. Reproduire et compléter le diagramme en barres comme nous avons commencé à le faire.

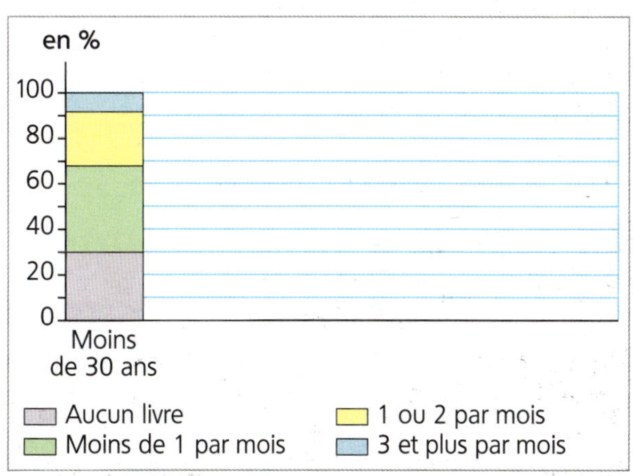

b. Utiliser un tableur pour faire ce graphique.

48 **Relier les statistiques et la géométrie**

- $\widehat{BOC} = 60°$.
- La demi-droite [OD) est la bissectrice de l'angle $\widehat{BOC}$.
- $\widehat{AOB} = \widehat{AOD}$.

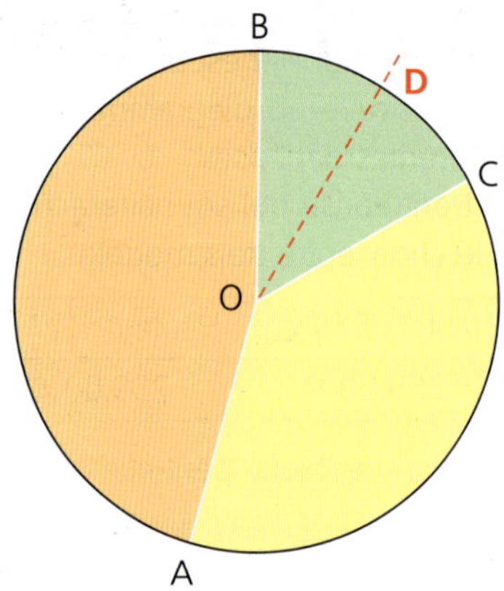

1. a. Calculer la mesure de l'angle $\widehat{BOD}$.
b. Calculer la mesure de l'angle $\widehat{AOB}$.
c. Calculer la mesure de l'angle $\widehat{AOC}$.

2. Cette figure représente la répartition de trois sports pratiqués par 72 jeunes :
- le secteur jaune représente le football,
- le secteur orange représente le volley,
- le secteur vert représente le tennis.

a. Calculer les effectifs de ces trois sports.
b. Représenter ces résultats par un diagramme en barres, la barre la plus haute ayant une longueur comprise entre 5 cm et 10 cm.

Vrai ou faux

Pour les exercices 49 à 55

Dire si l'affirmation est vraie ou fausse. Expliquer la réponse.

49 Sur un diagramme circulaire, une fréquence de 50 % est représentée par un secteur d'angle 50°.

50 Sur un diagramme circulaire, un secteur d'angle 72° représente une fréquence de 20 %.

51 Dans un diagramme en barres, la barre la plus haute représente plus de la moitié des effectifs.

52 Pour agrandir un diagramme en barres, on multiplie la hauteur de chaque barre par le même nombre.

53 On utilise un histogramme pour représenter des données numériques regroupées en classes de même amplitude.

54 Si dans une classe, 40 % des garçons et 60 % des filles portent des lunettes, alors il y a plus de filles que de garçons qui portent des lunettes.

55 Au village A, 15 % des habitants ont moins de 15 ans. Au village B, 20 % des habitants ont moins de 15 ans. Donc il y a plus d'habitants de moins de 15 ans au village B qu'au village A.

Des défis

56 **Équipement**

Sur 100 personnes, 85 ont une télévision, 75 ont un téléphone, 70 ont un ordinateur et 80 ont un lecteur DVD.
Sur ces 100 personnes, quel est le nombre minimal de celles qui ont, à la fois, une télévision, un téléphone, un ordinateur et un lecteur DVD ?

57 **La moitié et le double**

Jérémy discute avec ses deux compagnons de jeu :
« Hier, chacun d'entre vous a gagné deux fois plus souvent que moi, mais aujourd'hui, j'ai gagné deux fois plus souvent que chacun d'entre vous. »
Sachant que le même nombre de parties a été joué hier et aujourd'hui, qui a gagné le plus souvent sur les deux jours ?

Un pavage pour s'amuser

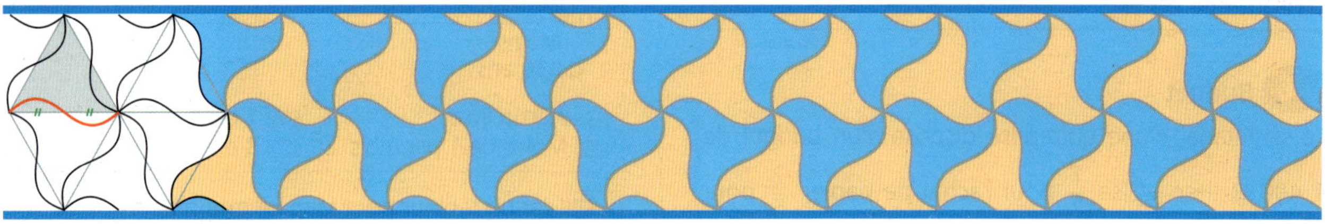

Le coin des curieux

sécurité · code de la route · graphique

Distance d'arrêt d'un véhicule

Ce diagramme donne la distance d'arrêt d'un véhicule dans de bonnes conditions (route sèche, freins bien réglés, conducteur à jeun, …) en fonction de sa vitesse.

La distance parcourue pendant le temps de réaction augmente lorsque le conducteur est fatigué ou sous l'emprise de l'alcool. Ainsi, avec une alcoolémie de 0,8 g/L, la distance d'arrêt à 90 km/h passe de 70,7 m à 85 m.

Actuellement la limite tolérée pour l'alcoolémie est 0,5 g/L

Sur autoroute, la distance de sécurité est de 2 bandes blanches. ▶

▲ Le poids lourd bleu ne respecte pas la distance de sécurité.

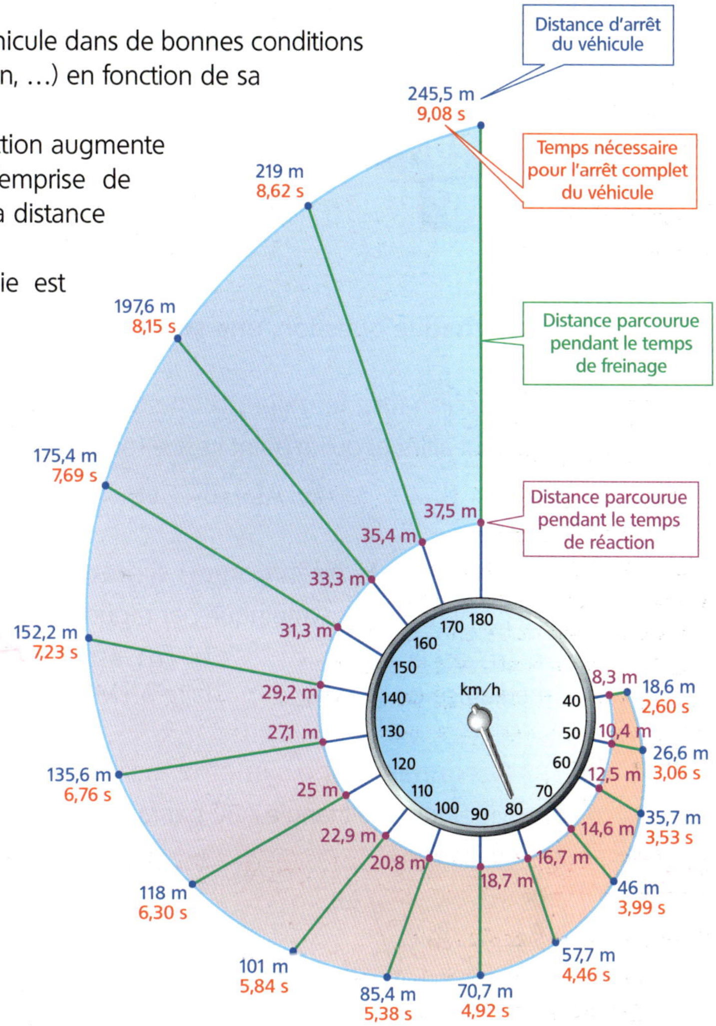

D'après *Sécurité routière* (Ministère de l'Éducation nationale)

Jeu

Mot caché

Placer horizontalement les mots répondant aux définitions suivantes et verticalement dans les cases rouges un nouveau mot apparaîtra.

1. Indique le nombre de fois où une donnée apparaît.
2. Peut être en bandes ou en barres.
3. Regroupement de valeurs étudiées.
4. Représentation cartésienne.
5. Présentation de données.
6. Se mesure en degrés.
7. Effectué pour estimer l'opinion d'une population.
8. Un type de diagramme.
9. Effectuée pour établir des statistiques.

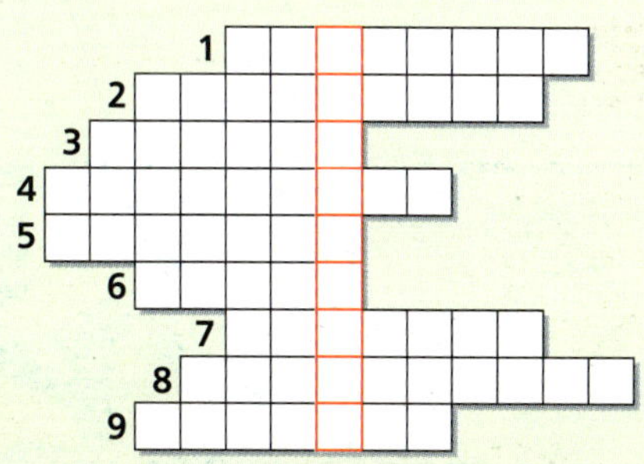

CHAPITRE 7

Symétrie centrale. Centre de symétrie

PRENDRE UN BON DÉPART

Revoir les acquis

Pour chaque question, une seule réponse est exacte. Laquelle ?

1 Reconnaître le milieu d'un segment

Formulaire page 260

On peut affirmer qu'un point I est le milieu d'un segment [AB] lorsqu'on sait que …

a. AI = IB **b.** AI = IB et I ∈ [AB] **c.** $AI = \frac{1}{2} AB$

2 Connaître la définition du symétrique d'un point

Formulaire page 261

Un point M a pour symétrique par rapport à une droite (*d*), le point M′ tel que …

a. (*d*) est la médiatrice de [MM′] **b.** (*d*) est perpendiculaire à (MM′) **c.** (*d*) est parallèle à [MM′]

3 Reconnaître une symétrie axiale

Le symétrique du triangle ABC par rapport à la droite (*d*) est construit correctement sur la figure …

a.

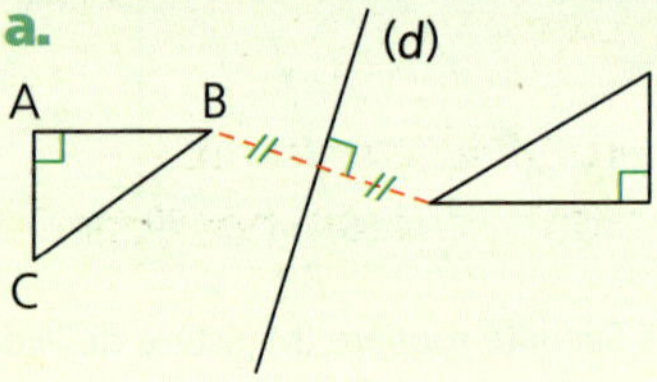

b.

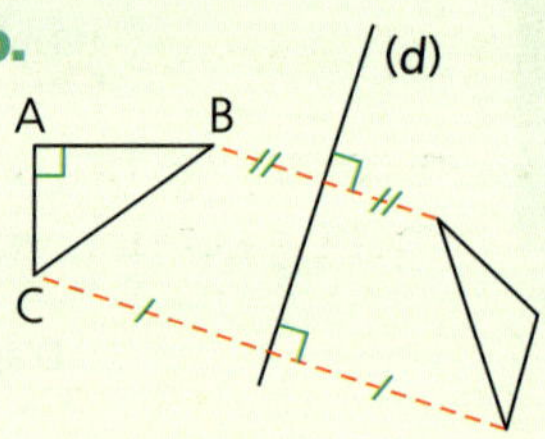

c.

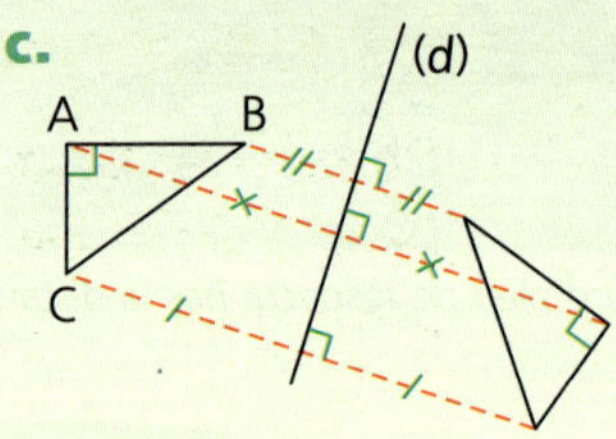

Formulaire page 261

4 Reconnaître des axes de symétrie

Les axes de symétrie du rectangle ABCD sont tracés sur la figure …

a.

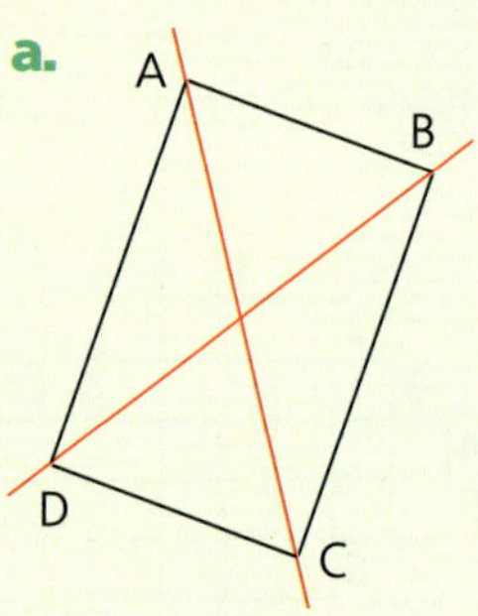

b.

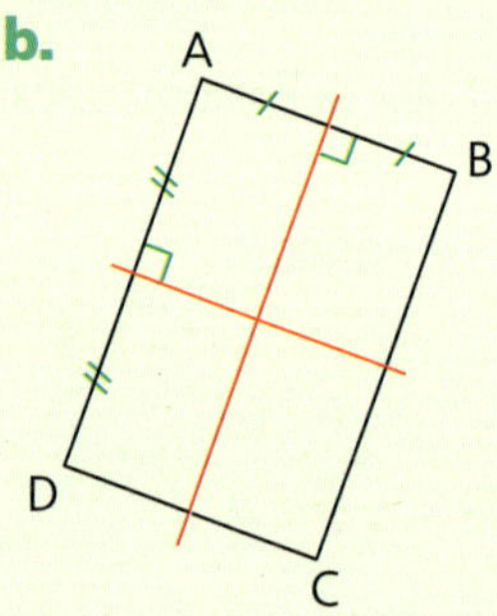

c.

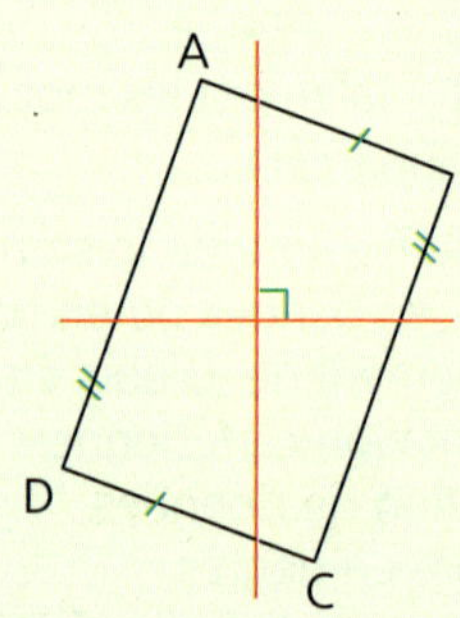

▶ Poursuivre avec les exercices A à D page 134

Sciences en construction

Comment imaginait-on les jardins au XVIIe siècle ?

Objectif
Faire réfléchir à l'évolution des connaissances au cours du temps.

André Le Nôtre (1613-1700), le plus célèbre des jardiniers français, a créé de nombreux jardins à Versailles, Vaux-le-Vicomte, Chantilly,... On lui doit aussi le jardin des Tuileries à Paris dont voici ci-contre un parterre.

a. Quelles règles géométriques a utilisées Le Nôtre pour créer ce parterre ?

b. Sur papier quadrillé, réaliser le plan d'un parterre obéissant aux mêmes règles.

Le saviez-vous ?

Des jardins tels que ceux de Le Nôtre sont dits « à la française ». Dans ce cas, les parterres et les pièces d'eau rendent un effet de symétrie, d'équilibre.
Symétrie provient du grec *sun* (avec) et *metron* (mesure) pour signifier « respectant la mesure ».

Approche expérimentale

1 Découverte d'une nouveauté

Objectif
Découvrir les différentes visualisations de la symétrie centrale.

nathan.fr

Observer les figures ci-dessous, elles ont une propriété commune.
Dans chaque cas, comment peut-on passer du motif en position 1 au motif en position 2 ?

a.

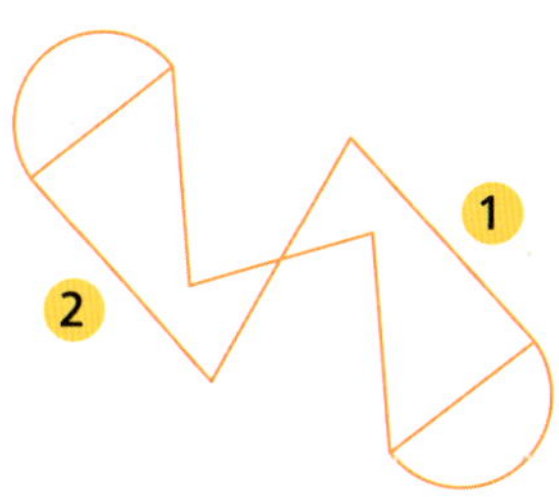

b.

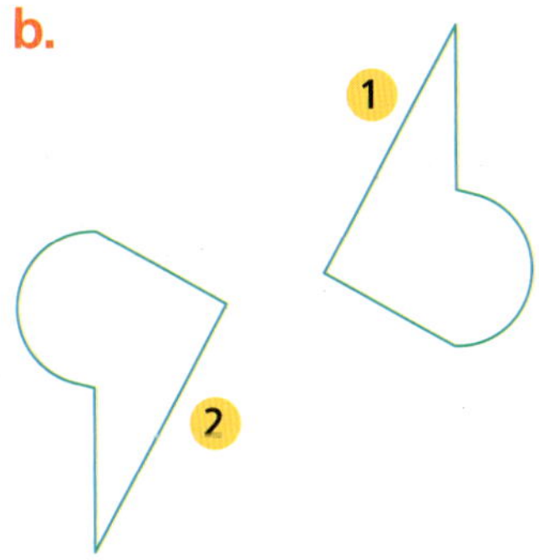

c.

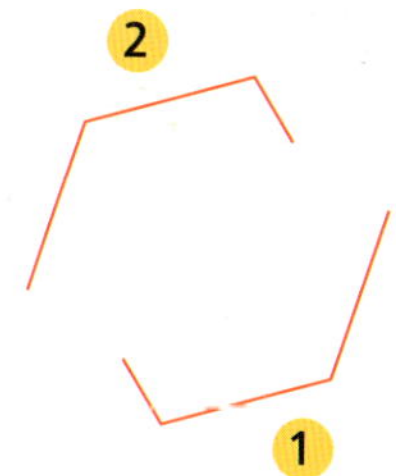

2 Avec l'ordinateur

Objectif
Envisager des propriétés conservées par symétrie centrale.

a. Faire la figure ci-après avec un logiciel de géométrie.

b. Construire les images A′, B′, C′ des points A, B, C par la *symétrie centrale de centre O*. Tracer les segments [A′B′], [B′C′], [C′A′].

c. Avec le logiciel, comparer les longueurs des côtés, les mesures des angles, les aires des triangles ABC et A′B′C′.

d. Déplacer le point O. Déformer le triangle ABC. Que constate-t-on ?

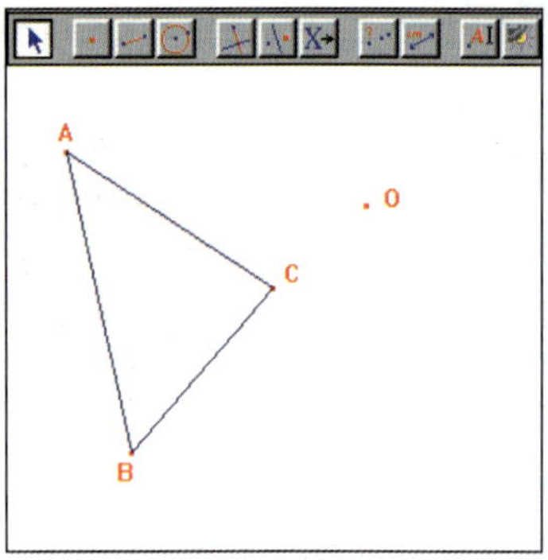

Symétrique d'un point

Objectif
Utiliser les constatations précédentes pour introduire une construction précise du symétrique d'un point.

3 Sur papier quadrillé

Faire cette figure et tracer le symétrique de l'avion par rapport au point O.

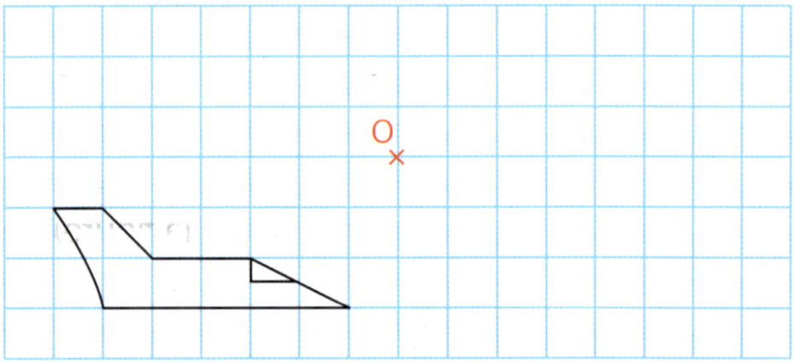

4 Sur papier uni

Sur papier uni, placer un point O et un point M.
Avec les instruments de géométrie, construire le symétrique M′ de M par rapport à O.

Symétriques de figures usuelles

Objectif
Établir qu'une droite et sa symétrique sont parallèles.

5 Symétrique d'une droite

Faire la figure ci-contre. Avec les instruments de géométrie, construire la symétrique de la droite (d) par rapport au point O.

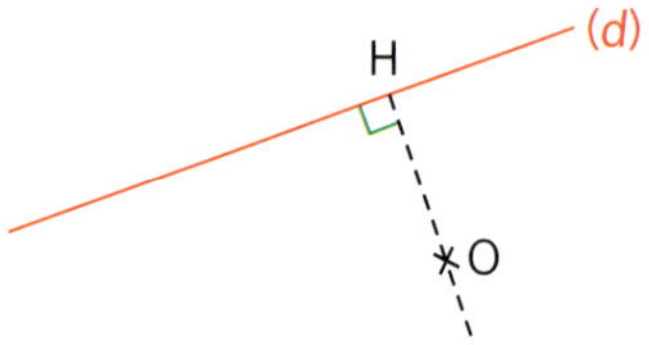

6 Symétriques d'autres figures

Avec les instruments de géométrie, construire chaque figure et sa symétrique par rapport au point O.

a.

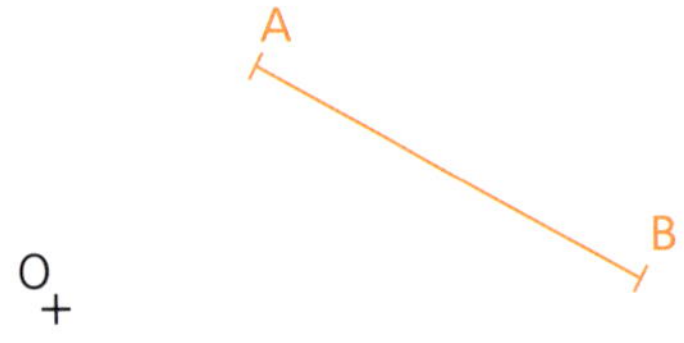

b.

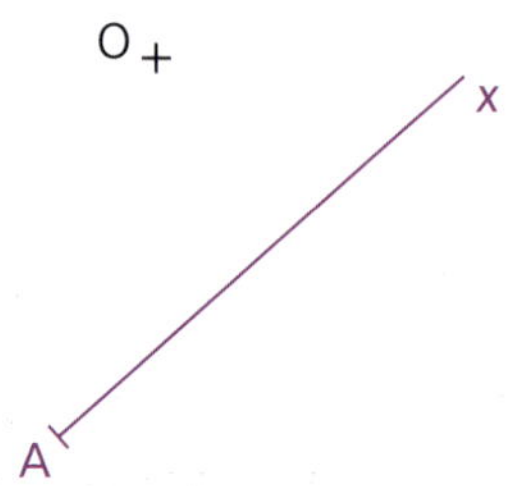

c.

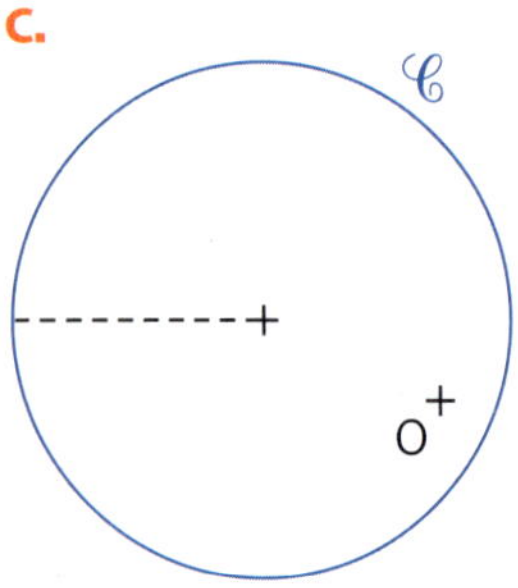

7 Résoudre un problème

Objectif
Imaginer une stratégie, l'appliquer et en rendre compte.

ABC est un triangle, mais le point C est en dehors de la feuille.
Construire malgré tout le symétrique du triangle ABC par rapport au point O.
Rédiger un programme de construction.

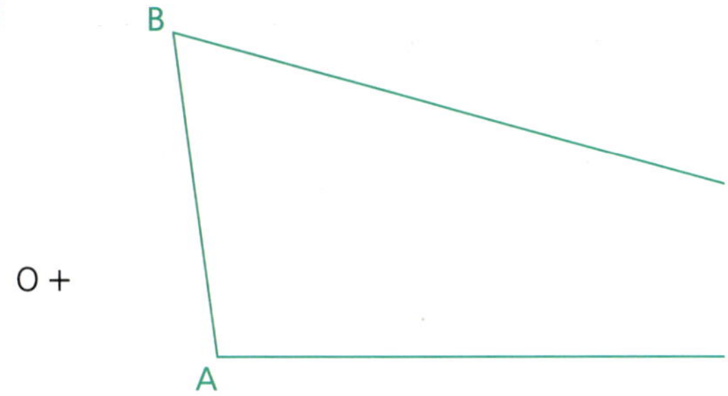

Centres et axes de symétrie de figures

8 À vue d'œil

Objectif
Apprendre à reconnaître une figure qui a un axe ou un centre de symétrie.

Dans chaque cas, dire si la figure admet un centre de symétrie, un ou des axes de symétrie.
S'il en existe, les placer ou les tracer (après avoir posé un calque sur la figure).

Vocabulaire
Une figure admet **un centre de symétrie** lorsqu'elle est sa propre symétrique par rapport à ce point.

a.

b.

c.

d.

e.

f.

9 Figures usuelles

Objectif
Reconnaître les éléments de symétrie de figures usuelles.

a. Faire chaque figure sur papier uni. Avec les instruments de géométrie construire son centre de symétrie, son ou ses axes de symétrie s'il en existe.

1 Triangle équilatéral
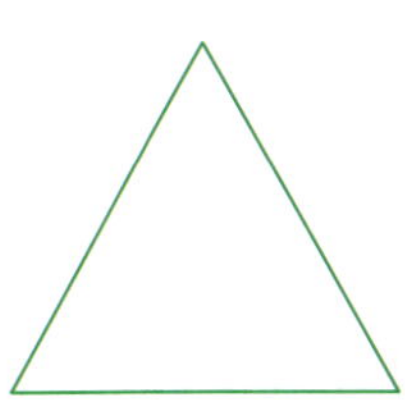

2 Cerf-volant
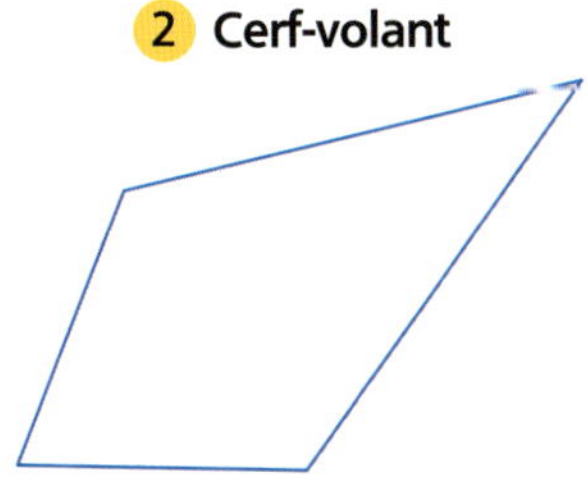

3 Rectangle

4 Losange
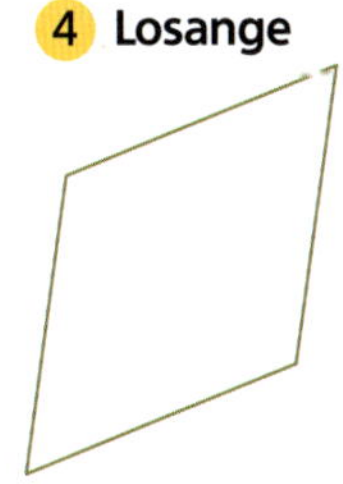

b. Un cercle a-t-il un centre de symétrie ? Si oui, lequel ?
Un cercle a-t-il des axes de symétrie ? Si oui, lesquels ?

1 Approche expérimentale

A Figures symétriques

La symétrique d'une figure $\mathcal{F}$, par rapport à un point O, est la figure $\mathcal{F}'$ obtenue par un demi-tour autour de O.

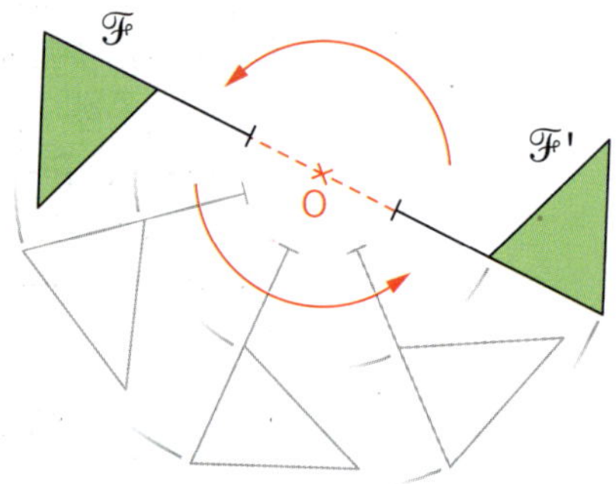

O est le centre de cette symétrie.

Vocabulaire

- La symétrique de la figure $\mathcal{F}'$ par rapport à O est alors la figure $\mathcal{F}$.

Aussi dit-on que **les figures $\mathcal{F}$ et $\mathcal{F}'$ sont symétriques par rapport à O.**

- La symétrie par rapport à O est appelée **symétrie centrale de centre O.**

Note
Attention à ne pas confondre avec la symétrie axiale d'axe (d) (formulaire page 261).

B Conservations par symétrie centrale

PROPRIÉTÉS (admises)
La symétrie centrale conserve les longueurs, l'alignement, les angles, les aires.

→ Exemple
Les figures $\mathcal{F}$ et $\mathcal{F}'$ ci-contre sont symétriques par rapport au point O.

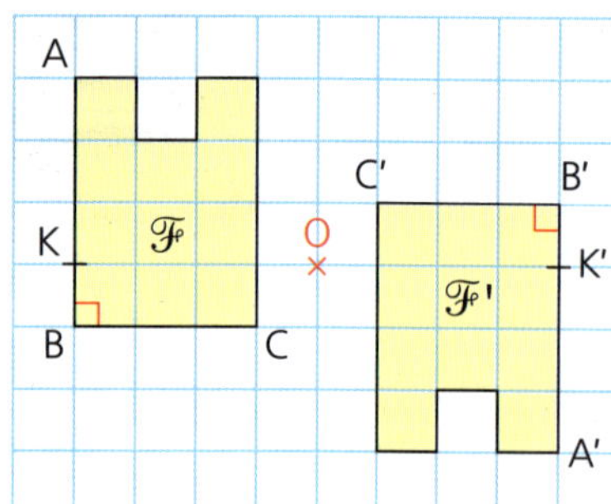

- AB = 2 cm, de même A′B′ = 2 cm.
- Les points A, K, B sont alignés, il en est de même des points A′, K′, B′.
- $\widehat{ABC} = 90°$, de même $\widehat{A'B'C'} = 90°$.
- La figure $\mathcal{F}$ a pour aire 2,75 cm^2, il en est de même de la figure $\mathcal{F}'$.

▶ Exercices 1 à 7 p. 134-135

2 Symétrique d'un point

DÉFINITION
Le symétrique d'un point A par rapport à un point O est le point A′ tel que O soit **le milieu du segment [AA′]**.

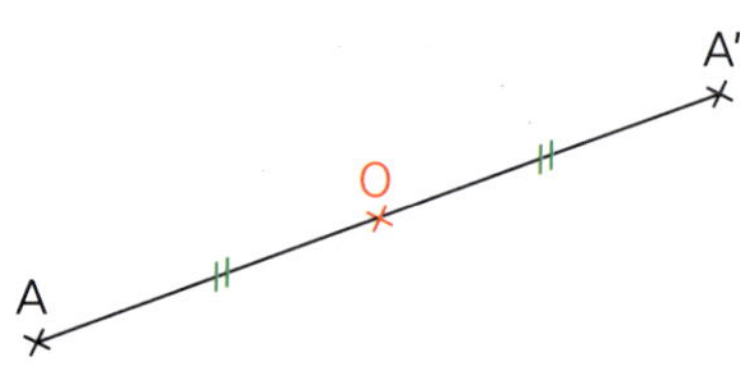

En particulier, le centre O de la symétrie a pour symétrique lui-même.

Vocabulaire

On dit que A′ est **l'image** de A par la symétrie de centre O.

▶ Exercices 8 à 15 p. 135-136

3 Symétriques de figures usuelles

PROPRIÉTÉS (admises)

Par une symétrie centrale :
- la symétrique d'une droite est une droite parallèle ;
- le symétrique d'un segment est un segment parallèle et de même longueur ;
- la symétrique d'une demi-droite est une demi-droite parallèle ;
- le symétrique d'un cercle est un cercle de même rayon.

Droite

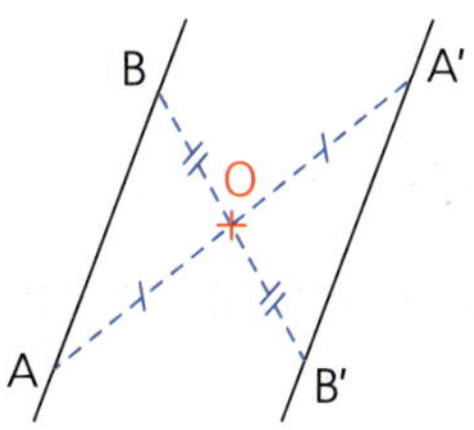

Segment

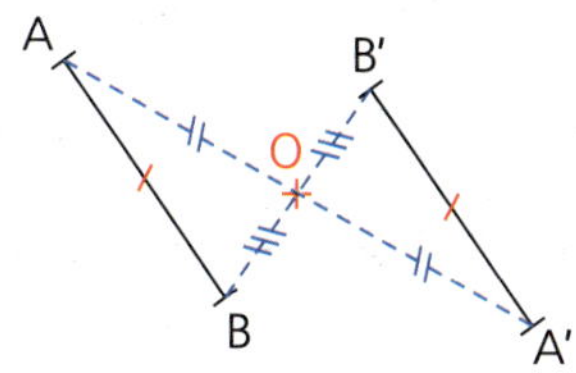

Demi-droite

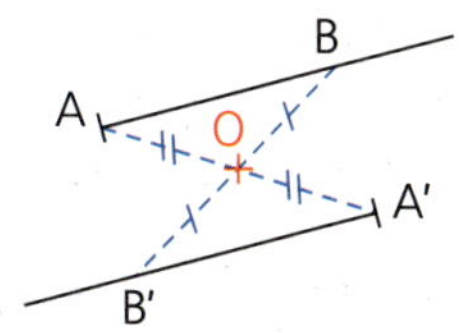

Cercle

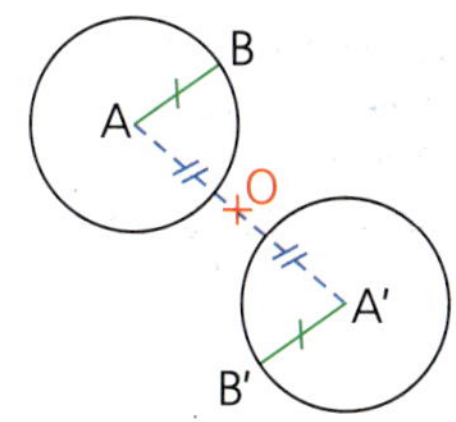

▶ *Exercices 16 à 28 p. 136-138*

4 Centres et axes de symétrie de figures

DÉFINITION

Dire qu'un point O est centre de symétrie d'une figure $\mathcal{F}$ signifie que $\mathcal{F}$ et sa symétrique par rapport à O sont confondues.

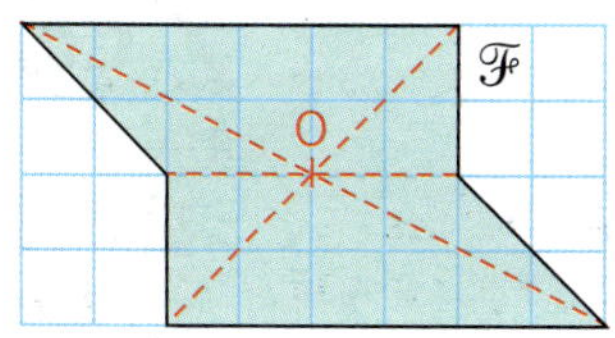

Figures usuelles

Triangle isocèle

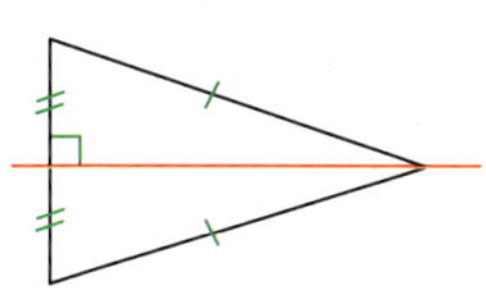

Un axe de symétrie.
Pas de centre de symétrie.

Triangle équilatéral

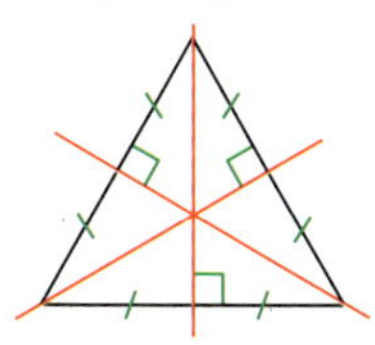

Trois axes de symétrie.
Pas de centre de symétrie.

Rectangle

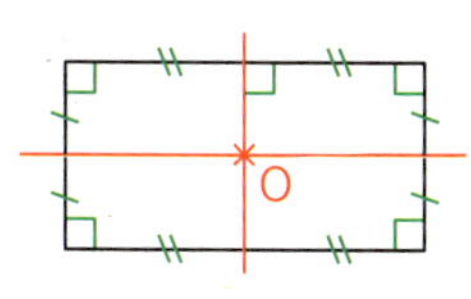

Deux axes de symétrie.
Un centre de symétrie O.

Losange

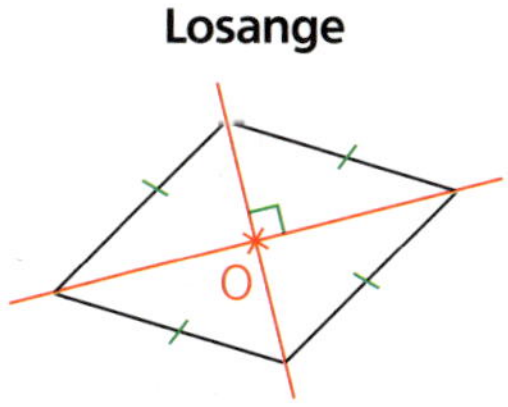

Deux axes de symétrie.
Un centre de symétrie O.

Carré

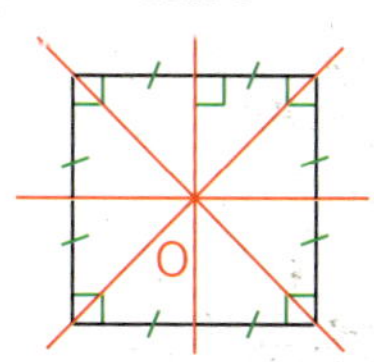

Quatre axes de symétrie.
Un centre de symétrie O.

Cercle de centre O

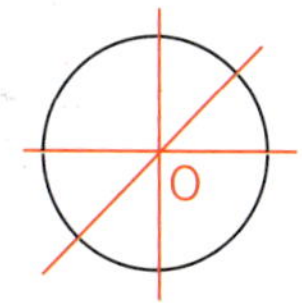

Toute droite qui passe par O est axe de symétrie.
Un centre de symétrie O.

▶ *Exercices 29 à 35 p. 138-139*

EXERCICE RÉSOLU

1 Construire des symétriques d'un point

ÉNONCÉ

ABC est un triangle. Construire le symétrique :

- **A′ du point A par rapport au point B ;**
- **A″ du point A par rapport à la droite (BC).**

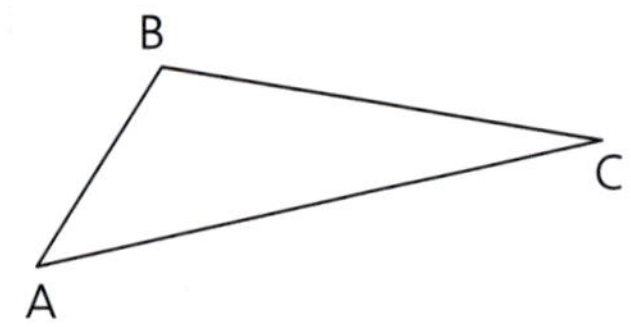

SOLUTION

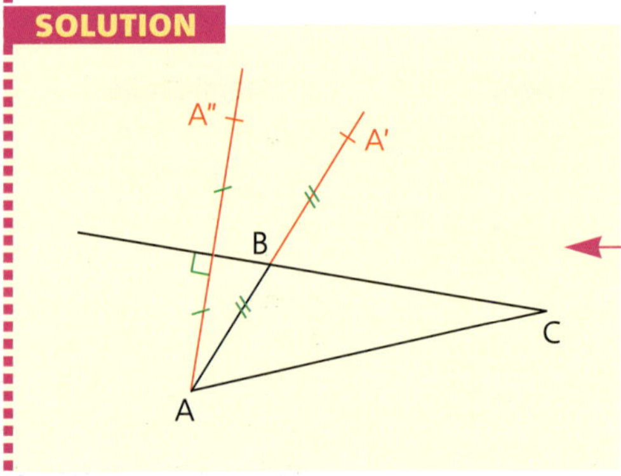

- On place A′ tel que B soit le milieu du segment [AA′].
- On place A″ tel que la droite (BC) soit la médiatrice du segment [AA″].

▶ *Exercices 10 et 11 page 136*

EXERCICE RÉSOLU

2 Construire la symétrique d'une figure

ÉNONCÉ

Cette figure est formée d'un triangle et d'un demi-cercle de centre le milieu I du segment [BC].
Construire la symétrique de cette figure par rapport au point O.

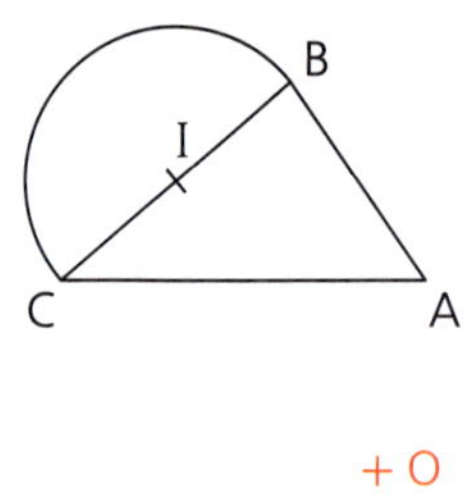

SOLUTION

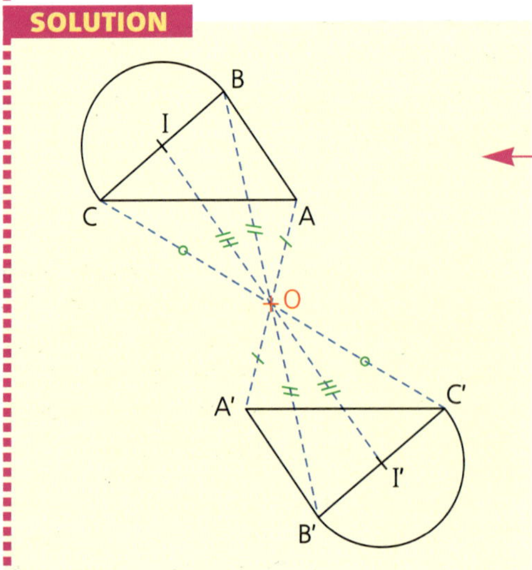

On construit les symétriques par rapport à O :
– des sommets A, B, C du triangle,
– du centre I du demi-cercle.
On trace :
– le triangle A′B′C′,
– le demi-cercle de diamètre [B′C′], de façon que A′ et ce demi-cercle soient de part et d'autre de [BC].

▶ *Exercices 23 et 24 page 137*

EXERCICE RÉSOLU 3 Utiliser les propriétés des symétries centrales

ÉNONCÉ

Construire le symétrique du rectangle ABCD par rapport au point S.

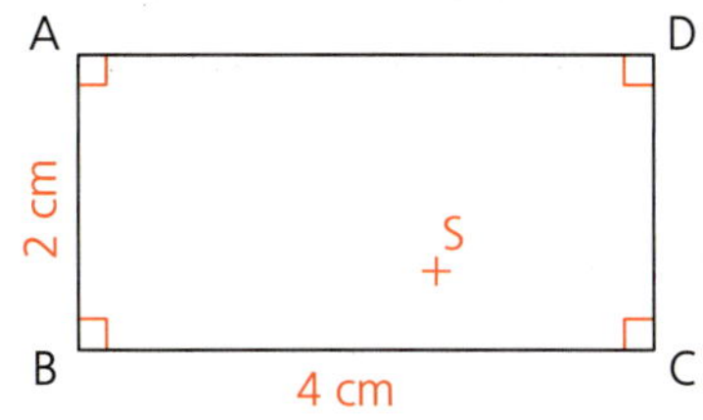

SOLUTION

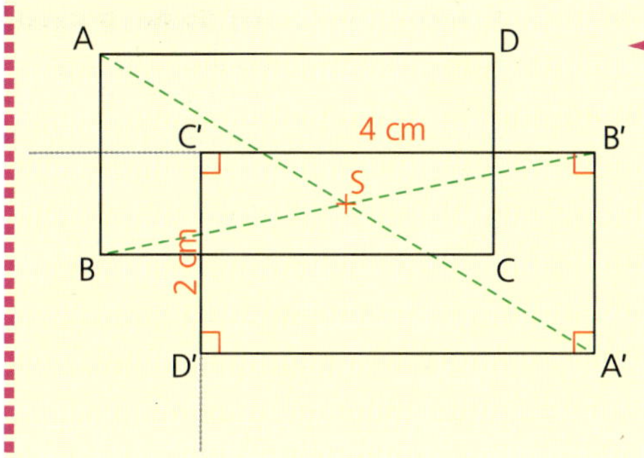

On pourrait construire les symétriques des points A, B, C, D comme à l'exercice résolu 2. Mais ici on construit uniquement les symétriques A′ et B′ de A et B.
Ensuite, on utilise **la conservation des angles droits et des longueurs** pour construire C′ et D′ avec la règle graduée et l'équerre.

▶ ***Exercices 25 et 26 page 137***

EXERCICE RÉSOLU 4 Compléter la symétrique d'une figure

ÉNONCÉ

On a construit le symétrique du segment bleu par rapport à un point O.
Retrouver ce point O et terminer la construction du symétrique du chiffre 7.

SOLUTION

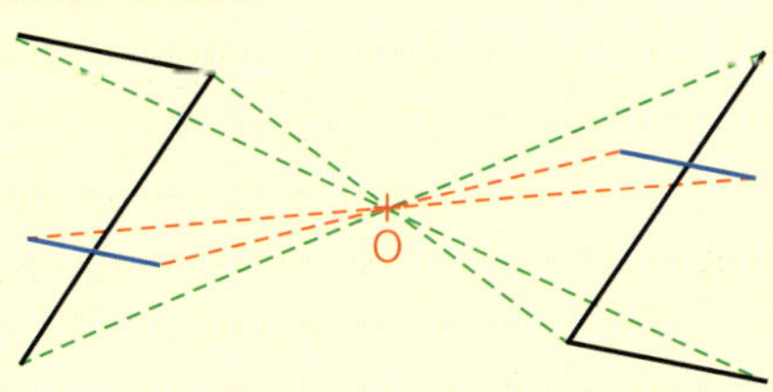

On relie les extrémités des segments bleus symétriques de façon à faire apparaître le centre O (tracés rouges).
Ensuite, on construit les symétriques par rapport à O des autres extrémités de la figure (tracés verts).

▶ ***Exercices 27 page 137 et 28 page 138***

Exercices

TRAVAIL PERSONNEL

Ces exercices prolongent la rubrique Revoir les acquis (page 126)

Utiliser une symétrie axiale

A a. Faire cette figure et construire le symétrique A′ de A par rapport à la droite (d).
b. Que peut-on dire de la droite (d) pour le segment [AA′] ?

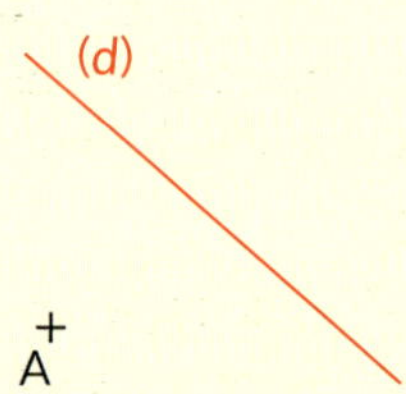

B Dans chaque cas, faire la figure et construire le symétrique du segment [AB] par rapport à la droite (d).

a.

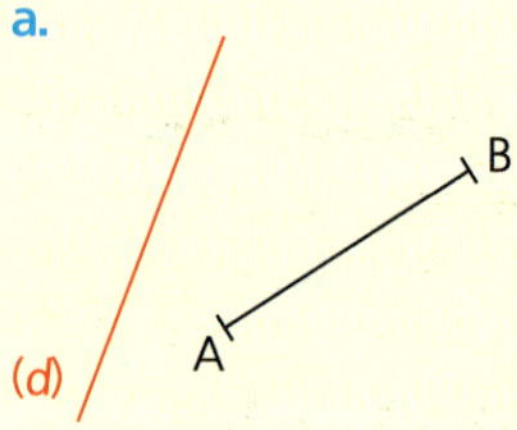

b.

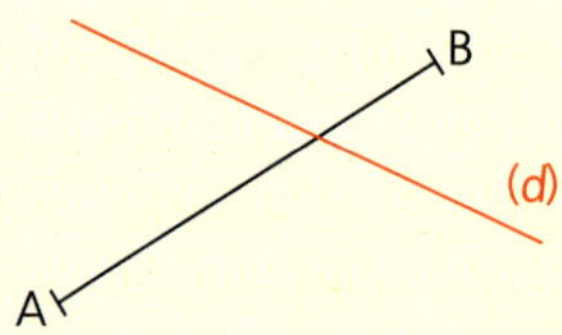

Reconnaître une symétrie axiale

C Dans l'un des cas, les figures $\mathscr{F}$ et $\mathscr{F}'$ sont symétriques par rapport à une droite (d).
Lequel ? Dans ce cas, faire la figure et tracer (d).

a.

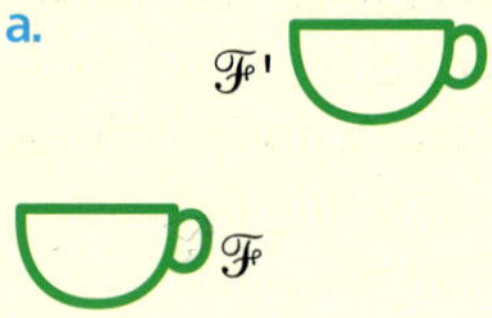

b.

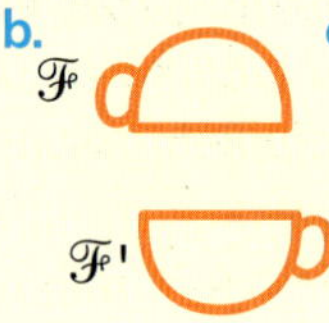

c.

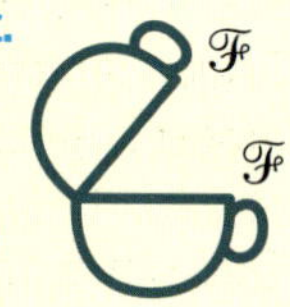

Reconnaître un axe de symétrie

D Dans chaque cas, faire un calque de la figure si elle a un ou plusieurs axes de symétrie. Tracer alors ces axes.

a.

b.

c.

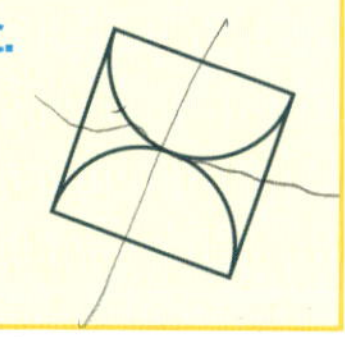

Exercices d'application

Approche expérimentale

1 Dans chaque cas, dire si l'on passe d'un motif à l'autre par un demi-tour autour du point A.
Si non, expliquer pourquoi.

a.

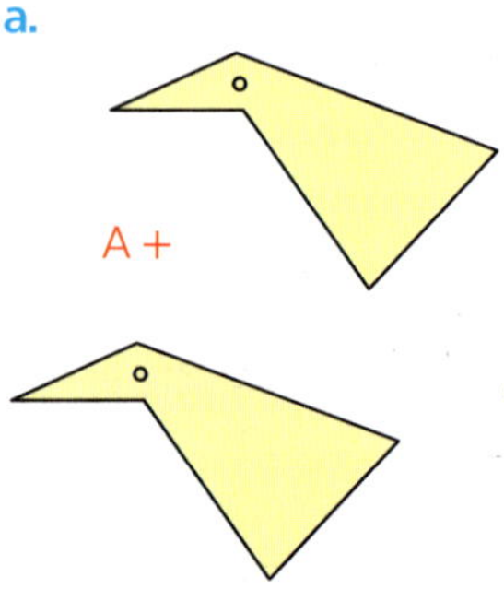

b.

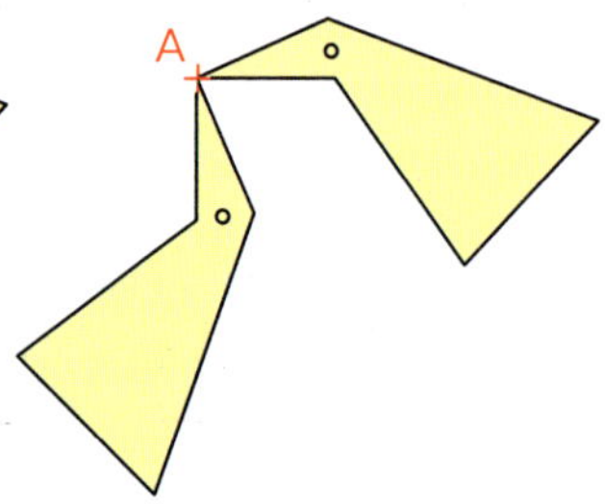

c.

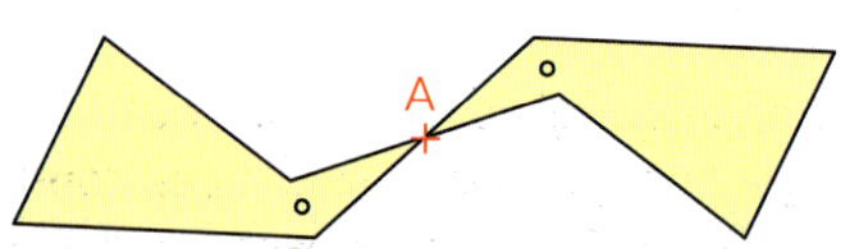

d.

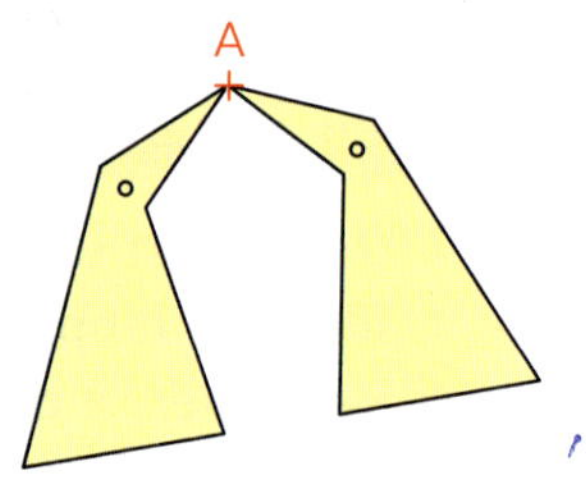

2 Dans chaque cas, faire la figure sur papier uni. Dessiner **à main levée** la figure obtenue en faisant un demi-tour autour du point A.
Vérifier en utilisant du papier calque.

a.

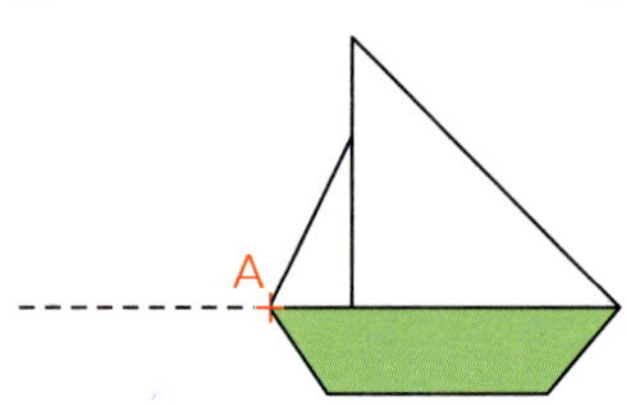

b.

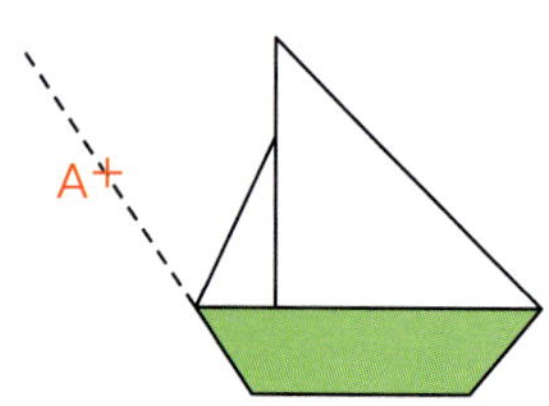

3 Dans chaque cas, faire la figure et tracer **à main levée**, le symétrique du motif par rapport au point A.

a. b. c.

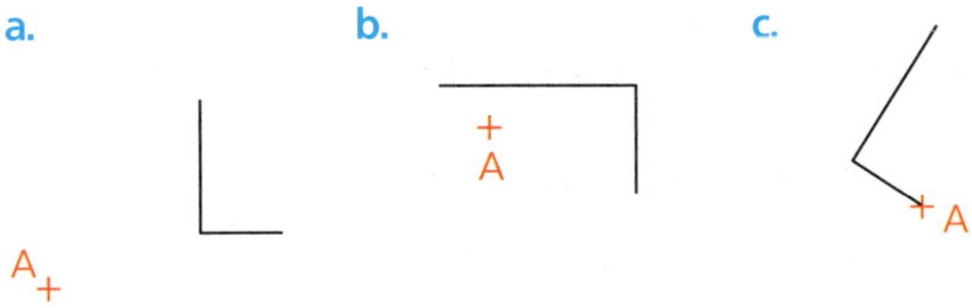

4 a. Faire cette figure sur papier calque. Tracer la symétrique $\mathcal{F}'$ de $\mathcal{F}$ par rapport à la droite (d).
b. Tracer la symétrique $\mathcal{F}''$ de $\mathcal{F}'$ par rapport à la droite (d').
c. Que semble-t-on pouvoir dire des figures $\mathcal{F}$ et $\mathcal{F}''$?

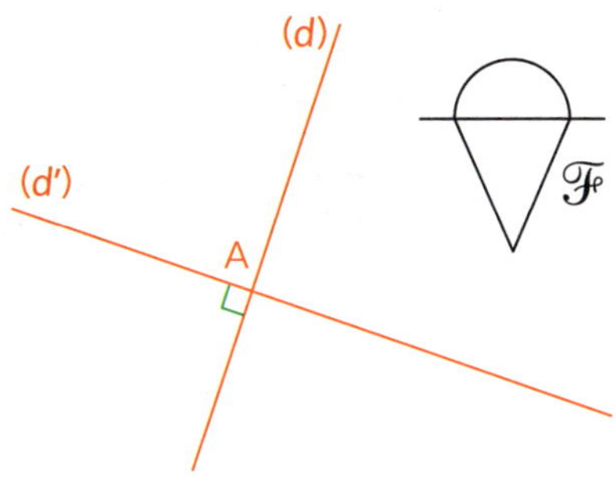

5 Dans chaque cas, $\mathcal{F}$ et $\mathcal{F}'$ sont symétriques par rapport à un point A ou par rapport à une droite (d).
Faire un calque de la figure et retrouver avec les instruments de géométrie, le point A ou la droite (d), selon le cas.

a. b.

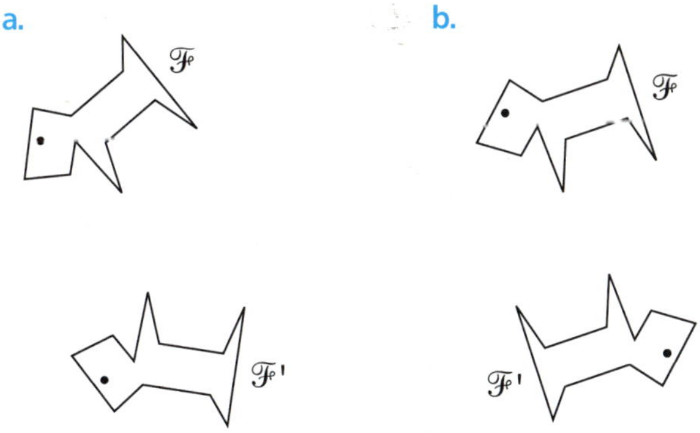

6 $AB = 2$ cm, $AD = 1{,}5$ cm et $\widehat{BAD} = 110°$.
A′, B′, C′ et D′ sont les symétriques respectifs des points A, B, C, D par rapport au point O.

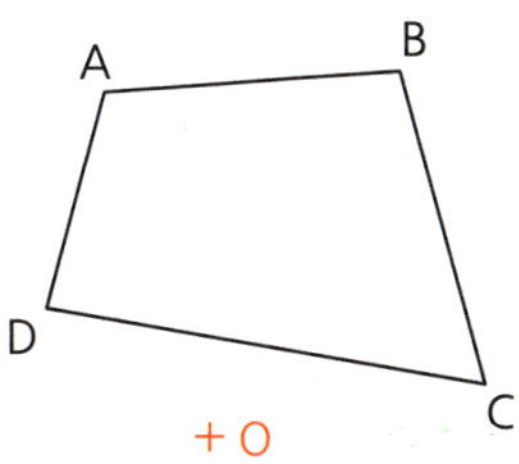

Sans construire les points A′, B′, C′, D′ :
a. Que sait-on pour le quadrilatère A′B′C′D′ ?
b. Que peut-on dire des segments [AA′], [BB′], [CC′], [DD′] ?

7 **Pour rédiger**

Lire l'énoncé et la solution proposée par un élève.
Rédiger ensuite cette solution en tenant compte des remarques du correcteur.

Énoncé

$\mathcal{F}'$ est la symétrique de la figure $\mathcal{F}$ par rapport à un point O effacé.
a. Calculer le périmètre de la figure $\mathcal{F}'$.
b. Calculer l'aire de $\mathcal{F}'$.

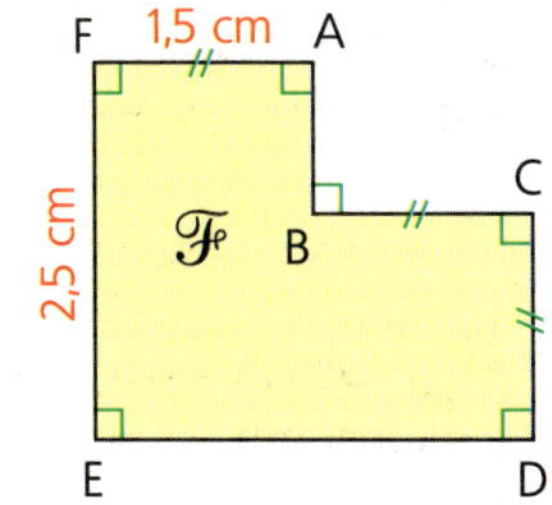

Copie d'un élève

a. 3 × 1,5 cm + 1 cm + 3 cm + 2,5 cm = 11 cm
D'où cela vient-il ?
Il faut dire comment on connaît les dimensions de la figure $\mathcal{F}'$.
b. 2,5 × 1,5 = 3,75 et 1,5 × 1,5 = 2,25
À quoi correspondent ces calculs ?
3,75 cm² + 2,25 cm² = 6 cm²
Aux a. et b., il faut conclure par une phrase.

Symétrique d'un point

8 Faire cette figure sur papier quadrillé et la compléter par la symétrique de chaque chiffre :
a. par rapport au point O,
b. par rapport à la droite (d).

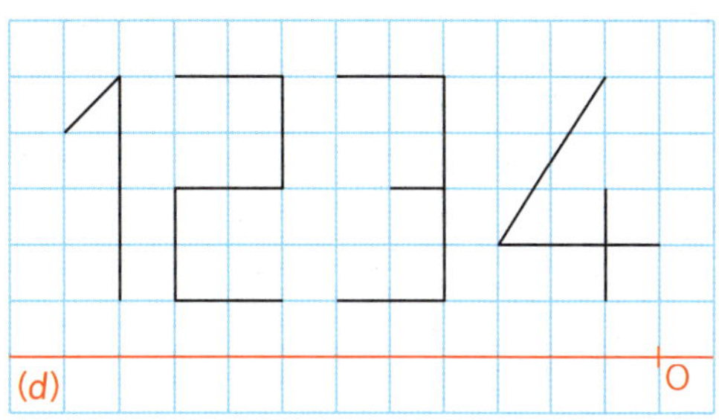

9 Tracer un triangle OAB sur papier uni.
Avec la règle non graduée et le compas, construire les symétriques A′ de A et B′ de B par rapport au point O.

10 Faire cette figure et construire le symétrique :
a. M′ de M par rapport à P,
b. M″ de M par rapport à N,
c. N′ de N par rapport à (MP),
d. P′ de P par rapport à (MN).

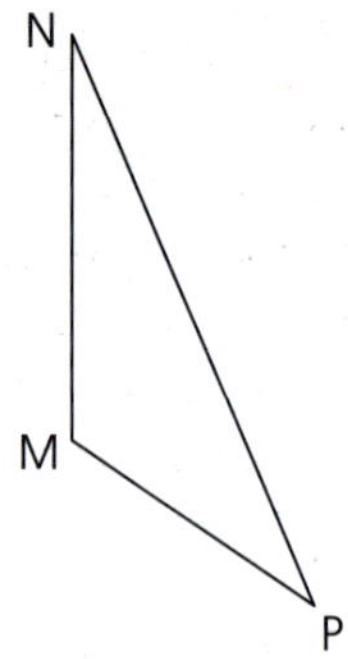

Conseil : se reporter à l'exercice résolu 1 page 132.

11 a. Construire un carré ABCD et noter O le point d'intersection de ses diagonales.
b. Construire les symétriques :
- M du point O par rapport à la droite (AB),
- N du point M par rapport au point B,
- P du point N par rapport à la droite (BC).

c. Que peut-on conjecturer ?

12 a. Construire un losange PQRS et placer un point M sur la feuille.

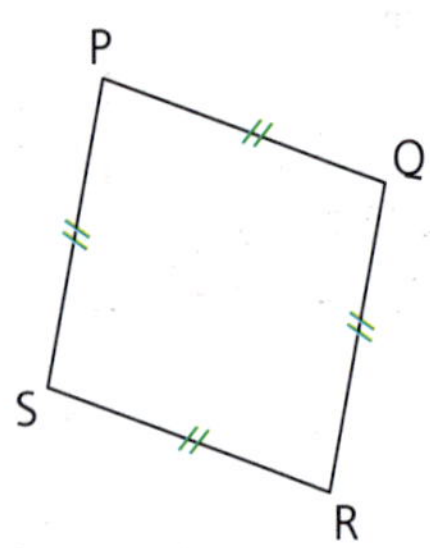

b. Construire les symétriques :
- M′ du point M par rapport au point P,
- M″ du point M′ par rapport au point Q.

c. Construire les symétriques :
- M_1 du point M par rapport au point S,
- M_2 du point M_1 par rapport au point R.

d. Que peut-on conjecturer ?

13 a. Faire cette figure.

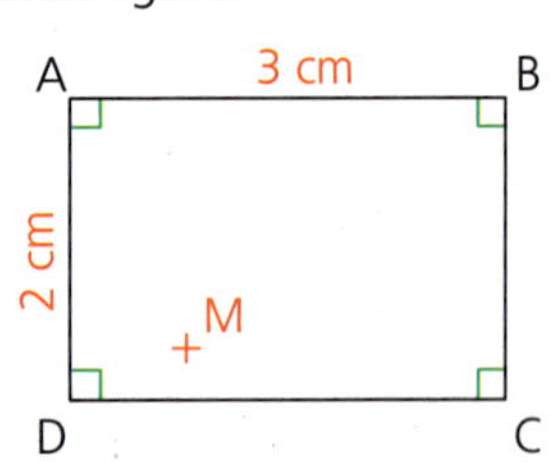

b. Construire les symétriques :
- N du point M par rapport au point A,
- P du point N par rapport au point B,
- R du point P par rapport au point C,
- S du point R par rapport au point D.

c. Que peut-on conjecturer ?

14 a. Construire un triangle ABC tel que :
AB = 4 cm, AC = 3 cm, BC = 2 cm.
b. Placer un point M sur la feuille.
Construire les symétriques :
- M_1 du point M par rapport au point A,
- M_2 du point M par rapport au point B,
- M_3 du point M par rapport au point C.

c. Faire des conjectures à propos des côtés des triangles ABC et $M_1M_2M_3$.

15 a. Faire cette figure où EFG est un triangle équilatéral.
b. Le point S est le symétrique des points E, F, G par rapport respectivement à trois points O_1, O_2, O_3 effacés.
Retrouver les points O_1, O_2, O_3.

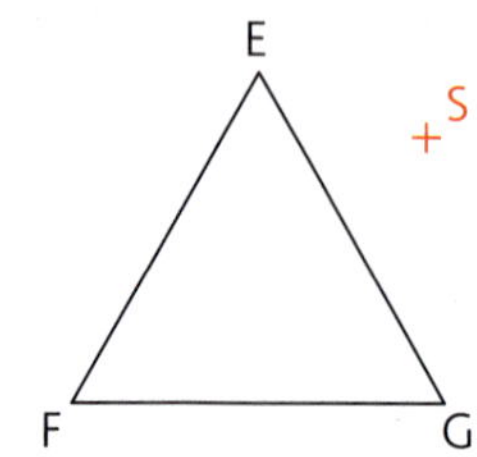

c. Faire des conjectures à propos des côtés des triangles EFG et $O_1O_2O_3$.

Symétriques de figures usuelles

Pour les exercices 16 à 18

Reproduire la figure sur papier quadrillé et tracer la symétrique de la figure par rapport au point O.

16 a.

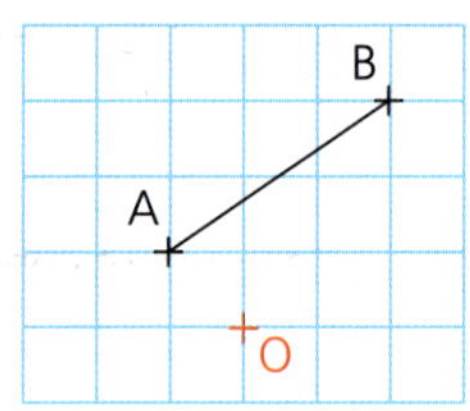

b.

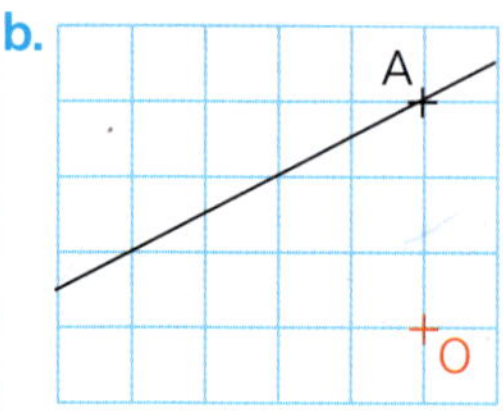

17 a.

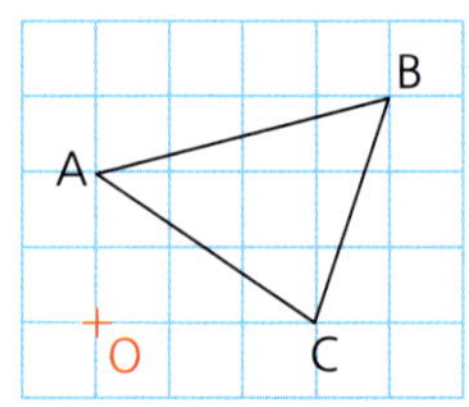

b.

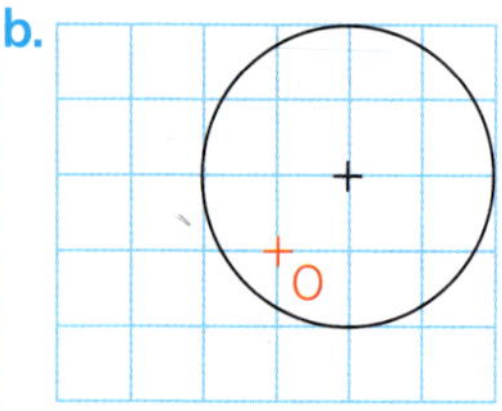

18 a.

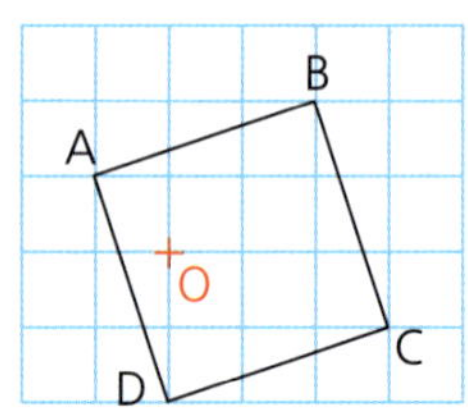

b.

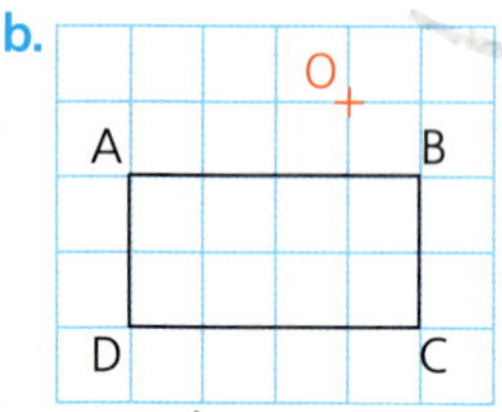

19 Faire chaque figure sur papier uni et construire la symétrique de la droite (d) par rapport au point O.

a.

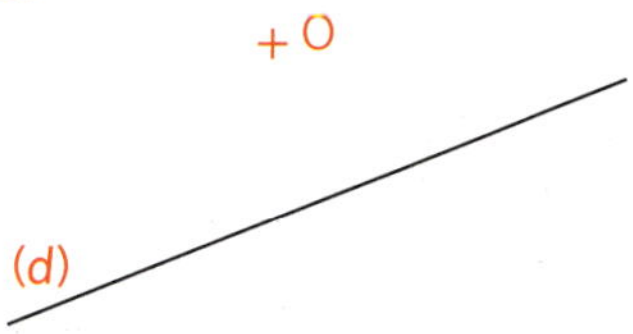

b.

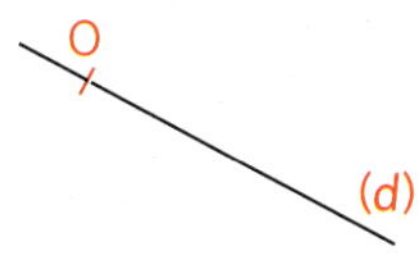

20 Faire chaque figure sur papier uni et construire la symétrique de la demi-droite par rapport au point O.

a.

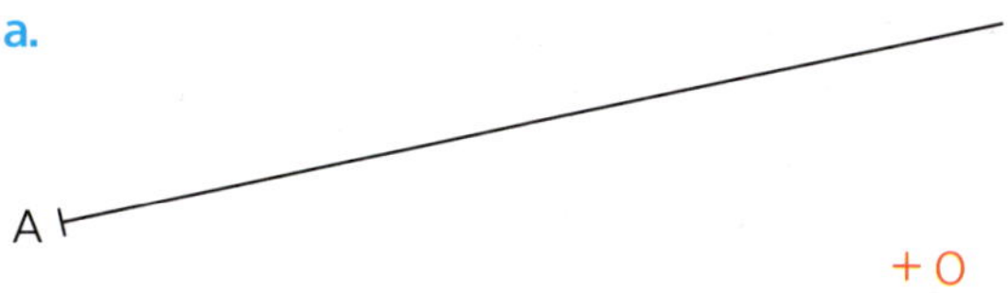

b.

c.

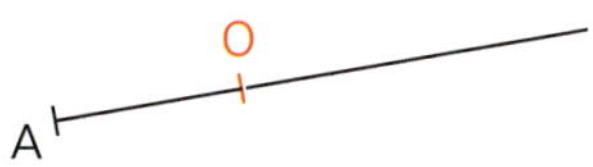

21 Faire chaque figure sur papier uni et construire le symétrique du segment [AB] par rapport au point O.

a.

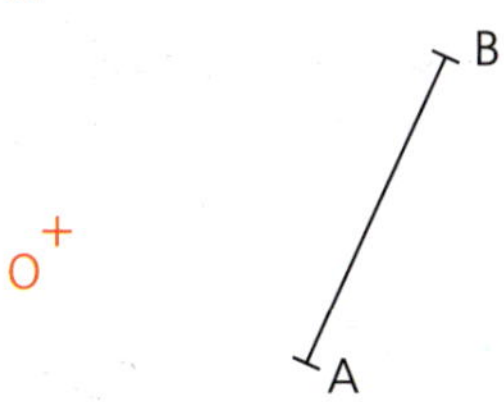

b.

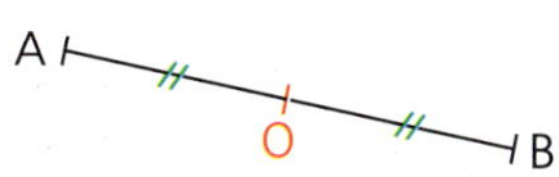

c.

22 Faire chaque figure sur papier uni et construire le symétrique du cercle de centre A par rapport au point O.

a.

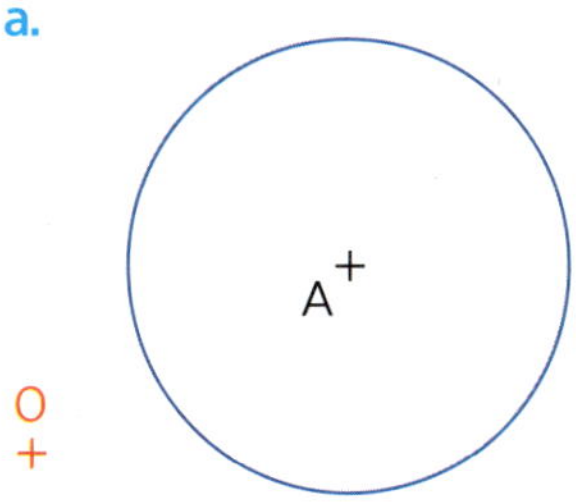

b.

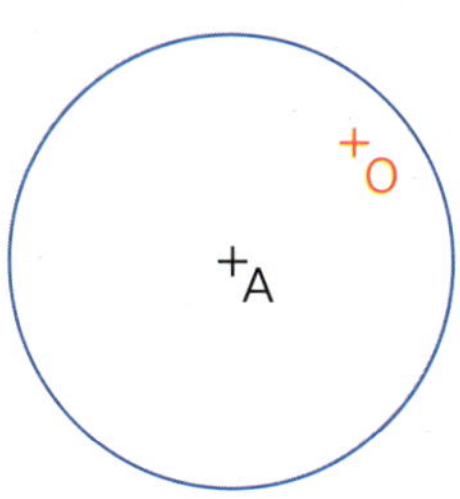

c.

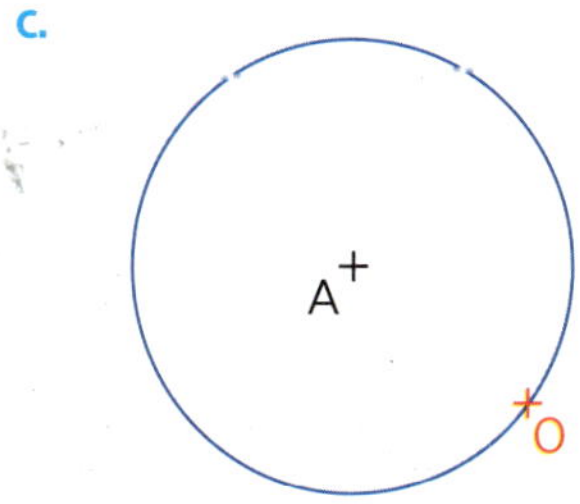

d.

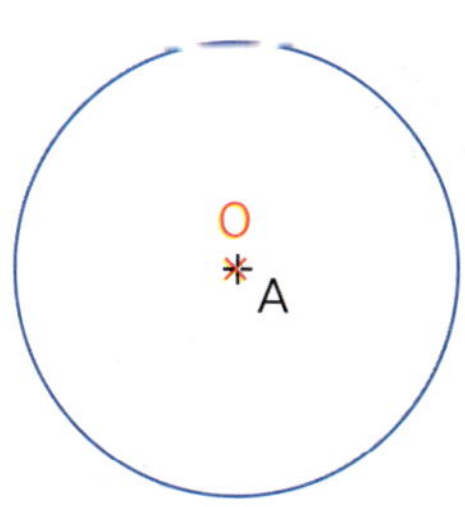

23 Cette figure est formée de deux triangles et de deux demi-cercles de diamètres [AB] et [CD]. Faire cette figure et construire sa symétrique par rapport au point O.

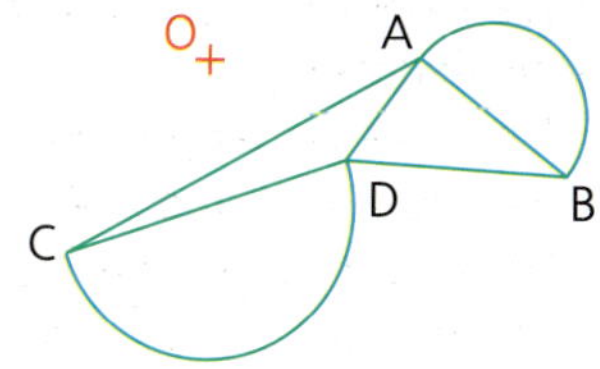

Conseil : se reporter à l'exercice résolu 2 page 132.

24 Faire la figure ci-contre. Construire le symétrique du quadrilatère RSTU :

a. par rapport au point A,

b. par rapport à la droite (d).

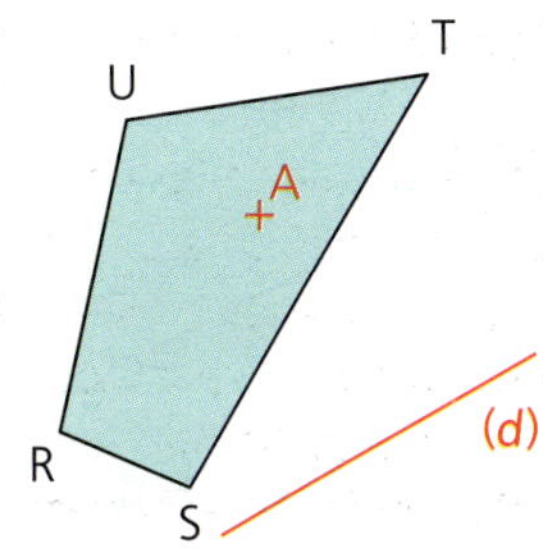

25 Ces deux triangles rectangles ont les côtés de l'angle droit de longueurs 3 cm et 1 cm.

a. Faire cette figure.

b. Construire sa symétrique par rapport à O en n'utilisant que les symétriques de A et B.

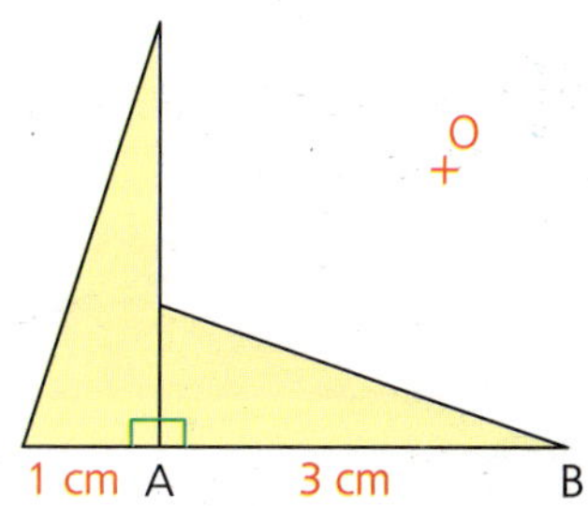

Conseil : se reporter à l'exercice résolu 3 page 133.

26 a. Construire cette figure où le demi-cercle a pour diamètre [CD].

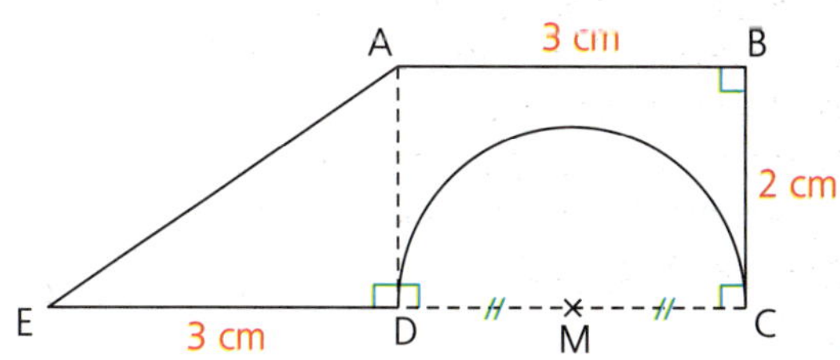

b. Construire la symétrique de cette figure par rapport au point M.

27 a. Faire cette figure où ABCD est un carré de côté 2,5 cm.

b. A′ est le symétrique de A par rapport à un point O effacé. Retrouver ce point O et terminer la construction du symétrique du carré.

Conseil : se reporter à l'exercice résolu 4 page 133.

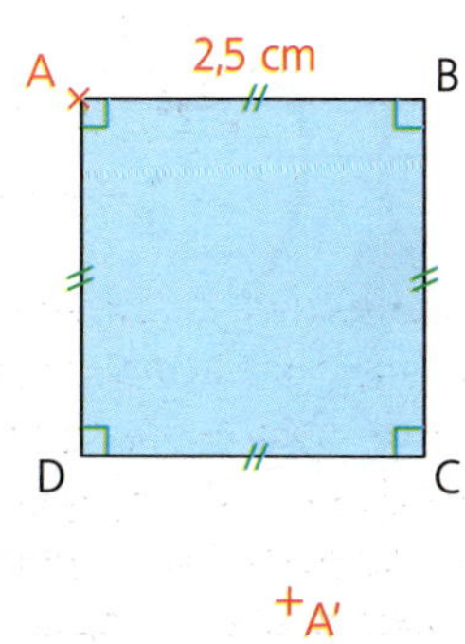

28 Deux élèves ont commencé à construire la symétrique de la figure par rapport à un point I effacé.
Cette figure est formée d'un triangle rectangle et d'un demi-cercle de diamètre [AB].

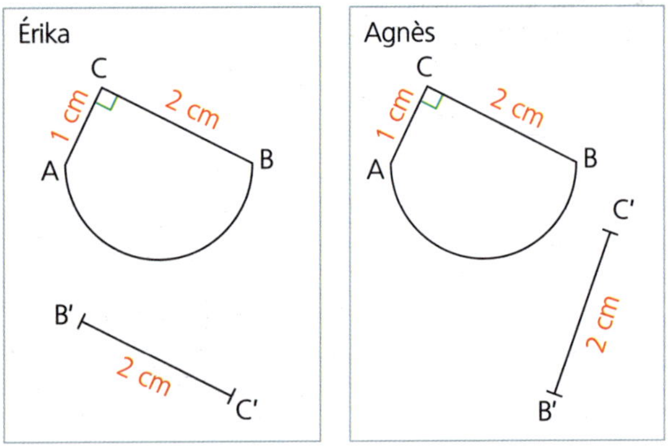

a. Une seule de ces deux élèves n'a pas commis d'erreur. Dire pourquoi ?
b. Faire la figure qui convient, retrouver le point I et terminer la construction.

Centres et axes de symétrie de figures

29 Dans chaque cas, dire si la figure a un centre de symétrie. Si oui, la reproduire et placer ce centre de symétrie.

a. 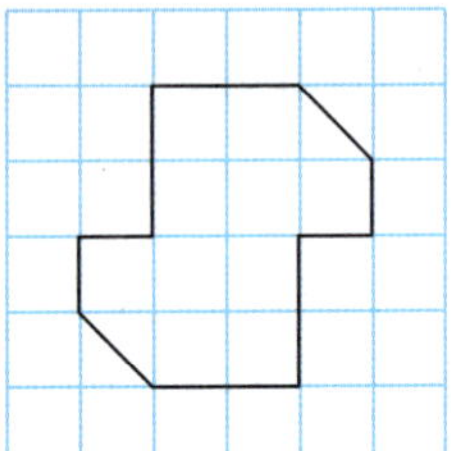

b. 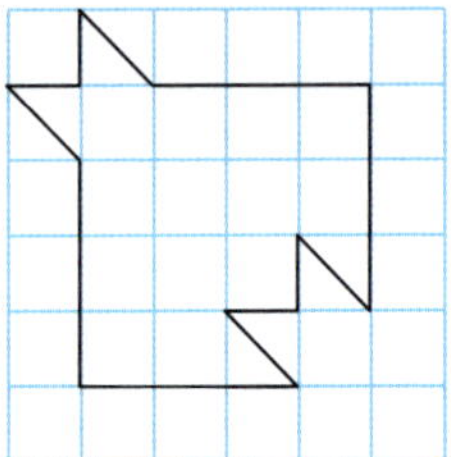

30 Dans chaque cas, dire si la figure a un centre de symétrie, un ou des axes de symétrie.
Si oui, faire un calque de la figure et tracer ces éléments de symétrie.

a. 

b. 

c. 

d. 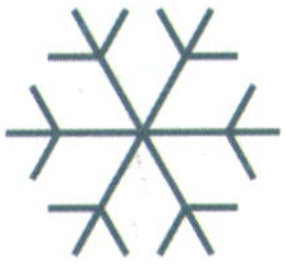

e. 

f. 

31 Dans chaque cas, dire si la carte à jouer a un centre de symétrie, un axe de symétrie ou ni l'un ni l'autre.

a. 

b. 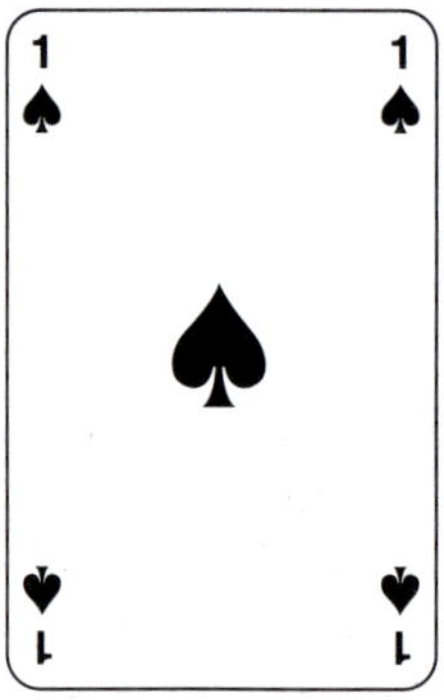

c. 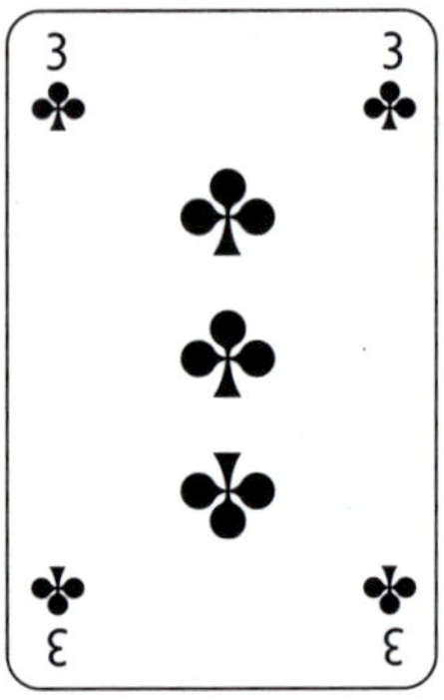

d. 

32 Dans chaque cas, dire si la figure a un centre de symétrie, un ou des axes de symétrie.
Si oui, faire un calque de la figure et tracer ces éléments de symétrie.

a. 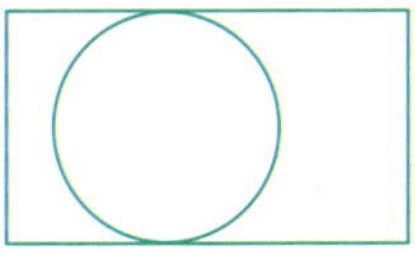

b. 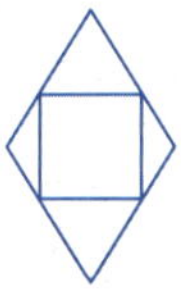

c. 

33 Cette figure est formée d'un carré et de deux triangles.
Faire un calque de cette figure et avec les instruments de géométrie, vérifier qu'elle admet un centre de symétrie.

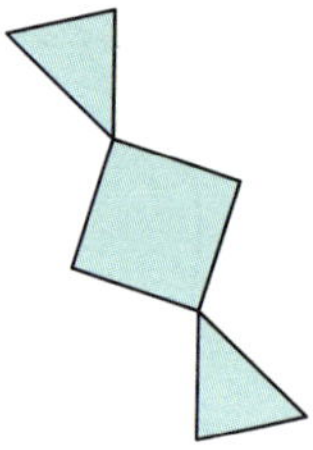

34 Cette figure est formée d'un rectangle et de deux triangles rectangles isocèles.
Faire cette figure et avec les instruments de géométrie, vérifier qu'elle admet un centre de symétrie.

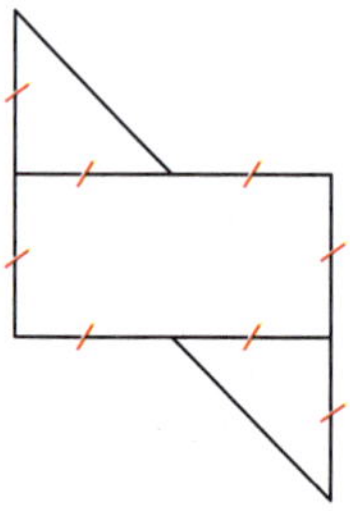

35 a. Construire ce carré et **quatre** exemplaires de ce triangle rectangle. Les découper.

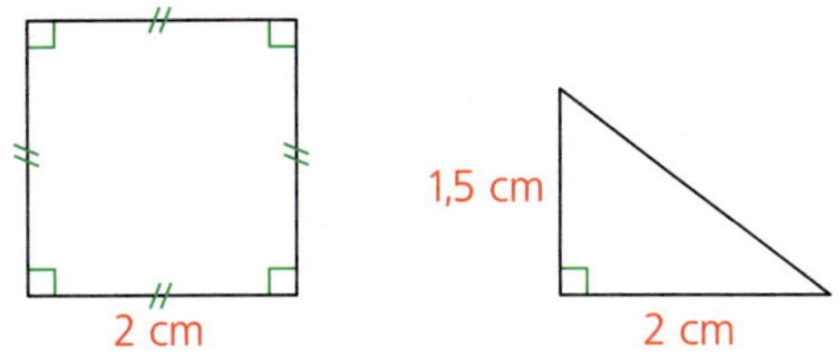

b. Disposer le carré et deux de ces triangles, de façon que la figure obtenue ait :
(1) un centre et aucun axe de symétrie,
(2) aucun centre et un axe de symétrie.
c. Disposer le carré et les quatre triangles de façon que la figure obtenue ait un centre et un axe de symétrie.

Pour s'exprimer

36 Employer des langages différents

Décrire cette figure :
a. en employant le mot *milieu* ;
b. en employant l'expression *symétrie centrale* ;
c. sans employer *milieu* ou *symétrie* ou *symétrique*.

37 Critiquer

Dans chaque cas, un élève a voulu construire une figure et sa symétrique par rapport à un point.
Mais trois de ces figures sont fausses.
Lesquelles ? Pourquoi ?

a.

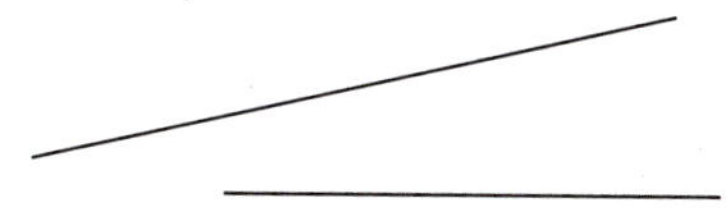

b.

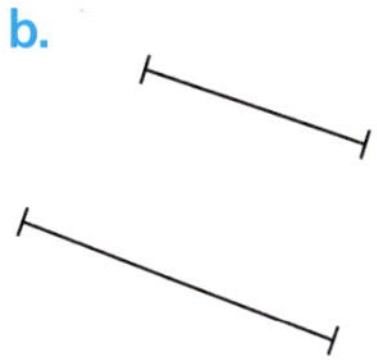

c.

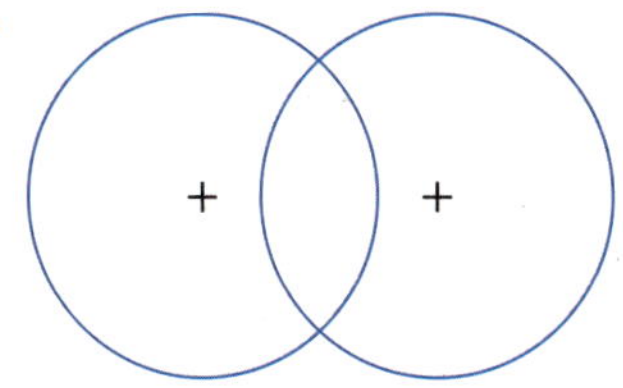

d.

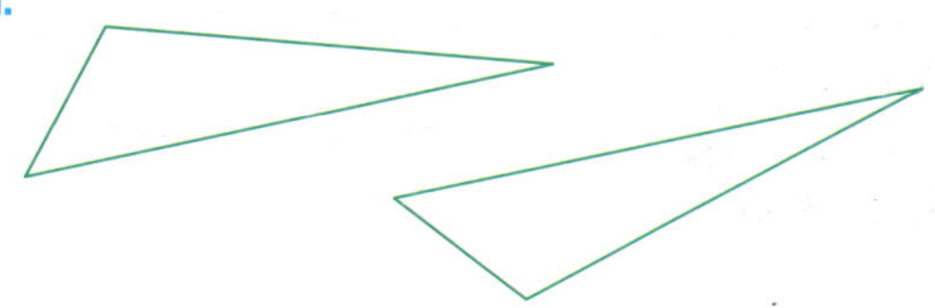

38 Comparer

Écrire un texte de 4 ou 5 lignes en expliquant en quoi la symétrie axiale et la symétrie centrale se ressemblent, se différencient.

CALCUL MENTAL ET RÉFLÉCHI

39 Avec des aires

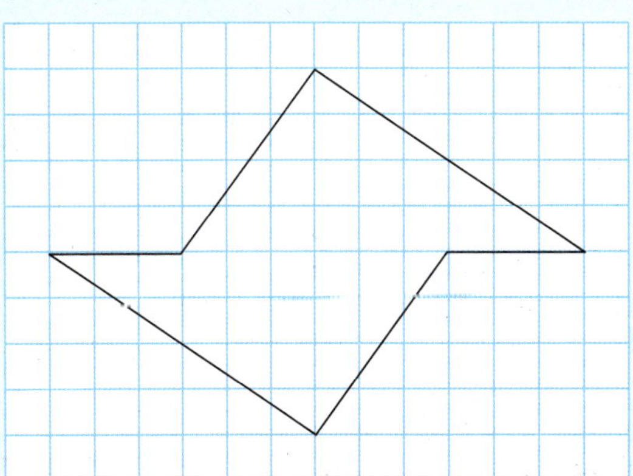

Calculer l'aire en cm^2 de cette figure.

40 Avec des angles

Sur la figure ci-dessous, faite à main levée :
- les triangles ABC et MNP sont symétriques par rapport à un point I ;
- les triangles ABC et KLM sont symétriques par rapport à un point J.

Les points P, M, K sont-ils alignés ? Expliquer.

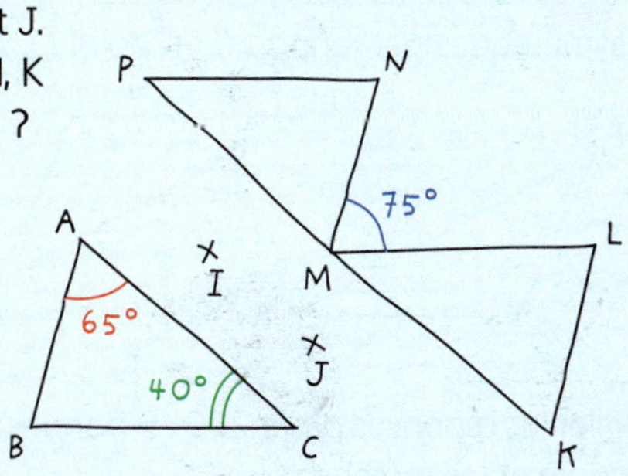

FAIRE LE POINT

TRAVAIL PERSONNEL

Pour chaque question, une seule réponse est exacte. Laquelle ?

	a	b	c
41 La lettre R et sa symétrique par rapport au point rouge se trouvent sur le dessin …			
42 A′, B′, C′, D′ sont les symétriques des points A, B, C, D ci-contre par rapport à un point O effacé. Le périmètre du quadrilatère A′B′C′D′ est … 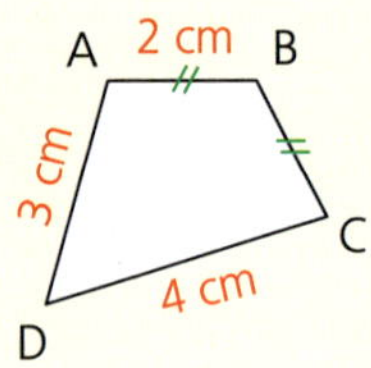	5,5 cm	9 cm	11 cm
43 La figure qui a un centre de symétrie est …	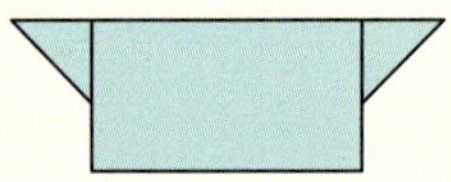		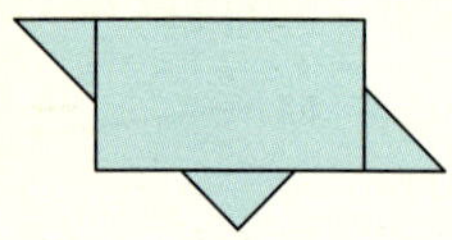
44 Parmi ces trois figures, celle qui n'a pas de centre de symétrie est …	le cercle	le carré	le triangle équilatéral
45 Les segments [AB] et [A′B′] sont symétriques par rapport à un point sur la figure …	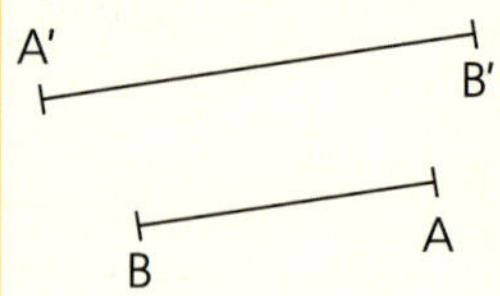	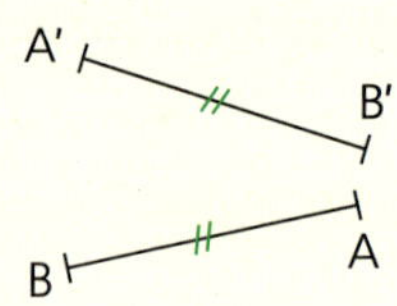	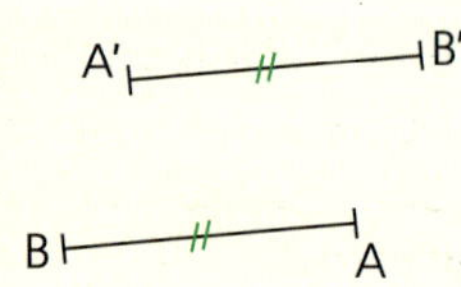
46 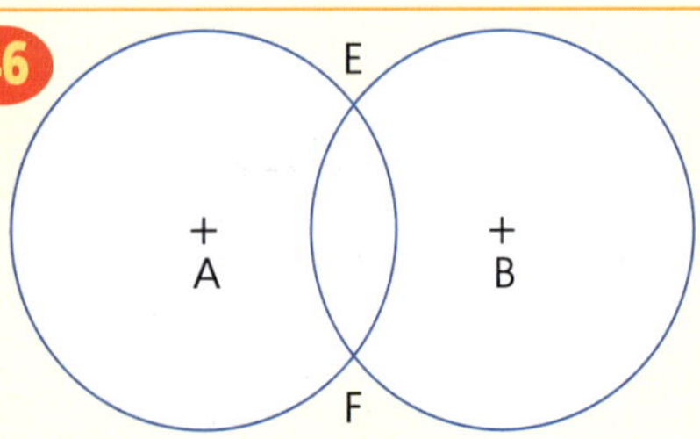 Ces deux cercles de même rayon ont pour centres A et B. …	Ces cercles ne sont pas symétriques par rapport à un point.	Ces cercles sont symétriques par rapport aux points E et F.	Ces cercles sont symétriques par rapport au milieu du segment [AB].
47 Ces deux triangles sont symétriques par rapport à un point O. … 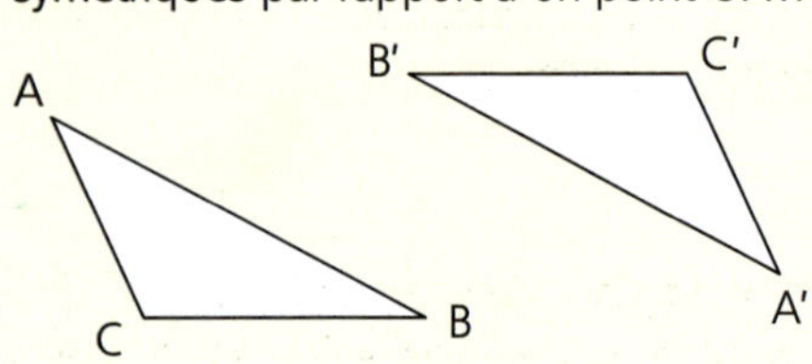	Les segments [AA′], [BB′], [CC′] sont concourants en O.	Les segments [AA′], [BB′], [CC′] n'ont pas le même milieu.	Les droites (AA′), (BB′), (CC′) sont parallèles.

Vérifier les réponses page 266 : 5 bonnes réponses ou plus, passer à la série suivante d'exercices, sinon revoir auparavant le cours et les méthodes.

Exercices de consolidation

TRAVAIL PERSONNEL

48 Utiliser un centre de symétrie

Les trois rectangles ci-dessous ont le même centre de symétrie O.
Les sommets du triangle ABC appartiennent à des côtés des rectangles.

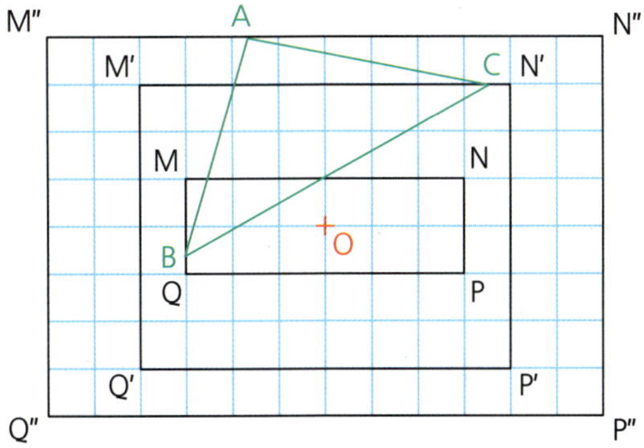

Construire **avec la règle non graduée uniquement**, le symétrique du triangle ABC par rapport au point O.

Aide

Le rectangle MNPQ a pour centre de symétrie le point O. Or B est un point du côté [MQ] de ce rectangle. Donc le symétrique B′ de B par rapport à O appartient au côté …

49 Communiquer des idées

Le point S est centre de symétrie d'un quadrilatère MNPQ en partie effacé.

Faire cette figure et la compléter.
Rédiger un programme de construction.

Aide

Chaque tracé que tu effectues doit être décrit par une phrase dans le programme de construction.
Pense à numéroter les actions ; par exemple :
1. Construire le symétrique de …

50 Réfléchir avant d'agir

ABC est un triangle rectangle et isocèle en A.
ABD est un triangle isocèle en A tel que $\widehat{BAD} = 60°$.
ADE est un triangle isocèle en A tel que $\widehat{DAE} = 30°$.

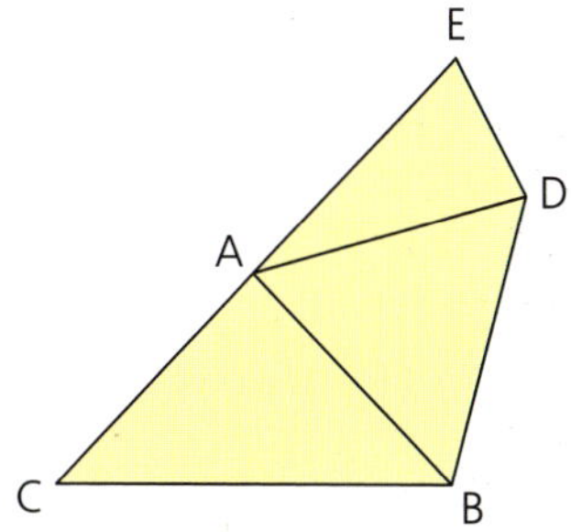

a. Faire cette figure à main levée et coder les informations données.
b. Expliquer pourquoi les points C et E sont symétriques par rapport à A.

Aide

b. Tu dois expliquer pourquoi A est **le milieu** du segment [CE]. Pour cela tu dois expliquer :
– pourquoi les points C, A, E sont alignés,
– **et** pourquoi AC = AE.
Aide-toi des codages pour fournir ces explications.

51 Penser à une symétrie centrale

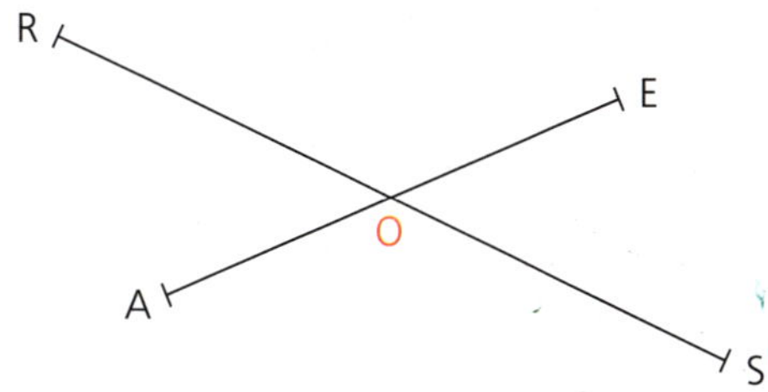

Ces deux segments [RS] et [AE] ont le même milieu O.
Que peut-on dire des droites (AR) et (ES) ? des longueurs AR et ES ? Expliquer.

Aide

Cet énoncé n'emploie absolument pas le mot « symétrie ». Malgré tout, traduis le fait que O soit le milieu de [RS] et [AE] en termes de symétrie centrale.

Exercices d'approfondissement

S'initier au raisonnement

52 Distinguer données et conséquences

ABC est un triangle tel que $AB = 2$ cm et $\widehat{BAC} = 53°$. Les points A′, B′, C′ sont les symétriques de A, B, C par rapport au point O.

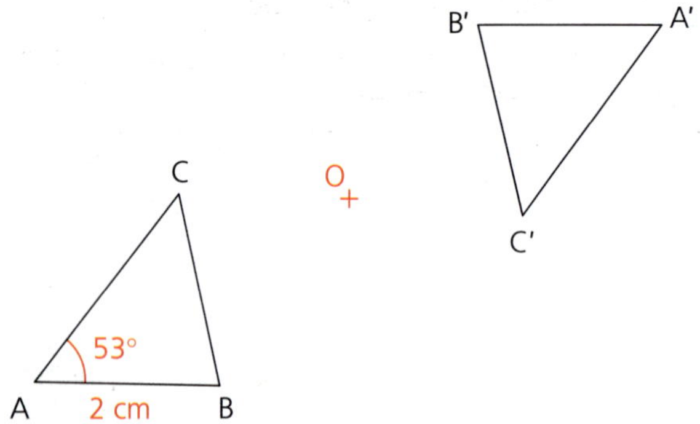

Voici des affirmations ; elles sont toutes vraies.
Pour chacune d'elles, dire s'il s'agit d'une donnée de l'énoncé ou bien s'il s'agit d'une conséquence de ces données.

a. $AB = 2$ cm
b. O est le milieu de [CC′]
c. $\widehat{BAC} = 53°$
d. $\widehat{B'A'C'} = 53°$
e. $A'B' = 2$ cm
f. (AC) // (A′C′)
g. Les points C et C′ sont symétriques par rapport à O.
h. Les droites (AA′), (BB′), (CC′) se coupent en O.

53 Comprendre le rôle des propriétés

Les quadrilatères ABCD et EFGH sont symétriques par rapport au point O.

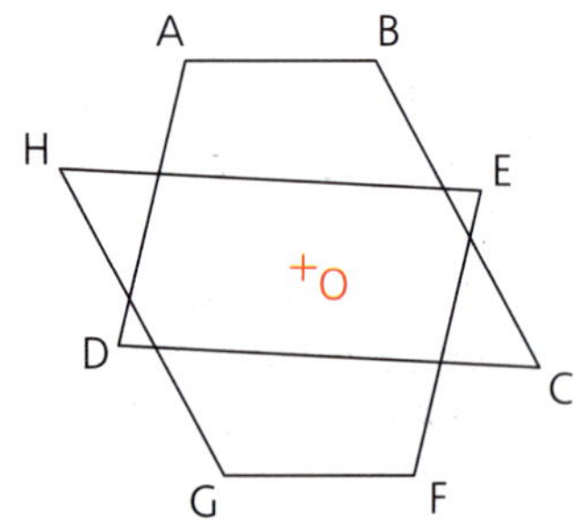

a. Lire sur la figure, les symétriques de A et C par rapport à O.
Quelle est la symétrique de la droite (AC) par rapport à O ?
b. Que peut-on dire des droites (AC) et (HF) ?
Quelle propriété énoncée en cours permet d'affirmer cela ?

54 Justifier les conséquences

Règle
Chaque conséquence déduite des données de l'énoncé doit être justifiée (c'est-à-dire expliquée) à l'aide des définitions et propriétés énoncées en cours.

(d) et (d') sont deux droites sécantes en O.
M est un point qui n'appartient pas à ces droites.
M_1 est le symétrique de M par rapport à O.
M_2 est le symétrique de M par rapport à (d).
M_3 est le symétrique de M par rapport à (d').

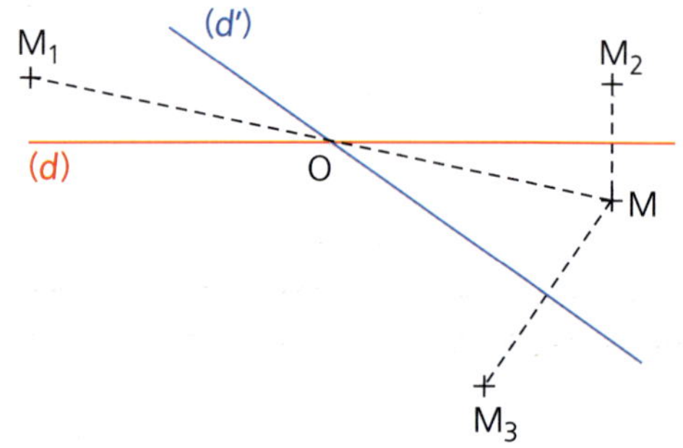

a. Que peut-on dire :
- du point O pour le segment $[MM_1]$?
- de la droite (d) pour le segment $[MM_2]$?
- de la droite (d') pour le segment $[MM_3]$?

Justifier chaque réponse.
b. Pourquoi peut-on affirmer qu'alors :
$OM = OM_1 = OM_2 = OM_3$?
c. Utiliser ce qui précède pour expliquer pourquoi les points M, M_1, M_2, M_3 appartiennent à un même cercle. Quel est son centre ?

55 Conjecturer puis démontrer

ABC est un triangle équilatéral. I et J sont les milieux de ses côtés [AB] et [AC].
a. Faire une figure et construire le symétrique :
- B′ de B par rapport à J ;
- C′ de C par rapport à I ;
- D de C′ par rapport à J.

b. Émettre une conjecture pour les droites (AC), (BC′) et (B′D) ?
c. Quelle est l'image de la droite :
- (AC) par la symétrie de centre I ?
- (BC′) par la symétrie de centre J ?

d. Quelle propriété des symétries centrales permet d'affirmer que la conjecture émise au b. est vraie ?

Résolution de problèmes

56 Imaginer une stratégie

$\mathscr{C}$ est un cercle de centre O. [AB] est l'un de ses diamètres.
C est un autre point du cercle $\mathscr{C}$.

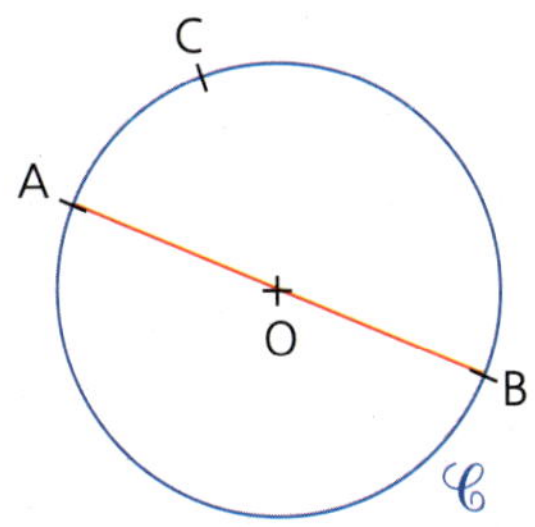

Faire une figure.
Avec la règle uniquement, construire la parallèle à la droite (AC) passant par B.
Expliquer la construction.

57 Construction au compas

Les triangles ABC et A′B′C′ sont symétriques par rapport au point O. Les points I, J, K appartiennent aux côtés du triangle ABC.

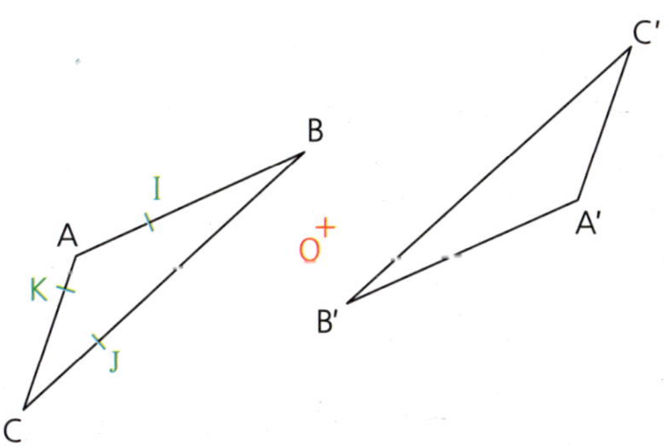

Faire une figure et construire les symétriques de I, J, K par rapport à O **avec le compas uniquement**.
Expliquer la construction.

58 Pour conjecturer

$\mathscr{C}$ est un cercle de centre O.

1. Les rayons [OA], [OB], [OC] ci-contre, forment **un flocon à 3 branches** ; cela signifie que :
$\widehat{AOB} = \widehat{BOC} = \widehat{COA}$.

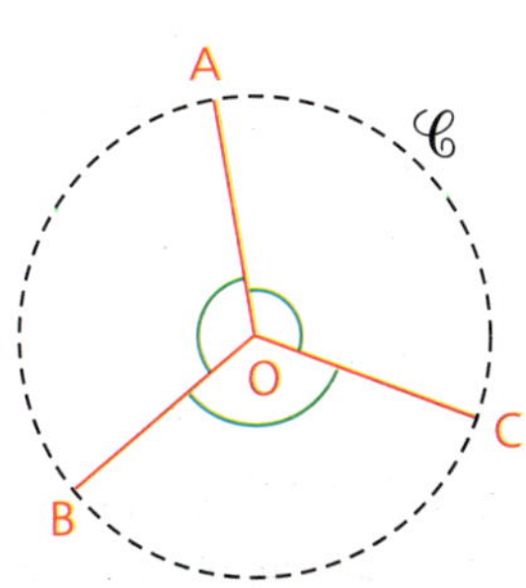

a. Calculer la mesure de l'angle $\widehat{AOB}$.
b. Ce flocon à 3 branches a-t-il un centre de symétrie ? Si oui, lequel ?

2. a. Construire un flocon :
- à 4 branches
- à 5 branches
- à 6 branches
- à 8 branches

b. Dans chaque cas, dire si le flocon a un centre de symétrie. Si oui, préciser lequel.

3. a. Conjecturer à quelle condition un tel flocon a un centre de symétrie.
b. Tester votre conjecture en construisant d'autres flocons.

59 Un programme de construction

La feuille sur laquelle est dessiné un carré ABCD a malencontreusement été déchirée.

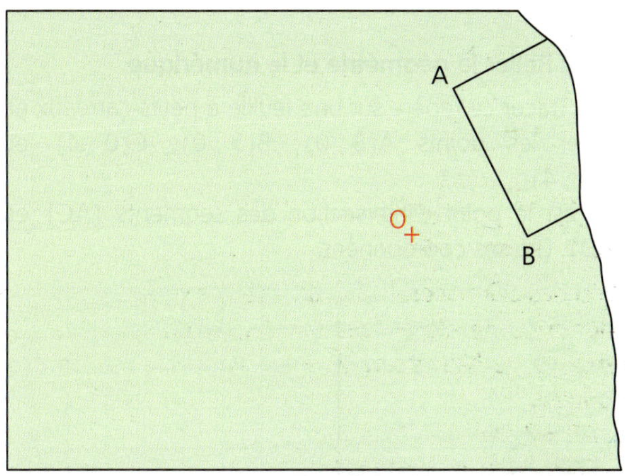

Faire cette figure et construire malgré tout le symétrique de ce carré par rapport au point O.
Rédiger un programme de construction.

60 Avec la règle non graduée

1. a. Tracer deux cercles $\mathscr{C}$ et $\mathscr{C}'$ de même rayon et de centres O et O′ comme ci-dessous.

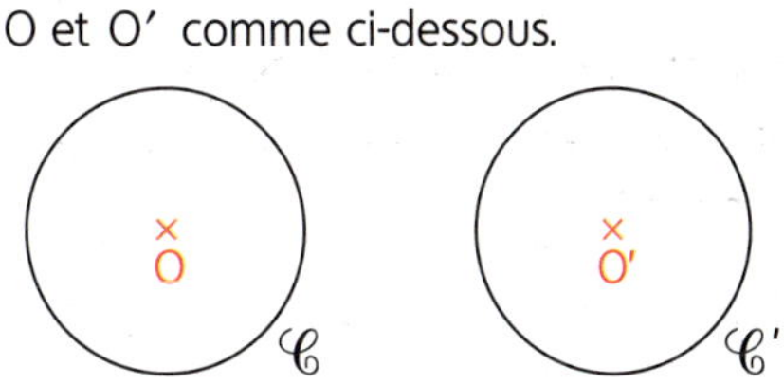

b. Cette figure a-t-elle un centre de symétrie ?
Si oui, le placer et le noter I.

2. a. Placer un point A sur le cercle $\mathscr{C}$.
b. **Avec la règle non graduée uniquement**, construire le symétrique A′ de A par rapport à I.
Justifier la construction.

3. a. Tracer la droite (OA), elle recoupe le cercle $\mathscr{C}$ en B.
b. Avec la règle non graduée et sans tracer de droite passant par I, construire le symétrique de B par rapport à I.
Justifier la construction.

61 **Pour réfléchir**

Une personne se présente à 14 h précises au service après-vente d'un grand magasin.

« Cher client, revenez quand les aiguilles auront atteint la position symétrique par rapport au centre de la pendule de leur position actuelle et je vous rembourserai votre achat… »
Qu'en pensez-vous ?

62 **Relier la géométrie et le numérique**

1. a. Tracer ce repère sur une feuille à petits carreaux et placer les points A(8 ; 0), B(3 ; 0), C(0 ; 4) et D(5 ; 4).
b. I est le point d'intersection des segments [AC] et [BD]. Lire ses coordonnées.

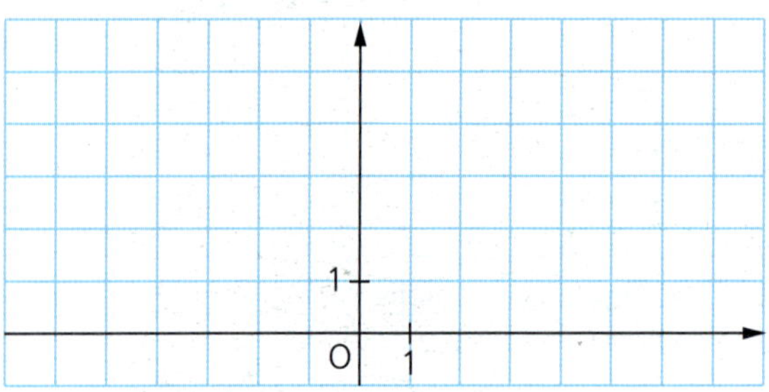

2. a. Construire les symétriques A′ de A, B′ de B, C′ de C, D′ de D, I′ de I par rapport au point E(4 ; 10).
b. Lire les coordonnées de A′, B′, C′, D′, I′.

3. a. R est le point de coordonnées (1,732 ; 9,28). Quelles sont les coordonnées de son symétrique R′ par rapport au point E ?
b. x et y désignent des nombres quelconques.
M est le point de coordonnées $(x ; y)$.
Écrire les coordonnées de son symétrique M′ par rapport au point E.

Vrai ou faux

Pour les exercices 63 à 66

Dire si l'affirmation est vraie ou fausse.
Expliquer la réponse.

63 Deux quadrilatères symétriques par rapport à un point ont la même aire mais des périmètres différents.

64 Deux triangles ont la même aire, donc ils sont symétriques par rapport à un point.

65 La symétrique de la demi-droite [Ax) par rapport au point O est la demi-droite [B′x′).

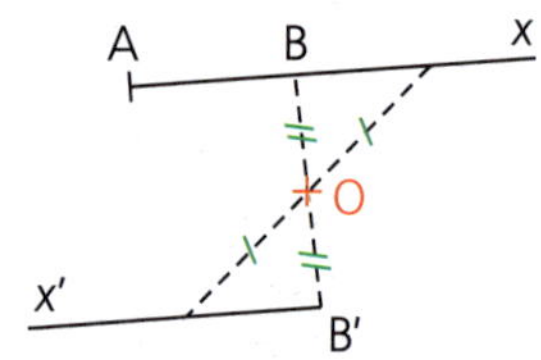

66 La figure formée par deux cercles sécants en A et B admet un centre de symétrie.

Des défis

67 **Triangle**

Existe-t-il un triangle non aplati qui a un centre de symétrie ? Si oui, en dessiner un.

68 **6 + 6 = ?**

$\mathcal{F}$ est la figure formée par ces 6 carrés d'aire 1 cm² chacun. $\mathcal{F}'$ est la symétrique de $\mathcal{F}$ par rapport à un point, de façon que la figure formée par $\mathcal{F}$ et $\mathcal{F}'$ ait pour aire 8 cm². Le centre de cette symétrie est-il A ou B ou C ou D ou E ?

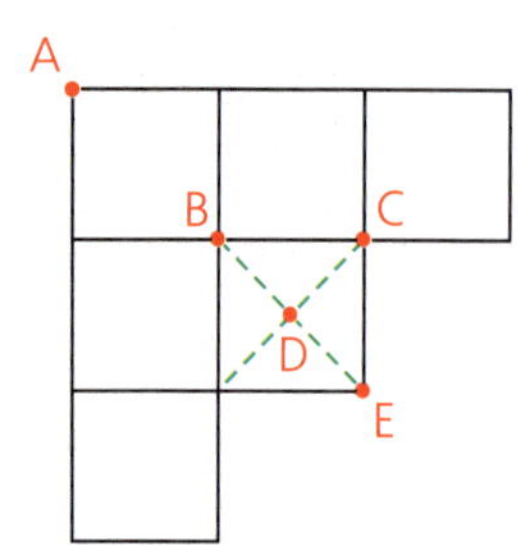

D'après *Tangente* n° 85-2002

Un pavage pour s'amuser

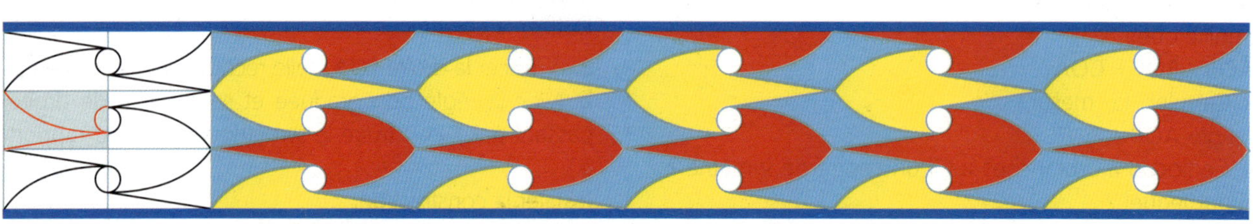

Remplissage du plan

Mauritz Cornelis Escher est né aux Pays-Bas le 17 juin 1898.
Il éprouve rapidement le désir de remplir le plan par de petits morceaux juxtaposés de façon à ne laisser aucun espace inoccupé.
Le pavage ci-dessous, intitulé « Lion en forme de chien » est l'une des premières œuvres d'Escher ; il a été réalisé en 1926-1927. Escher a utilisé trois couleurs afin que des motifs adjacents ne soient pas de la même couleur.
On peut remarquer que les motifs se correspondent par des symétries centrales ou par des glissements.

Jeu

Autour des symétries

Dans chaque cas, trouver le dessin suivant.

a.  ....

b.  ....

CHAPITRE 8

Parallélogrammes. Quadrilatères

PRENDRE UN BON DÉPART

Revoir les acquis

Pour chaque question, une seule réponse est exacte. Laquelle ?

1 Raisonner avec des parallèles et des perpendiculaires

Formulaire page 260

(d_1), (d_2), (d_3) sont trois droites telles que $(d_1) // (d_2)$ et $(d_2) \perp (d_3)$. Alors …

a. $(d_1) // (d_3)$ **b.** $(d_1) \perp (d_3)$ **c.** on ne peut rien dire de (d_1) et (d_3)

2 Comprendre le nom d'un quadrilatère

Ce quadrilatère peut être nommé …

a. ABCD **b.** ABDC **c.** ACBD

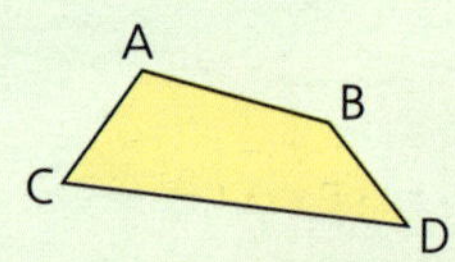

3 Reconnaître un centre de symétrie

Cette figure a pour centre(s) de symétrie …

a. les points A et C **b.** le point B
c. les points A, B et C

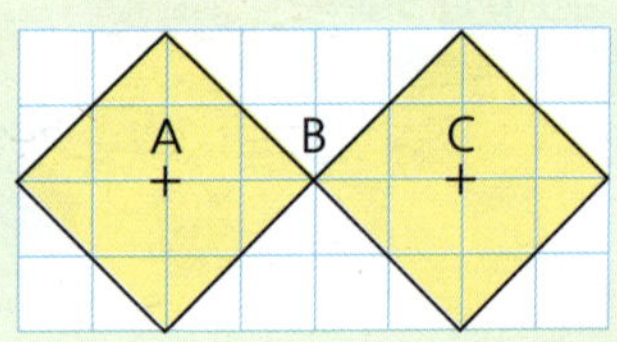

Chapitre 7 page 131

4 Utiliser un centre de symétrie

Le triangle DEF est le symétrique du triangle ABC par rapport au point O.
Deux angles symétriques sont …

a. $\widehat{DEF}$ et $\widehat{BAC}$ **b.** $\widehat{EFD}$ et $\widehat{ABC}$
c. $\widehat{EDF}$ et $\widehat{BAC}$

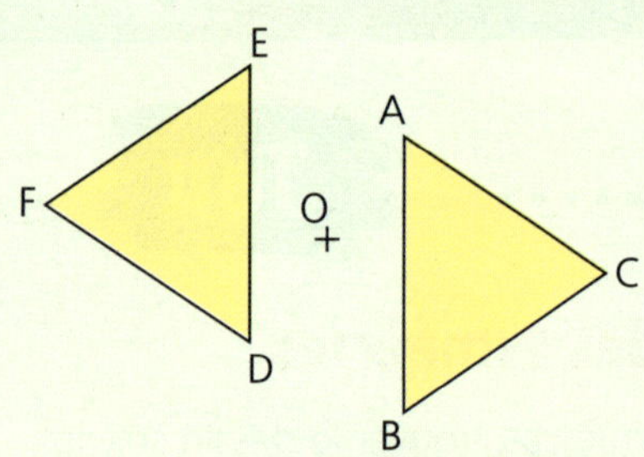

5 Connaître les quadrilatères usuels

Formulaire page 262

EFGH est un losange. On sait qu'alors ses diagonales …

a. ont la même longueur
b. sont perpendiculaires
c. n'ont pas le même milieu

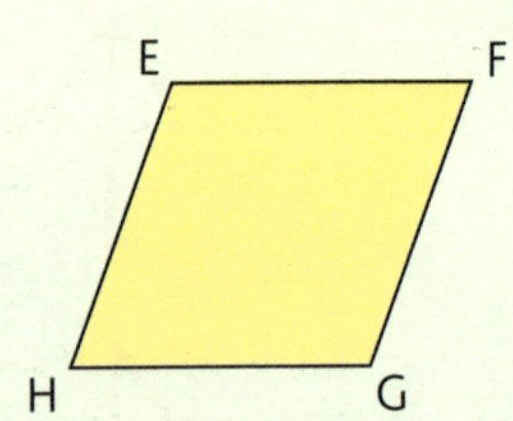

▶ Poursuivre avec les exercices A à F page 154

Activités

Sciences en construction

Comment a-t-on utilisé les quadrilatères au cours du temps ?

Objectif
Faire réfléchir à l'évolution des connaissances au cours du temps.

Les quadrilatères, et en particulier le losange et le rectangle, sont utilisés depuis l'Antiquité dans la décoration mais aussi dans la construction de certains objets.

Mosaïque gallo-romaine

Tabouret pliant Louis XV

Pantographe

Échafaudage

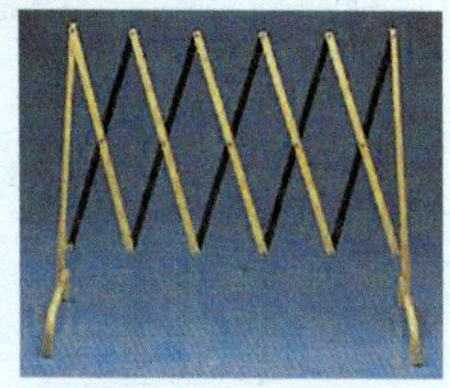
Barrière accordéon

a. Lesquels des objets ci-dessus ont-ils une partie en forme de rectangle rigide ? de rectangle déformable ? de losange déformable ?

b. Proposer d'autres exemples d'utilisation de quadrilatères déformables ou non.

Parallélogramme et centre de symétrie

1 Parallélogramme

Objectif
Comprendre la définition d'un parallélogramme.

Sur cette figure, des droites de même couleur sont parallèles.

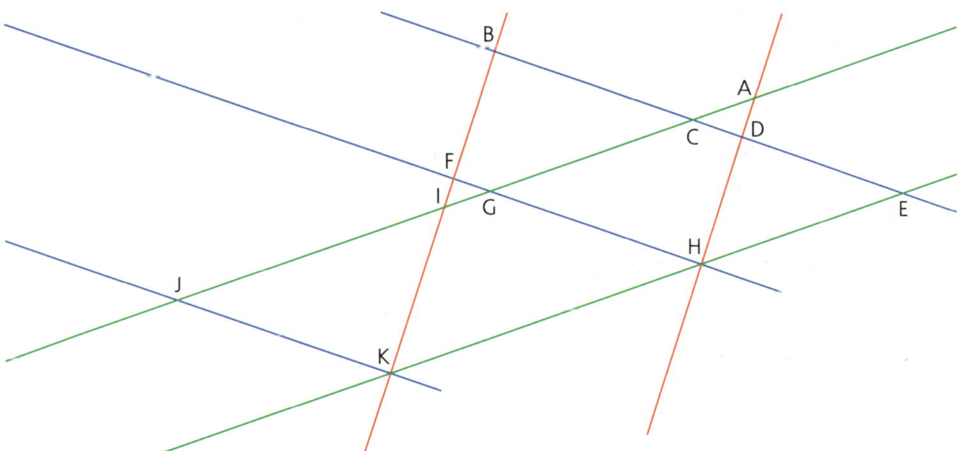

a. Dans chaque cas, dire s'il s'agit d'un parallélogramme :
- BCGF
- GHKJ
- ACEH
- AHKJ

b. Donner les noms des autres quadrilatères de la figure ci-dessus qui sont des parallélogrammes.

c. Parmi ceux-ci, certains **semblent** un peu particuliers. Lesquels ?

Vocabulaire

Un parallélogramme est l'intersection de deux bandes : c'est un quadrilatère dont **les côtés opposés sont parallèles.**

Activités

2 Centre de symétrie

Objectif
Établir une propriété du point commun aux diagonales d'un parallélogramme.

ABCD est un parallélogramme.
On note (d) la droite (AB), (d') la droite (BC) et O le milieu de la diagonale $[AC]$.

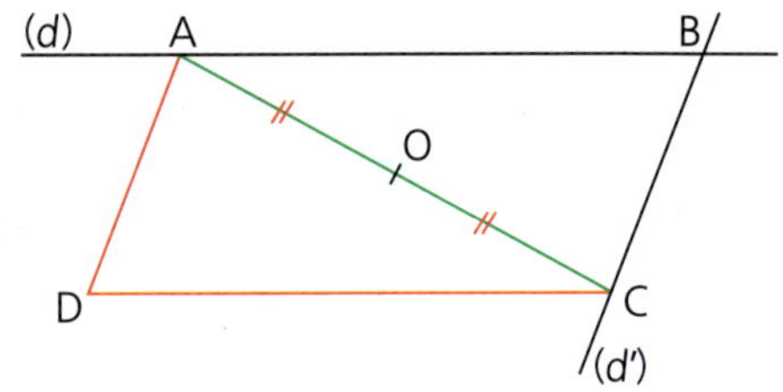

a. En expliquant la réponse, donner l'image par la symétrie de centre O :
- de la droite (d)
- de la droite (d')
- du point B.

b. Pourquoi sait-on alors que O est centre de symétrie du parallélogramme ABCD ?

c. Citer alors des longueurs égales et des angles de même mesure.
Expliquer les réponses.

Du quadrilatère au parallélogramme

3 Diagonales de même milieu

Objectif
Reconnaître un parallélogramme à l'aide de ses diagonales.

Les segments $[MN]$ et $[PQ]$ ont le même milieu O.

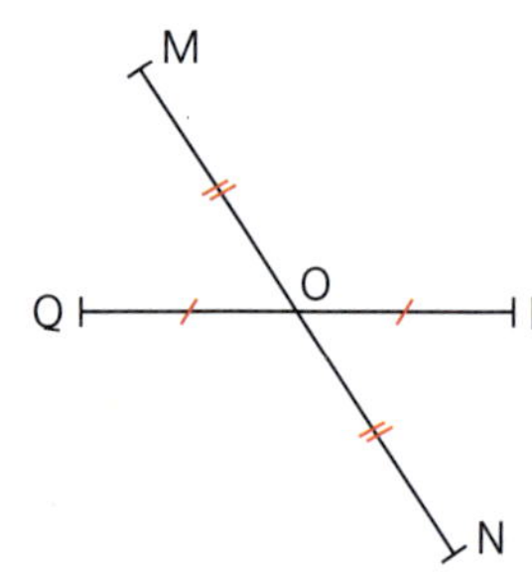

a. Reproduire et compléter le tableau :

Point ou droite	M	N	P	Q	(MP)	(MQ)	(MN)
Symétrique par rapport à O							

b. Que peut-on affirmer alors pour les droites (MP) et (NQ) ? les droites (MQ) et (NP) ?

c. Que peut-on affirmer enfin pour le quadrilatère MQNP ?

4 Deux côtés opposés donnés

Note

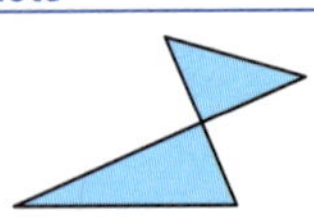

Ce quadrilatère est dit croisé : deux de ses côtés se croisent.

a. Reproduire sur un quadrillage et tracer dans chaque cas le quadrilatère ABCD.

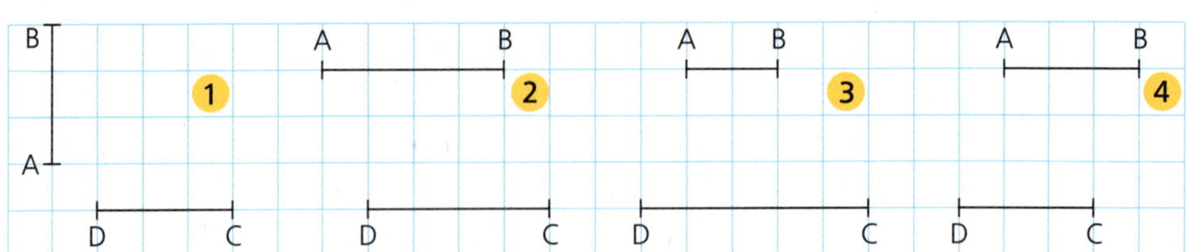

b. Conjecturer les propriétés que doivent posséder deux côtés opposés d'un quadrilatère non croisé pour être certain que celui-ci soit un parallélogramme.

5 Résoudre un problème

Objectif
Utiliser des propriétés pour construire.

Dans chaque cas, construire sur papier uni, un parallélogramme MNPQ sachant que :

a. MN = 6 cm **b.** MN = 6 cm ; MQ = 4 cm.

c. MN = 6 cm ; MQ = 4 cm ; NQ = 4,5 cm.

d. MN = 6 cm ; MQ = 4 cm ; MP = 7 cm.

Parallélogrammes particuliers : rectangle, losange, carré

6 Trier les propriétés des parallélogrammes particuliers

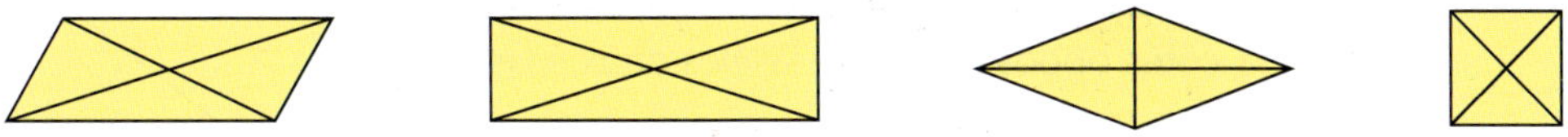

Parallélogramme — Rectangle — Losange — Carré

Pour chacune des quatre figures ci-dessus, indiquer les numéros des propriétés qu'elle possède.

1. Les côtés opposés sont parallèles.	2. Les côtés opposés ont la même longueur.
3. Les angles opposés ont la même mesure.	4. Les quatre angles sont droits.
5. Les diagonales ont le même milieu.	6. Les diagonales ont la même longueur.
7. Les diagonales sont perpendiculaires.	8. Les quatre côtés ont la même longueur.

Du parallélogramme aux rectangle, losange, carré

7 Parallélogramme avec un angle droit

a. Construire un parallélogramme ABCD tel que $AB = 7$ cm, $AD = 4$ cm et $\widehat{BAD} = 90°$.
Que semble-t-on pouvoir dire de plus de ABCD ?

b. Quelle donnée de l'énoncé permet d'affirmer que les droites (AB) et (DC) sont parallèles ? Que peut-on affirmer alors pour les droites (AD) et (DC) ?

c. Raisonner de même pour les autres angles du parallélogramme ABCD.

d. Recopier et compléter : « Si un parallélogramme a un angle droit… ».

8 Parallélogramme avec les diagonales de même longueur

Objectif
Conjecturer puis démontrer.

a. Construire un parallélogramme ABCD tel que $AC = BD = 8$ cm.
Que semble-t-on pouvoir dire de plus de ABCD ?

b. Construire le point E tel que B soit le milieu de [AE]. Que peut-on affirmer alors pour les segments [DC] et [BE] ? le quadrilatère BDCE ? les longueurs DB et CE ?

c. Pourquoi le triangle ACE est-il isocèle en C ?

d. Que peut-on en déduire pour l'angle $\widehat{ABC}$? pour le parallélogramme ABCD ?

e. Recopier et compléter : « Si un parallélogramme a ses diagonales de même longueur… ».

Note
Pour établir une autre propriété, énoncée en cours, on peut traiter l'exercice 87 page 163.

9 Résoudre un problème

a. Construire un parallélogramme ABCD tel que $AB = 5$ cm et $AD = 5$ cm.
Que semble-t-on pouvoir dire de plus de ABCD ?

b. Coder les données sur la figure et démontrer la conjecture émise au **a**.

Le Cours

1 Parallélogramme et centre de symétrie

DÉFINITION

Un parallélogramme est un quadrilatère dont les côtés opposés sont parallèles deux à deux.

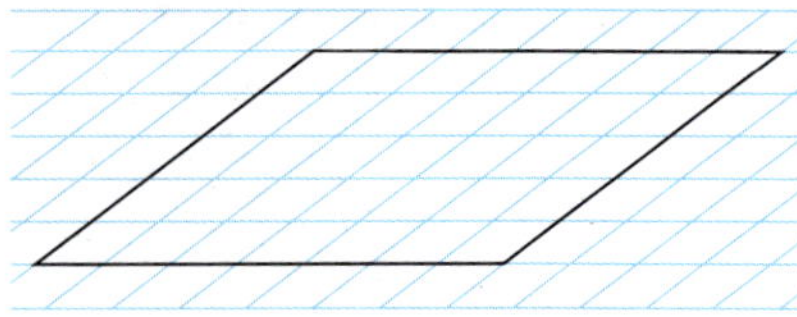

Note
Un parallélogramme de centre O est un parallélogramme dont le centre de symétrie est O.

PROPRIÉTÉ

Un parallélogramme a un centre de symétrie qui est le point d'intersection de ses diagonales.

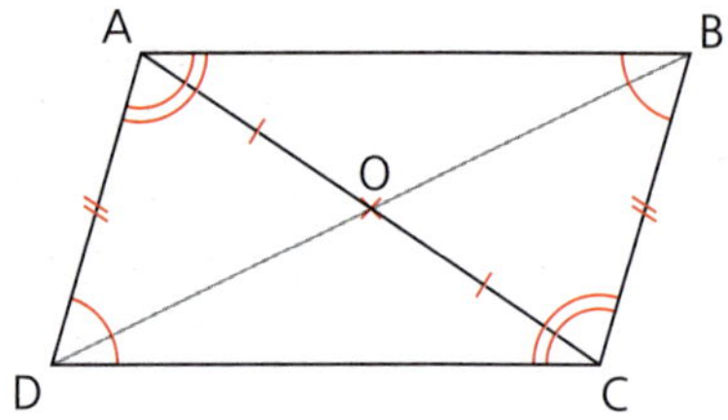

Cette symétrie centrale permet en particulier d'affirmer que, dans un parallélogramme :

- les diagonales ont le même milieu.
- les côtés opposés ont la même longueur.
- les angles opposés ont la même mesure.

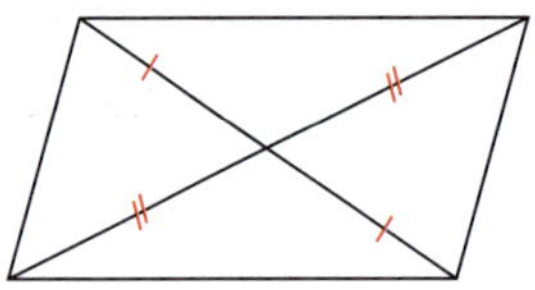

▶ Exercices
1 à 10 p. 154-155

2 Du quadrilatère au parallélogramme

Pour prouver qu'un quadrilatère est un parallélogramme : 4 conditions

PROPRIÉTÉS

(1) Si un quadrilatère a ses côtés opposés parallèles deux à deux, alors c'est un parallélogramme.

Données	Conclusion
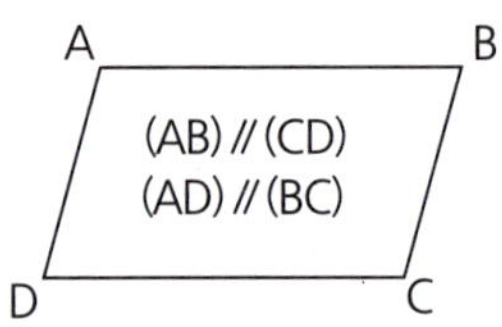	ABCD est un parallélogramme.

(2) Si un quadrilatère a ses diagonales de même milieu, alors c'est un parallélogramme.

Données	Conclusion
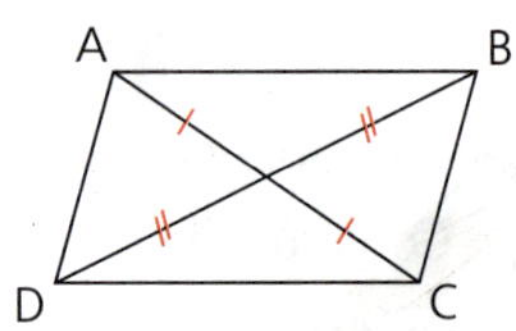	ABCD est un parallélogramme.

PROPRIÉTÉS

(3) Si un quadrilatère **non croisé** a deux côtes opposés parallèles **et** de même longueur, alors c'est un parallélogramme.

Données	Conclusion
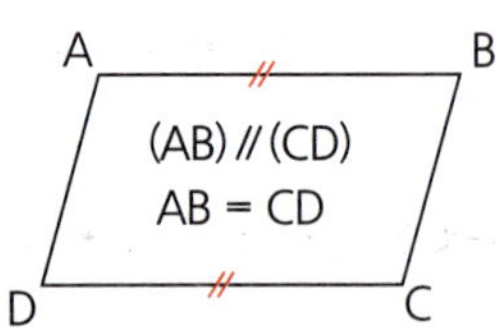	ABCD est un parallélogramme.

(4) Si un quadrilatère **non croisé** a ses côtés opposés deux à deux de même longueur, alors c'est un parallélogramme.

Données	Conclusion
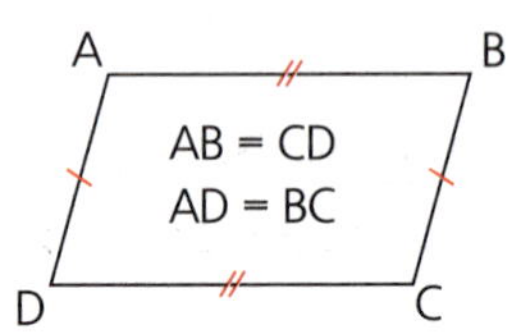	ABCD est un parallélogramme.

▶ Exercices
11 à 25 p. 155-156

3 Parallélogrammes particuliers : rectangle, losange, carré

DÉFINITIONS

Le **rectangle** est un quadrilatère qui a quatre angles droits.

Le **losange** est un quadrilatère qui a quatre côtés de même longueur.

Le **carré** est un quadrilatère qui a quatre angles droits et quatre côtés de même longueur.

PROPRIÉTÉS

Le rectangle, le losange et le carré sont des parallélogrammes particuliers :
- les côtés opposés sont parallèles et de même longueur ;
- les diagonales ont le même milieu qui est aussi le centre de symétrie ;
- les angles opposés ont la même mesure.

Autres propriétés des diagonales

Le **rectangle** a ses diagonales de même longueur.

Le **losange** a ses diagonales perpendiculaires.

Le **carré** a ses diagonales de même longueur et perpendiculaires.

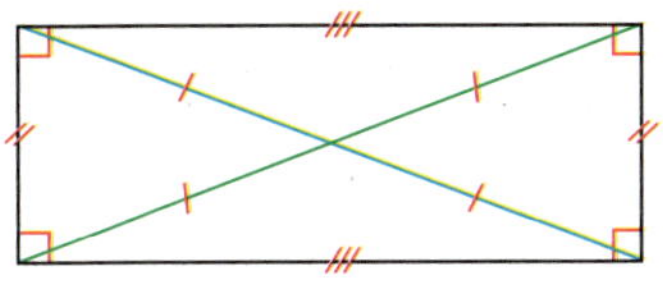

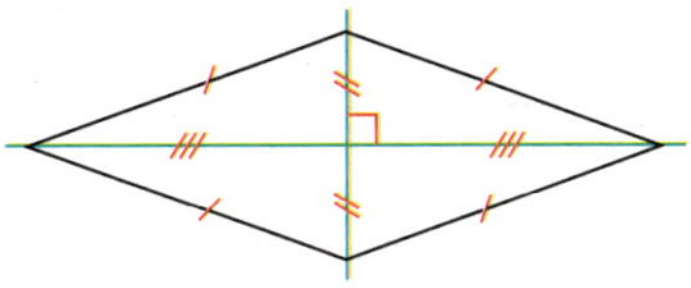

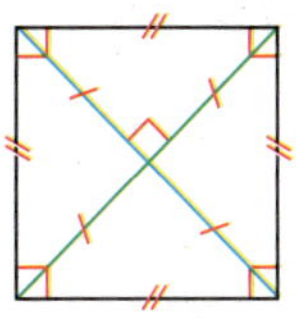

▶ Exercices 26 à 37 p. 156-157

4 Du parallélogramme aux rectangle, losange, carré

PROPRIÉTÉS

Si un parallélogramme a un angle droit, alors c'est un rectangle.

Données	Conclusion
ABCD parallélogramme $\widehat{BAD} = 90°$	ABCD est un rectangle.

Si un parallélogramme a ses diagonales de même longueur, alors c'est un rectangle.

Données	Conclusion
ABCD parallélogramme AC = BD	ABCD est un rectangle.

PROPRIÉTÉS

Si un parallélogramme a deux côtés consécutifs de même longueur, alors c'est un losange.

Données	Conclusion
ABCD parallélogramme AB = BC	ABCD est un losange.

Si un parallélogramme a ses diagonales perpendiculaires, alors c'est un losange.

Données	Conclusion
ABCD parallélogramme $(AC) \perp (BD)$	ABCD est un losange.

PROPRIÉTÉ

Si un quadrilatère est à la fois un losange et un rectangle, alors c'est un carré.

▶ Exercices 38 à 55 p. 157-158

Méthodes

EXERCICE RÉSOLU

1 Construire le quatrième sommet d'un parallélogramme

ÉNONCÉ

a. Construire un triangle ABC tel que BC = 4 cm, BA = 2,5 cm et CA = 3,5 cm.
Construire le point D tel que ABCD soit un parallélogramme.
b. Calculer le périmètre de ce parallélogramme.

SOLUTION

a.

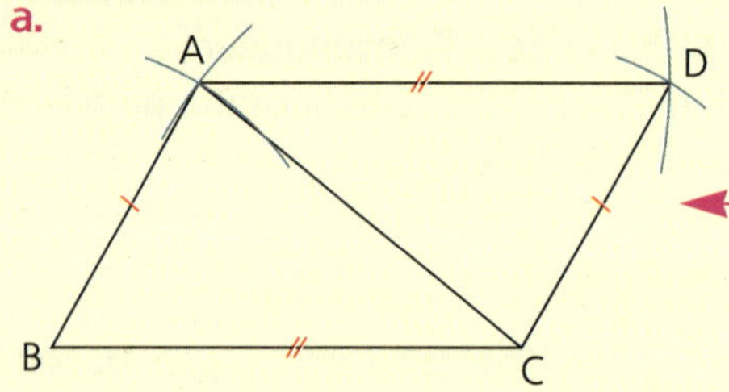

b. Les côtés opposés d'un parallélogramme ont la même longueur, donc :
AD = BC = 4 cm et AB = DC = 2,5 cm.
2×4 cm + $2 \times 2,5$ cm = 13 cm.
Le périmètre de ABCD est de 13 cm.

Une fois le triangle ABC construit :
- on situe la position approximative de D, en tenant compte de l'ordre des points dans le nom du parallélogramme ;
- on trace un arc de cercle de centre A et de rayon BC (4 cm) ;
- on trace un arc de cercle de centre C et de rayon BA (2,5 cm) ;
- on place D à l'intersection des deux arcs.

On sait que le quadrilatère obtenu est un parallélogramme car « si un quadrilatère non croisé a ses côtés opposés de même longueur, alors c'est un parallélogramme ».

▶ *Exercices 12 et 13 page 155*

EXERCICE RÉSOLU

2 Construire un parallélogramme à partir de ses diagonales

ÉNONCÉ

Construire un parallélogramme ABCD de centre O tel que :
OA = 3 cm, OB = 2 cm et $\widehat{AOB}$ = 140°. Justifier cette construction.

SOLUTION

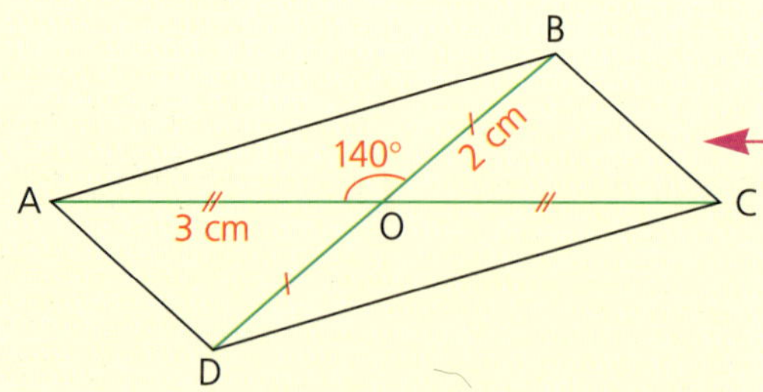

- On trace la diagonale [AC] de longueur 6 cm et on place son milieu O.
- Avec le rapporteur, on construit une droite passant par O et formant un angle de 140° avec (AC).
- On place B et D sur cette droite, à 2 cm de O, de façon que l'angle $\widehat{AOB}$ mesure effectivement 140°.

Les diagonales [AC] et [BD] du quadrilatère construit ont le même milieu O, donc c'est bien un parallélogramme.

On sait que : « Si un quadrilatère a ses diagonales de même milieu, alors c'est un parallélogramme. »

▶ *Exercices 14 à 17 page 155*

EXERCICE RÉSOLU

3 Construire un rectangle à partir de ses diagonales

ÉNONCÉ

Construire un rectangle dont une diagonale mesure 5 cm et dont les diagonales forment un angle de 70°. Justifier cette construction.

SOLUTION

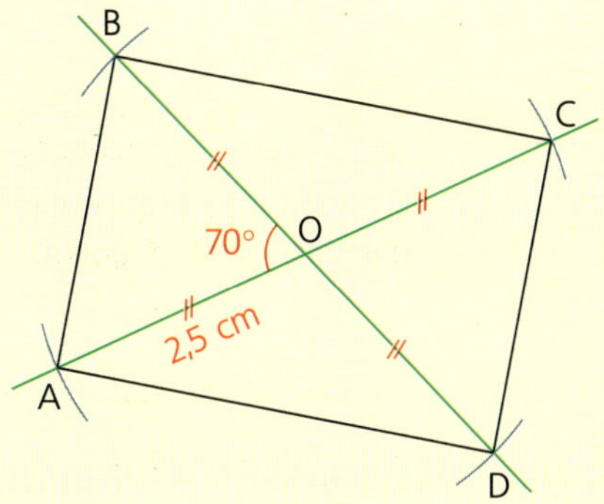

- On construit deux droites sécantes en un point O et formant un angle de 70°.
- Avec le compas, on marque les quatre points de ces droites, à 2,5 cm de O.
- On trace le quadrilatère ayant pour diagonales les deux segments de 5 cm obtenus.

Les diagonales de ABCD ont le même milieu O, donc ABCD est un parallélogramme. Les diagonales ont aussi la même longueur, donc ABCD est un rectangle.

▶ *Exercices 39 et 40 page 157*

EXERCICE RÉSOLU

4 Construire un losange à partir de ses diagonales

ÉNONCÉ

Construire un losange ABCD de centre O avec AC = 5 cm et BD = 3 cm. Justifier cette construction.

SOLUTION

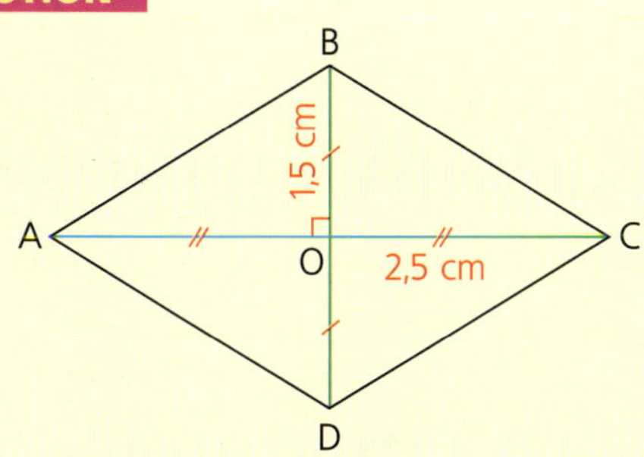

- On trace le segment [AC] de longueur 5 cm et on place son milieu O.
- On construit la perpendiculaire en O à [AC]. On place ensuite B et D à 1,5 cm de O.
- On trace le quadrilatère ayant pour diagonales les segments de 5 cm et 3 cm obtenus.

Les diagonales de ABCD ont le même milieu O, donc ABCD est un parallélogramme. Les diagonales sont aussi perpendiculaires, donc ABCD est un losange.

▶ *Exercices 43 et 44 page 158*

Exercices

TRAVAIL PERSONNEL

Ces exercices prolongent la rubrique Revoir les acquis (page 146)

Raisonner avec des parallèles et des perpendiculaires

A Les droites (d_1) et (d_2) sont toutes les deux perpendiculaires à la droite (d_3).
Que peut-on en conclure pour les droites (d_1) et (d_2) ?

Comprendre le nom d'un quadrilatère

B ABCD est un rectangle.
Donner trois autres noms pour ce rectangle et trouver deux noms incorrects.

Reconnaître un axe de symétrie

C Quels sont les axes de symétrie d'un :
a. triangle équilatéral ? b. cerf-volant ?
c. rectangle ? d. losange ?

Reconnaître un centre de symétrie

D Parmi le rectangle, le losange, le cerf-volant et le triangle équilatéral, lesquels ont un centre de symétrie ?

E Le point O est centre de symétrie de cette figure.
En déduire des égalités d'angles et de longueurs.

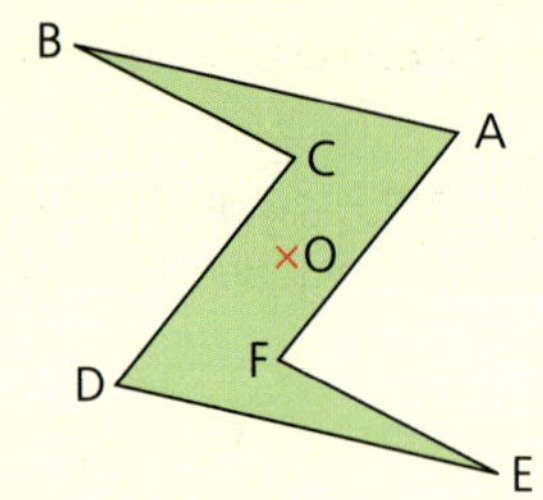

Connaître les quadrilatères usuels

F Que peut-on dire des diagonales :
a. d'un cerf-volant ? b. d'un rectangle ?
c. d'un losange ? d. d'un carré ?

Exercices d'application

Parallélogramme et centre de symétrie

1 ABCD est un parallélogramme.

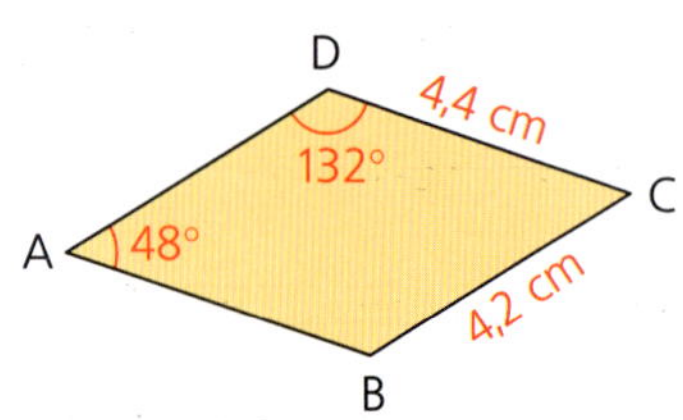

Utiliser le codage de la figure pour donner, en expliquant les réponses :
a. les longueurs AD et AB ;
b. les mesures des angles $\widehat{BCD}$ et $\widehat{ABC}$.

2 Un parallélogramme ABCD de centre O a ses diagonales [AC] et [BD] de longueurs respectives 7 cm et 5,4 cm.
Quelles sont les longueurs OA, OB, OC, OD ?
Expliquer.

3 ABCD est un parallélogramme.

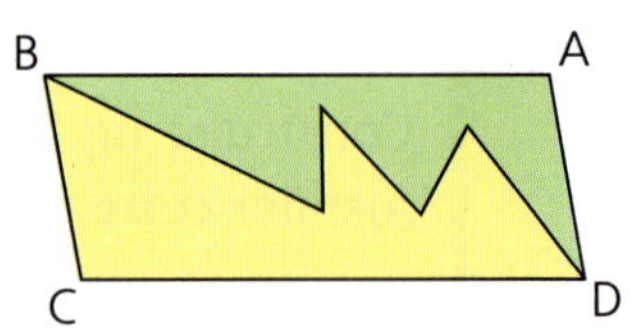

Laquelle des deux surfaces colorées a le plus grand périmètre ?

4 ABCD est un parallélogramme de centre O.
AC = 30 cm, BD = 50 cm et BC = 22 cm.
a. Faire une figure **à main levée** et coder les informations données par l'énoncé.
b. Calculer, en expliquant, le périmètre du triangle OAD.

5 ABCD est un parallélogramme de centre O. M est un point du segment [AB] et N un point du segment [BC].
a. Faire une figure.
b. Avec une règle **non graduée**, construire le point M′ symétrique de M par rapport à O et le point N′ symétrique de N par rapport à O. Expliquer

6 ABCD est un parallélogramme mais les points B et D sont en dehors de la feuille.

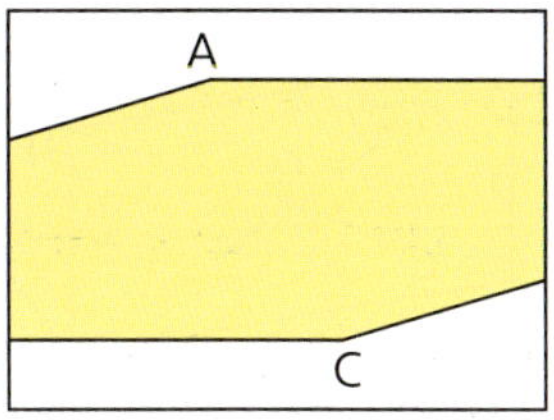

Malgré tout, peut-on construire le point d'intersection de ses diagonales ? Si oui, comment ?

7 ABCD est un parallélogramme de centre O.
M est un point du segment $[AB]$ tel que $OM = OA$.

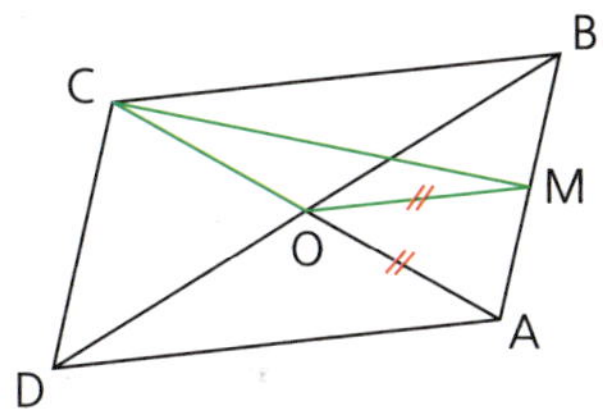

Expliquer pourquoi le triangle OMC est isocèle en O.

8 Construire un parallélogramme JOLI tel que :
$JO = 7$ cm ; $OL = 4$ cm ; $\widehat{IJO} = 75°$.

9 ABCD et EFGH sont des parallélogrammes.
De plus, les points E et F appartiennent au segment $[CD]$.

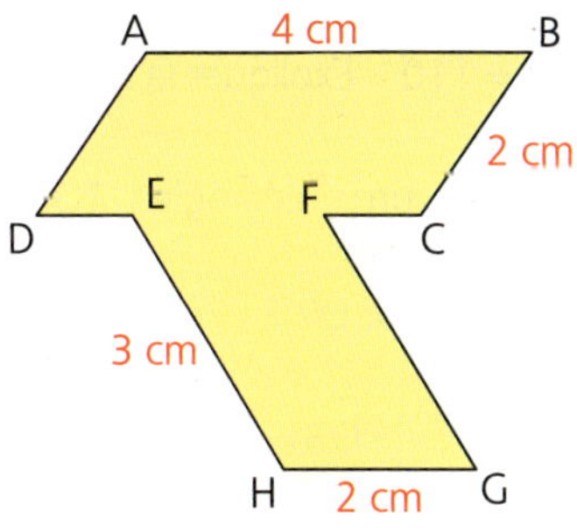

a. Donner les longueurs des segments $[AD]$, $[DC]$ et $[FG]$ en expliquant la réponse.
b. Calculer le périmètre du parallélogramme ABCD.
c. Calculer le périmètre de la figure.

10 a. Tracer un triangle ABC rectangle en A.
b. Construire le symétrique D du point B par rapport au milieu I du segment $[AC]$.
c. Quel est le symétrique par rapport à I :
- du segment $[AB]$?
- du segment $[BC]$?

d. Quelle est la nature du quadrilatère ABCD ?
Expliquer.

Du quadrilatère au parallélogramme

11 Sur la figure ci-dessous :
- les droites (d_1) et (d_2) sont parallèles ;
- la droite (Δ) coupe (d_1) en B et (d_2) en D ;
- la perpendiculaire à (Δ) en B coupe (d_2) en C ;
- la perpendiculaire à (Δ) en D coupe (d_1) en A.

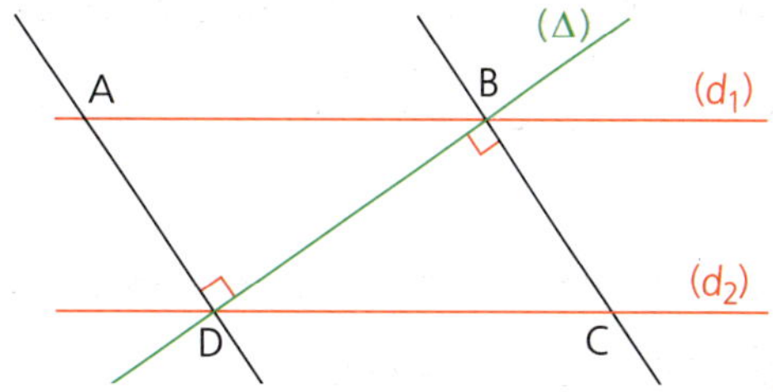

a. Démontrer que les droites (AD) et (BC) sont parallèles.
b. Démontrer que le quadrilatère ABCD est un parallélogramme.

12 a. Construire un triangle ABC tel que :
$BC = 5{,}4$ cm, $BA = 3{,}2$ cm et $CA = 4{,}6$ cm.
Construire le point D tel que ABCD soit un parallélogramme. Justifier cette construction.
b. Calculer le périmètre de ce parallélogramme.
Conseil : se reporter à l'exercice résolu 1 page 152.

13 a. Construire un triangle ABC tel que :
$BC = 5$ cm, $BA = 6$ cm et $\widehat{ABC} = 55°$.
Construire le point D tel que ABCD soit un parallélogramme.
b. Calculer le périmètre de ce parallélogramme.
c. Quelle est la mesure de l'angle $\widehat{ADC}$? Pourquoi ?

14 Construire un parallélogramme ABCD de centre O tel que :
$OA = 3{,}5$ cm, $OB = 4$ cm et $\widehat{AOB} = 70°$.
Justifier cette construction.
Conseil : se reporter à l'exercice résolu 2 page 152.

15 Construire un parallélogramme ROSE de centre C tel que :
$OC = 5$ cm, $CS = 4$ cm et $OS = 6$ cm.
Justifier cette construction.

16 Construire un parallélogramme ABCD de centre O tel que :
$AC = 10$ cm, $BD = 6$ cm et $\widehat{AOB} = 75°$.
Justifier cette construction.

17 Construire un parallélogramme PAUL tel que :
$PU = 8$ cm, $LA = 5$ cm et $LU = 3$ cm.
Justifier cette construction.

18 a. Tracer un triangle ABC et placer un point O à l'extérieur du triangle.
b. Construire les symétriques respectifs A′, B′, C′ de A, B et C par rapport au point O.
c. Citer trois parallélogrammes de cette figure. Lesquels et pourquoi en est-il ainsi ?

19 Sur papier quadrillé, et en utilisant **uniquement une règle graduée**, tracer un parallélogramme ABCD tel que AB = DC = 9 cm.

20 Sur ces deux droites parallèles, les points forment deux graduations régulières et superposables.

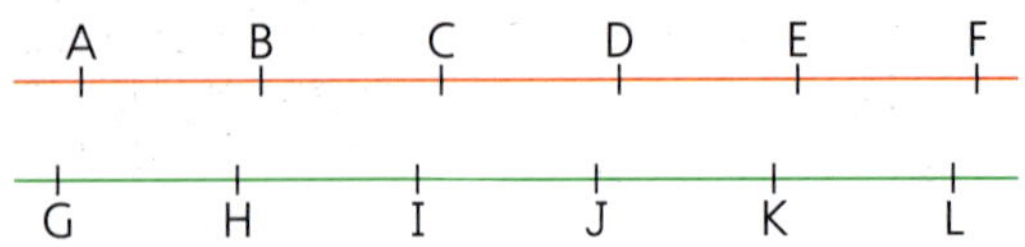

En utilisant uniquement les noms des points de la figure, trouver tous les parallélogrammes :
a. dont [BH] est un côté ;
b. dont [CE] est un côté ;
c. dont [HE] est une diagonale.

21 ABCD est un parallélogramme tel que AB = 8 cm.
E est le point du segment [AB] tel que AE = 5 cm.
F est le point du segment [CD] tel que CF = 3 cm.
a. Faire une figure.
b. Pourquoi les droites (AE) et (DF) sont-elles parallèles ?
c. Pourquoi les segments [AE] et [DF] ont-ils la même longueur ?
d. Que peut-on en déduire pour le quadrilatère AEFD ?

22 BROU est un parallélogramme.
T est le symétrique du point O par rapport au point U.
a. Faire une figure.
b. Que semble-t-on pouvoir dire du quadrilatère BRUT ?
c. Démontrer votre conjecture.

23 ABCD est un rectangle tel que :
AB = 10 cm et AD = 3 cm.
E et F sont les points du segment [AB] tels que AE = 2,5 cm et AF = 6,3 cm.
G et H sont les points du segment [CD] tels que DG = 1,8 cm et CH = 4,4 cm.
a. Faire une figure.
b. Expliquer pourquoi le quadrilatère EFHG est un parallélogramme.

24 ABCD est un parallélogramme.
M est le milieu de [OA] et N est le milieu de [OC].

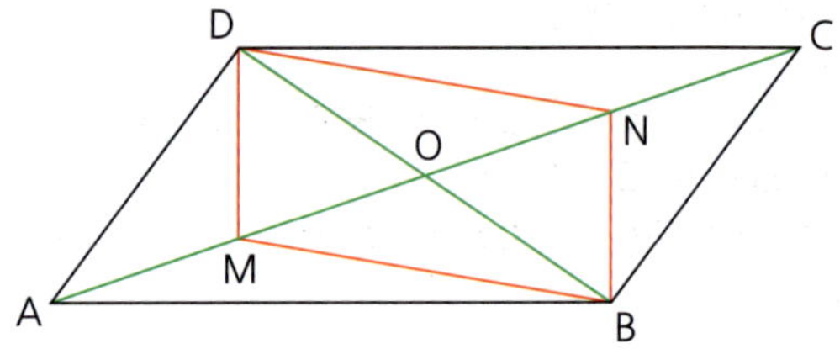

a. Expliquer pourquoi OM = ON.
b. Quelle est la nature du quadrilatère MBND ? Expliquer.

25

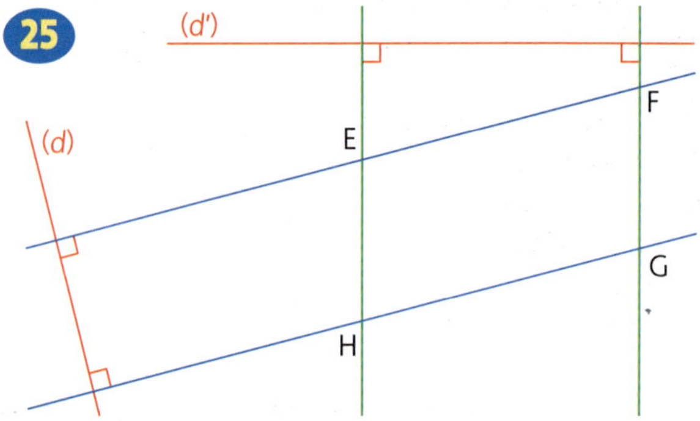

a. Émettre une conjecture sur la nature du quadrilatère EFGH.
b. Démontrer cette conjecture.

Parallélogrammes particuliers

26 Construire un losange GOAL de côté 5 cm sachant que $\widehat{GOA} = 110°$. Expliquer la construction.

27 a. Construire un rectangle TOUR tel que TO = 6 cm et TU = 8 cm.
b. Quelle est la longueur OR ?

28 OA = 3,2 cm, OB = 1,9 cm, AC = 6,4 cm, BD = 3,9 cm.

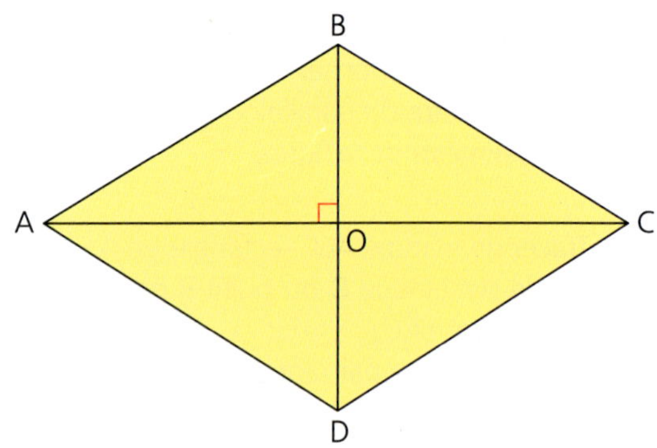

Le quadrilatère ABCD est-il un losange ?

29 Construire un rectangle PAIX.
Que peut-on dire du cercle de centre A et de rayon PI ? Expliquer la réponse.

30 Construire un losange ABCD et la droite (d) perpendiculaire en B à (BD).
Que peut-on dire des droites (d) et (AC) ? Expliquer la réponse.

31 a. Construire un rectangle ABCD de centre O tel que $AB = 6$ cm et $\widehat{BAC} = 25°$.
b. Donner les mesures des angles $\widehat{DAC}$, $\widehat{OCD}$ et $\widehat{BCA}$ en expliquant les réponses.

32 PALI est un carré et ILOT un losange.
Expliquer pourquoi :
a. $(PA) \mathbin{//} (TO)$;
b. $(AL) \perp (TO)$;
c. le triangle ALO est isocèle.

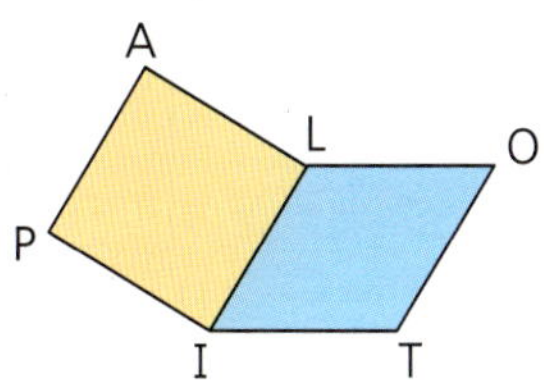

33 De ce triangle ABC de périmètre 14 cm, on a retiré trois parallélogrammes (en jaune).

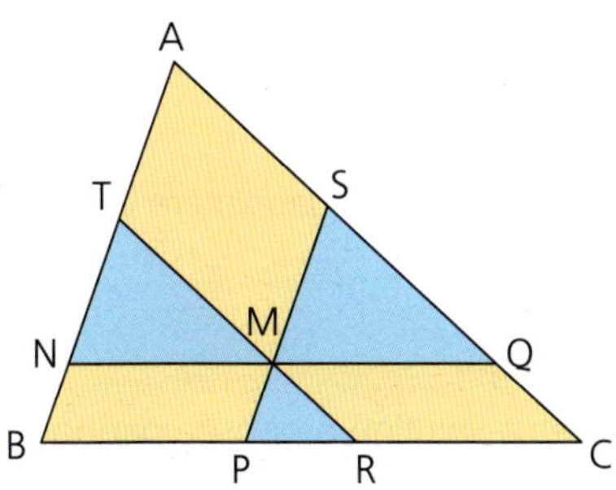

a. Citer un segment de même longueur que le segment [MP], puis que le segment [MS].
b. Expliquer pourquoi $NT + PS = BA$.
c. Quelle est la somme des périmètres des trois triangles restants ?

34 Cette figure est composée uniquement de rectangles. On sait que $GF = IH = ED$.

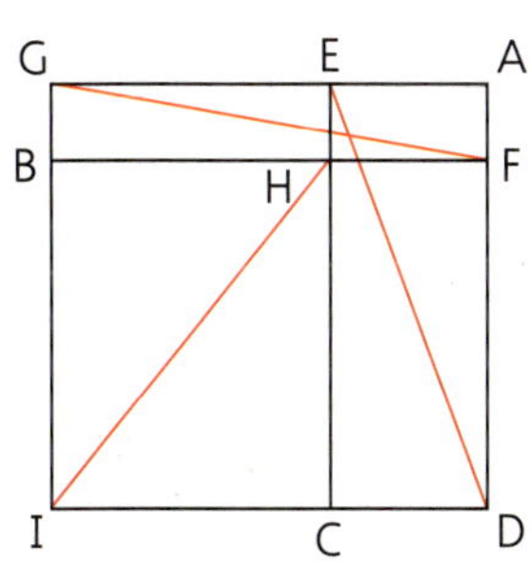

a. Pourquoi a-t-on $BA = GF$?
b. Pourquoi le triangle ABC est-il équilatéral ?

35 Le losange POLI et le carré ROTI ont en commun la diagonale [OI].

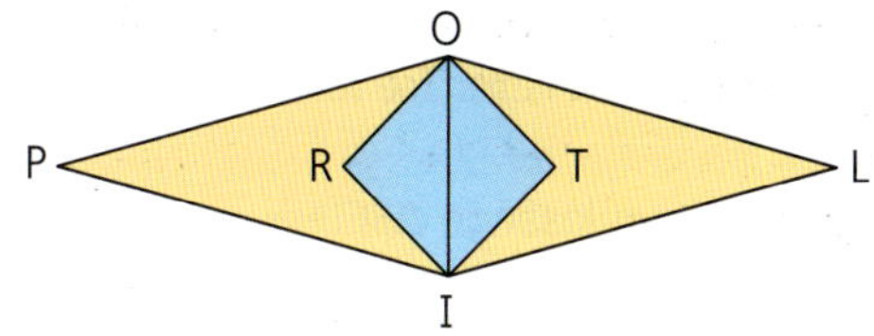

Pourquoi les droites (RT) et (PL) sont-elles confondues ?

36 Un maçon scelle les montants d'une porte.
Il mesure ensuite la distance du pied de chaque montant au sommet de l'autre.
S'il ne trouve pas la même distance dans les deux cas, il n'est pas content. Pourquoi ?

37 Deux cercles de même rayon, l'un de centre A et l'autre de centre B se coupent en M et N.
a. Faire une figure.
b. Expliquer la nature du quadrilatère AMBN.

Du parallélogramme aux rectangle, losange, carré

38 a. Tracer un cercle de centre O et deux diamètres [AB] et [CD] non perpendiculaires.
b. Pourquoi le quadrilatère ACBD est-il un parallélogramme ?
c. Pourquoi est-il un rectangle ?

39 Construire un rectangle dont une diagonale mesure 6 cm et dont les diagonales forment un angle de 65°. Justifier cette construction.
Conseil : se reporter à l'exercice résolu 3 page 153.

40 Construire un rectangle BRUT de centre O tel que $OR = 4$ cm et $RU = 5$ cm. Justifier cette construction.

41 ABC est un triangle rectangle en A.
D est le point tel que BACD soit un parallélogramme.
a. Faire une figure.
b. Pourquoi peut-on affirmer que BACD est un rectangle ?

42 ABC est un triangle isocèle en A.
D est le point tel que BACD soit un parallélogramme.
a. Faire une figure.
b. Pourquoi peut-on affirmer que BACD est un losange ?

43 Construire un losange ABCD de centre O avec $AC = 8$ cm et $BO = 2{,}5$ cm.
Justifier cette construction.
Conseil : se reporter à l'exercice résolu 4 page 153.

44 Construire un losange ABCD avec $AC = 4$ cm et $BD = 7$ cm. Justifier cette construction.

45 ABCD est un parallélogramme tel que $AB = 6$ cm et $AD = 4$ cm.
Le cercle de centre A passant par D coupe le segment [AB] en E.
La parallèle à (AD) passant par E coupe la droite (DC) en F.
a. Faire une figure.
b. Expliquer pourquoi le quadrilatère AEFD est un parallélogramme.
c. Expliquer pourquoi c'est un losange.

46 a. Tracer un cercle $\mathscr{C}$ de centre O puis deux diamètres perpendiculaires [AB] et [DE].
b. Expliquer pourquoi le quadrilatère ADBE est un parallélogramme, puis un rectangle.
c. Que peut-on dire de plus pour la nature du quadrilatère ABCD ?

47 Construire un carré de diagonale 7 cm et justifier cette construction.

Pour les exercices 48 à 51

On considère un parallélogramme ABCD de centre O et le parallélogramme AOBE.

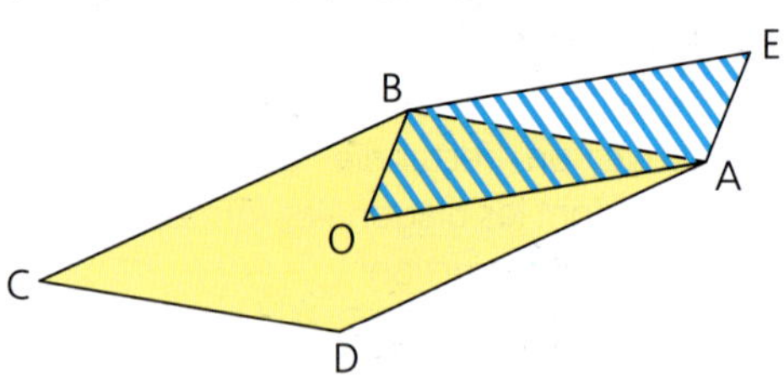

48 Démontrer que si ABCD est un losange, alors AOBE est un rectangle.

49 Démontrer que si AOBE est un rectangle, alors ABCD est un losange.

50 Démontrer que si ABCD est un rectangle, alors AOBE est un losange.

51 Démontrer que si AOBE est un losange, alors ABCD est un rectangle.

52 ABCD est un carré de côté 6 cm et de centre O.
I est le milieu du segment [AO] et J celui du segment [OC].
a. Faire une figure.
b. Expliquer pourquoi O est le milieu de [AC].
c. Expliquer pourquoi O est le milieu de [IJ].
d. Expliquer pourquoi les droites (BD) et (IJ) sont perpendiculaires.
e. Expliquer pourquoi BIDJ est un losange.

53 ABCD, DCGH, BCEF et CEIG sont des carrés.

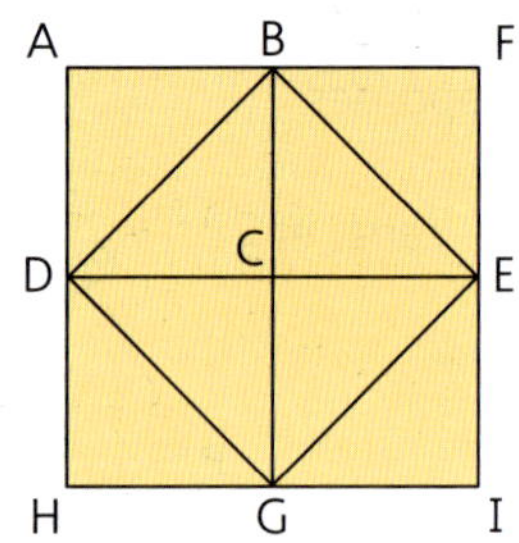

Quelle est la nature du quadrilatère BDGE ? Justifier la réponse.

54 A et B sont deux points d'un cercle de centre O.
La parallèle à (OA) passant par B et la parallèle à (OB) passant par A se coupent en P.
a. Faire une figure.
b. Quelle est la nature du quadrilatère OAPB ? Justifier la réponse.

55 **Pour rédiger**
Lire l'énoncé et la solution proposée par un élève.
Rédiger ensuite cette solution en tenant compte des remarques du correcteur.

Énoncé
a. Construire un triangle ABC rectangle en A. Placer le milieu I de [BC]. Construire le point D tel que I soit le milieu de [AD].
b. Expliquer la nature du quadrilatère ABDC.

Copie d'un élève

a.

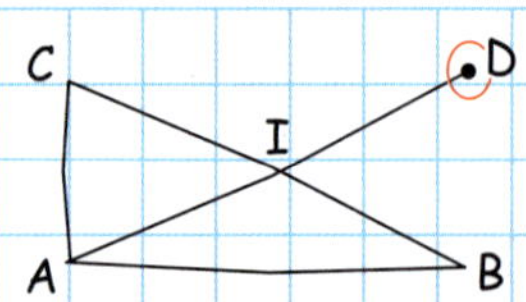

Faire la figure avec les instruments de géométrie et la coder.

b. I est milieu de ~~AD~~ et ~~CB~~ donc ABDC ~~#~~
et il y a un angle droit

Mettre entre crochets les noms des segments.
Faire des phrases en français, préciser l'angle droit. Indiquer la propriété utilisée et conclure.

Pour s'exprimer

56 Montrer qu'une information est fausse

ABCD et ABEF sont des parallélogrammes.

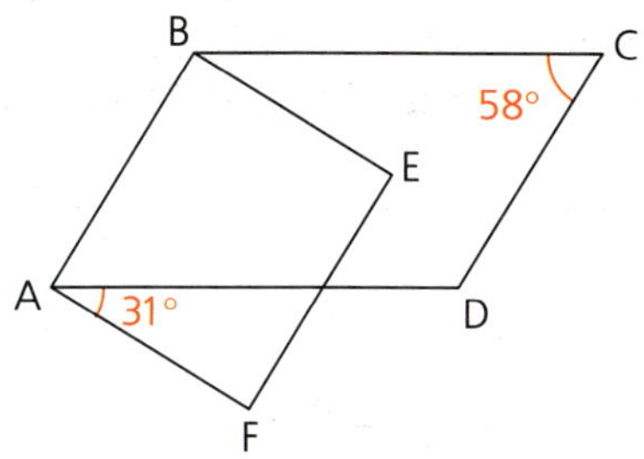

Qu'en pensez-vous ?

57 Critiquer un raisonnement

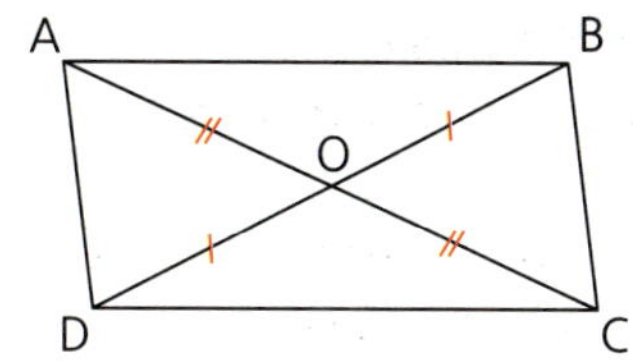

Selon les indications fournies sur cette figure, Aline dit :

Qu'en pensez-vous ?

58 De la figure à l'énoncé

Voici un énoncé de problème et la figure associée. Retrouver les mots manquants dans l'énoncé.

> ABC est un ... ... en ... . est le ... de ... par rapport à ... . Pourquoi le ... ABCD est-il un ... ?

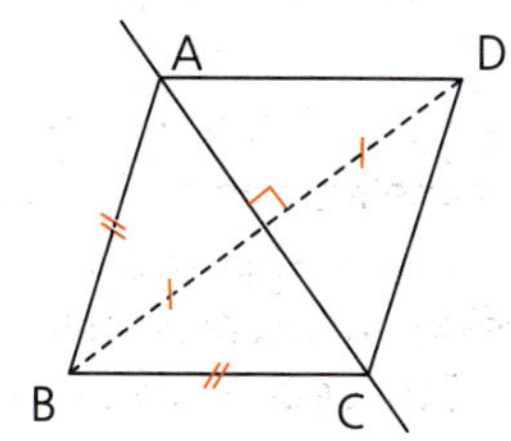

CALCUL MENTAL ET RÉFLÉCHI

59 Périmètre

Calculer mentalement le périmètre d'un parallélogramme ABCD tel que AD = 7,5 cm et DC = 8 cm.

60 Losanges et carrés

La figure ci-dessous est composée de losanges et de carrés. Le périmètre d'un losange est de 5 cm. Calculer mentalement celui de la figure.

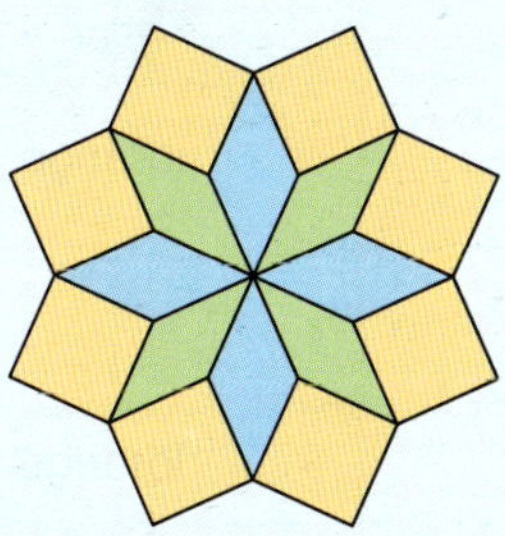

61 Mesure d'un angle

Calculer mentalement la mesure d'un angle aigu de l'un des losanges de la figure ci-dessus.

62 Angle et losange

ABCD est un losange tel que $\widehat{ABC} = 32°$.
Calculer mentalement la mesure de l'angle $\widehat{ADB}$.

63 Une étoile

On forme une étoile en juxtaposant des losanges dont un angle aigu mesure 12°.

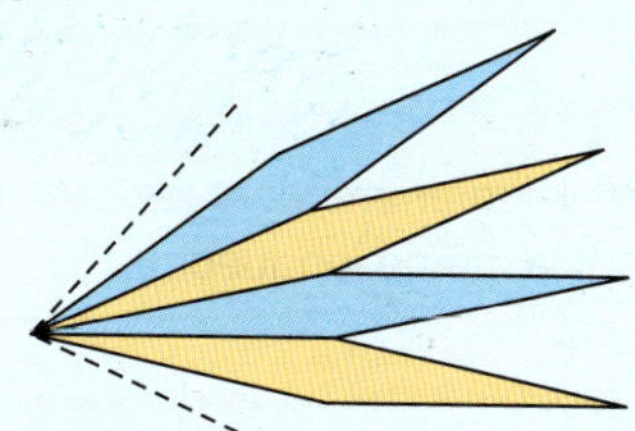

Combien de branches aura cette étoile ?

64 Découpage

D'un parallélogramme de périmètre 14 cm, on a retiré quatre parallélogrammes.

Quel est le périmètre de la figure restante ?

FAIRE LE POINT

TRAVAIL PERSONNEL

Pour chaque question, une seule réponse est exacte. Laquelle ?

	a	b	c
65 ABCD est un parallélogramme. Alors $\widehat{DCB}$ = …	$\widehat{CBA}$	$\widehat{BAD}$	$\widehat{ADC}$
66 ABCD est un parallélogramme de centre O. Alors $\widehat{BAO}$ = …	$\widehat{OAD}$	$\widehat{OCD}$	$\widehat{OCB}$
67 Un quadrilatère dont les diagonales ont le même milieu est obligatoirement un …	parallélogramme	rectangle	losange
68 Un quadrilatère non croisé qui a deux côtés parallèles et de même longueur est obligatoirement un …	parallélogramme	rectangle	losange
69 Un quadrilatère est un parallélogramme, lorsque …	deux côtés opposés sont parallèles	deux côtés opposés ont la même longueur	les côtés opposés sont parallèles deux à deux
70 Un rectangle est aussi un parallélogramme : …	toujours	jamais	parfois
71 Les diagonales sont les bissectrices des angles formés par les côtés dans un …	parallélogramme	rectangle	losange
72 Un parallélogramme dont les diagonales ont la même longueur est obligatoirement un …	rectangle	losange	carré
73 Un parallélogramme dont les diagonales sont perpendiculaires est obligatoirement un …	rectangle	losange	carré
74 Un parallélogramme dont les diagonales sont perpendiculaires et de même longueur est obligatoirement un …	rectangle	losange	carré

Vérifier les réponses page 266 : 7 bonnes réponses ou plus, passer à la série suivante d'exercices, sinon revoir auparavant le cours et les méthodes.

Exercices de consolidation

TRAVAIL PERSONNEL

75 Utiliser les données de la figure

ABCD, BCEF et DCEG sont des parallélogrammes.

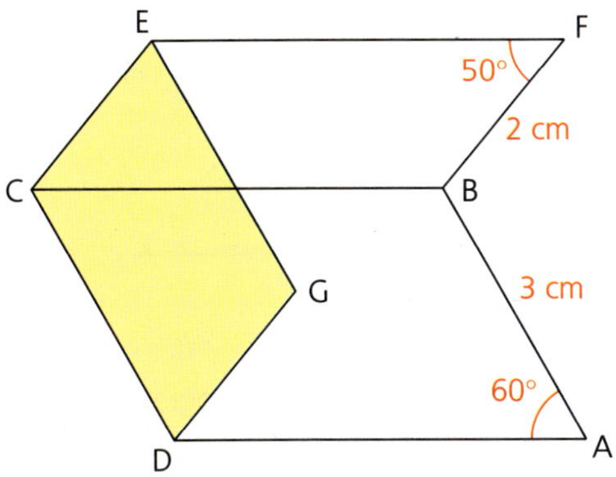

Utiliser le codage de la figure pour calculer, en expliquant les réponses :

a. le périmètre du parallélogramme DCEG,

b. la mesure de l'angle $\widehat{DGE}$.

Aide

Utilise des propriétés des longueurs des côtés et des angles des parallélogrammes.

76 Utiliser des éléments non dessinés

Le rectangle ABCD contient un parallélogramme AMCN.

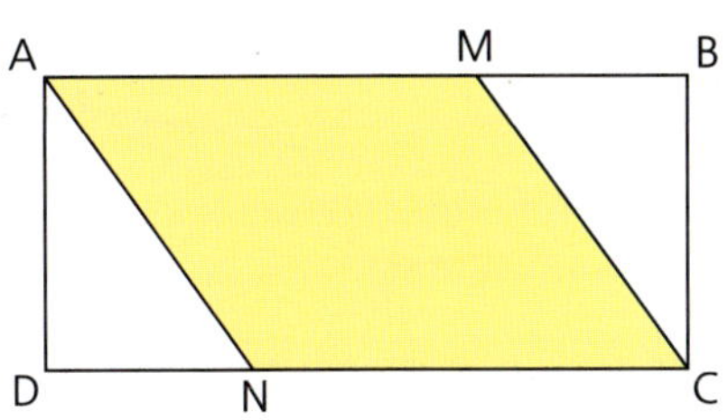

a. Comment doit-on placer M sur le segment [AB] pour que ce parallélogramme soit un losange ?

b. Construire ce losange dans un rectangle de dimensions $AB = 9$ cm et $AD = 4$ cm.

Aide

a. Pense à utiliser les diagonales.

77 Imaginer une étape intermédiaire

ABC est un triangle isocèle en A.
I est le milieu du segment [AC].
D est le point tel que I soit le milieu du segment [BD].

a. Faire une figure.

b. Démontrer que le triangle ACD est isocèle.

Aide

a. Cherche des longueurs égales. Chaque égalité de longueurs devra être expliquée.

78 Exploiter toutes les informations

Sur cette figure, ABCD et AEFG sont des rectangles.

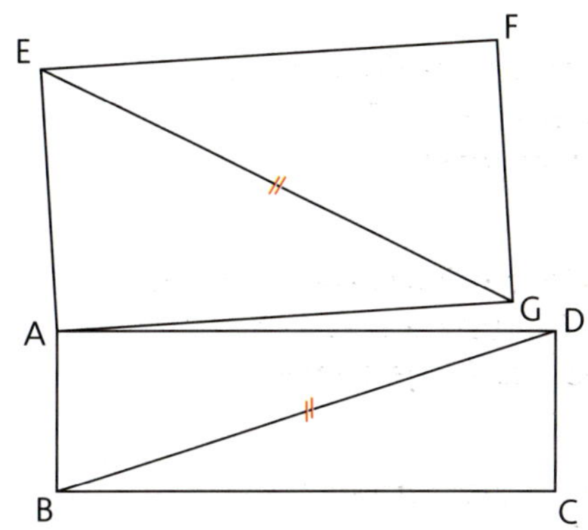

Si Louis a raison, quels sont ces points et pourquoi ?

Aide

Certaines données sont dans le texte, d'autres sont dans le codage de la figure.
Il faut utiliser les unes et les autres.

79 Rédiger un programme de construction

Construire et rédiger le programme de construction d'un parallélogramme ABCD de centre O sachant que :

$AB = 4$ cm ; $AD = 5$ cm et $AO = 3$ cm.

Aide

Pour te faire une idée du résultat, fais d'abord une figure à main levée.
Une phrase doit être rédigée pour chaque élément ajouté à la figure.

Exercices d'approfondissement

S'initier au raisonnement

80 Utiliser un schéma de démonstration

ABCD est un parallélogramme.
I est le milieu du segment [AC].
I est le milieu du segment [EF].

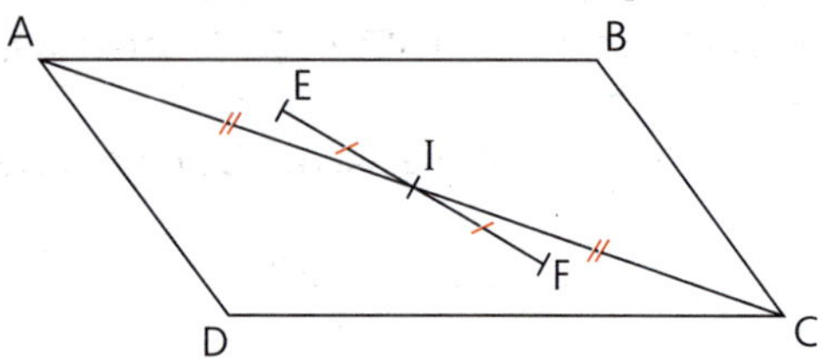

On se propose de démontrer que le quadrilatère DEBF est un parallélogramme à l'aide du schéma suivant :

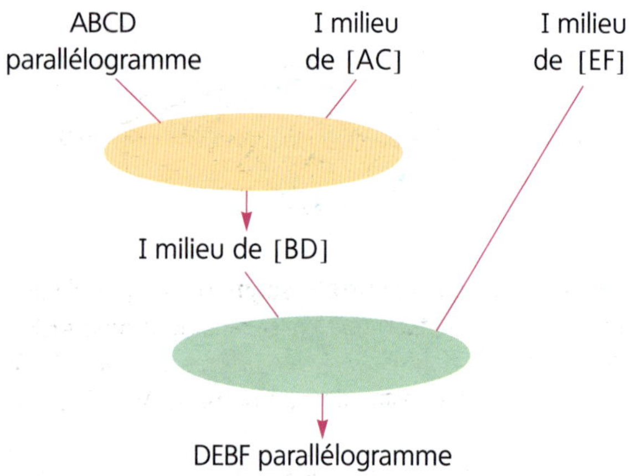

a. Comment distingue-t-on sur le schéma les données de l'énoncé des conséquences ?
b. Quelle propriété énoncée en cours doit-on écrire dans le cadre orange ? dans le cadre vert ?
c. Rédiger soigneusement cette démonstration.

81 Chercher un intermédiaire

ABCD est un rectangle et DBFE est un parallélogramme.

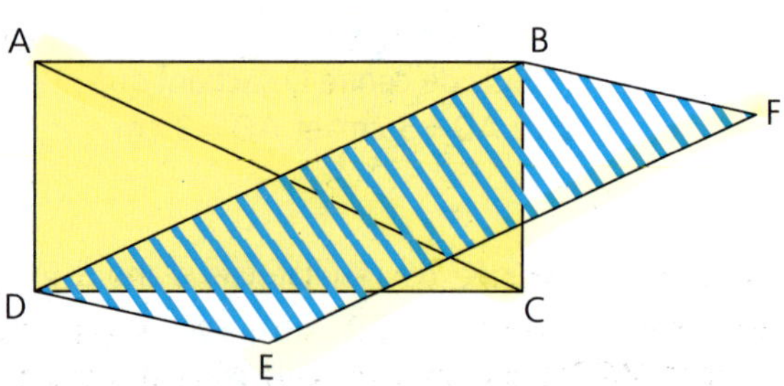

Démontrer que AC = FE.

82 Distinguer les propriétés utilisées

ABCD et ABEF sont deux parallélogrammes.

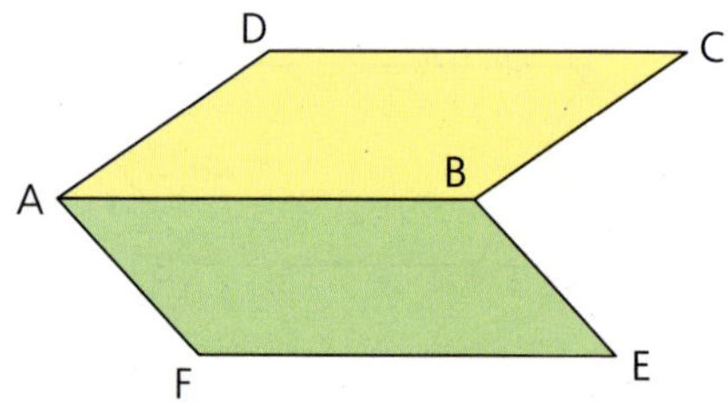

Voici deux propriétés énoncées en cours :

1. Si un quadrilatère est un parallélogramme, alors ses côtés opposés sont deux à deux parallèles et de même longueur.

2. Si un quadrilatère non croisé a deux côtés opposés parallèles et de même longueur, alors ce quadrilatère est un parallélogramme.

Démontrer que le quadrilatère non croisé DCEF est un parallélogramme en précisant à chaque étape laquelle des deux propriétés est utilisée.

83 Définir un point-clé

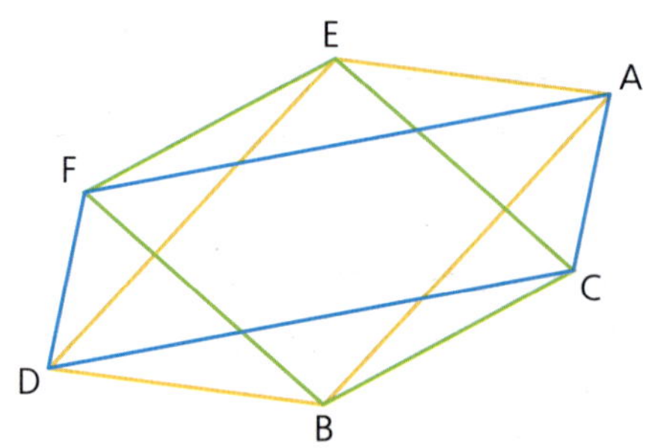

Pourquoi ces trois parallélogrammes ont-ils le même centre ?

84 Conjecturer puis démontrer

1. Une conjecture

a. Construire un cercle de diamètre [AB] et de centre O avec AB = 6 cm. Placer un point M sur le cercle, distinct de A et B.
b. Tracer le triangle ABM. Que semble avoir de particulier ce triangle ?

2. Une démonstration

a. Placer N tel que [MN] soit un diamètre du cercle.
b. Démontrer à l'aide de ses diagonales que le quadrilatère AMBN est un parallélogramme, puis un rectangle.
c. Conclure pour le triangle ABM.

Résolution de problèmes

85 Imaginer une stratégie

Ce losange est en partie en dehors de la feuille.

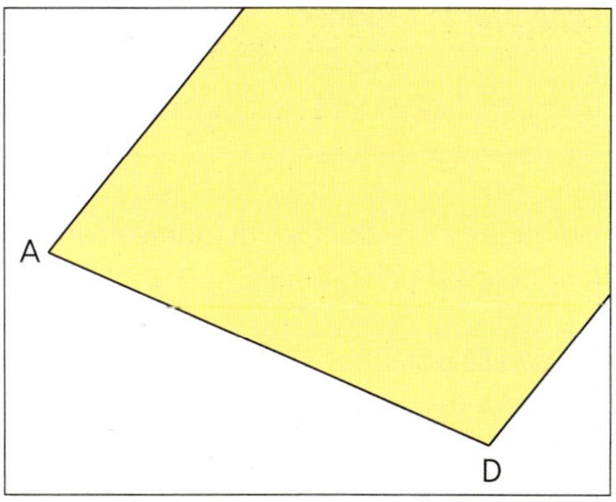

Comment pourrait-on faire pour trouver malgré tout son centre, sans utiliser l'extérieur du cadre ?

86 Un périmètre

Cette figure est constituée de quatre losanges entourant un rectangle.

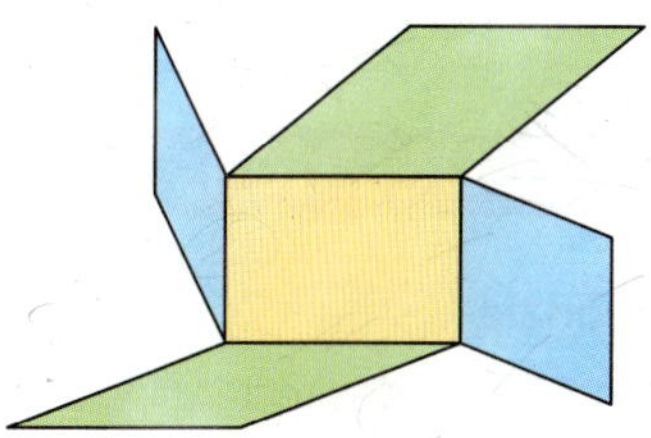

Calculer le périmètre de la figure, sachant que celui du rectangle est de 8 cm.

87 Parallélogramme et losange

ABCD est un parallélogramme de centre O avec : $(AC) \perp (BD)$.

On se propose de démontrer qu'alors ABCD est un losange.

a. Faire une figure.

b. Expliquer pourquoi la droite (AC) est la médiatrice du segment $[BD]$.

c. Que peut-on en déduire pour les longueurs AB et AD.

d. Conclure pour la nature de ABCD.

88 Rectangle, losange, carré

ABC est un triangle quelconque et M est le milieu du segment $[BC]$. D est le symétrique de A par rapport à M.

1. a. Faire une figure à main levée.

b. Quelle est la nature du quadrilatère ABDC ? Pourquoi ?

2. Dans chaque cas, dire comment choisir le triangle ABC pour que ABDC soit :

a. un rectangle ; b. un losange ; c. un carré.

Illustrer chaque cas.

89 Parallélogramme et losange

ABC est un triangle tel que :

$BC = 6$ cm, $BA = 4$ cm et $AC = 8$ cm.

D est le point tel que ABCD soit un parallélogramme.

Le cercle de centre A passant par B coupe le segment $[AD]$ en E.

Le cercle de centre B passant par A coupe le segment $[BC]$ en F.

a. Faire une figure.

b. Pourquoi les droites (AE) et (BF) sont-elles parallèles ?

c. Pourquoi les segments $[AE]$ et $[BF]$ ont-ils la même longueur ?

d. Pourquoi le quadrilatère ABFE est-il un parallélogramme ?

e. Pourquoi ABFE est-il un losange ?

90 Rectangle dans losange

Le losange ABCD de centre O contient le parallélogramme AMCN.

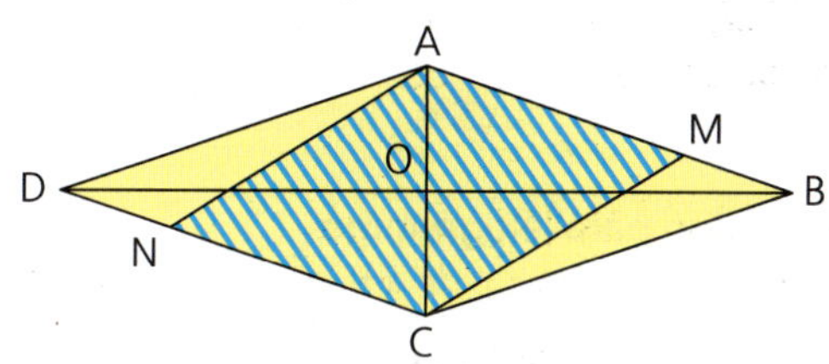

1. a. Comment placer M sur le segment $[AB]$ et N sur le segment $[CD]$ de façon que le parallélogramme AMCN soit un rectangle, sans construire une perpendiculaire ?

b. Effectuer cette construction en prenant $AC = 5$ cm et $BD = 6$ cm.

2. Serait-il possible que le rectangle AMCN soit même un carré ?

91 Losange autour de rectangle

Le rectangle ABCD est contenu dans le parallélogramme AMCN.

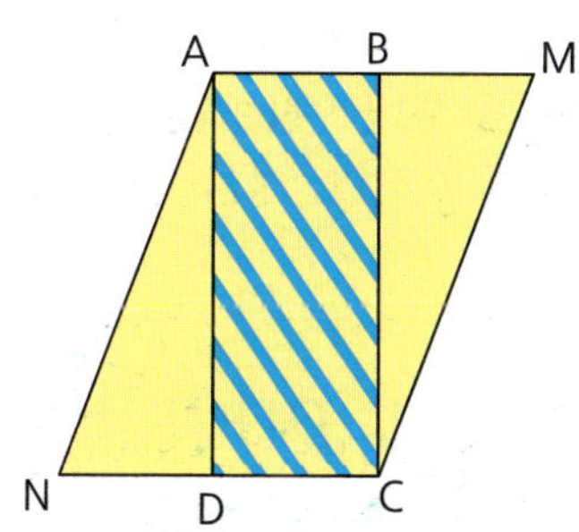

a. Comment placer le point M sur la demi-droite $[AB)$ et le point N sur la demi-droite $[CD)$ de façon que le parallélogramme AMCN soit un losange, sans utiliser de compas ?

b. Effectuer cette construction en prenant $AB = 4$ cm et $AD = 6$ cm.

92 Relier la géométrie et le numérique

On juxtapose cinq parallélogrammes de mêmes dimensions de façon à former un « flocon ».
Pour chaque parallélogramme, on note x la longueur en cm du grand côté : $AB = DC = x$.
Le petit côté mesure 1 cm de moins que le grand. Ainsi : $IB = 1$; $AI = AD = BC = x - 1$.

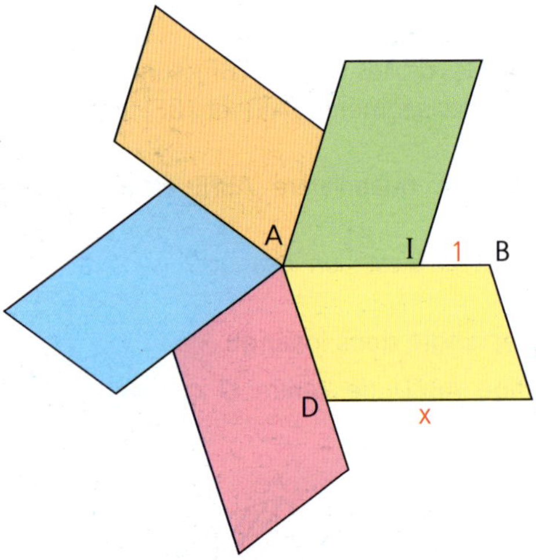

1. Étude d'un parallélogramme
On nomme $p(x)$ (lire « p de x ») le périmètre d'un parallélogramme en fonction de x.
a. Expliquer pourquoi $p(x) = 4x - 2$.
b. Calculer $p(3)$ et $p(5)$ (périmètres d'un parallélogramme pour $x = 3$, puis pour $x = 5$).
c. Le périmètre d'un parallélogramme est-il proportionnel à x ?
d. Calculer la mesure de l'angle $\widehat{BAD}$.

2. Étude du flocon
a. Calculer le périmètre du flocon pour $x = 3$, puis pour $x = 5$.
b. Exprimer le périmètre du flocon en fonction de x.
c. Le périmètre du flocon est-il proportionnel à x ?

3. Expression artistique
Dessiner et décorer un flocon avec plus de cinq parallélogrammes et avec $x = 5$.

Vrai ou faux

Pour les exercices 93 à 97

Dire si l'affirmation est vraie ou fausse. Expliquer la réponse.

93 Un quadrilatère dont les diagonales sont perpendiculaires est un losange.

94 Un quadrilatère dont les diagonales ont la même longueur est un rectangle.

95 Un parallélogramme qui a quatre côtés de même longueur est un carré.

96 Si quatre points A, B, C et D sont placés de façon que $AB = DC$ et $AD = BC$, alors ils forment un parallélogramme.

97 ABCD est un parallélogramme.
Si les triangles ADC et BDC n'ont pas le même périmètre, alors ABCD ne peut pas être un rectangle.

Des défis

98 En diagonale

a. Si BEAU et BRAS sont des rectangles, alors RUSE aussi. Pourquoi ?
b. Mais si BEAU et BRAS sont des losanges, que dire de RUSE ?

99 Étoile filante

Cette étoile est composée de losanges (en bleu) et de cerfs-volants (en vert).
Chaque cerf-volant a un périmètre de 5 cm.
Quel est le périmètre de l'étoile ?

Un pavage pour s'amuser

Le coin des curieux

voûte céleste | observation | figures

Reconnaître nos étoiles

Pendant très longtemps, les hommes ont cru que les étoiles étaient piquées sur la « voûte céleste ». Ils ont donné des noms et des formes à des groupes d'étoiles qui leur paraissaient être proches les unes des autres, et former des figures planes.

La Grande Ourse et la Petite Ourse, formées chacune d'un quadrilatère prolongé par 3 autres étoiles, ont reçu de nombreux noms : ourse, chariot, casserole, …

En prolongeant 5 fois le segment formé par les deux dernières étoiles de la Grande Ourse, on tombe à peu près sur l'étoile Polaire.

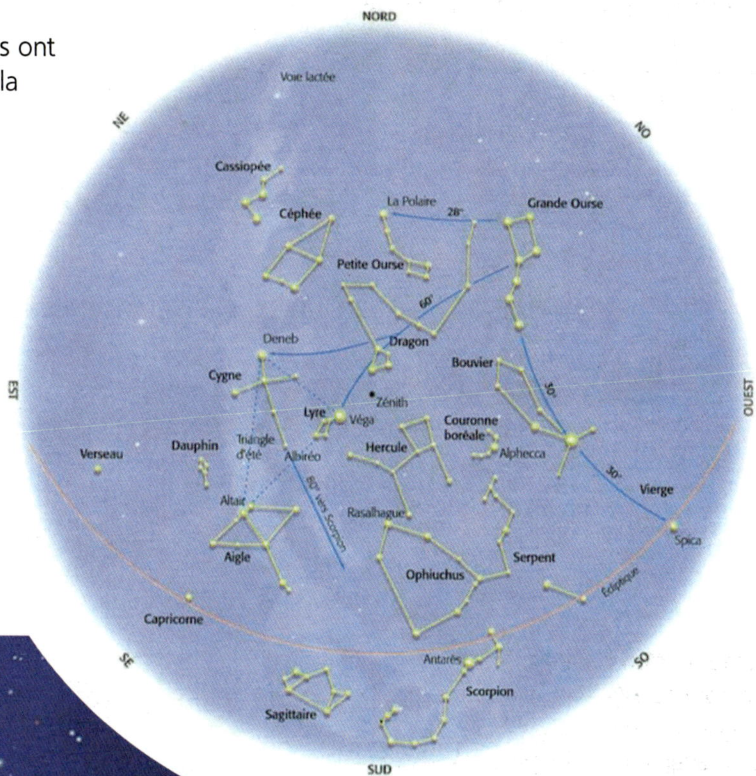

Sur cette photo, on peut reconnaître Cassiopée, Céphée, la Grande Ourse et la Petite Ourse qui comprend l'étoile Polaire.

Jeu

Carrés de lettres

Reproduire cette figure, et placer dans chaque triangle une lettre du mot MATH de telle sorte que dans n'importe quel groupe de 4 triangles formant un parallélogramme (éventuellement particulier), on trouve 4 lettres différentes.

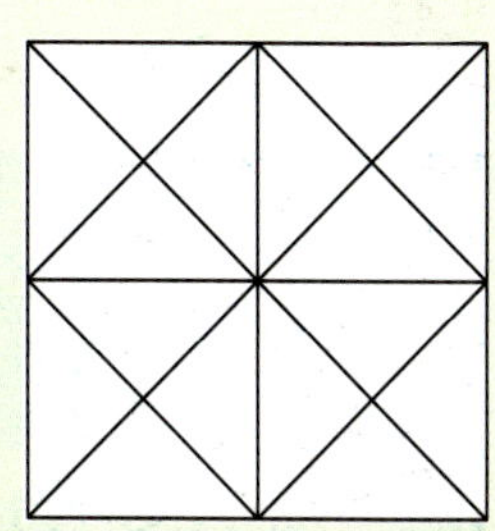

CHAPITRE 9

Angles et parallélisme

PRENDRE UN BON DÉPART

Revoir les acquis

Pour chaque question, une seule réponse est exacte. Laquelle ?

1 Reconnaître le sommet d'un angle

Les angles colorés ont le même sommet sur la figure …

a.

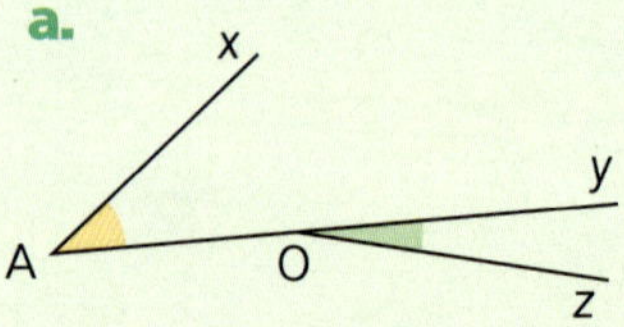

b.

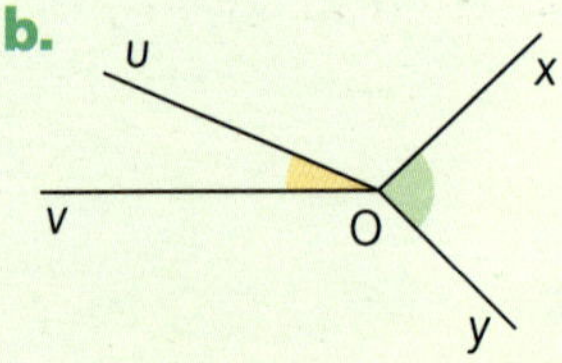

c.

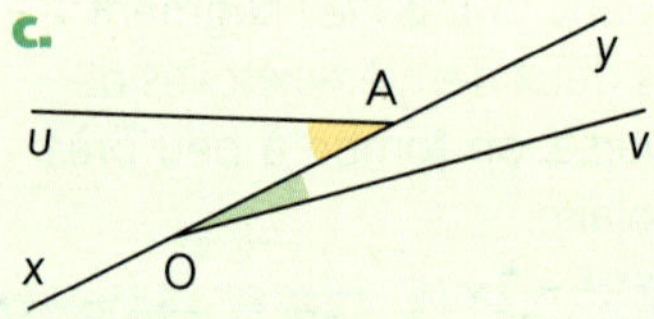

Formulaire page 261

2 Reconnaître les côtés d'un angle

Les côtés de l'angle $\widehat{ABC}$ sont …

a. les segments [BA] et [BC]

b. les demi-droites [AB) et [BC)

c. les demi-droites [BA) et [BC)

3 Désigner un angle

Sur la figure ci-contre, l'angle $\widehat{ACD}$ peut se nommer aussi …

a. $\widehat{CAD}$

b. $\widehat{BCE}$

c. $\widehat{CEA}$

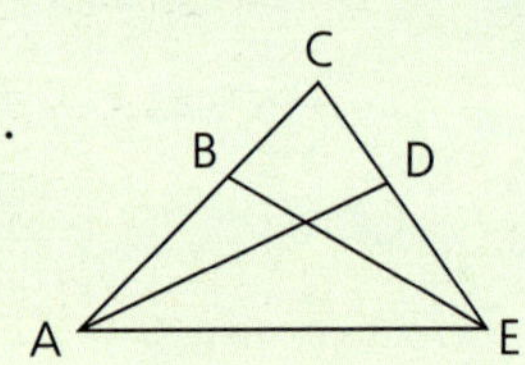

Formulaire page 261

4 Utiliser le rapporteur pour mesurer un angle

La mesure de l'angle $\widehat{xOy}$ ci-contre est …

a. 30,4°

b. 34°

c. 146°

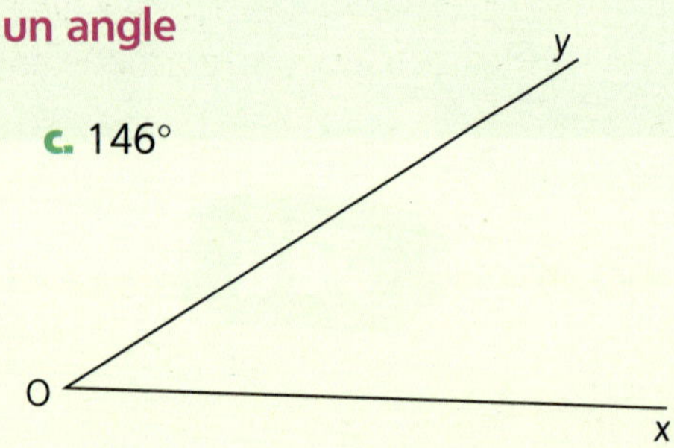

Formulaire page 261

5 Connaître le vocabulaire

$\widehat{xOy} = 159°$; $\widehat{tOz} = 41°$; $\widehat{uOv} = 180°$

Parmi ces angles, celui qui est aigu est l'angle …

a. $\widehat{xOy}$

b. $\widehat{tOz}$

c. $\widehat{uOv}$

▶ Poursuivre avec les exercices A à D page 174

Activités

Sciences en construction

Comment mesurait-on les angles il y a 24 siècles ?

Objectif
Faire réfléchir à l'évolution des connaissances au cours du temps.

Note
Il ne faut jamais regarder le Soleil sans protection pour éviter tout risque de brûlure irréversible de la rétine.

Voici comment le mathématicien grec Archimède $(-287\ ;\ -212)$ évaluait l'angle sous lequel on voit le Soleil d'un point de la Terre.
Il disposait deux cylindres sur une longue règle. Le plus éloigné, le blanc, cachait exactement le Soleil et il éloignait le noir de ses yeux, « jusqu'à voir un mince filet de lumière déborder les côtés du cylindre ».
Archimède parvint à montrer que cet angle $\widehat{a}$, « n'est pas moins que $1/164$ d'un droit, et qu'il est plus de $1/200$ d'un droit ».
Donner un encadrement de $\widehat{a}$ en degrés.

Vocabulaire des angles

1 Angles complémentaires et angles supplémentaires

@ nathan.fr

$\widehat{COB} = 50°$; $\widehat{CEF} = 75°$; $\widehat{PQR} = 40°$; $\widehat{MIN} = 105°$;
$\widehat{GAB} = 15°$; $\widehat{HUK} = 130°$; $\widehat{LYS} = 140°$.
Dans cette liste, relever :

a. les angles complémentaires ;

b. les angles supplémentaires.

Vocabulaire
Angles **complémentaires** :
la somme de leurs mesures est 90°.
Angles **supplémentaires** :
la somme de leurs mesures est 180°.

2 Angles adjacents

a. Dans chaque cas, expliquer pourquoi les angles $\widehat{a}$ et $\widehat{b}$ ne sont pas adjacents.

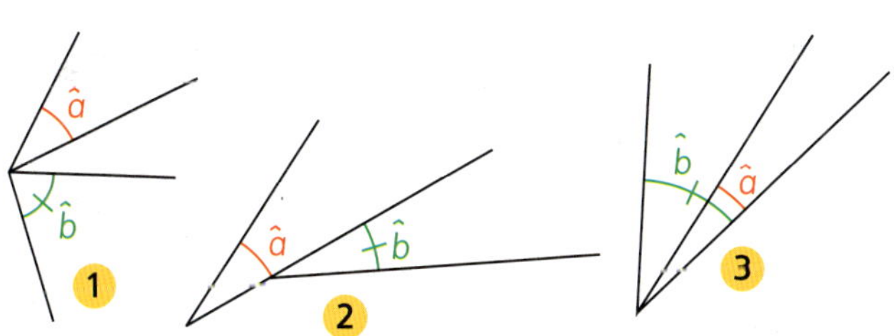

Vocabulaire

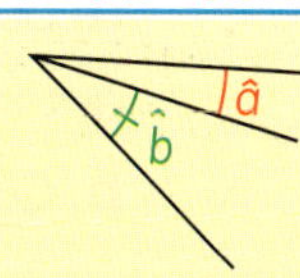

Deux angles $\widehat{a}$ et $\widehat{b}$ dans cette position sont dits **adjacents**.

b. Tracer un angle $\widehat{AOB}$ de mesure 52°. Avec la règle et l'équerre :
- tracer un angle adjacent complémentaire à $\widehat{AOB}$,
- tracer un angle adjacent supplémentaire à $\widehat{AOB}$.

Calculer **mentalement** les mesures des deux angles construits.
Vérifier avec le rapporteur.

3 Angles opposés par le sommet

Objectif
Réinvestir la symétrie centrale.

a. Tracer deux demi-droites $[Ox)$ et $[Oy)$ de même origine. Construire leurs symétriques $[Ox')$ et $[Oy')$ par rapport à O.

b. Comparer les angles $\widehat{xOy}$ et $\widehat{x'Oy'}$ en utilisant une propriété de la symétrie centrale.
Énoncer la propriété ainsi démontrée.

Vocabulaire
Les angles $\widehat{xOy}$ et $\widehat{x'Oy'}$ sont dits opposés par le sommet.

4 Angles alternes-internes et angles correspondants

Objectif
Donner du sens à « alternes-internes » et « correspondants ».

Sur la figure ci-dessous, la droite (uu') est sécante aux droites (xx') et (yy').

Le sens des mots

correspondants : d'un même côté de la sécante et dans cette position.

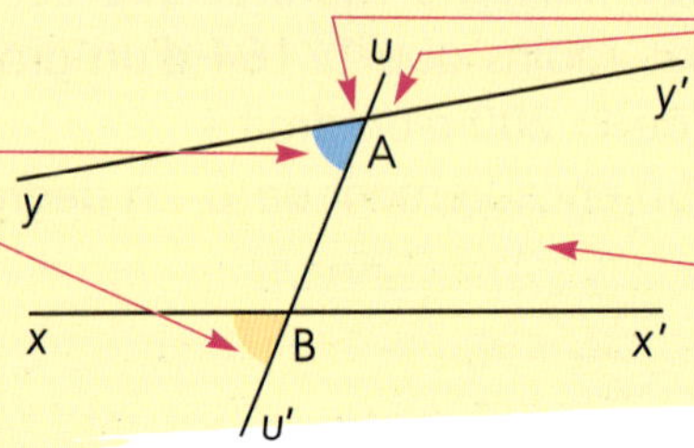

alternes : de part et d'autre de la sécante.

internes : entre les deux droites.

Dans chaque cas, dire si les angles sont alternes-internes ou correspondants ou ni l'un ni l'autre.

a. $\widehat{uAy}$ et $\widehat{xBu'}$ **b.** $\widehat{uAy}$ et $\widehat{ABx'}$ **c.** $\widehat{uAy}$ et $\widehat{ABx}$
d. $\widehat{ABx}$ et $\widehat{BAy}$ **e.** $\widehat{ABx}$ et $\widehat{BAy'}$ **f.** $\widehat{BAy'}$ et $\widehat{u'Bx'}$

Angles formés par deux parallèles et une sécante

5 Expérimentation

Objectif
Réfléchir sur les affirmations dont on est sûr et celles pour lesquelles on ne l'est pas.

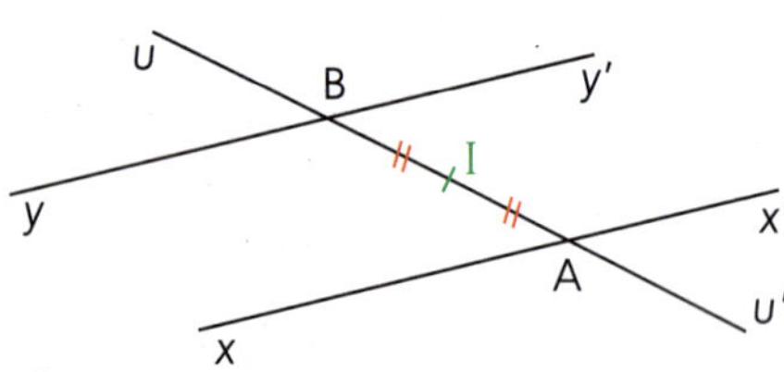

La droite (uu') coupe les droites **parallèles** (xx') et (yy') en A et B.
Le point I est le milieu du segment $[AB]$.

a. Citer les angles opposés par le sommet de cette figure.

b. Conjecturer d'autres angles de même mesure.

6 Une preuve

Objectif
Justifier les conjectures émises à l'activité 5.

@ nathan.fr

On reprend la figure de l'activité précédente.

a. Par la symétrie de centre I, quel est le symétrique :
- du point A ?
- de la demi-droite $[Ax)$?
- de la demi-droite $[AI)$?

Quelle propriété de la symétrie centrale permet de conclure que $\widehat{xAB} = \widehat{ABy'}$?

b. Expliquer alors pourquoi $\widehat{xAB} = \widehat{yBu}$.

c. Énoncer les propriétés ainsi démontrées.

7 Résoudre un problème

Les droites (xx') et (yy') sont parallèles.
A est un point de la droite (xx') et B un point de la droite (yy').
Avec les données de la figure, calculer la mesure de l'angle $\widehat{AMB}$.

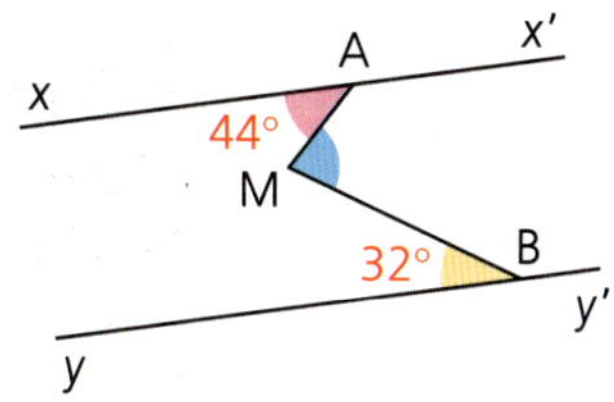

Reconnaissance angulaire du parallélisme

8 Conjecturer une propriété

Note
La démonstration de la reconnaissance du parallélisme à l'aide d'angles alternes-internes ou correspondants de même mesure, est très délicate en 5e. Aussi se contente-t-on de conjecturer ici puis d'admettre en cours ces propriétés.

a. Faire la figure ci-contre où les droites (ut) et (mn) sont sécantes en A.

b. Tracer une demi-droite $[Bx)$ telle que $\widehat{ABx} = \widehat{BAt}$ (deux cas sont à envisager).
Dans l'un des cas, les droites (ut) et (Bx) semblent parallèles. Dans quelle position sont alors les angles $\widehat{ABx}$ et $\widehat{BAt}$?

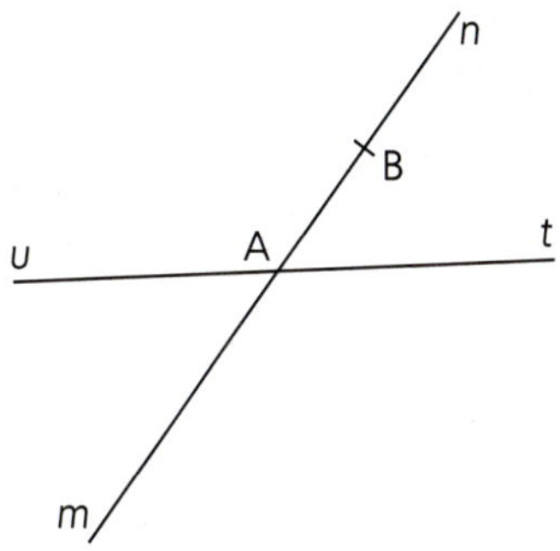

c. Tracer une demi-droite $[By)$ telle que $\widehat{nBy} = \widehat{BAt}$ (deux cas sont à envisager).
Dans l'un des cas, les droites (ut) et (By) semblent parallèles. Dans quelle position sont alors les angles $\widehat{nBy}$ et $\widehat{BAt}$?

Somme des angles d'un triangle

9 Propriété angulaire dans un triangle

Objectif
Démontrer que la somme des angles d'un triangle est égale à 180°.

ABC est un triangle. La droite (xy) est la parallèle passant par A à la droite (BC).

a. Citer un angle de même mesure que $\widehat{ABC}$, puis un angle de même mesure que $\widehat{ACB}$.

b. Donner alors la valeur de la somme $\widehat{ABC} + \widehat{BAC} + \widehat{CAB}$. Expliquer.

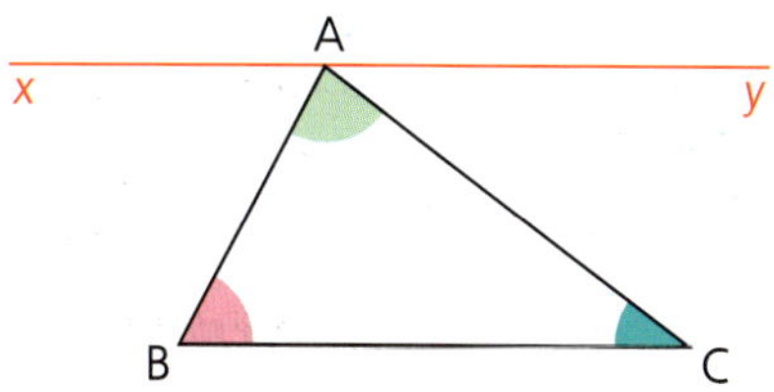

c. Énoncer la propriété ainsi démontrée pour un triangle quelconque.

10 Résoudre un problème

Voici une figure à main levée.
En fait, les points A, B, C doivent être alignés.

a. Quelle doit être la mesure de l'angle $\widehat{BDC}$ pour qu'il en soit ainsi ?

b. Réaliser alors cette figure avec AB = 5 cm.

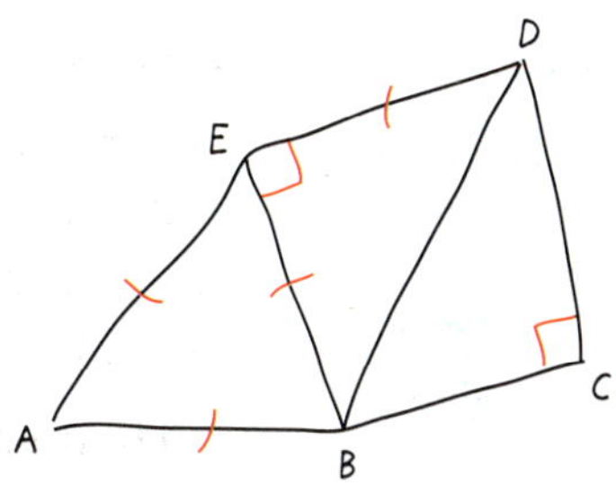

Le Cours

1 Vocabulaire des angles

ANGLES COMPLÉMENTAIRES

Des angles sont **complémentaires** lorsque la somme de leurs mesures est **90**°.

ANGLES SUPPLÉMENTAIRES

Des angles sont **supplémentaires** lorsque la somme de leurs mesures est **180**°.

ANGLES ADJACENTS

Deux angles **adjacents** ont un sommet commun, un côté commun et sont situés de part et d'autre de ce côté.

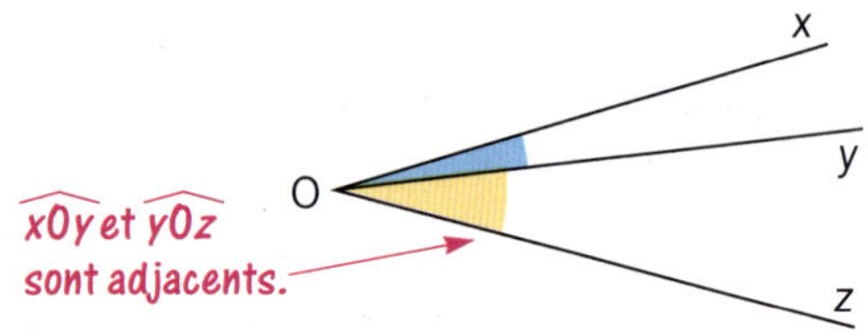

ANGLES OPPOSÉS PAR LE SOMMET

Deux angles **opposés par le sommet** ont :
- le même sommet,
- des côtés dans le prolongement l'un de l'autre.

Note
La propriété énoncée ci-contre est due au mathématicien grec Thalès (6e siècle av. J.-C.).

PROPRIÉTÉ

Si deux angles sont opposés par le sommet, alors ils ont la même mesure.

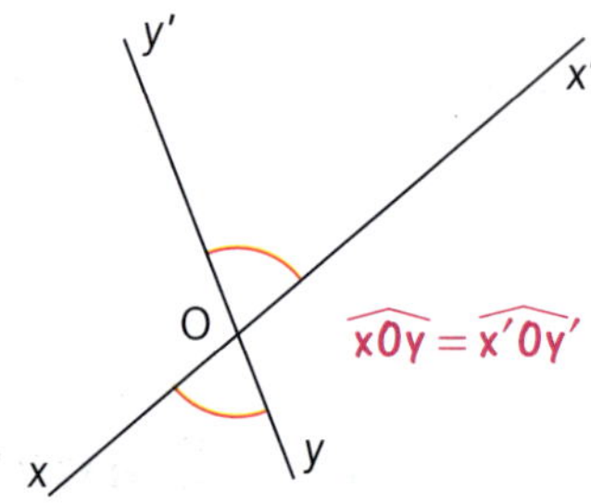

▶ Exercices 1 à 9 p. 174-175

ANGLES ALTERNES-INTERNES OU CORRESPONDANTS

(d) et (d') sont deux droites coupées en A et B par une sécante (Δ).

Deux angles **alternes-internes** :
- ont pour sommets A et B,
- sont situés **de part et d'autre de** (Δ), et entre les droites (d) et (d').

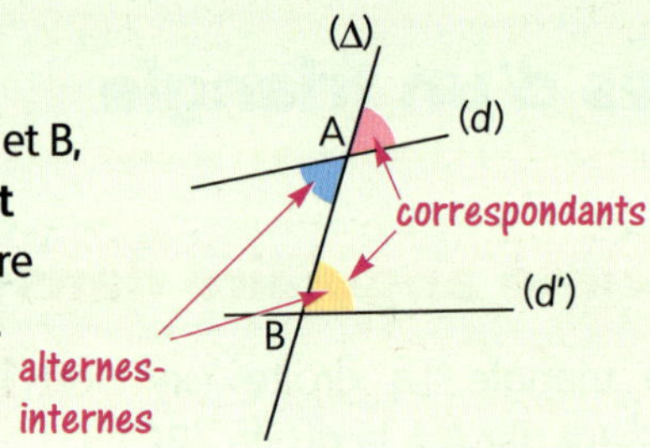

Deux angles **correspondants** :
- ont pour sommets A et B,
- sont situés **d'un même côté de** (Δ), l'un entre les droites (d) et (d'), l'autre à l'extérieur.

2 Angles formés par deux parallèles et une sécante

PROPRIÉTÉ

Si deux droites **parallèles** sont coupées par une sécante, alors deux angles alternes-internes ont même mesure.

PROPRIÉTÉ

Si deux droites **parallèles** sont coupées par une sécante, alors deux angles correspondants ont même mesure.

▶ Exercices 10 à 15 p. 175

Données

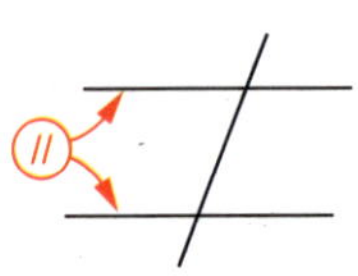

Conclusion

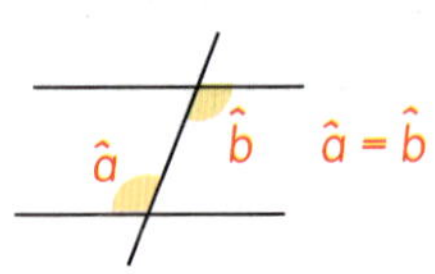

Données

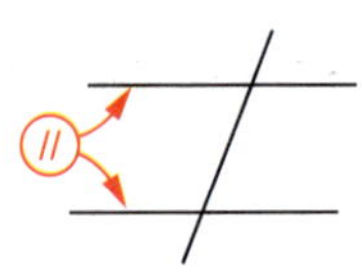

Conclusion

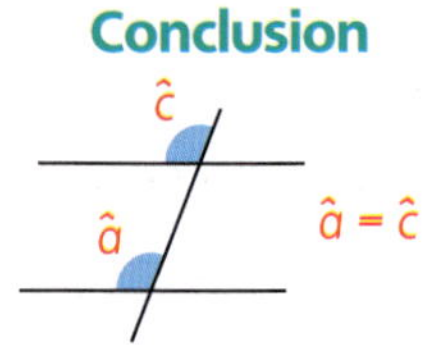

3 Reconnaissance angulaire du parallélisme

PROPRIÉTÉ

Si deux droites coupées par une sécante forment deux angles alternes-internes de même mesure, alors ces droites sont parallèles.

Données — Conclusion

▶ **Exercices 16 à 22 p. 175-176**

PROPRIÉTÉ

Si deux droites coupées par une sécante forment deux angles correspondants de même mesure, alors ces droites sont parallèles.

Données — Conclusion

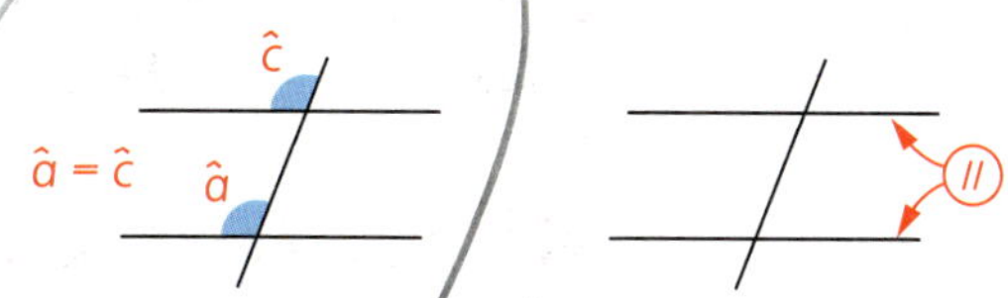

Note
Les données et la conclusion d'une propriété et de sa réciproque sont échangées.

On dit que ces propriétés sont **les propriétés réciproques** de celles énoncées au paragraphe 2.

4 Somme des angles d'un triangle

Note
Ainsi, les trois angles d'un triangle sont supplémentaires. Cette propriété était déjà connue aux 5e-6e siècles av. J.-C. par le mathématicien grec Pythagore et ses disciples.

PROPRIÉTÉ

La somme des mesures des angles d'un triangle est égale à 180°. La somme des mesures des angles d'un quadrilatère : 360°

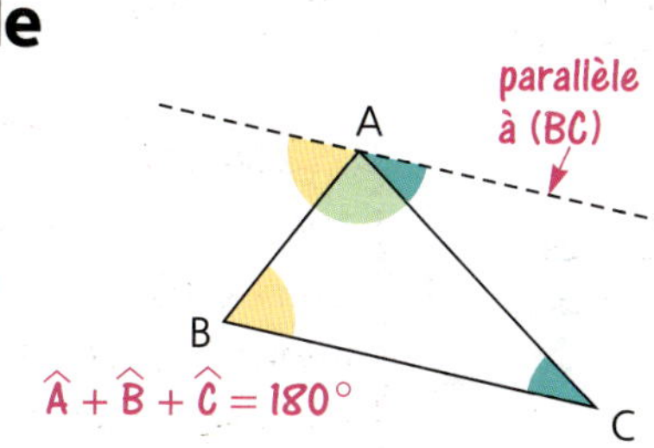

Conséquences pour des triangles particuliers

TRIANGLE ÉQUILATÉRAL

Si un triangle est équilatéral, alors chacun de ses angles mesure 60°.

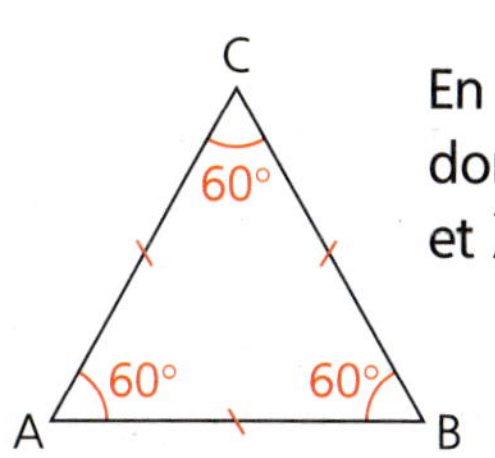

En effet : $\widehat{A} = \widehat{B} = \widehat{C}$
donc $3\widehat{A} = 180°$
et $\widehat{A} = 60°$.

TRIANGLE RECTANGLE

Si un triangle est rectangle, alors ses deux angles aigus sont complémentaires.

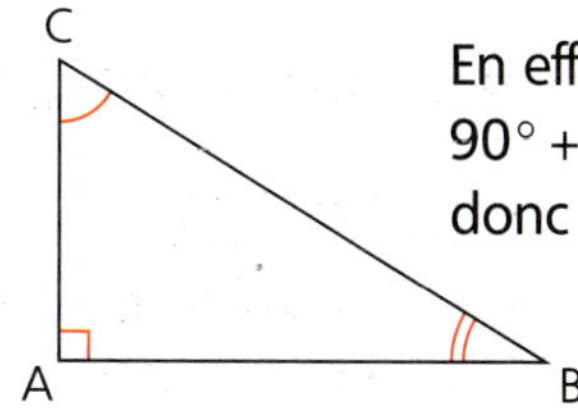

En effet :
$90° + \widehat{B} + \widehat{C} = 180°$
donc $\widehat{B} + \widehat{C} = 90°$.

TRIANGLE RECTANGLE ISOCÈLE

Si un triangle est rectangle isocèle, alors chacun de ses angles aigus mesure 45°.

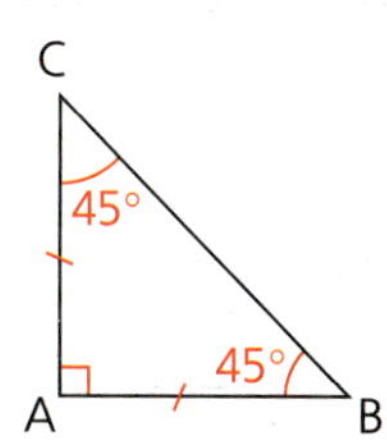

En effet : $\widehat{B} = \widehat{C}$
donc $2\widehat{B} = 90°$
et $\widehat{B} = 45°$.

▶ **Exercices 23 à 30 p. 176-177**

Méthodes

EXERCICE RÉSOLU

1 Penser à compléter la figure

ÉNONCÉ

Démontrer que dans un parallélogramme, deux angles consécutifs sont supplémentaires.

SOLUTION

On doit démontrer par exemple que dans un parallélogramme ABCD :

$$\widehat{ABC} + \widehat{BCD} = 180°.$$

> On nomme le parallélogramme et on traduit ici par une égalité ce qu'il faut prouver.

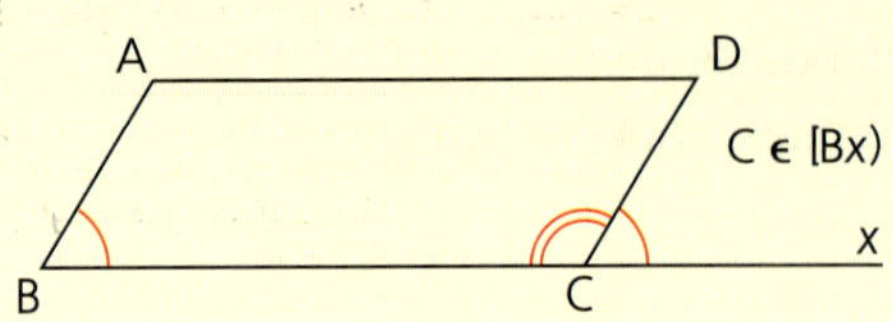

> La clé de la démonstration consiste ici à prolonger le côté [BC], de façon à faire apparaître une configuration connue.

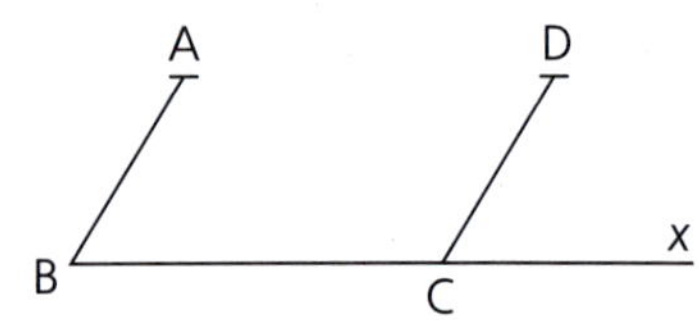

- ABCD est un parallélogramme donc d'après sa définition : (AB) // (CD).
- Les parallèles (AB) et (CD) déterminent avec la sécante (BC) des angles correspondants de même mesure.

Donc : $\widehat{ABC} = \widehat{DCx}$.

- $\widehat{ABC} + \widehat{BCD} = \widehat{DCx} + \widehat{BCD} = \widehat{BCx} = 180°$.

Donc deux angles consécutifs d'un parallélogramme sont supplémentaires.

Note
On démontrerait de façon analogue que les angles consécutifs $\widehat{BCD}$ et $\widehat{CDA}$, ou $\widehat{CDA}$ et $\widehat{DAB}$, ou $\widehat{DAB}$ et $\widehat{ABC}$ sont supplémentaires.

▶ Exercices 14 et 15 page 175

EXERCICE RÉSOLU

2 Reconnaître des parallèles

ÉNONCÉ

ABC est un triangle tel que $\widehat{BAC} = 57°$.
M ∈ [AC], N ∈ [BC] et $\widehat{AMN} = 123°$.
Les droites (MN) et (AB) sont-elles parallèles ?

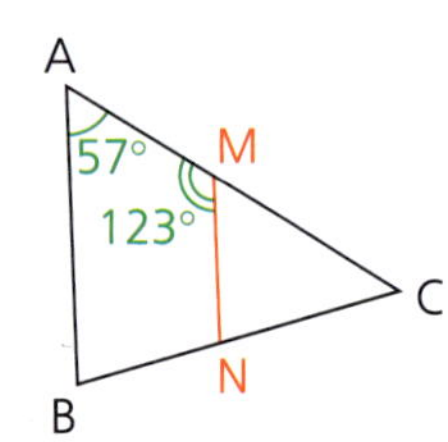

SOLUTION

Les points A, M, C sont alignés donc les angles $\widehat{AMN}$ et $\widehat{NMC}$ sont adjacents supplémentaires : $\widehat{AMN} + \widehat{NMC} = 180°$.

Ainsi : $123° + \widehat{NMC} = 180°$.

Donc : $\widehat{NMC} = 180° - 123° = 57°$.

Les deux droites (MN) et (AB) coupées par la sécante (AC), forment deux angles correspondants de même mesure ($\widehat{BAC} = \widehat{NMC} = 57°$). Donc les droites (MN) et (AB) sont parallèles.

> Il faut citer la propriété utilisée (l'une des propriétés énoncées au paragraphe 3 du cours).

▶ Exercices 18 et 19 page 176

EXERCICE RÉSOLU

3 Calculer des mesures d'angles dans un triangle

ÉNONCÉ

EFG est un triangle tel que : $\widehat{EFG} = 27^\circ$ et $\widehat{FEG} = 33^\circ$.
Calculer la mesure de l'angle $\widehat{EGF}$.

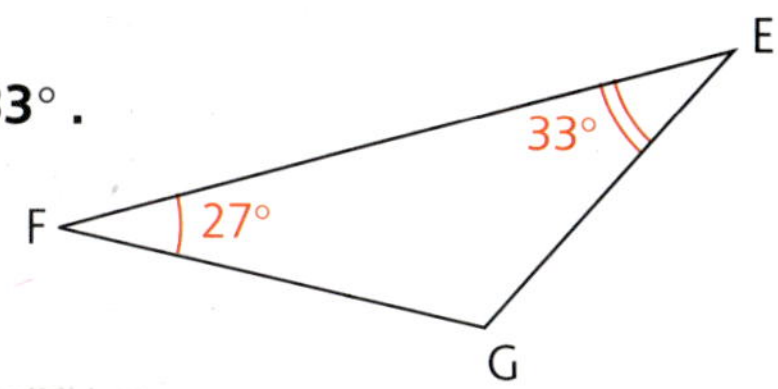

SOLUTION

1. La somme des mesures des angles d'un triangle est 180° donc :
$$\hat{E} + \hat{F} + \hat{G} = 180^\circ.$$

2. $33^\circ + 27^\circ + \hat{G} = 180^\circ$
$60^\circ + \hat{G} = 180^\circ$.

3. Donc $\hat{G} = 180^\circ - 60^\circ$
$\hat{G} = 120^\circ$.

1. On cite la propriété utilisée.

2. On remplace par les mesures connues.

3. On calcule la mesure inconnue.

▶ *Exercices 23 et 24 page 176*

EXERCICE RÉSOLU

4 Reconnaître des perpendiculaires

ÉNONCÉ

Voici une figure à main levée où les droites (EB) et (AD) sont sécantes en C.
D'après les indications données sur la figure, les droites (EB) et (AB) sont-elles perpendiculaires ?

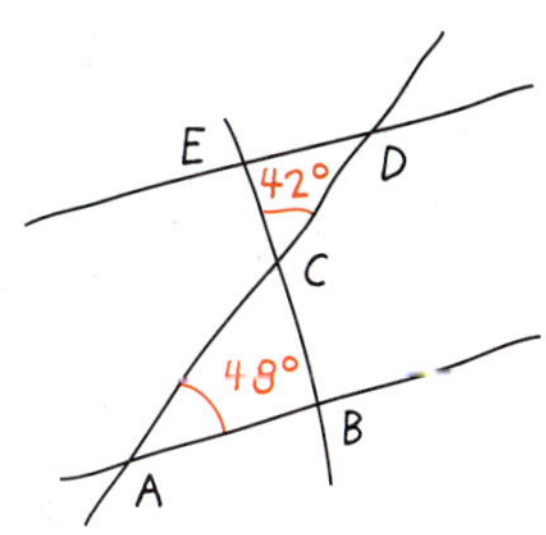

SOLUTION

- Les angles $\widehat{ECD}$ et $\widehat{ACB}$ sont opposés par le sommet, donc $\widehat{ECD} = \widehat{ACB}$.
Or $\widehat{ECD} = 42^\circ$ donc $\widehat{ACB} = 42^\circ$.
- La somme des mesures des angles d'un triangle est égale à 180° donc :
$\widehat{CAB} + \widehat{ABC} + \widehat{ACB} = 180^\circ$
$48^\circ + \widehat{ABC} + 42^\circ = 180^\circ$
$\widehat{ABC} + 90^\circ = 180^\circ$
$\widehat{ABC} = 180^\circ - 90^\circ = 90^\circ$.
Donc le triangle ABC est rectangle en B et donc les droites (AB) et (EB) sont perpendiculaires.

On veut démontrer que $\widehat{EBA} = 90^\circ$.
On constate que dans le triangle ABC, si l'on connaissait l'angle $\widehat{ACB}$, alors on pourrait calculer la mesure de $\widehat{CBA}$.
D'où l'idée de commencer par le calcul de la mesure de $\widehat{ACB}$.

Les droites (BC) et (BE) sont confondues.

▶ *Exercices 28 et 29 pages 176*

TRAVAIL PERSONNEL

Ces exercices prolongent la rubrique Revoir les acquis (page 166)

Reconnaître le sommet, les côtés d'un angle

A Parmi les angles marqués sur la figure ci-contre, en citer deux qui ont le même sommet.

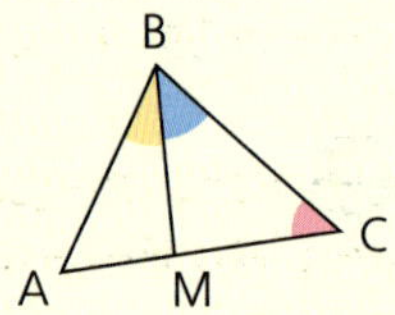

B a. Sur la figure ci-contre, quels sont les côtés de l'angle $\widehat{ABC}$? de l'angle $\widehat{MBC}$?
b. Ces deux angles ont-ils un côté commun ? un sommet commun ?

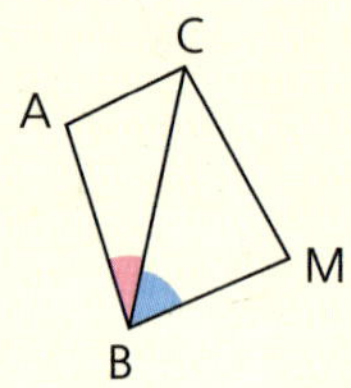

Désigner un angle

C Les points A, M, E, B sont alignés ainsi que les points A, N, F, C.
Indiquer plusieurs façons de désigner l'angle marqué.

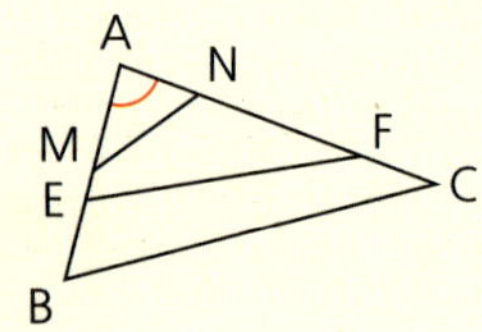

Utiliser un rapporteur

D a. Dessiner des angles tels que :

$\widehat{AOB} = 72°$; $\widehat{BOC} = 28°$; $\widehat{COD} = 152°$

b. Y avait-il plusieurs figures possibles ?
c. Citer un angle aigu, un angle obtus.

Exercices d'application

Vocabulaire des angles

1 $\widehat{a}$ et $\widehat{b}$ sont deux angles complémentaires.
Recopier et compléter le tableau suivant :

$\widehat{a}$	35°		73°		45°	
$\widehat{b}$		27°		81°		7°

2 $\widehat{a}$ et $\widehat{b}$ sont deux angles supplémentaires.
Recopier et compléter le tableau suivant :

$\widehat{a}$	119°		52°		7°	
$\widehat{b}$		23°		165°		90°

3 a. Dessiner un angle de mesure 28° et un angle complémentaire dont on indiquera la mesure.
b. Dessiner un angle de mesure 137° et un angle supplémentaire dont on donnera la mesure.

4 Les angles $\widehat{A}$ et $\widehat{B}$ sont supplémentaires, les angles $\widehat{B}$ et $\widehat{C}$ sont complémentaires, les angles $\widehat{C}$ et $\widehat{D}$ sont complémentaires.
Sachant que $\widehat{D} = 56°$, calculer les mesures des autres angles.

5

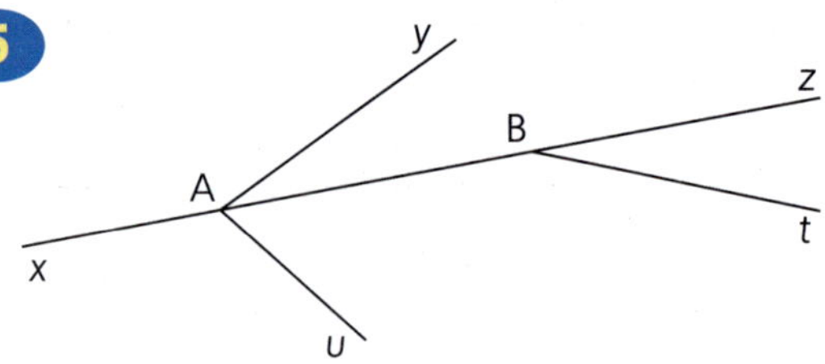

Dans chaque cas, dire si les angles sont adjacents.
a. $\widehat{xAy}$ et $\widehat{yAu}$
b. $\widehat{yAu}$ et $\widehat{yAz}$
c. $\widehat{yAz}$ et $\widehat{zBt}$
d. $\widehat{zBt}$ et $\widehat{tBx}$

6 1. a. Construire deux angles adjacents $\widehat{xOy}$ et $\widehat{yOz}$ tels que $\widehat{xOy} = 52°$ et $\widehat{yOz} = 38°$.
b. Calculer la mesure de l'angle $\widehat{xOz}$. Que peut-on en déduire pour les angles $\widehat{xOy}$ et $\widehat{yOz}$?
2. a. Construire deux angles non adjacents $\widehat{uOv}$ et $\widehat{vOz}$ tels que $\widehat{uOv} = 52°$ et $\widehat{vOz} = 38°$.
b. Calculer la mesure de l'angle $\widehat{uOz}$.

7 a. Construire deux angles adjacents et complémentaires $\widehat{xOy}$ et $\widehat{yOz}$ tels que $\widehat{xOy} = 42°$.
b. Tracer la demi-droite [Ou) pour que les angles $\widehat{zOu}$ et $\widehat{xOz}$ soient supplémentaires adjacents.
c. Calculer la mesure de l'angle $\widehat{uOy}$.

8 Les droites (tx), (vz) et (uy) sont concourantes en O.

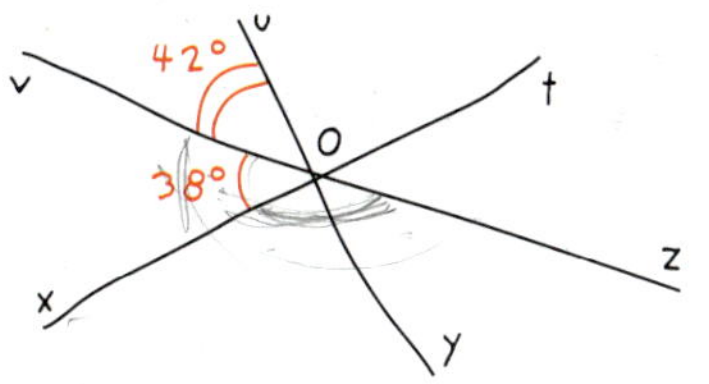

Dans chaque cas, citer l'angle opposé par le sommet et donner sa mesure.

a. $\widehat{xOv}$ b. $\widehat{xOz}$ c. $\widehat{uOz}$ d. $\widehat{tOy}$

9 Sur cette figure à main levée, $\widehat{uOv} = 48°$ et la demi-droite $[Ox)$ est sa bissectrice.
La droite (zt) est perpendiculaire en O à $[Ox)$.
Calculer la mesure de chacun des angles $\widehat{zOu}$ et $\widehat{tOv}$.

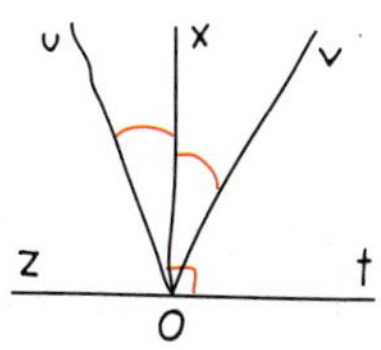

Angles formés par deux parallèles et une sécante

10 La droite (uv) coupe les droites parallèles (xy) et (tz) en A et B.

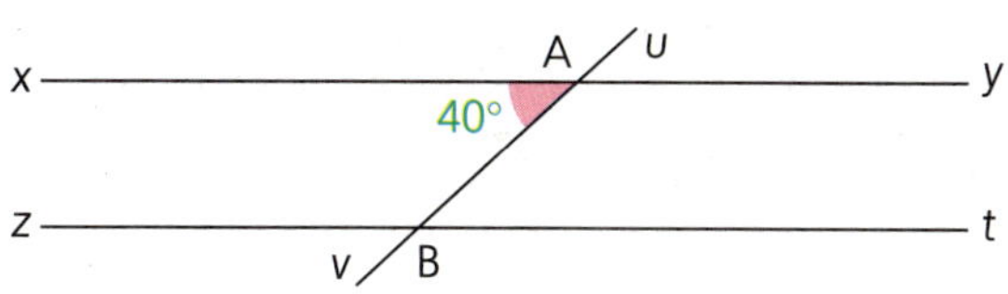

Dans chaque cas, donner la mesure de l'angle en expliquant :

a. $\widehat{ABt}$ b. $\widehat{zBv}$ c. $\widehat{vBt}$ d. $\widehat{uAy}$

11 Les droites (xy) et (tz) sont parallèles. Le point A appartient à la droite (xy).
Les demi-droites $[Au)$ et $[Av)$ coupent la droite (tz) en B et C.

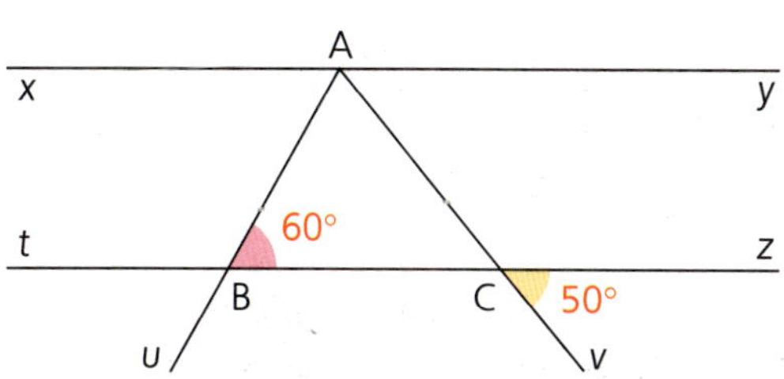

a. Quelles sont les mesures des angles $\widehat{ACB}$, $\widehat{CAy}$ et $\widehat{xAB}$?
b. En déduire la mesure de l'angle $\widehat{BAC}$.

12 Les droites (xy) et (zt) sont parallèles.

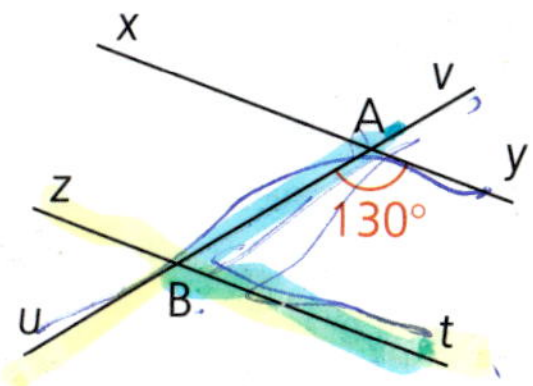

a. Calculer la mesure de l'angle $\widehat{vBt}$, puis de l'angle $\widehat{zBu}$.
b. Que peut-on dire des angles :
• $\widehat{yAu}$ et $\widehat{vBt}$? • $\widehat{yAu}$ et $\widehat{zBu}$?

13 Dans chaque cas, ABC est un triangle et : $M \in (AB)$, $N \in (AC)$, $(MN) // (BC)$.

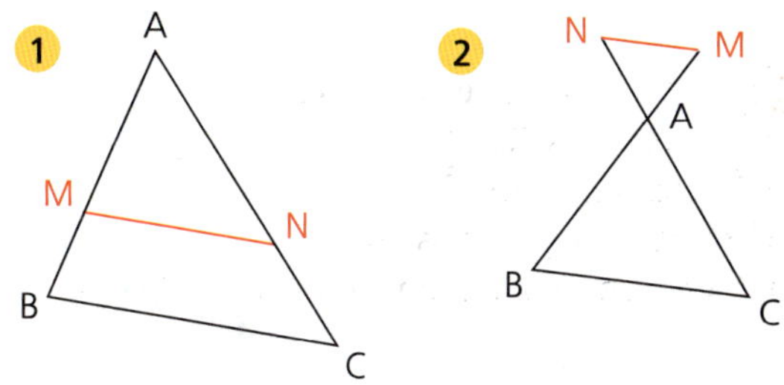

Pour chaque figure, comparer les angles du triangle AMN et ceux du triangle ABC en justifiant.

14 ABCD est un trapèze rectangle.

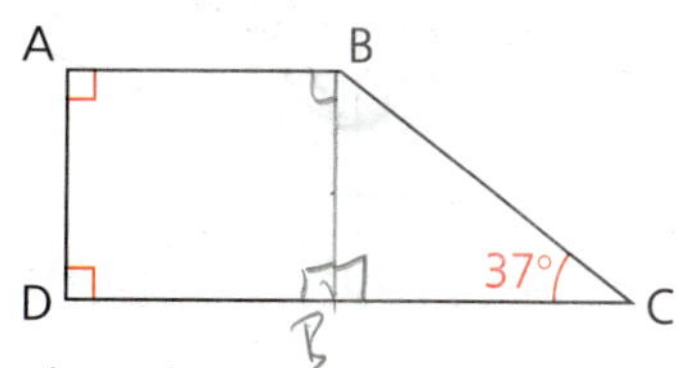

a. Pourquoi les droites (AB) et (DC) sont-elles parallèles ?
b. Calculer la mesure de l'angle $\widehat{ABC}$.
Conseil : se reporter à l'exercice résolu 1 page 172.

15 ABCD est un parallélogramme tel que $\widehat{ADC} = 66°$.
a. Faire une figure à main levée.
b. Calculer la mesure de chacun des trois autres angles de ce parallélogramme.

Reconnaissance angulaire du parallélisme

16 Dans chaque cas, expliquer pourquoi les droites (d_1) et (d_2) sont parallèles.

a.

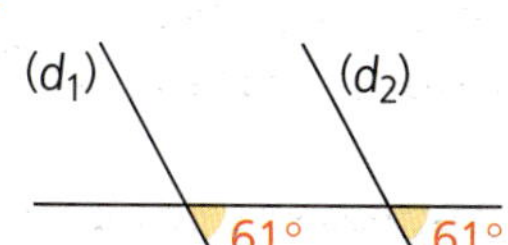

b.

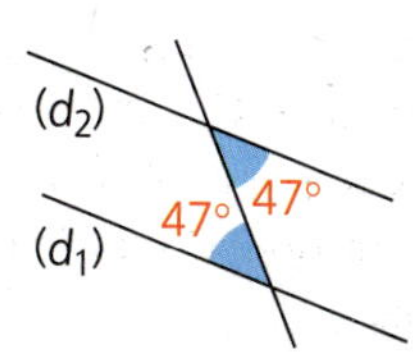

17 Un élève a fait glisser son équerre le long d'une règle, comme ci-contre.
Que peut-on dire des droites (d) et (d') ?
Pourquoi ?

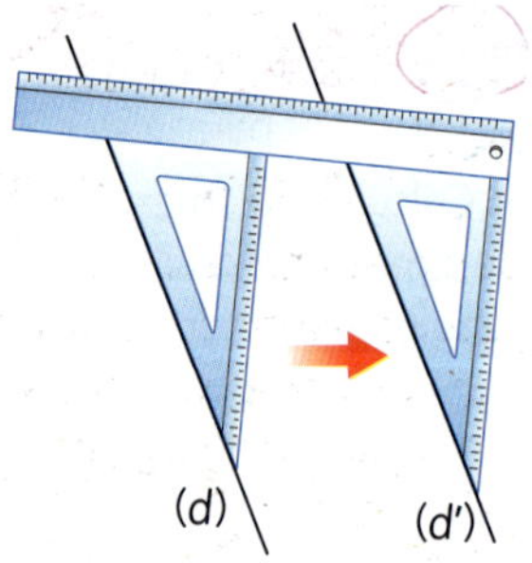

18 Dans chaque cas, la figure est à main levée.
Dire si les droites (d_1) et (d_2) sont parallèles, en expliquant la réponse.

a.

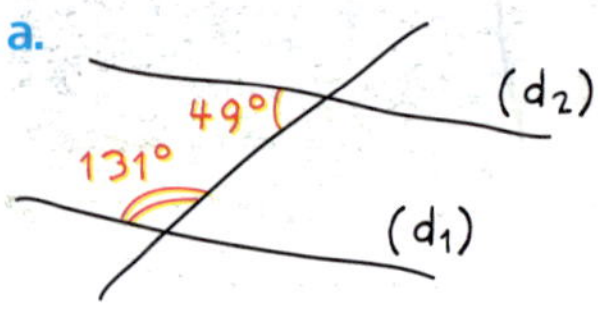

b.

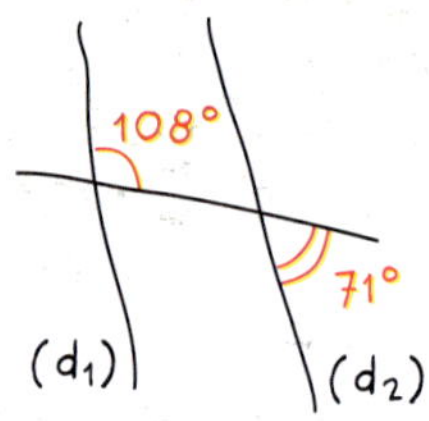

Conseil : se reporter à l'exercice résolu 2 page 172.

19 Les droites (xy), (tz) et (mn) sont concourantes en A.

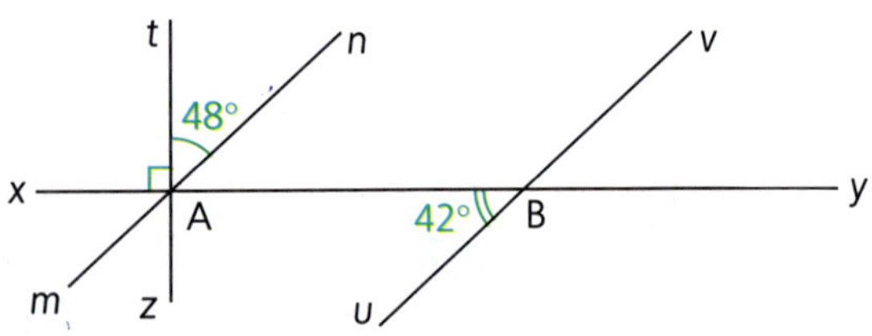

Les droites (mn) et (uv) sont-elles parallèles ?

20 Les points E, D, C sont alignés.
Le quadrilatère ABDE est-il un parallélogramme ?

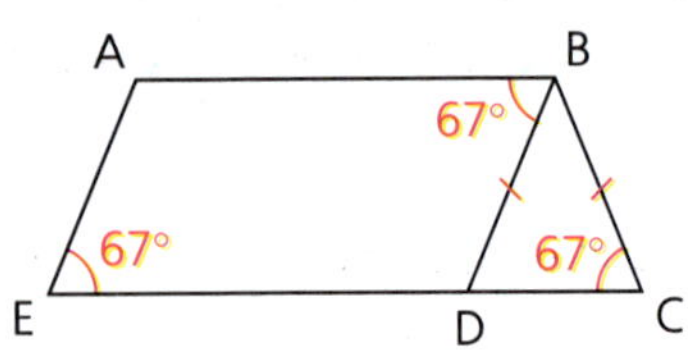

21 Les droites (AB) et (CD) sont perpendiculaires en A. La demi-droite $[AE)$ est la bissectrice de l'angle $\widehat{BAD}$.

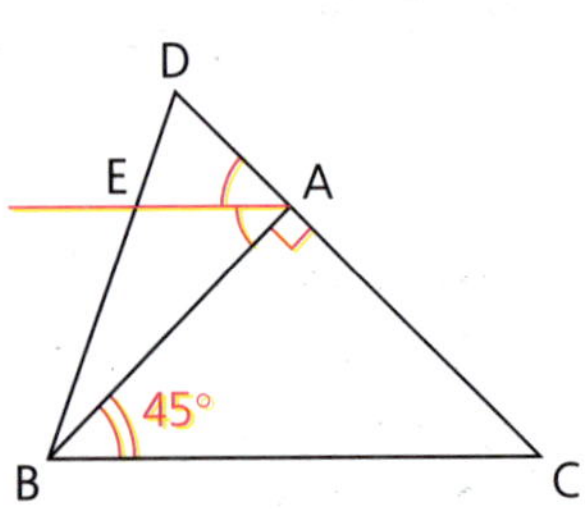

a. Calculer la mesure de l'angle $\widehat{BAE}$.
b. Les droites (AE) et (BC) sont-elles parallèles ?

22 D'après les informations données sur cette figure à main levée, les droites (AI) et (BC) sont-elles parallèles ?

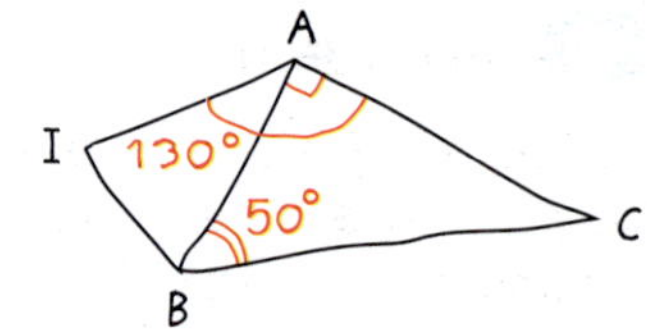

Somme des angles d'un triangle

23 ABC est un triangle tel que :

$$\widehat{BAC} = 48° \quad \text{et} \quad \widehat{ACB} = 59°.$$

a. Faire une figure à main levée.
b. Calculer la mesure de l'angle $\widehat{ABC}$.
Conseil : se reporter à l'exercice résolu 3 page 173.

24 DEF est un triangle tel que :

$$\widehat{EFD} = 36° \quad \text{et} \quad \widehat{FDE} = 129°.$$

Calculer la mesure de l'angle $\widehat{DEF}$.

25 EFG est un triangle tel que $\widehat{EFG} = 50°$ et $\widehat{EGF} = 65°$. Quelle est la nature de ce triangle ?

26 RST est un triangle isocèle tel que $\widehat{RST} = 52°$.
Calculer les mesures des angles $\widehat{RTS}$ et $\widehat{SRT}$ en envisageant tous les cas possibles.

27 Le triangle RSM est équilatéral.
Le triangle RST est rectangle en S.
Le triangle SMT est rectangle en M.
$RS = 3$ cm.

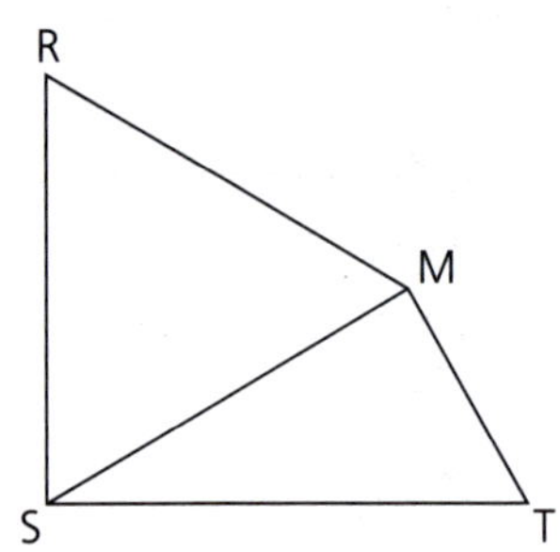

a. Faire une figure en vraie grandeur, puis la coder.
b. Calculer la mesure de $\widehat{TSM}$, puis de $\widehat{STM}$.
c. Calculer la somme des mesures des angles du quadrilatère RSTM.

28 Les droites (KL) et (ML) sont-elles perpendiculaires ?
Conseil : se reporter à l'exercice résolu 4 page 173.

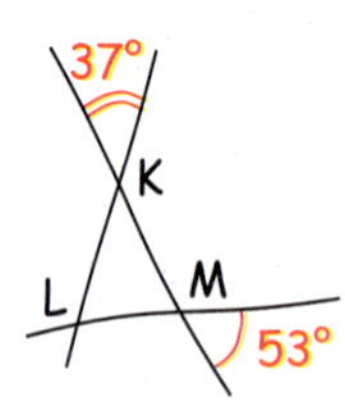

29 ABCD et ABEC sont deux parallélogrammes tels que $\widehat{DAC} = 56°$ et $\widehat{BEC} = 34°$.
a. Faire une figure à main levée pour indiquer les données. Calculer la mesure de l'angle $\widehat{ACD}$.
b. Préciser la nature du parallélogramme ABCD.

30 **Pour rédiger**

Lire l'énoncé et la solution proposée par un élève. Rédiger ensuite cette solution en tenant compte des remarques du correcteur.

Énoncé

Dans le triangle ABC, la bissectrice de l'angle de sommet C coupe le côté opposé en M. On donne $\widehat{ACB} = 85°$ et $\widehat{ABC} = 37°$.

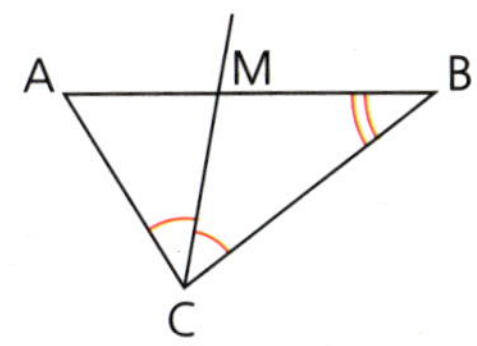

Calculer la mesure des angles $\widehat{BMC}$ et $\widehat{AMC}$.

Copie d'un élève

$\widehat{BMC} = 180° - 42{,}5° - 37°$ — Il faut préciser dans quel triangle

d'où vient cette mesure ?

$\widehat{BMC} = 100{,}5°$.

$\widehat{AMC} = 79{,}5°$. Il faut expliquer.

Pour s'exprimer

31 **Employer le bon mot**

Employer une seule fois chaque mot de la liste suivante pour compléter les phrases ci-dessous :
alternes, correspondant, adjacents, internes, opposées.

Gentiana lutea

Veratrum album

a. La gentiane avec ses feuilles … ne doit pas être confondue avec le vérâtre toxique aux feuilles …
b. « Nous avons choisi des sports … à nos goûts ».
c. Habitant très loin du lycée, ils sont …
d. Les deux frères travaillent dans des bureaux … .

CALCUL MENTAL ET RÉFLÉCHI

32 **Complément**

Calculer mentalement la mesure d'un angle complémentaire à un angle de mesure :
a. 70° b. 43° c. 58° d. 27° e. 66°

33 **Supplément**

Calculer mentalement la mesure d'un angle supplémentaire à un angle de mesure :
a. 110° b. 56° c. 123° d. 92° e. 45°

34 **Droites sécantes**

Les droites (d) et (d′) sont sécantes et les droites (d) et (d″) sont parallèles.
Calculer les mesures des angles $\hat{a}$, $\hat{b}$, $\hat{c}$, $\hat{e}$, $\hat{f}$.

a.
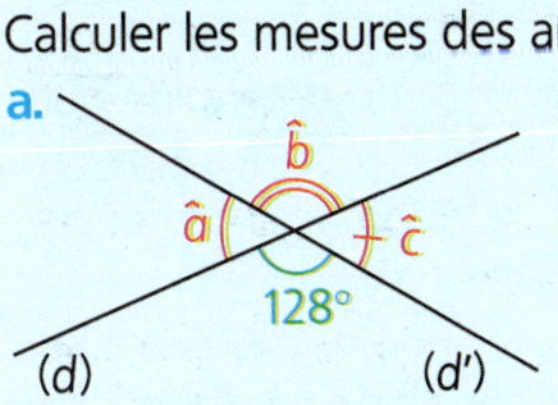

b.
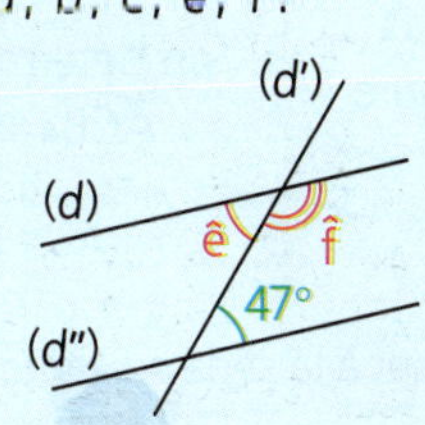

35 **Angles d'un triangle**

On donne les mesures de deux angles d'un triangle. Calculer la mesure du troisième angle.
a. 55° et 45° b. 104° et 26° c. 27° et 63°

36 **Nature d'un triangle**

Sur cette figure à main levée, les points A, C, D sont alignés. À l'aide des informations codées, déterminer mentalement la nature du triangle ABC.

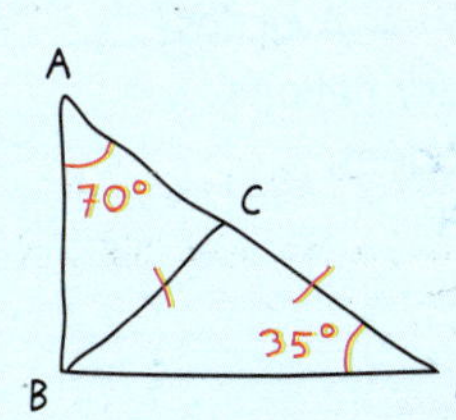

37 **Triangles rectangles**

À l'aide des informations codées sur cette figure à main levée, décider si les points B, M, C sont alignés.

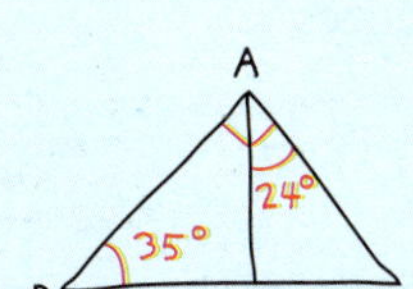

FAIRE LE POINT

TRAVAIL PERSONNEL

Pour chaque question, une seule réponse est exacte. Laquelle ?

	a	b	c
38 $\widehat{xOy} = 72°$. Un angle complémentaire à $\widehat{xOy}$ mesure …	108°	18°	28°
39 $\widehat{xOy} = 36°$. Un angle supplémentaire à $\widehat{xOy}$ mesure …	144°	64°	54°
40 $\hat{a}$ et $\hat{b}$ sont adjacents sur la figure …	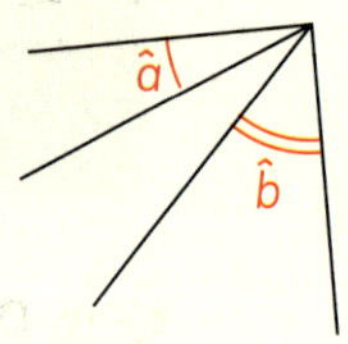	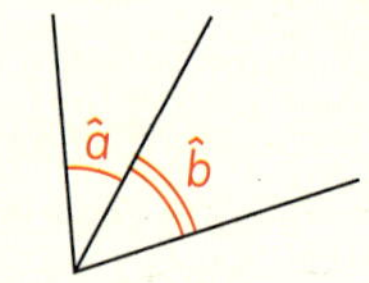	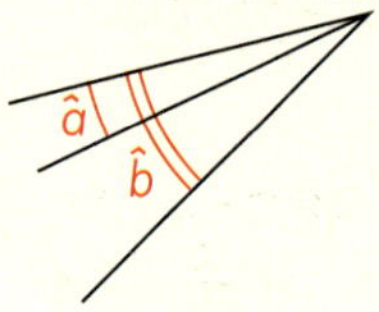
41 $\hat{a}$ et $\hat{b}$ sont opposés par le sommet sur la figure …	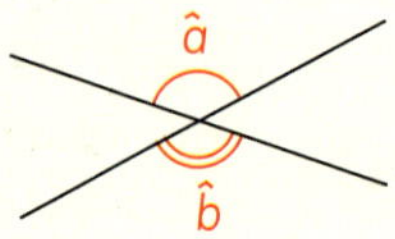	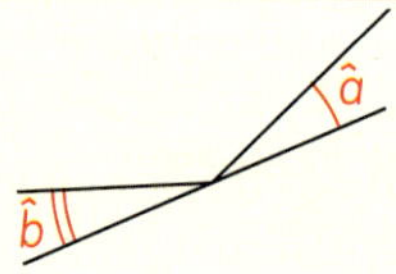	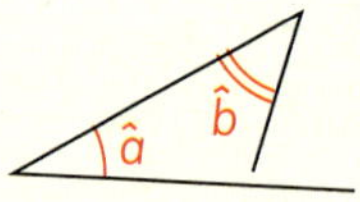
42 $\hat{a}$ et $\hat{b}$ sont alternes-internes sur la figure … **43** $\hat{a}$ et $\hat{b}$ sont correspondants sur la figure …	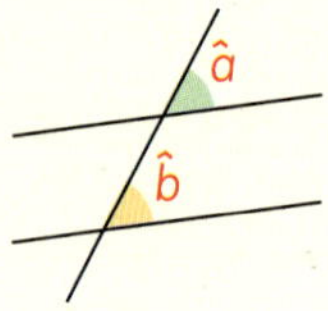	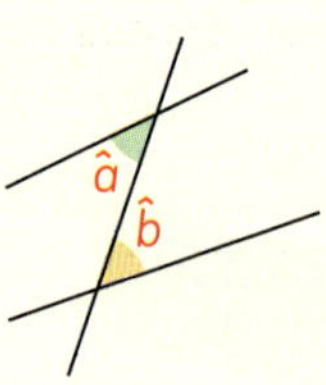	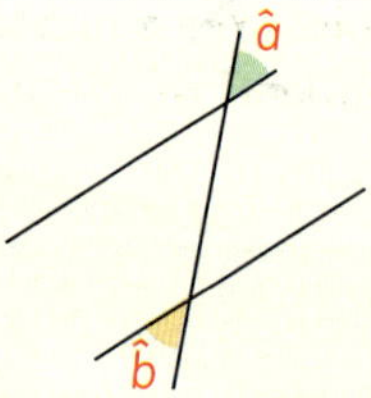
44 (xx′) // (yy′) 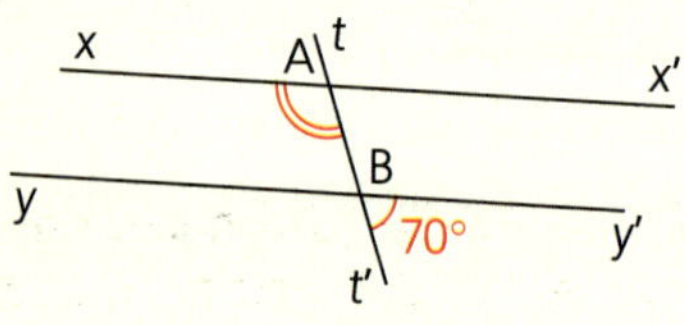 La mesure de l'angle $\widehat{BAx}$ est …	120°	110°	70°
45 Avec les informations codées, … 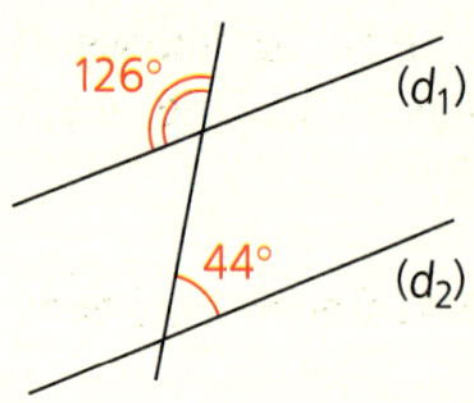	on ne peut pas savoir si (d_1) et (d_2) sont parallèles	on sait que (d_1) et (d_2) sont parallèles	on sait que (d_1) et (d_2) ne sont pas parallèles
46 Avec les informations codées, … 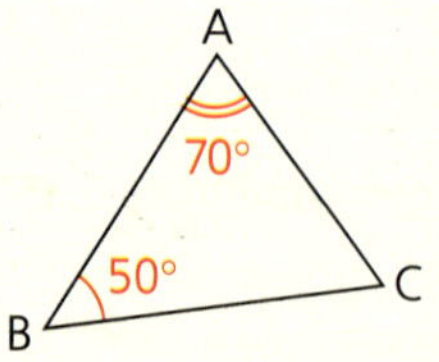	on ne peut pas calculer la mesure de $\widehat{ACB}$	on détermine que $\widehat{ACB} = 120°$	on détermine que $\widehat{ACB} = 60°$

Vérifier les réponses page 266 : 6 bonnes réponses ou plus, passer à la série suivante d'exercices, sinon revoir auparavant le cours et les méthodes.

Exercices de consolidation

TRAVAIL PERSONNEL

47 Reconnaître un angle droit

Les points B, D, C sont alignés.

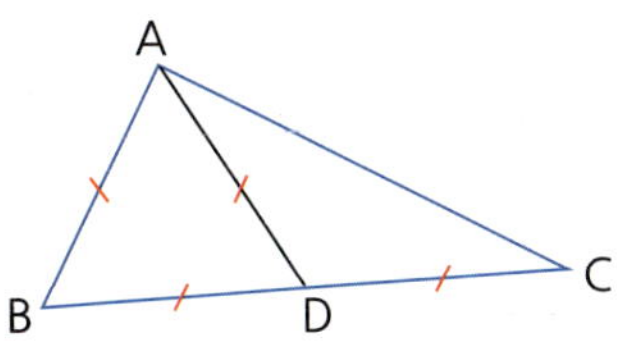

Le triangle ABC est-il rectangle ?

Aide

- Tu connais la mesure des angles d'un triangle équilatéral, tu peux donc calculer les mesures des angles du triangle isocèle.
- Il te suffit d'un dernier calcul pour conclure.

48 Chercher le bon angle

La droite (xy) peut tourner autour du point M et coupe le segment $[AC]$ en N.

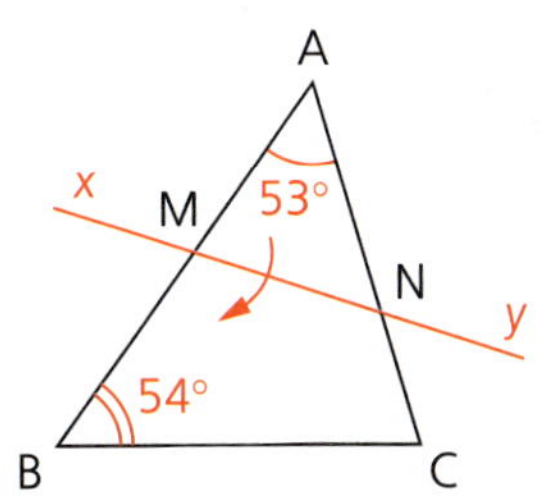

Quelle mesure faut-il donner à $\widehat{MNC}$ pour que les droites (xy) et (BC) soient parallèles ?

Aide

- Quelle doit être la mesure de l'angle $\widehat{AMN}$ pour que (xy) et (BC) soient parallèles ?
Cite la propriété énoncée en cours utilisée.
- Calcule alors la mesure de $\widehat{MNC}$.

49 Construire une figure

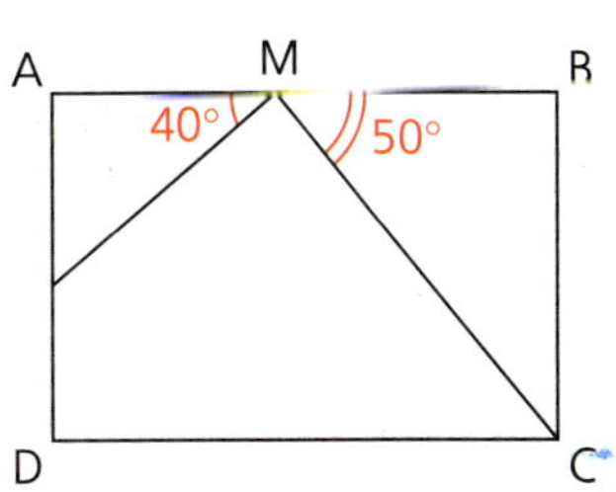

Rédiger un programme de construction de la figure précédente où ABCD est un rectangle tel que $AB = 6$ cm et $BC = 4$ cm.

Aide

Imagine construire réellement cette figure. Tu constateras qu'avec les seules informations données, cela n'est pas possible.
En fait, on a besoin de connaître la mesure d'un autre angle. Lequel ? Calcule alors sa mesure, puis rédige ton programme.

50 Ordonner une recherche

H est un point du segment $[NP]$ et I est un point du segment $[MP]$.
Les segments $[MH]$ et $[NI]$ se coupent en O.
Calculer la mesure de tous les angles de la figure donnée à main levée.

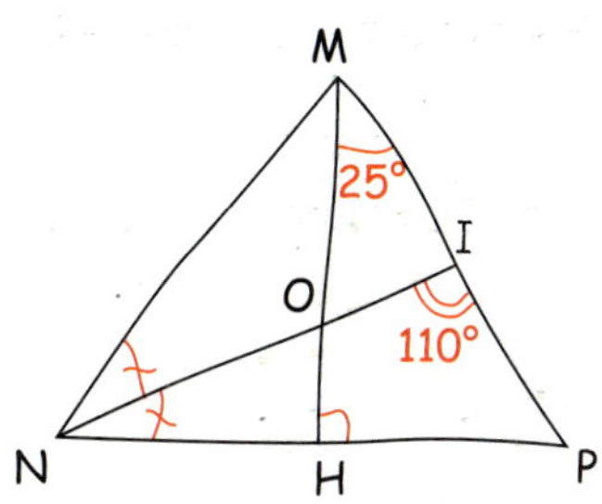

Aide

- Il faut isoler des configurations connues : angles supplémentaires, angles complémentaires d'un triangle rectangle, triangles dont on connaît deux mesures d'angles, angles opposés par le sommet.
- « Par quel angle commencer ? » On peut te conseiller d'observer le triangle MHP.

51 Ne pas se fier à une figure

a. Les points A, B, D sont-ils alignés ?
b. Les points A, C, E sont-ils alignés ?

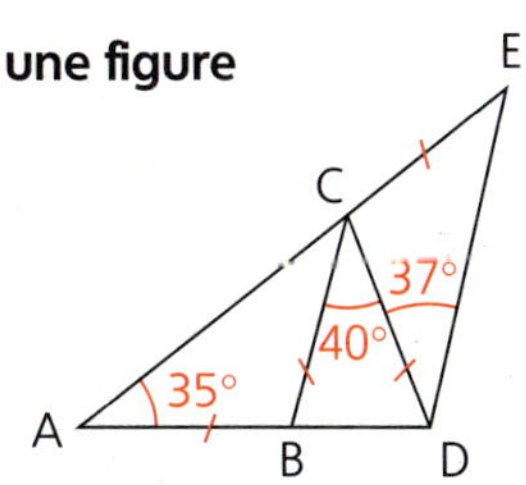

Aide

Organise ta recherche de façon à calculer les mesures des angles $\widehat{ABD}$ et $\widehat{ACE}$.

Exercices d'approfondissement

S'initier au raisonnement

52 Déduire à partir des données

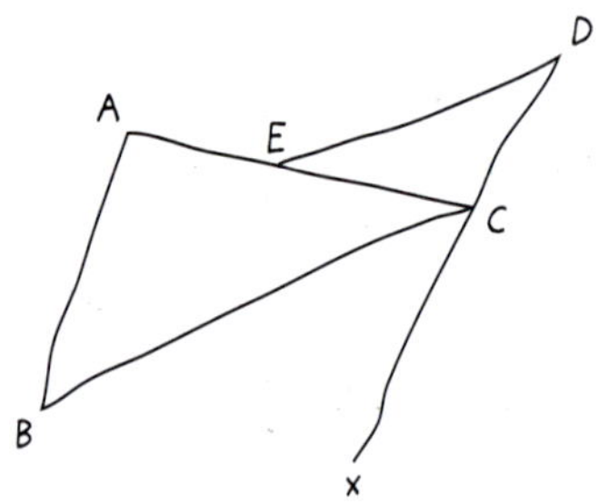

Pour cette figure dessinée à main levée, on sait que :

$$AB = AC,\ CE = CD \text{ et } \widehat{ABC} = \widehat{CDE}.$$

a. Avec $AB = AC$, que peut-on en déduire pour le triangle ABC ?
Citer alors deux angles de même mesure.

b. Avec $CE = CD$, en déduire de la même façon deux angles de même mesure.

c. Avec $\widehat{ABC} = \widehat{CDE}$ et avec les questions précédentes, en déduire tous les angles de même mesure de la figure.

d. Citer la propriété énoncée en cours qui permet de conclure que : $(ED) // (BC)$.

e. Peut-on savoir si les droites (AB) et (CD) sont parallèles ? Justifier la réponse.

53 Réfléchir avant de démontrer

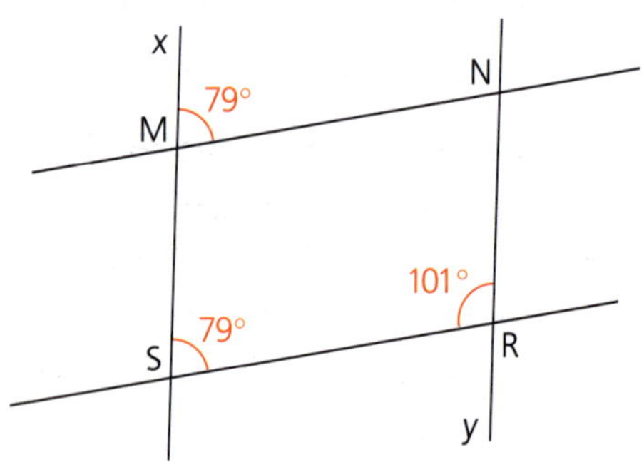

Il semble sur cette figure que le quadrilatère MNRS est un parallélogramme.

a. Les propriétés énoncées au paragraphe 2 page 150 permettent de démontrer qu'un quadrilatère est un parallélogramme.
Laquelle paraît la mieux adaptée ici ?

b. Observer les données de la figure et énoncer la propriété qui permet de conclure que : $(MN) // (SR)$.

c. Calculer la mesure de l'angle $\widehat{SRy}$ et expliquer comment en déduire que : $(MS) // (RN)$.

d. Conclure alors sur la nature du quadrilatère MNRS.

54 Généraliser avec le calcul littéral

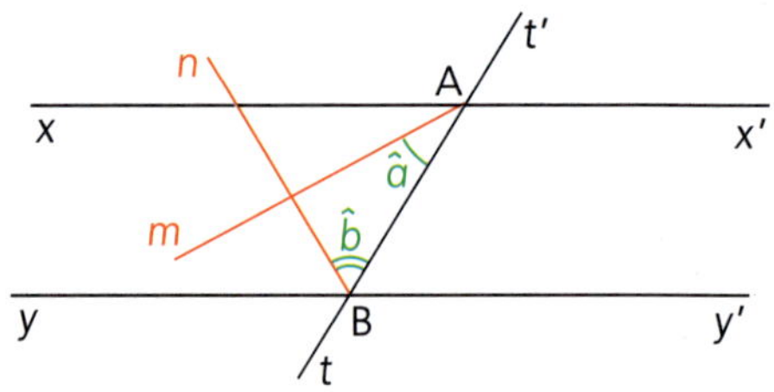

Les droites parallèles (xx') et (yy') sont coupées en A et B par la droite (tt').
Les demi-droites $[Am)$ et $[Bn)$ sont les bissectrices des angles respectifs $\widehat{xAB}$ et $\widehat{ABy}$.

1. Des cas particuliers
Calculer la mesure de l'angle $\widehat{b}$ lorsque :
a. $\widehat{a} = 18°$ **b.** $\widehat{a} = 26°$ **c.** $\widehat{a} = 40°$
Que peut-on conjecturer pour les angles $\widehat{a}$ et $\widehat{b}$?

2. Cas général
a. Exprimer l'angle $\widehat{ABy'}$ en fonction de $\widehat{a}$.
b. En déduire que $2\widehat{a} + 2\widehat{b} = 180°$.
c. Conclure pour les angles $\widehat{a}$ et $\widehat{b}$.

Note : pour prolonger cette situation, on peut s'intéresser à l'exercice 61 page 181.

55 Justifier une construction

Voici comment un élève a construit, avec le compas uniquement, le symétrique A' d'un point A par rapport à O.
Tous les arcs de cercle ont le même rayon.

a. Quelle est la nature du triangle OAC ?

b. Justifier cette construction.

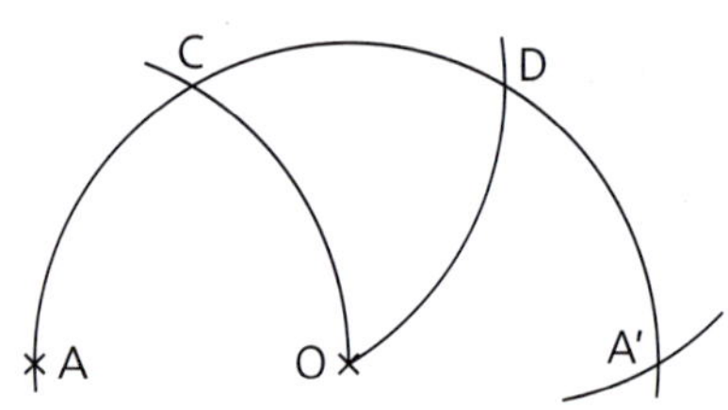

56 Étudier la nature d'un quadrilatère

ABC est un triangle.
La bissectrice de l'angle $\widehat{A}$ coupe le côté [BC] en N.
M et P sont des points des côtés respectifs [AB] et [AC] de façon que AMNP soit un parallélogramme.

a. Faire une figure. Que semble-t-on pouvoir dire de plus pour AMNP ?

b. Démontrer que $\widehat{MAN} = \widehat{MNA}$.

c. Justifier alors la conjecture émise au **a.**

Note : pour prolonger cette situation, on peut s'intéresser aux exercices 58 et 64 page 181.

Résolution de problèmes

57 Imaginer une stratégie

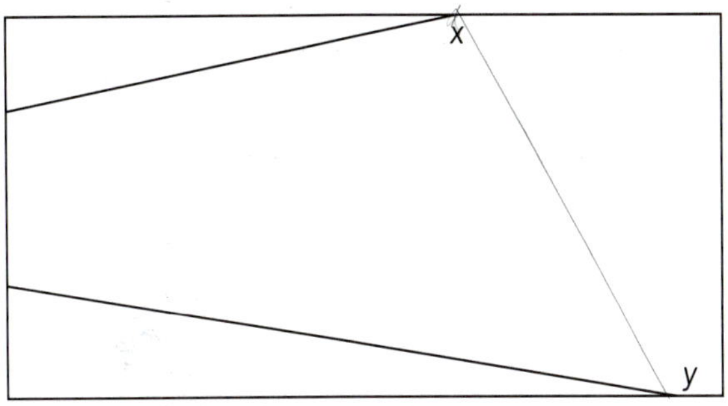

Les deux demi-droites [Ox) et [Oy) ont la même origine, mais le point O est en dehors du cadre.
Mesurer l'angle $\widehat{xOy}$ sans effectuer de tracé en dehors du cadre. Justifier votre méthode.

58 Un parallélogramme particulier

ABCD est un parallélogramme dans lequel la demi-droite [CA) est la bissectrice de l'angle $\widehat{BCD}$.

a. Faire une figure à main levée.

b. Quelle est la nature du parallélogramme ABCD ?

59 Triangle et bissectrice

Dans un triangle ABC, la bissectrice de l'angle $\widehat{BAC}$ coupe le segment [BC] en D.
La parallèle à (AD) passant par C coupe la droite (BA) en E.

a. Faire une figure et coder tous les angles de même mesure.

b. Quelle est la nature du triangle ACE ?

60 Deux triangles rectangles isocèles

Les triangles ABC et ADC sont rectangles isocèles.

a. Démontrer que la demi-droite [CA) est la bissectrice de l'angle $\widehat{BCD}$.

b. Démontrer que les droites (BC) et (AD) sont parallèles.

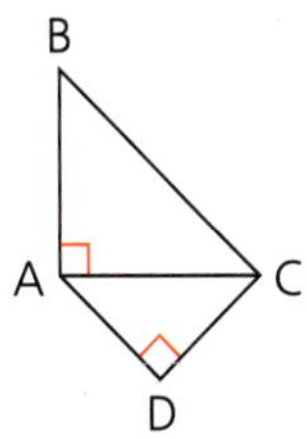

61 Bissectrices et parallélogrammes

1. a. Construire un parallélogramme ABCD et les bissectrices [Ax) et [Cx') des angles opposés $\widehat{BAD}$ et $\widehat{BCD}$.

b. Que peut-on conjecturer pour ces deux bissectrices ? Démontrer cette conjecture.

2. a. Tracer la bissectrice [By) de l'angle $\widehat{ABC}$.

b. Que peut-on conjecturer pour les bissectrices [Ax) et [By) ? Démontrer cette conjecture.

62 Carré et triangles équilatéraux

ABCD est un carré, EDC et BCF sont deux triangles équilatéraux.
Les points A, E et F sont-ils alignés ?

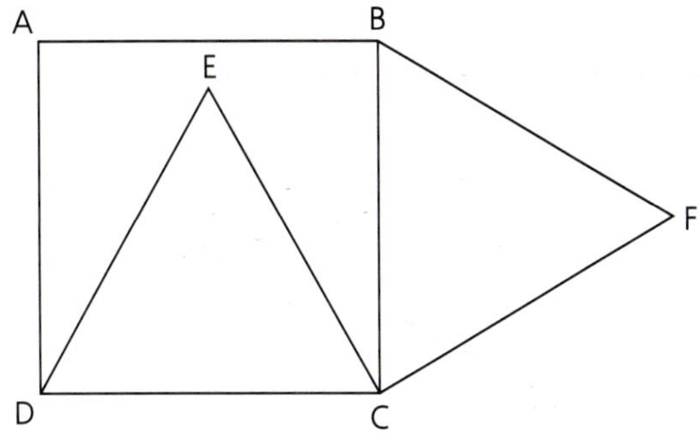

63 La table à repasser

Une table à repasser repose sur le sol horizontal. On peut régler cette table à différentes hauteurs grâce à une crémaillère qui permet de changer l'écartement des pieds.
Pourquoi cette table reste-t-elle horizontale ?

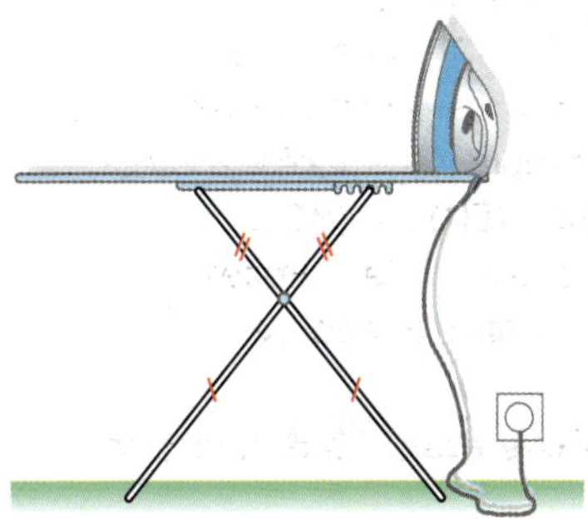

64 Un programme de construction

Dans un triangle ABC, on se propose de construire le point E de [AB] et le point F de [AC] tels que :

$$AE = CF \quad \text{et} \quad (EF) \mathbin{//} (BC).$$

On note I le point de [BC] tel que : (EI) // (AC).

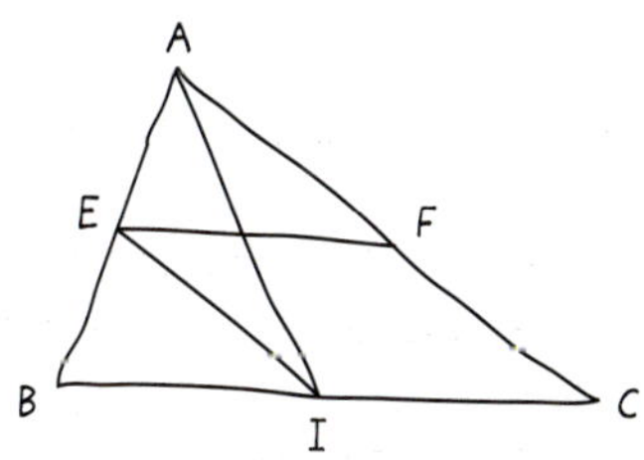

a. À l'aide de la figure à main levée ci-dessus, dire ce que représente la demi-droite [AI) pour l'angle $\widehat{BAC}$. Expliquer.

b. Rédiger alors un programme de construction de la figure.

Exercices

65 **Deux bissectrices dans un triangle**

Dans un triangle ABC, les bissectrices des angles $\widehat{ABC}$ et $\widehat{ACB}$ se coupent en K.
La parallèle à la droite (BC) passant par K coupe le côté [AB] en L et le côté [AC] en M.
Démontrer que LM = BL + CM.

66 **Relier la géométrie et le numérique**

1. a. Pour ce triangle ABC, calculer la mesure x de l'angle $\widehat{A}$.
b. Donner alors la mesure de chacun des angles $\widehat{B}$ et $\widehat{C}$.

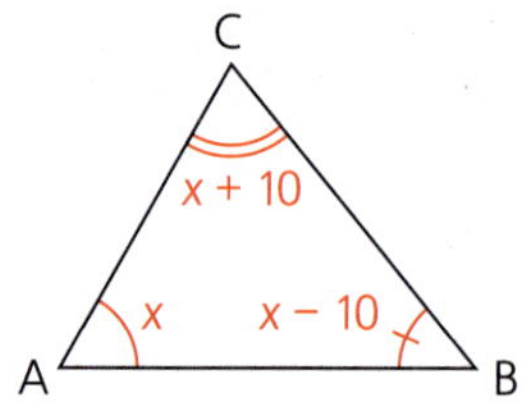

2. Dans chaque cas, écrire une équation et la résoudre pour calculer x.
Donner alors la mesure de chaque angle du triangle.

a.

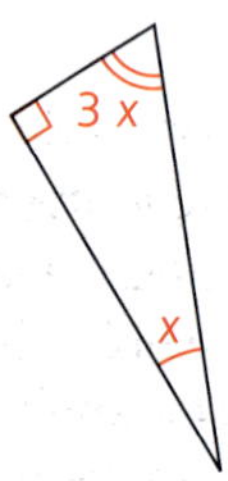

b.

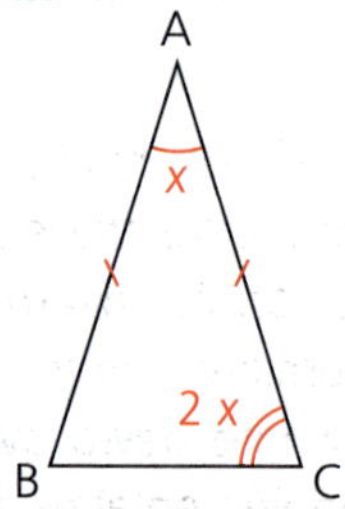

c.

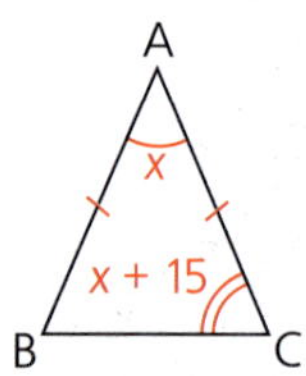

Vrai ou faux

Pour les exercices 67 à 73

Dire si l'affirmation est vraie ou fausse. Expliquer la réponse.

67 Deux angles complémentaires sont aigus alors que deux angles supplémentaires sont obtus.

68 Un triangle peut avoir pour mesures de ces angles : 73°, 43° et 74°.

69 Certains triangles rectangles ont un angle obtus.

70 Un angle à la base d'un triangle isocèle est toujours aigu.

71 L'angle du sommet principal d'un triangle isocèle est toujours obtus.

72 Deux angles adjacents sont complémentaires.

73 Deux angles complémentaires sont adjacents.

Des défis

74 **Traversée d'une rivière**

La figure ci-dessous représente le trajet effectué pour traverser une rivière (on suppose les rives parallèles).
Calculer x.

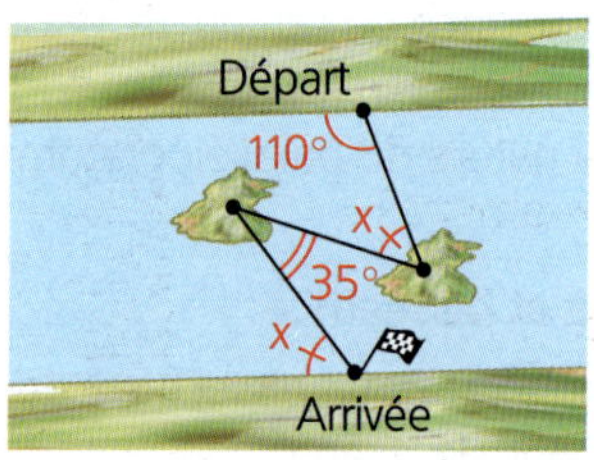

D'après *Géométrie classique et mathématiques modernes par Brigitte Sénéchal. Éd. Hermann 1976*

75 **Grand et petit triangles**

ABC est le triangle isocèle en A ci-contre.
D est un point du côté [AB] et E est un point du côté [AC].
Calculer les mesures des angles du triangle DEF.

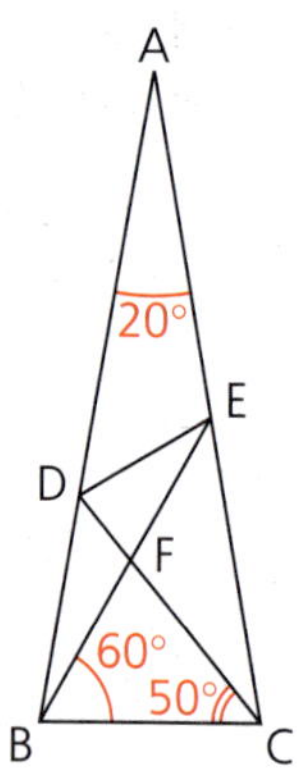

D'après *Géométrie classique. Éd. Hermann*

Un pavage pour s'amuser

Le coin des curieux

architecture médiévale · angles alternes-internes · construction

La géométrie des bâtisseurs

À l'époque médiévale, comment les bâtisseurs réalisaient-ils une ouverture rectangulaire dans un mur ?

■ Comme ceci ? Bien ▶ que solidement scellées, les pierres surmontant l'ouverture présentent un grand risque de tomber.

Comme cela ? ▼

En pratique, ils procédaient ainsi. Mais alors, quels angles donner à ces pierres trapézoïdales pour qu'elles s'ajustent parfaitement ?

■ Les méthodes employées par les bâtisseurs de cathédrales gothiques sont connues aujourd'hui grâce aux écrits de Villard de Honnecourt (XIIIe siècle).

La cathédrale de Meaux où Villard de Honnecourt a travaillé. ▶

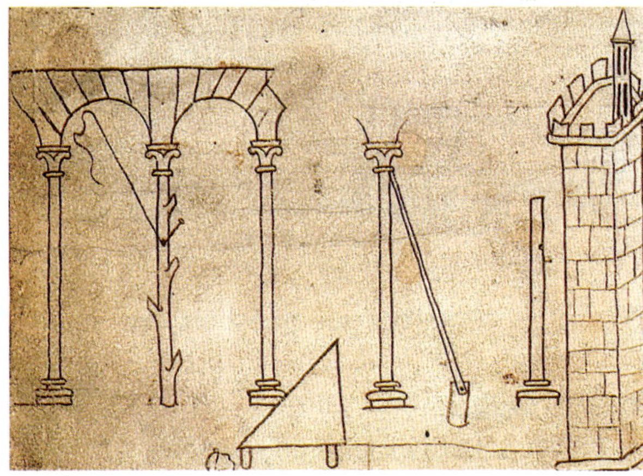

▲ Extraits du carnet de Villard de Honnecourt conservé à la Bibliothèque nationale de France.

■ En particulier, pour tailler ces pierres trapézoïdales, il utilise des angles alternes-internes. Une première pierre étant taillée, la suivante devra avoir deux angles supplémentaires à deux angles de la précédente.

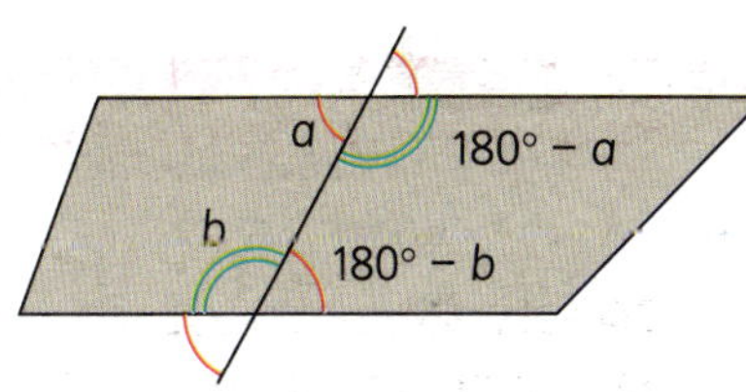

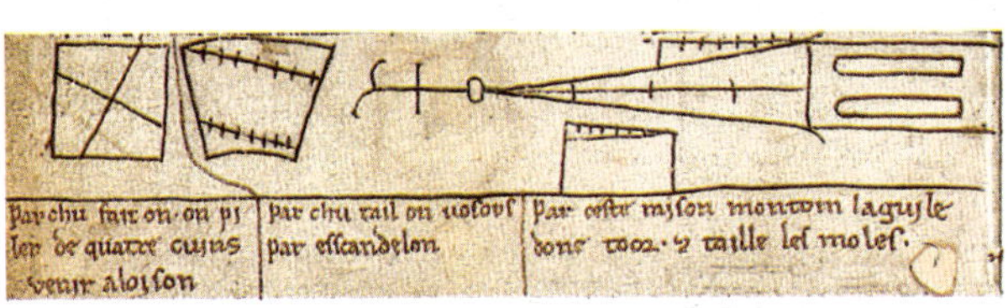

▲ Maître d'œuvre et dessinateur, Villard de Honnecourt a laissé un carnet exceptionnel de notes et de croquis.

Jeu

L'hexagone partagé

Voici une façon de partager un hexagone régulier en six triangles superposables, en traçant six segments à l'intérieur de l'hexagone.

Imaginer une autre façon de le partager en six triangles superposables à l'aide de six segments.

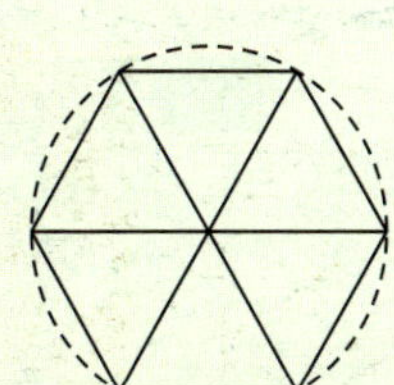

CHAPITRE 10

Triangles : constructions

PRENDRE UN BON DÉPART

Revoir les acquis

Pour chaque question, une seule réponse est exacte. Laquelle ?

1 Reconnaître la médiatrice d'un segment

La médiatrice du segment [AB] est bien tracée sur la figure …

a. 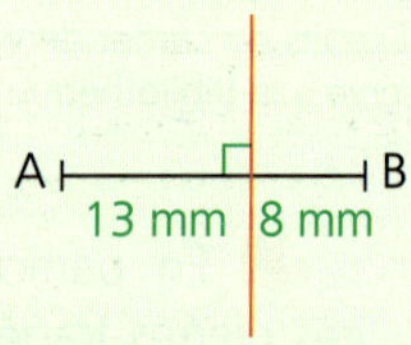

b. 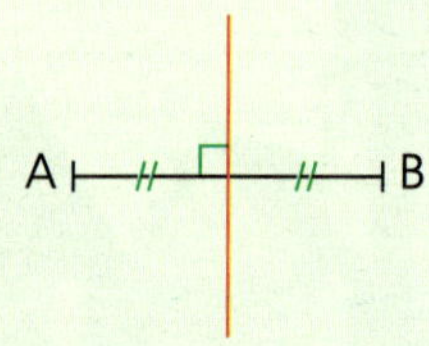

c. 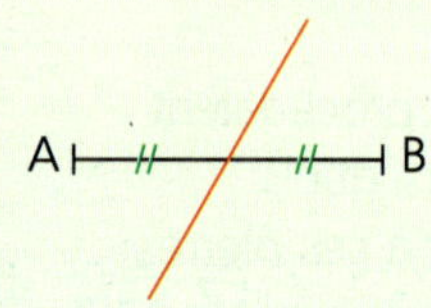

Formulaire page 260

2 Utiliser des propriétés

Si MA = MB, alors …

a. M est le milieu du segment [AB]
b. M appartient à la médiatrice du segment [AB]
c. M appartient au cercle de diamètre [AB]

3 Tracer une perpendiculaire à une droite

La perpendiculaire à la droite (AB), qui passe par le point M, est bien tracée sur la figure …

a. 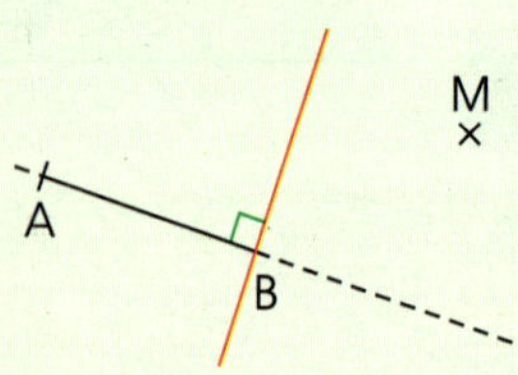

b. 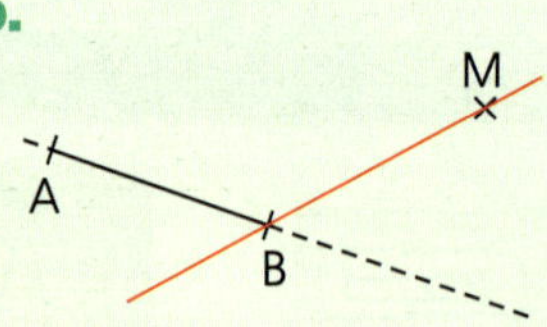

c. 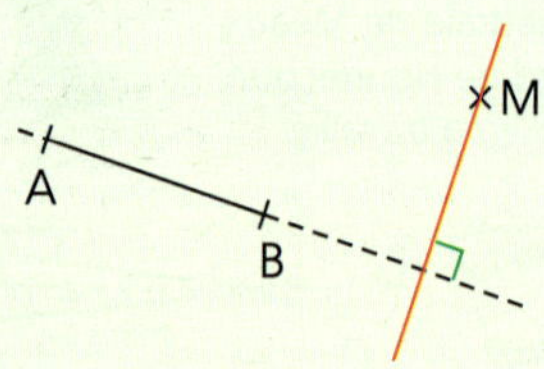

4 Placer correctement un point

On sait que M est le point du segment [AB] tel que $AM = \frac{2}{3}AB$. Le point M est bien placé sur la figure …

a. 

b. 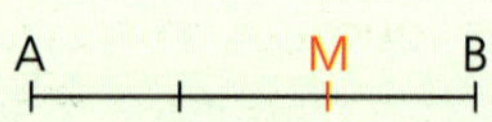

c. 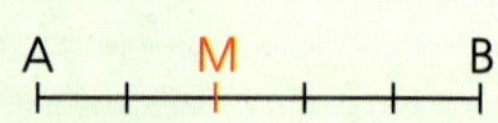

Formulaire page 261

5 Connaître la définition d'un cercle

M est un point du cercle de centre O et de diamètre 6 cm, donc …

a. OM = 6 cm **b.** OM = 12 cm **c.** OM = 3 cm

▶ Poursuivre avec les exercices A à E page 192

Activités

Sciences en construction

Comment s'exprimait-on en géométrie au IIIe s. av. J.-C. ?

Objectif
Faire réfléchir à l'évolution des connaissances au cours du temps.

Voici comment Euclide, grand mathématicien de la Grèce antique, s'exprimait dans son ouvrage *Les Éléments*.

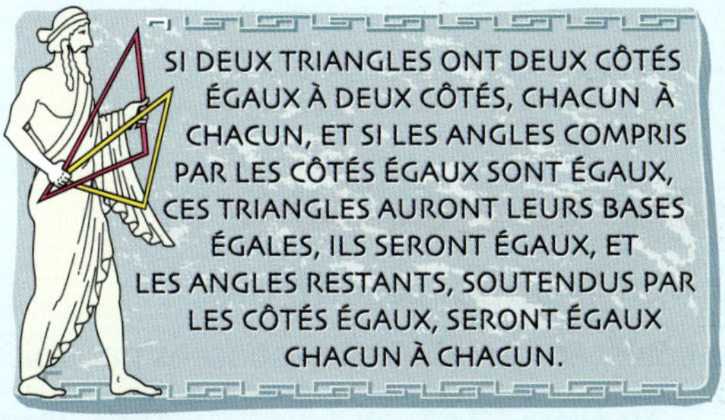

Écrire ce texte avec le vocabulaire actuel.

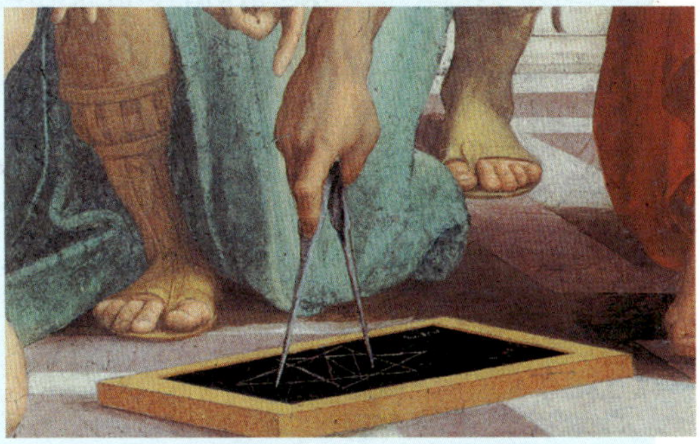

Le saviez-vous ?

Les *Éléments* (Στοιχετία en grec) fut l'un des premiers livres imprimés (en 1482). C'est une œuvre fondamentale dans l'histoire des Sciences.

Construction de triangles

1 Avec certaines informations

Objectif
Déterminer un nombre minimal d'informations à connaître sur un triangle donné pour pouvoir le reproduire.

a. Dans chaque cas, avec la règle, le compas, le rapporteur, construire un triangle qui vérifie les informations données. Comparer ensuite la figure obtenue avec celle des autres élèves de la classe.

Triangle ABC
AB = 5 cm
AC = 7 cm

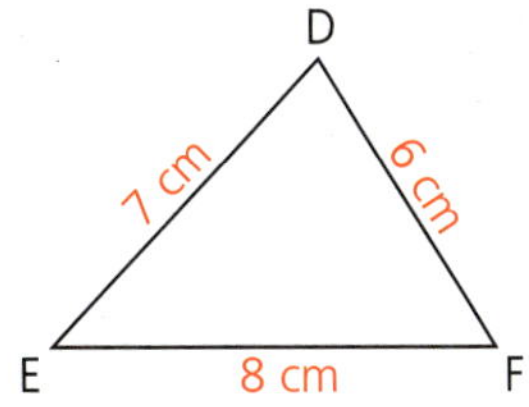

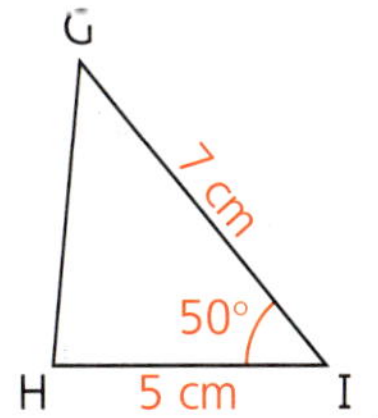

Triangle JKL
$\widehat{JKL} = 30°$
$\widehat{JLK} = 70°$

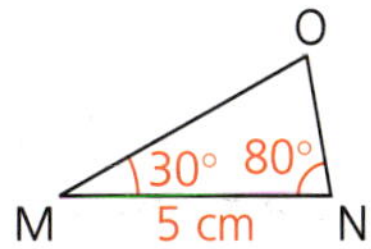

b. D'après la question **a**, quelles informations sur les côtés, les angles d'un triangle faut-il donner pour que tous les triangles construits dans la classe soient superposables ?

2 Retrouver tous les triangles

Objectif
Réinvestir la symétrie centrale ou axiale.

a. Tracer un segment [AB] de longueur 7 cm, puis construire tous les triangles de côté [AB] et dont les autres côtés mesurent respectivement 5 cm et 4 cm.

b. Comment passe-t-on de l'un de ces triangles à chacun des autres ?

3 D'autres informations

Le triangle STU est en partie effacé.
On sait de plus que SU = 3 cm.

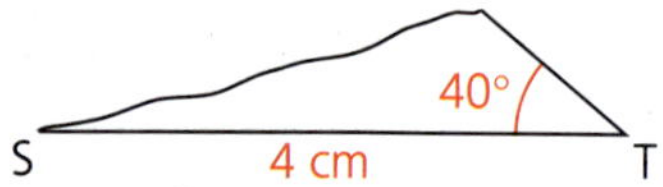

a. Reproduire la figure ci-dessus et retrouver le point U.

b. Tous les élèves de la classe obtiennent-ils le même triangle ?

Inégalité triangulaire

4 Triangle possible ou impossible ?

Objectif
Mettre en évidence l'inégalité triangulaire.

On souhaite construire un triangle de périmètre 16 cm.

a. Voici les longueurs des côtés, en centimètres, proposées par trois élèves.

Maxime : 8 ; 5 ; 3 Vanessa : 7 ; 5 ; 4 Alicia : 3 ; 9,5 ; 3,5.

Ces élèves vont-ils pouvoir construire le triangle demandé ? Justifier la réponse par une construction.

b. À votre tour de faire des propositions. Dans chaque cas, dire s'il est possible de construire un tel triangle.

c. Quelle(s) condition(s) doivent vérifier les trois nombres pour être les longueurs des côtés d'un triangle ?

Cercle circonscrit à un triangle

5 Expérimentation

Objectif
Mettre en évidence, puis démontrer l'existence du cercle circonscrit à un triangle.

a. Construire un triangle dont les côtés ont pour longueurs 12 cm, 9 cm et 10 cm.

b. Construire les médiatrices de deux côtés. Noter O leur point d'intersection.

c. Construire le cercle de centre O passant par l'un des sommets. Que constate-t-on ?

d. Construire la médiatrice du troisième côté. Que constate-t-on ?

6 Démonstration

@ nathan.fr

Sur la figure ci-contre, les médiatrices des segments [AB] et [AC] se coupent en O.

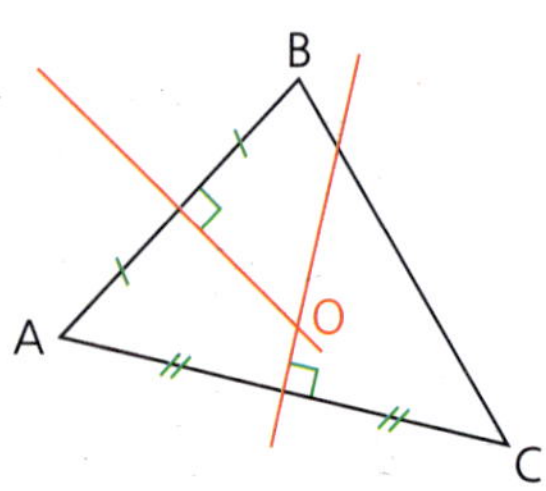

a. Recopier et compléter en justifiant :
- O appartient à la médiatrice de [AB] donc OA = … ;
- O appartient à la médiatrice de [AC] donc … .

b. Expliquer alors pourquoi :
- le cercle de centre O passant par A passe aussi par B et C ;
- le point O appartient à la médiatrice de [BC].

Hauteurs d'un triangle

7 Expérimentation

a. Construire un triangle ABC tel que :
$AB = 6$ cm, $BC = 8$ cm, $AC = 12$ cm.

b. Construire la hauteur issue de A et la hauteur issue de B. Noter H leur point d'intersection.

c. Que peut-on conjecturer pour la droite (CH) ?

Vocabulaire

La droite qui passe par le point A et qui est perpendiculaire à la droite (BC) est **une hauteur** du triangle ABC.

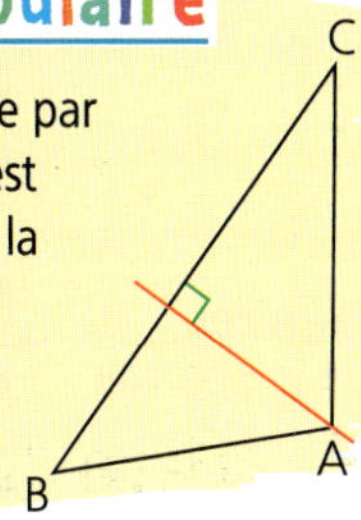

8 Avec un logiciel de géométrie

Créer trois points A, B et C et le triangle ABC.
Créer les hauteurs issues de A et de B et leur point d'intersection H.
Créer la droite (CH) et son point d'intersection K avec la droite (AB).
Faire afficher la mesure de l'angle $\widehat{CKA}$.
Déplacer les points A, B et C et observer l'affichage de la mesure de l'angle.

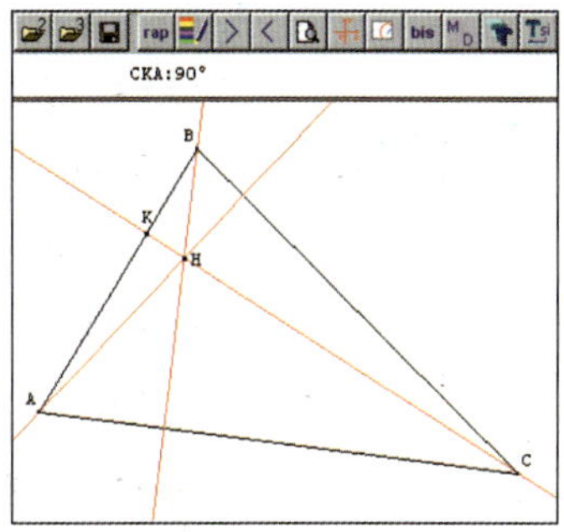

Médianes d'un triangle

9 Expérimentation

Objectif
Observer que les trois médianes d'un triangle sont concourantes.
Vérifier la position particulière du centre de gravité.

a. Construire un triangle ABC tel que :
$AB = 14$ cm, $BC = 12$ cm et $AC = 10$ cm.

b. Construire la médiane issue du point A et la médiane issue du point B.
Noter G leur point d'intersection.

c. Que peut-on conjecturer pour la droite (CG) ?

d. Placer les milieux respectifs A', B', C' de $[BC]$, $[AC]$, $[AB]$. Mesurer les longueurs AG, GA', BG, GB', CG, GC'.
Quelle remarque peut-on faire ?

Vocabulaire

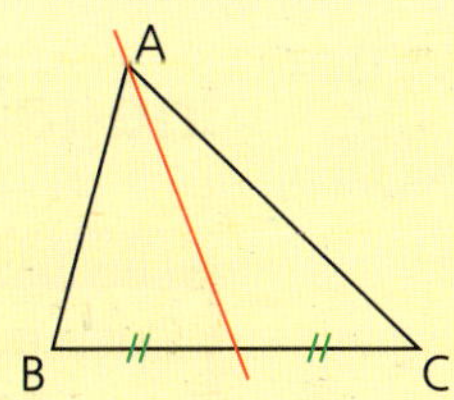

La droite qui passe par le point A et le milieu du segment $[BC]$ est **une médiane** du triangle ABC.

10 Avec un logiciel de géométrie

Créer trois points A, B et C et le triangle ABC.
Créer les médianes issues de A et de B et leur point d'intersection G.
Créer le milieu C' de $[AB]$ et la droite (CC').
Faire afficher la mesure de l'angle $\widehat{CGC'}$ et les longueurs AG, GA', BG, GB', CG, GC'.
Déplacer les points A, B et C et observer l'affichage.

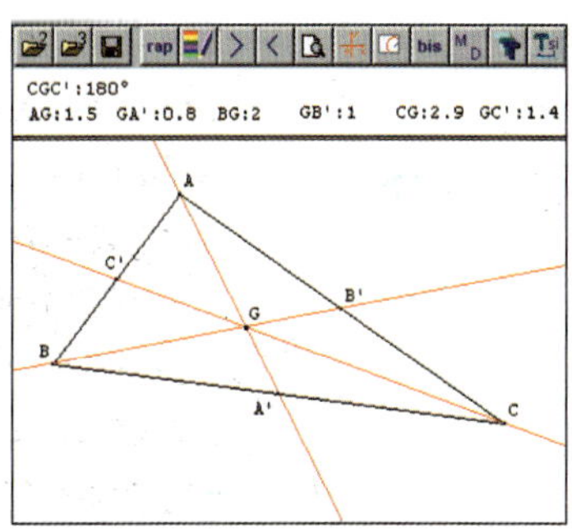

1 Construction de triangles

Dans les cas ci-dessous, on peut construire un triangle avec les instruments de géométrie.

▶ **Exercices** *1 à 27 p. 192-194*

A On connaît la longueur des trois côtés du triangle.

$AB = 4$ cm, $BC = 2$ cm, $AC = 3$ cm

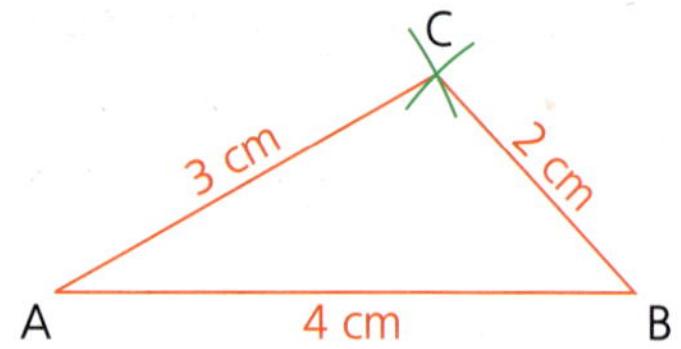

B On connaît la longueur de deux côtés et la mesure de l'angle compris entre ces côtés.

$AB = 4{,}5$ cm, $AC = 2{,}5$ cm, $\widehat{BAC} = 40°$

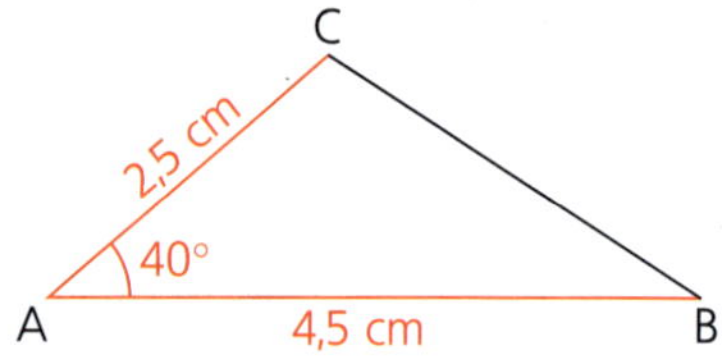

Note
Il ne faut pas confondre « angles adjacents » (voir page 170) et « angle adjacent au côté [AB] ».

C On connaît la longueur d'un côté et la mesure de deux angles qui lui sont adjacents.

$AB = 4$ cm, $\widehat{BAC} = 35°$, $\widehat{ABC} = 40°$

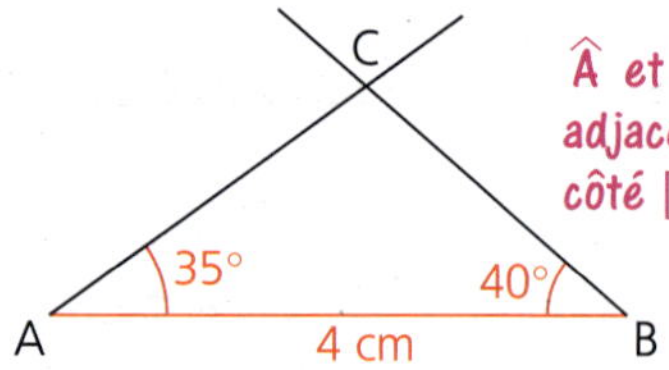

$\widehat{A}$ et $\widehat{B}$ sont adjacents au côté [AB].

2 Inégalité triangulaire

INÉGALITÉ TRIANGULAIRE (admise)
Quels que soient les points A, B, C, on a : $AB + BC \geqslant AC$.

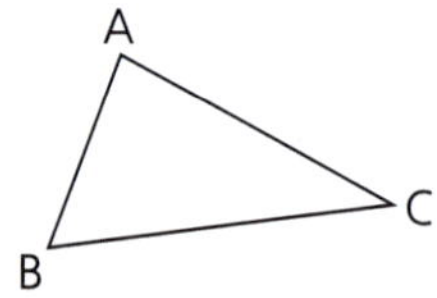

En particulier :

- Si $AM + MB = AB$, alors le point M appartient au segment [AB].
- Si le point M appartient au segment [AB], alors $AB = AM + MB$.

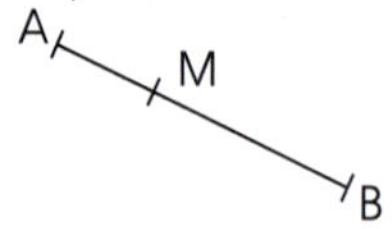

Attention si $AM + MB = AB$, alors M n'est pas nécessairement le milieu du segment [AB].

▶ **Exercices** *28 à 34 p. 194*

Conséquence pour les triangles

On ne peut construire un triangle dont les côtés ont pour longueurs trois nombres donnés a, b, c que si chacun d'eux est inférieur à la somme des deux autres :

$a < b + c$ $\qquad$ $b < a + c$ $\qquad$ $c < a + b$

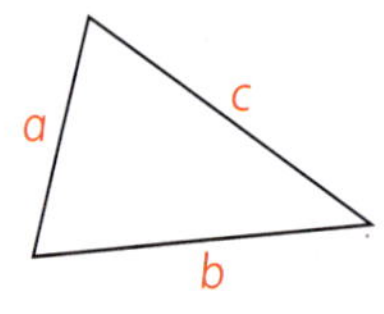

Remarque : Il suffit en fait de vérifier que **le plus grand des trois nombres est inférieur à la somme des deux autres.**

3 Cercle circonscrit à un triangle

PROPRIÉTÉS ET DÉFINITION

- Les médiatrices des trois côtés d'un triangle se coupent en un même point : on dit qu'elles sont **concourantes**.
- Ce point commun est le centre d'un cercle passant par les trois sommets du triangle. On dit que ce cercle est le **cercle circonscrit au triangle**.

▶ Exercices
35 à 43 p. 194-195

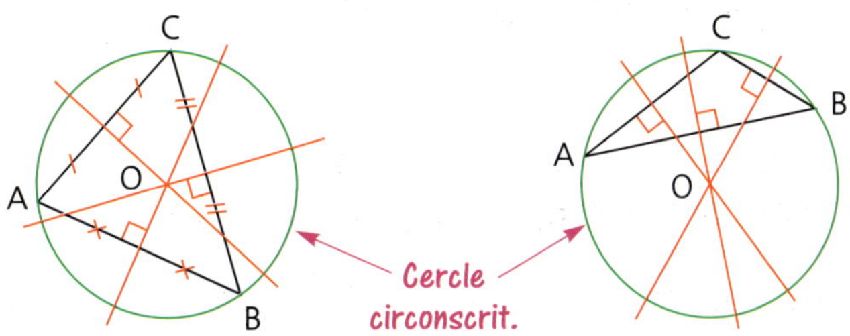

4 Hauteurs d'un triangle

DÉFINITION

Une **hauteur** d'un triangle est une droite qui passe par un sommet et est perpendiculaire au côté opposé.

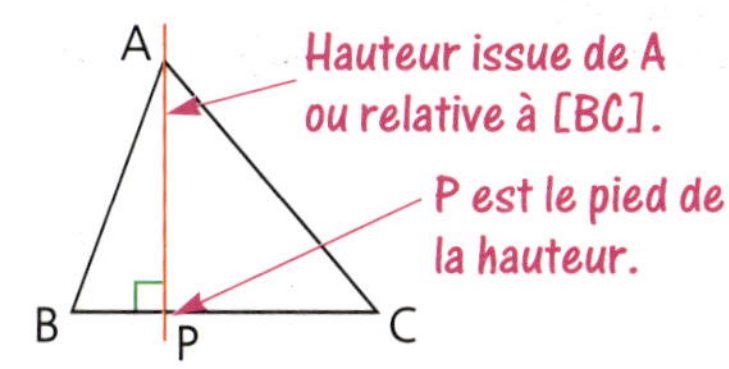

Note
Le terme hauteur désignera aussi bien la droite (AP), le segment [AP] ou la longueur AP.

PROPRIÉTÉ ET DÉFINITION

- Les trois hauteurs d'un triangle sont concourantes en un point H.
- On dit que ce point commun H est l'**orthocentre du triangle**.

▶ Exercices
44 à 53 p. 195-196

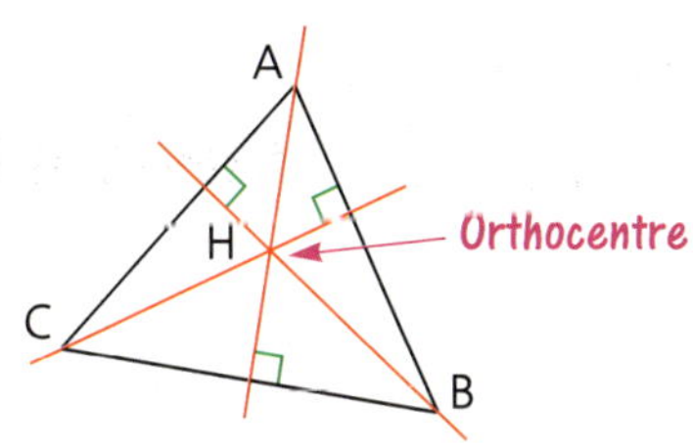

5 Médianes d'un triangle

DÉFINITION

Une médiane d'un triangle est une droite qui passe par un sommet et le milieu du côté opposé.

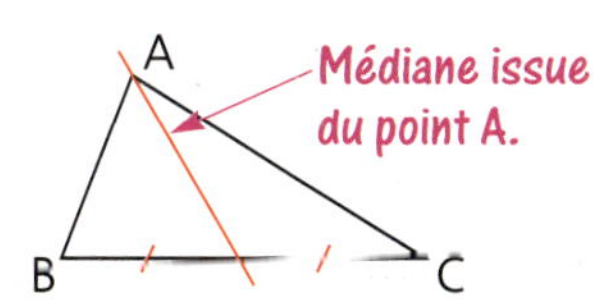

PROPRIÉTÉ ET DÉFINITION

- Les trois médianes d'un triangle sont concourantes en un point G.
- On dit que ce point commun G est le **centre de gravité du triangle**.

▶ Exercices
54 à 61 p. 196-197

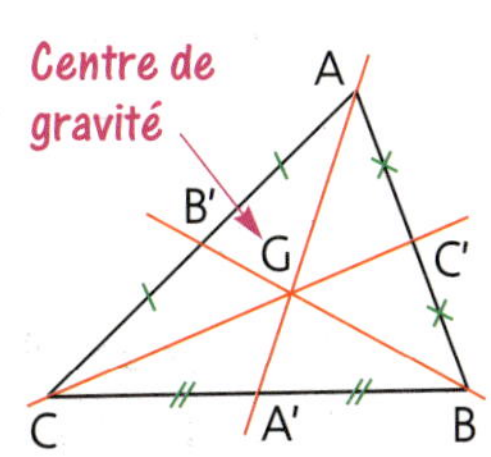

$AG = \frac{2}{3}AA'$

$BG = \frac{2}{3}BB'$

$CG = \frac{2}{3}CC'$

EXERCICE RÉSOLU

1 Utiliser la somme des angles d'un triangle

ÉNONCÉ

Construire un triangle ABC tel que :

$$AB = 4 \text{ cm}, \ \widehat{ABC} = 40° \ \text{et} \ \widehat{ACB} = 80°.$$

SOLUTION

$\widehat{BAC} = 180° - (\widehat{ABC} + \widehat{ACB})$

$\widehat{BAC} = 180° - (40° + 80°)$

$\widehat{BAC} = 60°.$

On calcule la mesure du deuxième angle adjacent au côté [AB].

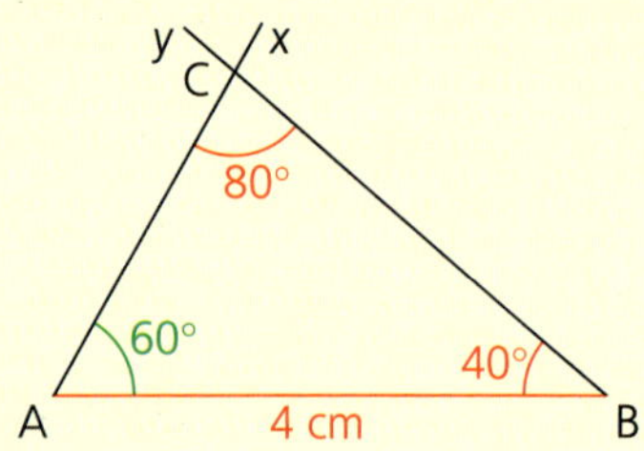

On trace le segment [AB] de longueur 4 cm.
On trace les demi-droites [Ax) et [By) telles que $\widehat{BAx} = 60°$ et $\widehat{ABy} = 40°$; elles se coupent au point C.

Remarque : Il existe un autre triangle solution ; il est symétrique de celui-ci par rapport à la droite (AB).

▶ *Exercices 18 et 19 page 193*

EXERCICE RÉSOLU

2 Reproduire un angle au compas

ÉNONCÉ

Sur papier uni, reproduire l'angle $\widehat{AOB}$ ci-contre avec la règle et le compas.

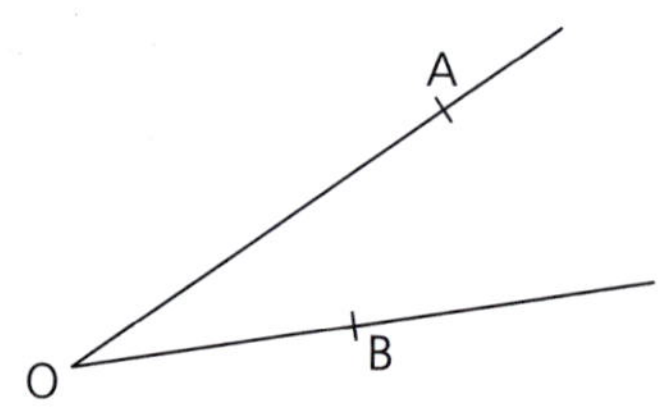

SOLUTION

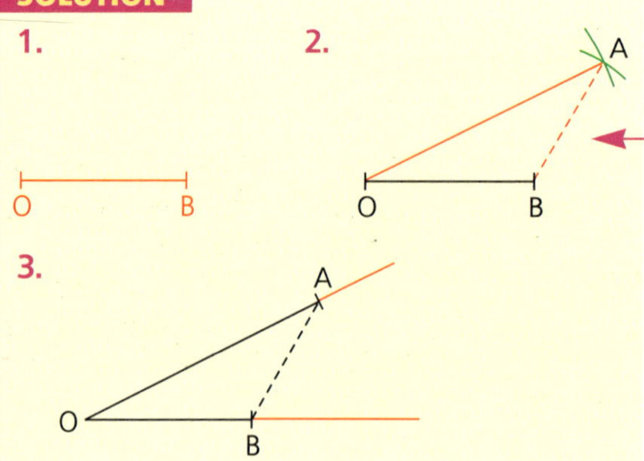

Pour reproduire $\widehat{AOB}$:

1. on reporte la longueur OB avec le compas et on trace [OB],
2. on reporte les longueurs OA et AB avec le compas ; on obtient A à l'intersection de deux arcs de cercle,
3. on trace les demi-droites [OA) et [OB).

▶ *Exercices 25 et 26 page 193*

EXERCICE RÉSOLU

3 Utiliser l'inégalité triangulaire

ÉNONCÉ

Indiquer dans chacun des cas s'il est possible de construire un triangle dont les côtés ont pour longueurs, en centimètres, les nombres donnés.

a. 4 ; 6 ; 3 b. 5,5 ; 7,5 ; 15 c. 12,5 ; 5,5 ; 7

SOLUTION

a. $4 + 3 = 7$ et $6 < 4 + 3$.
Donc on peut construire le triangle.

b. $5,5 + 7,5 = 13$ et $15 > 5,5 + 7,5$.
Donc on ne peut pas construire le triangle.

c. $5,5 + 7 = 12,5$.
Trois points peuvent être placés, mais ils sont alignés.

Il suffit de vérifier si **le plus grand** des trois nombres est inférieur à la somme des deux autres.

Note
Dans ce cas, on dit parfois que le triangle est « aplati ».

▶ ***Exercices 28 et 29 page 194***

EXERCICE RÉSOLU

4 Construire l'orthocentre d'un triangle

ÉNONCÉ

Construire l'orthocentre de ce triangle ABC avec l'équerre et la règle.

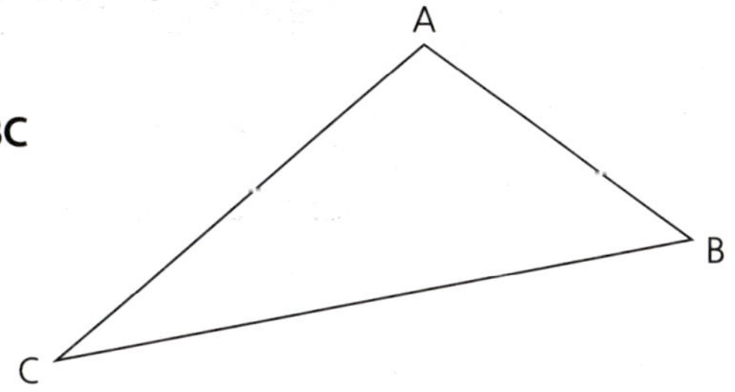

SOLUTION

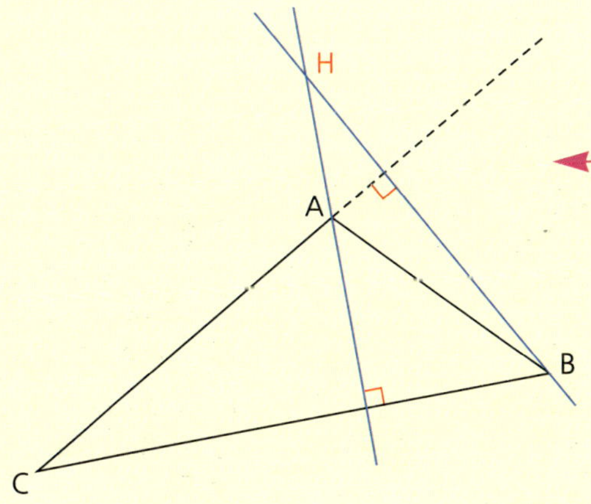

- Pour tracer la hauteur issue du point B, on doit prolonger le côté [CA] du triangle.
- Pour construire l'orthocentre d'un triangle, il suffit de tracer **deux** hauteurs.

Note
*De même, pour construire le centre de gravité d'un triangle, il suffit de tracer **deux** médianes.*

▶ ***Exercices 45 et 46 page 195***

Exercices

TRAVAIL PERSONNEL

Ces exercices prolongent la rubrique Revoir les acquis (page 184)

Reconnaître la médiatrice d'un segment

A

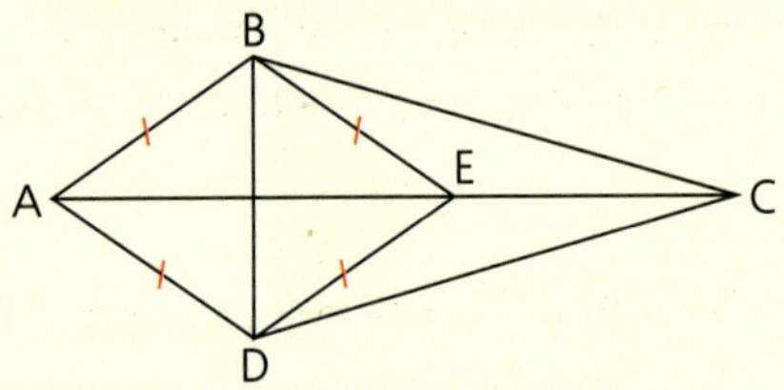

Sur cette figure, on reconnaît des médiatrices de segments. Quelles sont-elles ?

Utiliser des propriétés

B M est un point de la médiatrice d'un segment [AB] tel que AM = AB.
Quelle est la nature du triangle MAB ?

Tracer une perpendiculaire à une droite

C a. Tracer un triangle ABC.
b. Construire à la règle et au compas, la droite (d) médiatrice du segment [AB].
c. Construire la droite (d') passant par C et perpendiculaire à la droite (AB).
d. Que peut-on dire des droites (d) et (d') ?

Placer correctement un point

D Tracer un segment [AB] de longueur 6 cm.
Placer sur le segment [AB] :

a. le point M tel que $AM = \frac{3}{4}\ AB$;

b. le point N tel que $BN = \frac{2}{3}\ BA$.

Connaître la définition d'un cercle

E A, B, C sont trois points d'un cercle de centre O tels que :
- AB = 4 cm,
- les points B, O, C sont alignés.

Calculer la longueur BC.

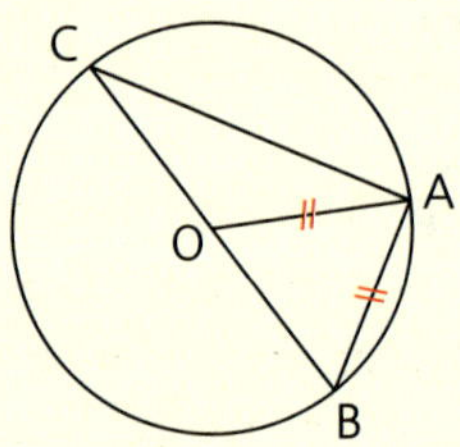

Exercices d'application

Construction de triangles

1 Construire un triangle ABC tel que :
AB = 6,3 cm ; AC = 5 cm ; BC = 3,5 cm.

2 Construire un triangle EFG tel que :
EF = 3,4 cm ; FG = 5 cm ; EG = 4,2 cm.

3 a. Tracer un segment [MN] de longueur 7,3 cm. Construire un triangle de côté [MN] et dont les deux autres côtés ont pour longueurs 5 cm et 4 cm.
b. Construire **tous** les autres triangles dont un côté est [MN] et qui sont superposables à celui du a.

4 a. Sur une même figure, construire **tous** les triangles dont un côté est un segment [AB] de longueur 4,5 cm et dont les autres côtés mesurent 7 cm et 4,2 cm.
b. Décrire toutes les symétries qui existent sur la figure obtenue.

5 Construire un triangle DEF isocèle en F tel que FE = 5,4 cm et DE = 3 cm.

6 Construire un triangle équilatéral dont le périmètre est 16,8 cm.

7 Construire un triangle dont les côtés ont pour longueurs 5,4 cm, 7,2 cm et 9 cm.
Que peut-on conjecturer pour un tel triangle ?

8 Construire un triangle ABC tel que :
$AB = 5{,}5$ cm ; $AC = 3{,}7$ cm ; $\widehat{BAC} = 105°$.

9 Construire un triangle MNP tel que :
$MN = 5{,}2$ cm ; $MP = 3{,}4$ cm ; $\widehat{PMN} = 52°$.

10 a. Construire un triangle ABC isocèle en A tel que $AB = 5$ cm et $\widehat{BAC} = 40°$.
b. Calculer les mesures des deux autres angles de ce triangle. Vérifier avec le rapporteur.

11 Construire un triangle DEF tel que :
$DE = 3{,}4$ cm ; $DF = 4{,}5$ cm ; $\widehat{DEF} = 35°$.

12 Construire deux triangles STU non superposables tels que :
$ST = 6{,}5$ cm ; $SU = 4$ cm ; $\widehat{STU} = 30°$.

13 Construire un triangle GHI rectangle en G tel que $GH = 5{,}4$ cm et $HI = 7{,}3$ cm.

14 a. Construire un triangle ABC tel que :
$AB = 5$ cm ; $\widehat{ABC} = 120°$; $\widehat{BAC} = 37°$.
b. Construire **tous** les autres triangles de côté [AB] et dont les deux angles adjacents à [AB] ont pour mesures 120° et 37°.

15 Construire un triangle OPQ rectangle et isocèle en O tel que $OP = 5$ cm.

16 Construire **tous** les triangles dont un côté est un segment [EF] de longueur 5 cm et dont les deux angles adjacents à [EF] ont pour mesures 55° et 72°.

17 a. Construire un triangle ABC isocèle en A tel que $BC = 7$ cm et $\widehat{ABC} = 55°$.
b. Calculer la mesure de l'angle $\widehat{BAC}$.
Vérifier avec le rapporteur.

18 Construire un triangle MNP tel que :
$MN = 6$ cm ; $\widehat{MNP} = 55°$; $\widehat{MPN} = 80°$.
Conseil : se reporter à l'exercice résolu 1 page 190.

19 Construire un triangle STU tel que :
$ST = 7{,}5$ cm ; $\widehat{STU} = 35°$; $\widehat{SUT} = 55°$.
Quelle est la nature de ce triangle ?

20 Construire un triangle UVW tel que :
$\widehat{UVW} = 110°$; $\widehat{UWV} = 35°$; $UV = 5{,}3$ cm.
Quelle est la nature de ce triangle ?

21 a. Construire un triangle MNP rectangle en M tel que $NP = 5$ cm et $\widehat{MPN} = 28°$.
b. Calculer la mesure de l'angle $\widehat{MNP}$.
Vérifier avec le rapporteur.

22 ABC est un triangle isocèle dont la base [BC] a pour longueur 5 cm. Un de ses angles mesure 40°.
Construire tous les triangles répondant à ces informations.

23 Deux angles d'un triangle ont pour mesures 40° et 65°.
a. Construire trois triangles correspondant à cette information.
b. Les triangles construits sont-ils superposables ?

24 Sur papier uni, reproduire le triangle ABC ci-dessous en utilisant uniquement une règle non graduée et un compas.

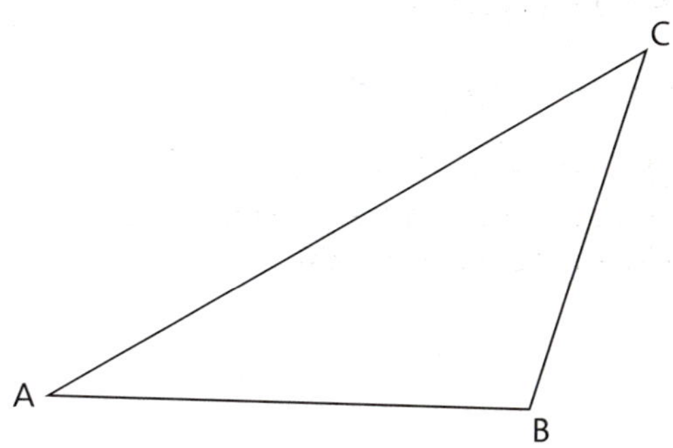

25 Sur papier uni, reproduire l'angle $\widehat{xOy}$ ci-dessous avec le compas et la règle.

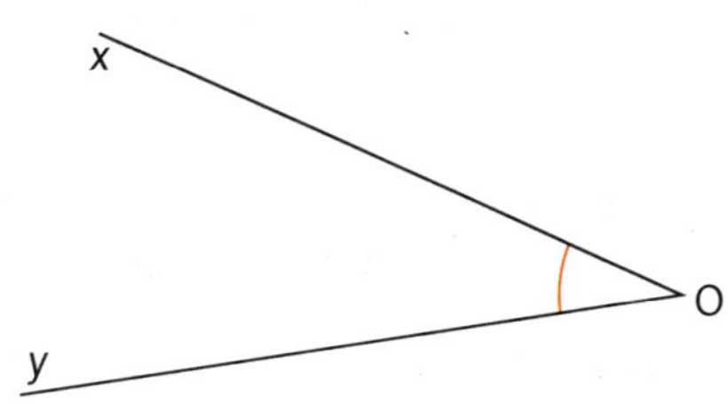

Conseil : se reporter à l'exercice résolu 2 page 190.

26 Sur papier uni, reproduire l'angle $\widehat{uAv}$ ci-dessous avec le compas et la règle.

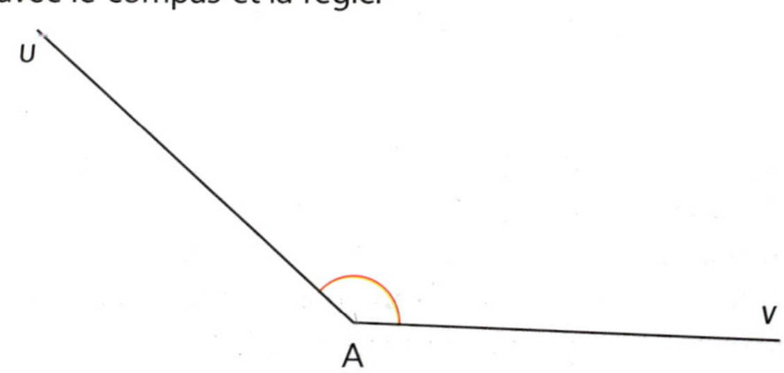

27 Sur papier uni, reproduire la figure ci-dessous des deux façons suivantes :
a. avec la règle graduée et le rapporteur,
b. avec la règle non graduée et le compas.

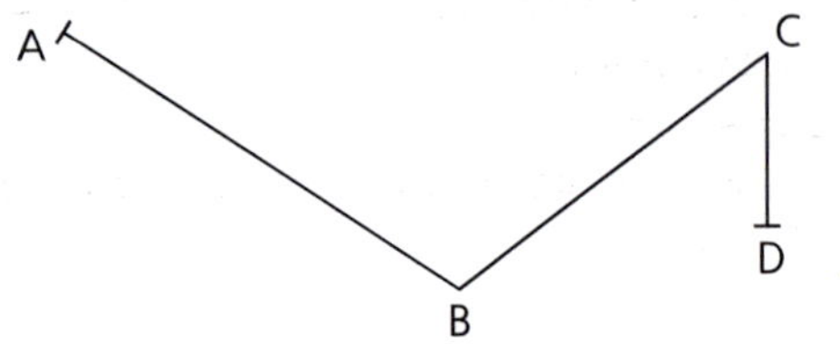

Copie d'un élève

a. 14 − 8 = 6
8 > 6 donc le périmètre ne peut pas être 14 cm
b. 19 − 8 = 11
8 < 11 donc le périmètre peut être 19 cm

que représentent ces calculs ?

Énoncer la propriété qui permet de conclure.

Inégalité triangulaire

28 Dans chaque cas, indiquer s'il est possible de construire un triangle dont les côtés ont pour longueurs les nombres donnés.
a. 11 cm ; 3 cm ; 7 cm.
b. 4 cm ; 6 cm ; 2,5 cm.
c. 3,7 cm ; 2,5 cm ; 6,3 cm.
d. 5,1 cm ; 3,4 cm ; 1,7 cm.
Conseil : se reporter à l'exercice résolu 3 page 191.

29 Dans chaque cas, indiquer si les points A, B et C sont alignés ou non.
a. AB = 3,9 cm ; AC = 1,2 cm ; BC = 1,7 cm.
b. AB = 5,4 m ; AC = 3,7 m ; BC = 2 m.
c. AB = 6,4 cm ; AC = 82 mm ; BC = 0,18 m.

30 A, B, C sont trois points tels que CA = 1,5 dm, AB = 6 cm et B ∈ [AC]. Calculer CB.

31 E, F, G sont trois points tels que EF = 12 cm, GF = 7 cm et F ∈ [EG]. Calculer EG.

32 M, N, P sont trois points tels que NP = 4 cm, MP = 10 cm et P ∈ [MN) et P ∉ [MN]. Calculer MN.

33 ABC est un triangle isocèle en A tel que BC = 6 cm. Que peut-on dire de la longueur du côté [AB] ?

34 **Pour rédiger**
Lire l'énoncé et la solution proposée par un élève. Rédiger ensuite cette solution en tenant compte des remarques du correcteur.

Énoncé
Un côté d'un triangle mesure 8 cm. Son périmètre peut-il être égal à :
a. 14 cm ? b. 19 cm ?
Expliquer les réponses.

Cercle circonscrit à un triangle

35 Dans chaque cas, reproduire le triangle et construire son cercle circonscrit.
a.

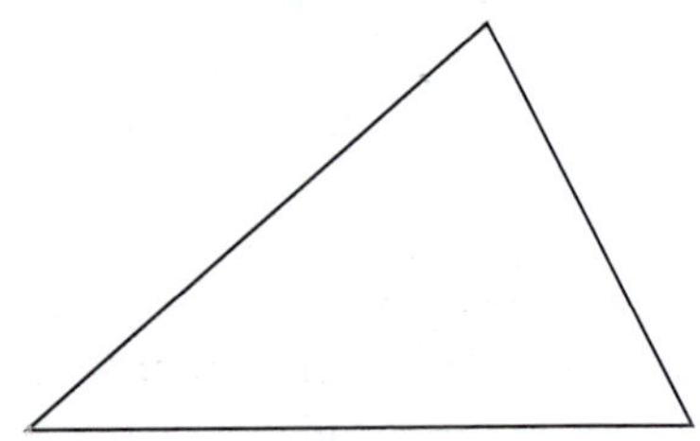

b.

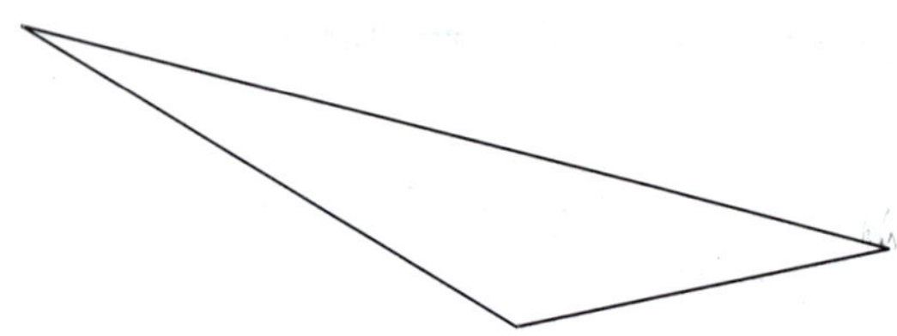

36 Dans chaque cas, construire un triangle ABC puis son cercle circonscrit.
a. AB = 6 cm ; AC = 5 cm ; $\widehat{BAC} = 50°$.
b. AB = 5 cm ; $\widehat{CAB} = 40°$; $\widehat{ABC} = 110°$.

37 Dans chaque cas, construire le triangle ABC en vraie grandeur, puis son cercle circonscrit.
a.

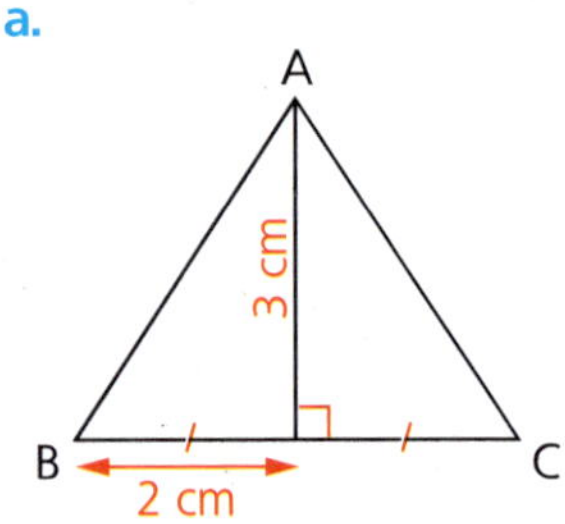

b.

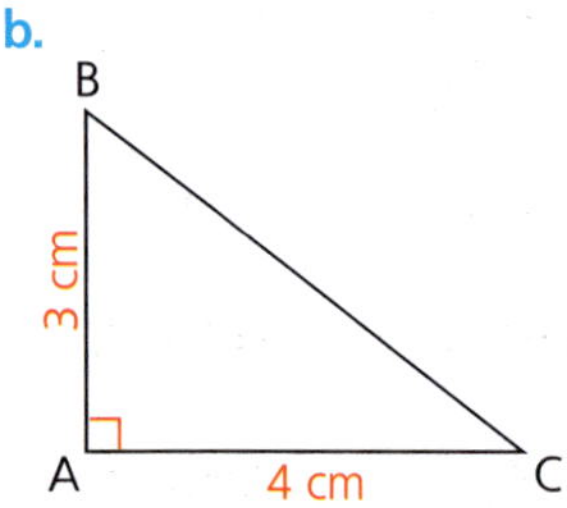

38 a. Tracer un segment [AB] de longueur 5 cm.
b. Tracer tous les triangles dont [AB] est un côté et dont les autres côtés ont pour longueurs 3,5 cm et 6 cm.

c. Construire les cercles circonscrits à ces triangles. Que peut-on conjecturer ?
Démontrer cette conjecture.

39 Sonia habite en Guadeloupe à égale distance des trois villes : Petit-Canal, Sainte-Anne et Sainte-Marie.

a. Poser une feuille de papier calque sur la carte, marquer trois points représentant ces trois villes.
b. Trouver l'emplacement exact de l'habitation de Sonia.

40 Voici ce qu'il reste du triangle ABC.

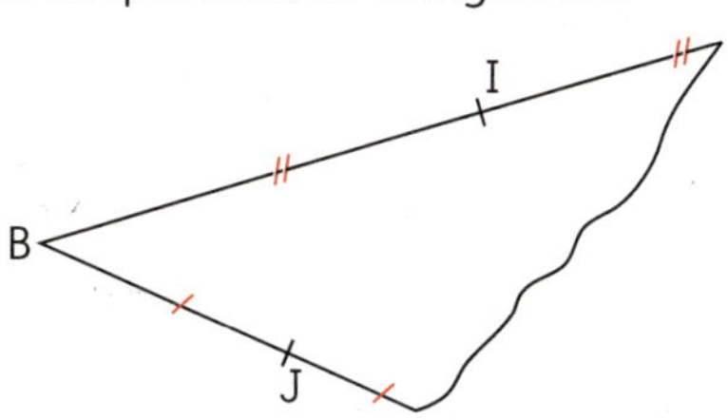

Reproduire cette figure et construire le centre du cercle circonscrit au triangle ABC (sans construire les points A et C !).

41 $\mathscr{C}$ est un cercle de centre O et (d) est une droite passant par O.
A et B sont deux points de $\mathscr{C}$ situés d'un même côté de la droite (d).
a. Faire une figure.
b. Construire tous les points C tels que $\mathscr{C}$ soit le cercle circonscrit au triangle ABC et tels que (d) soit une des médiatrices de ce triangle.

42 $\mathscr{C}$ est un cercle de centre O et de rayon 2 cm.
A, B, C sont trois points de $\mathscr{C}$ tels que :

$$AB = 3 \text{ cm} \text{ et } AC = 3{,}6 \text{ cm}.$$

a. Faire une figure.
b. **Avec la règle graduée uniquement**, construire les médiatrices des segments [AB] et [AC].

43 M est un point situé à l'intérieur de l'angle $\widehat{BAC}$.
P est le symétrique de M par rapport à la droite (AB).
Q est le symétrique de P par rapport à la droite (AC).

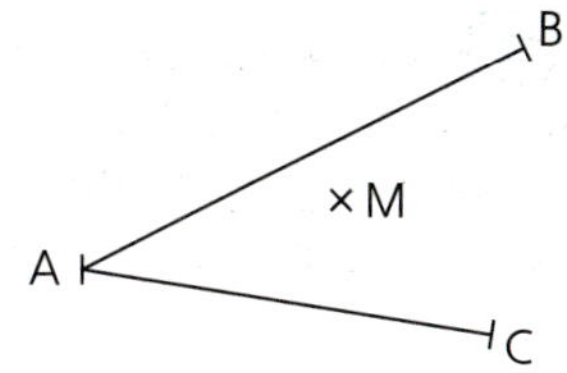

a. Faire une figure.
b. Quel est le centre du cercle circonscrit au triangle MPQ ? Expliquer.

Hauteurs d'un triangle

44 Dans chaque cas, reproduire le triangle et construire ses trois hauteurs.

a.

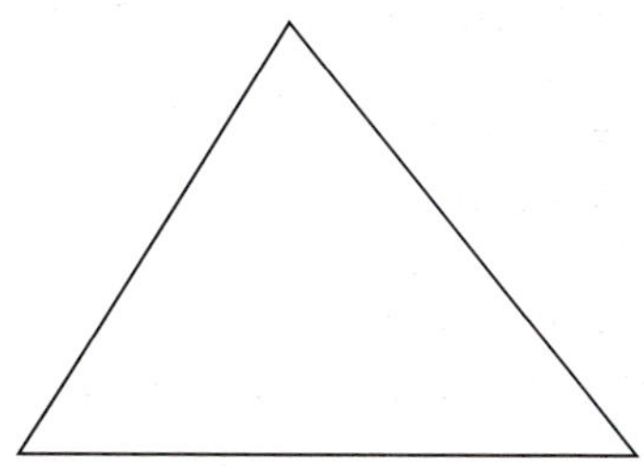

b.

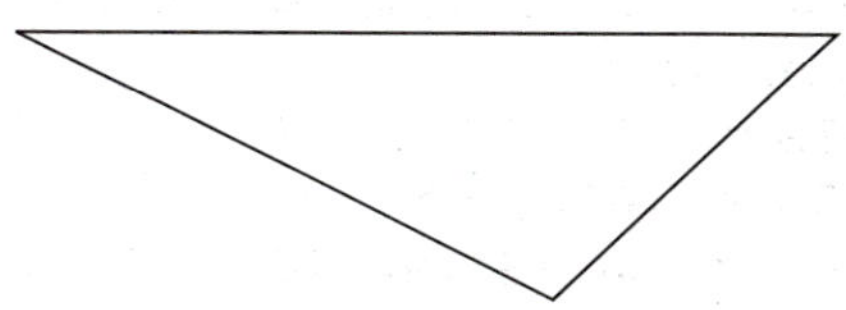

45 a. Construire un triangle ABC tel que :

$$AB = 5 \text{ cm},\ BC = 6{,}3 \text{ cm} \text{ et } \widehat{ABC} = 40°.$$

b. Construire les trois hauteurs de ce triangle avec la règle et l'équerre.
Conseil : se reporter à l'exercice résolu 4 page 191.

46 a. Construire un triangle DEF tel que :

$$ED = 4 \text{ cm},\ \widehat{EDF} = 110° \text{ et } EF = 8 \text{ cm}.$$

b. Construire l'orthocentre du triangle DEF avec la règle et l'équerre.

47 P est le pied de la hauteur issue de A du triangle ABC.
H est l'orthocentre de ce triangle.

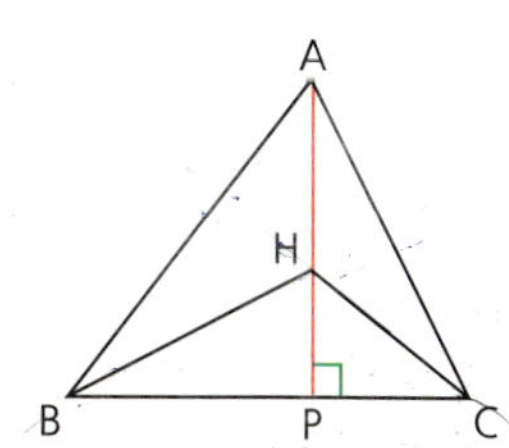

a. Que peut-on dire des droites (CH) et (AB) ? des droites (BH) et (AC) ? Expliquer.
b. Quel est l'orthocentre du triangle HBC ? Expliquer.

48

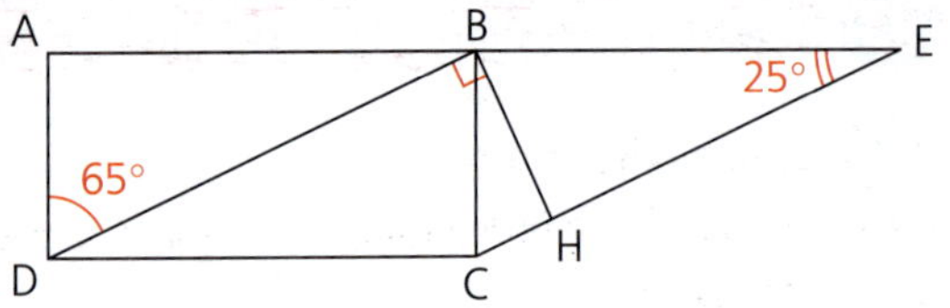

ABCD est un rectangle tel que $\widehat{ADB} = 65°$.
Le point E appartient à la droite (AB) et $\widehat{AEC} = 25°$.
La perpendiculaire en B à la droite (DB) coupe [EC] en H.
a. Expliquer pourquoi les droites (BD) et (CE) sont parallèles.
b. Expliquer pourquoi la droite (BH) est une hauteur du triangle BCE.

49 Sur la figure ci-contre :
- B, G, C sont alignés,
- A, F, C sont alignés,
- (BF) et (AG) se coupent en H,
- $\widehat{HBG} = 35°$,
- $\widehat{BHG} = \widehat{GCA} = 55°$.

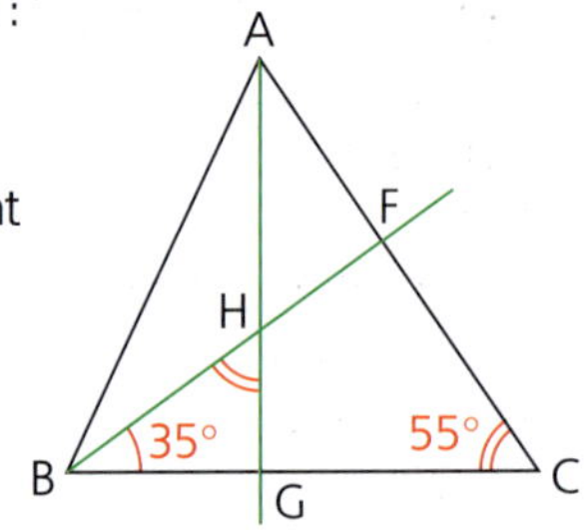

a. Calculer les mesures des angles $\widehat{BGH}$ et $\widehat{BFC}$.
b. Quel est l'orthocentre du triangle ABC ? Expliquer.

50 ABCD est un cerf-volant. La droite perpendiculaire à la droite (AB) et qui passe par C coupe la droite (BD) en E.
Expliquer pourquoi le point B est l'orthocentre du triangle AEC.

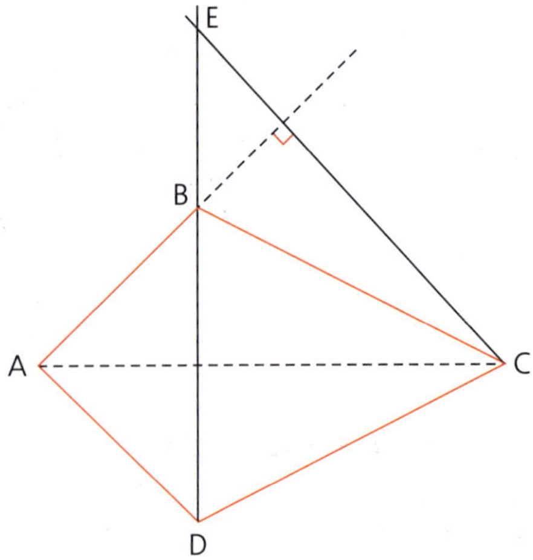

51 a. Construire un rectangle ABCD de centre O.
b. Tracer la perpendiculaire (*d*) en O à la droite (AC).
Les droites (*d*) et (CD) se coupent en N.
Les droites (*d*) et (AD) se coupent en M.
c. Quel est l'orthocentre du triangle AMC ? Expliquer.
d. Que peut-on dire alors des droites (AN) et (CM) ?

52 A, B, C d'une part et C, D, E d'autre part sont alignés.
Le triangle ADC est rectangle en D. Le triangle EBC est rectangle en B.
Expliquer ce que représente pour le triangle AEC :
a. le point F,
b. la droite (FC).

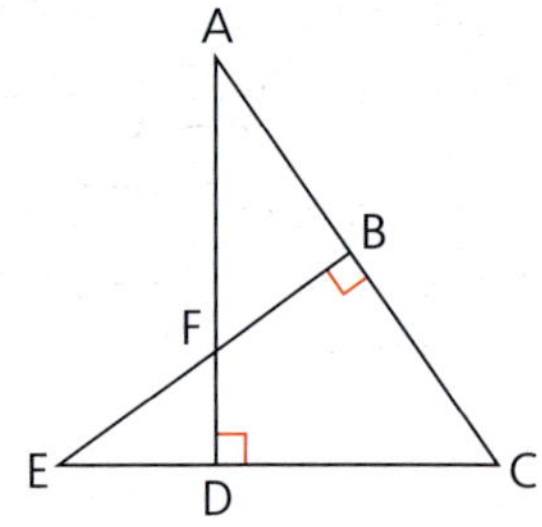

53 ABC est un triangle tel que :
BC = 8 cm ; $\widehat{ABC} = 70°$; $\widehat{BCA} = 60°$.
Les hauteurs [BI] et [CJ] se coupent en K.
a. Faire une figure.
b. Calculer la mesure de chacun des angles $\widehat{IBC}$, $\widehat{BCJ}$, $\widehat{BKC}$.

Médianes d'un triangle

54 Dans chaque cas, reproduire le triangle en vraie grandeur et construire ses trois médianes.

a.

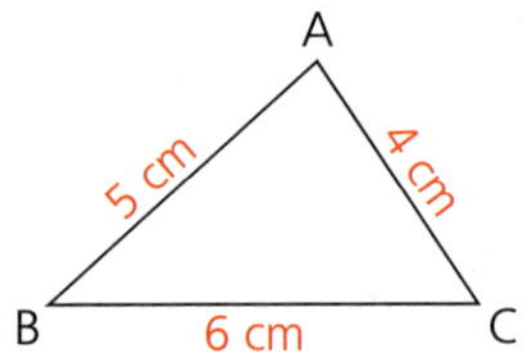

b.

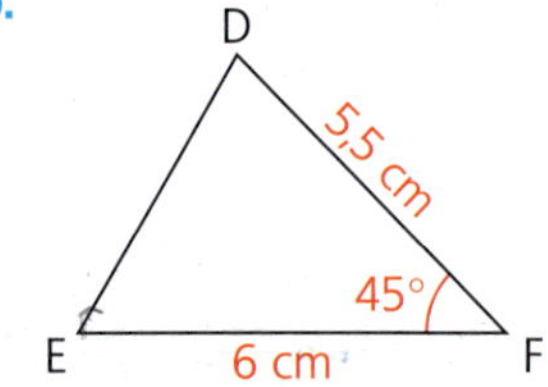

55 a. Construire un triangle STU tel que :
ST = 8 cm, $\widehat{STU} = 70°$ et SU = 9 cm.
b. Construire le centre de gravité de ce triangle.

56 a. Construire un triangle ABC puis le point D symétrique de A par rapport à B, et le point E symétrique de A par rapport à C.
Noter K le point commun aux droites (BE) et (CD).
b. Quelles sont les trois médianes du triangle ADE ? Expliquer.

57 Expliquer pourquoi le point G est le centre de gravité du triangle ABC.

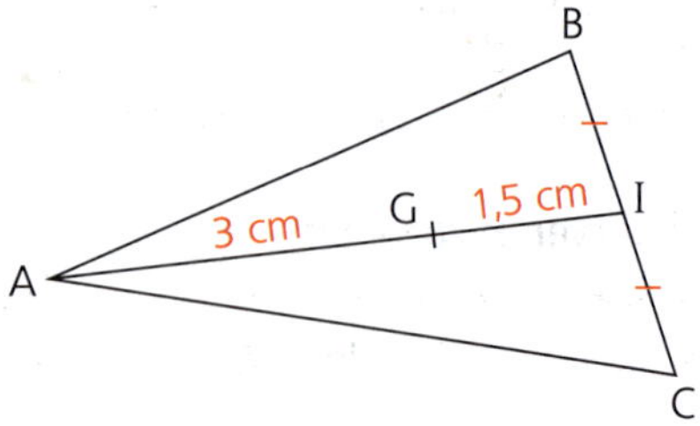

58 ABCD est un parallélogramme de centre O.
E est le symétrique du point C par rapport au point A.
a. Faire une figure.
b. Comparer les longueurs EA et AO.
c. Quel est le centre de gravité du triangle BDE ? Expliquer la réponse.

59 ABCD est un parallélogramme de centre O.
I est le milieu du segment [AB].
Les droites (DI) et (AC) se coupent en G.
a. Nommer deux médianes du triangle ABD.
b. Placer avec **la règle non graduée** le milieu du segment [AD].

60 a. Construire un rectangle ABCD de centre O tel que $OA = 3$ cm et $\widehat{AOD} = 36°$.
b. Construire le centre de gravité G_1 du triangle ABD. Calculer la longueur OG_1.
c. Construire le centre de gravité G_2 du triangle BCD **avec le compas uniquement**. Expliquer.

61 I, J, K sont les milieux des côtés respectifs [NP], [MP], [MN] d'un triangle et G est son centre de gravité.
Recopier et compléter :
a. GI = ... MI b. NG = ... GJ c. KG = ... GP

Pour s'exprimer

62 **Le sens des mots**
a. Le mot *circonscrit* utilisé dans ce chapitre provient du verbe *circonscrire*.
Trouver trois significations de ce verbe. Illustrer par un exemple.
b. Rechercher quatre mots ayant le même préfixe que *orthocentre*. Expliquer pourquoi ces mots ont le même préfixe.

63 **De la figure à l'énoncé**
Voici un énoncé de problème et la figure associée. Retrouver les mots manquants dans l'énoncé.

ABCD est un ☐ de centre O.
E est le symétrique de ☐ par rapport à ☐.
La droite (OE) coupe ☐ en F.
Expliquer pourquoi F est ☐ du triangle EBD.

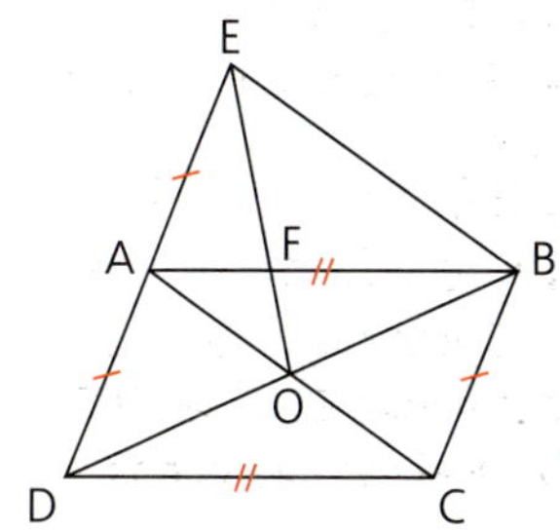

CALCUL MENTAL ET RÉFLÉCHI

64 **Figures impossibles**
Parmi ces figures à main levée, certaines sont impossibles à réaliser. Lesquelles ?

a. b. c. d.

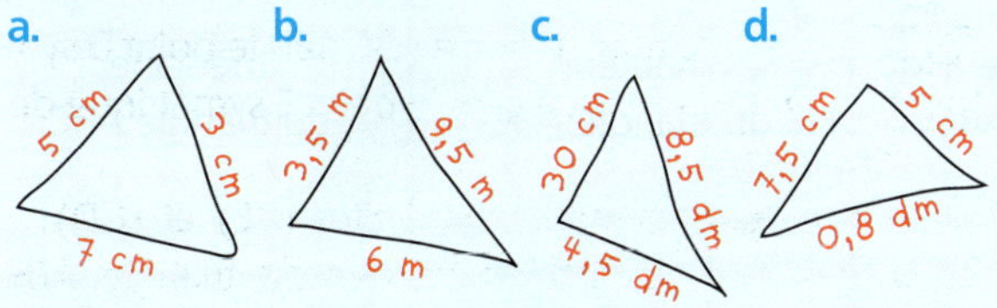

65 **Points alignés**

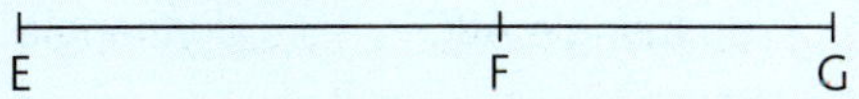

Les points E, F, G sont alignés dans cet ordre.
a. $EF = 4,5$ cm, $FG = 3,2$ cm. Calculer EG.
b. $EG = 8,4$ cm, $EF = 5,7$ cm. Calculer FG.

66 **Observer et réfléchir**
Que représente la droite (EI) pour le triangle EFH sur chacune des figures à main levée suivantes :

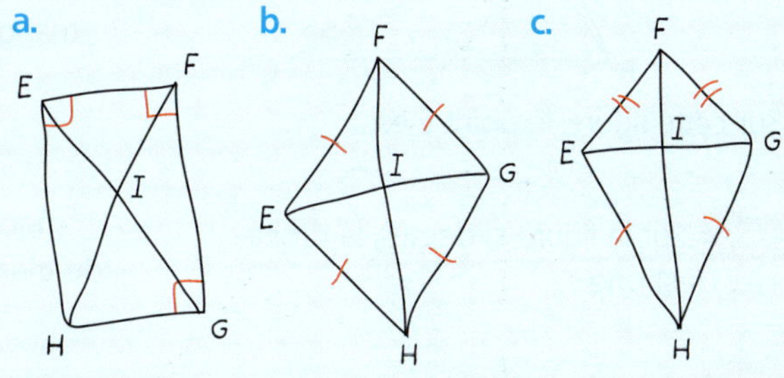

67 **Autour du centre de gravité**
G est le centre de gravité du triangle ABC.
I et J sont les milieux des côtés [BC] et [AB].
a. $AG = 3$ cm.
Calculer GI.
b. $JG = 2,4$ cm. Calculer GC.
c. $AG = 4,5$ cm. Calculer AI.
d. $AI = 7,5$ cm. Calculer AG.

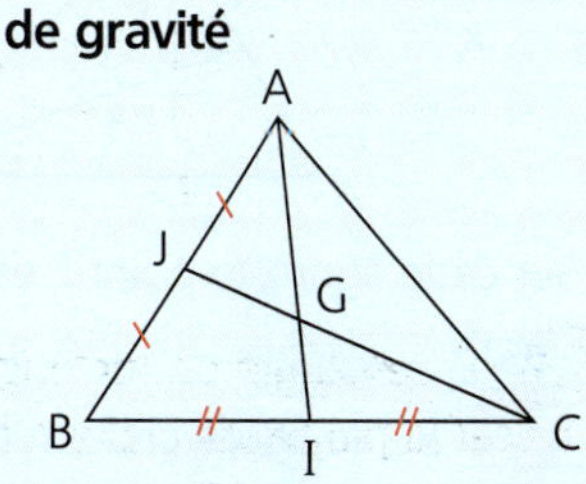

FAIRE LE POINT

TRAVAIL PERSONNEL

Pour chaque question, une seule réponse est exacte. Laquelle ?

	a	b	c
68 Lors de la construction d'un triangle, tout le monde obtiendra des triangles superposables si l'on connaît…	la mesure d'un angle et la longueur d'un côté	les mesures de deux angles et la longueur d'un côté	les mesures des trois angles
69 On peut construire un triangle « non aplati » dont les côtés ont pour longueurs…	3 cm ; 7 cm ; 10 cm	13 cm ; 5,2 cm ; 3,7 cm	1,8 cm ; 2,3 cm ; 0,7 cm
70 MNO est un triangle « non aplati » donc les longueurs MN, NO et OM vérifient…	MN = NO + OM	MN < NO + OM	MN > NO + OM
71 Q est un point du segment [PR]. Donc…	PR = PQ + QR	PQ = PR + RQ	RQ = RP + PQ
72 Le centre du cercle circonscrit à un triangle est à l'intersection des…	médianes de ce triangle	médiatrices de ce triangle	hauteurs de ce triangle
73 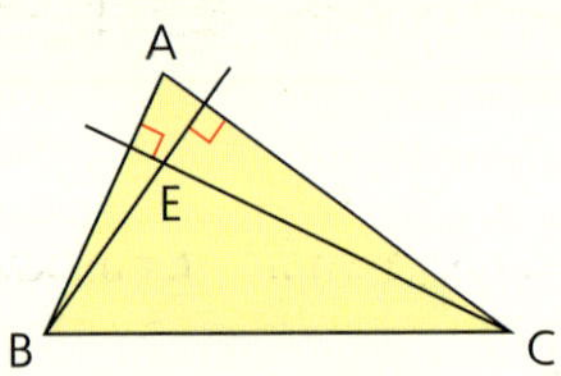 Sur cette figure, le point E est…	le centre du cercle circonscrit au triangle ABC	le centre de gravité du triangle ABC	l'orthocentre du triangle ABC
74 Sur la figure ci-dessus, la droite (AE) est une…	médiatrice du triangle ABC	hauteur du triangle ABC	médiane du triangle ABC
75 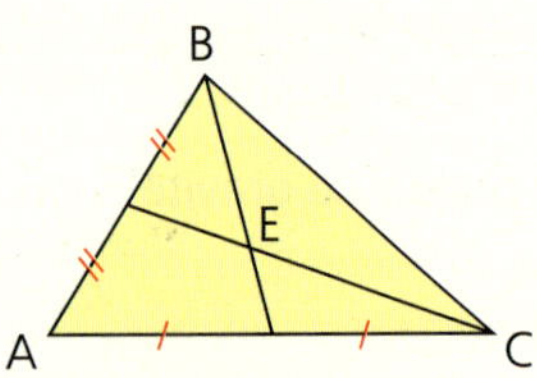 Sur cette figure, le point E est…	le centre du cercle circonscrit au triangle ABC	le centre de gravité du triangle ABC	l'orthocentre du triangle ABC
76 Sur la figure ci-dessus, la droite (AE) est une…	médiatrice du triangle ABC	hauteur du triangle ABC	médiane du triangle ABC

Vérifier les réponses page 266 : 6 bonnes réponses ou plus, passer à la série suivante d'exercices, sinon revoir auparavant le cours et les méthodes.

Exercices de consolidation

TRAVAIL PERSONNEL

77 Éviter une figure particulière

Énoncé

ABC est un triangle et O est le centre de son cercle circonscrit. O′ est le symétrique de O par rapport à la droite (BC).
I est le point d'intersection des droites (AO) et (BO′).
(d) est la droite qui passe par A et est parallèle à (O′I).
Faire une figure.

Voici deux figures correspondant à cet énoncé.

Maud

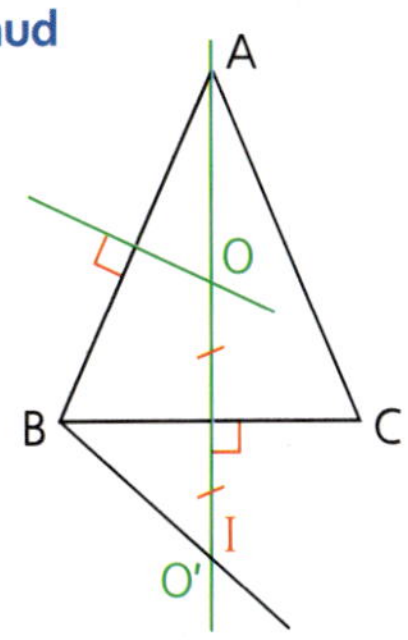

Pascal

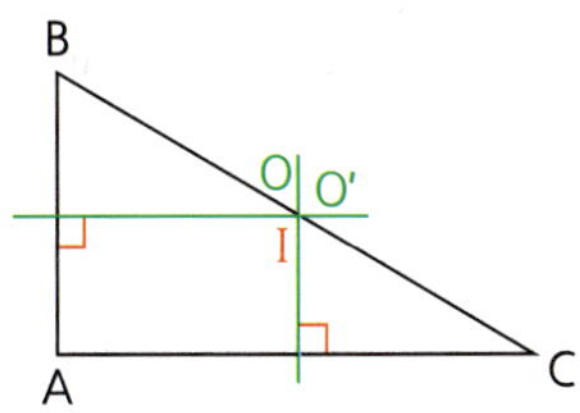

a. Expliquer pourquoi chacune de ces figures ne convient pas.
b. Faire la figure demandée par l'énoncé.

Aide

Lorsque dans un énoncé tu lis « ABC est un triangle », sans autre précision, tu dois veiller à dessiner un triangle **quelconque**.

78 S'aider d'une figure à main levée

ABC est un triangle isocèle en A.
O est le centre de son cercle circonscrit.
On sait que : $OB = 7{,}5$ cm et $\widehat{OBC} = 40°$.
Faire une figure.

Aide

- Commence par faire une figure à main levée pour « y voir plus clair ». Code les informations données dans l'énoncé.
- Pour faire la figure avec les instruments de géométrie, observe qu'il est préférable de commencer par tracer un cercle de centre O. Quel rayon vas-tu choisir ?

79 Imaginer une étape intermédiaire

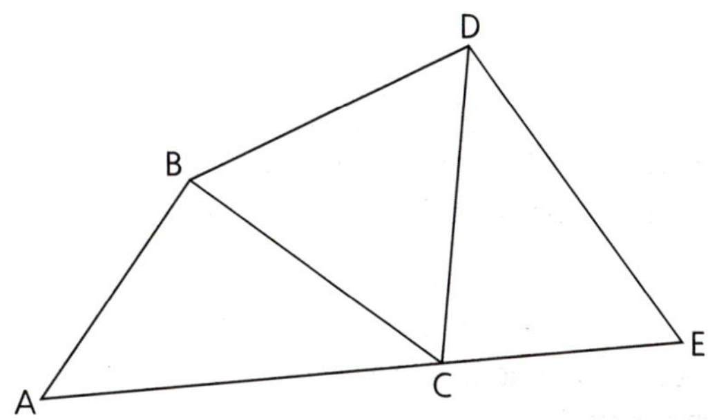

ABC est un triangle rectangle en B tel que $\widehat{BAC} = 50°$ et $AC = 4$ cm.
BCD est un triangle équilatéral.
CDE est un triangle tel que $\widehat{DCE} = 80°$ et $CE = 2{,}4$ cm.
a. Sur une figure **à main levée**, coder les informations données.
b. Calculer la longueur AE.

Aide

b. Il ne suffit pas de « voir » sur la figure que « les points A, C, E sont alignés ».
Tu dois l'expliquer à l'aide des données de l'énoncé.

80 Rédiger un programme de construction

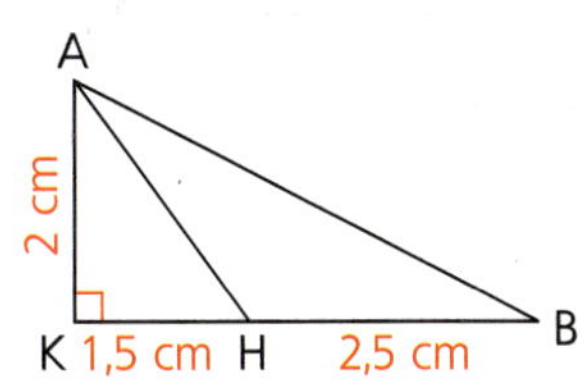

a. Sur la figure ci-dessus, les points K, H, B sont alignés.
Faire cette figure en vraie grandeur.
b. Construire et rédiger le programme de construction du point C de façon que H soit l'orthocentre du triangle ABC.

Aide

b. Pour chaque tracé supplémentaire effectué sur la figure, tu dois rédiger une phrase explicative. Tu peux numéroter ces phrases comme dans une notice de construction d'une maquette d'avion, de bateau, …

Exercices d'approfondissement

S'initier au raisonnement

81 Organiser les explications

ABC et DBC sont deux triangles rectangles en A et en D.
Les côtés [AB] et [CD] se coupent en M.
Les droites (AC) et (BD) se coupent en E.

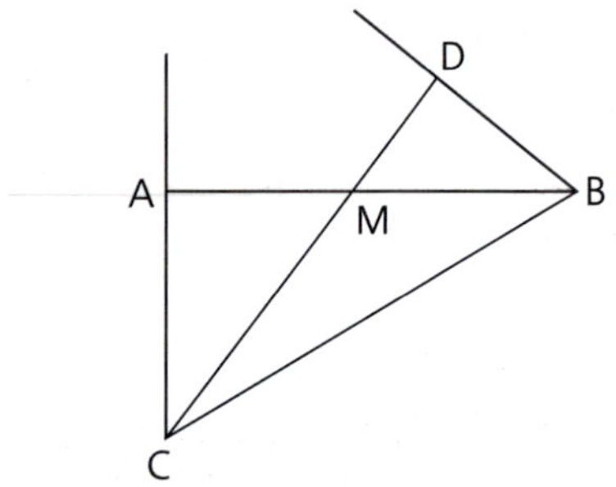

On se propose de prouver que les droites (EM) et (BC) sont perpendiculaires. Voici la copie d'un élève et les commentaires du correcteur.

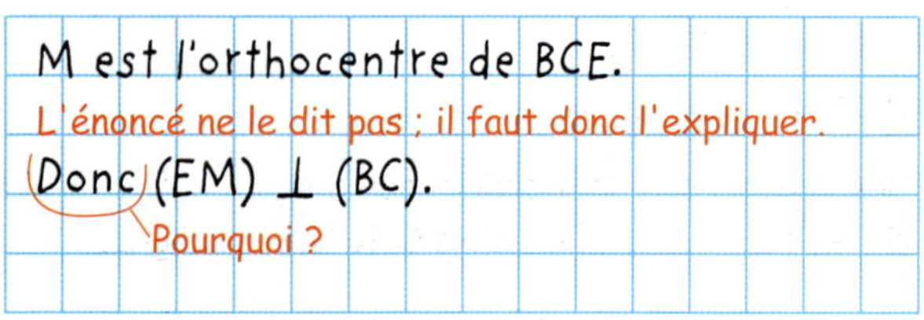

1. a. On peut affirmer que la droite (AB) est perpendiculaire à la droite (AC).
Quelle donnée de l'énoncé permet de l'affirmer ?
b. Que représente la droite (AB) pour le triangle BCE ? Quelle définition énoncée en cours permet de le dire ?
c. De la même façon, justifier le rôle de la droite (CD) dans le triangle BCE.
d. Expliquer alors pourquoi M est l'orthocentre du triangle BCE.
e. Que peut-on dire alors :
· de la droite (EM) pour le triangle BCE ?
· des droites (EM) et (BC) ?

2. En s'appuyant sur les étapes mises en évidence à la question **1**, rédiger alors la réponse à la question « Prouver que les droites (EM) et (BC) sont perpendiculaires ».

82 Choisir la bonne propriété

ABCD est un carré de côté 6 cm et de centre O.
E est le symétrique de C par rapport à D.
Les droites (EO) et (AD) se coupent en F.

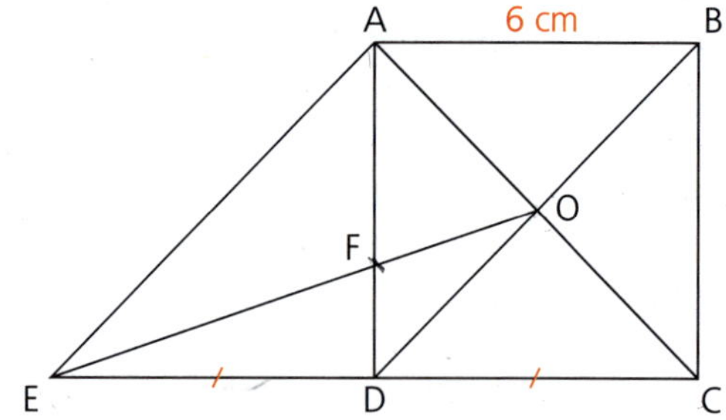

On se propose de calculer la longueur AF.

1. Observation de la figure et des données
a. « E est le symétrique de C par rapport à D ».
Que peut-on dire alors du point D ?
b. « ABCD est un carré de centre O ».
Quelles propriétés de ce point O connaît-on ?
c. « Les droites (EO) et (AD) se coupent en F ».
Utiliser les questions précédentes pour préciser le rôle de F dans le triangle ACE.

2. Utilisation du cours
a. D'après la question **1. c.** et le cours, quelle position occupe F sur le segment [AD] ?
b. Calculer alors AF.

83 S'appuyer sur le cours

Une personne affirme : « Les centres des cercles circonscrits aux triangles ABC, ABD, ABE sont alignés ».
Donner votre opinion, en s'appuyant sur la définition du centre du cercle circonscrit à un triangle.

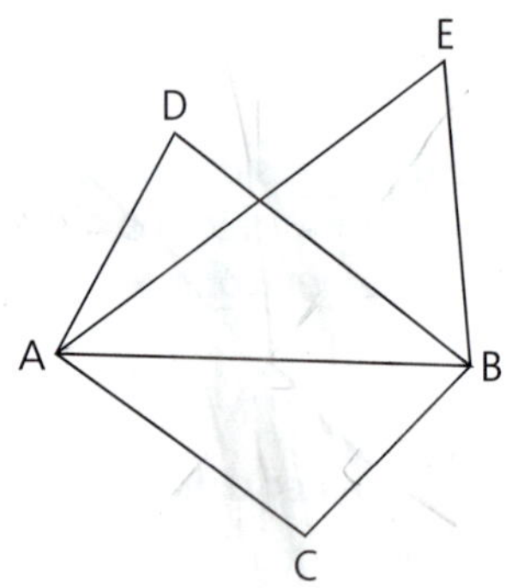

84 Organiser une recherche

1. a. Tracer un triangle ABC.
b. Construire un triangle BEC isocèle en E et un triangle BFC isocèle en F.
c. Par A, construire la parallèle (*d*) à la droite (EF).

2. Quel rôle semble jouer la droite (*d*) dans le triangle ABC ?

3. a. Citer des longueurs égales sur la figure.
Que peut-on en déduire pour la droite (EF) et le segment [BC] ?
b. Démontrer alors la conjecture émise ci-dessus.

Résolution de problèmes

85 Imaginer une stratégie

Construire un triangle ABC puis le point I symétrique du point A par rapport au point B et le point J symétrique du point A par rapport au point C.

Avec la règle non graduée uniquement, construire le milieu du segment [IJ].

86 Le centre perdu

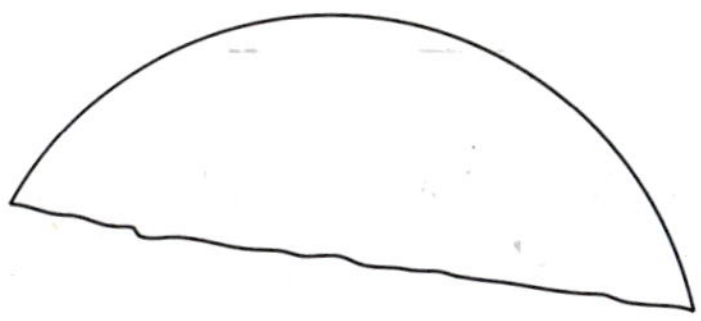

Décalquer cet arc de cercle et retrouver son centre pour reconstituer le cercle entier.

87 Un orthocentre

ABC est un triangle tel que $\widehat{ABC} = 55°$ et $\widehat{ACB} = 70°$.

H est un point de la hauteur (AK) tel que ABH est un triangle isocèle en H.

La droite (BH) coupe la droite (AC) en I.

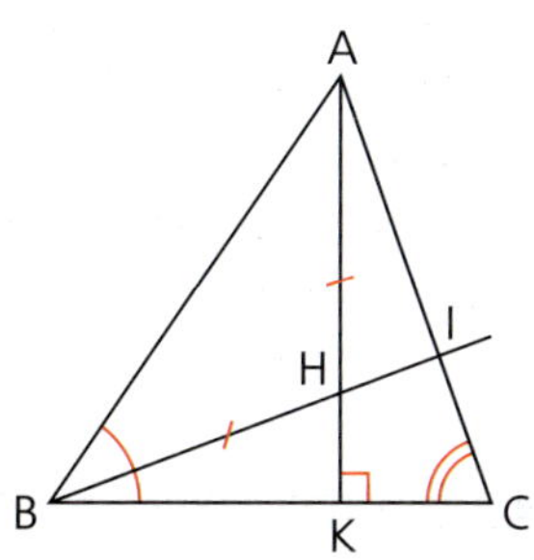

a. Calculer la mesure de l'angle $\widehat{BIC}$.

b. Expliquer alors pourquoi H est l'orthocentre du triangle ABC.

88 Ensemble de points

[AB] est un segment de longueur 3 cm et de milieu I.

$\mathscr{C}$ est le cercle de centre I et de rayon 4,5 cm.

a. Faire une figure.

b. Placer un point M sur le cercle $\mathscr{C}$ et construire le centre de gravité G du triangle AMB.

c. Calculer la longueur IG.

d. Sur quelle ligne se déplace le point G lorsque le point M se déplace sur le cercle $\mathscr{C}$?

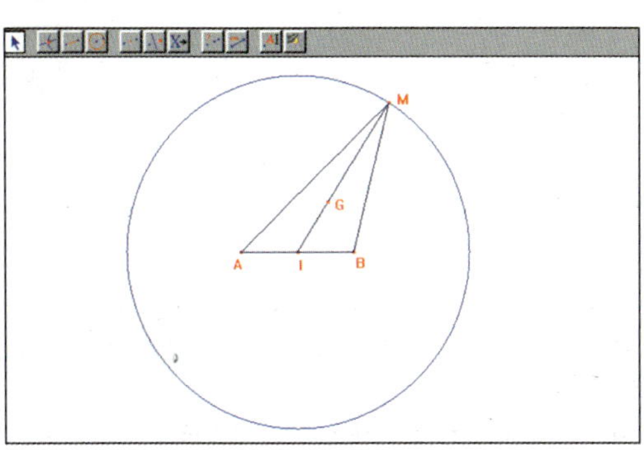

89 En vraie grandeur

ABC est un triangle.

Une droite parallèle à la droite (BC) coupe le segment [AB] en I et le segment [AC] en J.

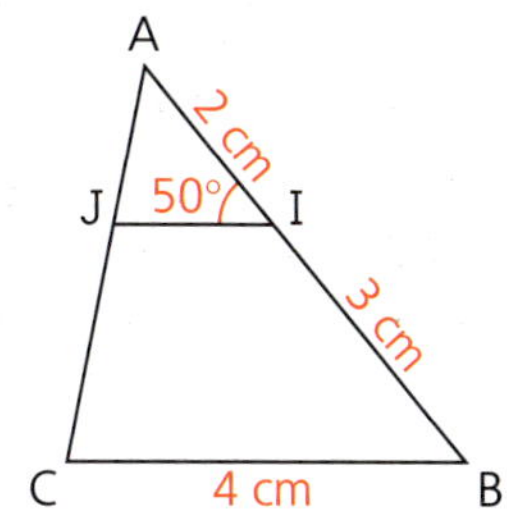

Construire cette figure en vraie grandeur en utilisant une règle graduée et un rapporteur.

90 Le milieu retrouvé

a. Construire un cercle de centre O et de rayon 6 cm. Placer sur ce cercle un point A et deux points B et C diamétralement opposés.

b. Placer le point I du segment [OA] tel que OI = 2 cm. Démontrer que la droite (BI) coupe le segment [AC] en son milieu.

91 Des informations à la figure

Des informations sont codées sur la figure à main levée ci-dessous. De plus, les points O, N, M sont alignés.

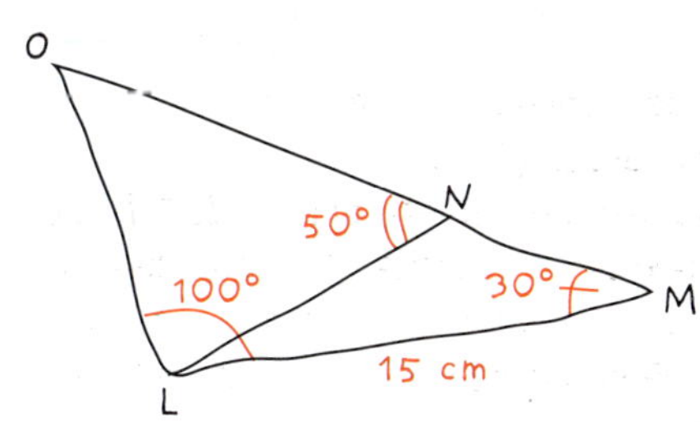

Construire une figure respectant ces informations. Expliquer la méthode utilisée.

92 Cercle circonscrit à un triangle rectangle

1. a. Construire un triangle ABC rectangle en A tel que AC = 6 cm et $\widehat{ACB} = 35°$.

b. Calculer la mesure de l'angle $\widehat{ABC}$.

2. a. Construire la médiatrice du segment [AC]. Elle coupe le segment [BC] en M.

b. Quelle est la nature du triangle AMC ?

3. a. Calculer la mesure de l'angle $\widehat{BAM}$.

b. Quelle est alors la nature du triangle ABM ?

4. Quel est le centre du cercle circonscrit au triangle ABC ?

93 Le sommet caché

D'un triangle ABC, il ne reste que le côté [AB] et son centre de gravité G.
Avec la règle et le compas, retrouver le sommet C.

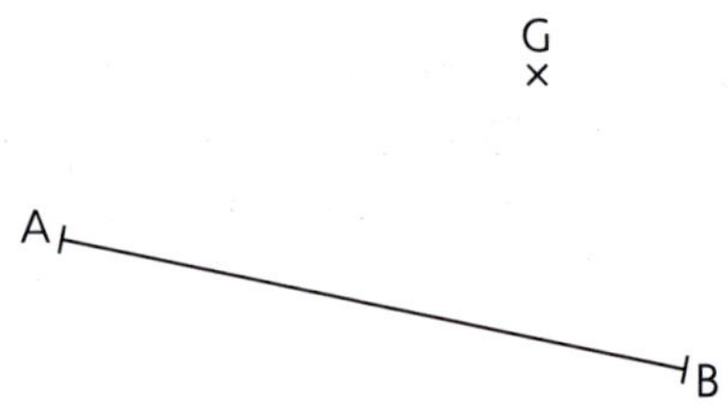

94 Relier la géométrie et le numérique

Sur cette figure, le triangle ABC a trois angles aigus. Le cercle circonscrit au triangle ABC a pour centre O.

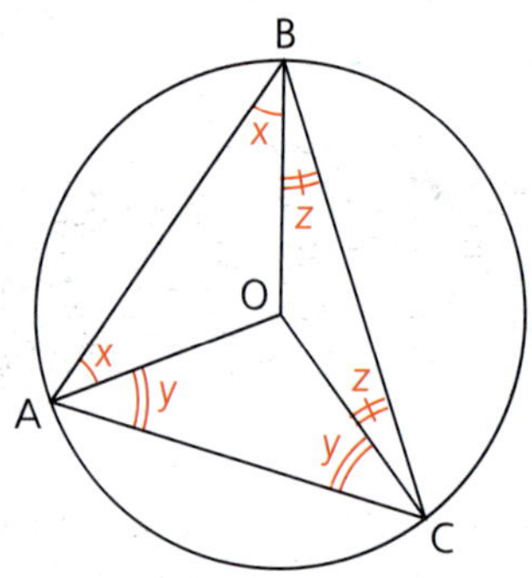

a. Expliquer pourquoi on peut noter x la mesure des deux angles $\widehat{ABO}$ et $\widehat{BAO}$, y celle des angles $\widehat{OAC}$ et $\widehat{OCA}$, z celle des angles $\widehat{OCB}$ et $\widehat{OBC}$.

b. Expliquer pourquoi : $\widehat{BOC} + 2z = 180°$.

c. Exprimer en fonction de x, y, z la somme des angles du triangle ABC. Quelle est sa valeur ?

d. Expliquer pourquoi $\widehat{BOC} = 2x + 2y$, puis pourquoi $\widehat{BOC} = 2\widehat{BAC}$.

Vrai ou faux

Pour les exercices 95 à 100

Dire si l'affirmation est vraie ou fausse.
Expliquer la réponse.

95 Dans un triangle équilatéral ABC la médiatrice du segment [BC] est aussi la hauteur issue de A.

96 Le centre du cercle circonscrit à un triangle est toujours à l'intérieur de celui-ci.

97 Si $AB = 7{,}8$ cm, $AC = 10$ cm et $BC = 2{,}1$ cm, alors le point B appartient au segment [AC].

98 Pour construire un triangle ABC tel que $AB = 2$ cm et $AC = 5$ cm, il faut que :

$$3 \text{ cm} < BC < 7 \text{ cm}.$$

99 (AI) est une médiane d'un triangle ABC.
J est le milieu du segment [AB] et K est le milieu du segment [AC].
Alors les droites (AI) et (JK) se coupent au centre de gravité du triangle.

100 I est le milieu du côté [BC] d'un triangle ABC.
Si G est le point du segment [AI] tel que $AG = 4$ cm et $GI = 2$ cm, alors G est le centre de gravité du triangle.

Des défis

101 Auprès de mon arbre

Sur chacun de ces terrains est planté un arbre et un seul.
On connaît la somme des distances de chaque arbre aux quatre sommets du terrain sur lequel il est planté.
Acacia : 68 m ; bouleau : 76 m ; chêne : 64 m.
Sur quel terrain chaque arbre se trouve-t-il ?

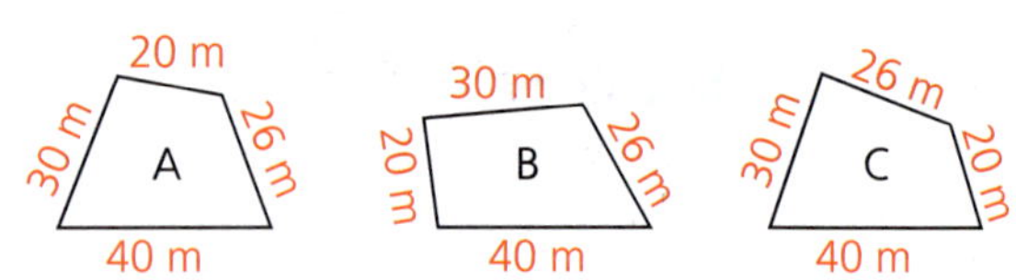

102 Un triangle isocèle

Construire un triangle isocèle dont deux des médianes mesurent 6 cm et 4,5 cm.

Un pavage pour s'amuser

Colorimétrie

La lumière solaire ou lumière blanche est en réalité une superposition de rayons de différentes couleurs ; un faisceau de lumière blanche qui tombe sur un prisme de verre, ressort en faisant apparaître les sept couleurs de l'arc-en-ciel : c'est le spectre solaire.

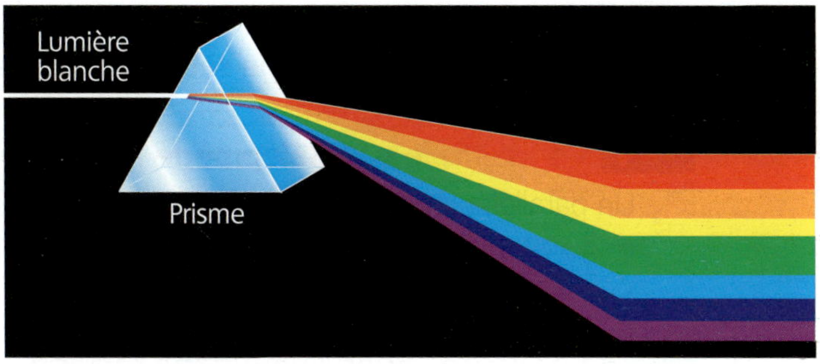

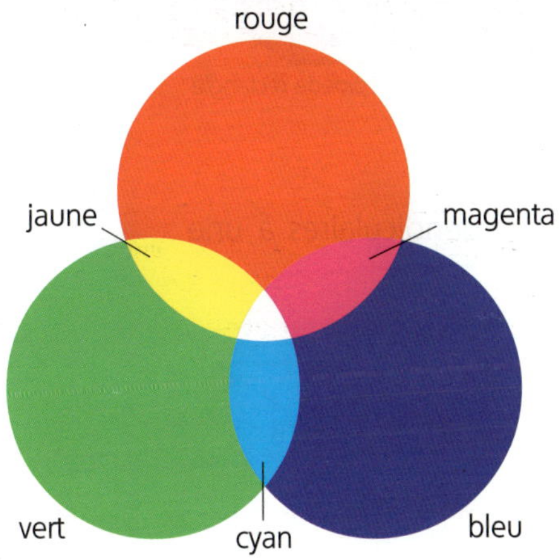

Les trois couleurs primaires rouge, vert et bleu, mélangées dans des proportions convenables, donnent le blanc.
En les représentant sur les sommets d'un triangle équilatéral, les milieux des côtés représentent une nouvelle couleur et le centre de gravité représente le blanc.

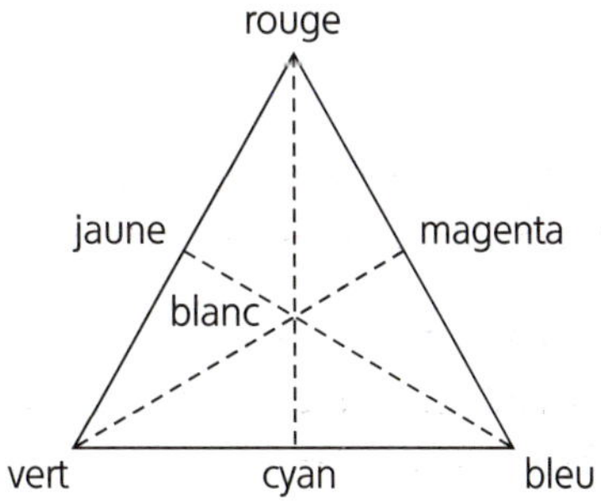

Deux couleurs dont le mélange donne le blanc sont complémentaires : le cyan est la couleur complémentaire du rouge, le jaune du bleu, le magenta du vert.

Jeu

Avec des allumettes

Onze allumettes sont disposées de telle sorte qu'on compte cinq triangles.

Déplacer deux allumettes pour obtenir quatre triangles, puis encore deux pour obtenir trois triangles.

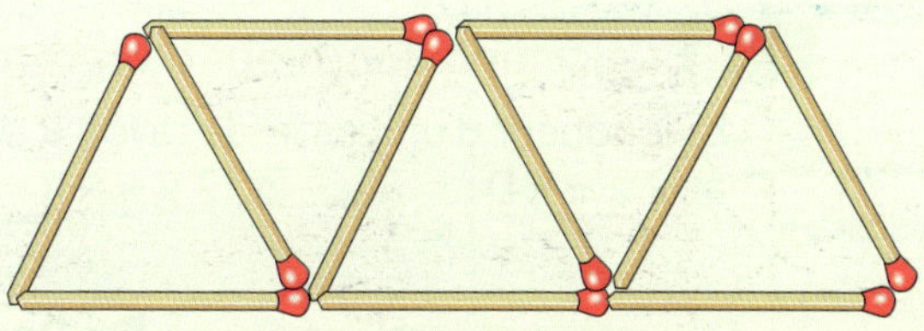

CHAPITRE 11

Prismes et cylindres

PRENDRE UN BON DÉPART

Revoir les acquis

Pour chaque question, une seule réponse est exacte. Laquelle ?

1 Connaître le parallélépipède rectangle : les sommets et les arêtes

Un parallélépipède rectangle a…

a. 8 sommets et 12 arêtes **b.** 12 sommets et 8 arêtes
c. 7 sommets et 9 arêtes

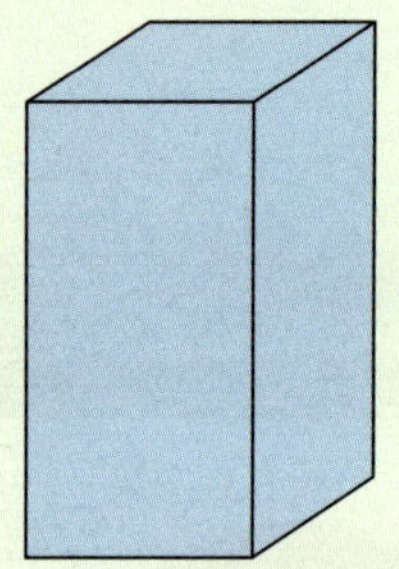

Parallélépipède rectangle

2 Connaître le parallélépipède rectangle : les faces

Formulaire page 263

Un parallélépipède rectangle admet pour faces…

a. 6 rectangles
b. 1 rectangle et 2 parallélogrammes non rectangles
c. 2 rectangles et 4 parallélogrammes non rectangles

3 Reconnaître les faces perpendiculaires ou parallèles

Dans un parallélépipède rectangle, le nombre de faces perpendiculaires à une face donnée est…

a. 1 **b.** 2 **c.** 4

4 Comprendre une représentation en perspective cavalière

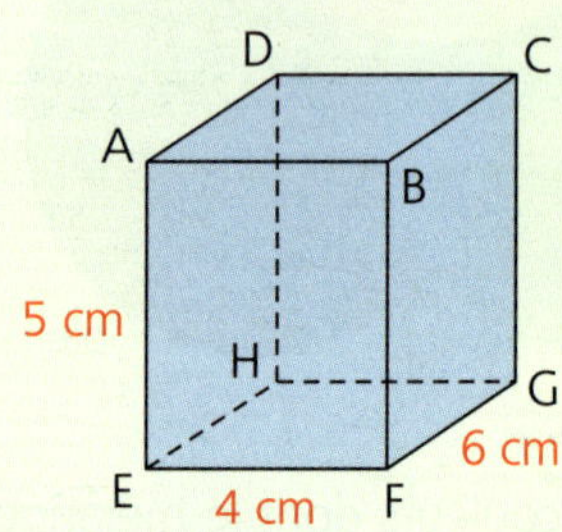

Pour le parallélépipède rectangle ABCDEFGH dont une représentation est donnée ci-contre, la somme des mesures des angles $\widehat{ABC}$, $\widehat{ABF}$ et $\widehat{FBC}$ est…

a. 180° **b.** 270° **c.** 360°

5 Fabriquer un parallélépipède rectangle

Formulaire page 263

Voici une représentation d'un patron du parallélépipède rectangle ci-dessus.
Le segment coloré en rouge a pour longueur…

a. 18 cm **b.** 20 cm **c.** 22 cm

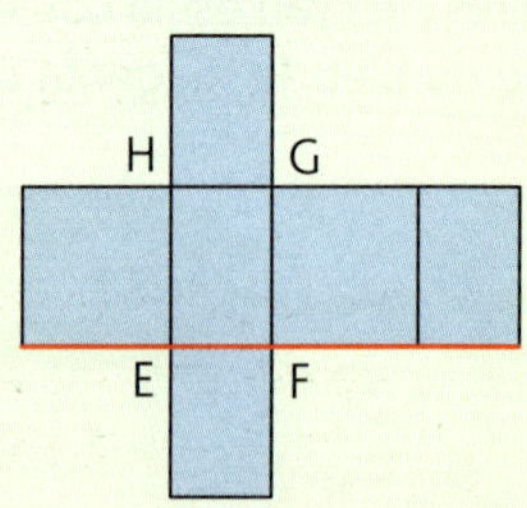

6 Calculer la longueur d'un cercle

Formulaire page 263

La longueur d'un cercle de rayon R et de diamètre D est…

a. $2 \times \pi \times D$ **b.** $2 \times \pi \times R$ **c.** $\pi \times R \times R$

▶ Poursuivre avec les exercices A à F page 212

Activités

Sciences en construction

Comment peignait-on l'espace dès la Renaissance ?

Objectif
Faire réfléchir à l'évolution des connaissances au cours du temps.

@ nathan.fr

▲ Théâtre (Moronobu, japonais XVIIe siècle)

▲ Panneau de Berlin (anonyme, italien, XVe siècle)

Dans la perspective cavalière, utilisée pour dessiner les prismes dans ce chapitre, les lignes parallèles sont représentées parallèles.

Dans la perspective à point de fuite, les lignes parallèles fuyantes (qui vont en s'éloignant dans la réalité) sont représentées concourantes.

Poser un calque sur les figures ci-dessous et ajouter une fenêtre sur le côté de la maison et une autre sur le toit en respectant les règles du dessin.

a.

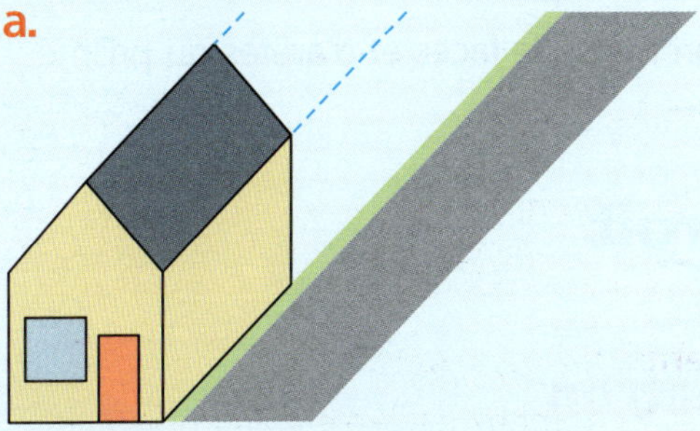

b.

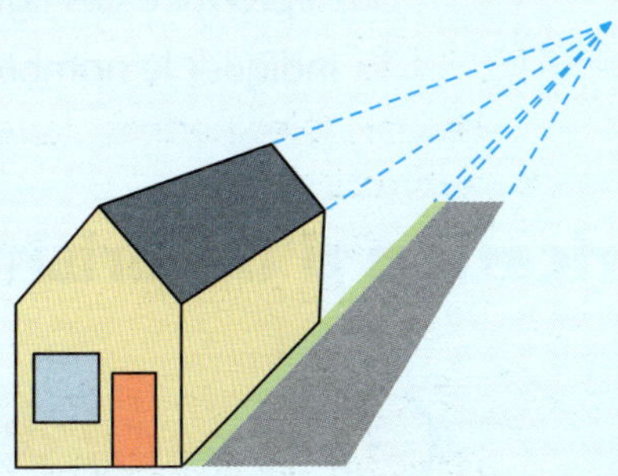

DOCUMENT À PHOCOPIER

Description d'un prisme droit

1 Découvrir le vocabulaire

Objectif
Introduire le vocabulaire spécifique des prismes droits.

1

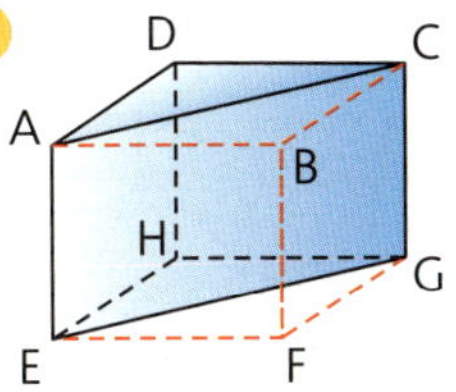

2

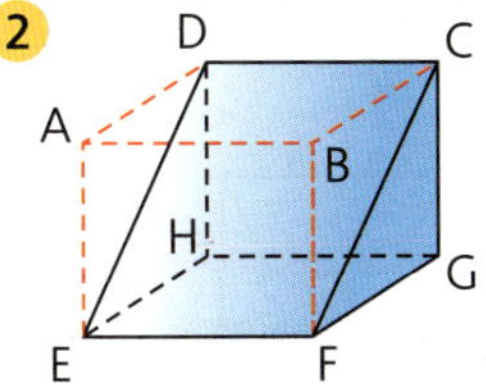

3

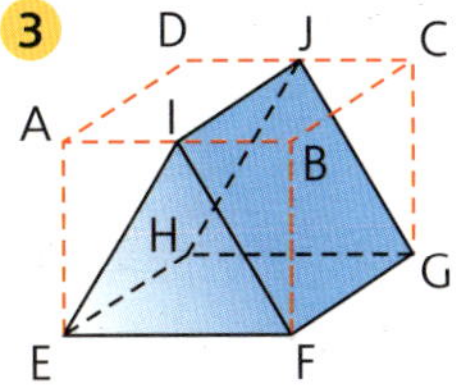

4

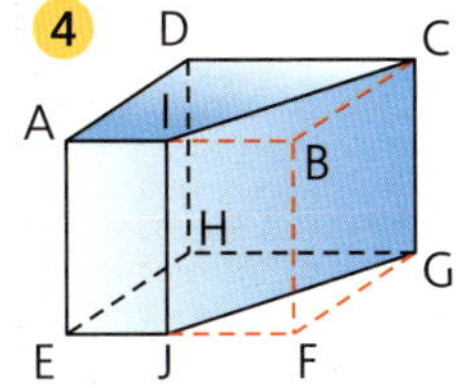

Voici quatre façons différentes de tailler un prisme droit dans un parallélépipède rectangle de dimensions $AB = 5$ cm, $AD = 3$ cm, $AE = 4$ cm. Dans chaque cas, indiquer :

a. les noms des bases et leur forme ;

b. les noms des faces latérales ;

c. les noms des arêtes latérales ;

d. la hauteur.

Vocabulaire

Un **prisme droit** est un solide limité par deux faces superposables (les **bases**), les autres faces (les **faces latérales**) étant des rectangles.
Les **arêtes latérales** qui relient les deux bases ont toutes la même longueur : la **hauteur** du prisme.

2 Représenter un prisme droit

Voici quatre prisme droits que l'on a commencé à représenter en perspective cavalière. On a dessiné la base et une arête latérale visibles.

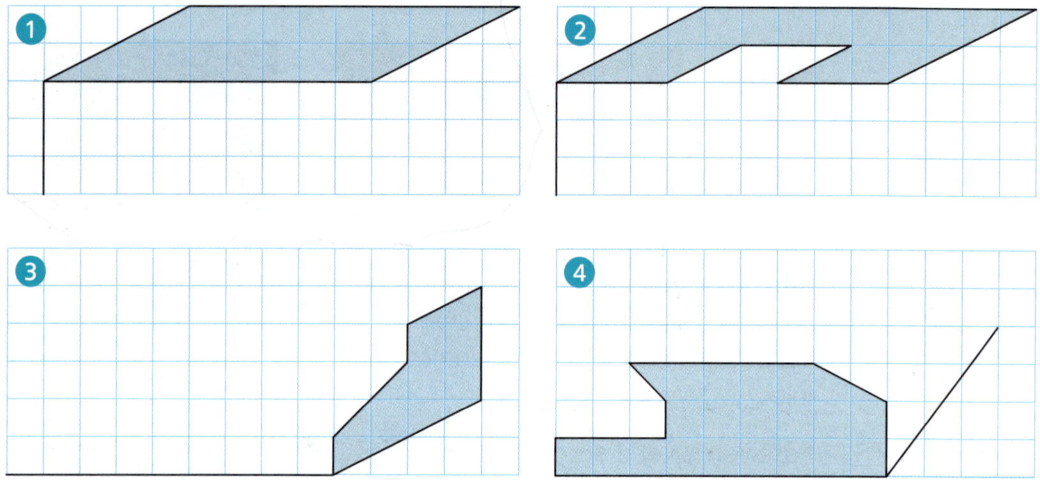

a. Reproduire ces figures et les compléter.

b. Indiquer le nombre de sommets, de faces et d'arêtes du prisme.

Fabrication d'un prisme droit

3 À partir d'un patron

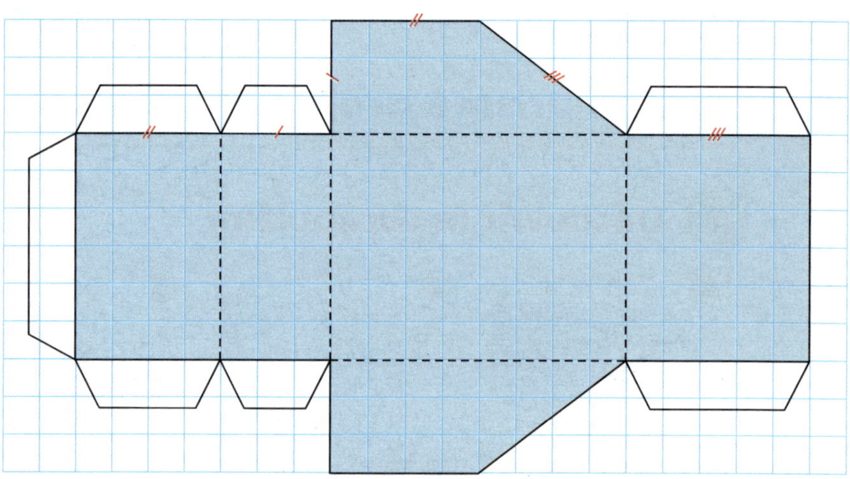

Note
Les languettes sont destinées à faciliter le collage.

@ nathan.fr

Voici un patron d'un prisme droit. Le reproduire, le découper et le plier pour fabriquer le prisme droit. Comment trouve-t-on sur le patron la hauteur du prisme ?

4 Résoudre un problème

Un prisme droit a pour base un triangle isocèle dont un côté mesure 5 cm et les deux autres 4 cm chacun. La hauteur du prisme est de 3 cm.
Construire un patron de ce prisme, le découper et le plier pour obtenir ce prisme droit.

Description d'un cylindre de révolution

5 Découvrir le vocabulaire

Objectif
Introduire le vocabulaire des cylindres de révolution.

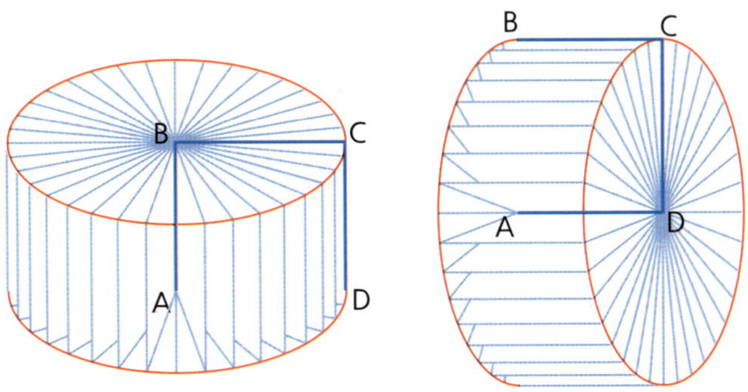

Vocabulaire

Un **cylindre de révolution** peut être obtenu en faisant tourner un rectangle autour de l'un de ses côtés. Il est limité par deux disques parallèles et superposables : les **bases**.
Sa **hauteur** est la distance entre les centres de ses bases.

Un rectangle ABCD a pour dimensions AD = 2 cm et AB = 1,5 cm. Donner le rayon de la base et la hauteur du cylindre obtenu en faisant tourner ABCD autour :

a. de [AB] **b.** de [AD].

6 Représenter un cylindre de révolution

Objectif
Représenter un cylindre de révolution.

Note
On fera dessiner à main levée pour la figure 2.

Pour chacun des cylindres de révolution, on a représenté la base visible et le segment reliant les centres des bases.
Reproduire ces figures et les compléter.

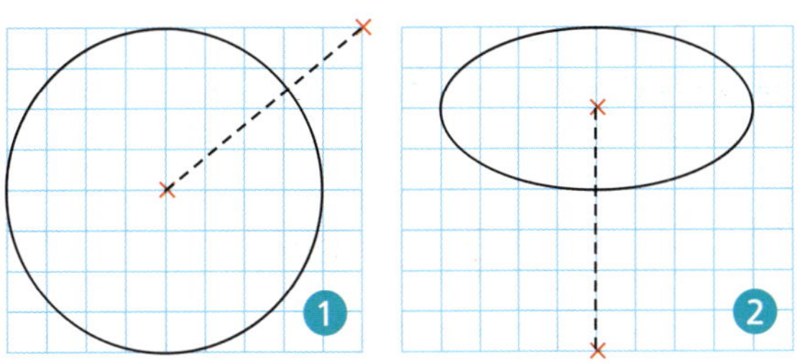

Fabrication d'un cylindre de révolution

7 À partir d'un patron

Objectif
Relier les dimensions du patron à celles du cylindre.

a. Reproduire ce patron d'un cylindre de révolution sur papier quadrillé.

b. Le découper pour fabriquer le cylindre.

c. Quels liens peut-on faire entre les dimensions du patron et les dimensions du cylindre ?

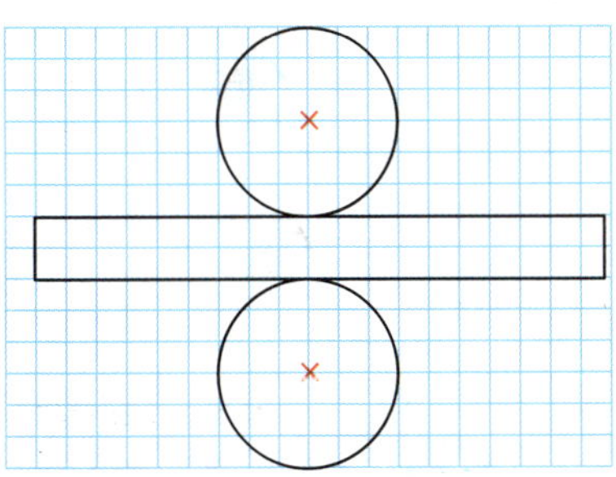

8 Construire le patron à partir d'un objet

Objectif
Utiliser les relations obtenues à l'activité 7.

a. Mesurer le diamètre et la hauteur d'un objet cylindrique, par exemple un tube de colle.

b. Construire un patron de ce cylindre.

c. Découper le patron et contrôler sa validité en l'utilisant pour envelopper l'objet.

1 Description d'un prisme droit

DÉFINITION

Un **prisme droit** est un solide qui a :
- deux faces parallèles et superposables qui sont des polygones (triangle, quadrilatère,...) ; ces deux faces sont les **bases** du prisme droit ;
- des **faces latérales** qui sont des rectangles ; il y en a autant que de côtés d'une base.

DÉFINITIONS

Les arêtes qui relient les deux bases sont les **arêtes latérales**.
La longueur commune de ces arêtes latérales est la **hauteur** du prisme droit.

Note
Les arêtes latérales sont deux à deux parallèles.
On dit aussi que ce sont des hauteurs du prisme droit.

▶ **Exercices 1 à 8 p. 212-213.**

→ **Exemples :** représentations en perspective cavalière

Un prisme droit à base triangulaire

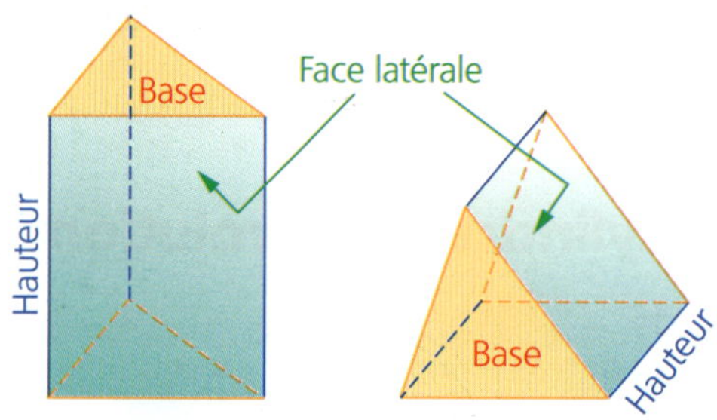

Représentation avec la hauteur en vraie grandeur

Représentation avec les bases en vraie grandeur

Un prisme droit à base rectangulaire ou parallélépipède rectangle

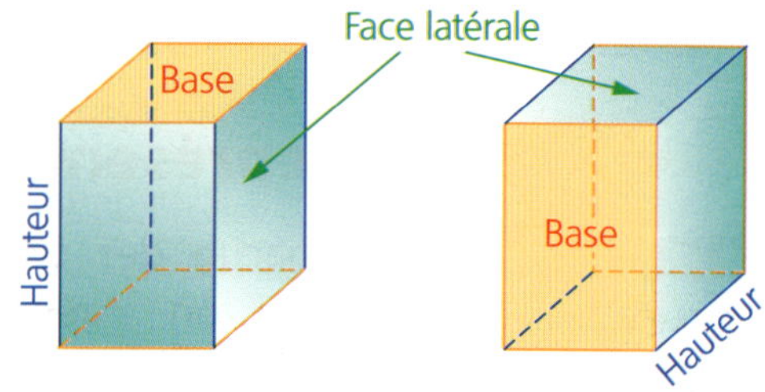

Toutes les faces sont des rectangles : on a le choix des bases et de la hauteur.

Remarque : les arêtes latérales sont dessinées parallèles et de même longueur ; les bases dont dessinées superposables.

2 Fabrication d'un prisme droit

Voici comment fabriquer un prisme droit à base triangulaire à l'aide d'un patron.

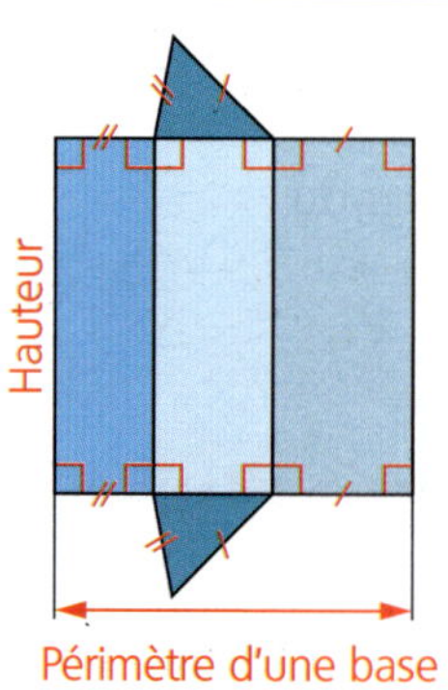

Un patron

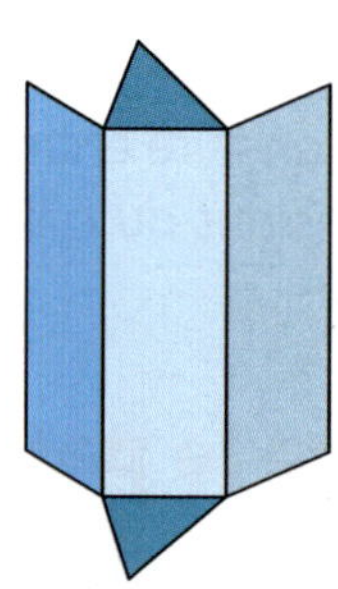

On replie...

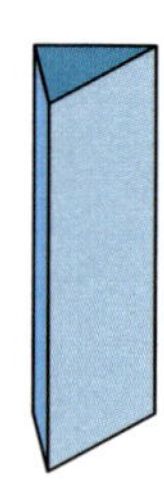

Prisme droit

▶ **Exercices 9 à 11 p. 213.**

3 Description d'un cylindre de révolution

DÉFINITIONS

Un **cylindre de révolution** est un solide décrit par un rectangle qui tourne autour de l'un de ses côtés.
Les **bases** de ce cylindre sont deux disques parallèles et de même rayon.
L'**axe** du cylindre est la droite qui relie les centres des disques de base.

DÉFINITION

La **hauteur** d'un cylindre de révolution est la longueur d'un segment reliant perpendiculairement les deux bases.

Note
On dit aussi que tout segment reliant perpendiculairement les bases est une hauteur du cylindre.

▶ **Exercices 12 à 17 p. 214.**

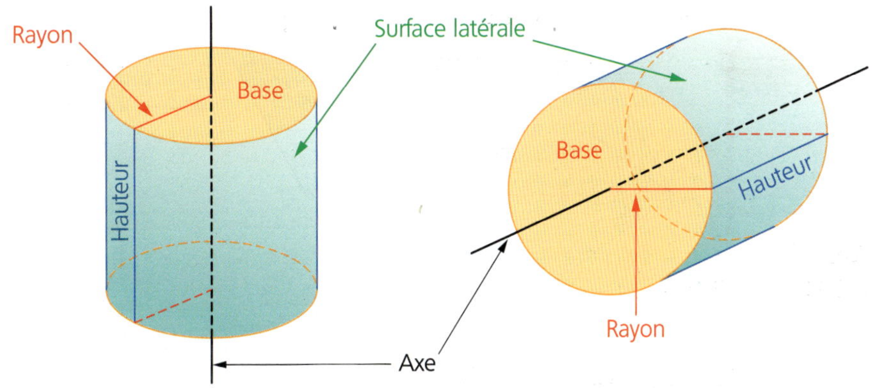

Représentation avec la hauteur en vraie grandeur

Représentation avec les bases en vraie grandeur

4 Fabrication d'un cylindre de révolution

Voici comment fabriquer un cylindre de révolution à l'aide d'un patron.

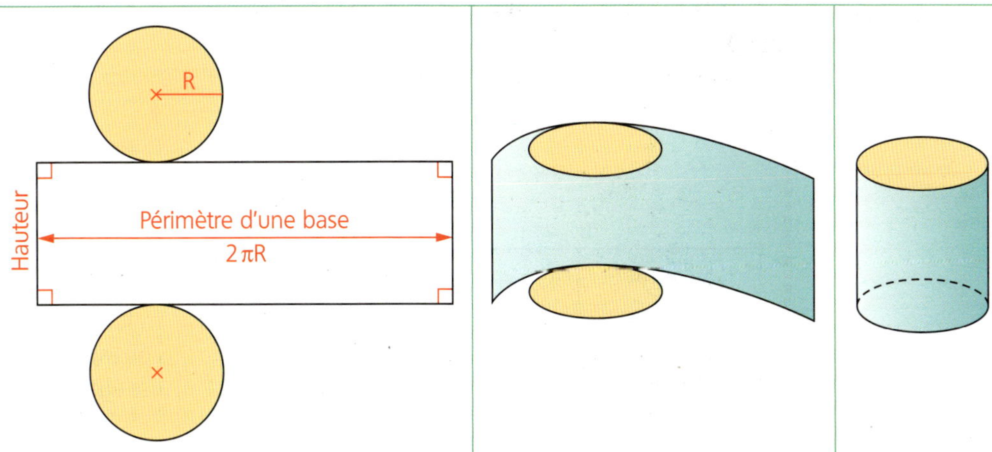

Un patron | On enroule… | Cylindre de révolution

▶ **Exercices 18 à 24 p. 214-215.**

EXERCICE RÉSOLU

1 Représenter un prisme droit avec les bases en vraie grandeur

ÉNONCÉ

Un prisme droit de hauteur 7 cm a pour base un losange de diagonales 3,5 cm et 5 cm. Représenter ce prisme en perspective cavalière avec une base vue de face en vraie grandeur.

SOLUTION

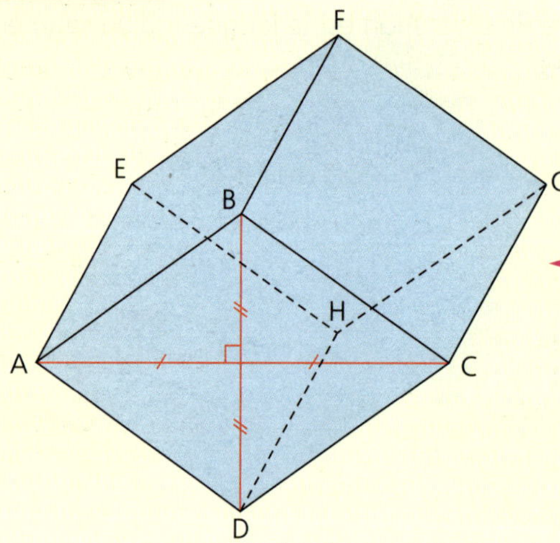

- On représente la face avant ABCD en vraie grandeur.
- On représente la face arrière EFGH superposable à la face avant, de façon que les arêtes latérales qui les relient mesurent sur le dessin moins de 7 cm car elles ne sont pas vues de face.
- On trace en pointillé les arêtes cachées.

▶ *Exercices 5 et 6 page 213*

EXERCICE RÉSOLU

2 Construire un patron d'un prisme droit

ÉNONCÉ

Un prisme droit de hauteur 2 cm a pour base un triangle ABC tel que BC = 3 cm, AB = 2,5 cm et AC = 1,5 cm. Construire un patron de ce prisme.

SOLUTION

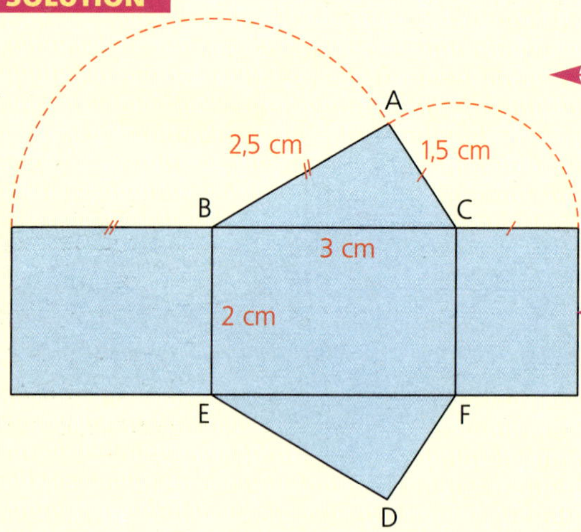

- On trace une face latérale et on y rattache les deux bases.
- À partir des bases, on reporte au compas les longueurs des autres faces latérales.

La longueur totale du rectangle correspondant à la surface latérale est égale au périmètre d'une base.

▶ *Exercices 10 et 11 page 213*

EXERCICE RÉSOLU

3 Représenter un cylindre « posé sur une base »

ÉNONCÉ

Représenter en perspective cavalière un cylindre de révolution de diamètre 5 cm et de hauteur 4 cm avec la hauteur et un diamètre en vraie grandeur.

SOLUTION

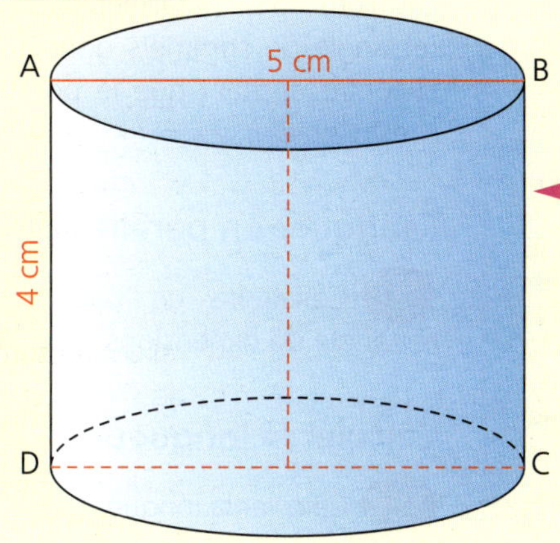

- On construit un rectangle ABCD de 5 cm sur 4 cm.
- On trace les bases **à main levée** en les « aplatissant » un peu, car elles ne sont pas vues de face.
Elles doivent être superposables.
- On trace en pointillé la partie cachée du contour de la base inférieure.

▶ *Exercices 16 et 17 page 214*

EXERCICE RÉSOLU

4 Construire un patron d'un cylindre

ÉNONCÉ

Un cylindre de révolution a pour hauteur 2 cm et pour rayon 1 cm.

a. Calculer le périmètre de base arrondi à 0,1 cm.

b. Construire un patron de ce cylindre.

SOLUTION

a. $2\pi R = 2 \times \pi \times 1 = 2\pi$

Le périmètre de base est 6,3 cm environ.

b.

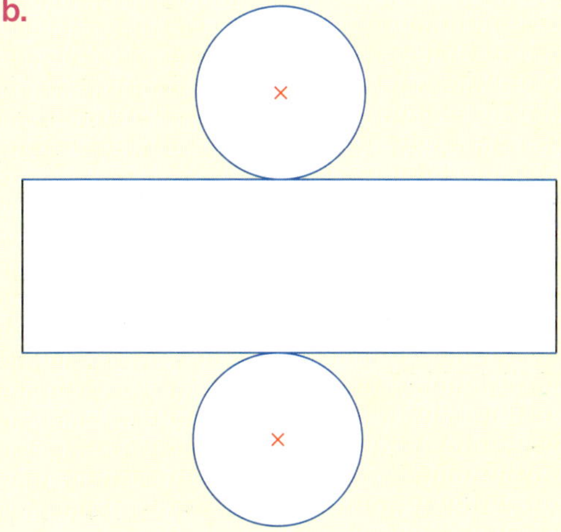

- Le patron de la surface latérale est un rectangle de 6,3 cm environ sur 2 cm.
- Les bases sont tracées en contact avec la surface latérale.
Les lignes bleues, droites ou courbes, ont la même longueur.

▶ *Exercices 18 et 19 page 214*

Exercices

TRAVAIL PERSONNEL

Ces exercices prolongent la rubrique Revoir les acquis (page 204)

Connaître le parallélépipède rectangle

A Calculer la somme des longueurs des arêtes d'un parallélépipède rectangle de dimensions 7 cm, 8 cm et 10 cm.

B Pour ce parallélépipède rectangle, quelles sont les arêtes perpendiculaires à la face ABFE ?

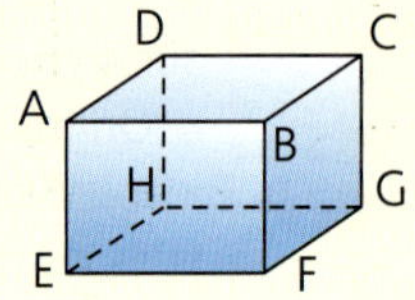

Reconnaître les faces perpendiculaires ou parallèles

C Pour le parallélépipède rectangle ci-dessus, indiquer la ou les faces :

a. parallèle(s) à la face BCGF ;

b. perpendiculaire(s) à la face BCGF.

Représenter en perspective cavalière

D Reproduire et compléter la représentation en perspective cavalière du parallélépipède rectangle de sommets donnés ci-contre, sachant que le point H est visible.

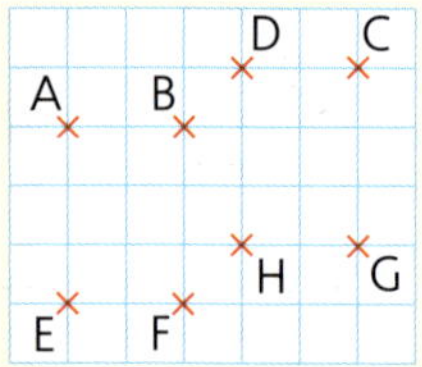

Fabriquer un parallélépipède rectangle

E Construire un patron d'un parallélépipède rectangle de dimensions 4 cm, 3 cm et 6 cm.

Calculer la longueur d'un cercle

F Calculer la longueur d'un cercle de rayon 7 cm, arrondie à 0,1 cm.

Exercices d'application

Description d'un prisme droit

1 Ces prismes droits ont été taillés dans des parallélépipèdes rectangles.

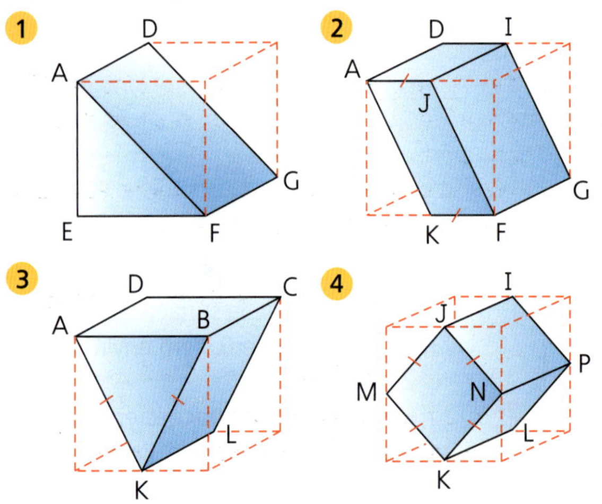

Pour chacun de ces prismes droits :

a. indiquer la nature de ses bases,

b. citer une face latérale,

c. indiquer le nombre d'arêtes cachées.

2 Les données sur les figures ci-dessous sont en cm.
Pour chacun des prismes droits suivants :

a. indiquer sa hauteur,

b. citer les bases,

c. dessiner la face latérale ABCD en vraie grandeur.

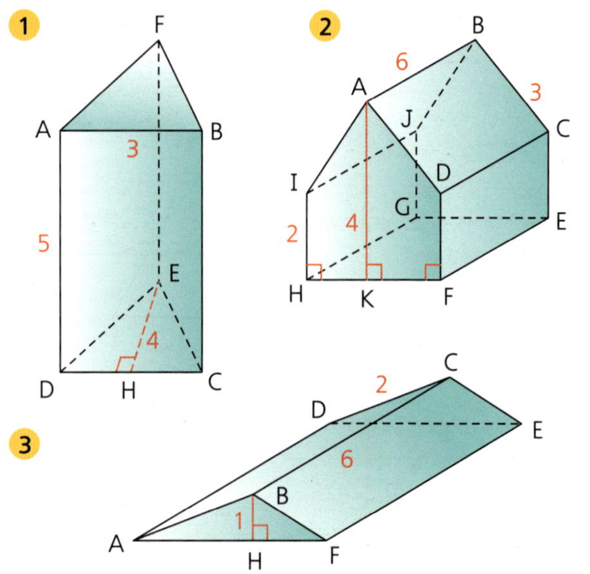

3 Reproduire et compléter chaque figure pour obtenir la représentation en perspective cavalière d'un prisme droit.
Les arêtes en pointillé sont cachées.

a.

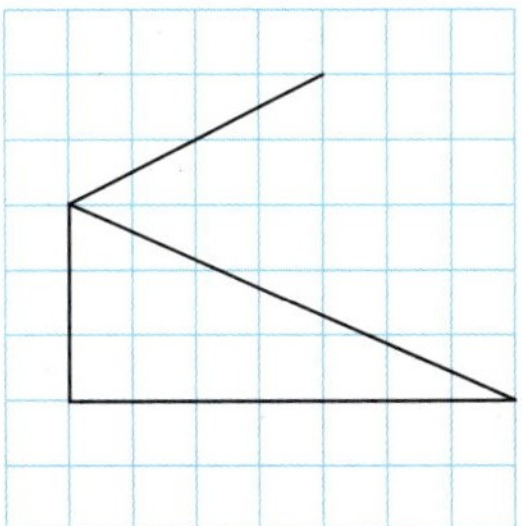

b.

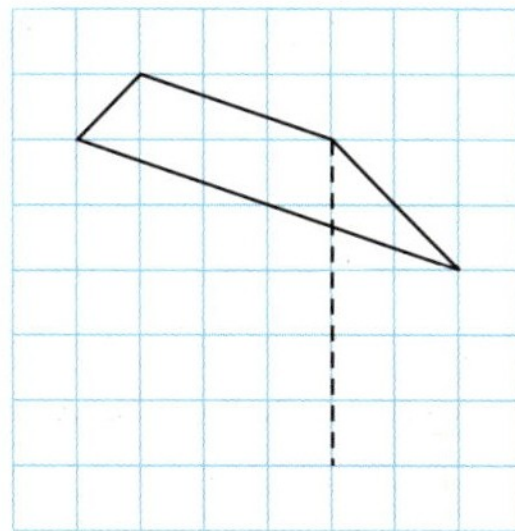

4 Reproduire et compléter chaque figure pour obtenir la représentation en perspective cavalière d'un prisme droit.
Les arêtes en pointillé sont cachées.

a.

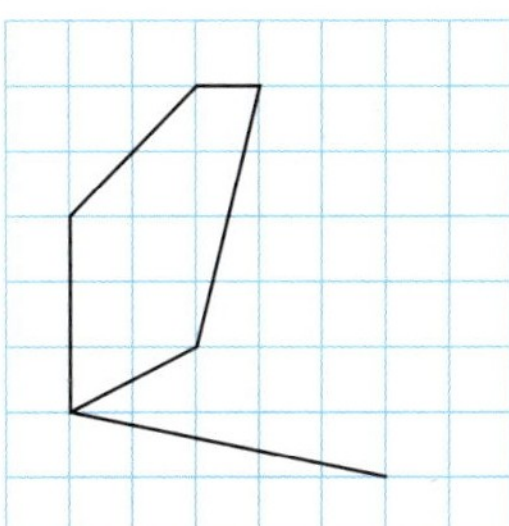

b.

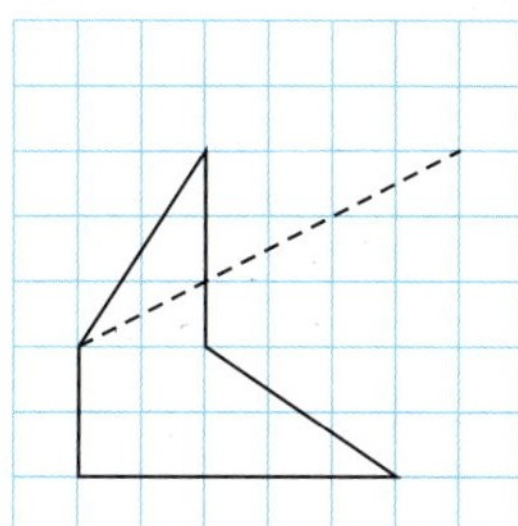

5 Un prisme droit de hauteur 9 cm a pour base un losange de diagonales 8 cm et 11 cm.
Représenter ce prisme en perspective cavalière avec une base de face en vraie grandeur.
Conseil : se reporter à l'exercice résolu 1 page 210.

6 Un prisme droit de hauteur 8 cm a pour base un triangle ABC tel que :

$$BC = 5 \text{ cm}, \ BA = 7 \text{ cm} \ \text{ et } AC = 6 \text{ cm}.$$

Représenter ce prisme en perspective cavalière avec une base de face en vraie grandeur.

7 Dessiner ce prisme droit avec la face ABED de face et vers l'avant.

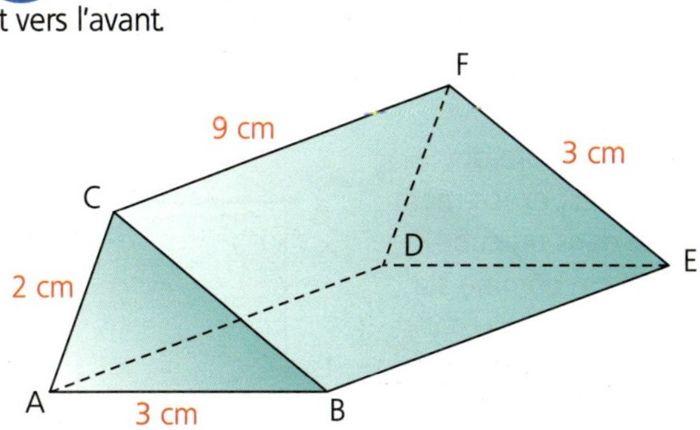

8 Dessiner ce prisme droit avec la base ABC de face et vers l'avant.

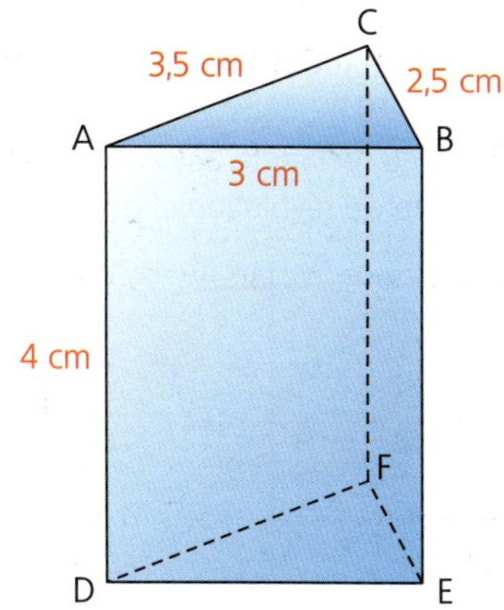

Fabrication d'un prisme droit

9 Voici le patron d'un prisme droit.

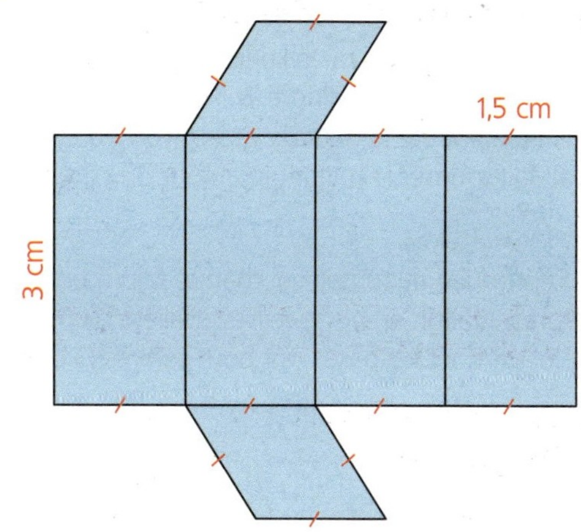

a. Quelle est la nature des bases de ce prisme droit ?
b. Reproduire ce patron, le découper et le plier afin d'obtenir un prisme droit.
c. Poser le prisme droit sur l'une de ses bases et le représenter en perspective cavalière **à main levée**.

10 Un prisme droit de hauteur 4 cm a pour base un triangle ABC tel que :

$$BC = 3 \text{ cm}, \ BA = 4 \text{ cm} \ \text{ et } AC = 6 \text{ cm}.$$

Construire un patron de ce prisme.
Conseil : se reporter à l'exercice résolu 2 page 210.

11 Un prisme droit de hauteur 5 cm a pour base un triangle ABC tel que :

$$BC = 4 \text{ cm}, \ BA = 3 \text{ cm} \ \text{ et } \widehat{ABC} = 40°.$$

Construire un patron de ce prisme.

Exercices

Description d'un cylindre de révolution

12 ABCD est un rectangle tel que AB = 3 cm et AD = 2 cm
En faisant tourner ce rectangle autour du côté [AB], on a obtenu le cylindre de révolution ci-dessous.

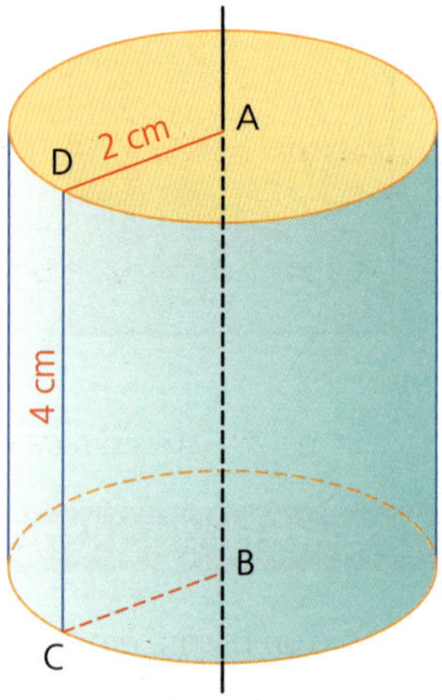

a. Quelle est la hauteur du cylindre ?
b. Quel est le rayon du cylindre ?
c. Quels auraient été la hauteur et le rayon du cylindre si l'on avait fait tourner le rectangle autour du côté [AD] ?

13 Reproduire et compléter chaque figure pour obtenir la représentation en perspective cavalière d'un cylindre de révolution dont les bases ont pour centres O et O′.

a.

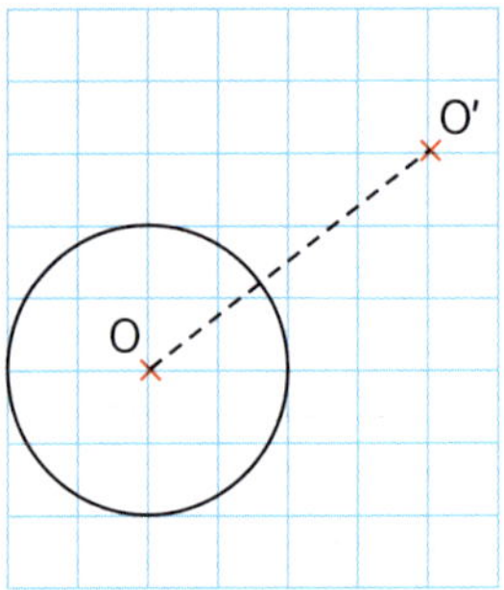

b.

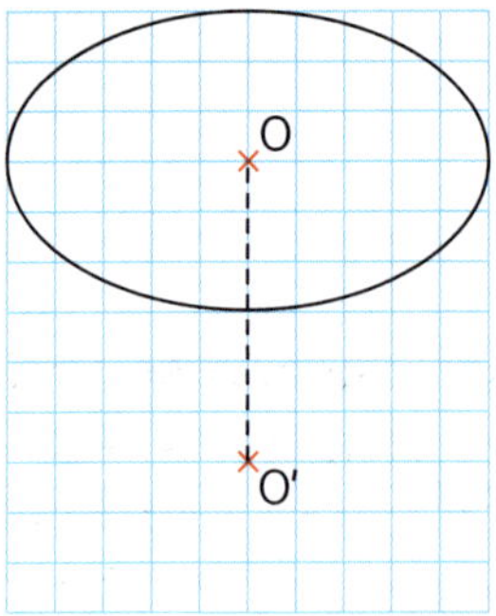

14 Représenter en perspective cavalière un cylindre de révolution de hauteur 7 cm et de rayon 4 cm avec une base vue de face en vraie grandeur.

15 On fait tourner un carré de côté 3 cm autour de l'un de ses côtés.
Représenter en perspective cavalière le cylindre obtenu avec une base vue de face en vraie grandeur.

16 Représenter en perspective cavalière un cylindre de révolution de diamètre 6 cm et de hauteur 5 cm avec la hauteur et un diamètre en vraie grandeur.
Conseil : se reporter à l'exercice résolu 3 page 211.

17 Représenter en perspective cavalière un cylindre de révolution de rayon 2 cm et de hauteur 7 cm avec la hauteur et un diamètre en vraie grandeur.

Fabrication d'un cylindre de révolution

18 Un cylindre de révolution a pour hauteur 7 cm et pour rayon 2,5 cm.
a. Calculer le périmètre de base arrondi à 0,1 cm.
b. Construire un patron de ce cylindre.
Conseil : se reporter à l'exercice résolu 4 page 211.

19 Un cylindre de révolution a pour hauteur 4 cm et pour diamètre 8,2 cm.
a. Calculer le périmètre de base arrondi à 0,1 cm.
b. Construire un patron de ce cylindre.

20 Un cylindre de révolution a pour hauteur 4 cm et pour périmètre de base 12 cm.
a. Calculer le diamètre d'une base arrondi à 0,1 cm.
b. Construire un patron de ce cylindre.

21 Un rectangle ABCD est tel que AB = 5 cm et AD = 2 cm.
En le faisant tourner autour du côté [AB], on obtient un cylindre.
a. Quels sont le rayon et la hauteur de ce cylindre ?
b. Construire un patron de ce cylindre.

22 a. Construire un rectangle de longueur 10 cm et de largeur 5 cm.
b. Calculer le rayon, arrondi au mm, du disque de base d'un cylindre de révolution de hauteur 5 cm et dont le rectangle précédent est la surface latérale.
c. Compléter le patron de ce cylindre, puis fabriquer ce cylindre.

23 Un cylindre de révolution est exactement contenu dans un cube d'arête 5 cm comme sur la figure ci-contre.
Dessiner un patron de ce cylindre.

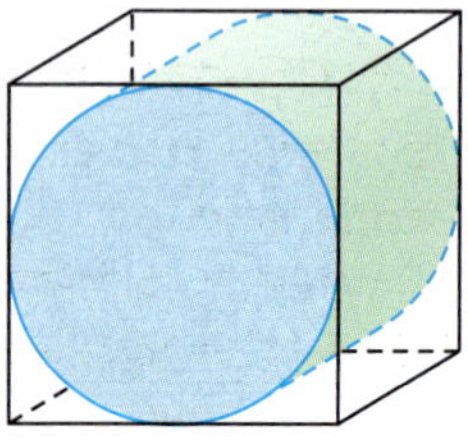

24 Pour rédiger

Lire l'énoncé et la solution proposée par un élève.
Rédiger ensuite cette solution en tenant compte des remarques du correcteur.

Énoncé

Un triangle ABC isocèle en B est tel que :

$$AB = BC = 2{,}5 \text{ cm} \quad \text{et } AC = 1{,}5 \text{ cm}.$$

Un prisme droit de hauteur 2 cm a pour base ce triangle.
La figure ci-dessous est-elle un patron de ce prisme ?

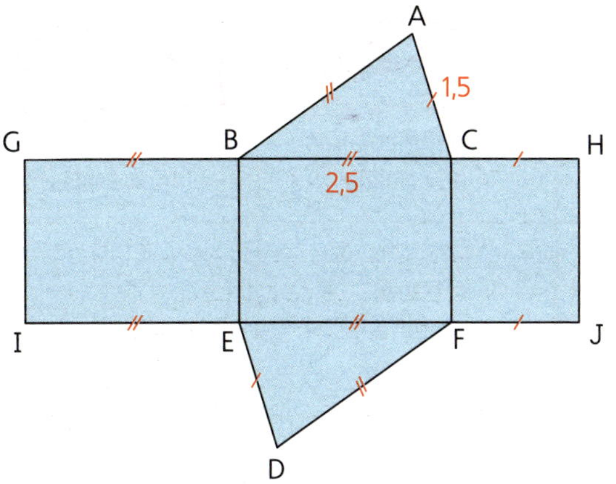

Copie d'un élève

Fais une phrase complète en français.
Non, car si on le replie, ça ne se raccorde pas bien.
Indique précisément les segments dont la longueur devrait être corrigée.

Pour s'exprimer

25 Dans la vie de tous les jours

Donner des exemples d'objets de forme cylindrique dont :
a. la hauteur est beaucoup plus grande que le diamètre ;
b. le diamètre est beaucoup plus grand que la hauteur.

26 L'intrus

Lequel de ces objets ne convient pas dans cette liste (expliquer la réponse) ?

Tube	Rouleau	Meule	Anneau	Disque	Cylindre

27 Patron ou non ?

Cette figure est-elle un patron d'un cylindre de révolution ? Expliquer la réponse.

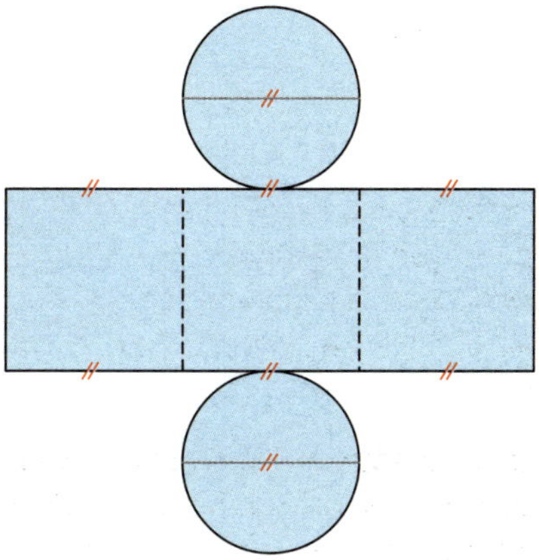

CALCUL MENTAL ET RÉFLÉCHI

28 Base triangulaire

Combien de sommets, de faces, d'arêtes un prisme droit à base triangulaire possède-t-il ?

29 Avec un losange pour base

Combien de sommets, de faces, d'arêtes un prisme droit dont une base est un losange possède-t-il ?

30 Rectangle et cylindre

En faisant tourner un rectangle autour de l'un de ses côtés, on obtient un cylindre de révolution de hauteur 7 cm et de diamètre 8 cm.
Quel est le périmètre de ce rectangle ?

31 Triangle équilatéral

Un prisme droit de hauteur 7 cm a pour base un triangle équilatéral de côté 10 cm.
Calculer la somme des longueurs de ses arêtes.

32 Arêtes

Si un prisme droit a 18 arêtes, combien de côtés a l'une de ses bases ?

33 Médiatrice et cylindre

On fait tourner un carré de côté 5 cm autour de la médiatrice de l'un de ses côtés.
Quel est le rayon du cylindre de révolution obtenu ?

FAIRE LE POINT

TRAVAIL PERSONNEL

Pour chaque question, une seule réponse est exacte. Laquelle ?

	a	b	c
34 La hauteur de ce prisme droit est la longueur du segment … 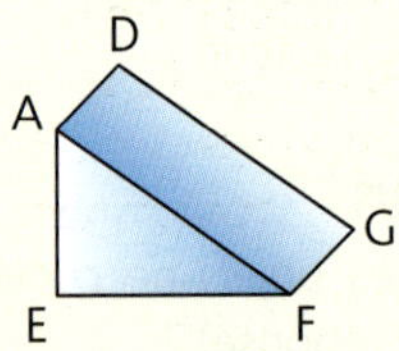	[AE]	[EF]	[FG]
35 Les faces latérales d'un prisme droit sont …	parallèles entre elles	perpendiculaires aux bases	parallèles aux bases
36 Sur le dessin de ce prisme droit, le nombre d'arêtes cachées est … 	3	4	5
37 Voici un patron d'un prisme droit. Sur ce patron … 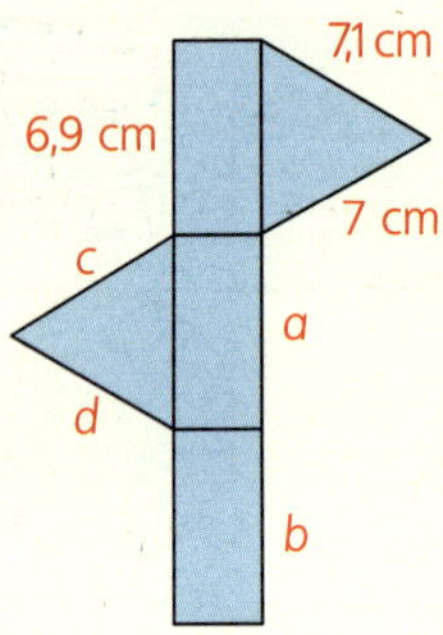	$a = 6,9$ cm	$a = 7$ cm	$a = 7,1$ cm
38 Sur le patron ci-contre…	$b = 6,9$ cm	$b = 7$ cm	$b = 7,1$ cm
39 Sur le patron ci-contre…	$c = 6,9$ cm	$c = 7$ cm	$c = 7,1$ cm
40 Sur le patron ci-contre…	$d = 6,9$ cm	$d = 7$ cm	$d = 7,1$ cm
41 En faisant tourner ce rectangle autour de la droite (AB), on obtient … 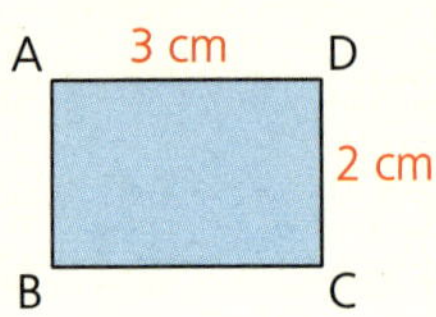	un prisme droit de hauteur 2 cm	un cylindre de révolution de rayon 3 cm et de hauteur 2 cm	un cylindre de révolution de diamètre 3 cm et de hauteur 2 cm
42 La hauteur de ce cylindre de révolution est … 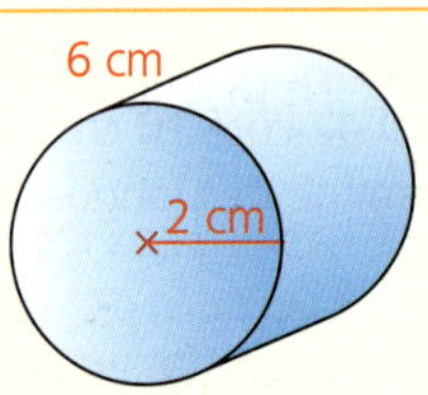	2 cm	4 cm	6 cm
43 Sur un patron de cylindre de révolution de rayon 4 cm et de hauteur 2 cm, la surface latérale est représentée par …	un rectangle de dimensions 2 cm et 8 cm	un rectangle de dimensions 2 cm et 8 π cm	un disque de rayon 4 cm

Vérifier les réponses page 266 : 7 bonnes réponses ou plus, passer à la série suivante d'exercices, sinon revoir auparavant le cours et les méthodes.

Exercices de consolidation

TRAVAIL PERSONNEL

44 Raisonner et prévoir

Un prisme droit a 4 faces latérales. Ces faces sont des carrés de côté 6 cm.

a. Que peut-on dire alors de la forme de ses bases ?

b. Construire un patron de ce prisme droit, sachant que l'un des angles d'une base mesure 50°.

Aide

a. Réfléchis au nombre de côtés d'une base et à leur longueur.

b. Dessine d'abord au brouillon un patron à main levée en notant les dimensions à respecter.

45 S'aider d'une figure à main levée

Voici un patron d'un prisme droit ABCDEF.

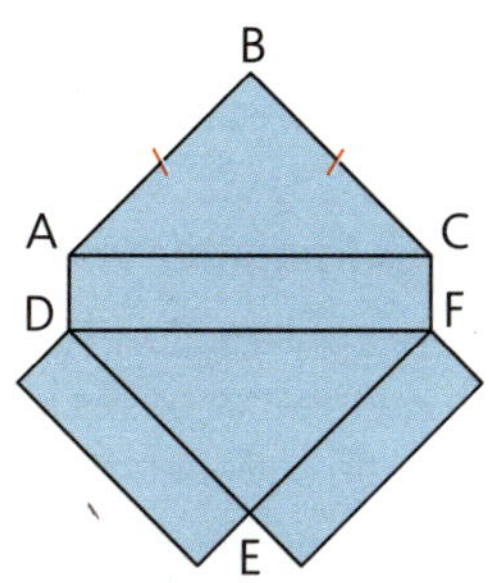

Les questions portent sur le prisme et non sur le patron.

a. Les arêtes [AB] et [AD] sont-elles perpendiculaires ?

b. Les droites (DE) et (BC) sont-elles sécantes ? sont-elles parallèles ?

c. Donner le nom des arêtes parallèles à [CF].

d. Citer les faces perpendiculaires à la face ABC.

e. Quelles faces rectangulaires ont la même dimension ?

Aide

Dessine à main levée un prisme correspondant à ce patron.

46 Rédiger un programme de construction

Un prisme droit de hauteur 4 cm a pour base un parallélogramme ABCD tel que :

$$AB = 3 \text{ cm} \; ; \; AD = 2 \text{ cm} \; ; \; \widehat{BAD} = 44°.$$

a. Construire et rédiger un programme de construction d'une base de ce prisme.

b. Construire et rédiger un programme de construction de la surface latérale de ce prisme.

Aide

a. Fais une phrase pour chaque nouvelle construction.

b. Explique seulement les dimensions des rectangles.

47 Ne pas confondre les hauteurs

Un triangle isocèle a une base de 5 cm et la hauteur correspondante mesure 4 cm.

Ce triangle est la base d'un prisme droit de hauteur 6 cm.

Représenter en perspective cavalière ce prisme droit avec une base vue de face en vraie grandeur.

Aide

Attention à ne pas confondre la hauteur du triangle et celle du prisme.

48 Changer de vue

Voici un cylindre de révolution dans lequel on a creusé un cylindre de révolution de même axe. La hauteur commune est de 7 cm. Le diamètre extérieur est de 6 cm et le diamètre intérieur est de 4 cm.

Représenter en perspective cavalière ce solide avec une base vue de face en vraie grandeur.

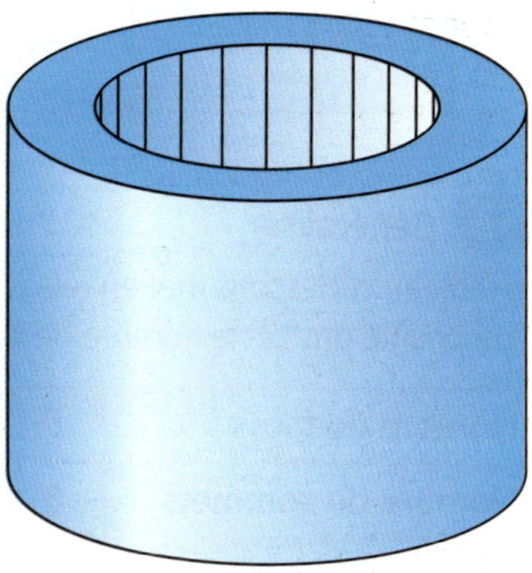

Aide

Trace des rayures comme ci-dessus pour faire ressortir le creux.

49 Calculer un périmètre

On entoure un cylindre de révolution de 11 cm de diamètre et 15 cm de hauteur, avec un ruban. Le nœud nécessite 30 cm de ruban.

Calculer la longueur, arrondie au mm, de ruban nécessaire.

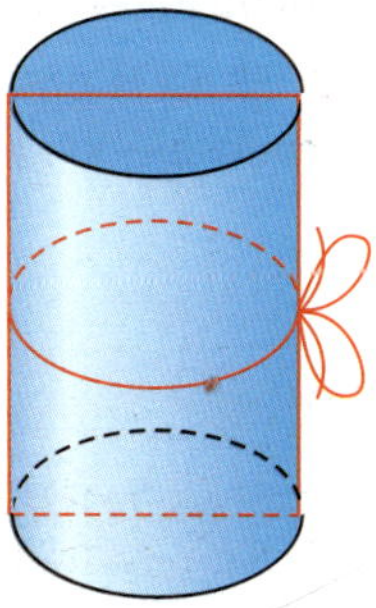

Aide

Le ruban est constitué de trois parties : un rectangle, un cercle et le nœud.

Exercices d'approfondissement

S'initier au raisonnement

50 Envisager toutes les possibilités

Un prisme droit a pour bases des losanges.
L'une de ses faces latérales est un rectangle de 5 cm sur 6 cm.
Que peuvent être son périmètre de base et sa hauteur ?

51 Expliquer l'impossible

Est-il possible de compléter la figure ci-dessous pour obtenir un patron d'un prisme droit à base triangulaire ?
Si oui, reproduire cette figure et réaliser ce patron.

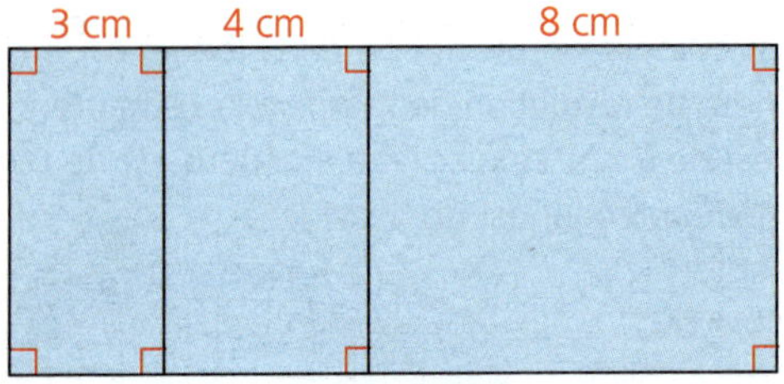

52 Généraliser

Le tableau ci-dessous met en relation le nombre de faces d'un prisme droit et le nombre de sommets de ce prisme.

Nombre de faces	5	6	7	8
Nombre de sommets	6			

a. Reproduire et compléter ce tableau.
b. Rechercher une formule qui permette de calculer le nombre n de sommets pour un nombre f de faces donné.

53 Justifier

ABCDEF est le prisme droit représenté ci-dessous.
Pourquoi a-t-on : $(AF) \perp (BE)$?

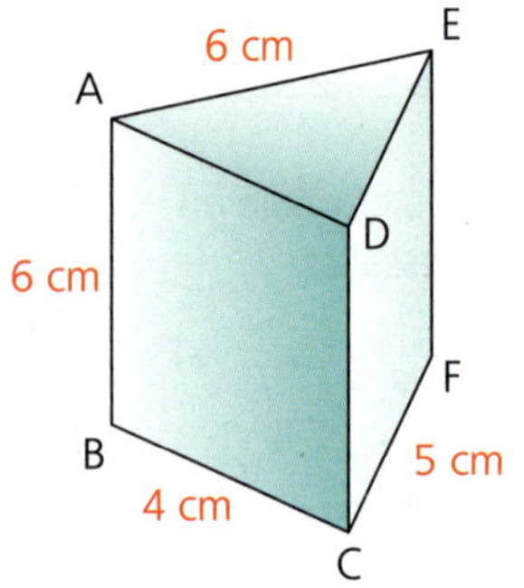

54 Rechercher méthodiquement

Voici un parallélépipède rectangle.

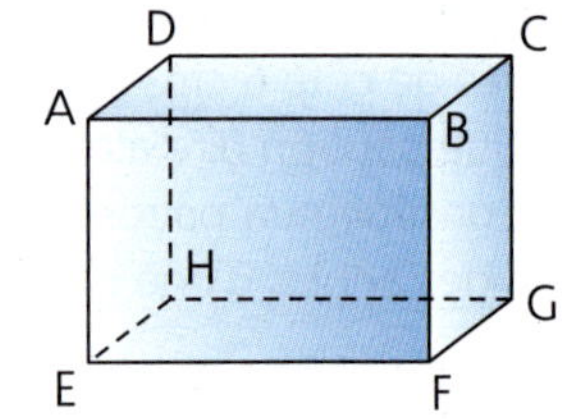

a. Avec six de ses huit sommets, combien peut-on former de prismes droits à base triangulaire ?
b. Représenter cinq de ces prismes en perspective cavalière en laissant les sommets dans la même position que ci-dessus.

55 Étudier un problème de construction

a. Construire trois exemplaires d'un rectangle de dimensions 6 cm sur 3 cm.
b. Compléter chaque figure de façon à obtenir des patrons de prismes droits différents dont le rectangle précédant constitue la surface latérale.

56 Imaginer une construction répétée

Cette construction est formée de cylindres de révolution de même axe posés les uns sur les autres. On ne voit pas la partie supérieure.

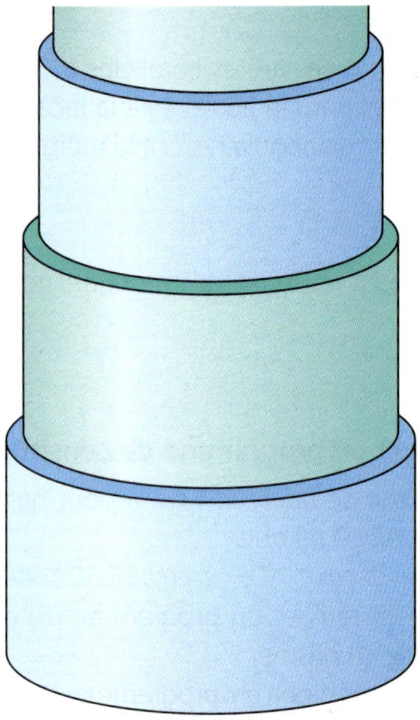

Chaque cylindre a une hauteur égale à son rayon.
Le cylindre de base a un diamètre de 1 m.
Le rebord horizontal à chaque étage mesure 5 cm de largeur.
Quelle est la hauteur de cette construction ?

Résolution de problèmes

57 Imaginer une stratégie

Ce patron d'un prisme droit est en partie en dehors du cadre.

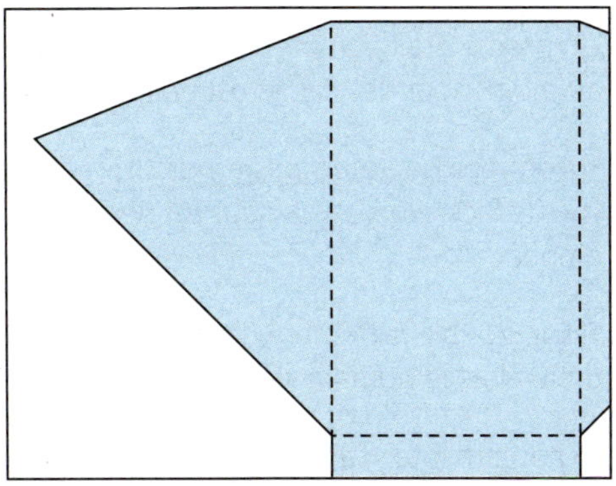

Reproduire et compléter ce patron sans mesurer de longueurs.

58 Plus court chemin

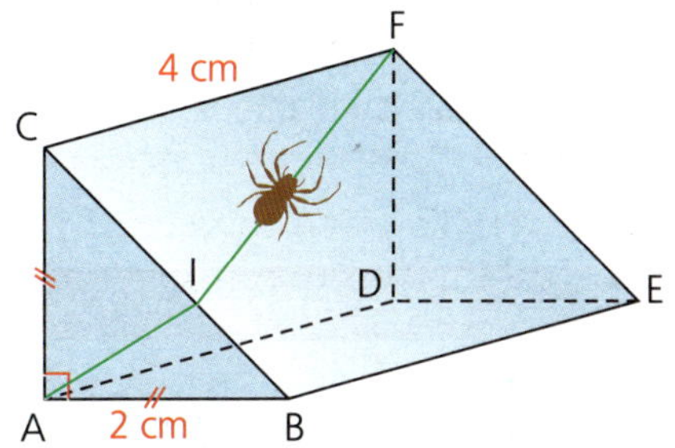

Une araignée se déplace sur le prisme droit à base triangulaire représenté ci-dessus. Elle va du point A au point F en empruntant la face ABC, puis la face BCFE. Voici le début d'un patron de ce prisme droit.

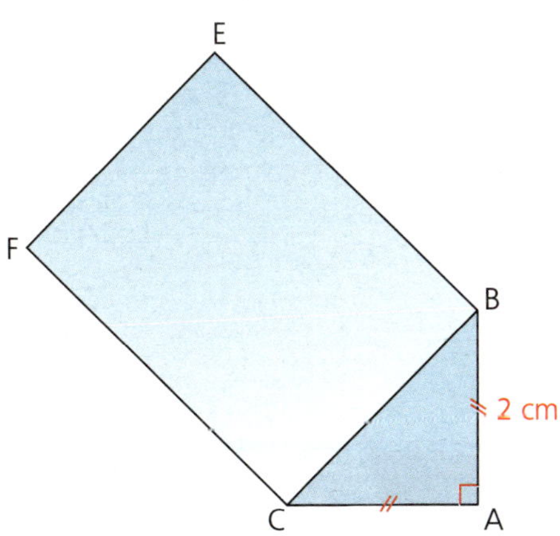

a. Reproduire ce patron et le compléter.
b. Placer sur ce patron le point I de l'arête [BC] par lequel l'araignée doit passer pour que son chemin soit le plus court possible.

59 L'emballage

Une barre de chocolat fourré a la forme d'un prisme droit qui a pour bases des trapèzes isocèles.

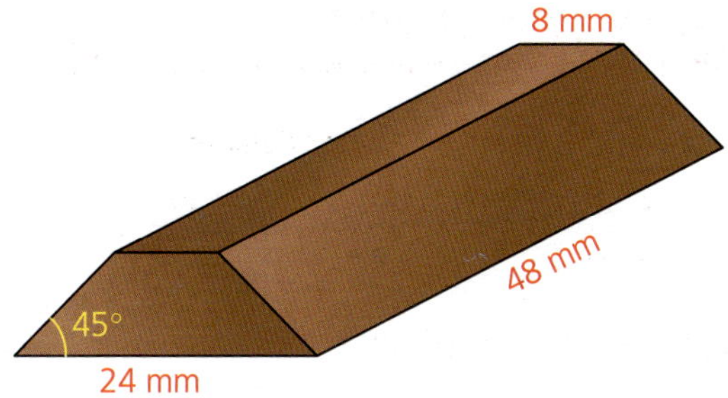

On décide de vendre ces friandises par boîte de deux en forme de prisme droit.
Faire deux propositions de boîte possible et pour chacune d'elles :
a. la représenter en perspective cavalière ;
b. décrire la nature de ses bases et préciser les dimensions ;
c. réaliser un patron.

60 Prisme en cubes

Ce prisme droit est composé de 20 cubes.

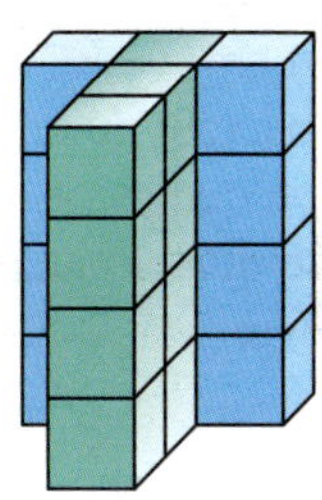

Sa base a la forme de la lettre **T**.
Disposer différemment les cubes de façon à obtenir un prisme droit dont la base ait la forme du signe **+**. On dessinera ce prisme posé sur sa base, puis avec une base de face.

61 Demi-cylindre

Dessiner un patron du demi-cylindre de révolution représenté ci-dessous.

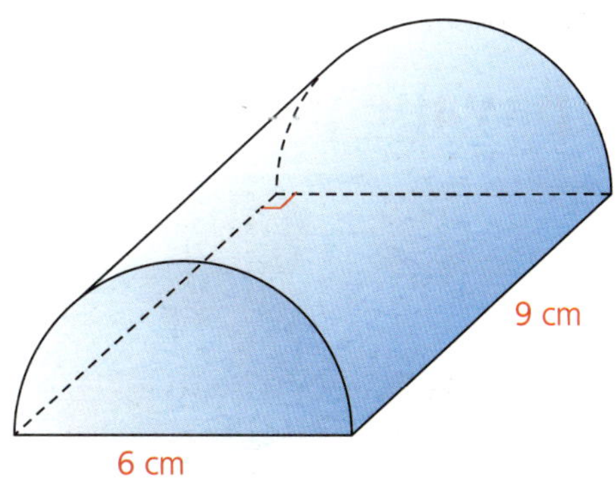

Exercices

62 **Base avec un côté et deux angles**

Un prisme droit de hauteur 4 cm a pour base un triangle ABC tel que :

$$BC = 6 \text{ cm} \; ; \; \widehat{ABC} = 40° \; ; \; \widehat{ACB} = 65°.$$

Représenter ce prisme en perspective cavalière avec une base vue de face en vraie grandeur.

63 **Base avec deux côtés et un angle**

Un prisme droit de hauteur 4 cm a pour base un triangle ABC tel que :

$$BC = 6 \text{ cm}, \; \widehat{CBA} = 60° \text{ et } BA = 5 \text{ cm}.$$

Représenter ce prisme en perspective cavalière avec une base vue de face en vraie grandeur.

64 **Relier la géométrie et le numérique**

Un prisme droit a pour bases deux triangles équilatéraux.
Sa hauteur dépasse de 1 cm la longueur des côtés de ses bases.
On note x la longueur en cm d'un côté d'une base.

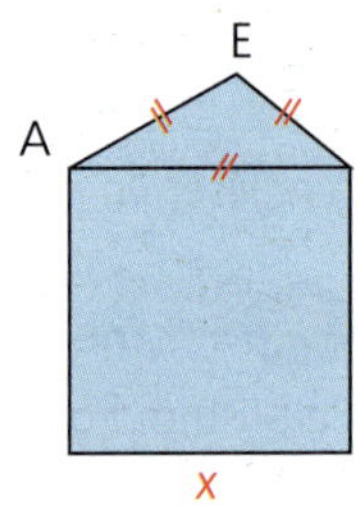

Partie A

On suppose que $x = 4$ cm.

a. Quelle est alors la hauteur du prisme ?

b. Construire un patron du prisme.

c. Calculer la somme des longueurs des arêtes du prisme.

Partie B

On suppose x quelconque.

1. a. Exprimer en fonction de x la hauteur du prisme.

b. Exprimer en fonction de x le périmètre d'une face latérale du prisme.

2. a. Expliquer pourquoi la somme des longueurs des arêtes du prisme est égale à $9x + 3$.

b. Calculer cette longueur pour $x = 8$.

c. Trouver pour quelle valeur de x la somme des longueurs des arêtes du prisme est égale à 48 cm.

Vrai ou faux

Pour les exercices 65 à 70

Dire si l'affirmation est vraie ou fausse. Expliquer la réponse.

65 Un prisme droit comprenant six faces dont quatre au moins sont des carrés est en fait un cube.

66 Si l'on représente un prisme droit avec une base vue de face, alors sa hauteur est dessinée en vraie grandeur.

67 Si l'on double le nombre de sommets d'un prisme droit, alors le nombre des arêtes double.

68 Le nombre total d'arêtes d'un prisme droit est toujours un multiple de 3.

69 Le périmètre d'un patron d'un prisme droit est égal à la somme des longueurs de ses arêtes.

70 Si l'on fait tourner un carré autour de l'un de ses côtés, on obtient un cylindre de révolution dont la hauteur est égale au diamètre.

Des défis

71 **Rangement**

Peut-on glisser une boîte cylindrique de 10 cm de diamètre et de 15 cm de hauteur dans une poche rectangulaire souple de 15 cm de largeur à son ouverture et de 30 cm de profondeur ?

72 **Ne pas perdre la face**

Les faces latérales d'un prisme droit sont des carrés dont le périmètre est le tiers de celui d'une base.
Combien a-t-il de faces ?

Un pavage pour s'amuser

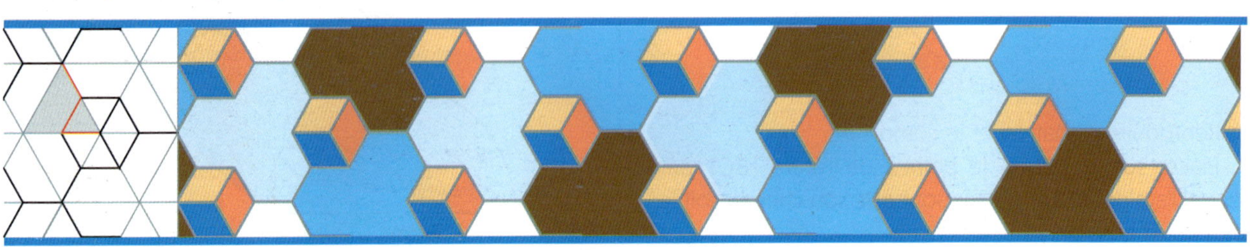

Un projet de tour solaire

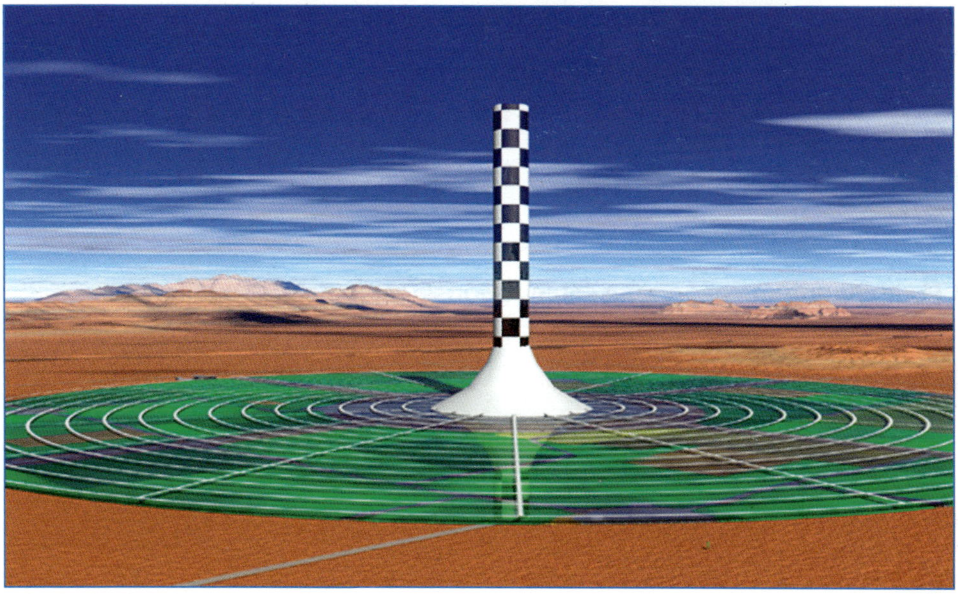

Image de synthèse du projet australien

Une tour solaire est une centrale à énergie renouvelable, construite de manière à canaliser l'air chauffé par le Soleil afin d'actionner des turbines pour produire de l'électricité.

La tour solaire cylindrique prévue en 2010 en Australie aura 1 km de haut et fournira la même puissance (200 mégawatts) qu'un petit réacteur nucléaire tout en étant plus sûr et plus propre.

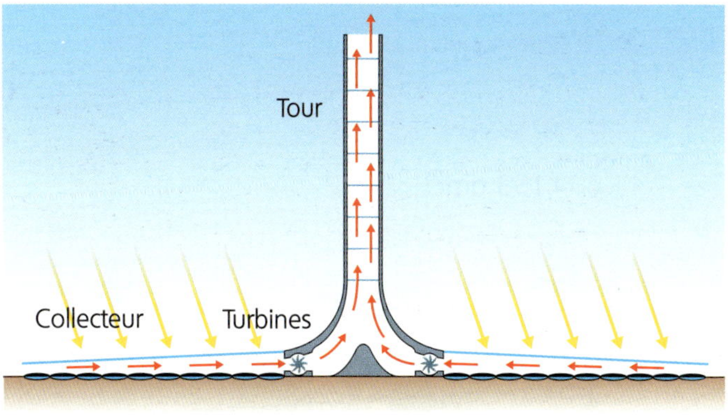

Principe d'une tour solaire

Le soleil chauffe grâce à l'effet de serre, le collecteur de base (d'un diamètre de 7 km) ; le jour la chaleur est emmagasinée et elle est restituée la nuit.
À terme la tour solaire pourrait produire de l'électricité pour environ 200 000 logements à un prix très avantageux.

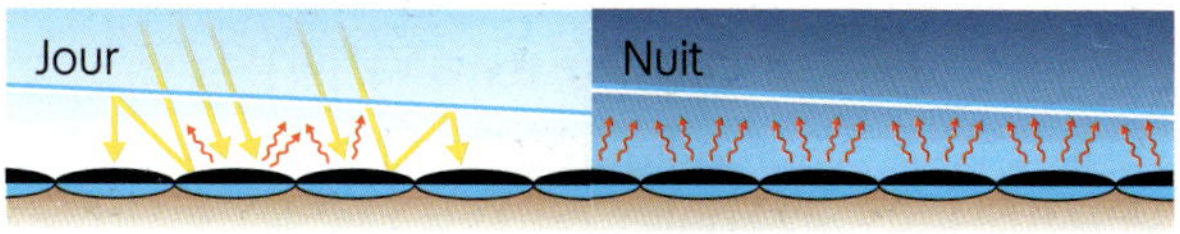

Jeu

Sur un cube

Compléter ce cube en partant des trois nombres déjà placés, de telle sorte que :
- chaque case contient un nombre de 1 à 4,
- chaque nombre figure une seule fois sur chaque face,
- chaque nombre figure une seule fois sur chaque bande rectangulaire de 4 cases à cheval sur une arête du cube (par exemple la bande entourée en rouge sur le cube).

Conseil : utiliser un patron.

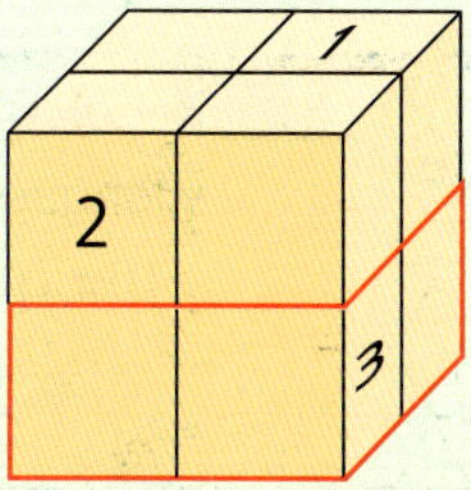

CHAPITRE

12 Calculs d'aires

PRENDRE UN BON DÉPART

Revoir les acquis

Pour chaque question, une seule réponse est exacte. Laquelle ?

1 Calculer l'aire d'un rectangle

L'aire du rectangle représenté ci-contre est égale à …

a. 20 m^2 b. 26 m^2 c. 40 m^2

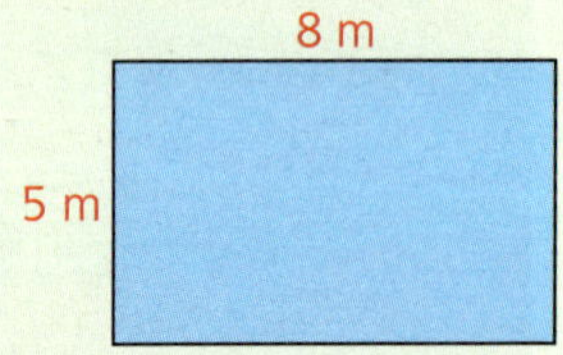

Formulaire page 263

2 Calculer l'aire d'un triangle rectangle

Pour trouver l'aire du triangle rectangle représenté ci-contre, on calcule …

a. $\dfrac{4 + 3{,}5}{2}$ b. $\dfrac{4 \times 3{,}5}{2}$ c. $4 \times 3{,}5$

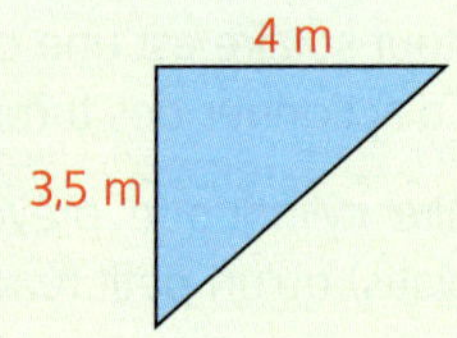

Formulaire page 262

3 Changer d'unité d'aire

415,3 cm^2 est égal à …

a. 4 153 dm^2 b. 41,53 dm^2 c. 4,153 dm^2

4 Distinguer aire et périmètre

Sur la figure ci-contre, les deux figures ① et ② ont …

a. le même périmètre et des aires différentes
b. la même aire et des périmètres différents
c. le même périmètre et la même aire

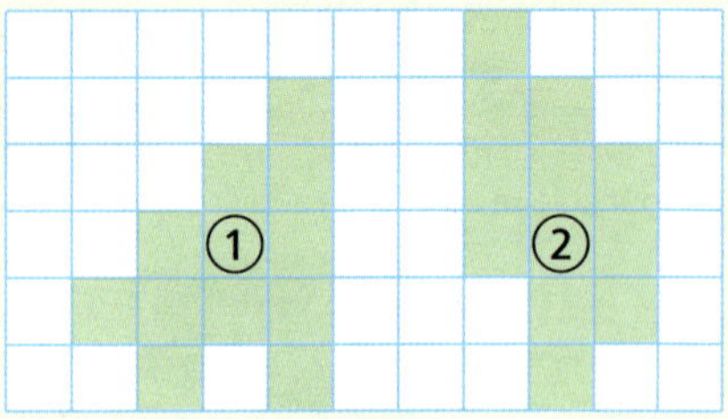

Formulaire page 263

5 Calculer la longueur d'un cercle

La longueur d'un cercle de rayon 5 cm est égale à …

a. 10π cm b. 5π cm c. 31,4 cm

▶ Poursuivre avec les exercices A à E page 230

Activités

Sciences en construction

Comment calculait-on l'aire d'un triangle dans l'Antiquité ?

Objectif
Faire réfléchir à l'évolution des connaissances au cours du temps.

À la fin du 1er siècle après J.-C., Héron d'Alexandrie a démontré la formule suivante pour calculer l'aire $\mathcal{A}$ d'un triangle de côtés a, b, c :

$$\mathcal{A}^2 = p(p-a)(p-b)(p-c)$$

où p est le demi-périmètre du triangle.

a. Construire un triangle rectangle dont les côtés de l'angle droit mesurent 6 cm et 8 cm. Mesurer le troisième côté.

b. Calculer l'aire de ce triangle et vérifier ensuite la formule de Héron dans ce cas.

▲ Saint Grégoire de Nazianze (à gauche) avec Héron l'Ancien ou Héron d'Alexandrie, mathématicien grec du 1er siècle ap. J.-C. Manuscrit grec du 9e siècle.

Aire d'un parallélogramme

1 Sur un quadrillage

Objectif
Imaginer une (ou des) stratégie(s).

Comparer les aires de ces parallélogrammes.

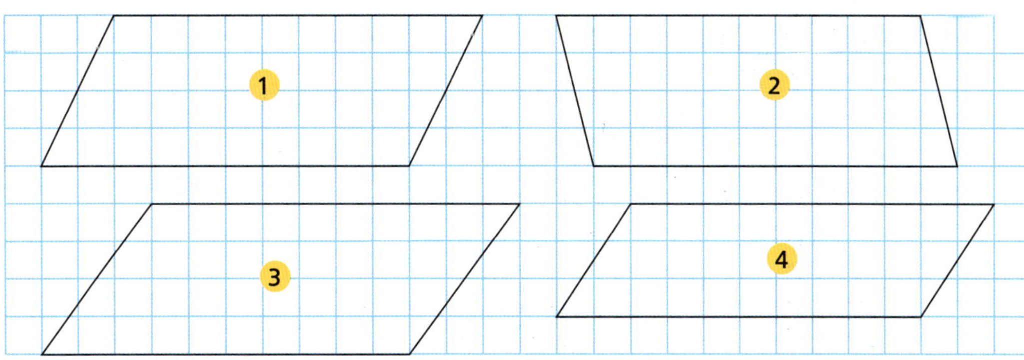

2 Avec un découpage

Objectif
Mettre en évidence la formule donnant l'aire d'un parallélogramme.

a. Reproduire avec un papier calque le parallélogramme ABCD ci-contre. Le découper de telle façon qu'avec les morceaux on puisse construire un rectangle.

b. Faire une mesure sur la figure obtenue et calculer l'aire du parallélogramme ABCD.

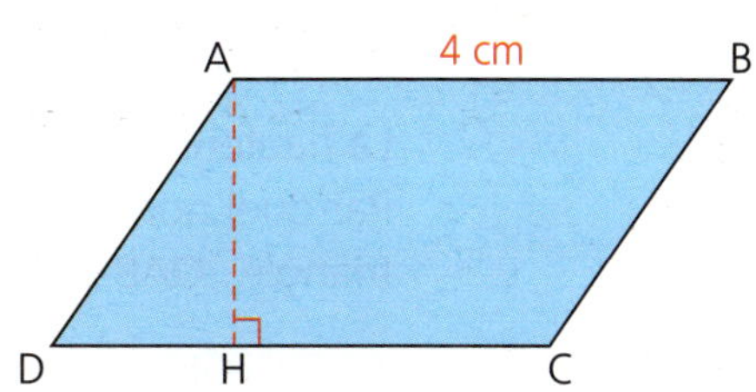

Aire d'un triangle

3 Sur un quadrillage

Objectif
Imaginer une (ou des) stratégie(s).

Comparer les aires de ces triangles.

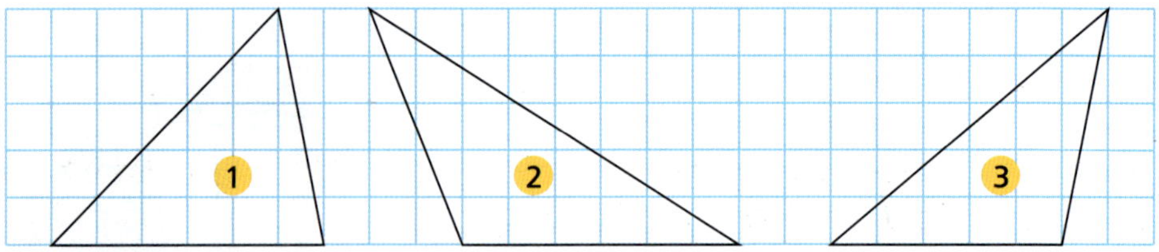

4 Avec un parallélogramme

Objectif
Mettre en évidence la formule donnant l'aire d'un triangle.

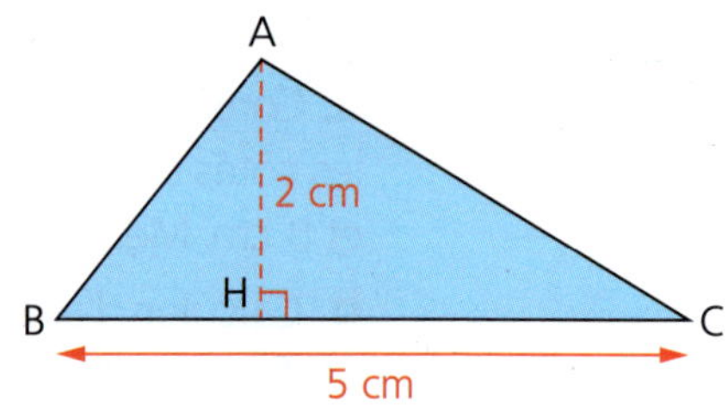

a. Construire un triangle ABC tel que celui ci-contre puis le point D symétrique du point B par rapport au milieu I du segment [AC].

b. Quelle est la nature du quadrilatère ABCD ? Pourquoi ?

c. Calculer l'aire du quadrilatère ABCD. Calculer alors l'aire du triangle ABC.

5 Cas général

Objectif
Démontrer la formule d'aire d'un triangle.

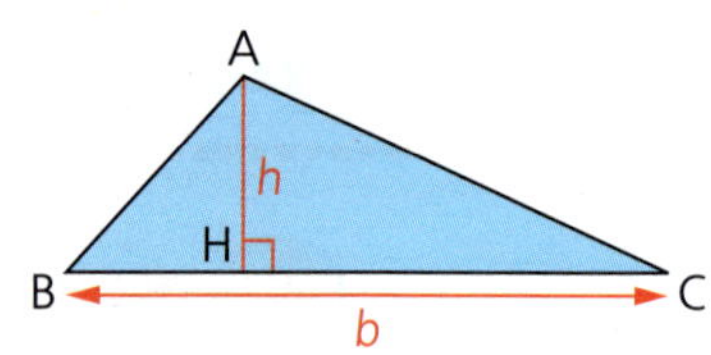

ABC est un triangle tel que $BC = b$ et $AH = h$.
Expliquer pourquoi l'aire du triangle ABC est donnée par la formule $\dfrac{b \times h}{2}$.

6 Résoudre un problème

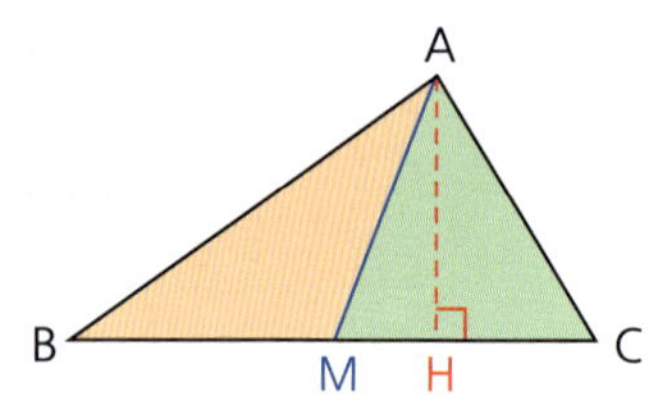

Les droites (AH) et (AM) sont respectivement une hauteur et une médiane du triangle ABC.
Comparer les aires des triangles ABM et AMC.

Aire d'un disque

7 Aire d'un polygone régulier

Objectif
Mettre en évidence la formule donnant l'aire d'un disque comme généralisation de l'aire d'un polygone régulier.

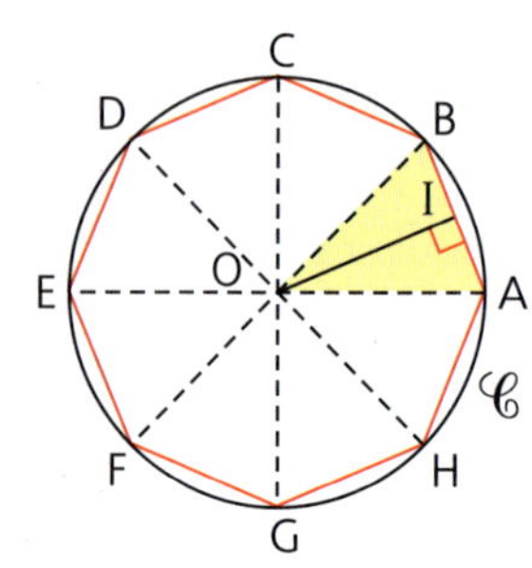

$\mathscr{C}$ est un cercle de centre O et de rayon R.

a. A, B, C, D, E, F, G, H sont huit points du cercle $\mathscr{C}$ tels que :
$$AB = BC = CD = DE = EF = FG = GH = HA = b.$$
La hauteur [OI] du triangle OAB a pour longueur h.
Par quel nombre doit-on multiplier b pour calculer l'aire du triangle OAB ? Expliquer pourquoi l'aire du polygone ABCDEFGH est égale à $p \times \dfrac{h}{2}$ où p est son périmètre.

b. On imagine que lorsqu'on augmente de plus en plus le nombre de côtés du polygone, son aire se rapproche de celle du disque de centre O et de rayon R.
Expliquer pourquoi l'aire $\mathcal{A}$ du disque est donnée par la formule : $\mathcal{A} = 2\pi R \times \frac{R}{2}$ c'est-à-dire $\mathcal{A} = \pi \times R^2$.

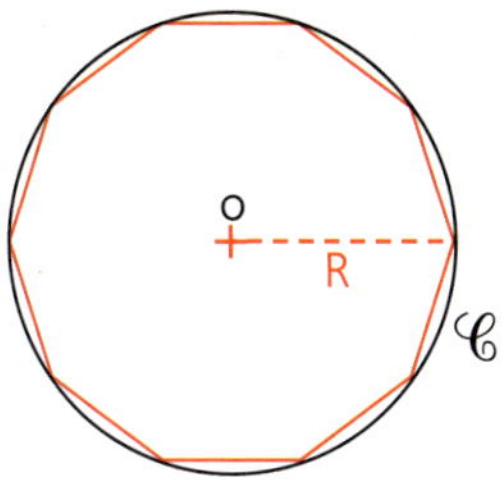

Objectif
Comprendre l'influence du choix d'une valeur approchée de π.

8 Résoudre un problème

Une table ronde de 0,70 m de rayon a-t-elle une aire supérieure à celle d'un rectangle de côtés 90 cm et 1,71 m ?

Aire latérale de solides

9 La chambre de Louise

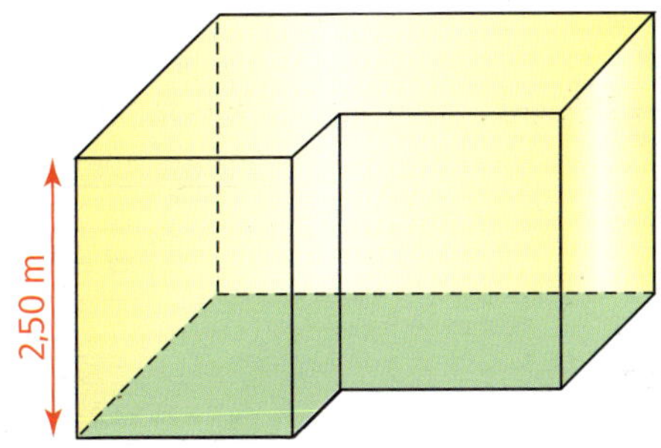

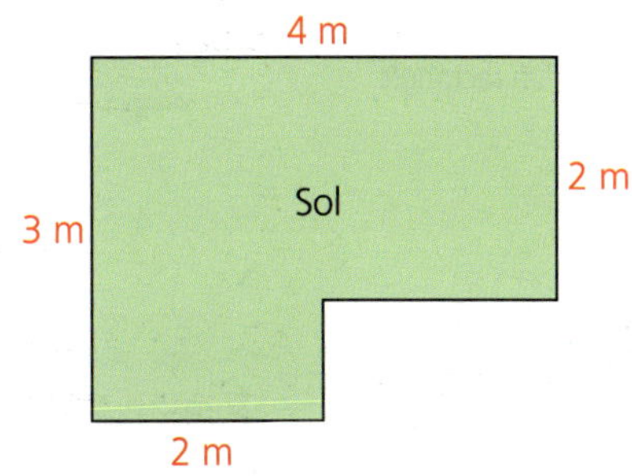

Objectif
Déterminer la formule donnant l'aire latérale d'un prisme droit.

Les parents de Louise souhaitent repeindre sa chambre. Celle-ci a la forme d'un prisme droit dont une base est le sol représenté sur la figure de droite.

1. a. Calculer l'aire de chaque mur de la chambre puis l'aire totale des six murs.
b. Combien de multiplications et d'additions fait-on pour trouver le résultat ?
2. Retrouver l'aire latérale de cette chambre en utilisant une seule multiplication et des additions.
3. Expliquer par une phrase comment on peut calculer l'aire latérale d'un prisme droit.

Vocabulaire
L'aire latérale d'un prisme droit est l'aire totale des faces latérales.

10 La boîte de conserve

Objectif
Déterminer la formule donnant l'aire latérale d'un cylindre de révolution.

Autour de cette boîte de conserve cylindrique est enroulée une feuille de papier donnant des renseignements sur le contenu de la boîte.

a. Calculer l'aire de cette feuille de papier. Donner sa valeur exacte puis son arrondi au centième.
b. Expliquer par une phrase comment on peut calculer l'aire latérale d'un cylindre de révolution.

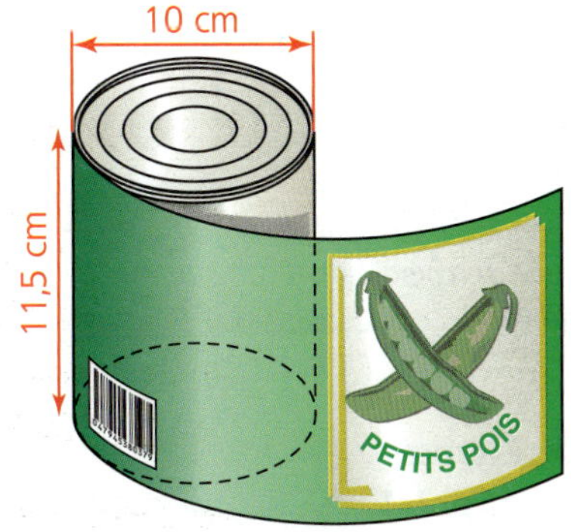

1 Aire d'un parallélogramme

DÉFINITION

La hauteur relative au côté [AB] d'un parallélogramme ABCD est la longueur *h* d'un segment [HK] perpendiculaire en H au côté [AB] et perpendiculaire en K au côté opposé [CD].

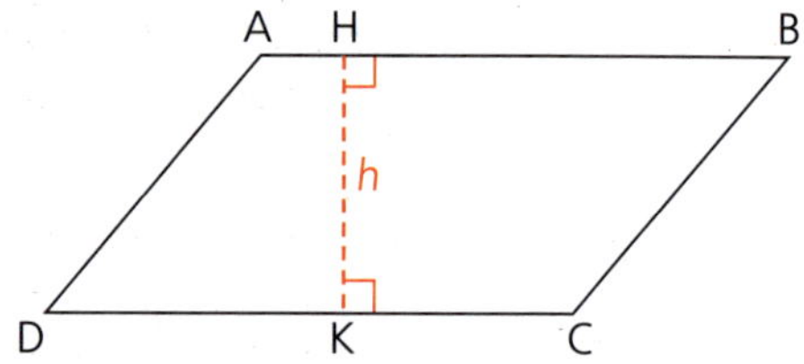

Note
On dit aussi que le segment [HK] est une hauteur du parallélogramme.

PROPRIÉTÉ

L'aire $\mathscr{A}$ d'un parallélogramme est égale au **produit** de la longueur d'un côté par la hauteur relative à ce côté.

▶ **Exercices 1 à 6 p. 230-231**

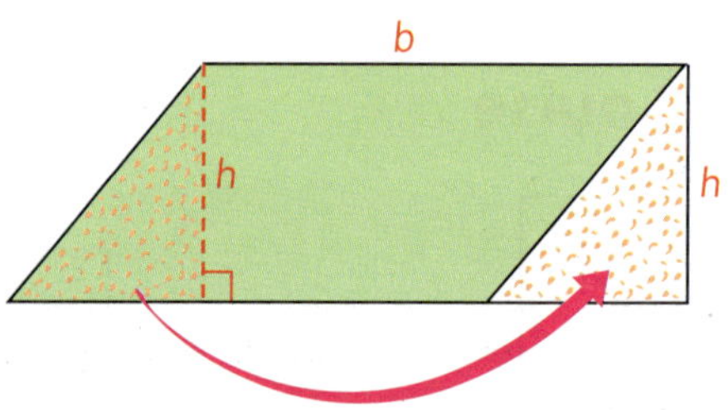

$\mathscr{A} = b \times h$

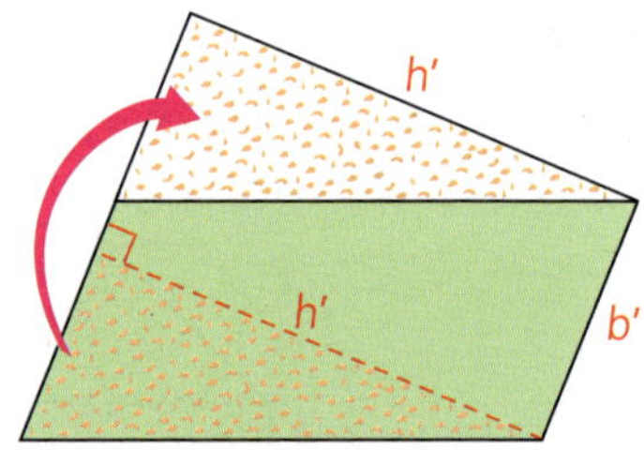

$\mathscr{A} = b' \times h'$

Note
Les illustrations montrent que l'on se ramène au calcul de l'aire d'un rectangle.

2 Aire d'un triangle

Par la suite, avec les notations de la figure ci-contre, la hauteur relative au côté [BC], désigne la longueur du segment [AH].

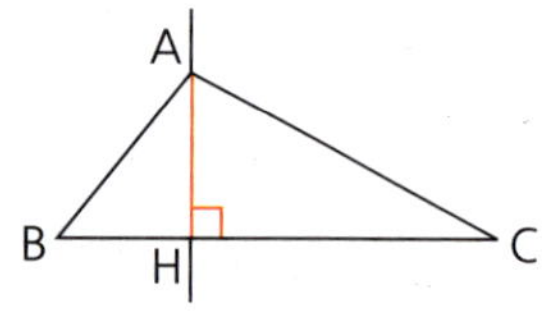

PROPRIÉTÉ

L'aire $\mathscr{A}$ d'un triangle est égale à la **moitié du produit** de la longueur d'un côté par la hauteur relative à ce côté.

Note
Les hauteurs d'un triangle ont été définies page 189.

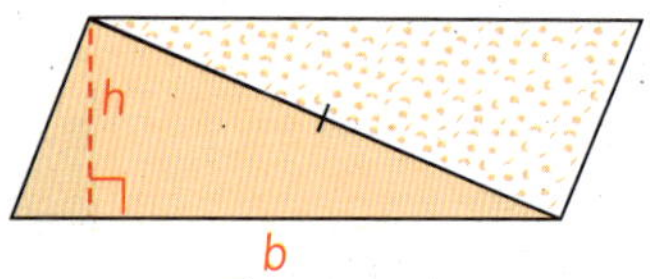

$\mathscr{A} = \frac{b \times h}{2}$

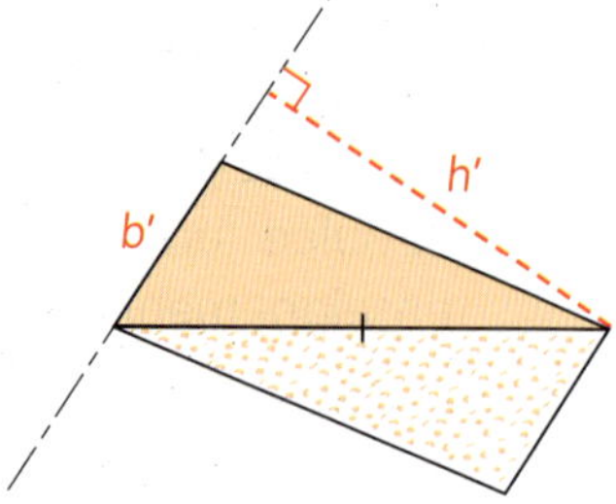

$\mathscr{A} = \frac{b' \times h'}{2}$

Note
Les illustrations montrent que l'on se ramène par symétrie centrale au calcul de l'aire d'un parallélogramme.

▶ **Exercices 7 à 14 p. 231**

3 Aire d'un disque

Note
On a vu page 13 que R^2 désigne le produit $R \times R$.

PROPRIÉTÉ

L'aire $\mathscr{A}$ d'un disque est égale au **produit** de π et du carré de son rayon.

$\mathscr{A} = \pi R^2$

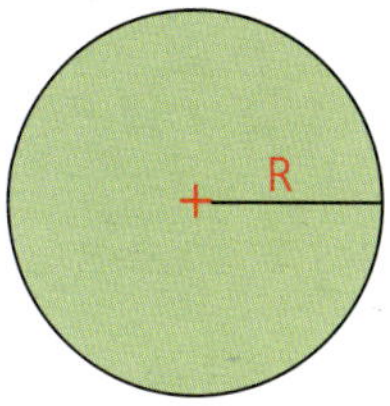

→ Exemple

Pour un disque de rayon 5 cm : $\mathscr{A} = \pi \times 5^2 = 25\pi$.
La **valeur exacte** de l'aire de ce disque est 25π cm^2.

Avec la calculatrice : 25 [×] [π] [=] Affichage 78.53981634

L'**arrondi au centième** de l'aire de ce disque est 78,54 cm^2.

▶ Exercices 15 à 19 p. 232

4 Aire latérale de solides

PROPRIÉTÉ

L'aire latérale $\mathscr{A}$ d'un prisme droit ou d'un cylindre de révolution est égale au **produit** du périmètre de sa base par sa hauteur.

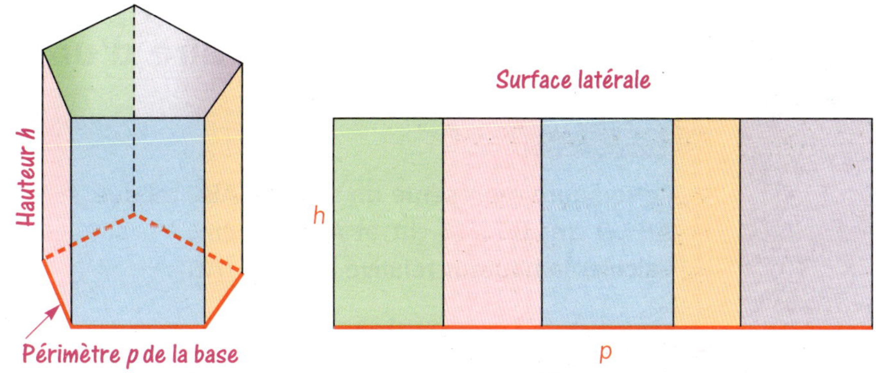

$\mathscr{A} = p \times h$

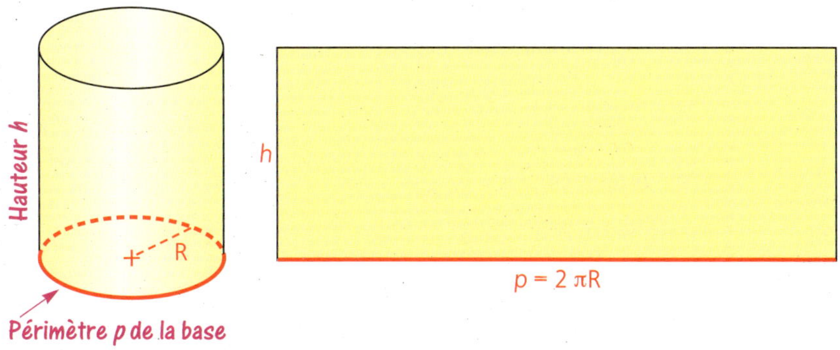

$\mathscr{A} = p \times h$ c'est-à-dire $\mathscr{A} = 2\pi Rh$

▶ Exercices 20 à 30 p. 232-233

Méthodes

EXERCICE RÉSOLU

1 Utiliser la formule de l'aire d'un parallélogramme

ÉNONCÉ

Cette figure représente un parallélogramme ABCD tel que : $DC = 6$ cm, $AH = 30$ mm, $BC = 4$ cm.

a. Calculer l'aire du parallélogramme ABCD.

b. Calculer h, la hauteur relative au côté [BC].

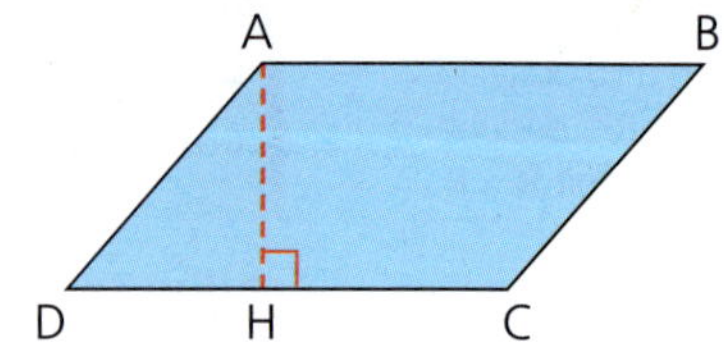

SOLUTION

a. $AH = 30$ mm $= 3$ cm.

$\mathscr{A} = AH \times CD$ donc $\mathscr{A} = 3 \times 6 = 18$.

L'aire du parallélogramme ABCD est 18 cm^2.

b. On a aussi $\mathscr{A} = h \times BC$ c'est-à-dire :

$18 = h \times 4$ soit $h = \dfrac{18}{4} = 4{,}5$.

La hauteur relative au côté [BC] est 4,5 cm.

Pour appliquer une formule d'aire on doit remplacer les lettres par des longueurs **toutes exprimées dans la même unité**.

On utilise la même formule mais avec le côté [BC].

▶ Exercices 4 page 230 et 5 page 231

EXERCICE RÉSOLU

2 Utiliser la formule de l'aire d'un triangle

ÉNONCÉ

Cette figure représente un triangle ABC tel que $AB = 9$ cm, $BC = 15$ cm et $AH = 8{,}1$ cm.
Calculer la hauteur relative au côté [AB].

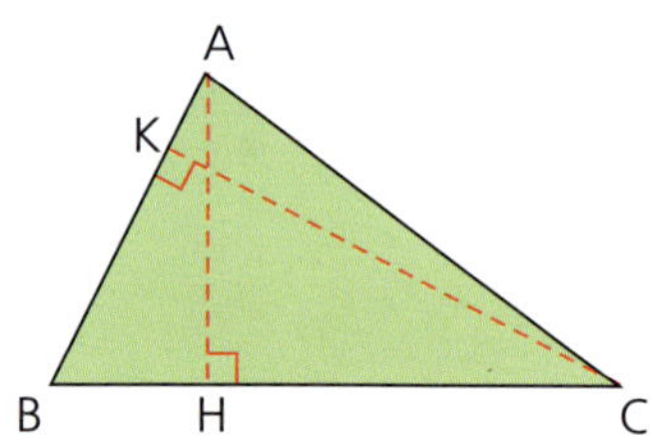

SOLUTION

$\mathscr{A} = \dfrac{BC \times AH}{2}$ soit $\mathscr{A} = \dfrac{15 \times 8{,}1}{2} = 60{,}75$

L'aire du triangle ABC est 60,75 cm^2.

On a aussi $\mathscr{A} = \dfrac{AB \times CK}{2}$

c'est-à-dire $60{,}75 = \dfrac{9 \times CK}{2}$.

Donc $9 \times CK = 121{,}5$

et $CK = \dfrac{121{,}5}{9} = 13{,}5$.

La hauteur relative au côté [AB] est 13,5 cm.

Connaissant un côté et la hauteur relative à ce côté, on peut calculer l'aire du triangle ABC.

On utilise la même formule mais avec le côté [AB].

La moitié de $9 \times CK$ est égale à 60,75 donc $9 \times CK$ est égal à $2 \times 60{,}75$ soit 121,5.

▶ Exercices 10 et 11 page 231

EXERCICE RÉSOLU 3 Utiliser une décomposition

ÉNONCÉ

La figure ci-contre représente un triangle ABC et un demi-disque de diamètre [BC].
On sait que BC = 12 cm et AH = 8 cm où H est le pied de la hauteur issue de A dans le triangle ABC.
Calculer la valeur exacte $\mathcal{A}$ de l'aire en cm² de cette figure et en donner l'arrondi au centième avec la touche π de la calculatrice.

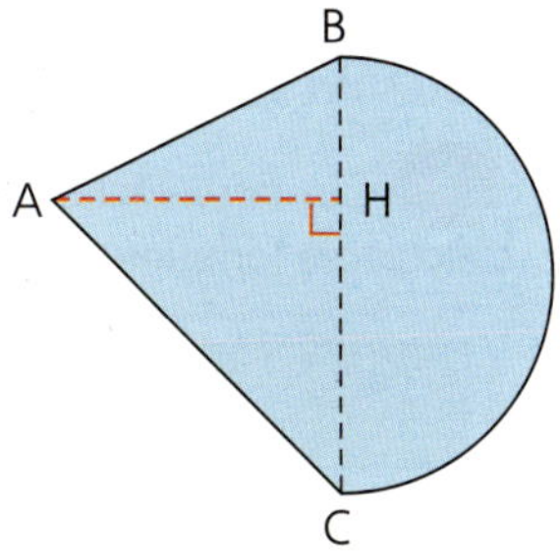

SOLUTION

• $\mathcal{A}_1 = \frac{BC \times AH}{2} = \frac{12 \times 8}{2} = 48$

L'aire du triangle ABC est 48 cm².

• Rayon du demi-disque : $R = \frac{12}{2} = 6$

$\mathcal{A}_2 = \frac{1}{2}\ \pi \times R^2 = \frac{1}{2}\ \pi \times 6^2 = 18\pi$

L'aire du demi-disque est 18π cm².

• $\mathcal{A} = \mathcal{A}_1 + \mathcal{A}_2 = 48 + 18\pi$.

L'aire de la figure est $(48 + 18\pi)$ cm².

D'où $\mathcal{A} \approx 104{,}55$ cm².

1. On décompose la figure en deux parties, un triangle et un demi-disque, puis on calcule l'aire de chaque partie.
• On calcule l'aire $\mathcal{A}_1$ du triangle.
• On calcule l'aire $\mathcal{A}_2$ du demi-disque : c'est la moitié de l'aire du disque.
2. On calcule la somme des deux aires.

48 [+] 18 [π] [EXE]

104.5486678

▶ Exercices 18 et 19 page 232

EXERCICE RÉSOLU 4 Calculer l'aire latérale d'un cylindre

ÉNONCÉ

Un cylindre de révolution de hauteur 12 cm a pour base un disque de diamètre 8 cm.
Calculer la valeur exacte $\mathcal{A}$ de son aire latérale en cm², puis son arrondi à l'unité.

SOLUTION

• $p = 2\pi R = 2\pi \times 4 = 8\pi$.

Le périmètre de la base est égal à 8π cm.

• $\mathcal{A} = p \times h = 8\pi \times 12 = 96\pi$.

L'aire latérale du cylindre est 96π cm².

Or $96\pi \approx 302$ donc l'aire latérale est environ 302 cm².

Le diamètre est 8 cm donc le rayon est 4 cm.
On utilise la valeur exacte de *p*.

96 [π] [EXE]

301.5928947

▶ Exercices 25 et 26 page 232

Exercices

TRAVAIL PERSONNEL

Ces exercices prolongent la rubrique Revoir les acquis (page 222)

Calculer l'aire d'un rectangle

A Ces deux rectangles ont la même aire.
Calculer la longueur du rectangle ②.

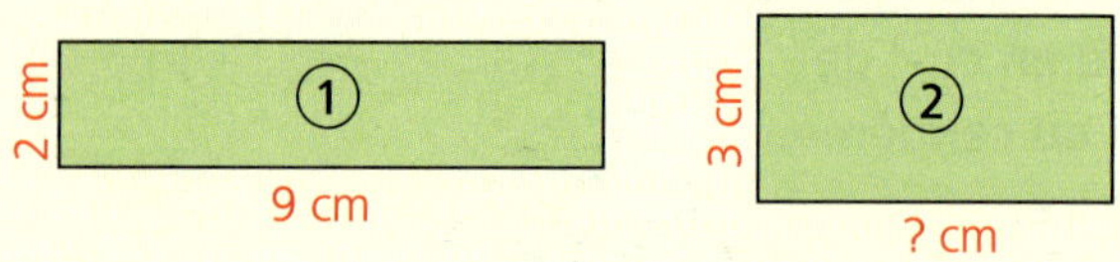

Calculer l'aire d'un triangle rectangle

B Calculer l'aire de chacun des triangles ABE et ADC rectangles en A.

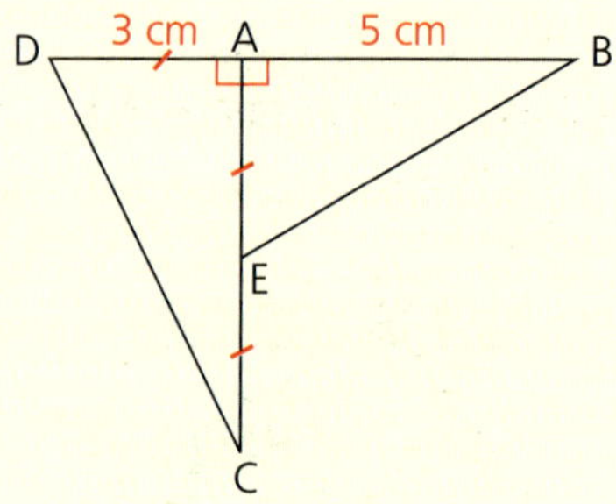

Changer d'unité d'aire

C Dans chaque cas, exprimer en m^2.

a. 3,5 dam^2 b. 472 hm^2 c. 932 cm^2
d. 0,4 dm^2 e. 36 km^2 f. 137 mm^2

Distinguer aire et périmètre

D Un même nombre donne l'aire et le périmètre d'une de ces deux figures. Laquelle ?

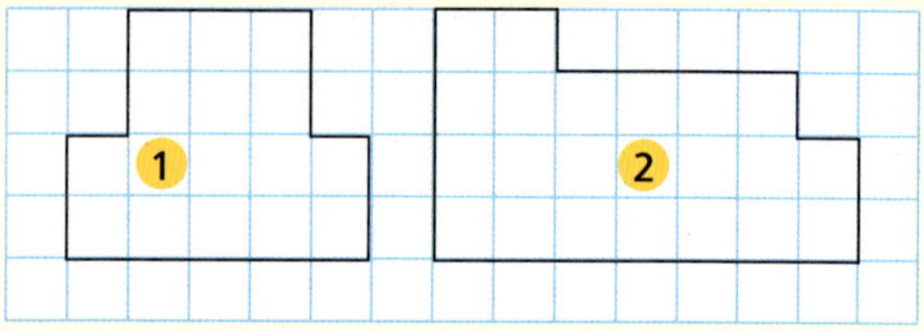

Calculer la longueur d'un cercle

E a. Calculer la valeur exacte de la longueur d'un cercle de rayon 6,5 m.
b. Comparer cette longueur et le périmètre d'un rectangle de côtés 10,9 m et 9,52 m.

Exercices d'application

Aire d'un parallélogramme

1 Calculer dans chaque cas, l'aire du parallélogramme ABCD représenté.

a.

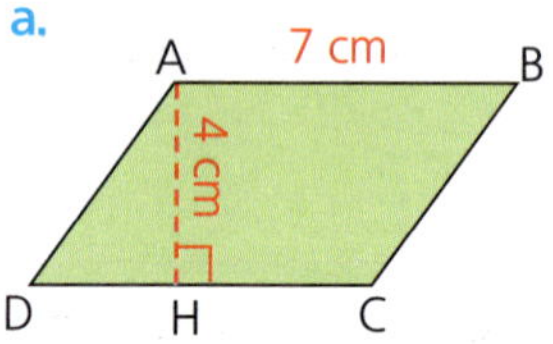

b.

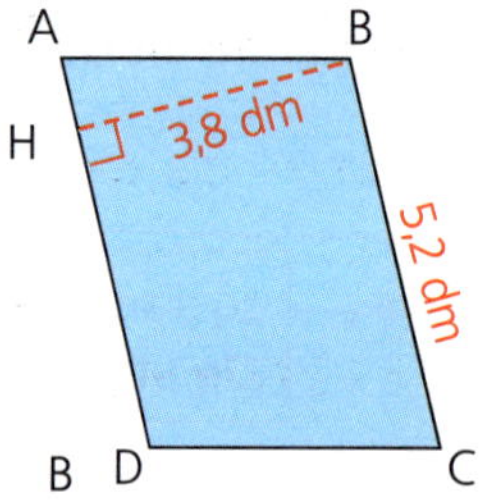

c.

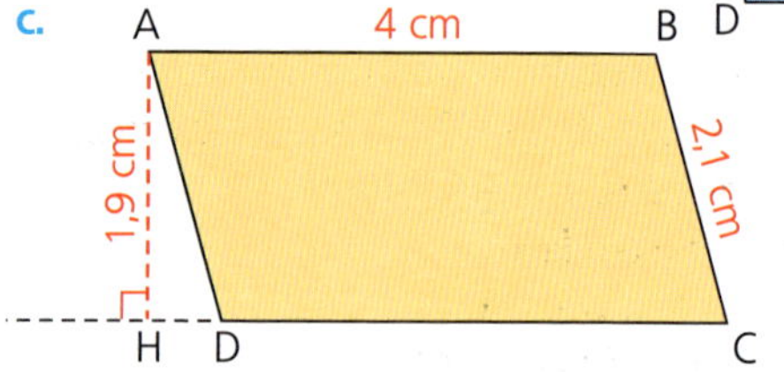

2 L'aire d'un parallélogramme est 17 dm^2. L'un de ses côtés mesure 5 dm.
Calculer la hauteur relative à ce côté.

3 L'aire d'un parallélogramme est 165 cm^2 et la hauteur relative à un côté est 12,5 cm.
Calculer la longueur de ce côté.

4 ABCD est un parallélogramme.
DC = 9 cm ; AH = 25 mm ; BC = 3 cm.

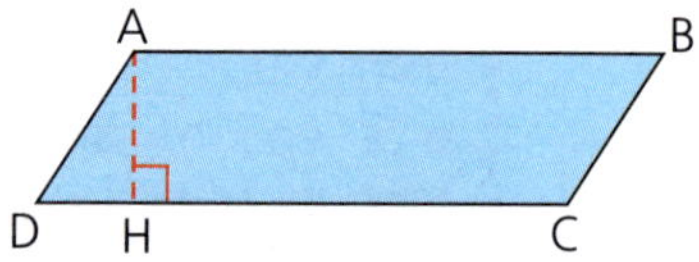

a. Calculer l'aire du parallélogramme ABCD.
b. Calculer *h*, la hauteur relative au côté [BC].
Conseil : se reporter à l'exercice résolu 1 page 228.

5 BLEU est un parallélogramme.
BL = 18 cm ; h = 3,6 cm ; h' = 12 cm.

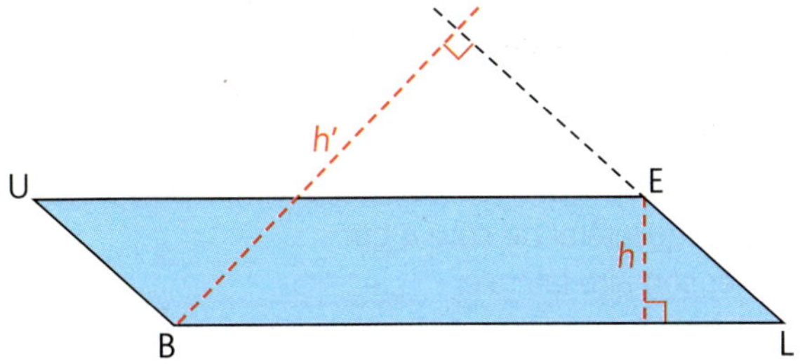

a. Calculer l'aire du parallélogramme BLEU.
b. Calculer la longueur LE.

6 a. Construire un parallélogramme ABCD tel que :
AB = 6 cm, BC = 4 cm et AC = 7 cm.
b. Construire un parallélogramme BCEF dont l'aire est la moitié de celle de ABCD.

Aire d'un triangle

7 Dans chaque cas, calculer l'aire du triangle ABC.

a.

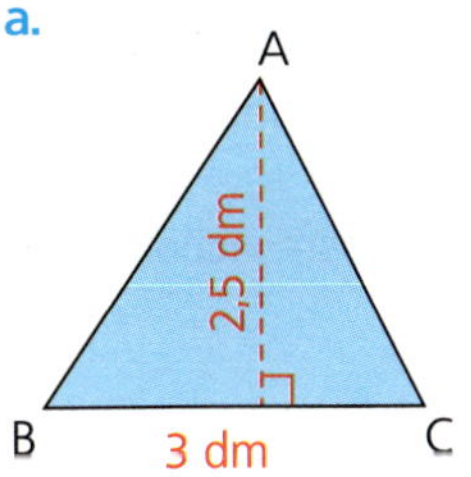

b.

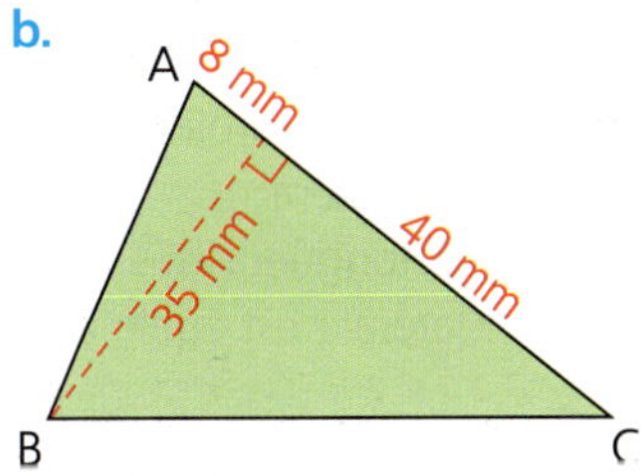

c.

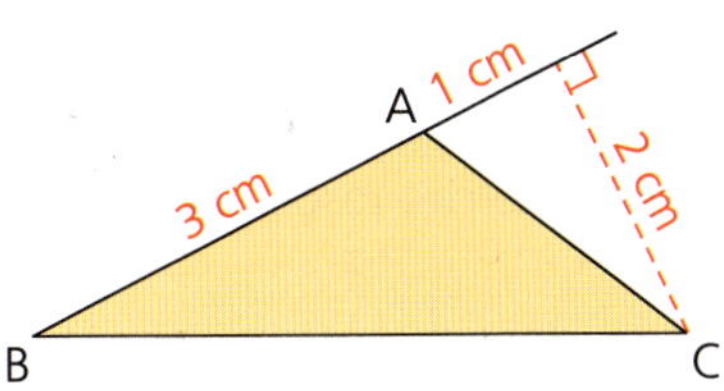

8 ABC est un triangle rectangle en A tel que AB = 8 cm et AC = 15 cm.
I est le point du segment [AC] tel que AI = 9 cm.

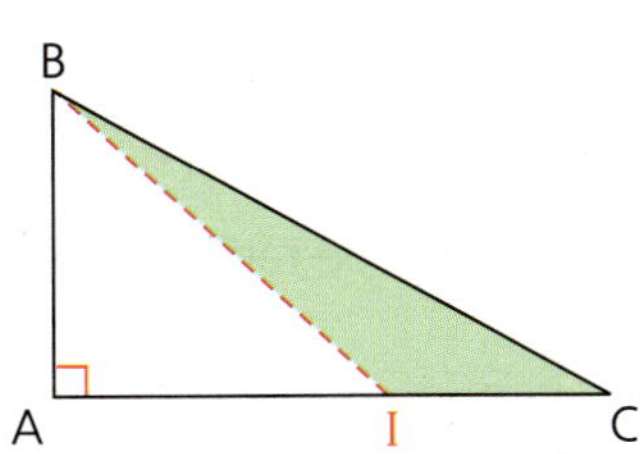

Calculer l'aire du triangle BIC.

9 ABC est un triangle tel que AB = 4,5 cm.
Son aire est égale à 16,20 cm^2.
Calculer la hauteur relative au côté [AB].

10 ABC est un triangle tel que BC = 8 cm et AC = 7 cm.
La hauteur relative à [AC] est 6 cm.
Calculer la hauteur relative au côté [BC].

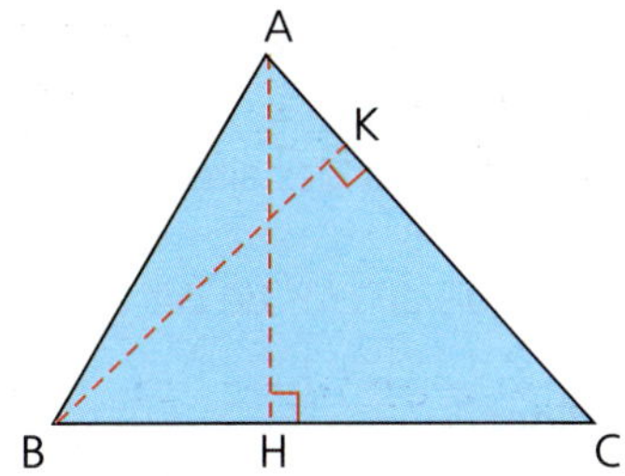

Conseil : se reporter à l'exercice résolu 2 page 228.

11 EMU est un triangle tel que :
MU = 40 mm, EH = 15 mm et MK = 20 mm.
Calculer la longueur EU.

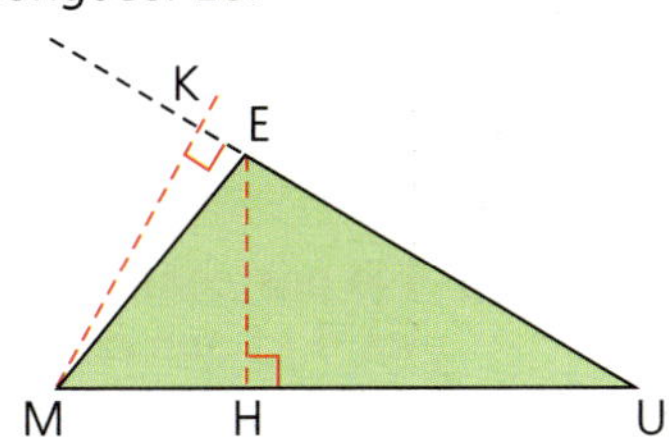

12

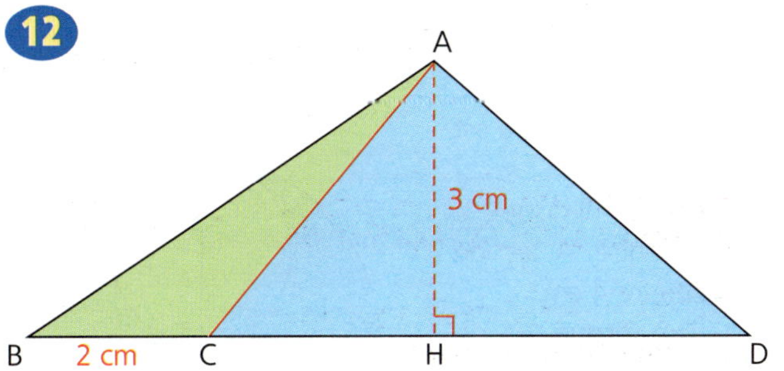

L'aire du triangle ACD est le triple de l'aire du triangle ABC.
Calculer la longueur CD.

13 Construire un triangle ABC isocèle en A d'aire 10 cm^2 tel que BC = 4 cm. Expliquer.

14 ABC est un triangle rectangle en A tel que AB = 5 cm, BC = 7 cm et AH = 3,5 cm où H est le pied de la hauteur issue de A.
a. Faire une figure à main levée.
b. Calculer l'aire du triangle ABC.
c. Calculer la longueur du côté [AC].

Aire d'un disque

15 Calculer dans chaque cas, la valeur exacte puis l'arrondi au centième de l'aire du disque de rayon R.

a. R = 1,2 dm b. R = 3,2 cm c. R = 5,3 m

16 Élise veut acheter une nappe pour sa table ronde. Cette table a un diamètre de 120 cm et la nappe ronde doit déborder de 20 cm autour de la table.

a. Calculer la valeur exacte des aires de la table et de la nappe.

b. Calculer les arrondis au cm² de ces aires.

17 **Pour rédiger**

Lire l'énoncé et la solution proposée par un élève.
Rédiger ensuite cette solution en tenant compte des remarques du correcteur.

Énoncé

Un disque a pour diamètre 8 cm.
Calculer l'aire de ce disque arrondie au mm².

Copie de l'élève

R = 8 : 2 = 4
$\mathscr{A} = \pi \times 4^2 =$ ~~8π~~ Ne pas confondre le carré de 4 et son double
8π ≈ 25,1
L'aire du disque est ~~25,1~~ cm² mal arrondi

18 Cette figure est constituée :

- d'un demi-disque $\mathscr{D}$ de centre A et de diamètre 4 cm,
- d'un disque $\mathscr{D}'$ de diamètre [AB].

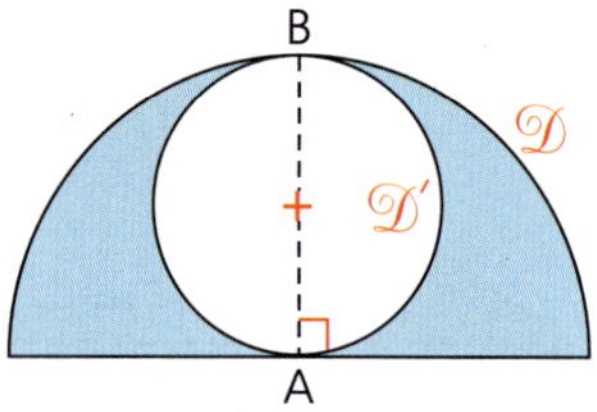

Calculer la valeur exacte $\mathscr{A}$ de l'aire (en cm²) de la figure colorée en bleu, puis l'arrondi au centième.

Conseil : se reporter à l'exercice résolu 3 page 229.

19 Ce terrain est constitué d'un rectangle prolongé par deux demi-disques.

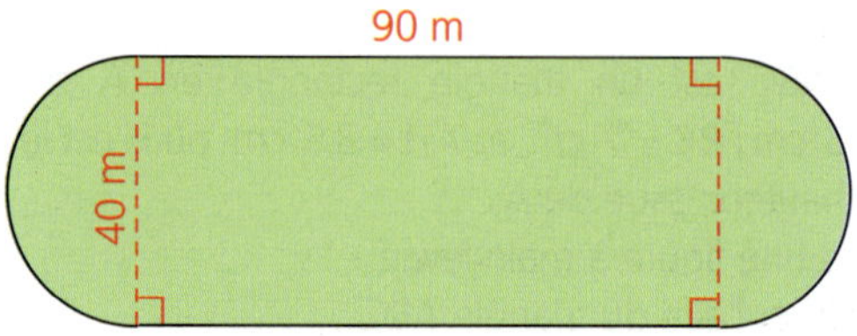

Calculer l'aire de ce terrain arrondie au m².

Aire latérale de solides

20 Un prisme droit de hauteur 20 cm a pour base un rectangle IJKL tel que IJ = 9,2 cm et JK = 13,4 cm.
Calculer son aire latérale.

21 Un prisme droit de hauteur 10 cm a pour base un triangle équilatéral de côté 4 cm.
Calculer son aire latérale.

22 Calculer l'aire latérale de chacun des prismes droits suivants.

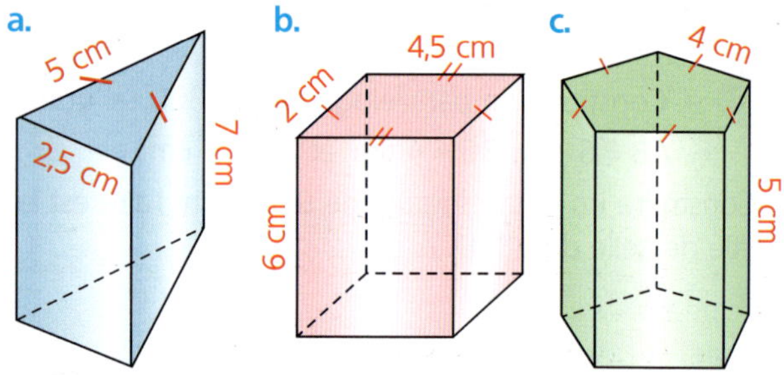

23 Un prisme droit a pour base un losange de côté 7 cm. Son aire latérale est égale à 145,6 cm².
Calculer sa hauteur.

24 Un prisme droit de hauteur 4 cm a pour base un triangle équilatéral.
Calculer la longueur des côtés de sa base sachant que son aire latérale est égale à 38,4 cm².

25 Un cylindre de révolution de hauteur 5,3 cm a pour base un disque de diamètre 5 cm.
Calculer la valeur exacte de son aire latérale en cm², puis son arrondi à l'unité.

Conseil : se reporter à l'exercice résolu 4 page 229.

26 Un cylindre de révolution de hauteur 14 cm a pour base un disque de rayon 35 mm.
Calculer la valeur exacte de son aire latérale en cm².

27

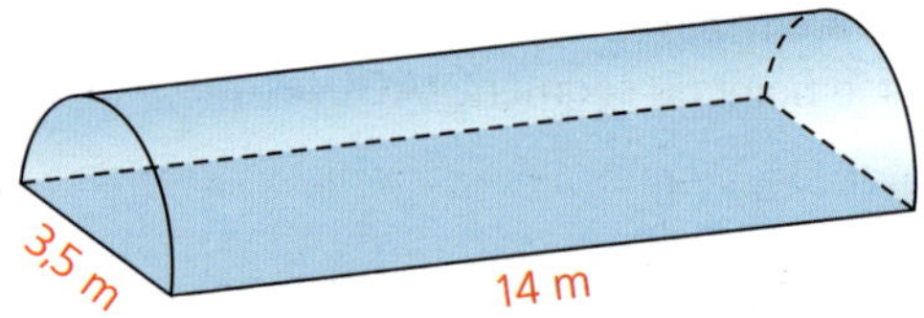

Calculer l'arrondi à l'unité de l'aire latérale en m² de ce demi-cylindre.

28 Un cylindre de révolution de rayon 2 cm a pour hauteur 4 cm.

Calculer la valeur exacte de l'aire latérale, puis de l'aire totale de ce cylindre.

29 a. Calculer la valeur exacte de l'aire latérale du cylindre de révolution ①.
b. Le cylindre de révolution ② a la même aire latérale que le cylindre ①. Calculer le rayon R du cylindre ②.

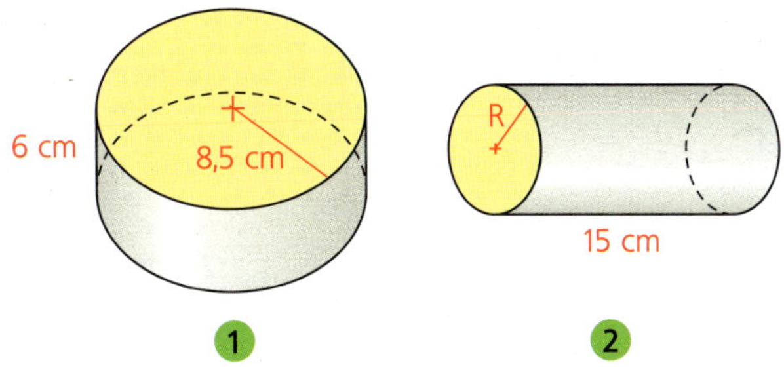

30 Une casserole a la forme d'un cylindre de révolution (avec la seule base du fond) de diamètre 14 cm et de hauteur 7 cm.
Calculer la valeur exacte de l'aire du métal utilisé pour la fabriquer.

Pour s'exprimer

31 Le sens des mots
Expliquer le sens des mots en italique dans chacune des phrases suivantes.
a. Les vautours construisent des *aires* dans la montagne.
b. Sur les autoroutes, on trouve des *aires* de stationnement.
c. Le canal *latéral* à la Loire passe à Nevers.

32 Avoir l'esprit critique

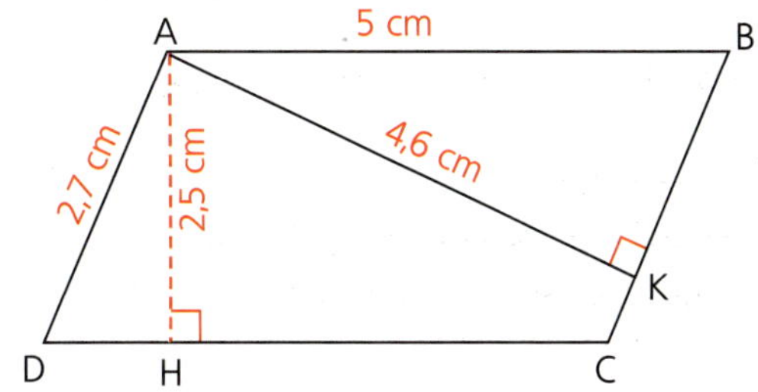

ABCD est un parallélogramme.
Les mesures indiquées sur cette figure sont-elles exactes ?

CALCUL MENTAL ET RÉFLÉCHI

33 Aire d'un parallélogramme
$\mathscr{A}$ est l'aire d'un parallélogramme dans lequel *h* est la hauteur relative à un côté de longueur *b*.
Recopier et compléter le tableau sans poser l'opération et sans calculatrice.

b	5 cm		90 dm	4,5 m
h	3 cm	40 mm		
$\mathscr{A}$		28 cm^2	126 m^2	13,5 m^2

34 Aire d'un triangle
Calculer mentalement l'aire de chacun des triangles.
a. b. c.

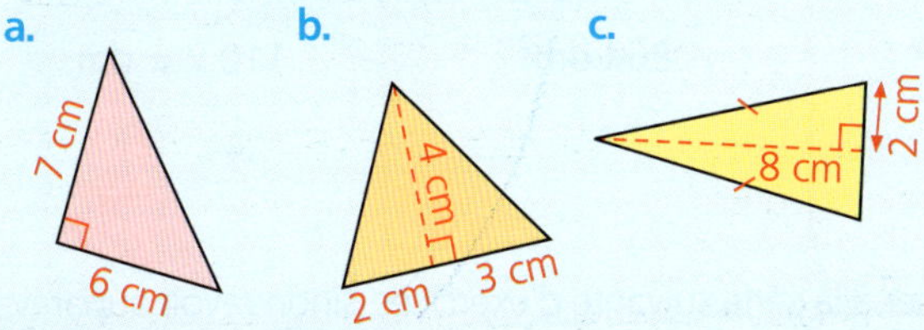

35 Observer avant de calculer

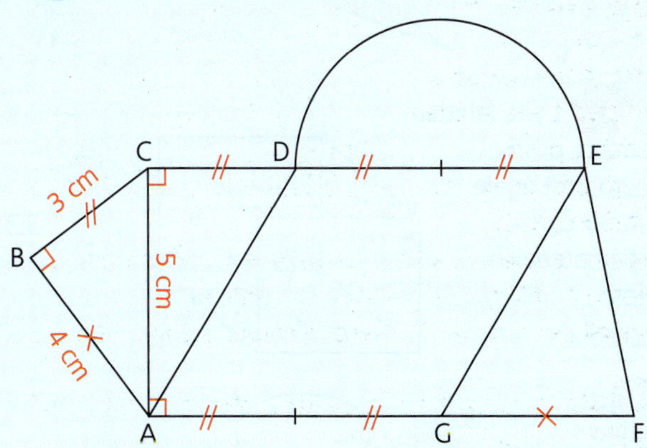

Calculer l'aire :
a. du triangle ABC ;
b. du triangle ACD ;
c. du parallélogramme ADEG ;
d. du demi-disque de diamètre [DE] ;
e. du triangle EGF.

FAIRE LE POINT

TRAVAIL PERSONNEL

Pour chaque question, une seule réponse est exacte. Laquelle ?

	a	b	c
36 L'aire de ce parallélogramme est … 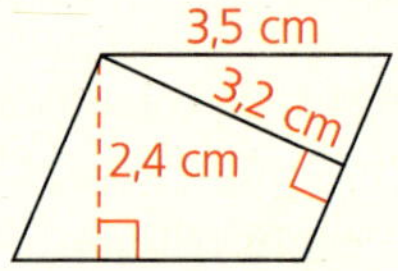	8,4 cm²	7,68 cm²	11,2 cm²
37 L'aire d'un parallélogramme de côté 5 cm est 60 cm². La hauteur relative à ce côté est …	6 cm	12 cm	24 cm
38 Le calcul de $\frac{6 \times 3}{2}$ donne l'aire en cm² du triangle …	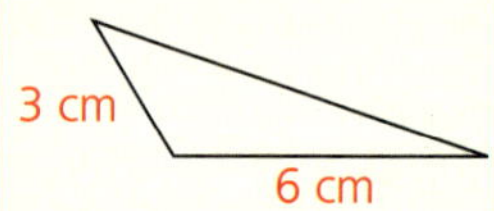	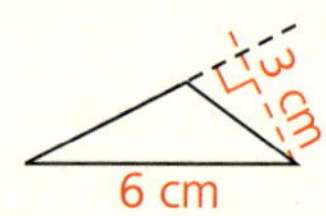	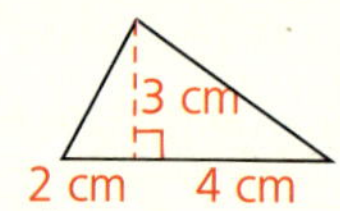
39 L'aire d'un triangle de hauteur 5 cm est 25 cm². Le côté correspondant a pour longueur …	10 cm	5 cm	2,5 cm
40 L'aire d'un disque de rayon 5 cm est …	$10 \times \pi$ cm²	$25 \times \pi$ cm²	$\frac{25 \times \pi}{2}$ cm²
41 L'aire latérale de ce prisme droit est … 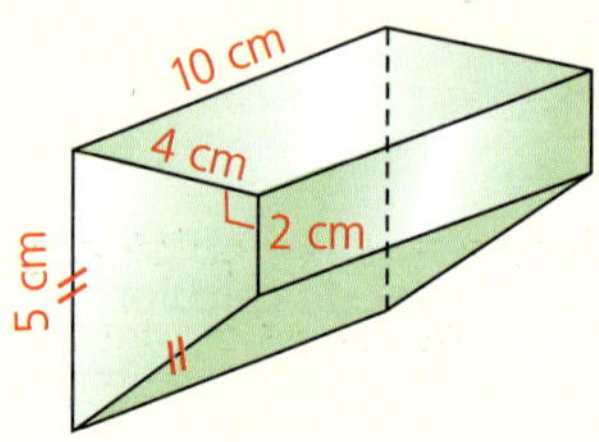	160 cm²	200 cm²	240 cm²
42 L'aire latérale de ce prisme droit est égale à 99 cm². Sa hauteur *h* est … 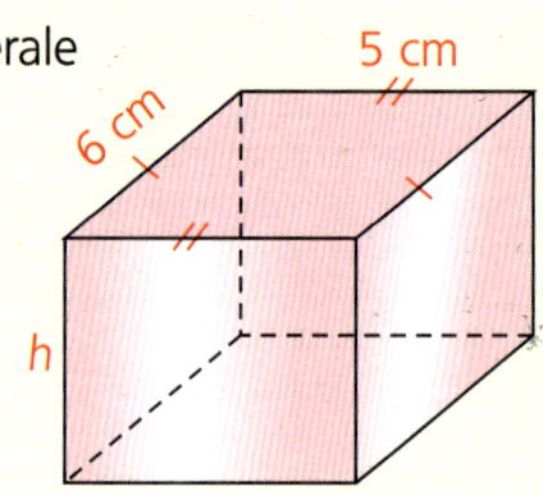	3,3 cm	4,5 cm	9 cm
43 L'aire latérale de ce cylindre de révolution est … 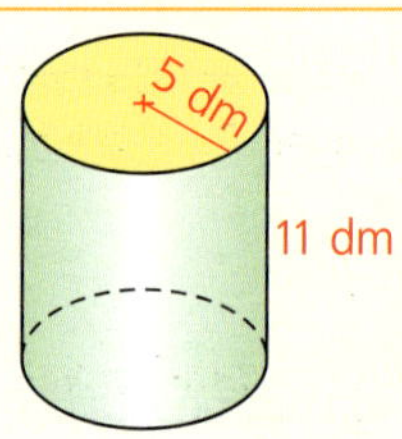	$275 \times \pi$ dm²	864 dm²	$110 \times \pi$ dm²

Vérifier les réponses page 266 : 6 bonnes réponses ou plus, passer à la série suivante d'exercices, sinon revoir auparavant le cours et les méthodes.

Exercices de consolidation

TRAVAIL PERSONNEL

44 Prévoir une étape intermédiaire

ABCD et CDEF sont deux parallélogrammes.
L'aire de ABCD est égale à 1 540 mm².

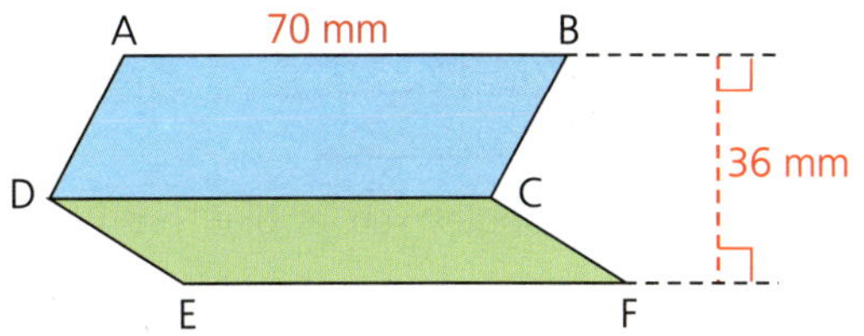

Calculer l'aire de CDEF.

Aide

Commence par calculer la hauteur relative à [AB] dans le parallélogramme ABCD. Que peux-tu calculer alors pour le parallélogramme CDEF ?

45 Décomposer correctement une figure

ABCD est un trapèze de bases [AB] et [CD]. Il est surmonté d'un demi-disque de diamètre [AB].

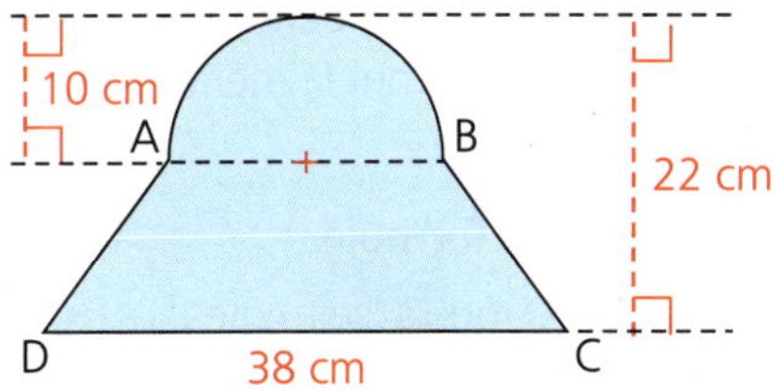

Calculer l'aire en cm² de la figure colorée en bleu, puis l'arrondi au centième.

Aide

Décompose ABCD en un parallélogramme et un triangle de même hauteur.

46 Utiliser une propriété

ABCD est un parallélogramme et I est le milieu du côté [BC].
La droite (AI) coupe la droite (CD) en E.

a. Faire une figure.
b. Comparer l'aire du triangle ADE et l'aire du parallélogramme ABCD.

Aide

b. Pense à utiliser la symétrie centrale de centre I.

47 Réfléchir puis construire

$\mathscr{C}$ et $\mathscr{C}'$ sont deux cercles concentriques de centre O dont les diamètres sont indiqués ci-dessous.

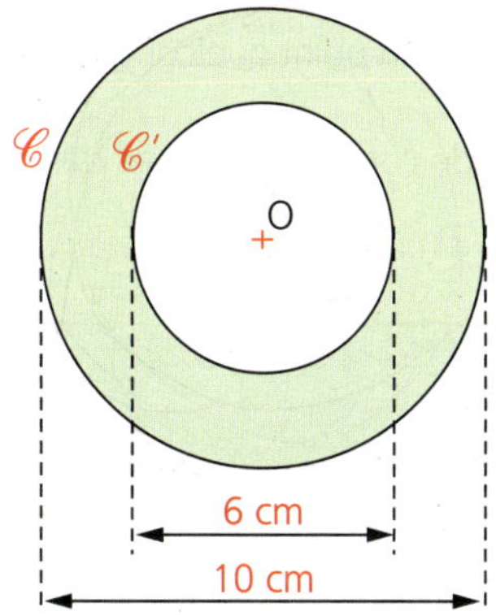

a. Faire la figure en vraie grandeur.
b. Construire un disque de centre O de même aire que la couronne colorée en vert.

Aide

b. Calcule la valeur exacte de l'aire de la couronne et observe la réponse.

48 Calculer une dimension d'un cylindre

Ces trois cylindres de révolution ont la même aire latérale.

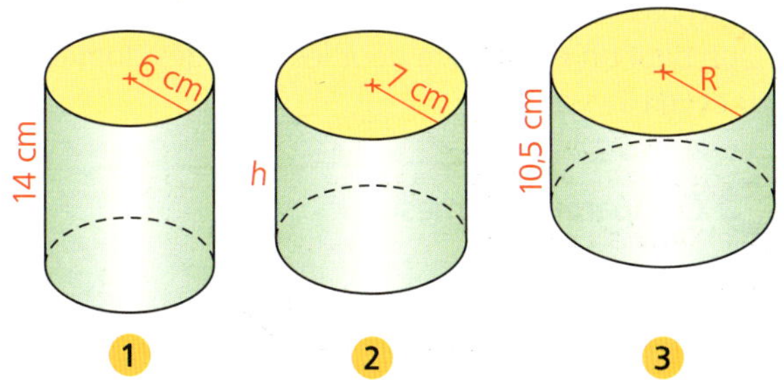

a. Calculer la hauteur h du cylindre 2.
b. Calculer le rayon R de la base du cylindre 3.

Aide

a. Calcule tout d'abord la valeur exacte de l'aire latérale du cylindre 1.
b. Traduis l'égalité des aires latérales des cylindres 1 et 3 par une équation d'inconnue R, puis calcule R.

Exercices d'approfondissement

S'initier au raisonnement

49 Justifier par un calcul littéral

ABCD est un rectangle tel que $AB = 16$ cm et $BC = 12$ cm. I est un point quelconque situé à l'intérieur du rectangle.
On se propose de comparer les aires des domaines bleu et vert.

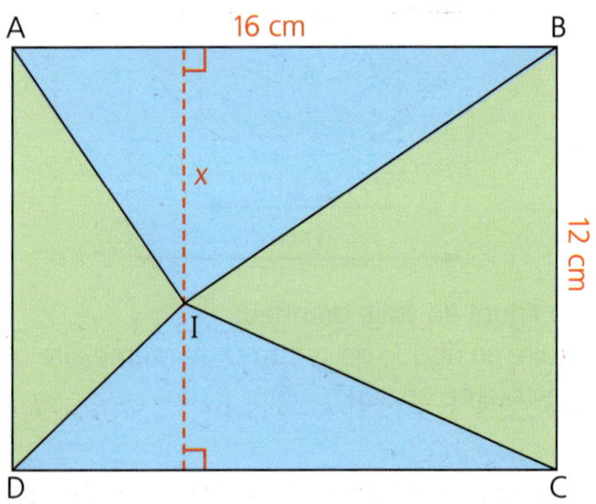

On note x la hauteur relative à [AB] dans le triangle AIB.

1. Quelle est la hauteur relative à [DC] dans le triangle DIC ?

2. Exprimer en fonction de x l'aire :
a. du triangle ABI,
b. du triangle DIC,
c. du domaine bleu.

3. a. Expliquer pourquoi l'aire du domaine bleu ne dépend pas de x.
b. Que peut-on en déduire pour les aires des domaines bleu et vert ?

50 Comparer sans mesurer

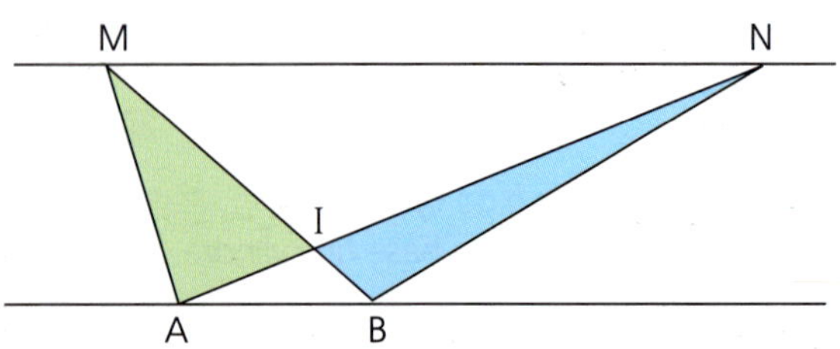

Les droites (MN) et (AB) sont parallèles.
On se propose de comparer les aires des triangles AMI et BNI.
a. Comparer les aires des triangles AMB et ANB.
b. Que dire alors des aires des triangles AMI et BNI ?

51 Réinvestir ce que l'on sait

1. Voici un parallélogramme de centre O.

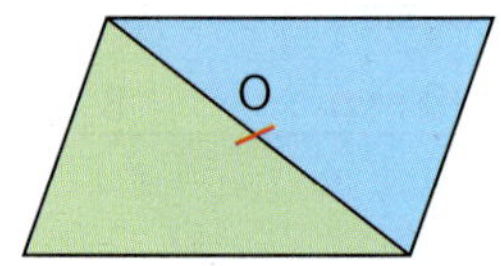

Démontrer que les triangles vert et bleu ont la même aire.

2. I est un point quelconque de la diagonale [AC] d'un parallélogramme ABCD.
Par le point I, on trace les segments [MN] et [RS] respectivement parallèles aux côtés [AD] et [AB].

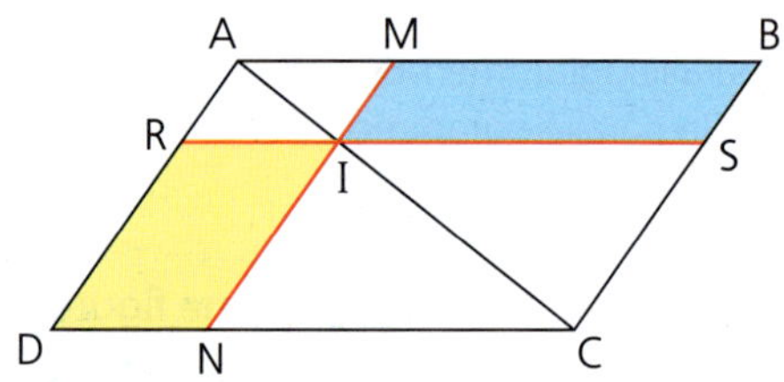

En appliquant le résultat de la question **1.** à plusieurs parallélogrammes de la figure, démontrer que les parallélogrammes MBSI et NDRI ont la même aire.

52 Démontrer une formule

Le quadrilatère ABCD qui a ses côtés [AB] et [CD] parallèles est un trapèze. O est le milieu de [BC].
$AB = a$, $CD = b$ et $AH = h$.

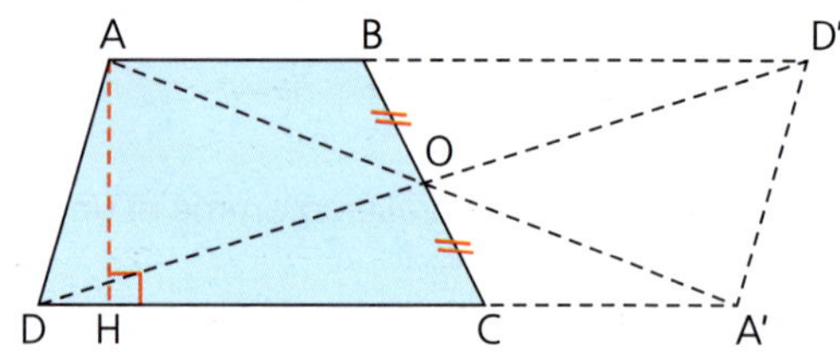

1. A′ et D′ sont les symétriques de A et de D par rapport au point O.
a. Utiliser les propriétés de la symétrie centrale pour expliquer que les points A, B, D′ sont alignés et que $BD' = b$.
b. De la même façon, que peut-on dire des points D, C, A′ et de la longueur CA′ ?

2. a. Quelle est la nature du quadrilatère AD′A′D ?
b. Exprimer son aire en fonction de a, b, h.

3. En déduire une formule permettant de calculer l'aire du trapèze ABCD.

Résolution de problèmes

53 Imaginer une stratégie

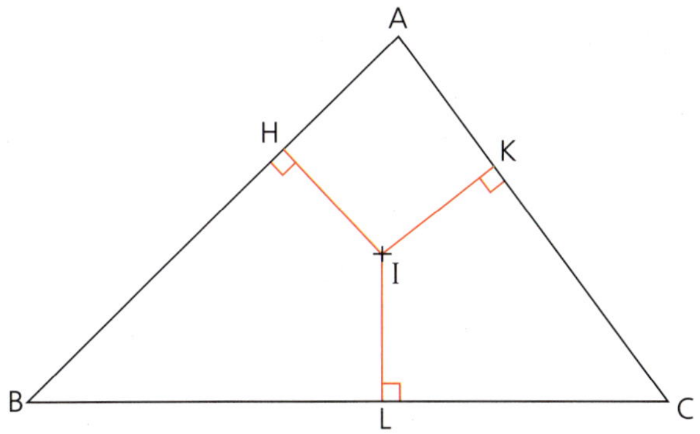

Le périmètre du triangle ABC est égal à 18 cm.
I est un point tel que IH = IL = IK = 1,6 cm.
Calculer l'aire du triangle ABC.

54 Superficie de Tahiti

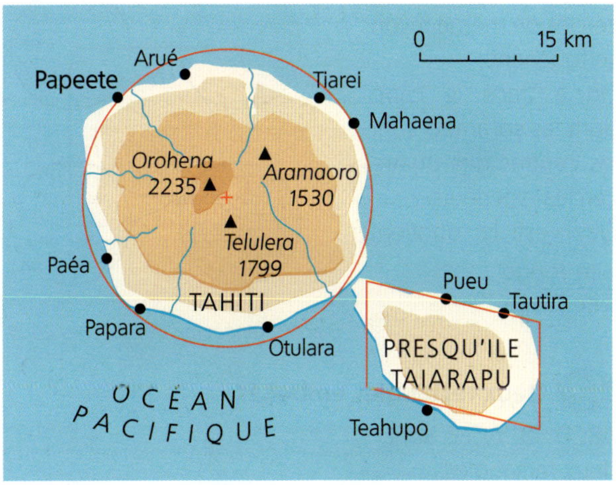

La superficie de Tahiti est proche de celle d'un disque augmentée de celle d'un parallélogramme.
a. Effectuer sur la carte les mesures qui permettent le calcul des aires du disque et du parallélogramme.
b. Utiliser l'échelle donnée, pour calculer une valeur approchée arrondie au km^2 de la superficie de Tahiti.

55 Entre deux cercles

ABCD est un carré de 3 cm de côté. La figure $\mathcal{F}$ colorée en vert est délimitée par un arc de cercle de centre A et un arc de cercle de centre C de rayon 3 cm.
Calculer l'aire de la figure $\mathcal{F}$ arrondie au mm^2.

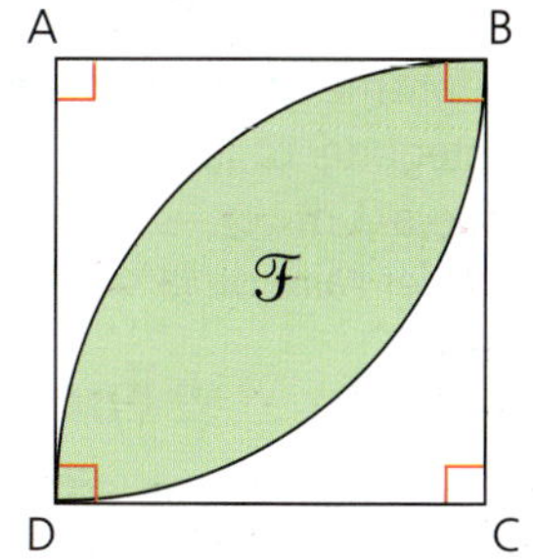

56 Un triangle dans un rectangle

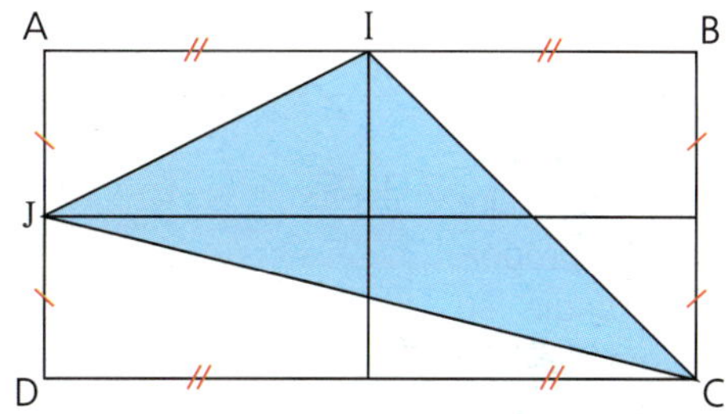

a. Quelle fraction de l'aire du rectangle ABCD représente l'aire de chacun des triangles AIJ, BIC, CDJ ?
b. Quelle fraction de l'aire du rectangle ABCD représente l'aire du triangle CIJ ?
c. Calculer cette aire lorsque le rectangle a pour dimensions 36 cm et 20 cm.

57 Un parallélogramme particulier

Les hauteurs relatives aux côtés [AB] et [BC] d'un parallélogramme ABCD sont égales.
Quelle est la nature de ABCD ? Expliquer la réponse.

58 Une borne

Une borne constituée d'un parallélépipède rectangle surmonté d'un demi-cylindre est scellée dans le sol.
Calculer l'arrondi au cm^2 de l'aire de la surface extérieure qui doit être peinte.

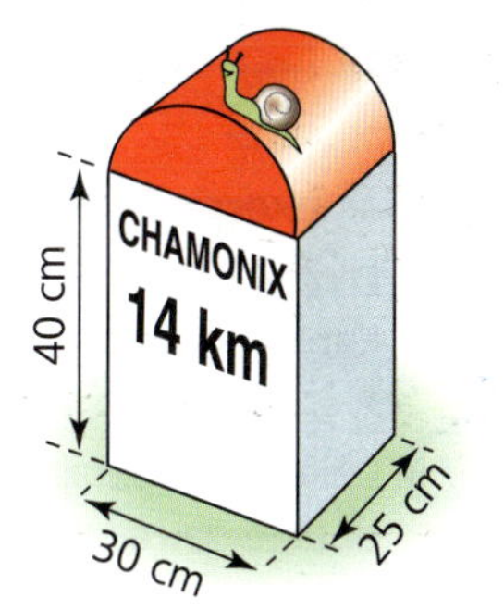

59 Le réservoir

On veut réaliser un réservoir en tôle tel que celui-ci.
Calculer l'aire de la tôle nécessaire.

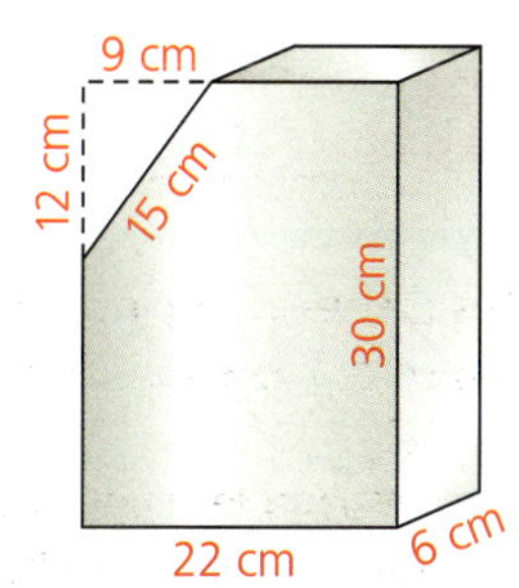

60 **Un prisme**

Un prisme droit de hauteur 16 cm a pour base un pentagone. La longueur totale des arêtes du prisme est égale à 2 m.
Calculer l'aire de la surface latérale de ce prisme.

Vocabulaire

Un **pentagone** est un polygone à cinq côtés.

61 **Relier la géométrie et le numérique**

Un disque de rayon 4 cm est partagé en six secteurs.

a. Sachant que l'aire d'un secteur est proportionnelle à l'angle au centre qui le détermine, recopier et compléter le tableau :

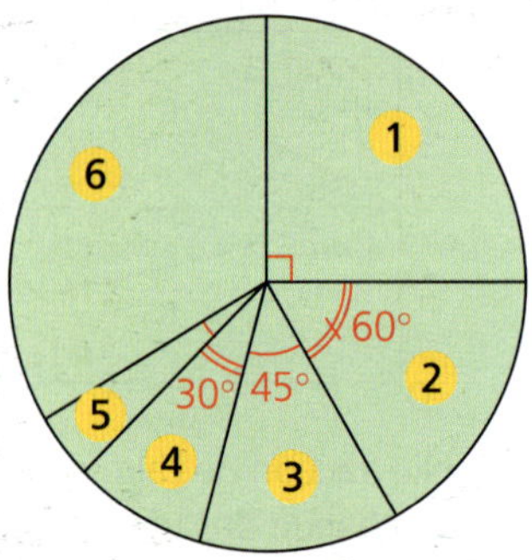

Secteur	1	2	3	4	
Angle		60°	45°	30°	360°
Aire exacte					

b. L'aire du secteur 6 est neuf fois plus grande que celle du secteur 5.
Calculer l'aire de ces deux secteurs.

Vrai ou faux

Pour les exercices 62 à 66

Dire si l'affirmation est vraie ou fausse. Expliquer la réponse.

62 L'aire d'un parallélogramme ABCD est égale au double de l'aire du triangle ABC.

63 Si on double le rayon d'un disque, alors son aire est doublée.

64 Un disque de rayon 2,2 cm a la même aire qu'un carré de côté 3,9 cm.

65 L'aire latérale de ce prisme droit est égale à $9 + 5 + 8 \times 4$.

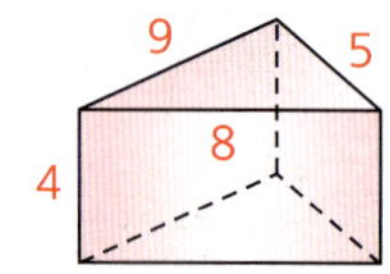

66 L'aire latérale d'un cylindre de révolution de hauteur 4 m est égale à 3,8 m^2. Le diamètre de sa base est environ égal à 30 cm.

Des défis

67 **Des cercles et un carré**

Sur cette figure, cinq cercles de même rayon se touchent.
On a tracé le carré dont les sommets sont les centres des quatre cercles extérieurs.
Quel est le quotient $\frac{\text{aire rouge}}{\text{aire bleue}}$?

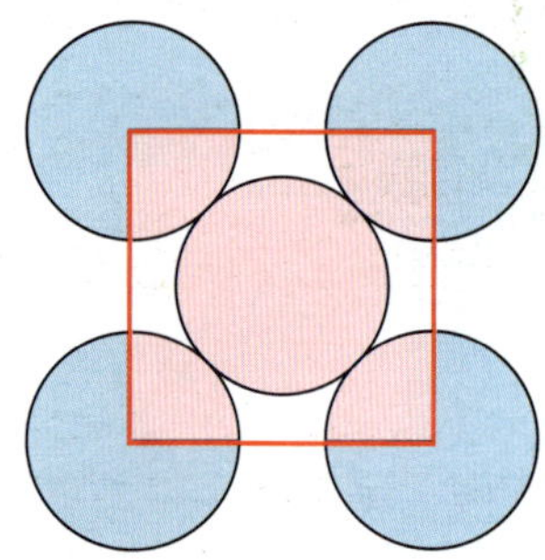

D'après *Kangourou des collèges 2005.*

68 **Deux rectangles emboîtés**

ABCD et ACEF sont deux rectangles.
Quelle est l'aire du rectangle ACEF ?

D'après *Kangourou des collèges 2005.*

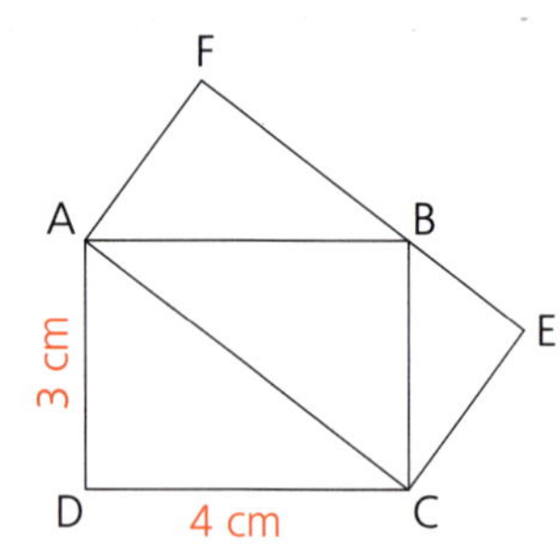

Un pavage pour s'amuser

Le coin des curieux

aires — climat — biodiversité

La forêt amazonienne en danger

■ Véritable conservatoire mondial de la biodiversité, la forêt amazonienne abrite 30 % des espèces animales et végétales du monde. Cette forêt produit de gros volumes d'oxygène, on dit qu'elle est le poumon de la planète.

■ Cette immense forêt (400 millions d'hectares) est menacée. Pour favoriser le développement des cultures et de l'élevage, on détruit la forêt ; tandis qu'en 2002-2003 on déplorait la disparition de 24 597 km^2 de forêt, on enregistrait pour la période 2003-2004 une perte de 26 130 km^2. On estime que cette déforestation représente au total environ 20 % de la superficie de la forêt amazonienne.

■ Tous les observateurs s'inquiètent de cette destruction. En particulier, des conséquences sont à craindre sur le climat : on estime déjà que les températures ont augmenté de 1 à 3 °C dans les régions les plus touchées.

La déforestation. ▶

La biodiversité de la forêt amazonienne

60 000 espèces de plantes supérieures
2 500 essences d'arbres
1 000 espèces d'oiseaux
3 000 espèces de poissons
300 espèces de mammifères
30 espèces de singes.

Jeu

Un animal de compagnie

Le jeu consiste à noircir sur chaque ligne et chaque colonne autant de cases noires consécutives que l'indiquent les nombres écrits en face d'elles. Deux ensembles de cases noires sont séparés par au moins une case blanche.

Exemple :

		1	2			2
		1	1	2	1	1
1	2		■		■	■
2	1	■	■			■
	1			■		
3	1	■	■	■		■

													3	4			
		2	1	1	3	5	5	5	5	4	5	5	1	1	4	2	1
	1																
	3																
	4																
	10																
1	10																
	12																
	8																
4	4																

DOCUMENT À PHOCOPIER

CHAPITRE 13

Volumes

PRENDRE UN BON DÉPART

Revoir les acquis

Pour chaque question, une seule réponse est exacte. Laquelle ?

1 Convertir des unités de capacité

Avec un tonneau qui contient 600 L d'eau, on remplit des bouteilles de 75 cL.
On pourra remplir au maximum…

a. 8 bouteilles **b.** 80 bouteilles **c.** 800 bouteilles

Formulaire page 262

2 Relier les unités de volume et de capacité

1 dm^3 = 1 L donc 43,7 hL font…

a. 437 dm^3 **b.** 4 370 dm^3 **c.** 437 000 dm^3

Formulaire page 263

3 Compter des cubes

Un enfant fabrique des blocs de cubes comme celui que l'on a dessiné.
Il empile cinq de ces blocs. Au total, il va utiliser…

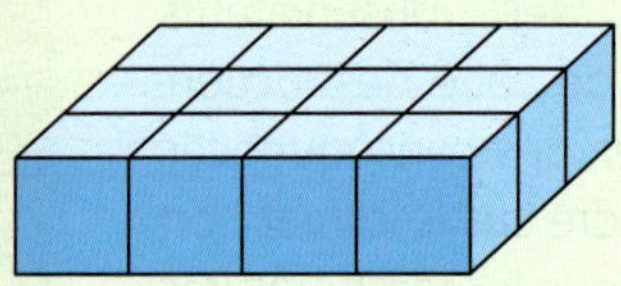

a. 125 cubes **b.** 20 cubes **c.** 60 cubes

Chapitre 12 page 226

4 Calculer l'aire d'un triangle

L'aire du triangle représenté ci-contre est égale à…

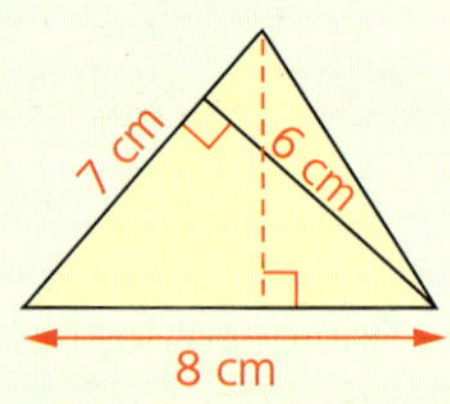

a. 42 cm^2 **b.** 21 cm^2 **c.** 28 cm^2

Formulaire page 263

5 Calculer l'aire d'un disque

L'arrondi au centième de l'aire en cm^2 d'un disque de diamètre 6 cm est égale à…

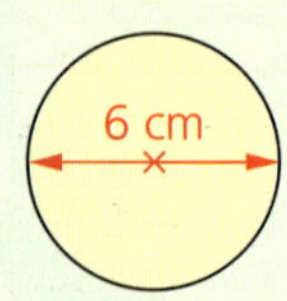

a. 18,85 cm^2 **b.** 28,27 cm^2 **c.** 113,1 cm^2

▶ Poursuivre avec les exercices A à E page 246

Sciences en construction

Comment mesurait-on les capacités il y a 4 000 ans ?

Objectif
Faire réfléchir à l'évolution des connaissances au cours du temps.

▲ Vase babylonien

Il y a 4 000 ans la cité de Babylone en Mésopotamie était très prospère grâce notamment au commerce des graines et des liquides.

La principale unité de capacité utilisée pour le commerce était **le sila**.

Les babyloniens utilisaient aussi d'autres unités. Ainsi :

- 1 gin = 1/60 sila
- 1 ban = 10 silas
- 1 ban-es = 30 silas
- 1 gur-lugal = 300 silas

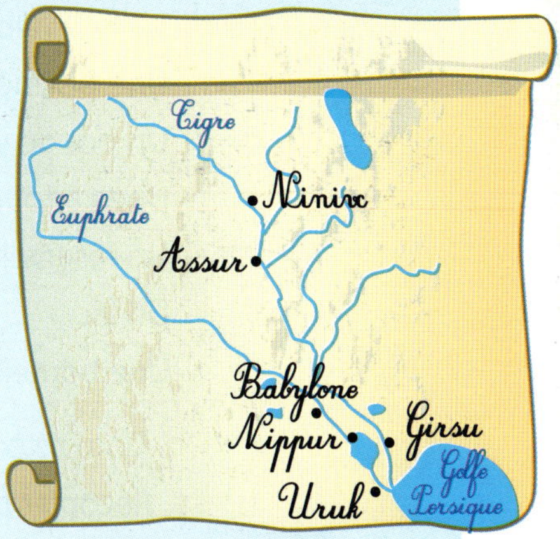

▲ La Mésopotamie 4 000 ans avant J.C.

Sachant qu'un sila correspond à 0,84 litre, exprimer chacune des autres unités babyloniennes en L, puis en cL.

Unités de volume et de capacité

1 Utiliser le centimètre cube

Objectif
Donner du sens à la notion de volume.

Voici une représentation d'un cube d'arête 1 cm.
Son volume est 1 cm^3.

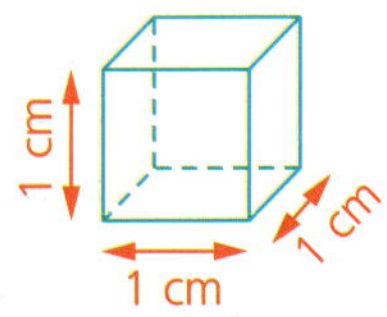

a. Les solides représentés ci-contre sont constitués de tels cubes.
Compter le nombre de cubes et donner le volume de chaque solide.

b. Un cube a une arête de 4 cm.
Combien de cubes de 1 cm^3 contient-il ? Quel est son volume ?

2 Unités de volume

Objectif
Relier les différentes unités de volumes entre elles.

Un cube d'arête 1 cm est rempli de petits cubes d'arête 1 mm.

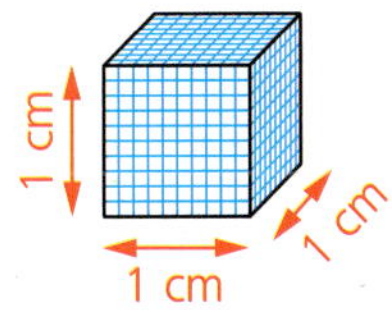

a. Combien ce cube contient-il de petits cubes ?
Quel est le volume d'un petit cube ?
Recopier puis compléter : 1 cm^3 = … mm^3.

b. On remplit un cube d'arête 1 dm avec des cubes de volume 1 cm^3.
Pour cela, combien faut-il de cubes de 1 cm^3 ?
Recopier puis compléter :
- 1 dm^3 = … cm^3
- 1 m^3 = … dm^3 = … cm^3

@ nathan.fr

3 Ordres de grandeur

Objectif
Utiliser dans un contexte familier les unités de volume et de capacité.

a. Recopier puis compléter la deuxième colonne du tableau ci-dessous, à l'aide des contenances suivantes :

2 000 000 kL ; 1,5 L ; 5 daL ; 56 000 L ; 20 cL ; 5 mL.

Objet	Contenance	Volume
Une piscine		
Un pot de yaourt		
Une cartouche d'encre		
Un réservoir de voiture		
Un lac		
Une bouteille d'eau		

b. Compléter la colonne « Volume » en exprimant ce volume dans l'unité la plus appropriée.

c. Recopier puis compléter : $1000\ \text{mm}^3 = \ldots\ \text{cm}^3 = \ldots\ \text{dm}^3 = \ldots\ \text{L} = \ldots\ \text{mL}$.

Volume d'un prisme droit

4 Parallélépipède rectangle

Objectif
Établir la formule du volume d'un parallélépipède rectangle.

@ nathan.fr

Le parallélépipède rectangle ci-contre est constitué de cubes d'arête 1 cm.

a. Écrire une expression pour calculer le nombre total de ces cubes.

b. Quel est le volume de ce parallélépipède rectangle ?

c. De façon générale, comment peut-on obtenir le volume d'un parallélépipède rectangle à partir de ses trois dimensions ?

d. Calculer mentalement le volume d'un parallélépipède rectangle de dimensions :

$L = 20$ cm, $\ell = 5$ cm, $h = 7{,}2$ cm.

5 Prisme droit de base triangulaire

Objectif
Découvrir la formule du volume d'un prisme droit.

a. Dans chaque cas, utiliser l'assemblage ou le découpage suggéré, pour calculer le volume $\mathcal{V}$ du prisme droit ABCDEF.

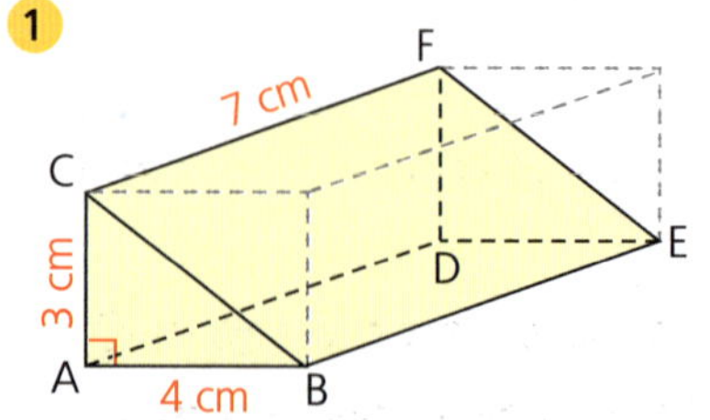

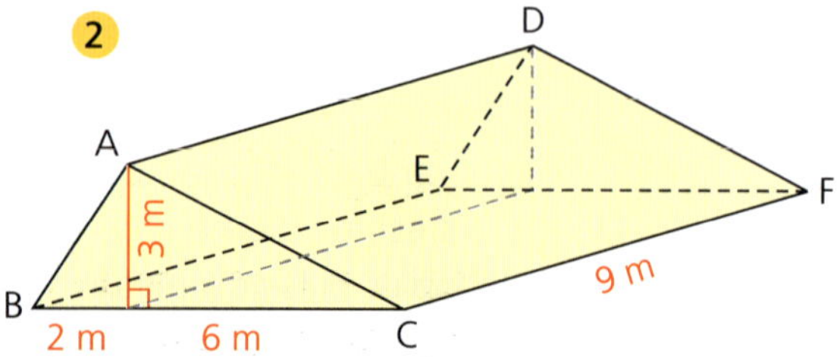

b. Dans chaque cas, vérifier que le volume $\mathcal{V}$ du prisme droit est égal au produit de l'aire $\mathcal{B}$ d'une base par la hauteur h du prisme.

Volume d'un cylindre de révolution

6 Du prisme droit au cylindre de révolution

Objectif
Découvrir la formule du volume d'un cylindre de révolution.

En s'aidant des illustrations ci-dessous, expliquer pourquoi le volume d'un cylindre de révolution de rayon R et de hauteur h est $\mathcal{V} = \pi R^2 h$.

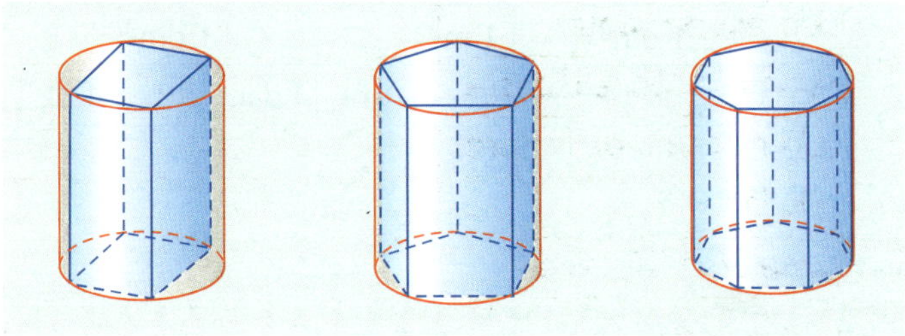

7 Une canette

Objectif
Utiliser la formule du volume d'un cylindre.

Une canette de jus d'orange a la forme d'un cylindre de révolution de hauteur 11 cm et de base un disque de diamètre 6,2 cm.

a. Calculer la valeur exacte en cm^3 du volume de cette canette.

b. Avec la touche π de la calculatrice, calculer l'arrondi à l'unité de ce volume.

c. Exprimer la contenance en cL de cette canette en arrondissant à l'unité.

8 Résoudre un problème

Objectif
Mettre en évidence que le volume d'un cylindre de révolution est proportionnel à sa hauteur lorsque la base est constante.

Trois réservoirs cylindriques identiques contiennent de l'eau.

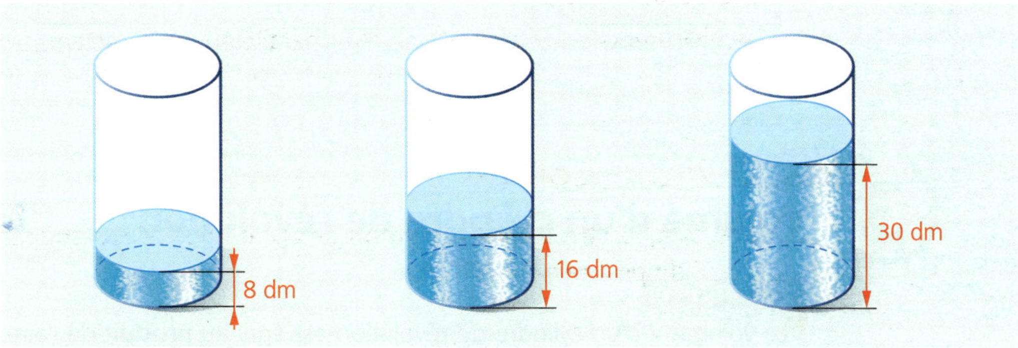

Réservoir 1
Hauteur d'eau : 8 dm
Volume d'eau : 210 dm^3

Réservoir 2
Hauteur d'eau : 16 dm

Réservoir 3
Hauteur d'eau : 30 dm

a. Calculer le volume d'eau contenu dans les réservoirs 2 et 3.

b. Quelle serait la hauteur d'eau si l'un des réservoirs ci-dessus contenait 1 050 L ?

c. Des cylindres ont le même rayon R. Leur volume est-il proportionnel à leur hauteur h ? Si la réponse est oui, quel est le coefficient de proportionnalité ?

Le Cours

1 Unités de volume et de capacité

Le mètre cube (m^3) est le volume d'un cube d'arête 1 m.

$1\text{ L} = 1\text{ dm}^3$

▶ Exercices 1 à 7 p. 246-247

(× 1000 entre chaque unité de volume ; × 10 entre chaque unité de capacité)

1 m³			1 dm³			1 cm³			1 mm³
	1 hL	1 daL	1 L	1 dL	1 cL	1 mL			

2 Volume d'un prisme droit

PROPRIÉTÉ

Le volume V d'un prisme droit est égal au **produit** de l'aire de sa base par sa hauteur.

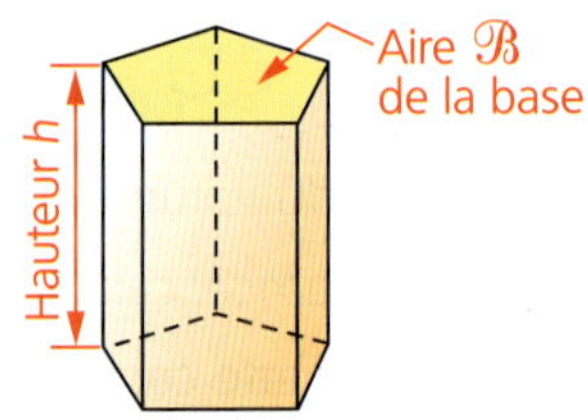

$\mathbf{V = \mathcal{B} \times h}$

▶ Exercices 8 à 29 p. 247-249

A Cas du parallélépipède rectangle

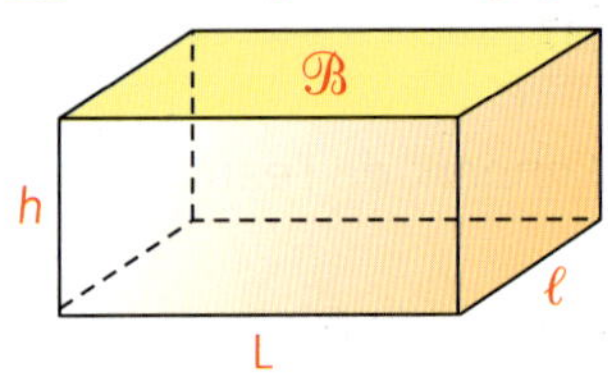

Aire de la base :

$\mathcal{B} = L \times \ell$.

Donc :

$\mathbf{V = L \times \ell \times h}$

B Cas du cube

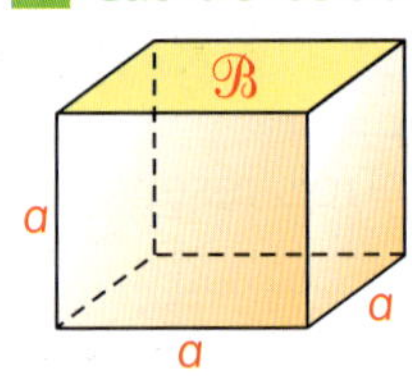

$\mathbf{V = a \times a \times a}$

c'est-à-dire :

$\mathbf{V = a^3}$

3 Volume d'un cylindre de révolution

PROPRIÉTÉ

Le volume V d'un cylindre de révolution est égal au **produit** de l'aire de sa base par sa hauteur.

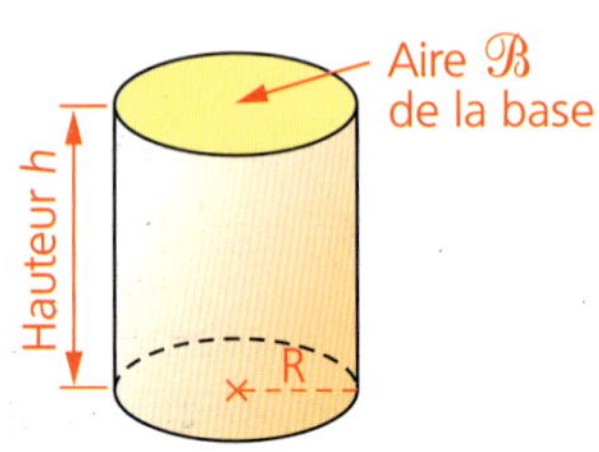

Aire de la base : $\mathcal{B} = \pi R^2$.

Donc :

$\mathbf{V = \pi R^2 h}$

▶ Exercices 30 à 47 p. 249-250

EXERCICE RÉSOLU

1 Calculer le volume d'un prisme droit

ÉNONCÉ

Une maison a la forme d'un prisme droit de base le polygone ABCDE. En utilisant les informations ci-contre, calculer le volume de cette maison.

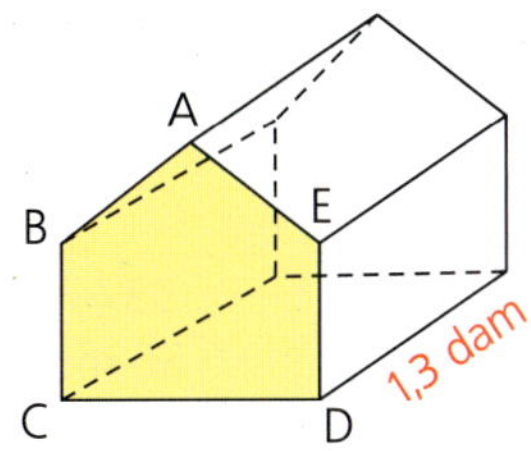

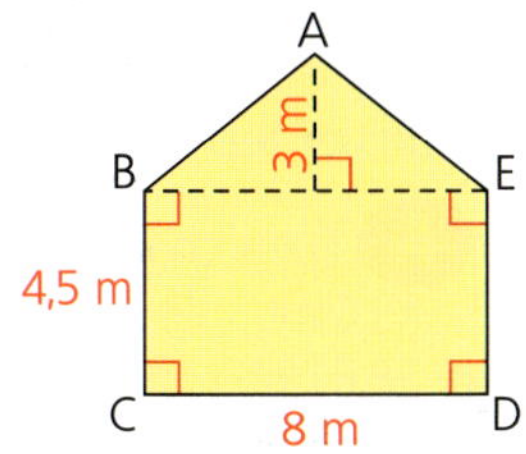

SOLUTION

Aire du triangle ABE : $\dfrac{3 \times 8}{2} = 12$.

Aire du rectangle BCDE : $4{,}5 \times 8 = 36$.

Aire de la base ABCDE : $12 + 36 = 48$.

L'aire $\mathcal{B}$ de la base ABCDE est 48 m^2.

Hauteur h du prisme droit :

$1{,}3 \text{ dam} = 13 \text{ m}$.

Volume du prisme :

$V = \mathcal{B} \times h = 48 \times 13 = 624$.

Le volume de cette maison est 624 m^3.

Pour calculer l'aire de la base, on décompose cette base en deux éléments connus : le triangle ABE et le rectangle BCDE.

L'aire de la base est exprimée en m^2, la hauteur du prisme doit donc être exprimée en m.

▶ *Exercices 20 à 22 page 248*

EXERCICE RÉSOLU

2 Calculer le volume ou la hauteur d'un cylindre de révolution

ÉNONCÉ

Un verre a la forme d'un cylindre de révolution de hauteur 10 cm et de diamètre 6 cm.

a. Calculer la valeur exacte en cm^3 de son volume V, puis arrondir à l'unité.

b. On verse dans ce verre 20 cL d'eau. Calculer la valeur exacte de la hauteur h d'eau, puis arrondir au cm.

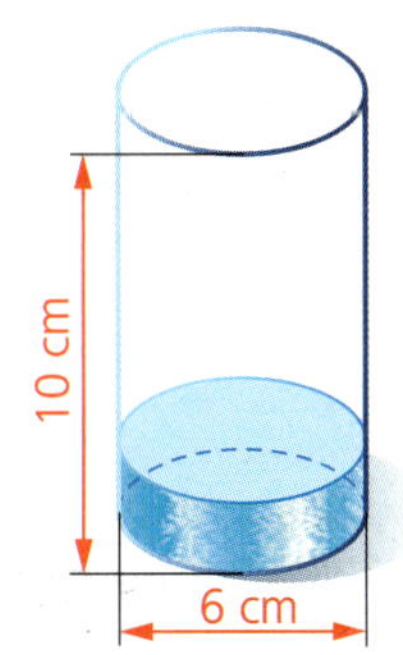

SOLUTION

a. $\mathcal{B} = \pi R^2 = \pi \times 3^2 = 9\pi$

L'aire de la base est 9π cm^2.

$V = \mathcal{B} \times h = 9\pi \times 10$

$V = 90\pi \text{ cm}^3$ et $V \approx 283 \text{ cm}^3$

b. $20 \text{ cL} = 200 \text{ cm}^3$

$9\pi \times h = 200$

$h = \dfrac{200}{9\pi}$ et $h \approx 7 \text{ cm}$

Le diamètre est 6 cm donc le rayon R est 3 cm.

L'eau versée a la forme d'un cylindre de même base que le verre. On note h sa hauteur et on écrit que son volume $9\pi h$ est égal à 200 cm^3.

▶ *Exercices 38 et 39 page 250*

Exercices

TRAVAIL PERSONNEL

Ces exercices prolongent la rubrique Revoir les acquis (page 240).

Utiliser les unités de capacité et de volume

A Dans chaque cas, exprimer en dm^3.

a. 45,6 mL b. 32,4 hL c. 53,47 daL
d. 38,61 cL e. 0,7 hL f. 60 mL

B Combien de verres de 25 cL peut-on remplir avec une bouteille de 2 L de jus d'orange ?

Compter des cubes

C Combien de cubes sont assemblés ci-contre (sachant qu'il n'y a pas de trou) ?

Calculer l'aire d'une figure usuelle

D Sur les figures ci-dessous, les longueurs sont en cm. Calculer l'aire en cm^2 de chacun des triangles ABC.

a.

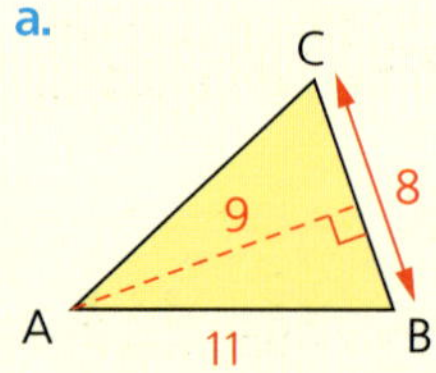

b.

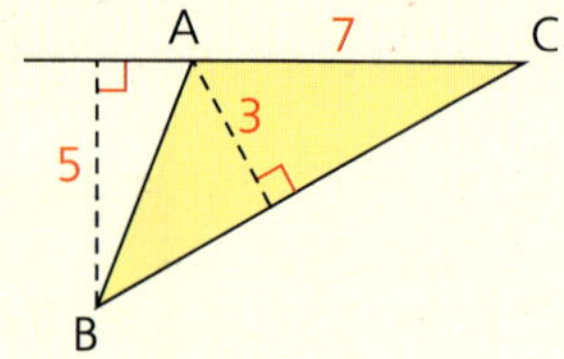

E Calculer la valeur exacte, puis l'arrondi au dixième de l'aire en cm^2 de chacun de ces disques.

a.

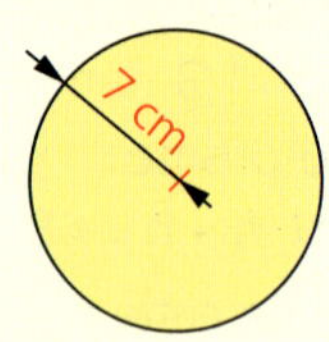

b.

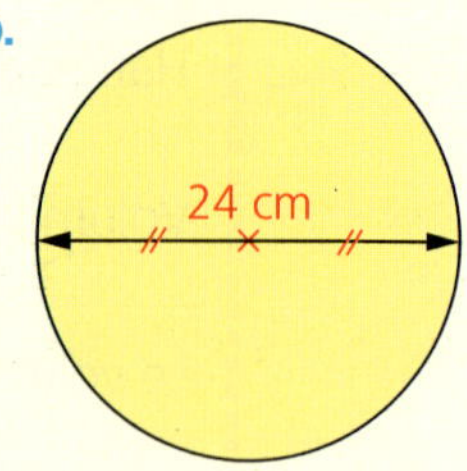

Exercices d'application

Unités de volume et de capacité

1 Dans chaque cas, convertir en m^3.

a. 17 dm^3 b. 22,4 dam^3 c. 170 cm^3
d. 4,35 dam^3 e. 4 km^3 f. 5 dm^3

2 Recopier, puis compléter.

a. 15,4 dm^3 = 0,015 4 …
b. 7,23 m^3 = 7 230 000 …
c. 67 dm^3 = 67 000 …
d. 0,004 5 dam^3 = 4 500 …

3 Convertir en dm^3, puis en dam^3.

a. 2 m^3 b. 234,5 cm^3 c. 0,17 hm^3
d. 34,21 m^3 e. 4 km^3 f. 5 000 mm^3

4 Convertir en L.

a. 4,3 cm^3 b. 71 mm^3 c. 7,3 m^3
d. 0,64 cm^3 e. 28,43 m^3 f. 34,6 mm^3

5 Ranger les volumes suivants par ordre croissant.

0,28 dm^3 ; 2 910 cm^3 ; 27 800 mm^3 ; 0,2 m^3

6 Pour le département de la Guadeloupe, la consommation d'eau par jour et par habitant à des fins domestiques est de 206 litres.

a. On considère qu'une année a 365 jours. Calculer le volume d'eau en m^3 utilisé par un habitant en un an.

b. La Guadeloupe compte 441 000 habitants.
Calculer le volume d'eau en millions de m^3 utilisé chaque année par ses habitants à des fins domestiques.

Info

En 2001, la Guadeloupe a produit 63 millions de m^3 d'eau potable. La vétusté de certaines canalisations explique en partie la différence entre les quantités d'eau produite et d'eau réellement utilisée.

7 Un être humain rejette, en moyenne, 3,5 L de dioxyde de carbone (CO_2) par heure.
Calculer le volume en m^3 de CO_2 rejeté en un jour par les 6 milliards d'êtres humains.

Volume d'un prisme droit

8 a désigne l'arête d'un cube.
Dans chaque cas, calculer le volume de ce cube.
a. $a = 4$ cm b. $a = 6$ dm c. $a = 2{,}5$ cm

9 Une cuve a la forme d'un parallélépipède rectangle de dimensions 3 m, 4,2 m et 1,7 m.
a. Calculer le volume de cette cuve.
b. Combien de litres peut contenir cette cuve ?

10 Un aquarium en forme de parallélépipède rectangle a pour dimensions 0,7 m, 40 dm et 30 cm.
Combien de litres peut-il contenir ?

11 Un parallélépipède rectangle a pour largeur 4,5 m et pour longueur 6 m. Son volume est 81 m^3. On ne connaît pas sa hauteur h, en cm.
a. Expliquer pourquoi $27h = 81$.
b. Calculer h.

12 Le tableau ci-dessous contient des informations relatives à quatre parallélépipèdes rectangles.
Recopier puis compléter ce tableau.

Largeur	3 dm	4 cm	3,2 m	… dm
Longueur	40 cm	3,5 cm	… m	6,5 dm
Hauteur	1,2 m	… cm	0,9 dam	80 cm
Volume	… dm^3	105 cm^3	216 m^3	0,13 m^3

13 La chambre de Luka a la forme d'un prisme droit de hauteur 2,3 m dont voici une représentation de la base.

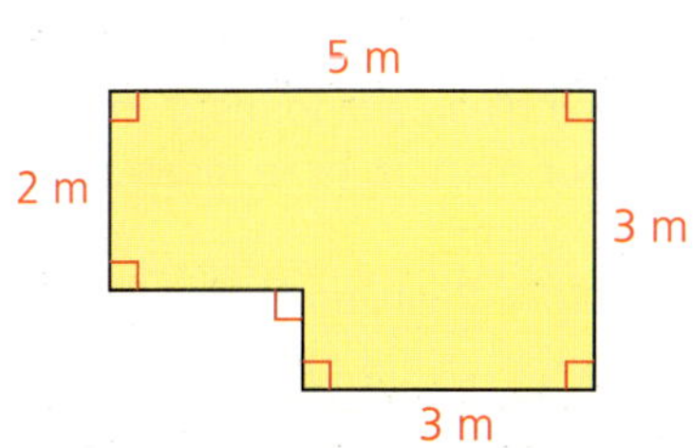

Calculer le volume de cette chambre.

14 À partir d'un parallélépipède rectangle on a réalisé le prisme droit ABCDEF représenté ci-dessous.

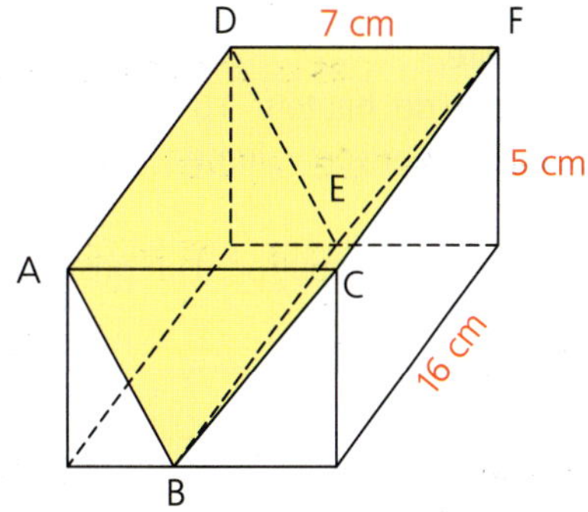

a. Quelles sont les bases de ce prisme ?
b. Calculer l'aire d'une base.
c. Quelle est la hauteur de ce prisme ?
d. Calculer le volume du prisme ABCDEF.

15 Dans chaque cas, calculer le volume du prisme droit.

a.

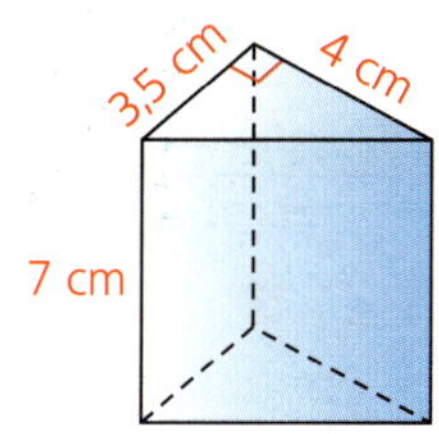

b.

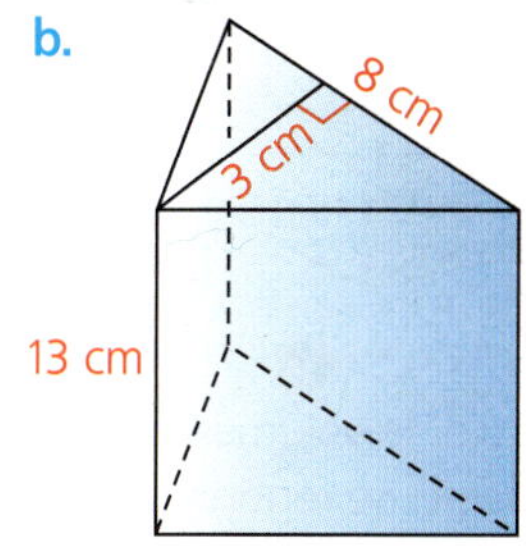

16 Voici les bases et les hauteurs h, en cm, de trois prismes droits.
a. $h = 12$ b. $h = 9$ c. $h = 8$

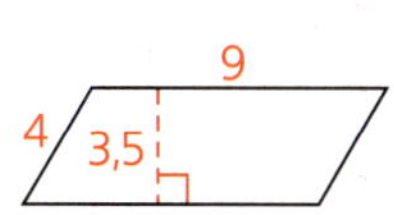

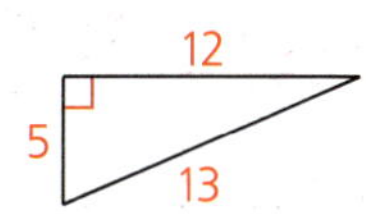

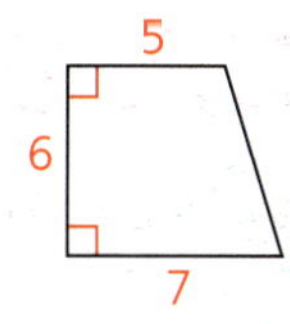

Calculer le volume de chacun de ces prismes.

17 Cette tente a la forme d'un prisme droit.

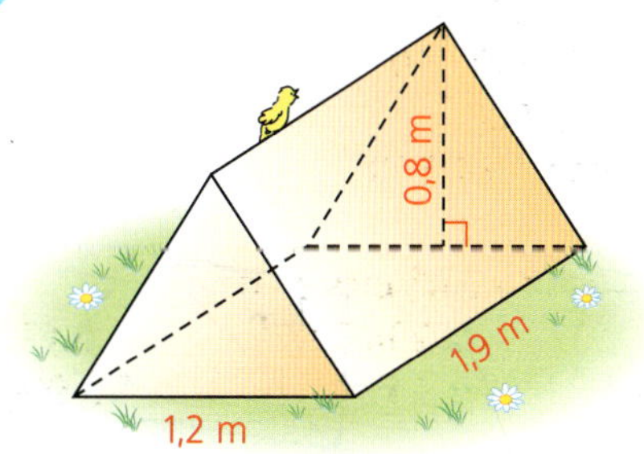

a. Quelle est la hauteur de sa base ?
b. Quelle est la hauteur du prisme ?
c. Calculer le volume d'air contenu dans cette tente.

Exercices

18 ABCD est un losange tel que $AC = 8$ cm et $BD = 6$ cm.

a. Construire ce losange.

b. Calculer son aire.

c. Un prisme droit de hauteur 16 cm a pour base le losange ABCD. Calculer son volume.

19 On a commencé le patron d'un prisme droit.

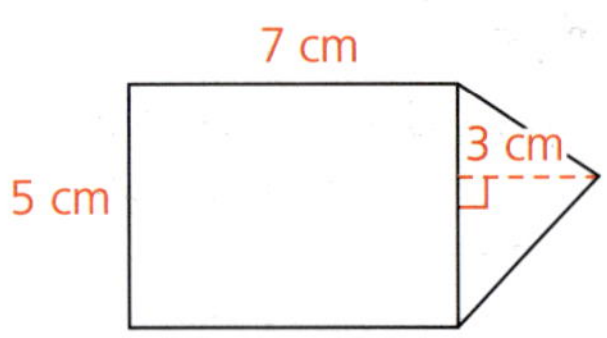

Calculer le volume de ce prisme.

20 Le coffret de la figure 1 a la forme d'un prisme droit dont la base est représentée sur la figure 2.

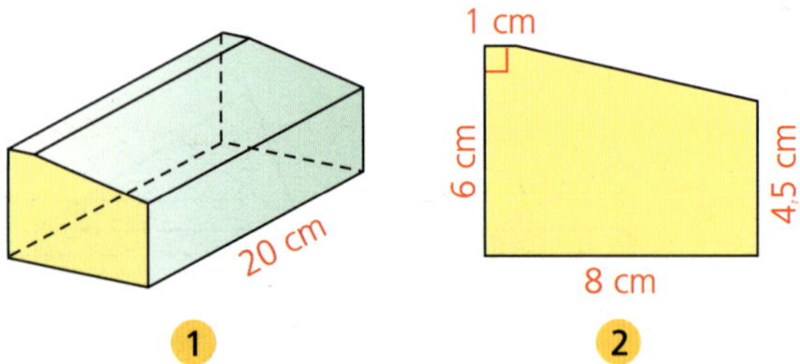

1 2

Calculer le volume de ce coffret.

Conseil : se reporter à l'exercice résolu 1 page 245.

21 Un placard a la forme d'un prisme droit.

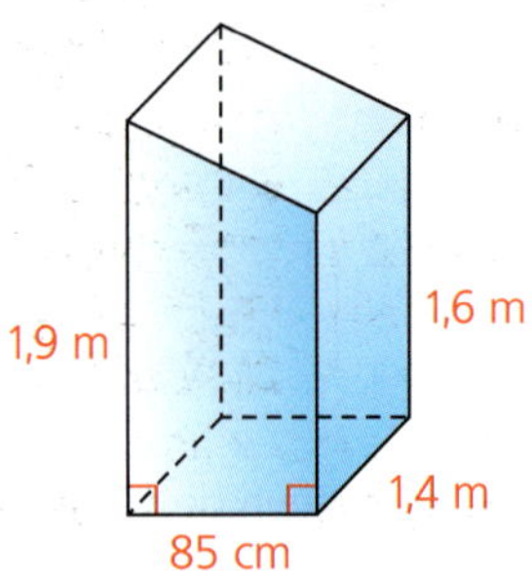

Bien repérer les bases et calculer le volume de ce placard.

22 Une barque peut être assimilée à un prisme droit dont voici une représentation.

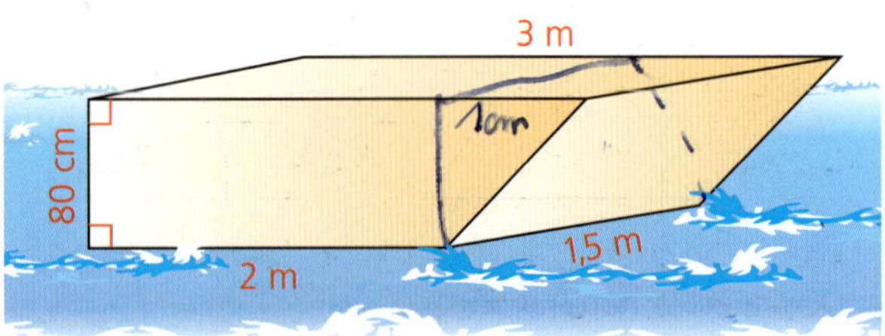

Calculer le volume en m^3 de cette barque.

23 Voici une pièce mécanique qui a la forme d'un prisme droit. Les longueurs sont indiquées en mm.

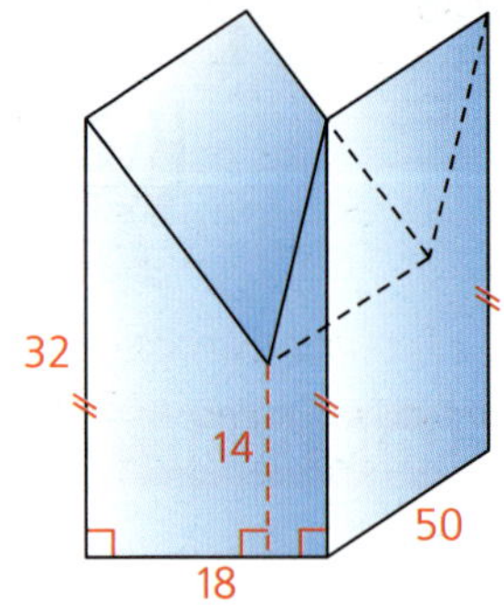

Calculer le volume en cm^3 de cette pièce mécanique.

24 Un prisme droit a pour base le triangle ABC représenté ci-contre tel que $BC = 16$ cm et $AH = 10$ cm. Le volume de ce prisme est égal à 1,2 dm^3.

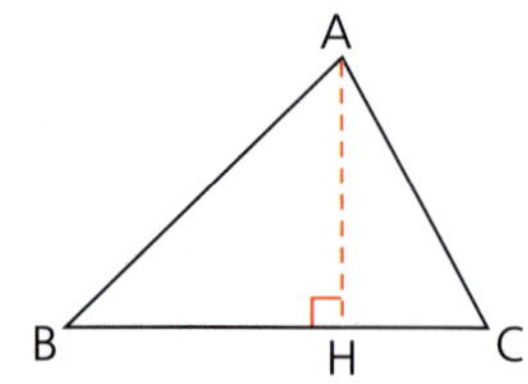

On ne connaît pas la hauteur h, en cm, du prisme.

a. Calculer l'aire du triangle ABC en cm^2.

b. Expliquer pourquoi $80h = 1\ 200$.

c. Calculer h.

25 Le tableau ci-dessous contient des informations relatives à quatre prismes droits.

Aire de la base	58 cm^2	76 cm^2	… cm	128 cm^2
Hauteur	17 cm	1,2 dm	24 cm	… dm
Volume	… cm^3	… dm^3	645 cm^3	1,6 dm^3

Recopier puis compléter ce tableau.

26 Un prisme droit a pour base le triangle ABC représenté ci-contre. L'aire latérale de ce prisme est égale à 96 cm^2.

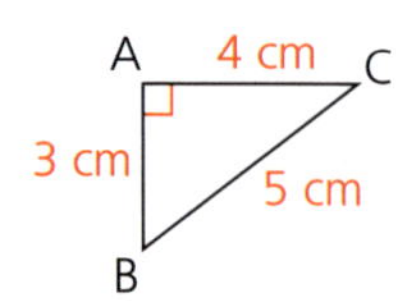

a. Calculer la hauteur de ce prisme.

b. Calculer le volume de ce prisme.

27 Un réservoir d'eau a la forme d'un prisme droit. Lorsque la hauteur d'eau dans le réservoir est de 1,4 m, il contient 60 m^3 d'eau.

h désigne la hauteur d'eau, en m, dans le réservoir.

Dans chaque cas, calculer le volume d'eau dans ce réservoir.

a. $h = 2,1$ b. $h = 1,75$ c. $h = 1,05$

28 Le tableau ci-dessous concerne quatre prismes droits qui ont la même aire de base.
Recopier puis compléter ce tableau.

Hauteur en cm	12	4	18	
Volume en cm³	3 840			6 880

29 Ce tableau contient des informations relatives à quatre prismes droits qui ont une hauteur égale à 16 cm.

Aire de la base en cm²	15	30	3	
Volume du prisme en cm³				1 600

a. Recopier puis compléter ce tableau.
b. Quelle situation de proportionnalité traduit le tableau ci-dessus ?
c. On désigne par $\mathcal{B}$ l'aire de la base d'un prisme de hauteur 12 cm. Exprimer le volume de ce prisme à l'aide de $\mathcal{B}$.

Volume d'un cylindre de révolution

30 Donner la valeur exacte, puis l'arrondi au dixième du volume de chacun des cylindres de révolution ci-dessous.

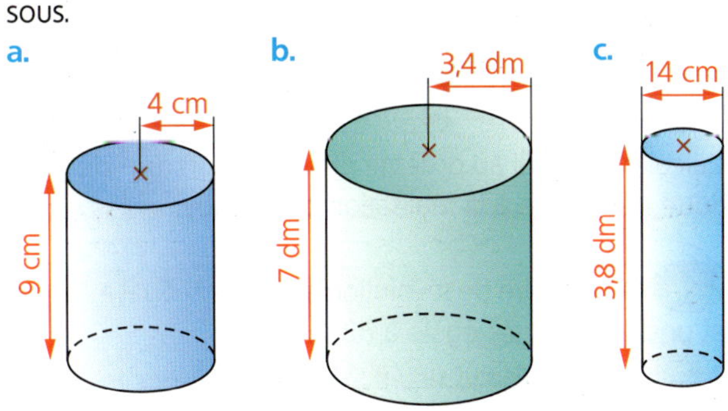

31 Le tambour d'une machine à laver a la forme d'un cylindre de révolution. Son diamètre est égal à 30 cm et sa profondeur à 0,5 m. Calculer la contenance en L de ce tambour en arrondissant à l'unité.

32 Un château d'eau peut être assimilé à un cylindre de révolution de 6 m de rayon et de 20 m de hauteur.
Combien d'hectolitres d'eau, arrondis à l'unité, peut-il contenir ?

33 Un barbecue a la forme d'un demi-cylindre de diamètre 3 dm et de hauteur 0,8 m.
Calculer le volume en m³ de ce barbecue en arrondissant au dixième.

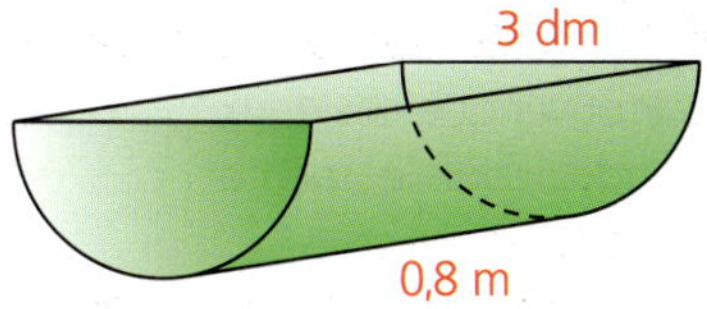

34 **Pour rédiger**

Lire l'énoncé et la solution proposée par un élève.
Rédiger ensuite cette solution en tenant compte des remarques du correcteur.

Énoncé
Un cylindre a pour diamètre 14 cm et pour hauteur 15 mm.
Calculer la valeur exacte de son volume en cm³.

Copie de l'élève

Que représente ce 7 ?
$V = \pi\,7^2 \times 15$ ← Attention aux unités
$V = 49 \times 15\pi = 735\pi$
Il faut conclure par une phrase

35 L'oléoduc qui relie Bakou en Azerbaïdjan à Ceyhan en Turquie a la forme d'un cylindre qui a pour longueur 1 768 km et pour diamètre 1 m.

a. Calculer le volume de pétrole en m³, arrondi à l'unité, que peut contenir cet oléoduc.
b. Un baril de pétrole correspond à 159 litres.
Combien de barils peut contenir cet oléoduc ?

36 Hugues s'apprête à verser un litre de lait dans l'une des trois casseroles numérotées de 1 à 3 dont les dimensions sont données ci-dessous.

Casserole	nº 1	nº 2	nº 3
Diamètre	12 cm	14 cm	17 cm
Hauteur	5 cm	6 cm	7 cm

a. Peut-il choisir indifféremment l'une des trois casseroles sans que le lait ne déborde ?
b. La casserole de contenance la plus grande peut-elle recevoir le contenu des deux autres ?

37 Voici deux cylindres de révolution.

a. Prouver que ces deux cylindres ont le même volume.

b. Calculer la différence des aires latérales de ces deux cylindres en arrondissant au cm^2.

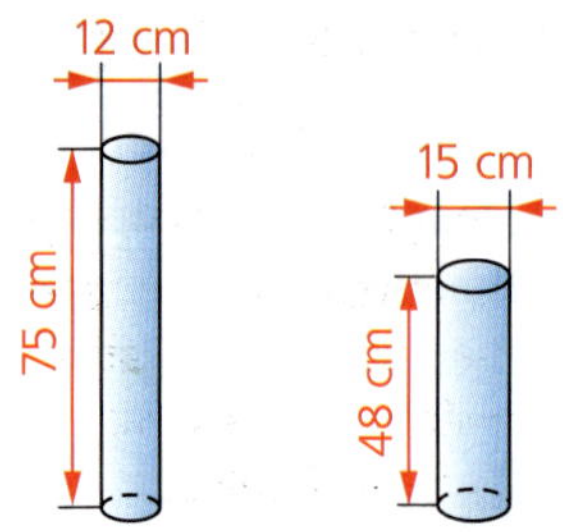

38 Un seau cylindrique a un diamètre de 30 cm et une hauteur de 0,4 m.

a. Calculer la valeur exacte en L de sa capacité V, puis arrondir à l'unité.

b. On verse dans ce seau 10 L d'eau.
Calculer la valeur exacte de la hauteur d'eau puis arrondir au dixième.

Conseil : se reporter à l'exercice résolu 2 page 245.

39 Ces deux cylindres ont le même volume.

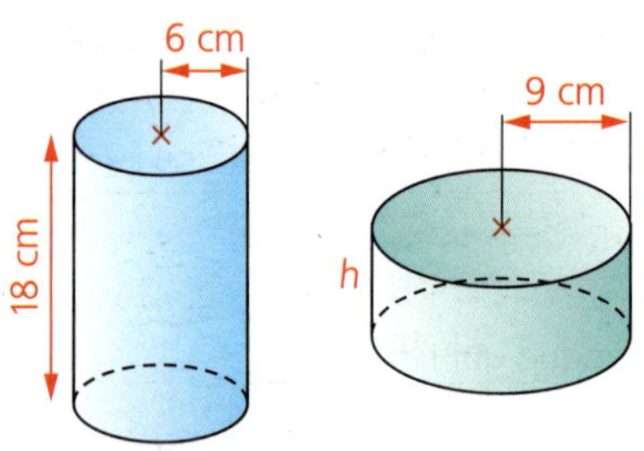

1 2

Calculer la valeur exacte du volume du cylindre de révolution 1. Calculer la hauteur h du cylindre 2.

40 Le tableau ci-dessous concerne quatre cylindres de révolution qui ont le même rayon de base.

Hauteur en cm	28	4	35	
Volume en cm^3	3 500			8 750

Recopier puis compléter ce tableau.

41 Voici les dimensions d'une pièce de 2 €.
Diamètre : 25,75 mm
Épaisseur : 2,20 mm
Calculer le volume en cm^3, arrondi à l'unité, d'une pile de pièces de 2 € dont la valeur est de 30 €.

42 Un pot à eau cylindrique de 1,5 L a une hauteur de 24 cm. On verse 1 L d'eau dans ce pot.
Quelle est alors la hauteur d'eau ?

43 Le plateau d'une table a une épaisseur de 3 cm.
Ce plateau est constitué d'un parallélépipède rectangle et de deux demi-cylindres dont voici une représentation vue de dessus.

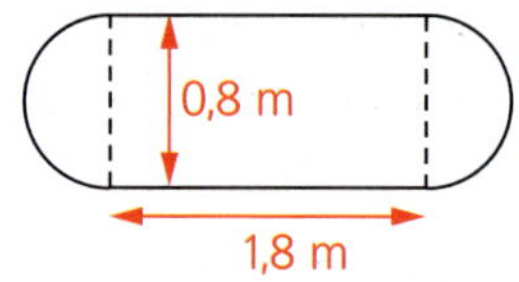

Calculer le volume en dm^3 de ce plateau en arrondissant au dixième.

44 Calculer le volume de ce coffre en forme de parallélépipède rectangle sachant que le couvercle est un demi-cylindre.

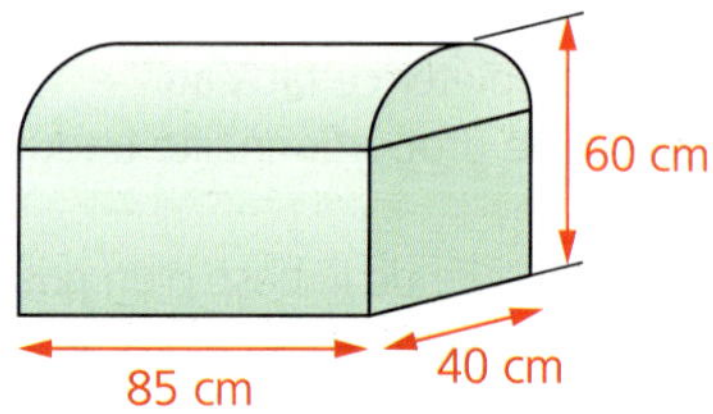

45 Un tube en plastique a la forme d'un cylindre creux de longueur 1,4 m, de rayon intérieur 35 mm, de rayon extérieur 42 mm.

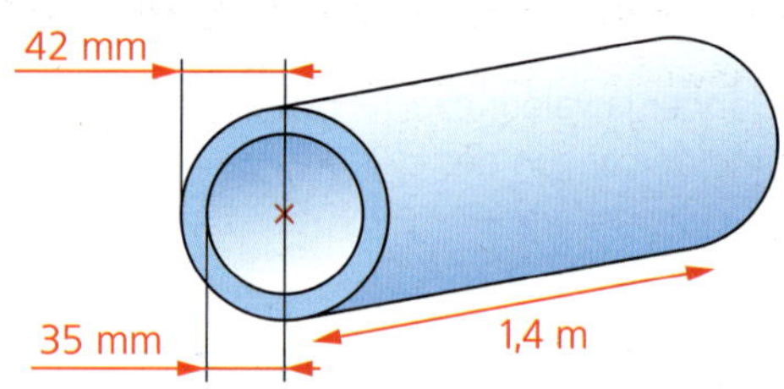

Calculer l'arrondi au dixième du volume en dm^3 de plastique nécessaire à la réalisation de ce tube.

46 Un cylindre de révolution a un rayon égal à 12 cm et une aire latérale égale à 300π cm^2.

a. Calculer la hauteur de ce cylindre.

b. Calculer la valeur exacte de son volume.

47 Un écrou en métal est constitué d'un parallélépipède rectangle auquel on a enlevé un cylindre de diamètre 1 cm.

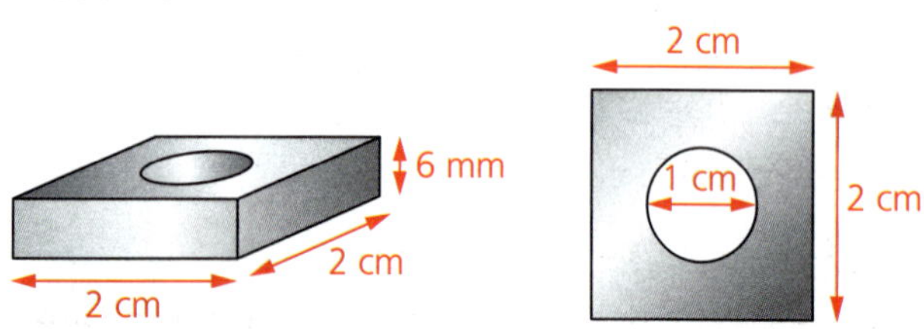

Calculer le volume en cm^3 de cet écrou en arrondissant au dixième.

Pour s'exprimer

48 Un lac

Le barrage des Trois Gorges en Chine devrait créer un lac artificiel qui s'étalerait sur 1 084 km^2.
La hauteur d'eau moyenne de ce lac serait de 20,4 m.
Calculer le volume de ce lac.

Info

Ce barrage augmenterait la production électrique du pays mais il servirait aussi à maîtriser les inondations et les périodes de sécheresse.
Toutefois, sa construction entraînerait le déplacement de 1,130 million de personnes.
De plus, les conséquences écologiques d'un tel projet sont difficiles à prévoir.

49 Les glaciers

Le volume des glaciers continentaux (Antarctique et Groenland) est estimé à un peu plus de 30 millions de km^3.
Sur Terre la surface couverte par les océans est de 357 millions de km^2.
De quelle hauteur s'élèveraient les océans si tous les glaciers continentaux fondaient ?

Info

Actuellement l'élévation du niveau des océans est de 1 mm par an. Ce phénomène est surtout lié au réchauffement de la planète.

50 Cohérence du résultat et du choix de l'unité

Voici des résultats obtenus par des élèves.
(1) Le volume de la boîte de conserve est 0,920 L.
(2) Le volume de la salle de classe est 80,126 8 m^3.
(3) Le volume de la cartouche de ce stylo est 3 cm^3.
(4) Le volume de la boîte de conserve est 920 cm^3.
(5) Le volume de la baignoire est 219,761 L.
(6) Le volume du seau est 15 m^3.
(7) Le volume de la bouteille de parfum est 65 cL.
Recopier le tableau ci-dessous, puis placer chaque phrase dans la colonne appropriée.

Résultat et unité corrects	Mauvais choix de l'unité	Trop de décimales	Résultat sûrement faux

CALCUL MENTAL ET RÉFLÉCHI

51 Volume et capacité

Recopier et compléter :
a. 365,2 cm^3 = … L = … hL
b. 71,25 L = … cm^3 = … m^3
c. 17,5 dm^3 = … mL = … daL

52 Volume

Recopier et compléter :
a. 76,24 cm^3 = …… mm^3 = …… dm^3
b. 861,5 dm^3 = …… m^3 = …… cm^3
c. 86,54 mm^3 = …… cm^3 = …… m^3

53 Parallélépipède rectangle

ℓ, L et h désignent les dimensions en cm d'un parallélépipède rectangle.
Dans chaque cas, calculer mentalement son volume.
a. $\ell = 0,3$, $L = 20$, $h = 5$ b. $\ell = 0,25$, $L = 12$, $h = 4$
c. $\ell = 9$, $L = 11$, $h = 8$ d. $\ell = 7$, $L = 11$, $h = 9$

54 Cylindre de révolution

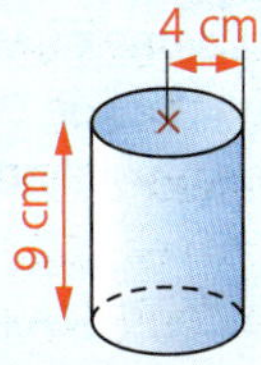

1. Calculer mentalement la valeur exacte du volume de ce cylindre.

2. D'autres cylindres ont pour rayon 4 cm. En déduire leurs volumes lorsque leurs hauteurs sont :
a. 18 cm b. 4,5 cm c. 90 cm d. 2 cm

3. Un autre cylindre de hauteur 9 cm a pour rayon 2 cm. Que dire de son volume par rapport à celui du cylindre de la question **1** ?

FAIRE LE POINT

TRAVAIL PERSONNEL

Pour chaque question, une seule réponse est exacte. Laquelle ?

	a	b	c
55 18,6 dm^3 est égal à …	186 cm^3	1 860 cm^3	18 600 cm^3
56 Le volume d'un cube d'arête 6 dm est égal à …	36 dm^3	144 dm^3	216 dm^3
57 Un parallélépipède rectangle a pour dimensions 25 cm, 8 dm et 1,2 m. Son volume est égal à …	240 cm^3	240 dm^3	240 m^3
58 Le volume de ce prisme droit … 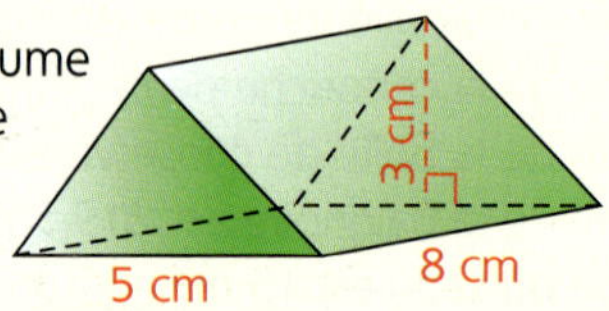	est 120 cm^3	est 60 cm^3	ne peut pas être calculé
59 Ce réservoir contient exactement 216 L d'eau. Sa hauteur h est égale à … 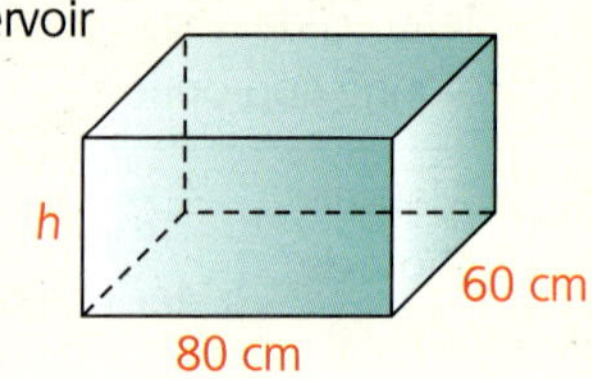	4,5 m	45 cm	4,5 cm
60 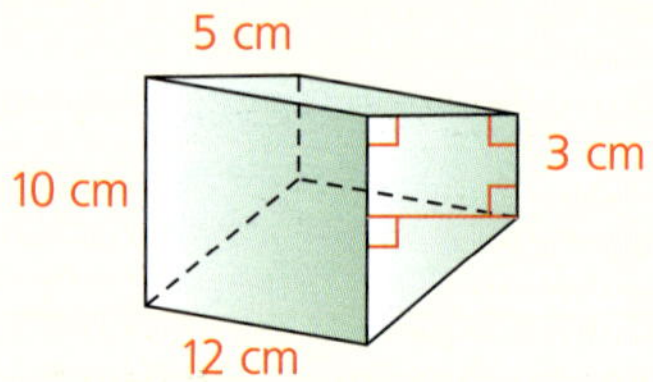 Le volume de ce prisme droit …	est 195 cm^3	est 390 cm^3	ne peut pas être calculé
61 La valeur exacte du volume de ce cylindre de révolution est … 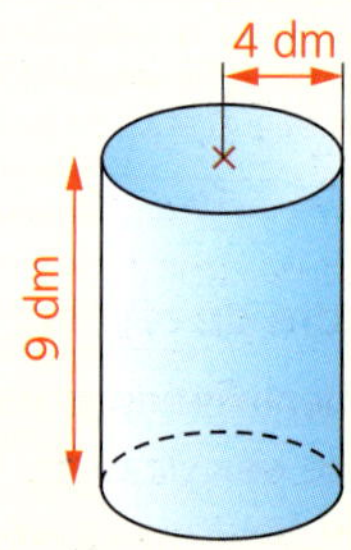	72π dm^3	144π dm^3	324π dm^3
62 L'arrondi au dixième du volume en dm^3 de ce cylindre de révolution est …	226,2 dm^3	452,3 dm^3	452,4 dm^3
63 Un cylindre de révolution de hauteur 1,2 m a un volume de 3 m^3. Lorsque ce cylindre contient 0,6 m^3 d'eau, la hauteur d'eau est égale à …	0,6 m	24 cm	20 cm

Vérifier les réponses page 266 : 6 bonnes réponses ou plus, passer à la série suivante d'exercices, sinon revoir auparavant le cours et les méthodes.

Exercices de consolidation

TRAVAIL PERSONNEL

64 Observer, puis calculer

Dans un parallélépipède rectangle de base ABCD, on a ci-dessous découpé le prisme droit de base IJKLMN.

$AB = 24$ cm, $BC = 42$ cm et $AE = 16$ cm.

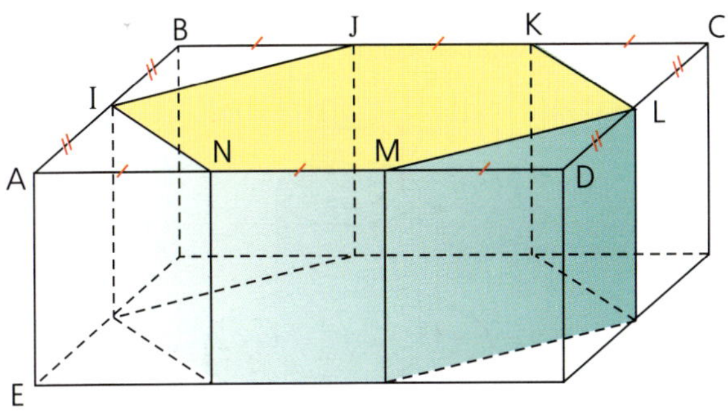

Calculer le volume du prisme droit découpé.

Aide

Tu peux assez facilement calculer le volume des chutes.

65 Utiliser différentes unités

Une cuve a la forme d'un parallélépipède rectangle de dimensions 60 cm, 1,4 m et 8 dm.

Pour la vider, combien de seaux de 9 litres faudra-t-il remplir ?

Aide

La capacité du seau est en L, c'est-à-dire en dm^3.
Quelle unité de longueur est-il préférable d'utiliser pour les côtés du parallélépipède rectangle ?

66 Utiliser la proportionnalité

Un verre cylindrique a une hauteur de 12 cm et une capacité de 30 cL.

a. On verse 25 cL d'eau dans ce verre.
Quelle est la hauteur d'eau ?

b. La hauteur d'eau dans le verre est de 8 cm.
Quelle quantité d'eau contient-il ?

Aide

Tu peux utiliser, pour des cylindres de base donnée, la proportionnalité de leur volume et de leur hauteur.

67 Relier un cylindre et un cube

Un cylindre de révolution s'emboîte parfaitement dans un cube d'arête 6 cm.

Calculer la valeur exacte du volume de ce cylindre.

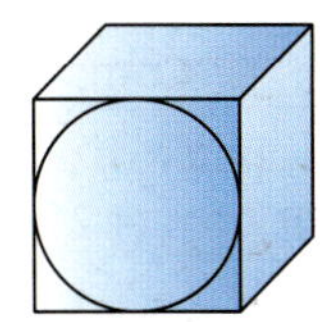

Aide

Commence par déterminer les dimensions de ce cylindre.

68 Relier les mathématiques à l'architecture

Une tour cylindrique du Moyen Âge a 21 m de haut et 17 m de diamètre extérieur. Ses murs ont une épaisseur moyenne de 3 m.

Calculer l'arrondi à l'unité du volume en m^3, des murs de cette tour.

Aide

Réalise une figure à main levée et code les informations données.

69 Passer de l'aire totale au volume

Un tuyau cylindrique en métal a un rayon de 6 cm et une hauteur de 32 cm.

a. Construire un patron de ce tuyau à l'échelle 1/4.

b. Calculer la valeur exacte de l'aire latérale de ce tuyau.

c. En fait, le métal de ce tuyau a une épaisseur de 3 mm.
Utiliser la réponse au **b.** pour calculer la valeur exacte du volume total de métal nécessaire à la fabrication de ce tuyau.

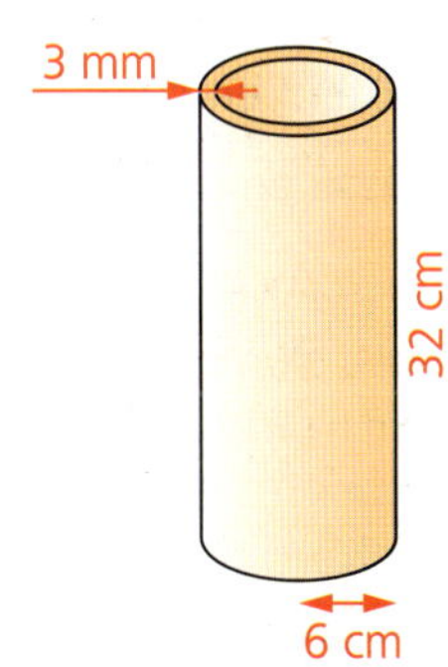

Aide

c. La surface latérale de ce tuyau peut être assimilée à un parallélépipède rectangle de hauteur 3 mm.

Exercices d'approfondissement

S'initier au raisonnement

70 Comparer sans calculer

À partir d'une feuille rectangulaire de dimensions 29,7 cm et 21 cm on peut réaliser deux cylindres.

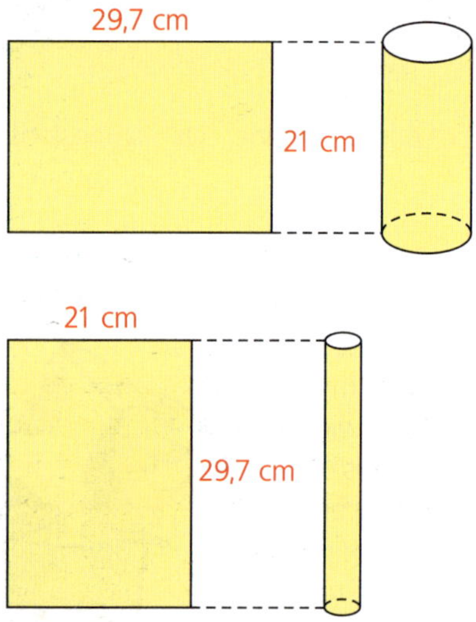

a. Exprimer le volume de chacun de ces cylindres sous la forme d'un produit.
b. Sans effectuer de calcul, déterminer quel est le cylindre qui a le plus grand volume.

71 Utiliser la proportionnalité

Ce tableau donne des renseignements sur les dimensions et les masses de cinq cylindres.

Cylindre	n° 1	n° 2	n° 3	n° 4	n° 5
Rayon en cm	3	2	4	1	5
Hauteur en cm	5	6	4	7	3
Masse en g	1 111	852	543	196	2 474

Chaque cylindre est réalisé dans un métal dont voici la masse d'un cm^3.

Aluminium : 2,7 g — Argent : 10,5 g
Cuivre : 8,92 g — Fer : 7,86 g
Plomb : 11,3 g

a. Calculer le volume de chacun des cinq cylindres.
b. Retrouver le métal qui constitue chacun des cylindres.

72 Résoudre une équation

Un gâteau est constitué de trois cylindres de révolution de rayons 30 cm, 20 cm et 10 cm.
Les hauteurs de ces cylindres varient selon la grosseur du gâteau en respectant les proportions indiquées sur la figure où x est exprimé en cm.

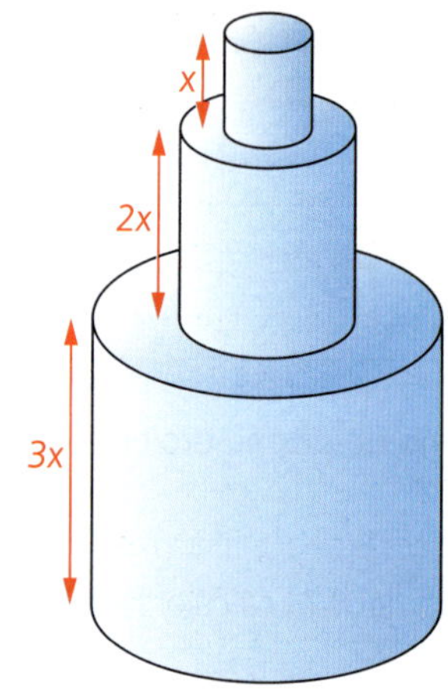

a. Calculer le volume exact de ce gâteau lorsque x est égal à 4.
b. Expliquer pourquoi le volume du gâteau en cm^3 est donné par l'expression : $3\,600\pi x$.
c. Trouver la valeur de x pour que le volume du gâteau soit égal à 36π dm^3.

73 Utiliser le calcul littéral

Dans un parallélépipède rectangle ABCDEFGH on découpe un prisme droit IBDJFH comme indiqué ci-dessous.

$AB = 8$ cm
$CB = 5$ cm
$BF = 12$ cm
On désigne par x la longueur en cm du segment [AI].

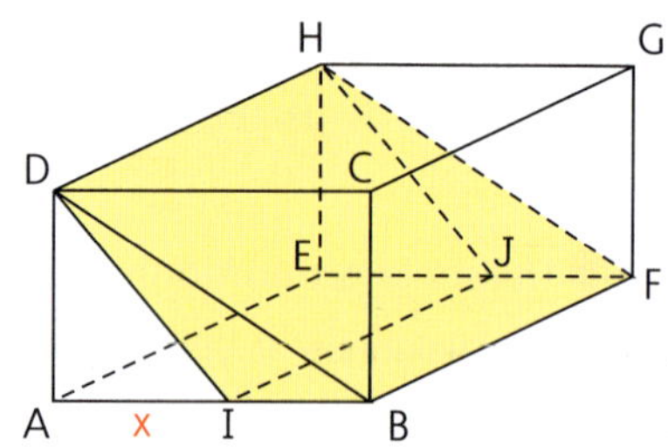

1. Exprimer en fonction de x :
a. la longueur IB ;
b. l'aire du triangle BID.
2. Montrer que le volume $\mathcal{V}$ du prisme IBDJFH en cm^3 est égal à $240 - 30x$.
3. Calculer la valeur de $\mathcal{V}$ pour $x = 3$, puis pour $x = 5$.
4. Pour quelle valeur de x a-t-on $\mathcal{V} = 30$?

Résolution de problèmes

74 Imaginer une stratégie

Un prisme droit a un volume égal à 1 428 cm^3, sa base est le triangle ABC représenté ci-dessous.

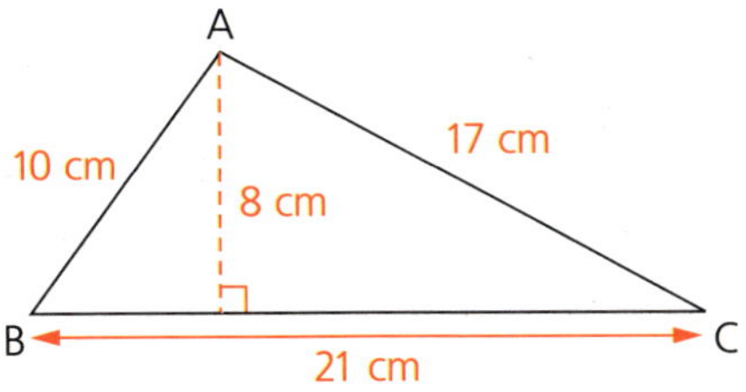

Démontrer que l'une des faces latérales de ce prisme est un carré.

75 Une boîte d'un litre

Déterminer les dimensions d'un parallélépipède rectangle (qui ne soit pas un cube) dont le volume est 1 L

76 Le lingot

Le lingot d'or représenté sur la figure 1 a la forme d'un prisme droit dont la base est le trapèze isocèle représenté sur la figure 2.

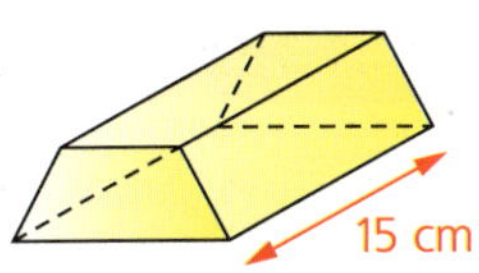

1

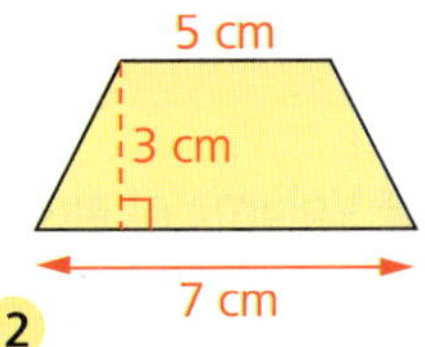

2

a. Calculer l'aire du trapèze de la figure 2.
b. Calculer le volume de ce lingot.
c. Un dm^3 d'or pèse 19 kg. Un gramme d'or coûte 10,70 €.
Calculer la valeur de ce lingot.

77 Une boîte de thé

Une boîte de thé a la forme d'un prisme droit dont on a représenté la base. Cette boîte a une hauteur de 11 cm. Calculer son volume.

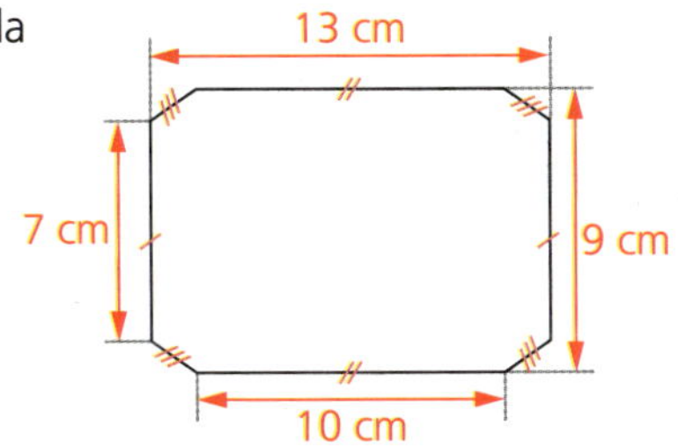

78 Le stère

Le stère est utilisé pour calculer un volume de bois.
Un stère correspond à 0,7 m^3 de bois.
À combien de stères correspondent 10 m^3 de bois ? Arrondir au centième.

79 Emballage économique

Voici deux boîtes de conserve.

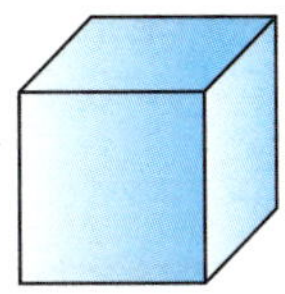

Cube d'arête 6,9 cm.

Cylindre de rayon 3,1 cm et de hauteur 11 cm.

Les résultats seront arrondis à l'unité.
a. Calculer le volume en cm^3 de chacune de ces boîtes.
b. Calculer l'aire en cm^2 de métal nécessaire à la fabrication de chacune de ces boîtes.
c. Expliquer pourquoi les boîtes de conserve sont très souvent de forme cylindrique.

80 Un caillou dans l'eau

Un caillou est plongé dans un bocal cylindrique de diamètre 10 cm contenant 75 cL d'eau.
Lorsqu'on plonge le caillou dans le bocal, le niveau de l'eau monte.

Les résultats seront arrondis au dixième.
a. On suppose que le niveau de l'eau monte de 2 cm. Calculer le volume du caillou.
b. On suppose que le caillou a un volume de 200 cm^3. Calculer la nouvelle hauteur d'eau.

81 Le dé

Un verre cylindrique de rayon 3,5 cm contient de l'eau. On plonge un dé qui a la forme d'un cube d'arête 1,2 cm dans ce verre.

De combien de cm le niveau de l'eau va-t-il s'élever ?

82 La bande adhésive

Une bande adhésive est enroulée sur le support représenté ci-contre.

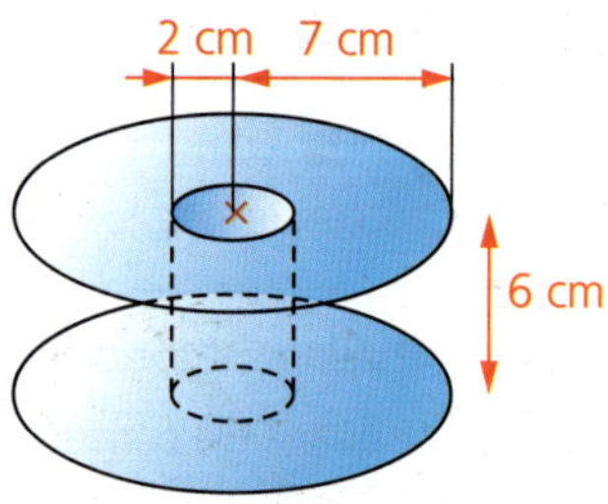

a. Calculer le volume de la bande adhésive en arrondissant au cm^3.

b. Avec ce rouleau, on dispose de $3\ m^2$ de bande adhésive. Calculer l'épaisseur de la bande.

83 Des boîtes et un carton

Un carton contient exactement deux rangées de quinze boîtes de conserve chacune. Chaque boîte cylindrique de hauteur 11,5 cm a un diamètre de 10 cm.

Calculer l'arrondi à l'unité du volume en cm^3 laissé libre autour des boîtes de conserve.

84 Relier la géométrie et le numérique

Un vase a la forme d'un prisme droit de hauteur 24 cm. Sa base est la surface représentée ci-dessous.

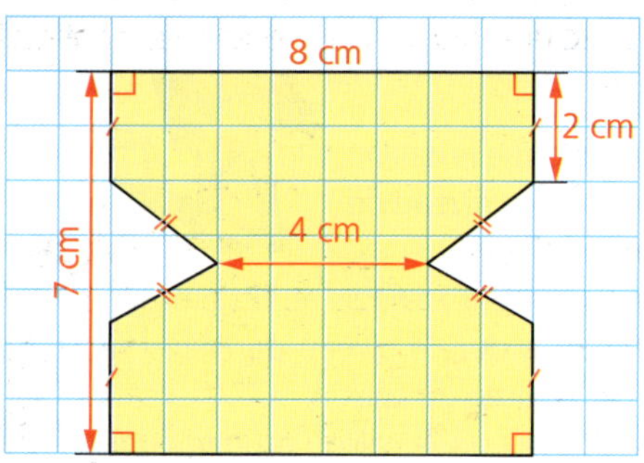

1. Calculer le volume du vase. Donner sa contenance en cL.

2. a. Calculer la hauteur de l'eau dans le vase quand on en verse successivement :

- 30 cL, • 40 cL, • 60 cL, • 90 cL, • 100 cL.

b. Est-ce une situation de proportionnalité ?

Vrai ou faux

Pour les exercices 85 à 89

Dire si l'affirmation est vraie ou fausse. Expliquer la réponse.

85 Le volume de ce cylindre de révolution est égal à $3{,}14\ m^3$.

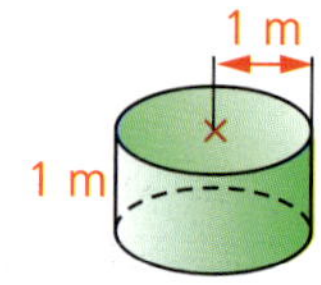

86 Les volumes de prismes droits de même base sont proportionnels à leurs hauteurs.

87 Les volumes de cylindres de révolution de même hauteur sont proportionnels aux rayons de leurs bases.

88 Le volume de ce prisme droit est égal à $90\ cm^3$.

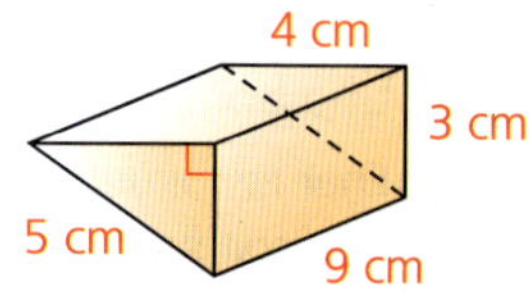

89 Le même nombre donne l'aire latérale en cm^2 et le volume en cm^3 d'un cylindre de révolution de rayon 2 cm.

Des défis

90 Volume et aire latérale

Le volume en cm^3 d'un cylindre de révolution est égal au double de son aire latérale en cm^2.
Déterminer le rayon de ce cylindre.

91 La poutre

À partir d'un tronc en forme de cylindre de révolution de diamètre 40 cm, on réalise une poutre en forme de parallélépipède rectangle dont la base est un carré.

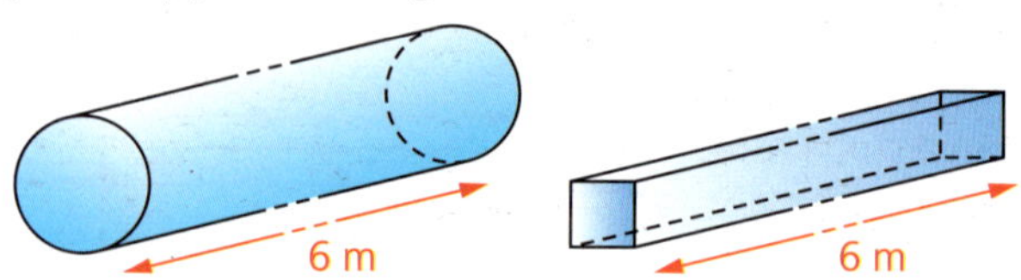

Calculer le volume maximal de cette poutre.

Un pavage pour s'amuser

La Transalpine

Rapprocher les hommes, protéger la montagne

L'augmentation constante du trafic routier des marchandises, dans les Alpes en particulier, a conduit l'Europe à imaginer de nouvelles infrastructures ferroviaires.
L'un des projets, la Transapline, est la ligne qui reliera Lyon à Turin aux alentours de 2018.
On devrait pouvoir ainsi acheminer annuellement 7 millions de voyageurs et 800 000 camions (50 millions de tonnes de marchandises).

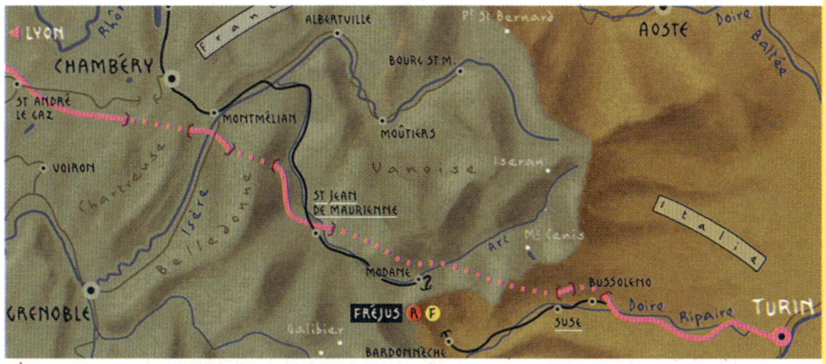

▲ ~ ligne existante – ~ ligne en projet

Pour franchir la frontière entre la France et l'Italie, un tunnel de 53 km de long, à double tube **cylindrique** d'une dizaine de mètres de diamètre est prévu.

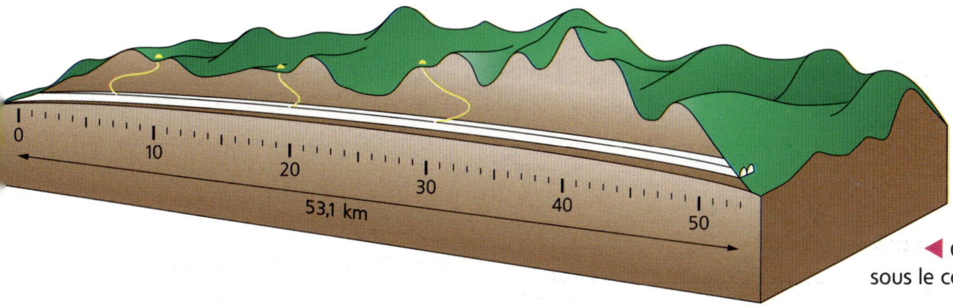

◀ Coupe du futur tunnel de Fréjus sous le col du Mont-Cenis.

Pour creuser de tels ouvrages, on utilise des tunneliers. Les mesures par satellite et les simulations par ordinateur permettront d'obtenir une jonction entre les deux entrées du tunnel, avec une précision de quelques centimètres.
Le soulèvement des Alpes d'un mm par an a même été pris en compte.
Les déblais représenteront environ 17 millions de m^3, soit l'équivalent de 6 pyramides de Khéops !
Ils seront réutilisés pour produire des granulats de béton et pour combler d'anciennes carrières.

▲ Le ferroutage.

▲ L'énorme puissance d'un tunnelier (en construction ici) permet de creuser la roche dure.

Jeu

Mesurer 1 litre

Vous disposez de trois bidons de 5 litres, 8 litres et 10 litres.
Vous pouvez remplir ou vider ces bidons autant de fois que vous le désirez.
Comment verser exactement 1 litre d'eau avec ces trois bidons ?

Formulaire

Opérations

Addition

Lorsqu'on additionne deux nombres, on obtient **la somme** de ces nombres.

$24{,}7 + 0{,}8 = 25{,}5$

les termes : 24,7 et 0,8 ; la somme : 25,5

Soustraction

Lorsqu'on soustrait deux nombres, on obtient **la différence** de ces nombres.

$30 - 2{,}5 = 27{,}5$

1er terme : 30 ; 2e terme : 2,5 ; la différence : 27,5

Multiplication

Lorsqu'on multiplie deux nombres, on obtient **le produit** de ces nombres. Chaque nombre que l'on multiplie est appelé **facteur**.

$7{,}6 \times 0{,}8 = 6{,}08$

les facteurs : 7,6 et 0,8 ; le produit : 6,08

```
   7,6    ← 2 chiffres après la virgule dans les facteurs
 × 0,8
 -----
  6,08    ← 2 chiffres après la virgule au résultat
```

Division

Division euclidienne d'entiers

```
dividende → 11 | 4 ← diviseur
               |---
    reste →  3 | 2 ← quotient
```

$11 = 4 \times 2 + 3$ et $3 < 4$

Division décimale

```
11 | 4
30 | 2,75
 20|
  0|
```

$11 : 4 = 2{,}75$

$11 = 4 \times 2{,}75$

Vocabulaire

- Le **double** de 6 est 2×6 soit 12. Le **triple** de 6 est 3×6 soit 18.
- La **moitié** de 6 est $6 : 2$ soit 3. Le **tiers** de 6 est $6 : 3$ soit 2.

Comparer deux nombres décimaux

- Pour comparer deux nombres décimaux, on compare leurs parties entières. Si les parties entières sont égales, on compare les chiffres des dixièmes, puis des centièmes…
- $3{,}08 < 30{,}8$
  On compare ici les parties entières ($3 < 30$).
- $12{,}15 > 12{,}149$
  Les parties entières et les chiffres des dixièmes sont les mêmes, on compare ici les chiffres des centièmes ($5 > 4$).

Valeurs approchées

En calculant le quotient $A = 38 : 13$, on trouve $A \approx 2{,}92$ (« A est peu différent de 2,92 »).

- 2 est la **troncature à l'unité** (ou **partie entière**) de A ;
  2,9 est la **troncature au dixième** de A.
- 3 est l'**arrondi à l'unité** de A. En effet : A est plus près de 3 que de 2 ;
  2,9 est l'**arrondi au dixième** de A. En effet : A est plus près de 2,9 que de 3,0.

Nombres en écriture fractionnaire

Quotient

Le quotient $a : b$ (avec $b \neq 0$) est le nombre qui multiplié par b donne a.

écriture fractionnaire → $\frac{7}{2} = 7 : 2 = 3{,}5$ ← écriture décimale

dividende → a : b ← diviseur $= \frac{a}{b}$ (numérateur : a ; dénominateur : b)

$$\boldsymbol{b \times \frac{a}{b} = a}$$

Quotients égaux

- Un quotient ne change pas quand on multiplie ou divise son numérateur **et** son dénominateur par un même nombre différent de 0.
- $\frac{0{,}6}{0{,}5} = \frac{0{,}6 \times 10}{0{,}5 \times 10} = \frac{6}{5}$
- $\frac{35}{14} = \frac{35 : 7}{14 : 7} = \frac{5}{2}$ ← fraction simplifiée

Multiplier un nombre par un quotient

- Prendre une fraction d'un nombre, c'est multiplier cette fraction par ce nombre.
- $\frac{7}{2} \times 10 = 3{,}5 \times 10 = 35$ ou $\frac{7}{2} \times 10 = \frac{70}{2} = 35$ ou $\frac{7}{2} \times 10 = 7 \times \frac{10}{2} = 7 \times 5 = 35$

Opérer avec des fractions décimales

- $\frac{2}{10} + \frac{3}{100} = 0{,}2 + 0{,}03 = 0{,}23 = \frac{23}{100}$ ou $\frac{2}{10} + \frac{3}{100} = \frac{20}{100} + \frac{3}{100} = \frac{23}{100}$.
- $\frac{2}{10} \times \frac{3}{100} = 0{,}2 \times 0{,}03 = 0{,}006 = \frac{6}{1\ 000}$ ou $\frac{2}{10} \times \frac{3}{100} = \frac{2 \times 3}{10 \times 100} = \frac{6}{1\ 000}$.

Quotients et demi-droite graduée

Pour placer le quotient $\frac{5}{3}$ sur une demi-droite graduée, on partage l'unité en 3 parts égales et on reporte 5 parts à partir de l'origine.

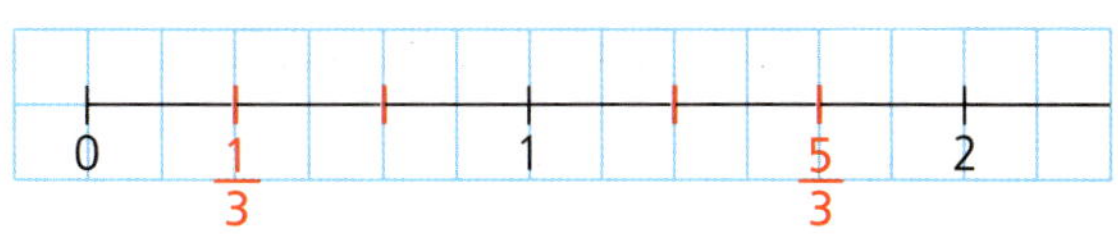

Calculer un nombre inconnu

- Quel nombre □ ajouter à 8 pour trouver 20 ? $8 + □ = 20$ $□ = 20 - 8 = 12$
- Quel nombre △ retrancher à 20 pour trouver 5 ? $20 - △ = 5$ $△ = 20 - 5 = 15$
- Par quel nombre ◇ multiplier 3 pour trouver 4 ? $3 \times ◇ = 4$ $◇ = \frac{4}{3}$

Formulaire

Proportionnalité

Reconnaître la proportionnalité

Masse en kg	1	5	0,5
Prix en €	1,60	8	0,80

(× 1,60)

$1 \times 1{,}60 = 1{,}60$; $5 \times 1{,}60 = 8$; $0{,}5 \times 1{,}60 = 0{,}80$.

On dit que le prix (en €) est proportionnel à la masse (en kg).

Multiplier une quantité

Tableau de proportionnalité :

Longueur en m	4	10
Prix en €	30	?

10 m c'est 2,5 fois plus que 4 m.
$30 \times 2{,}5 = 75$ donc le prix de 10 m est 75 €.

Passer par l'unité

Tableau de proportionnalité :

Contenance en L	10	1	3
Prix en €	37	?	?

1 L c'est 10 fois moins que 10 L, donc le prix correspondant est 3,7 €.
3 L c'est 3 fois plus que 1 L, donc le prix est 3 fois plus grand : $3 \times 3{,}7$ € $= 11{,}1$ €.

Appliquer un pourcentage

- Prendre 15 % de 120 c'est calculer $\frac{15}{100} \times 120$.

$$\frac{15}{100} \times 120 = 0{,}15 \times 120 = 18.$$

- 50 % correspond à la moitié.
25 % correspond au quart.

Règle, équerre, compas

Milieu d'un segment

Le milieu O d'un segment [AB] est le point O du segment [AB] tel que OA = OB.

Parallèles et perpendiculaires

- Si deux droites (d′) et (d″) sont perpendiculaires à une même droite (d), alors (d′) et (d″) sont parallèles.

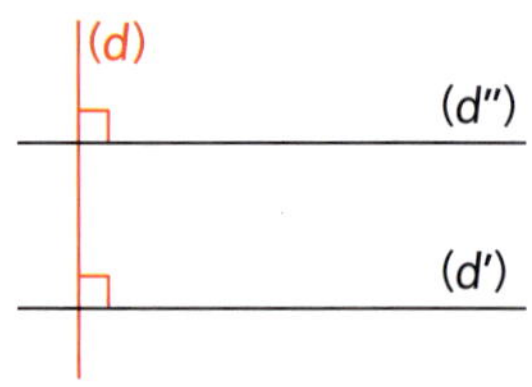

- Si deux droites (d′) et (d″) sont parallèles, alors toute droite (d) perpendiculaire à (d′) est perpendiculaire à (d″).

Médiatrice d'un segment

- La médiatrice d'un segment est la perpendiculaire à ce segment en son milieu.
- Tout point de la médiatrice d'un segment est à égale distance de ses extrémités.
- Tout point à égale distance des extrémités d'un segment, appartient à la médiatrice de ce segment.

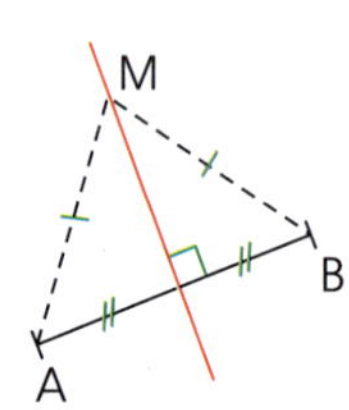

Cercle

Le cercle de centre O et de rayon 5 cm est formé de tous les points situés à 5 cm de O.

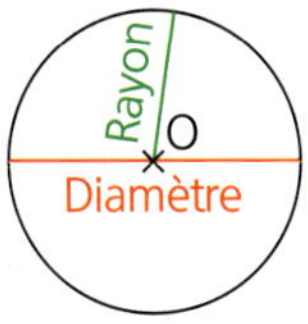

Angles

Vocabulaire et mesure des angles

L'angle $\widehat{AOB}$:

- a pour sommet, le point O ;
- a pour côtés, les demi-droites $[OA)$ et $[OB)$.

Pour mesurer l'angle $\widehat{AOB}$, on dispose le rapporteur comme ci-contre et on lit $\widehat{AOB} = 60°$.

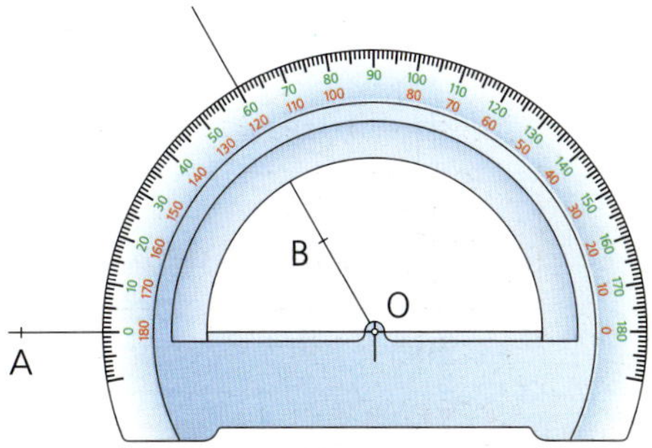

Angles particuliers

- Angle **aigu** : mesure entre 0° et 90°.
- Angle **droit** : mesure égale à 90°.
- Angle **obtus** : mesure entre 90° et 180°.
- Angle **plat** : mesure égale à 180°.

Bissectrice

La bissectrice de l'angle $\widehat{xOy}$ est la demi-droite $[Ot)$ telle que $\widehat{xOt} = \widehat{tOy}$.

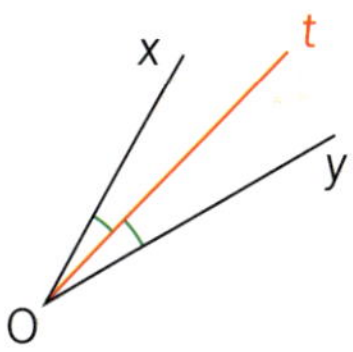

Symétrie axiale

Symétrique d'un point

Le symétrique du point A ci-contre, par rapport à la droite (d) est le point A′ tel que (d) soit la médiatrice du segment $[AA']$.

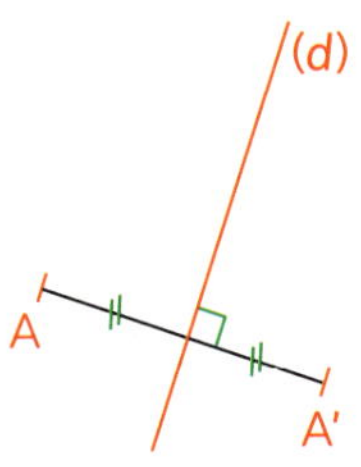

Axe de symétrie

Lorsqu'une figure $\mathcal{F}$ est sa propre symétrique par rapport à (d), on dit que la droite (d) **est un axe de symétrie de** $\mathcal{F}$.

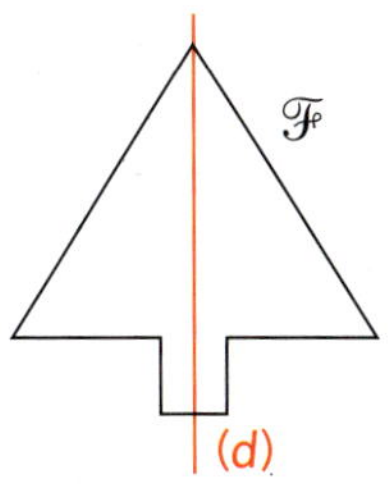

Propriétés

- Par une symétrie axiale, l'image d'une droite est une droite, d'un segment est un segment de même longueur, d'un cercle est un cercle de même rayon.
- Une symétrie axiale conserve les longueurs, les aires, les angles.

Formulaire

Triangles particuliers

Triangle rectangle en A

Dire que ABC est un triangle rectangle en A signifie que $\widehat{BAC} = 90°$.

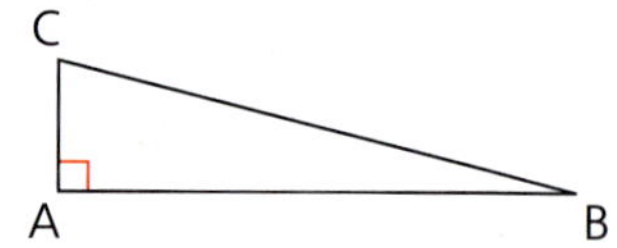

Triangle isocèle en A

- Dire que ABC est un triangle isocèle en A signifie que $AB = AC$.

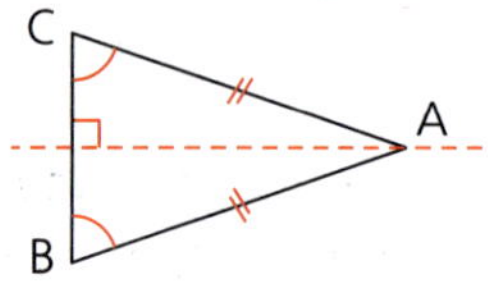

$AB = AC$
$\widehat{B} = \widehat{C}$

- Si un triangle a deux angles de même mesure, alors il est isocèle.

Triangle équilatéral

- Dire que ABC est un triangle équilatéral signifie que $AB = AC = BC$.

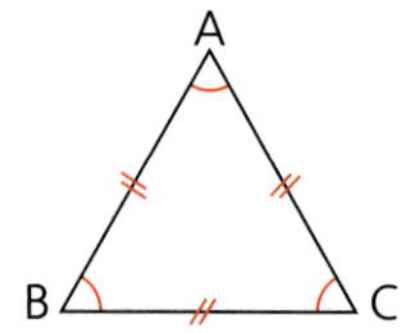

$AB = AC = BC$
$\widehat{A} = \widehat{B} = \widehat{C} = 60°$

- Si un triangle a trois angles de même mesure, alors il est équilatéral.

Quadrilatères particuliers

Rectangle

Un rectangle est un quadrilatère qui a quatre angles droits.

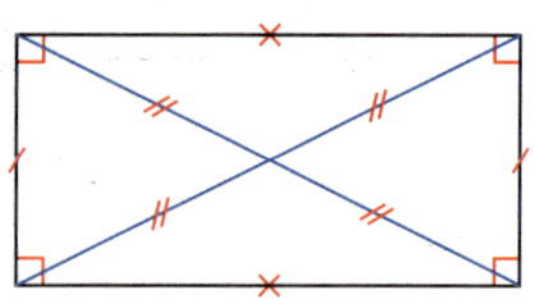

Losange

Un losange est un quadrilatère qui a quatre côtés de même longueur.

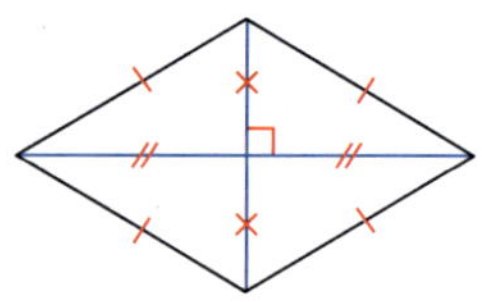

Carré

Un carré est à la fois un rectangle et un losange.

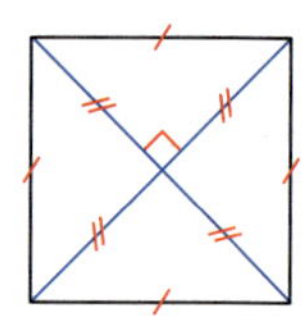

Unités usuelles

De longueur

km	hm	dam	m	dm	cm	mm
		2	5,	0	0	

25 m = 2 500 cm

D'aire

km^2	hm^2	dam^2	m^2	dm^2	cm^2	mm^2
			2 5,	0 0	0 0	

$25\ m^2 = 250\ 000\ cm^2$

- $1\ hm^2 = 1$ ha (hectare)
- $1\ dam^2 = 1$ a (are)

De volume et contenance

		m^3			dm^3			cm^3			mm^3
					L	dL	cL	mL			
	2	5,	0	0	0	0	0	0			

$25\ m^3 = 25\ 000\ 000\ cm^3 = 25\ 000$ L

De durée

- 1 h = 60 min
- 1 min = 60 s
- $1\ h\ 30\ min = 1\ h + \frac{1}{2}\ h = 1{,}5\ h$
- $1{,}25\ h = 1\ h + \frac{1}{4}\ h = 1\ h\ 15\ min$

Périmètre et aire

Rectangle, carré

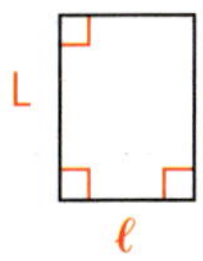

Aire : $L \times \ell$

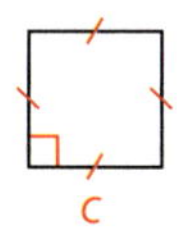

Aire : c^2

Parallélogramme

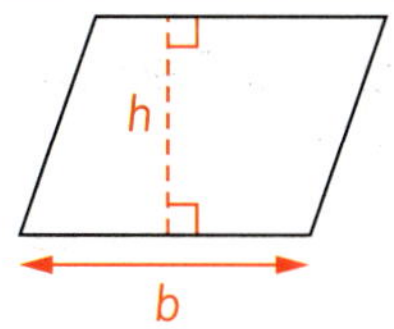

Aire : $b \times h$

Triangle

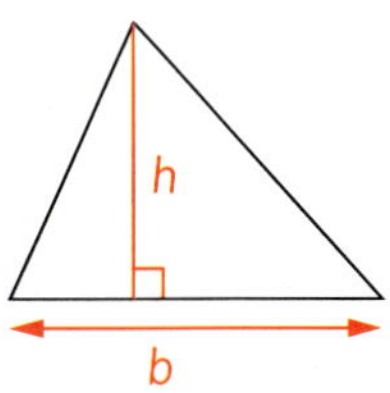

Aire : $\dfrac{b \times h}{2}$

Cercle

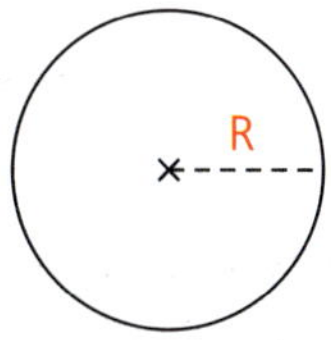

Longueur : $2\pi R$
Aire : πR^2

Parallélépipède rectangle

Vocabulaire

Un parallélépipède rectangle est un solide dont les six faces sont des rectangles.

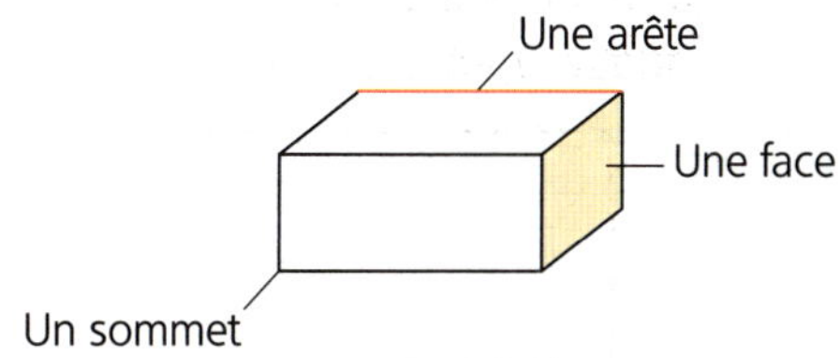

Perspective cavalière, patron

Représentation d'un parallélépipède rectangle **en perspective cavalière**.

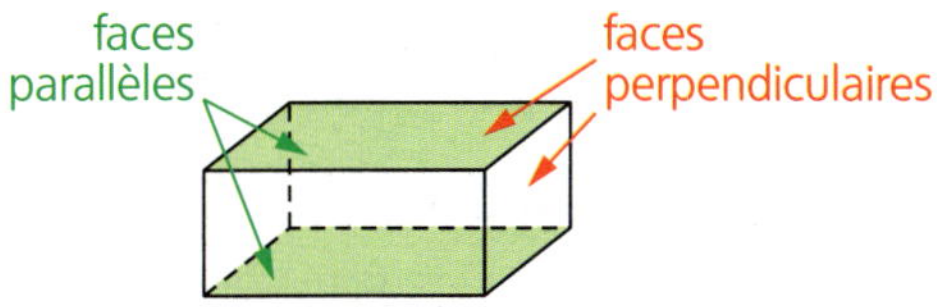

Pour fabriquer un parallélépipède rectangle on peut découper et replier **un patron**.

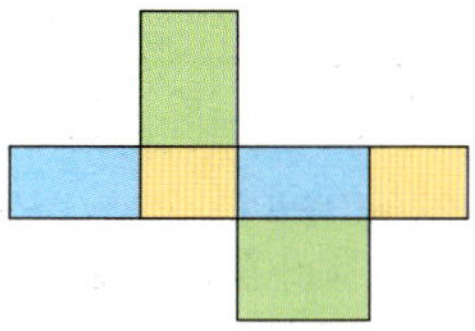

Volume

Le parallélépipède rectangle ci-contre contient exactement $(5 \times 4 \times 3)$ cubes de 1 cm d'arête, c'est-à-dire que son volume est 60 cm^3.

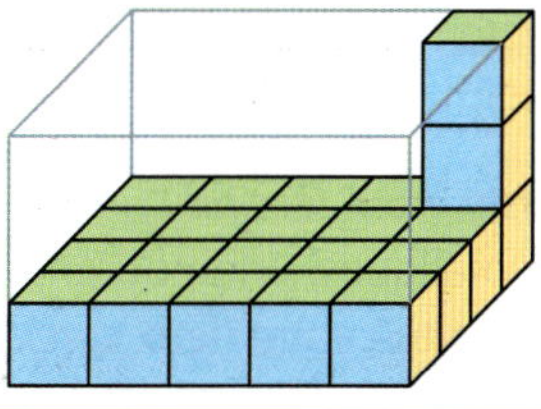

Le mini-dico

Accoler *(verbe)*
Réunir côte à côte. Par exemple, en statistiques :

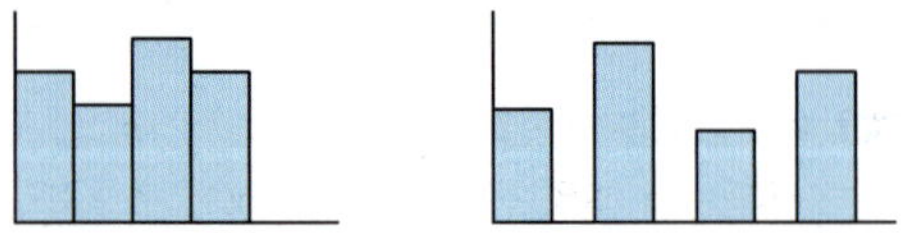
Barres accolées — Barres non accolées

Aquaculture *(nom féminin)*
Technique d'élevage des animaux aquatiques (truites, saumons…) ou de culture de plantes aquatiques.

Aquitain(e) *(nom)*
Habitant(e) de la région Aquitaine. Cette région est formée par les cinq départements ci-contre.

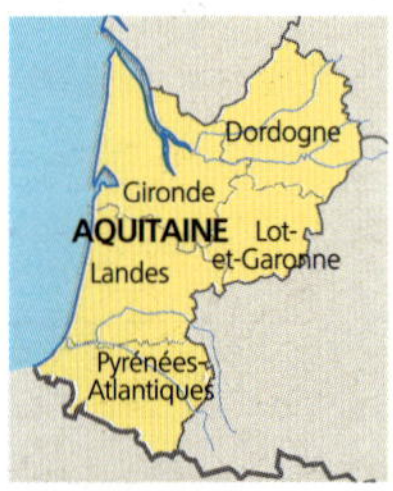

Calibrer *(verbe)*
Regrouper des objets de forme ronde selon leur diamètre. On calibre par exemple, des pommes.

Cohérence *(nom féminin)*
Lorsqu'on calcule une expression de plusieurs façons, « vérifier la cohérence des résultats obtenus » signifie vérifier que les résultats obtenus sont les mêmes.

Conclusion *(nom féminin)*
En mathématiques, la conclusion d'un raisonnement est la propriété que ce raisonnement a permis d'établir.

Conjecturer *(verbe)*
En mathématiques, conjecturer signifie prévoir une propriété qui n'est pas une donnée de l'énoncé. Lorsqu'**on émet une conjecture**, il est préférable de débuter sa phrase par « **Il semble que…** »

Convention *(nom féminin)*
- Une convention est une règle qui résulte d'un accord entre membres d'une population et qui s'applique à tous.
- La Convention nationale est l'assemblée qui gouverna la France du 21 septembre 1792 au 26 octobre 1795.

Couronne *(nom féminin)*
En mathématiques, une couronne est le domaine situé entre deux cercles de même centre.

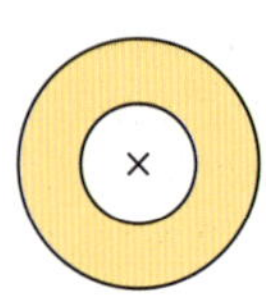

Croissant *(adjectif)*
Ranger par ordre croissant signifie ranger du plus petit au plus grand.

Décroissant *(adjectif)*
Ranger par ordre décroissant signifie ranger du plus grand au plus petit.

Diamétralement opposés
En mathématiques, deux points A et B d'un cercle $\mathscr{C}$ sont diamétralement opposés lorsque le segment $[AB]$ est un diamètre de $\mathscr{C}$.

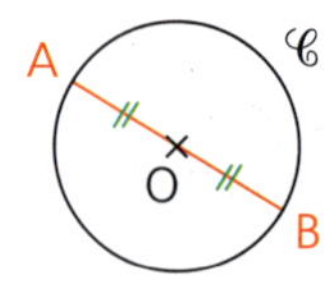

DOM-TOM (les)
Ensemble formé par les départements d'outre-mer (Guadeloupe, Martinique, Guyane française, Réunion) et les territoires d'outre-mer (Nouvelle-Calédonie, Wallis-et-Futuna, Polynésie française, Terres australes et antarctiques).

Donnée *(nom féminin)*
En mathématiques, les données sont les informations qui figurent dans un énoncé. C'est à partir de ces données et des définitions, des propriétés énoncées en cours, que l'on doit répondre aux questions posées.

Élément de symétrie
En mathématiques, donner les éléments de symétrie d'une figure consiste à indiquer ses éventuels axes de symétrie et centres de symétrie.

Émergé, immergé *(adjectif)*
La partie émergée est celle qui se situe au-dessus du niveau de l'eau. La partie immergée est celle située sous l'eau.

En fonction de *(locution)*
En mathématiques, exprimer, par exemple, A en fonction de x, signifie écrire une expression de A où intervient x.
Par exemple : $A = 2x + 1$ ou $A = x^2 - 3x + 2$.

Expression *(nom féminin)*
En mathématiques, une expression est formée par des nombres, des lettres que relient les signes opératoires.
Par exemple : $A = 5(14 - 2 \times 3) + 7 \times 2$

Facteur *(nom masculin)*
En mathématiques, 5×4, par exemple, est le produit des facteurs 5 et 4.

Glucide *(nom masculin)*
Les glucides sont des constituants de l'alimentation, que l'on appelle couramment les sucres.

Haras *(nom masculin)*
Un haras est un établissement où l'on élève des chevaux.

Indice *(nom masculin)*
En économie, un indice est un nombre qui permet de mesurer l'évolution des prix, de la bourse, … par rapport à leur valeur à une date donnée.

Levure *(nom féminin)*
La levure permet la fermentation du pain, de la bière, …

Lipide *(nom masculin)*
Les lipides sont des constituants de l'alimentation que l'on appelle couramment les graisses.

Mollusque *(nom masculin)*
Les mollusques sont des animaux au corps mou souvent pourvu d'une coquille. Par exemple : les escargots, les huîtres, les poulpes, …

Motif *(nom masculin)*
Dans une figure, un décor, … un motif est une partie qui est répétée.

Nature de…
En mathématiques, à la question « Quelle est la nature (par exemple) du quadrilatère ABCD ?», il faut indiquer (en expliquant la réponse) si ABCD est un parallélogramme, un losange, un rectangle ou un carré.

Outre-mer *(adverbe)*
Outre-mer signifie situé au-delà des mers, par rapport à la France. Par exemple, territoires d'outre-mer.

Polygone *(nom masculin)*
En mathématiques, un polygone est une figure plane fermée, délimitée par des segments de droite.

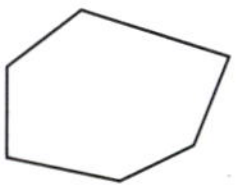

Produit *(nom masculin)*
En mathématiques, le produit de deux nombres est le résultat obtenu en multipliant ces deux nombres.
Par exemple, le produit 4×5 est égal à 20.

Quelconque *(adverbe)*
Quelconque signifie n'importe lequel.
En mathématiques, on dit par exemple « placer un point M quelconque du segment [AB] ».

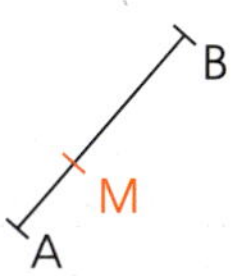

Cela signifie qu'il faut éviter de le placer en A ou en B ou au milieu de [AB], sous peine d'obtenir une figure trop particulière.

Respectif *(adverbe)*
En mathématiques, dire que par exemple « A et B sont des points respectifs des droites (d) et (d') » signifie que A est un point de (d) et B est un point de (d').

Sédiment *(nom masculin)*
Les sédiments sont les dépôts que créent les substances en suspension dans un liquide.

Somme *(nom féminin)*
• En mathématiques, la somme de deux nombres est le résultat obtenu en additionnant ces deux nombres.
Par exemple, la somme $4 + 5$ est égale à 9.
• Le mot somme désigne aussi une quantité d'argent.
Par exemple, une somme de 100 €.

Sondage *(nom masculin)*
En statistiques, un sondage est une enquête menée auprès d'un certain nombre de personnes, en vue d'estimer l'opinion générale sur un sujet donné.

Subvention *(nom féminin)*
Une subvention est une somme d'argent versée par un organisme (mairie, État, …) à une association, une entreprise, … pour poursuivre une activité.

Superficie *(nom féminin)*
En mathématiques, on parle de l'aire d'une surface ; dans la vie courante on parle plutôt de la superficie d'une surface. Par exemple, « cet appartement a une superficie de 100 m^2 ».

Superposable *(adjectif)*
En mathématiques, deux figures sont superposables lorsqu'elles coïncident exactement en les posant l'une sur l'autre.

Terme *(nom masculin)*
En mathématiques, $5 + 4$, par exemple, est la somme des termes 5 et 4.

Vol d'oiseau (à) *(locution)*
À vol d'oiseau signifie en ligne droite.

Vraie grandeur (en) *(locution)*
En mathématiques, « faire une figure en vraie grandeur » signifie que la figure doit être faite avec les dimensions réelles, sans utiliser d'échelle de réduction.

Réponses aux exercices

FAIRE LE POINT

Chapitre 1	67. c	68. b	69. a	70. b	71. c	72. b	73. a	74. c	75. c	76. a	77. b	78. c
Chapitre 2	80. c	81. c	82. b	83. a	84. a	85. b	86. c	87. c	88. c	89. b	90. b	91. b
Chapitre 3	96. b	97. c	98. c	99. b	100. a	101. b	102. c	103. a	104. c	105. c	106. b	
Chapitre 4	38. a	39. b	40. a	41. c	42. b	43. c	44. c	45. b	46. c	47. a		
Chapitre 5	59. c	60. a	61. a	62. b	63. c	64. c	65. a	66. b	67. b	68. a		
Chapitre 6	28. c	29. a	30. b	31. b	32. a	33. b	34. c	35. b				
Chapitre 7	41. a	42. c	43. b	44. c	45. c	46. c	47. a					
Chapitre 8	65. b	66. b	67. a	68. a	69. c	70. a	71. c	72. a	73. b	74. c		
Chapitre 9	38. b	39. a	40. b	41. a	42. b	43. a	44. b	45. c	46. c			
Chapitre 10	68. b	69. c	70. b	71. a	72. b	73. c	74. b	75. b	76. c			
Chapitre 11	34. c	35. b	36. b	37. b	38. c	39. a	40. c	41. b	42. c	43. b		
Chapitre 12	36. a	37. b	38. c	39. a	40. b	41. a	42. b	43. c				
Chapitre 13	55. c	56. c	57. b	58. b	59. b	60. b	61. b	62. c	63. b			

Corrigés des autres exercices

Chapitre 1

Travail personnel (page 16)

A Il reste 6,6 km à parcourir.

B Il achète 4,5 L d'eau. Il paie 5,1 €.

C Elle peut stocker 4,8 gigabits sur un DVD.

D Le film se terminera à 23 h 35 min.

E **a.** 6,82 **b.** 220,14 **c.** 14,07 **d.** 1,4

F **a.** 1,6 **b.** 9,6 **c.** 19,4

G **a.** 7 **b.** 22,6 **c.** 1,8

Exercices d'application

10 $I = 7 \quad J = 18{,}2 \quad K = 37{,}5$

14 **a.** $30 \times 0{,}05$ km $+ 42$ km $+ 12 \times 0{,}8$ km.
b. La distance à parcourir est 53,1 km.

32 $A = 12 \times 0{,}8 = 9{,}6$.

$B = 4{,}7 - \frac{9}{15} = 4{,}7 - 0{,}6 = 4{,}1$.

$C = \frac{15}{4} - 2 \times 1{,}5 + 41 = 3{,}75 - 3 + 41 = 41{,}75$.

34 **a.** $\frac{220 - 20 - 5 \times 9 - 15 \times 7}{5}$.
b. Il a réalisé 10 bouquets de 5 roses.

46 $A = 23(100 - 1) = 23 \times 100 - 23 \times 1$
$= 2\ 300 - 23 = 2\ 277$.
$B = 37(63{,}4 + 36{,}6) = 37 \times 100 = 3\ 700$.

56 **a.** $A = 3(2 - x)$ ou $A = 2 \times 3 - 3x = 6 - 3x$.
b. • $3(2 - 1{,}4) = 3 \times 0{,}6 = 1{,}8$. $A = 1{,}8$ m^2
• $6 - 3 \times 0{,}5 = 6 - 1{,}5 = 4{,}5$. $A = 4{,}5$ m^2

Exercices de consolidation

79 **a.** $(4 + 1 + 7)(9 + 1 + 6)$.
b. 192 soldats participent au défilé.

80 Ligne bleue : $\frac{2 \times 5\pi}{2} = 5\pi$.

Ligne rouge : $\frac{2 \times 2\pi}{2} + \frac{2 \times 3\pi}{2} = 2\pi + 3\pi = 5\pi$.

Chaque ligne a une longueur égale à 5π cm.

81 **a.** $27(700 + 3) = 27 \times 700 + 27 \times 3$
$= 18\ 900 + 81 = 18\ 981$.
b. $27(30 + 7) = 27 \times 30 + 27 \times 7 = 999$.
c. $27(70 + 9) = 27 \times 70 + 27 \times 9 = 2\ 133$.
d. $27(700 + 30 + 9)$
$= 27 \times 700 + 27 \times 30 + 27 \times 9 = 19\ 953$.

82 **1. a.** ABCD et EFGH ont pour périmètre 16 cm.
b. ABCD et EFGH ont pour périmètre 52 cm.
c. ABCD et EFGH ont pour périmètre 22,4 cm.
2. a. $2(x + 4 + x) = 2(2x + 4)$. **b.** $4(x + 2)$.
3. $2(2x + 4) = 2 \times 2x + 2 \times 4 = 4x + 8$.
$4(x + 2) = 4 \times x + 4 \times 2 = 4x + 8$.
Donc ABCD et EFGH ont le même périmètre dans tous les cas.

Chapitre 2

Travail personnel (page 36)

A **a.** $\frac{4}{6}$ ou $\frac{2}{3}$ **b.** $\frac{4}{12}$ ou $\frac{1}{3}$ **c.** $\frac{12}{18}$ ou $\frac{2}{3}$

B $0{,}16 = \frac{16}{100}$; $\frac{1}{6} = \frac{3}{18}$; $1{,}6 = \frac{16}{10}$.

C **a.** $\frac{3}{4} \times 6$ cm $= 4{,}5$ cm **b.** $\frac{4}{3} \times 6$ cm $= 8$ cm

D **a.** $\frac{115}{100} = 1{,}15$ **b.** $\frac{111}{10} = 1{,}11$
c. $\frac{712}{100} = 7{,}12$ **d.** $\frac{6\ 731}{1\ 000} = 6{,}731$
e. $\frac{49}{100} = 0{,}49$ **f.** $\frac{389}{100} = 3{,}89$

E **a.** $\frac{6}{100} = 0{,}06$ **b.** $\frac{21}{1\ 000} = 0{,}021$
c. $\frac{189}{1\ 000} = 0{,}189$ **d.** $\frac{357}{1\ 000} = 0{,}357$

Exercices d'application

7 **a.** $\frac{42}{78} = \frac{42 : 2}{78 : 2} = \frac{21}{39} = \frac{21 : 3}{39 : 3} = \frac{7}{13}$
b. $\frac{104}{204} = \frac{104 : 4}{204 : 4} = \frac{26}{51}$ **c.** $\frac{99}{45} = \frac{99 : 9}{45 : 9} = \frac{11}{5}$

25 **a.** $\frac{4}{3} = \frac{12}{9}$ donc $\frac{4}{3} > \frac{11}{9}$
b. $\frac{2}{9} < 1$ et $\frac{11}{3} > 1$ donc $\frac{11}{3} > \frac{2}{9}$
c. $\frac{4}{7} = \frac{16}{28}$ donc $\frac{4}{7} < \frac{23}{28}$
d. $\frac{17}{4} = 4 + \frac{1}{4}$ et $\frac{16}{3} = 5 + \frac{1}{3}$ donc $\frac{16}{3} > \frac{17}{4}$
e. $4 < 9$ donc $\frac{7}{4} > \frac{7}{9}$
f. $\frac{357}{14} = 25{,}5$ et $\frac{531}{21} \approx 25{,}28$ donc $\frac{357}{14} > \frac{531}{21}$.

60 **a.** $\frac{10}{9}$ **b.** $\frac{9}{2}$ **c.** $\frac{2}{3}$

Exercices de consolidation

92 $1 - \left(\frac{5}{9} + \frac{3}{10} \times \frac{4}{9}\right) = \frac{28}{90} = \frac{14}{45}$

Pour les lapins, il a gardé les $\frac{14}{45}$ de sa récolte.

93 $\frac{75}{100} = \frac{225}{300}$; $\frac{180}{250} = \frac{18}{25} = \frac{216}{300}$; $\frac{220}{300}$.
Donc la préparation A est la plus concentrée.

94 $\frac{13}{12}$ h $= 1$ h $+ \frac{1}{12}$ h $= 1$ h 5 min
1 h 45 min + 2 h 9 min + 1 h 5 min, la durée totale de l'enregistrement est 4 h 59 min.

95 La part totale des enfants pèse 375 g.
En effet : 3×125 g $= 375$ g.
La part totale des enfants est 2 fois plus importante que celle de leur père.
La part du père est 187,5 g.
187,5 g + 375 g = 562,5 g.
La pizza entière pèse 562,5 g.

96 $\frac{1}{3} \times \frac{1}{2} = \frac{1}{6}$ et $\frac{1}{4} \times \frac{2}{3} = \frac{1}{6}$.
Ils souhaitent tous les deux la même part.

Chapitre 3

Travail personnel (page 58)

A **a.** Abscisse de A : 28 Abscisse de B : 16
b. Abscisse de A : 0,8 Abscisse de B : 2,4

B A5 ; C2 ; D4 ; D7.

C **a.** $7,3 > 7,15$ **b.** $3,5 < 3,63$
c. $0,7 > 0,061$ **d.** $8,1 > 8,099$

D **a.** 0,39 m **b.** 0,12 €

E **a.** ■ = 6,3 **b.** ▲ = 13,5

Exercices d'application

23 A(1 ; 1,5) B(1,5 ; −1,5) C(2 ; 0)
D(−2 ; −1) E(−1,5 ; 2) F(0 ; −0,5)

39 $-8,6 < -5,7 < -2,5 < 0 < +2,5 < +3$

49 **a.** −0,4 **b.** −4 **c.** −3
d. −10,4 **e.** −4,5 **f.** 11,8

65 **a.** 2,4 **b.** −1,3 **c.** −8,2 **d.** 18,6

75 **a.** 4,1 **b.** −0,7 **c.** −1,9

83 **a.** $A = ((-12) + (-3)) - (5 - 10) - 6$
b. $A = (-15) - (-5) - 6 = -16$

Exercices de consolidation

107 • A ; D ; H • B ; E ; J ; L
• C ; F • G ; I ; K

108 **a.** $(-17) + (-28) = -45$
ou $(+17) + (-28) = -11$
b. $(+39) + (+21) = +60$
ou $(+39) + (-21) = +18$
c. $(-53) + (-29) = -82$
ou $(-53) + (+29) = -24$
d. $(+42) + (+73) = +115$
ou $(-42) + (+73) = +31$

109 **a.** $AB = 106$ $BC = 79,5$
Donc l'abscisse de C est : $73,4 - 79,5 = -6,1$
b. $AC = (-6,1) - (-32,6) = 26,5$
ou $AC = \frac{1}{4}\ AB = \frac{1}{4} \times 106 = 26,5$

110 **Énoncé 1** : il manque +10 °C.
Réponse : $10° - (-2°) = 12°$
Énoncé 2 : il manque −11 034.
Réponse : $8\,848 - (-11\,034) = 19\,882$.
Énoncé 3 : il manque −287.
Réponse : $-212 - (-287) = 75$.

111 **1.** $-600 - (-800) = 200$
$-600 - (-950) = 350$
Entre l'équipe médicale et le 1er groupe il y a 200 m et entre l'équipe médicale et le 2e groupe il y a 350 m.
2. $-950 - 172 = -1\,122$.
Le fond du gouffre est à la cote −1 122 m.
3. a. 1 460 m − 1 122 m = 338 m
Le fond du gouffre est à l'altitude 338 m.
b. 1 460 m − 600 m = 860 m.
L'équipe médicale est à l'altitude 860 m.

Chapitre 4

Travail personnel (page 77)

A A = 3 B = 5 C = 27 D = 5

B • Pour $x = 3$: A = 24 B = 8 C = 19
• Pour $x = 5$: A = 20 B = 4 C = 31

C Luna : 8 ans, Gabriel : 19 ans, Pierre : 33 ans

D

Affirmation	Égalité
Le produit de *x* par 5 est 16	$5x = 16$
La somme de 4 et de *a* est 18	$4 + a = 18$
Le quotient de 26 par *b* est 5	$\frac{26}{b} = 5$
Le tiers de *c* est 16	$\frac{1}{3}\ c = 16$

E **a.** ■ = 7 **b.** ▲ = 1,7 **c.** ▼ = 5,3

Exercices d'application

25 12 mm = 1,2 cm 36 : 1,2 = 30
Donc la bande adhésive a 30 dm de long c'est-à-dire 3 m.

27 Aire de ADM : $\frac{10 \times x}{2} = 5x\ (\text{cm}^2)$

Aire de AMF : $\frac{2 \times x}{2} = x\ (\text{cm}^2)$

Aire du domaine coloré : $5x + x = 6x\ (\text{cm}^2)$

$6x = \frac{1}{4} \times 6 \times 10 = 15$ donc $x = \frac{15}{6} = 2,5$.

Donc M est le point du segment [AB] tel que AM = 2,5 cm.

Exercices de consolidation

48 2 bouchons pèsent 150 g − 100 g.
Donc le bouchon pèse 25 g.

49 **1. a.** Le tarif A est au moins aussi intéressant que le tarif B.
b. L'inégalité est vraie pour 5, pour 10, pour 20 et pour 30.
2. a. Tarif A (10,5 € et 22 €)
b. Tarif B (22,5 € et 30 €)
c. Tarif C (135 € et 105 €)

50 $0,3(x + 1)$ est un nombre positif, donc $12 - x$ doit être aussi un nombre positif.
Or ceci est le cas pour *x* entier compris entre 0 et 12.
L'égalité est vraie dans le seul cas où $x = 9$.

Chapitre 5

Travail personnel (page 94)

A Il faut 6 caisses.

B **a.** 30 kg : 12 = 2,5 kg.
Il faut 2,5 kg de peinture pour une voiture.
b. 17 × 2,5 kg = 42,5 kg.
Il faut 42,5 kg de peinture pour 17 voitures.

C **a.** $\frac{55}{7} \approx 7,86$ **b.** $\frac{35}{3} \approx 11,67$

D $80\ \text{t} \times \frac{7}{3} \approx 187$ t.
En 7 voyages, il transportera environ 187 t.

E **a.** 110 **b.** 120 **c.** 14

F **a.** $\frac{17}{100} \times 43 = 7,31$ **b.** $\frac{0,2}{100} \times 255 = 0,51$

G **a.** 110 min **b.** 1,5 h

Exercices d'application

1 • $\frac{7,60}{2} = 3,8$ et $\frac{10,4}{3} \approx 3,47$
Donc les prix de ce tableau ne sont pas proportionnels aux quantités.
• Remplacer 10,40 par 11,40.

9

Volume en L	1 000	1 087	435	76
Masse en t	0,92	1	0,4	0,07

28 Collège A : $\frac{167}{450} \approx 0,37$

Collège B : $\frac{198}{550} = 0,36$

Donc la proportion de pratiquants du roller est légèrement plus grande dans le collège A.

40 **a.** 35 min. **b.** 8 h 25 min.

Exercices de consolidation

69 500 tonnes $(400 \times 15/12)$

70 Bains douches : $\frac{39}{100} \times 360° = 140,4°$
Sanitaires : 72° Linge : 43,2°
Vaisselle : 36° Nourriture : 21,6°
Lavage auto : 21,6° Domestique : 21,6°
Boisson : 3,6°.

71 **a.** 68 % **b.** Environ 73,3 %
c. Environ 19,1 % **d.** 25 %

72 Une échelle 1/50e donne un plan de 16 cm sur 20 cm.

73 60 min pour 18 mm donne environ 213 min pour 64 mm, soit 3 h 33 min environ.

Chapitre 6

Travail personnel (page 114)

A **a.** Il y a eu 41 naissances en janvier.
b. 20 bébés mesurent moins de 50 cm.
10 bébés mesurent au moins 52 cm.

B Les pourcentages représentés par ces secteurs sont 10 %, 25 % et donc 100 % − (10 % + 25 %), c'est-à-dire 65 %.

C **a.** À la plantation l'arbuste mesurait 0,25 m.
b. La taille maximale est 3,50 m.
c. Il dépasse 1,5 m au bout de 2 ans.

Exercices d'application

9 **a.** $\frac{363}{363 + 257} = \frac{363}{620}$ soit environ 58,5 %.

b. $\frac{363 + 257}{363 + 257 + 549} = \frac{620}{1\,169}$ soit environ 53 %.
Le pourcentage de Renault dans les voitures françaises est donc : 100 % − 53 % = 47 %.

c. Peugeot : $\frac{363}{2\,013} \approx 18\ \%$

Citroën : $\frac{257}{2\,013} \approx 12,8\ \%$

Renault : $\frac{549}{2\,013} \approx 27,3\ \%$

Étrangères : $\frac{844}{2\,013} \approx 41,9\ \%$

18

Fréquence	23 %	20 %	29 %	11 %	17 %	100 %
Angle	41,4°	36°	52,2°	19,8°	30,6°	180°

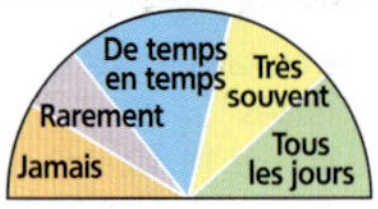

21 a.

Nombre N de battements de cœur	Effectif
140 ≤ N < 150	10
150 ≤ N < 160	9
160 ≤ N < 170	5
170 ≤ N < 180	7
180 ≤ N < 190	2
190 ≤ N < 200	7
200 ≤ N < 210	13
210 ≤ N < 220	1

b.

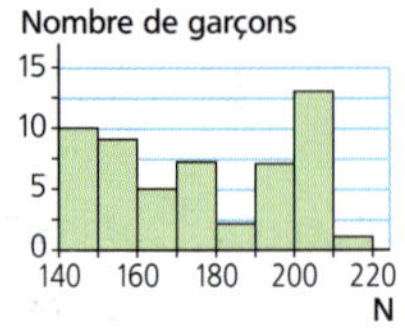

Exercices de consolidation

36	Cap-breton	Hen-daye	St-Jean-de-Luz	Arca-chon	Total
Fréquence	16 %	4 %	36 %	44 %	100 %
Masse (en t)	14,24	3,56	32,04	39,16	89
Volume (en m³)	161,12	40,28	362,52	443,08	1 007

37 Sur le premier graphique, où l'unité choisie sur l'axe vertical est plus grande, on voit davantage la chute des valeurs que sur le deuxième graphique : cette chute est soulignée par le titre « Vendredi noir ».
Le deuxième graphique et son titre minimalisent cette chute.

38 a.

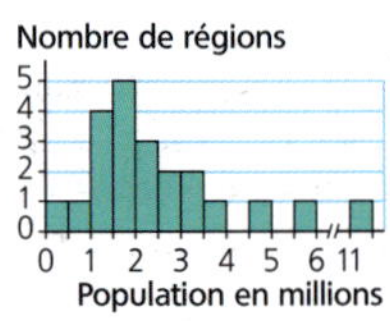

b.

Population	Effectif
N < 1,5	6
1,5 ≤ N < 3	10
3 ≤ N < 4,5	3
4,5 ≤ N < 6	2
10,5 ≤ N < 12	1

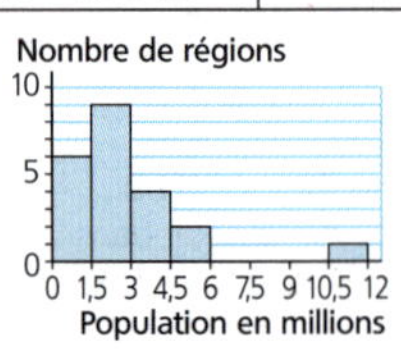

c. Sur le premier histogramme on remarque deux régions peu peuplées ; on remarque aussi que la population de la plupart des régions est comprise entre 1 et 3,5 millions. Sur le deuxième graphique, on ne « voit » plus les deux régions les moins peuplées.
Sur les deux, apparaît la région la plus peuplée.

Chapitre 7

Travail personnel (page 134)

A a.

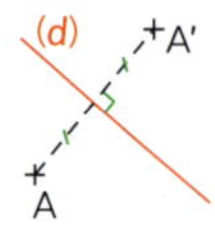

b. La droite (*d*) est la médiatrice du segment [AA'].

B a.

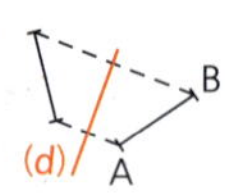

b.

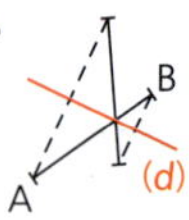

C c.

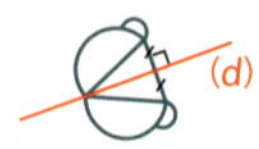

D a.

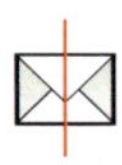

c.

Exercices d'application

10

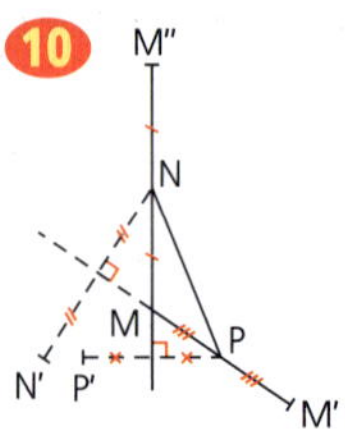

23

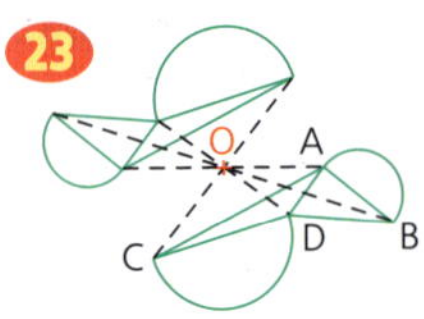

25

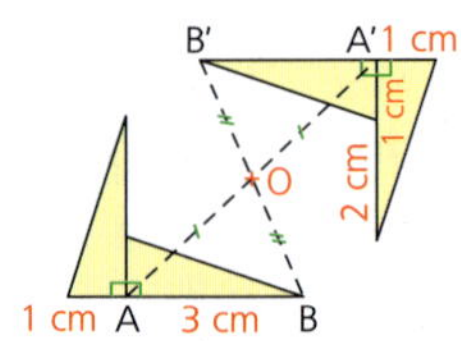

27 O est le milieu du segment [AA'].

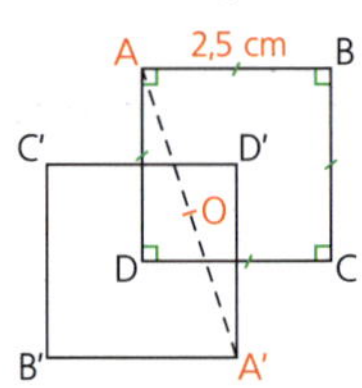

Exercices de consolidation

48 • La droite (OB) coupe [NP] en B'.
• La droite (OA) coupe [P"Q"] en A'.
• La droite (OC) coupe [P'Q'] en C'.
• Le symétrique du triangle ABC par rapport au point O est le triangle A'B'C'.

49 • On construit les symétriques Q de N et P de M par rapport au point S.
• On trace les segments [MQ], [QP] et [PN].

50 a.

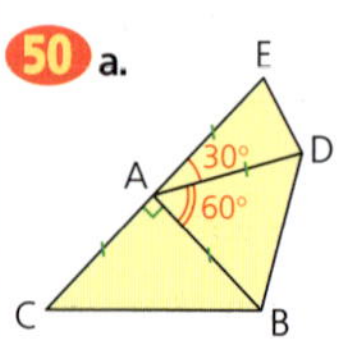

b. $\widehat{CAE} = 180°$ donc C, A, E sont alignés et A ∈ [EC]. De plus AE = EC, donc C et E sont symétriques par rapport à A.

51 E et S sont les symétriques de A et R par rapport à O, donc la droite (ES) a pour symétrique la droite (AR). Donc : (AR) // (ES) et AR = ES

Chapitre 8

Travail personnel (page 154)

A Les droites (d_1) et (d_2) sont parallèles.

B Noms corrects : BCDA, ADCB, DABC, …
Noms incorrects : ACDB, ABDC, …

C a. Un triangle équilatéral a trois axes de symétrie qui sont les médiatrices de ses côtés.
b. Un cerf-volant a un seul axe de symétrie qui est l'une de ses diagonales.
c. Un rectangle a deux axes de symétrie : les médiatrices de ses côtés.
d. Un losange a deux axes de symétrie : ses diagonales.

D Le triangle équilatéral et le cerf-volant n'ont pas de centre de symétrie.
Le rectangle et le losange ont un centre de symétrie : le point d'intersection de leurs diagonales.

E OA = OD, OC = OF, OB = OE.
$\widehat{OAB} = \widehat{ODE}$, $\widehat{AOC} = \widehat{DOF}$, …

F a. Les diagonales d'un cerf-volant sont perpendiculaires.
b. Les diagonales d'un rectangle se coupent en leur milieu et ont même longueur.
c. Les diagonales d'un losange sont perpendiculaires en leur milieu.
d. Les diagonales d'un carré sont perpendiculaires en leur milieu et ont même longueur.

Exercices d'application

12 a.

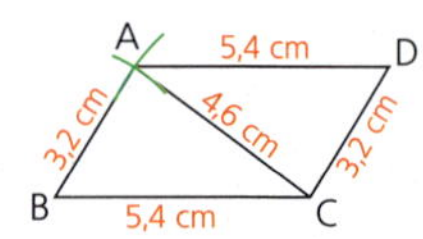

ABCD est un parallélogramme car on sait que « si un quadrilatère non croisé a ses côtés opposés de même longueur, alors c'est un parallélogramme ».
b. Périmètre 17,2 cm.

14 ABCD est un parallélogramme car on sait que « si un quadrilatère a ses diagonales de même milieu, alors c'est un parallélogramme ».

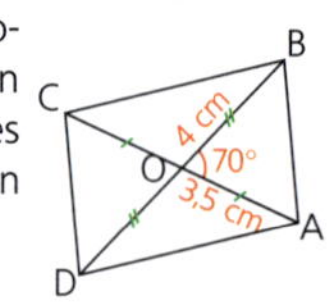

39 Les diagonales ont le même milieu O donc ABCD est un parallélogramme. Les diagonales ont la même longueur, donc ABCD est un rectangle.

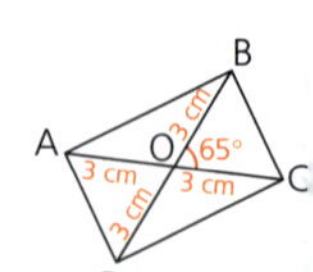

43 Les diagonales ont le même milieu O, donc ABCD est un parallélogramme.
Les diagonales sont perpendiculaires, donc ABCD est un losange.

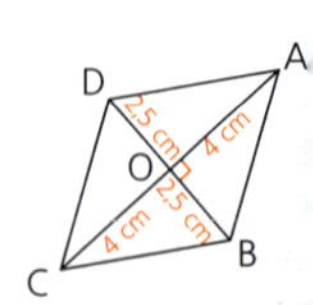

Exercices de consolidation

75 a. Le périmètre de DCEG est 10 cm.
b. $\widehat{DGE} = \widehat{ECB} + \widehat{BCD} = 50° + 60° = 110°$.

76 a. M doit être à l'intersection de la média trice de [AC] et du côté [AB].

b.

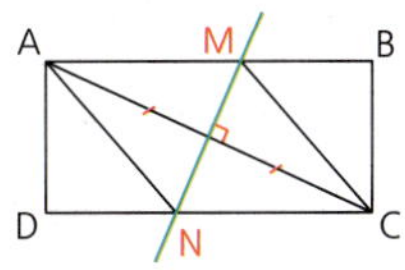

77 **b.** ABCD a ses diagonales qui se coupent en leur milieu I, donc ABCD est un parallélogramme. Donc $AB = CD$, or $AB = AC$, donc $AC = CD$. Ainsi le triangle ACD est isocèle en C.

78 ABCD est un rectangle, donc $AC = BD$. AEFG est un rectangle, donc $AF = EG$. Or $EG = BD$, donc $AF = AC$ et le triangle AFC est isocèle en A.

79 On trace le segment [AB] de longueur 4 cm. ABCD est un parallélogramme de centre O et $AO = 3$ cm donc $AC = 6$ cm. De plus, les côtés opposés ont la même longueur : $BC = AD = 5$ cm et $AC = AB = 4$ cm.
C se trouve donc à l'intersection du cercle de centre B et de rayon 5 cm et du cercle de centre A et de rayon 6 cm. D est à l'intersection du cercle de centre A et de rayon BC et du cercle de centre C et de rayon AB.

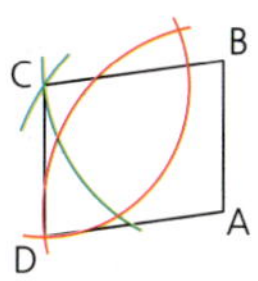

Chapitre 9

Travail personnel (page 174)

A $\widehat{ABM}$ et $\widehat{CBM}$ ou $\widehat{AMB}$ et $\widehat{BMC}$.

B **a.** Côtés de $\widehat{ABC}$: [BA) et [BC).
Côtés de $\widehat{MBC}$: [BC) et [BM).
b. Un côté commun, [BC) et un sommet commun, B.

C $\widehat{MAN}$, $\widehat{EAF}$, $\widehat{BAC}$, …

D **a.**

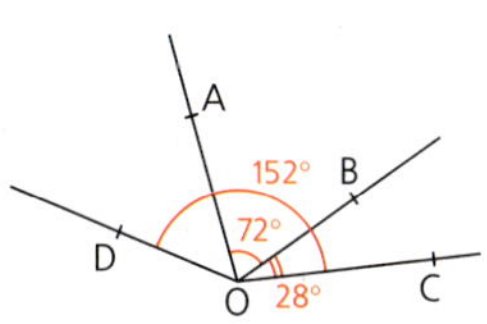

b. Oui. On aurait pu tracer [OC) à l'intérieur de $\widehat{AOB}$ par exemple.
c. $\widehat{AOB}$ et $\widehat{BOC}$ sont aigus. $\widehat{COD}$ est obtus.

Exercices d'application

14 **a.** Les droites (AB) et (CD) sont toutes deux perpendiculaires à la droite (AD), donc elles sont parallèles.
b. On prolonge le tracé de la demi-droite [AB). Les angles $\widehat{DCB}$ et $\widehat{CBx}$ sont alternes-internes, donc $\widehat{CBx} = 37°$.
Donc $\widehat{ABC} = 180° - \widehat{CBx} = 180° - 37° = 143°$.

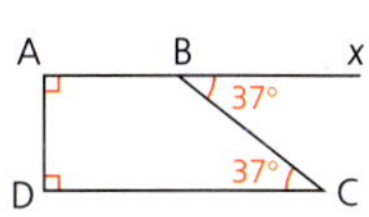

18 **a.** (d_1) // (d_2). En effet, elles forment des angles alternes-internes de même mesure, 49°.

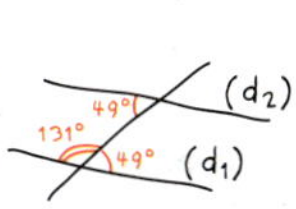

b. (d_1) et (d_2) ne sont pas parallèles. En effet, elles forment des angles correspondants de mesures différentes, 71° et 72°.

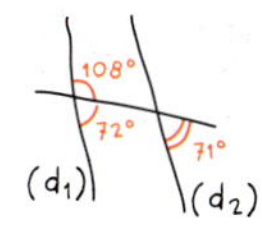

23 **a.**

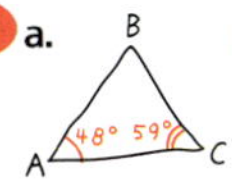

b. $\widehat{ABC} = 180° - (48° + 59°)$.
$= 73°$

28 En utilisant des angles opposés par le sommet, on obtient : $\widehat{LKM} = 37°$ et $\widehat{KML} = 53°$.
Donc $\widehat{KLM} = 180° - (37° + 53°) = 90°$ et les droites (KL) et (LM) sont perpediculaires.

Exercices de consolidation

47 Le triangle ABD est équilatéral, donc :
$\widehat{BAD} = \widehat{ADB} = \widehat{ABD} = 60°$.
B, D, C sont alignés, donc :
$\widehat{ADC} = 180° - 60° = 120°$.
Le triangle ADC est isocèle en D donc :
$$\widehat{DAC} = \frac{180° - 120°}{2} = 30°.$$
Ainsi $\widehat{BAC} = \widehat{BAD} = \widehat{DAC} = 60° + 30° = 90°$ et le triangle ABC est rectangle en A.

48 $\widehat{ACB} = 180° - (54° + 53°) = 73°$. Les droites (MN) et (BC) sont parallèles lorsque les angles correspondants $\widehat{ACB}$ et $\widehat{ANM}$ ont même mesure c'est-à-dire $\widehat{ANM} = 73°$.
Ainsi $\widehat{MNC} = 180° - 73° = 107°$.

49 $\widehat{BMC} = \widehat{MCD} = 50°$ (angles alternes-internes).
$\widehat{DMC} = 180° - 40° - 50° = 90°$.
- Tracer $BC = 4$ cm.
- Tracer d'un même côté de [BC] deux angles droits $\widehat{BCx}$ et $\widehat{CBy}$.
- Tracer $\widehat{xOz} = 50°$.
- [Oz) coupe [By) en M.
- Tracer $\widehat{CMt} = 90°$.
- [Mt) coupe [Ox) en D.
- Tracer $\widehat{CDu} = 90°$.
- Noter A le point d'intersection des demi-droites [Du) et [By).

50 $\widehat{MPH} = 65°$, $\widehat{MIN} = 70°$, $\widehat{PNI} = \widehat{INM} = 5°$, $\widehat{NOH} = 85°$, $\widehat{MOI} = 85°$, $\widehat{NOM} = 95°$, $\widehat{HOI} = 95°$, $\widehat{NMO} = 80°$.

51 **a.** $\widehat{ABC} = 180° - 2 \times 35° = 110°$
$$\widehat{CBD} = \frac{180° - 40°}{2} = 70°.$$
$\widehat{ABC} + \widehat{CBD} = 180°$ donc A, B, D sont alignés.
b. $\widehat{DCE} = 180° - 2 \times 37° = 106°$
$\widehat{ACB} + \widehat{BCD} + \widehat{DCE} = 35° + 40° + 106° = 181°$.
Donc A, C, E ne sont pas alignés.

Chapitre 10

Travail personnel (page 192)

A (AE) est la médiatrice de [BD].
(BD) est la médiatrice de [AE].

B AMB est un triangle équilatéral.

C **d.** (d) // (d′) car elles sont perpendiculaires à (AB).

D

$BN = 4$ cm et $AM = 4{,}5$ cm.

E $BC = 2 \times OA = 2 \times AB = 2 \times 4$ cm $= 8$ cm.

Exercices d'application

18 $\widehat{NMP} = 180° - (55° + 80°) = 45°$.

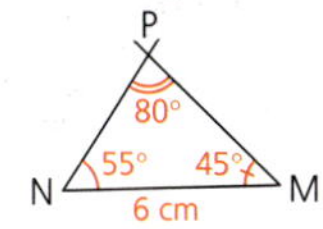

25 Placer un point A sur le côté [Ox) et un point B sur le côté [Oy). Reproduire ensuite le triangle OAB avec la règle et le compas.

28 **a.** Non, car 11 cm > 3 cm + 7 cm.
b. Oui, car 6 cm < 4 cm + 2,5 cm.
c. Non, car 6,3 cm > 3,7 cm + 2,5 cm.
d. Le triangle est aplati.

45

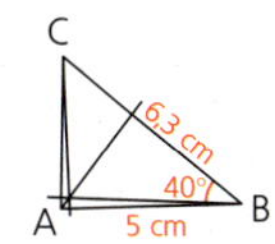

Exercices de consolidation

77 **a.** Maud : le triangle ABC est isocèle en A et les points O′ et I sont confondus.
Pascal : le triangle ABC est rectangle en A et les points O, O′, I sont confondus.
b.

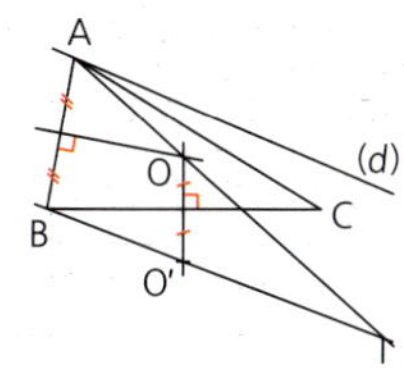

78

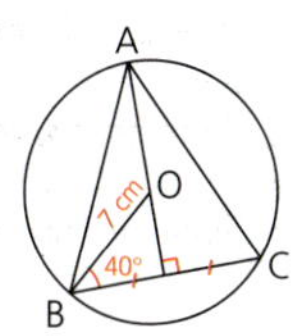

79 **b.** Les points A, C, F sont alignés. En effet,
$\widehat{ACE} = \widehat{ACB} + \widehat{BCD} + \widehat{DCE}$
$\widehat{ACE} = 40° + 60° + 80° = 180°$
Donc $AE = AC + CE = 4$ cm $+ 2{,}4$ cm $= 6{,}4$ cm.

80 **b.** Tracer la perpendiculaire à (AH) passant par B. Noter C le point d'intersection de cette droite et de (AK).

Chapitre 11

Travail personnel (page 212)

A $4(7$ cm $+ 8$ cm $+ 10$ cm$) = 100$ cm.

B [AD], [BC], [FG], [EH].

C **a.** ADHE
b. ABCD, DCGH, HGFE, EFBA.

D

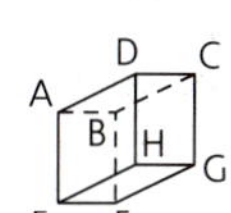

E

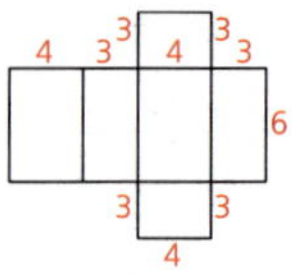

F $2\pi \times 7 = 14\pi$ soit environ 44 cm.

Exercices d'application

5

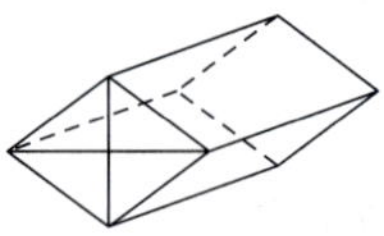

10

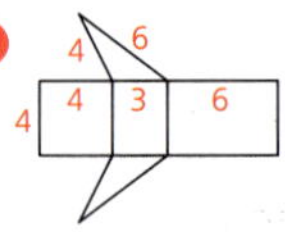

16

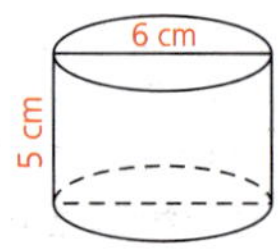

18 **a.** $2\pi \times 2{,}5 = 5\pi$ soit environ 15,7 cm.
b.

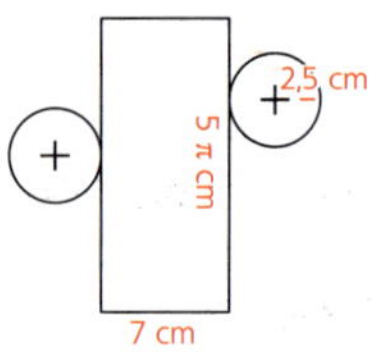

Exercices de consolidation

44 **a.** Ses bases sont des losanges de côté 6 cm.
b.

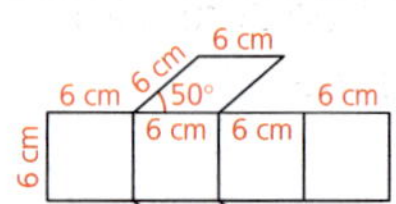

45 **a.** Oui.
b. Ni parallèles, ni sécantes.
c. [AD], [BE].
d. ABED, BEFC, ACFD.
e. ABED et BEFC.

46 **a.** On trace le segment [AB] de 3 cm. On trace l'angle $\widehat{BAD}$ de 44°. On place le point D sur la demi-droite obtenue, à 2 cm de A. On place C à l'intersection d'un arc de centre D et de rayon AB et d'un arc de centre B et de rayon AD. On trace ABCD.
b. On juxtapose alternativement deux rectangles de 3 cm sur 4 cm et deux rectangles de 2 cm sur 4 cm pour correspondre aux côtés du parallélogramme.

47

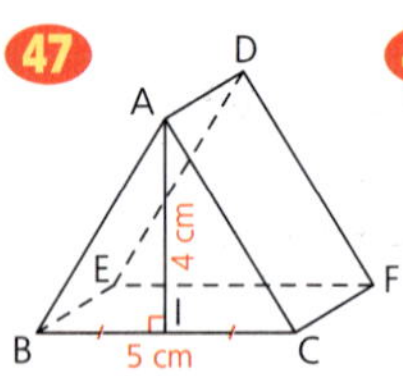

48

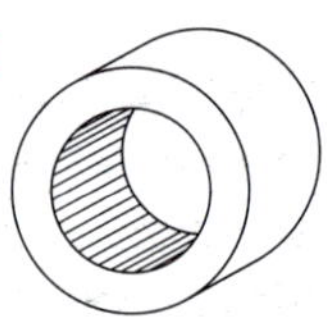

49 $(82 + 11\pi)$ cm soit environ 116,6 cm.

Chapitre 12

Travail personnel (page 230)

A Le rectangle ② a donc une aire de :
$2 \text{ cm} \times 9 \text{ cm} = 18 \text{ cm}^2$.
Donc sa longueur est 6 cm (car $\frac{18}{3} = 6$).

B Aire de ABE : 7,5 cm².
Aire de ADC : 9 cm².

C **a.** 350 m²
b. 4 720 000 m²
c. 0,093 2 m²
d. 0,004 m²
e. 36 000 000 m²
f. 0,000 137 m²

D En prenant pour unité de longueur u, le côté d'un carreau et pour unité d'aire u^2, l'aire d'un carreau, la figure ② a pour périmètre $22u$ et pour aire $22u^2$.

E **a.** 13π m.
b. Périmètre du rectangle : 40,84 m.
Or $13\pi \approx 40{,}840\ 7$ donc le cercle a une longueur légèrement plus grande que le périmètre de ce rectangle.

Exercices d'application

4 **a.** L'aire du parallélogramme est 22,5 cm².
b. $3h = 22{,}5$ donc $h = \frac{22{,}5}{3} = 7{,}5$.
La hauteur relative à [BC] est 7,5 cm.

10 L'aire de ABC est 21 cm².
$\frac{AH \times BC}{2} = 21$ c'est-à-dire $AH = \frac{42}{8} = 5{,}25$.
La hauteur relative à [BC] est 5,25 cm.

18 Aire de $\mathcal{D}$: 2π cm².
Aire de $\mathcal{D}'$: π cm².
Aire du domaine bleu :
$2\pi \text{ cm}^2 - \pi \text{ cm}^2 = \pi \text{ cm}^2$, soit environ 3,14 cm².

25 $2\pi \times 2{,}5 \times 5{,}3 = 26{,}5\pi$.
L'aire latérale est environ 83 cm².

Exercices de consolidation

44 On note h la hauteur relative à [AB] dans le parallélogramme ABCD :
$h \times 70 = 1\ 540$ donc $h = 22$ mm.
La hauteur relative à [CD] dans le parallélogramme CDEF est donc :
$36 \text{ mm} - 22 \text{ mm} = 14 \text{ mm}$.
Donc l'aire de CDEF est :
$14 \text{ mm} \times 70 \text{ mm} = 980 \text{ mm}^2$.

45 On décompose le trapèze en un parallélogramme ABED et un triangle BEC.

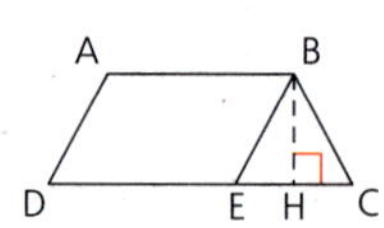

$BH = 22 \text{ cm} - 10 \text{ cm} = 12 \text{ cm}$.
$AB = 2 \times 10 \text{ cm} = 20 \text{ cm}$.
$EC = 38 \text{ cm} - 20 \text{ cm} = 18 \text{ cm}$.
L'aire du trapèze ABCD est donc :
$20 \text{ cm} \times 12 \text{ cm} + \frac{18 \text{ cm} \times 12 \text{ cm}}{2} = 348 \text{ cm}^2$.
L'aire du demi-disque est 50π cm².
L'aire de la figure bleue est $348 \text{ cm}^2 + 50\pi \text{ cm}^2$ soit environ 505,08 cm².

46 **b.** Les triangles ABI et ECI sont symétriques par rapport à I donc ils ont la même aire.
L'aire de ADE est la somme des aires de ECI et AICD. L'aire de ABCD est la somme des aires de ABI et AICD.
Donc ADE et ABCD ont la même aire.

47 **b.** Aire de la couronne : 16π cm².
Il faut donc tracer un cercle de centre O et de rayon 4 cm.

48 **a.** Aire latérale du cylindre ① : 168π cm².
Aire latérale du cylindre ② : $14\pi h$ cm².
De $14\pi h = 168\pi$ on déduit $h = \frac{168}{14} = 12$.
Donc la hauteur du cylindre ② est 12 cm.
b. $2\pi R \times 10{,}5 = 168\pi$ c'est-à-dire $R = \frac{168}{21} = 8$.
Donc le cylindre ③ a pour rayon 8 cm.

Chapitre 13

Travail personnel (page 246)

A **a.** 0,045 6 dm³
b. 3 240 dm³
c. 534,7 dm³
d. 0,386 1 dm³
e. 70 dm³
f. 0,06 dm³

B $2 \text{ L} = 200 \text{ cL}$ et $200 : 25 = 8$.
On peut remplir 8 verres de 25 cL.

C 40 cubes sont assemblés.

D **a.** L'aire de ABC est 36 cm².
b. L'aire de ABC est 17,5 cm².

E **a.** 49π cm² soit environ 153,9 cm².
b. 144π cm² soit environ 452,4 cm².

Exercices d'application

20 $6 \times 8 - \frac{1{,}5 \times 7}{2} = 42{,}75$
Aire de la base : 42,75 cm².
Volume du coffret :
$42{,}75 \text{ cm}^2 \times 20 \text{ cm} = 855 \text{ cm}^3$.

38 **a.** $V = \pi \times 1{,}5^2 \times 4 = 9\pi$
La capacité du seau est environ 28 L.
b. On note h la hauteur d'eau en dm.
$\pi \times 1{,}5^2 \times h = 10$ donc $h = \frac{10}{2{,}25\pi}$ soit
$h \approx 1{,}4$ dm (soit 14 cm).

Exercices de consolidation

64 Volume du parallélépipède rectangle :
16 128 cm³.
Volume des quatre prismes droits de bases un triangle rectangle tel que AIN :
$4 \times \frac{14 \text{ cm} \times 12 \text{ cm}}{2} \times 16 \text{ cm} = 5\ 376 \text{ cm}^3$.
Volume du prisme droit découpé :
$16\ 128 \text{ cm}^3 - 5\ 376 \text{ cm}^2 = 10\ 752 \text{ cm}^3$.

65 Capacité de la cuve :
$6 \text{ dm} \times 14 \text{ dm} \times 8 \text{ dm} = 672 \text{ dm}^3 = 672 \text{ L}$
Or $672 : 9 \approx 74{,}6$.
Il faudra donc 75 seaux.

66 **a.** Aire $\mathcal{B}$ de la base (en cm²) :
$12\mathcal{B} = 300$ (car $30 \text{ cL} = 300 \text{ mL} = 300 \text{ cm}^2$)
$\mathcal{B} = \frac{300}{12} = 25$
Hauteur d'eau h (en cm) :
$25h = 250$ donc $h = 10$.
b. $8 \text{ cm} \times 25 \text{ cm}^2 = 200 \text{ cm}^3 = 20 \text{ cL}$.
Il y a 20 cL d'eau dans le verre.

67 Le cylindre a pour rayon 3 cm et pour hauteur 6 cm. Son volume est donc : 54π cm³.

68 $\pi \times 8{,}5^2 \text{ m}^2 \times 21 \text{ m} - \pi \times 5{,}5^2 \text{ m}^2 \times 21 \text{ m}$
soit environ 2 771 m³.

69 **a.** La surface latérale est un rectangle de largeur 32 cm et de longueur :
$2\pi \times 6 \text{ cm} = 12\pi$ cm soit environ 37,7 cm
Donc à l'échelle 1/4, c'est un rectangle de dimensions 8 cm et environ 9,4 cm.
b. $12\pi \text{ cm} \times 32 \text{ cm} = 384\pi \text{ cm}^2$.
c. $384\pi \text{ cm}^2 \times 0{,}3 \text{ cm} = 115{,}2\pi \text{ cm}^3$.

I•N•D•E•X

Crédit photo

P. 9 : BIS/Ph. Ellebé © Archives Larbor ; p. 17 : CORBIS/Randy Faris ; p. 27 : bas HPP/Hoa-Qui ; ht d THE PICTURE DESK/Dagli-Orti ; ht g The Picture Desk/Dagli-Orti ; m HPP/Rapho/Gérard SIOEN ; p. 29 : ANA/Borchi ; p. 30 : d BIOS/McINTYRE Neil/Still Picture ; g BIOS/J.M. LABAT ; p. 36 : HPP/GAMMA/Eric DESSONS ; p. 38 bas HPP/Hoa-Qui/NATUREPL/Mike Wilkes ; ht AFP ; p. 45 bas AFP/Hémisphères Images/B. RIEGER ; g BIS/Ph. Coll. Archives Larbor ; ht URBA IMAGES/AIR IMAGES/F. VIELCANET ; m d GETTY IMAGES France/Robert FRERCK ; m g GETTY IMAGES France/JOHNER ; m m CORBIS/Adam WOOLFITT ; p. 47 : d AFP/Getty Images/Pascal Parrot ; g AFP/Hemispheres Images/Christian GUY ; m HPP/Hoa-Qui/Werner Otto ; p. 49 : bas REA/Mario FOURMY ; ht REA/Pascal SITTLER ; p. 50 : ARCHIVES NATHAN/Photodisc ; p. 61 : ARCHIVES NATHAN/Photodisc ; p. 63 : d THE PICTURE DESK/Dagli-Orti ; g THE PICTURE DESK/Dagli-Orti ; p. 65 : REA/Bernard BISSON ; p. 67 : HPP/Hoa-Qui ; p. 69 : d REA/Patrick ALLARD ; g ARCHIVES NATH/Photodisc ; m BIS/Ph. Sonneville © Archives Nathan ; p. 71 : bas d IFREMER ; bas g HPP/GAMMA/FOTOBLITZ/STILLS ; ht d CORBIS/Bettmann ; ht g CORBIS/Bettmann ; m d CORBIS/Ralph White ; m g MAX PPP/Photopqr/Dominique ; p. 73 : THE PICTURE DESK/Dagli-Orti ; p. 85 : bas d DPPI/Michel DESJOYEAUX ; bas g AFP ; m ARCHIVES NATHAN ; p. 86 : HPP/Hoa-Qui/Christophe BOISVIEUX ; p. 87 : AKG ; p. 94 : BIS/Ph. © J. Bottet - Archives Larbor ; p. 95 : NASA ; p. 96 : d GETTY IMAGES France/Altrendo Nature ; g HPP/Hoa-Qui/Pierre TEXIER ; p. 97 : ARCHIVES NATHAN ; p. 98 : d FOUARGE Jules ; g ISM/Herve CONGE ; p. 102 : REA/Mario FOURMY ; p. 103 : CORBIS/ZEFA/ Frans Lemmens ; p. 105 : bas NASA ; g NASA ; ht BIS/Ph. © NASA - ESA - Archives Larbor ; p. 107 : CORBIS/Archivo Iconografico, S.A. ; p. 114 : HPP/Hoa-Qui/Philippe ROY ; p. 115 : bas REA/Patrick GAILLARDIN ; ht CORBIS/Marc Garanger ; p. 117 : d REA/Benoit DECOUT ; g GETTY IMAGES France/Ross M. horowitz ; p. 118 : MAX PPP/KYODO/GENKAI ; p. 121 : REA/LUDOVIC ; p. 122 : REA/LUDOVIC ; p. 123 : REA/Pierre GLEIZES ; p. 125 : bas REA/Pierre GLEIZES ; ht REA/Christophe ENA ; p. 127 : Carole SALAMA EAV/MINISTERE DE LA CULTURE/2000, document tiré du site internet www.lenotre.culture.gouv.fr ; p. 145 : 2006 The M.C. Escher Company Holland. All rights reserved ; p. 147 : d ARCHIVES NATHAN ; g RMN ; ht Mairie d'Aiguillon ; m d REA ; m g ROGER-VIOLLET ; p. 177 : d HPP/IMAGESTATE/Martin RUEGNER ; g HPP/JACANA/R. Fasseur/C. Dmens ; p. 183 ht ARCHIVES NATHAN ; m ROGER-VIOLLET ; p. 185 : LEEMAGE/Electra ; p. 203 : BIOS ; p. 205 : d BPK, Berlin, Dist RMN/Jorg P. anders ; g ARCHIVES NATHAN ; p. 221 : AFP ; p. 223 : LEEMAGE ; p. 237 : CORBIS/ZEFA/Peter Adams ; p. 239 : d HPP/Hoa-Qui/NATUREPL/Pete Oxford ; g HPP/Hoa-Qui/NATUREPL/Pete Oxford ; m CORBIS/Douglas Engle ; p. 241 : BIS/© Archives Larbor ; p. 246 : BIS/Ph. Alvaro de Leiva Coll. Archives Larbor ; p. 249 : bas REA/Pierre Gleizes ; ht CORBIS/Remi Benali ; p. 250 : BIS/© Banque centrale européenne ; p. 251 : d AFP ; g SIPA PRESS/AP/XIA LIN ; p. 257 : D'après la revue L'Alpe n 29, www.lalpe.com : bas d SCHOBINGER Maurice ; bas g MOREL Philippe ; ht LEMOT Thomas ; p. 264 : bas AFP ; ht BIOS/Decante Frederic ; m REA/Pascal SITTLER ; p. 265 : bas THE PICTURE DESK/Dagli-Orti ; ht REA/Michel GAILLARD

Édition : Christine Lataste
Relecture : Régis de La Roche
Conception graphique : Killiwatch
Couverture : Killiwatch
Mise en page : Alain Maite (MCP)
Schémas : Laurent Blondel
Illustrations : Pascal Gindre
Iconographie : Juliette Barjon

N° d'éditeur : 10187220 - Dépôt légal juin 2012
Imprimé en France par Clerc - Groupe Qualibris